学术中国·院士系列

未来网络创新技术研究系列

移动互联网异构接入与融合控制

Heterogeneous Access and Convergence Control of Mobile Internet

刘千里　魏子忠　陈量　田永春　于全　编著

人民邮电出版社
北京

图书在版编目（CIP）数据

移动互联网异构接入与融合控制 / 刘千里等编著
. -- 北京 : 人民邮电出版社, 2018.8(2023.1重印)
(学术中国. 院士系列. 未来网络创新技术研究系列)
国之重器出版工程
ISBN 978-7-115-48769-8

Ⅰ. ①移… Ⅱ. ①刘… Ⅲ. ①移动通信－互联网络
Ⅳ. ①TN929.5

中国版本图书馆CIP数据核字(2018)第137096号

内 容 提 要

本书全面介绍了移动互联网的相关技术。

首先阐述了电信网和互联网两大主要阵营在网络体系结构方面的最新研究进展，系统地描述了一种具有普适性的移动互联网参考模型；其次介绍了蜂窝移动通信系统、无线局域网、移动自组织网络和无线传感器网络等各类异构的无线接入网络；然后重点对 SDN、NFV、网络虚拟化、云计算平台以及 4G/5G 移动网络控制等新兴的网络控制技术进行了阐述；随后分别对链路层垂直切换、名址分离、应用层移动业务支撑等移动性管理技术以及分层、跨层 QoS 保障技术进行总结分析；最后介绍了无线资源管理、接入策略管理、端到端重配置技术和融合业务管理等异构移动网络的融合管理技术。

本书取材新颖、内容丰富、实用性强，突出基本概念的分析和技术原理的阐述，反映了移动互联网领域网络技术研究的最新成果和发展趋势，适合从事移动、无线网络体系设计与研究开发的工程技术人员阅读，也可供高等院校相关专业本科生、研究生以及广大网络通信爱好者参考。

◆ 编　　著　刘千里　魏子忠　陈　量　田永春　于　全
　责任编辑　代晓丽
　责任印制　杨林杰

◆ 人民邮电出版社出版发行　　北京市丰台区成寿寺路 11 号
　邮编　100164　　电子邮件　315@ptpress.com.cn
　网址　http://www.ptpress.com.cn
　固安县铭成印刷有限公司印刷

◆ 开本：710×1000　1/16
　印张：39　　　　　　2018 年 8 月第 1 版
　字数：721 千字　　　2023 年 1 月河北第 3 次印刷

定价：278.00 元

读者服务热线：(010)81055493　印装质量热线：(010)81055316
反盗版热线：(010)81055315

《国之重器出版工程》
编辑委员会

专家委员会委员（按姓氏笔画排列）：

于　全	中国工程院院士
王　越	中国科学院院士、中国工程院院士
王小谟	中国工程院院士
王少萍	“长江学者奖励计划”特聘教授
王建民	清华大学软件学院院长
王哲荣	中国工程院院士
尤肖虎	“长江学者奖励计划”特聘教授
邓玉林	国际宇航科学院院士
邓宗全	中国工程院院士
甘晓华	中国工程院院士
叶培建	人民科学家、中国科学院院士
朱英富	中国工程院院士
朵英贤	中国工程院院士
邬贺铨	中国工程院院士
刘大响	中国工程院院士
刘辛军	“长江学者奖励计划”特聘教授
刘怡昕	中国工程院院士
刘韵洁	中国工程院院士
孙逢春	中国工程院院士
苏东林	中国工程院院士
苏彦庆	“长江学者奖励计划”特聘教授
苏哲子	中国工程院院士
李寿平	国际宇航科学院院士

李伯虎　中国工程院院士
李应红　中国科学院院士
李春明　中国兵器工业集团首席专家
李莹辉　国际宇航科学院院士
李得天　国际宇航科学院院士
李新亚　国家制造强国建设战略咨询委员会委员、中国机械工业联合会副会长
杨绍卿　中国工程院院士
杨德森　中国工程院院士
吴伟仁　中国工程院院士
宋爱国　国家杰出青年科学基金获得者
张　彦　电气电子工程师学会会士、英国工程技术学会会士
张宏科　北京交通大学下一代互联网互联设备国家工程实验室主任
陆　军　中国工程院院士
陆建勋　中国工程院院士
陆燕荪　国家制造强国建设战略咨询委员会委员、原机械工业部副部长
陈　谋　国家杰出青年科学基金获得者
陈一坚　中国工程院院士
陈懋章　中国工程院院士
金东寒　中国工程院院士
周立伟　中国工程院院士

郑纬民 中国工程院院士

郑建华 中国科学院院士

屈贤明 国家制造强国建设战略咨询委员会委员、工业和信息化部智能制造专家咨询委员会副主任

项昌乐 中国工程院院士

赵沁平 中国工程院院士

郝　跃 中国科学院院士

柳百成 中国工程院院士

段海滨 “长江学者奖励计划”特聘教授

侯增广 国家杰出青年科学基金获得者

闻雪友 中国工程院院士

姜会林 中国工程院院士

徐德民 中国工程院院士

唐长红 中国工程院院士

黄　维 中国科学院院士

黄卫东 “长江学者奖励计划”特聘教授

黄先祥 中国工程院院士

康　锐 “长江学者奖励计划”特聘教授

董景辰 工业和信息化部智能制造专家咨询委员会委员

焦宗夏 “长江学者奖励计划”特聘教授

谭春林 航天系统开发总师

前 言

1969 年，ARPANET 诞生，催生人类历史上继蒸汽技术革命、电力技术革命以来，又一次影响全人类的伟大革命。经过几十年发展，互联网（Internet）为全球经济发展、技术创新和日常生活带来了革命性的影响。而移动通信作为通信技术领域发展最快的一个分支，应用越来越普及，成为人们日常生活的必需品。近年来，移动通信和互联网相互融合，形成移动互联网，催生了前所未有的产业革命、技术革新和应用创新，全面改变了人类的生活方式，成为社会生产生活中不可或缺的信息平台。

移动互联网依托各类不同频段、不同制式和组网协议的异构无线网络，将人们从桌面固定式机器前解放出来，为人类提供了前所未有的便利。与此同时，也带来了通信手段、接入网络、核心网络、终端、业务以及运营商的异构性问题。目前，存在众多的无线网络技术，如小范围通信覆盖的 WLAN、ZigBee、蓝牙等，大地域范围覆盖的 2G、3G、4G 移动通信系统和卫星通信、空基平台通信等，中等覆盖范围的 WiMAX、WMAN 和移动自组织网络等。如何有效利用这些特性不一、能力差别巨大的异构无线网络，为用户提供统一、可靠、体验良好的通信服务，实现在任何地方自由地进行通信这一美好理想，是业界广大从业人员不懈追求的目标。

作为基础和“底座”，网络对于移动互联网的蓬勃发展至关重要，本书力图对网络技术进行较全面的剖析和介绍。主要内容安排如下：第 1 章从互联网、无线移动通信的起源与发展，谈到移动互联网的兴起，落脚到移动互联网网络的发展趋势和关键技术；第 2 章在分析电信网和互联网领域网络体系结构发展的基础上，提出移动互联网网络的主要特征、发展趋势和参考模型；第 3 章以无线接入网络为主题，对蜂窝移动通信系统、无线局域网、无线个域网、移动自组织网络、无线传感器网络和认知网络等进行全面介绍；第 4 章重点介绍移动互联网中新兴的网络控制技术，包括 SDN、NFV、网络虚拟化、云计算平台、基于应用的网络控制技术以及 4G/5G 移动网络控制等；第 5 章介绍移动互联网从链路层到应用层对应的移动性管理技术，包括链路层垂直切换、网络层移动 IPv6 扩展技术和名址分离、运营商支持的用户移动模式、应用层移动业务支撑、移动定位及 LBS 等技术；第 6 章介绍服务质量保障技术，建立移动互联网的 QoS 保障框架，从网络分层和跨层角度阐述相应的服务质量保障技术，并提出移动互联网异构网络环境下的跨层 QoS 保障体系；第 7 章介绍移动互联网的网络融合管理技术，对网络管理体系架构、无线资源管理、接入策略管理、端到端重配置技术和融合业务管理等进行全面介绍；第 8 章对全书内容进行总结，并对移动互联网异构网络融合的未来发展进行展望。

本书是作者在总结多年无线网络科研工作的经验与成果，并且广泛学习吸收国内外无线网络领域相关成果的基础上编写的。本书不追求技术的面面俱到，但求综述网络技术领域的全面发展情况，呈现当前技术的最新研究成果。

中国工程院于全院士负责本书的整体筹划与审稿，刘千里高工编写了第 1～3 章，陈量高工编写了第 4、5 章，魏子忠高工编写了第 6～8 章，田永春研究员编写了第 2、5、6 章的部分内容。中国电科第 54 研究所石振芳研究员、王宏宇高工，中国电科第 30 研究所谢烨高工、刘杰博士，华为技术有限公司刘尚博士等参与了资料的收集和部分章节内容的编写，中国电子系统工程公司研究所向东蕾高工、汪李峰高工、王晓东博士、魏胜群博士等同志在书稿写作过程中给予了大量支持和帮助，在此一并表示衷心的感谢！

移动互联网网络技术所涉及的范围较广，同时也是一个前沿研究领域，技术发展迅猛，加之由于作者理论水平和研究的局限性，书中难免有疏漏乃至错误之处，作为抛砖引玉之作，敬请读者对本书提出宝贵的意见和建议，以利于作者不断改进，并对推进该领域的研究和发展尽绵薄之力。

作 者

目　录

第1章 引言

近几年，全球范围内掀起了一轮又一轮的移动互联网（Mobile Internet）热潮，智能手机、支付宝、微信、“互联网+”扑面而来，融入人们的生活；苹果、脸谱（Facebook）、谷歌（Google）、阿里巴巴、百度、腾讯、小米等国际巨头崛起，刮起了一阵阵改变人类生产、生活的科技革命旋风。移动互联网已经成为人类社会生产、生活中不可或缺的信息平台，发展前景十分广阔[1,2]。作为基础和“底座”，网络是移动互联网不断蓬勃发展的前提。网络强，移动互联网弱不了；网络弱，移动互联网强不了。正是因为网络的极度重要性，网络一直是业界关注的重点技术领域，也是本书的主要议题。

本章首先简要介绍互联网的起源与几十年来的发展情况，对无线移动通信的发展也进行了回顾，然后介绍移动互联网的兴起与发展，并进一步引出移动互联网网络未来的发展趋势和关键技术领域，最后简要介绍全书的内容和章节安排。

1.1 互联网的起源与发展

人类进入文明社会以来，经历了三次工业革命。第一次工业革命又叫产业革命，18 世纪 60 年代首先发生在英国，是指资本主义由工场手工业过渡到大机器生产，在生产领域和社会关系上引起了根本性变化，其标志是蒸汽机的广泛应用，因此也称为蒸汽技术革命。第二次工业革命，自 19 世纪 70 年代开始，几乎同时发生在德国、美国、英国、法国等国家，出现了新兴工业，如电力工业、化学工业、石油工业和汽车工业等，推动了生产力的迅猛发展，其最显著的标志是电器的广泛应用，因此也称为电力技术革命。第三次工业革命，是人类文明史上继蒸汽技术革命和电力技术革命之后科技领域里的又一次重大飞跃，自 20 世纪 40 年代以来，以美国、苏联为首的国家引领了科学技术的发展，这是一次以原子能、电子计算机、空间技术和生物工程的发明和应用为主要标志，涉及信息技术、新能源技术、新材料技术、生物技术、空间技术和海洋技术等诸多领域的一场信息控制技术革命。

第三次工业革命的重大突破之一是电子计算机技术的发明和应用，逐步推动了互联网的产生和发展。有人认为，互联网是第三次工业革命的重大发明之一，也有观点认为，第三次工业革命就是“互联网+行业”。不管怎么说，互联网这一举世瞩目的重大技术发明，通过改变人的思维方式、人的生活方式、人与人之间的关系，重新构建了社会生活和商业规则，目前仍在以迅猛的速度推动着人类社会的发展进步。

1.1.1　互联网的起源

1957 年，苏联发射第一颗人造地球卫星 Sputnik。作为对重大历史事件的直接反应以及由苏联的卫星技术潜在的军事用途所导致的恐惧，美国国防部组建了高级研究项目局（Advanced Research Projects Agency，ARPA）。当时，为了保证美国本土防卫力量和海外防御武装在受到苏联第一次核打击以后仍然具有一定的生存和反击能力，美国国防部认为有必要设计出一种分散的指挥系统，它由多个分散的指挥点组成，当部分指挥点被摧毁后，其他点仍能正常工作，并且这些点之间，能够绕过那些已被摧毁的指挥点而继续保持联系。

为了对这一构思进行验证，1969 年美国国防部委托开发 ARPANET（ARPA Network），进行联网研究。同年，美军在 ARPA 制定的协定下将美国加利福尼亚大学、斯坦福大学研究学院、加利福尼亚大学和犹他州大学的 4 台主要计算机连接起来，连接方式非常简单，如图 1-1 所示。这个协定由剑桥大学的 BBN 和 MA 执行，在 1969 年 12 月开始联机，当时的网络传输能力只有 50 kbit/s。其目的就是重新树立美国在军事科技应用开发方面的领导地位，从互联网的诞生历程可以发现，促使互联网最初起源的推动力是冷战时期的军备角力思维。

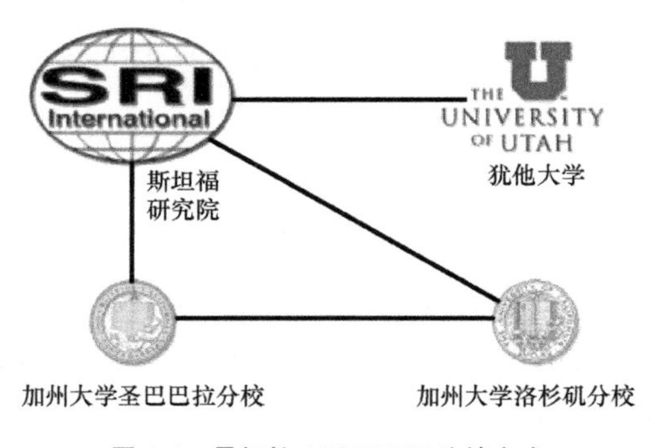

图 1-1　最初的 ARPANET 连接方式

从 1970 年开始，加入 ARPANET 的节点数不断增加。当时 ARPANET 使用的协议是 NCP（Network Control Protocol，网络控制协议），它允许计算机相互交流。最初的 NCP 下 ARPANET 上连接了 15 个节点共 23 台主机。

1972 年，ARPANET 的网络节点数已经达到 40 个，这 40 个节点彼此之间可以发送小文本文件（当时称这种文件为电子邮件，也就是现在的 E-mail）以及利用文件传输协议发送大文本文件，包括数据文件（即现在 Internet 中的 FTP），同时也发现了通过把一台计算机模拟成另一台计算机的终端，远程使用该计算机资源的方法，这种方法被称为 Telnet。由此可见，E-mail、FTP 和 Telnet 是 Internet 上较早出现的重要工具，特别是 E-mail，仍然是目前 Internet 上最主要的应用。但在 NCP 下，目的地之外的网络和计算机不分配地址，限制了未来增长的机会。无论如何，ARPANET 成了第一个简单的、纯文字系统的 Internet。

随后，ARPANET 以平均每 20 天就增加一个节点的速度发展，图 1-2 是 1977 年的网络拓扑。

互联网节点和链路的爆发式增长，导致随后难以用简单、清晰的拓扑图来表示网络的连接。为此，很多研究机构专门开展互联网的拓扑探测和研究工作。图 1-3 是 AT&T 公司在 2007 年 8 月绘制的互联网骨干网络拓扑结构，可以看到，经过多年的发展，互联网已经长成一张巨型“蜘蛛网”。

1.1.2 互联网的发展演进

互联网诞生后，经历了脱胎换骨式的发展演进过程，以 TCP/IP、NSFNET、WWW、IPv6 以及下一代互联网等为代表的里程碑式的重大事件，标志着互联网的滚动式发展、螺旋式上升，特别是近 20 年，以势不可挡之势迅速在全球广泛普及，已经成为人类生产、生活的必需品。

1. TCP/IP 的产生

由于最初的通信协议对于节点以及用户机数量的限制，建立一种能保证计算机之间进行通信的标准规范（即通信协议）显得尤为重要。1973 年，美国国防部也开始研究如何实现各种不同网络之间的互联问题。作为 Internet 的早期骨干网，ARPANET 的试验奠定了 Internet 存在和发展的基础，ARPANET 在技术上的另一个重大贡献是 TCP/IP（传输控制协议/网际协议）协议簇的开发和利用，图 1-4 表示的是 TCP/IP 体系。1972 年 Robert E. Kahn（罗伯特·卡恩）来到 ARPA，并提出了开放式网络框架，进而出现了大家熟知的 TCP/IP [3-6]。1983 年 1 月 1 日，所有连入 ARPANET 的主机实现了从 NCP 向 TCP/IP 的转换。为了将这些网络连接起来，美国人 Vinton Cerf（温顿·瑟夫）提出一个想法：在每个网络内部各自使用自己的通信协议，在和其他网络通信时使用 TCP/IP 协议。这个设想最终导致了 Internet 的诞生，并确立了 TCP/IP 在网络互联方面不可动摇的地位，基于 TCP/IP 的公网发展推动了互联网的发展。

2. Internet 的基础——NSFNET

Internet 的第一次快速发展源于美国国家科学基金会（National Science Foundation，NSF）的介入，即建立 NSFNET。

1984 年，NSF 决定组建 NSFNET。通过 56 kbit/s 的通信线路将美国 6 个超级计算机中心连接起来，实现资源共享。NSFNET 采取的是一种具有三级层次结构的广域网络，整个网络系统由主干网、地区网和校园网组成。各大学的主机可连接到本校的校园网，校园网可就近连接到地区网，每个地区网又连接到主干网，主干网再通过高速通信线路与 ARPANET 连接。这样一来，学校中的任一主机可以通过 NSFNET 来访问任何一个超级计算机中心，实现用户之间的信息交换。后来，NSFNET 所覆盖的范围逐渐扩大到全美的大学和科研机构，NSFNET 和 ARPANET 就是美国乃至世界 Internet 的基础。

随着 NSFNET 的广泛流行，NSF 不断升级它的骨干网络。1990 年，NSFNET 代替了原来的慢速 ARPANET，成为互联网的骨干网络，图 1-5 是 1992 年的 NSFNET 骨干网，骨干网速率达到 45 Mbit/s。而 ARPANET 在 1989 年被关闭，在 1990 年正式退役。

Internet 的扩张不仅带来量的改变，同时也带来某些质的变化。由于多种学术团体、企业研究机构，甚至个人用户的进入，Internet 的使用者不再限于纯计算机专业人员。新的使用者发现计算机相互间的通信对他们来讲更有吸引力。于是，他们逐步把 Internet 当作一种交流与通信的工具，而不仅是共享 NSF 巨型计算机的运算能力。NSFNET 对 Internet 的最大贡献是使 Internet 向全社会开放，而不像以前那样仅供计算机研究人员和政府机构使用。更多的非计算机专业人员能够通过使用广域网得到他们希望得到的信息。

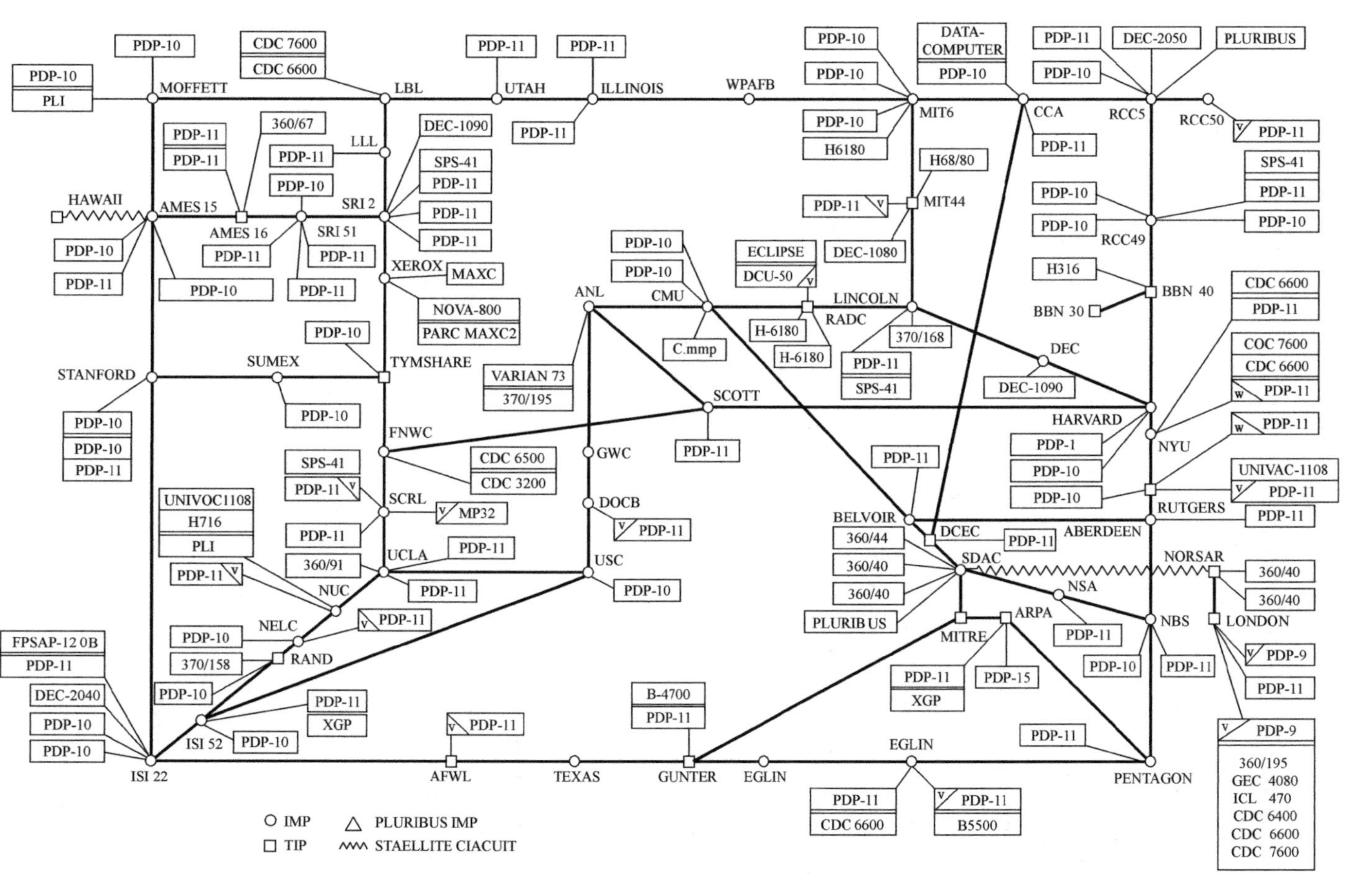

图 1-2 1977 年 3 月的 ARPANET 拓扑

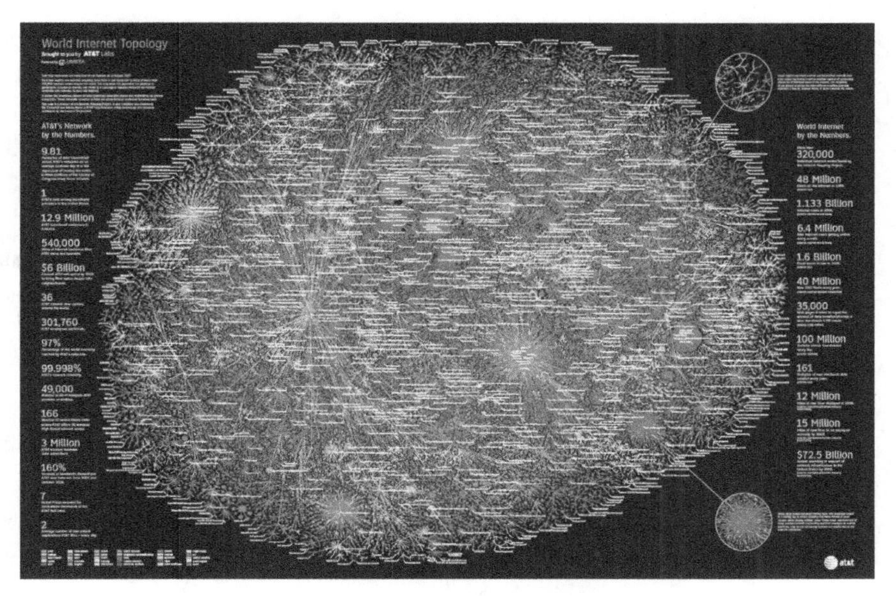

图 1-3　2007 年 8 月 AT&T 公司绘制的互联网骨干网络拓扑

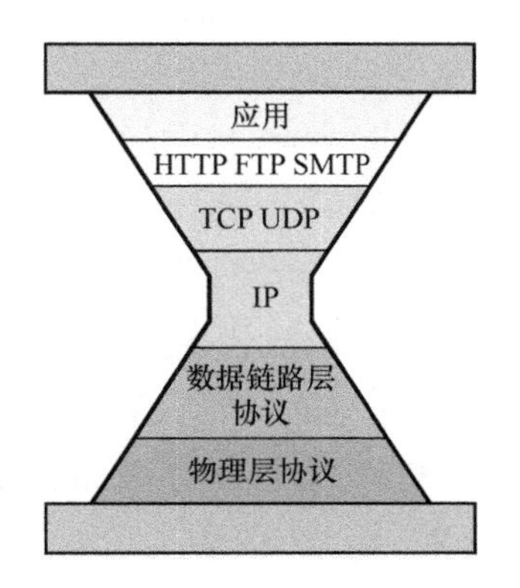

图 1-4　TCP/IP 体系

3. **万维网的出现**

万维网（World Wide Web，WWW）[7]常简称为 Web，它是一个结构性的框架，其目的是访问遍布在整个 Internet 上所有机器中相互链接的文档，形成世界性的信息库，使用户可以方便、快捷地获得全球范围的重要信息。

1989 年 3 月，欧洲原子核研究组织（CERN）物理学家 Tim Berners Lee（蒂姆·伯纳斯·李）撰写了《关于信息化管理的建议》一文，提出了最初的链接文档网的建议。1990 年 11 月 12 日，他和 Robert Cailliau（罗伯特·卡里奥）合作提出了一个更加正式的、关于万维网的建议，随后他在一台 NeXT 工作站上写了第一个网页以实现他文中的想法，第一个基于文本的原型系统投入运行。

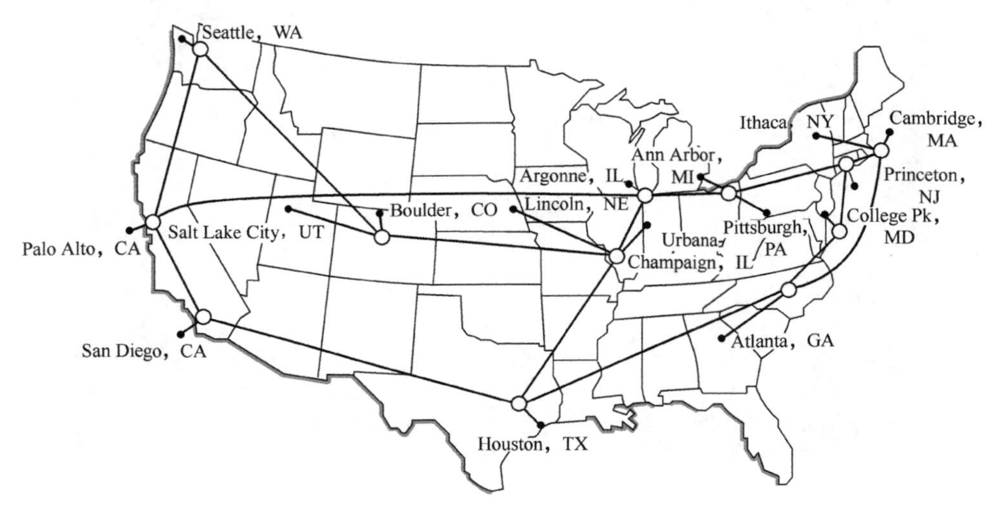

图 1-5　1992 年 NSFNET T3 骨干网

1991 年 8 月，伯纳斯 · 李在 alt.hypertext 新闻组上贴了万维网项目简介的文章，标志着 Internet 上万维网公共服务的首次亮相；12 月，他在德克萨斯州的圣安东尼奥举行的 Hypertext'91 会议上，进行了一次公开演示。

1993 年 4 月 30 日，欧洲原子核研究组织宣布万维网对任何人免费开放，并不收取任何费用。两个月后，Gopher 宣布不再免费，造成大量用户从 Gopher 转向万维网。

1994 年 6 月，北美的中国新闻计算机网络（China News Digest，CND），在其电子出版物《华夏文摘》上将 World Wide Web 称为“万维网”，其中文名称汉语拼音也是以 WWW 开始。万维网这一名称后来被广泛采用。

1994 年 10 月，万维网联盟（World Wide Web Consortium，W3C）在拥有“世界理工大学之最”称号的麻省理工学院（MIT）计算机科学实验室成立，其创建者和领导人正是万维网的发明者蒂姆 · 伯纳斯 · 李，这个组织的作用是使计算机能够在万维网上实现不同形式信息间更有效的存储和通信。

万维网的主要组件是 Web 客户端和 Web 服务器程序，可以让 Web 客户端（常用浏览器）访问浏览 Web 服务器上的页面。

在万维网中，网页是网站的基本信息单位，是 WWW 的基本文档。它由文字、图片、动画、声音等多种媒体信息以及链接组成，是用 HTML（Hyper Text Markup Language，超文本标记语言）编写的，通过链接实现与其他网页或网站的关联和跳转。网页文件可在 WWW 上传输，是能被浏览器识别显示的文本文件，其扩展名是.htm 和.html。网站由众多不同内容的网页构成，网页的内容可体现网站的全部功能。通常把进入网站首先看到的网页称为首页或主页（Homepage），例如，新浪、网易、搜狐就是国内比较知名的大型门户网站。

人们通过万维网在网页间冲浪，使用的是超文本传输协议（Hyper Text Transfer Protocol，HTTP）[8-9]。顾名思义，HTTP 提供了访问超文本信息的功能，是 WWW 浏览器和 WWW 服务器之间的应用层通信协议。HTTP 是用于分布式协作超文本信息系统的、通用的、面向对象的协议。

4. IPv6

以 IPv4 为核心的互联网技术在全球范围取得巨大成功的同时，受限于 32 位地址长度和 A、B、C 这 3 类编址方式，网络地址资源有限，以致 IP 地址已于 2011 年 2 月 3 日分配完毕。地址的不足严重地制约了互联网的进一步发展，特别是中国及其他发展中国家互联网的应用和发展。

一方面是地址资源数量的限制；另一方面是随着电子技术及网络技术的发展，计算机网络进入了人们的日常生活，可能身边的每一样东西都需要连入 Internet。在这样的环境下，IPv6 应运而生。

1995 年起，国际互联网工程任务组（Internet Engineering Task Force，IETF）制定了一系列 IPv6 标准，并不断发展完善[10-15]，用于替代现行 IPv4 协议。IPv6 地址长度 128 位，因此，新的地址空间支持 2^{128}（约 3.4×10^{38}）个地址，号称“全世界连一粒沙子都可以有自己的 IP 地址”。这不但解决了网络地址资源数量的问题，同时，也为除电脑外的设备连入互联网在数量限制上扫清了障碍。此外，IPv6 还能在移动性、安全性、多播和服务质量保证等方面提供更强的能力。因此，各国政府、科研机构、标准化组织和各大公司都将 IPv6 视为下一代互联网的重要关键技术。近几年，我国每年都举办全球 IPv6 下一代互联网高峰会议，交流在 IPv6 研究、开发、测试和应用中的最新进展。

5. 下一代互联网

互联网产生后迅速发展和广泛普及，成为人类社会重要的信息基础设施。但是，随着互联网上应用的不断发展变化，基于 TCP/IP 的现有互联网也逐渐暴露出许多的不适应。当前，互联网上暴露出的主要问题有：移动性差、灵活性差、服务质量难以保障、安全性不强、可管可控能力弱等。另一方面，互联网的规模远远超出当初的设想，骨干路由表超线性增长，网络扩容速度赶不上流量增长的速度，互联网正坍塌于自身规模的庞大，轻载网络的设想难以成为现实的选择。

为了解决这些问题，多年来，业界开展了一系列下一代互联网（也称未来网络）的研究工作。下一代互联网的演进一直有“革命路线”与“渐进路线”之争。“革命路线”指全新打造，从头再来；“渐进路线”指改进完善，兼容过渡。简单地说，凡是不改变互联网 IP 的主体地位，则属于改良范畴，为“渐进路线”；而想要替代 IP 主体地位的网络就叫革命性网络。“渐进路线”的典型代表是基于 IPv6 逐步演进过渡的下一代网络，而“革命路线”的代表有全球网络创新环境（Global Environment for Network Innovations，GENI）计划以及当前炙手可热的软件定义网络（Software Defined Network，SDN）[16-17]架构。

为彻底改变我国第一代互联网落后于人的现状，抓住下一代互联网的发展机遇，自 20 世纪 90 年代末开始，我国一直高度重视未来网络的研究。2003 年，由国家发展和改革委员会（以下简称发改委）主导，中国工程院、科技部、教育部、中国科学院等联合开展了中国下一代互联网示范工程（CNGI）项目，在下一代互联网研究与产业化方面获得重大突破，建成包括 6 个核心网络、22 个城市、59 个节点以及北京和上海两个国际交换中心的网络、273 个驻地网的 IPv6 示范网络。CNGI 项目成立了由中国工程院牵头的专家委员会，参与单位包括五大电信运营商和教育科研网、100 多所高校和研究单位以及几十家设备制造商，产、学、研、用合作对我国下一代互联网技术和产业的发展产生了深刻影响。

近几年，国家发改委又启动了我国第二期下一代互联网工程（CNGI2）项目的研讨、论证，推动我国在下一代互联网领域的深化研究和产业化发展，对未来网络的发展、从 IPv4 向 IPv6 网络演进的过渡技术方案以及下一阶段项目部署等都提出了建议。

同时，相关部委和科研机构都纷纷推出未来网络的研究计划，如科技部在 2012—2016 年度启动“面向服务的未来互联网体系结构与机制”项目。2011 年，中国工程院和南京市政府共同组织了“2011 中国未来网络发展与创新论坛”，并举办了“中国（南京）未来网络创新中心”“南京未来网络产业有限公司”揭牌仪式，前者为产业型研究院，后者为学科型公司，两者共同组成了未来网络谷（Future Network Valley），力求形成从芯片设计、设备制造、系统集成到应用服务的完整产业链。

值得指出的是，互联网之所以能有今天的发展，有两个因素功不可没：一是 IP 和 TCP 简单易用的接口；二是设备之间无需十分紧密的联系。这样一来，不同的公司、组织以及不同的人都可以参与建设互联网。要想建立技术上可行、同时商业环境上友好的网络，唯一的途径是各自为政，没有人独揽大权。联系过于紧密的事物是难以测度的。一个相反的例子就是电话网络最初的发展。所有的电话网络都由一个组织包揽建网、设立标准、技术研发的全部工作。互联网从未按照这种模式发展。从一开始大家就各自为政，十分灵活。这是互联网之所以成长壮大并如此多样的原因之一。

1.2　无线移动通信的发展

无线移动通信系统的初步应用，可以追溯到 20 世纪 40 年代第二次世界大战期间。当时，美军和盟军首次采用无线电通信系统，通过高强度加密进行信息传输[18]。1946 年，贝尔实验室根据美国联邦通信委员会（Federal Communication Commission，FCC）的计划在圣路易斯建立了世界上第一个公用移动电话系统，该系统工作于 150 MHz 频段。随后，德国于 1950 年、法国于 1956 年、英国于 1959 年相继推出了公用移动电话系统。这些系统采用无线通信手段来传输信息，但还没有进行无线互联组网，因此，属于无线网络的初级阶段，可以归纳为无线移动通信系统。

1971 年，夏威夷大学的研究人员创造了第一个基于分组技术的无线电通信网络，就是堪称经典的 ALOHA（Additive Link Online Hawaii）系统[19]，采用双向星型拓扑横跨 4 座夏威夷的岛屿，中心计算机放置在瓦胡岛上，使地理上分散的用户通过无线电来使用中心计算机，这个系统算是相当早期的无线局域网络。从这时开始，无线网络可以说是正式诞生了。

此后，无线通信手段越来越丰富，各类调制解调、编解码、复用和多址、天线等技术层出不穷，长波、中波、短波、超短波、分米波、厘米波、毫米波和红外线等无线通信频谱资源也逐渐扩展。与之相应，无线通信网络也得到了蓬勃发展，针对各种各样的应用场景，先后出现了蜂窝移动通信网（Cellular Network，CN）、无线局域网（Wireless Local Area Network，WLAN）、无线城域网（Wireless Metropolitan Area Network，WMAN）、移动自组织网络（Mobile Ad Hoc Network，MANET）、无线网状网络（Wireless Mesh Network，WMN）和天基网（Space-based Network，SN）等无线网络，它们在人们生产、生活中扮演着越来越重要的角色。特别是近几年，无线网络与互联网结合，对各行各业都产生了深远的影响。

1. 蜂窝移动通信网[20-21]

第一代（1G）蜂窝移动通信系统是模拟移动通信系统，始于20世纪80年代初，利用模拟传输方式实现话音业务，主要包括美国的先进移动电话业务系统（Advantage Mobile Phone System，AMPS）、英国的全接入通信系统（Total Access Communication System，TACS）、北欧国家的北欧移动电话（Nordic Mobile Telephony，NMT）系统以及日本的日本电话和电报（Nippon Telegraph & Telephone，NTT）等。尽管这一代系统设备比较笨重，话音质量不稳定，用户“串话”常见，但也难以掩盖这些系统产生的划时代意义，以及为后续系统发展奠定的坚实技术和实践基础。

第二代（2G）蜂窝移动通信系统是数字移动通信系统，始于20世纪80年代中期，利用数字通信方式实现话音和低码率数据业务，其容量和频谱利用率高于第一代。最典型的代表就是著名的全球移动通信系统（Global System for Mobile Communication，GSM）和IS-95。2G系统演进过程中，又诞生了2.5代通用分组无线服务（General Packet Radio Service，GPRS）和增强型数据速率GSM演进（Enhanced Data Rate for Global Evolution，EDGE）系统，显著增强了分组数据业务的传输能力，使移动用户除能够通话外，还能获得更多的无线数据服务。2G系统很好地满足了人们在移动状态下对话音业务及低速数据业务的需求，在全世界得到了广泛应用。尽管目前选择2G网络接入移动互联网的用户数呈逐年下降趋势，但这一代系统在人们生产生活方式中发挥的重要作用是有目共睹、举世公认的。

第三代（3G）移动通信系统是多媒体移动通信系统，始于21世纪初，支持前两代系统不能比拟的宽带多媒体业务，以时分同步码分多址（Time Division Synchronous Code Division Multiple Access，TD-SCDMA）、宽带码分多址（Wideband Code Division Multiple Access，W-CDMA）/通用移动通信系统

（Universal Mobile Telecommunication System，UMTS）和 cdma2000 这 3 种主流技术为代表。按照国际电信联盟（International Telecommunication Union，ITU）在 IMT-2000（International Mobile Telecommunication-2000，国际移动通信 2000）标准中的规定，3G 系统在室内、室外和行车的环境中能够分别支持至少 2 Mbit/s、384 kbit/s 及 144 kbit/s 的传输速率。截至 2013 年年底，中国 3G 用户数已经突破 4 亿，宽带上网、手机商务、视频通话、手机电视、手机办公、手机购物、手机网游和高精度定位导航等新型 3G 应用正在全面影响人们的生活方式。

第四代（4G）移动通信系统是速率更高、已经投入运营的最新一代移动通信系统，以 LTE-Advanced 和 Wireless MAN-Advanced（IEEE 802.16m）为主要标准。4G 系统能够以 100 Mbit/s 的速率下载，比拨号上网快 2 000 倍，上传的速率可达 20 Mbit/s，能够满足几乎所有用户的无线服务要求。目前，中国移动、中国电信和中国联通 3 家运营商正在加大力度实施 4G 系统建设部署。可以预期，随着 4G 网络的大规模部署运营，必将再次掀起移动通信产业发展、业务拓展和应用创新的一轮高潮，用户将体验到更为方便快捷、丰富多彩的上网服务。

2. 无线局域网[22]

无线局域网是基于无线传输介质的计算机局域网，利用无线电波取代双绞线、同轴电缆或光纤，使通信终端摆脱有线介质的束缚，具有组网灵活、使用方便、移动自由等特点，一般能够在几百米范围内提供网络接入服务。目前的主流标准是 IEEE 802.11 系列标准，自 1997 年 IEEE 批准并公布第一个正式标准 IEEE 802.11 开始，逐步形成了 IEEE 802.11a、IEEE 802. 11b、IEEE 802.11g、IEEE 802.11n 和 IEEE 802.11ac 等，目前还处于不断发展和更新中，这些标准一般被统称为无线保真（Wireless Fidelity，Wi-Fi）。此外，还形成了 HomeRF、HiperLAN 2 和蓝牙等无线局域网标准。IEEE 802.11b 可以在 2.4 GHz 工业科学医疗（Industrial Scientific Medical，ISM）频段上支持 1 Mbit/s、2 Mbit/s、5.5 Mbit/s 以及 11 Mbit/s 的数据传输速率，而 IEEE 802.11a 则可以在 5 GHz 的 ISM 频段上实现 54 Mbit/s 的速率。之后提出的 IEEE 802.11n，通过采用多输入多输出（Multi-Input Multi-Output，MIMO）技术，使得数据速率提高至 300 Mbit/s，最高可达 600 Mbit/s，给人们带来迅捷流畅的无线上网享受。

无线局域网主要有两种工作模式，即有 AP（Access Point，接入点）和无 AP

两种。无AP的模式实质是Ad Hoc工作模式，在带有无线网卡的计算机之间直接进行通信，而无须使用无线路由器或接入点设备。有AP的模式又称为Infrastructure模式，在这种接入模式下，需要无线网卡及一个AP，通过无线方式，配合现有的有线网络，实现无线网与有线网通过AP来进行通信，共享网络资源。有AP的模式建设费用和复杂程度远低于传统有线网络。这种简单、便捷的特性使其得到了广泛应用，目前无线局域网已经普遍部署在机场、车站、学校、公司等公众场合以及家庭等私密地点，提供低移动性、高速率的快捷网络服务，成为用户接入网络的主要方式之一。

3. 无线城域网[22]

无线城域网是采用无线手段构建的城域网，主要解决有线方式无法覆盖地区的宽带接入问题，传输速率高，组网方式灵活，覆盖范围通常可达几十公里。目前主流标准是IEEE 802.16，也称WiMAX（Worldwide Interoperability for Microwave Access，全球微波互联接入）。自1999年IEEE 802.16工作组成立开始，逐步发布了IEEE 802.16a、IEEE 802.16d、IEEE 802.16e、IEEE 802.16m等一系列标准。2003年发布的IEEE 802.16a标准工作在2～11 GHz频段，可在超视距环境下运行，可支持话音和视频等实时业务。2004年发布的IEEE 802.16d整合修订了IEEE 802.16和IEEE 802.16a，属于固定宽带无线接入规范。2005年发布的IEEE 802.16e工作在2～6 GHz频段，最大的特点是对移动性的支持，可以同时支持固定和移动宽带无线接入。2007年10月19日，在ITU举办的无线通信全体会议上，WiMAX被正式批准成为继WCDMA、cdma2000和TD-SCDMA后的第四个3G标准。2010年，IEEE 802.16m成为ITU的IMT-Advanced技术标准，正式被ITU确定为4G标准。

WiMAX一般由部署建设的发射塔和可移动的接收机组成，与无线局域网相比，其最突出的特点是覆盖范围更大，可以应用在固定、游牧、便携和移动等应用场景，能够同时提供视距和超视距接入服务。此外，WiMAX的QoS保障机制完善，能够在移动状态下提供百兆每秒、甚至吉比特每秒的宽带接入速率，是代表未来通信发展方向的先进技术之一。

4. 移动自组织网络[23]

无线网络中有一类特殊的网络，由若干无线通信终端根据需要构成一个临时部署、无中心的网络，实现相互连接和资源共享。1972年，源于对军事通信的需要，美国国防部高级研究计划署（Defense Advanced Research Projects Agency，DARPA）启动分组无线网（Packet Radio Network，PRNET）项目，研究目标是将数据分组交换技术引入无线环境中，开发军用无线数据分组网络，这就是 MANET 的前身。1983 年，DAPRA 又启动了抗毁性自适应网络（Survivable Adaptive Network，SURAN）项目，将 PRNET 成果扩展，以支持更大规模的网络。1994 年，为了使全球信息基础设施支持无线移动环境，DARPA 启动全球移动信息系统（Global Mobile Information System，GloMo）计划，支持无线节点之间随时随地的多媒体连接，解决 MANET 的 3M 问题，即移动（Mobile）、多跳（Multihop）以及多媒体（Multimedia）。21 世纪以来，DARPA 正在支持一系列研究项目，如联合战术无线电系统（Joint Tactical Radio System，JTRS）、未来战斗系统（Future Combat System，FCS）等，都针对 MANET 网络技术进行了研究。1997 年，互联网工程任务组成立了 MANET 工作组，主要致力于移动 Ad Hoc 网络的协议标准化工作，极大地推动了商用移动 Ad Hoc 网络的研究与开发。

移动自组织网络不需要固定基站支持，实现分布式的无中心管理，可临时组织，具有高度移动性，网络抗毁与快速部署能力强。与其他类型的无线网络相比，移动自组织网络的突出特点包括：全分布式、拓扑动态变化、多跳拓扑、带宽有限且易变以及能源受限等。这些特点使得这类网络技术研究面临许多挑战。

5. *无线网状网络*[22]

无线网状网络也称无线 Mesh 网络，是移动自组织网络的一种特殊形态，是一种新型的宽带无线网络结构，被看成 WLAN 和 Ad Hoc 网络的融合，并兼具二者的优势。无线网状网络的出现是在 20 世纪 90 年代中期以后，近年由于应用需求的牵引而逐渐引起业界关注，其实施可以依托 IEEE 802.11、IEEE 802.16 以及蜂窝网等技术，或者是多种技术的组合。

无线网状网络有两种典型的实现模式：基础设施模式和终端用户 Mesh 模式。基础设施模式指在 Internet 接入点和终端用户间形成无线回路。终端用户 Mesh 模式指终端用户通过无线信道的连接形成一个点到点的网络，终端设备在不需要其他基础设施的条件下可独立运行，能够支持移动终端较高速地移动，快速形成宽带网络。

无线网状网络与移动自组织网络的区别主要体现在两方面：一是组网方式不

同，无线网状网络是扁平结构，而移动自组织网络则是分层和等级结构，在每层内部形成多个 Ad Hoc 网络，不同层之间通过无线互联起来，做到集中控制管理和自由动态组网有机结合；二是解决的问题不同，移动自组织网络设计的目的是实现用户移动设备间的对等通信，如突发情况下快速部署网络，而无线网状网络看重的则是如何为用户终端提供无线接入。

6. **天基网**[24-25]

天基网是一种以各种类型的卫星为网络节点，通过星际链路互联起来构建的空间无线网络系统。20 世纪 90 年代，摩托罗拉（Motorola）公司铱（Indium）系统卫星的成功使用是卫星通信发展史上的一个分水岭，此前的卫星通信系统主要采用同步轨道卫星和"弯管式"透明转发方式实现洲际和国际干线通信或电视广播。这类系统设计简单、容易实现，但在时延、频率资源利用率、地面通信终端小型化以及信息转发的灵活性上具有难以克服的缺点，限制了通信卫星的应用范围，无法满足迅速发展的地面移动通信等应用对卫星的需求。在这种情况下，研究面向地面应用需求，尤其是面向迅速发展的个人通信应用的新型卫星系统成为必然。自铱系统建成以来，天基网络经历了窄带卫星通信网、宽带卫星通信网、天基互联网 3 个主要发展阶段。

窄带卫星通信网主要是为了实现全球移动电话的无缝漫游，这与当时的第二代移动通信地面用户通信应用相适应。在这种需求下，窄带移动卫星通信网一般设计为一个面向话音通话服务的全球移动系统，可为地面用户提供以话音为主的全球无缝服务。该阶段最有代表性的系统是铱系统和全球星（Global Star）系统，也包括美军的移动和战术系统系列，如舰队卫星通信系统、特高频后继星（UFO）卫星通信系统和先进极高频（AEHF）系统等。

宽带移动卫星网是适应第三代地面通信应用发展起来的一种移动卫星网，可为地面用户提供多业务、大容量及高接入带宽的传输服务。在技术上，宽带移动卫星网大多具有较强的星上信息处理能力，基于高速星间链路降低卫星通信网对地面站的依赖。目前，国外各大卫星通信公司纷纷提出宽带通信卫星网的建设方案，但都尚处于发展过程中。

随着地面互联网的不断发展，利用卫星网络实现全球任何地方任何用户的互联网服务、构筑天基互联网已成为卫星网络发展和下一代互联网的重要内容。天基互联网需要卫星网络能与地面互联网无缝连接，且可以为各种终端提供灵活的互联网接入，以 IP 技术为基础的天基互联网是目前卫星组网领域研究的热点，也是构建空天地一体化全球通信网的重要组成部分。目前，这方面的研究和建设已经起步，欧洲和美国等一些发达地区和国家以及一些公司正在开展相关系统的科研和建设，我国也已启动天地一体化信息网络的重大工程科研建设工作。

1.3 移动互联网的兴起

随着宽带无线接入技术和移动终端技术的飞速发展，人们迫切希望随时随地乃至在移动过程中都能方便地从互联网获取信息和服务，在此背景下，移动互联网应运而生并迅猛发展。

1. *移动互联网的发展*

2008 年 6 月，时任苹果公司 CEO 史蒂夫·乔布斯向全球发布了新一代智能手机 iPhone 3G。这是一个具有划时代意义的历史性事件，标志着移动互联网时代的来临。此后，移动互联网以摧枯拉朽之势迅速席卷全球，三星、小米、华为、OPPO、vivo 等公司紧随其后，掀起了智能手机取代传统手机的狂潮。

2014 年，全球接入互联网的移动设备总数超过 70 亿，几乎全球人手一台，全球接入互联网的用户达到总人口的 40%，全球移动互联网用户数接近 30 亿[26]。我国移动智能终端设备数已达 10.6 亿，较 2013 年增长 231.7%，自 2008 年以来，年均复合增长率 40%以上。全国移动用户的手机里平均安装着 34 款 APP。微信、淘宝、滴滴打车、高德导航、航班管家等丰富多彩的手机应用铺天盖地，手机已经发展成为人体感官的一部分，深刻地影响和改变了人们的生产生活。

2015 年，李克强总理在政府工作报告中指出："制定'互联网+'行动计划，推动移动互联网、云计算、大数据、物联网等与现代制造业结合，促进电子商务、工业互联网和互联网金融健康发展，引导互联网企业拓展国际市场。"所谓"互联网+"，实际上是创新 2.0 下的互联网发展新形态、新业态，是知识社会创新 2.0 推动下的互联网形态演进。新一代信息技术发展催生了创新 2.0，而创新 2.0 又反过来作用于新一代信息技术形态的形成与发展，重塑了移动互联网、物联网、云计算、社会计算、大数据等新一代信息技术的形态，并进一步推动知识社会以用户

创新、开放创新、大众创新、协同创新为特点的创新 2.0，改变了我们的生产、工作、生活方式，也引领了创新驱动发展的新常态。

2016 年和 2017 年，李克强总理连续在政府工作报告中谈到落实和深入推进“互联网+”行动计划情况，体现了我国以开放的态度持续推进移动互联网不断融入社会生产生活的蓬勃发展态势。

2. 移动互联网是什么

什么是移动互联网？移动互联网虽然和互联网有很大亲缘关系，甚至带着互联网的基因，流着互联网的血，但它不是互联网。移动互联网≠移动+互联网，移动互联网是移动和互联网融合的产物，不是简单的加法，而是乘法，移动互联网=移动×互联网。

移动互联网就是将移动通信和互联网二者结合起来，融合为一体，继承了移动随时随地随身和互联网分享、开放、互动的优势，是整合二者优势的升级版本。本质上，移动互联网将互联网的触角延伸到每一个角落，成为真正的泛在网络：无论何时、何地、何人，都能顺畅地通信、联络，网络几乎无处不在、无所不包、无所不能，其终极目标可以用“任何人、任何物、任何时间、任何地点，永远在线、随时互动”来刻画。

移动互联网包含终端、网络、软件和应用 4 个层面。终端层包括智能手机、平板电脑、电子书、MID 等；网络是指基站、无线接入点、交换机、路由器、防火墙等网络基础设施；软件包括操作系统、中间件、数据库和安全软件等；应用层包括休闲娱乐类、工具媒体类、商务财经类等不同应用与服务。

3. 移动互联网的未来

移动互联网开创了一个全新的时代，在这个伟大的时代，要么移动，要么退出历史舞台。巨人诺基亚轰然倒下，联想鲸吞摩托罗拉，而以苹果、Google、Facebook 为代表的国际巨头和以阿里巴巴、腾讯、百度、小米、360 等为代表的国内豪强，以及大量尚处在初生或萌芽状态的互联网企业，正在这场伟大的革命中，积极引领，主动参与或被迫跟随这次空前的移动大浪潮。

在移动互联网时代，社会和个人开始以真实的身份、真实的角色、真实的能力进入互联网，整个互联网已经不再是虚拟的网络，变得越来越真实，越来越可触摸。正因为真实，人们的行为、思想、情感、关系、需求在互联网中得到详细的记录，所以互联网事件和现实事件已经融为一体了。

未来，移动互联网将连接一切人、物和服务，向传统的各行各业渗透，实现深度融合，创造新的生机和活力，通过开放式协作创新，专注极致，催生精品，更好地服务于人类的生产、生活。主要的发展趋势如下。

（1）连接一切

智能手机是人体器官的一个延伸，近两年这个特征越来越明显。它有摄像头、感应器，人的器官几乎都延伸增强了，而且通过互联网连在一起了，这是前所未有的进步。下一步连接将不仅限于人和人之间、人和设备、设备和设备，甚至人和服务之间都有可能产生连接。微信的公众号是人和服务连接的一个案例。因此，PC 互联网、移动互联网、物联网等，这些都是互联网在不同阶段、不同侧面的一种提法，它最终是无所不包、无所不连的巨型网络实体，这也是未来一切发展变化的基础。

随着移动互联网应用范围不断扩大，社会各行各业对其覆盖范围和通信能力提出了更高的要求,仅依靠地面固定基础设施难以全面满足各种各样场景的通信需求。依托空基通信基础设施提供大地域范围内的移动通信，正处在小规模测试试验和测试服务阶段，而以卫星节点为核心的天基移动通信网络经过半个多世纪的发展，正向天基互联网演进[27]。这些发展必然要求有机地融合天基、空基和地基无线网络基础设施，构建天—空—地一体化的移动互联网，更加高效地利用各类通信资源，为处在各种不同环境下的移动用户提供话音、传真、数据、图像、多媒体等高品质服务和用户体验，达到无缝覆盖、连接一切的目的。

当一切连入网络以后，在社会生活任何一个地方，都有一个双向交流的网络连接存在，即永远在线。早期的互联网时代，随时随地、如影随形这件事是不可能想象的，广域的泛在移动互联网让随时随地、如影随形成为可能。这也使得大量即时业务和通信成为可能。今天几乎每一个新闻事件都可能被马上发到微博、微信、网站上，爆炸式地在第一时间传播，这就是广域泛在移动互联网的作用。

（2）互联网+

互联网+加的是什么？加的是传统的各行各业，通过彻底改造传统行业，大幅提升效率，创新用户体验，使人们享受到科技革命带来的美好生活，促进社会的和谐进步。

互联网+通信是最直接的，从纸质书信到电子邮件、随身邮件，从普通话音电话到网络电话、视频电话，从短消息到即时消息、多媒体消息等，通信变得更为高效、快捷、丰富；互联网+社交，诞生了微信，微信把人和人的连接囊入怀中，随时随地沟通、搜索微信公众号、刷新朋友圈、抢红包、搜索附近的人等功能，已经走进了亿万大众的生活，甚至产生了大量的“微信控”“微信达人”；互联网+金融，出现了威力巨大的余额宝、支付宝、微信支付等产品，还催生了比特币、众筹、P2P 网贷等创新型金融事物；互联网+零售，涌现了淘宝、京东、唯品会；互联网+汽车，产生了车联网、智能汽车等。

可见，传统行业的各细分领域通过采用开放的互联网思维和技术，能够焕发出新的生机和活力。正如第一次工业革命时期，蒸汽机的动力改造了书籍的印刷；第二次工业革命时期，电力催生了灯泡、收音机、电视机等；以“互联网+行业”为重要标志的第三次工业革命，必将随着互联网与传统行业更深层次的融合，不断催生出新的微信们和余额宝们，向工业 4.0、第四次工业革命迈进。

（3）开放式协作创新

互联网生来就具有开放的基因，通过提供基本的服务和开放的接口，建立可供第三方调用、组装和运用的开放平台，使得其他开发者能够在平台上开发创新型服务与应用，利用开放平台实现市场的拓展，并最大限度地满足用户需求。这种开放的模式推动了用户、开发者、开放平台这一生态系统的良性发展，推动了互联网资源的高效利用。

《第三次工业革命》里面讲到，未来大企业的组织架构会走向分散合作的模式，聚焦在其核心模块，把其他模块和社会上更有效率的中小企业分享合作，正如现在的行业分工愈来愈细。

在创新的模式上，消费者参与决策也是一个大的趋势。互联网把传统渠道的不必要环节、损耗效率的环节拿掉了，让服务商和消费者、生产制造商和消费者更加直接地对接起来。厂商和服务商可以如此近地接触消费者，这是前所未有的，消费者的喜好、反馈可以很快地通过网络来反映。例如小米的 MIUI 就是与消费者共创的价值，超过 60 万的“米粉”参与了小米 MIUI 操作系统的设计和开发，MIUI 每周的更新，就是小米与“米粉”合作的结晶。

（4）专注极致追求精品

专注于特定领域，注重产品细节与用户体验，持续改进的精品往往成为市场的宠儿，精品化成为当前互联网发展的重要趋势。

“愤怒的小鸟”成为移动游戏史上的传奇，从普通版到季节版、情人节版、里约版、太空版，再到星球大战版，这一趣味十足的游戏吸引了无数人的关注，并且覆盖了 iOS、Android、Windows Phone、PC、Symbian3、Facebook、Chrome 等多个平台，并开始渗透到娱乐、动画等更多产业。

在 iOS 系统更换默认地图服务后，Google Map 登录 APP Store 后 7 小时内就成为下载量最多、最受欢迎的一款免费应用。

经典的跑酷游戏 Temple Run 2 上架苹果 APP Store 仅 4 天时间，其下载量已经突破了 2 000 万次，其中，第一天下载量为 600 万次；上线两周后，Temple Run 2 下载量已经突破 5 000 万次。

精品的产品与应用往往在很短的时间内就吸引了全球用户的关注，受到用户的追捧，因而力图打造完美产品成为互联网企业在开发产品与服务时的重要方向。

在手机领域，市场上已经出现了许多这样的企业和案例，如苹果、小米、华为等，它们的产品种类和数量不多，但是很精，讲究的是产品体验，有大量的用户反馈，有自己的粉丝。小米公司学习苹果，每年只做少数几款产品，将体验做到极致，这种“聚焦精品”的策略，实际上也是一种单品带来的聚光灯效应，同时制造稀缺性。小米 CEO 雷军著名的“专注、极致、口碑、快”七字诀，非常好地体现了移动互联网时代追求极致的产品体验和用户口碑的精神。

1.4　移动互联网网络的关键技术

移动互联网的发展如火如荼，各类相关技术也在不断进步。无线接入技术、移动网络技术、移动终端技术、移动应用创新技术以及移动网络安全技术等，都是业界关注的重点方向和领域。本书试图对移动互联网的网络相关技术进行全面的介绍。

1.4.1　移动互联网网络的发展趋势

在需求牵引和技术推动的作用下，各类无线网络得到了国际标准化组织、运营商、设备制造商以及大众的广泛关注，成为发展最快、应用最广的信息技术领域之一。在任何地方自由地接入信息网络，进行体验丰富的多媒体通信是业界和用户的理想，也是广大工程技术人员不懈追求的目标。未来移动互联网络发展的主要趋势可以归结为通信速率宽带化、网络结构立体化、异构网络融合化、网络行为智能化、业务应用多样化等方面。

1. 通信速率宽带化

宽带化是通信信息技术发展的重要方向之一。随着光纤传输技术以及高吞吐量网络节点的不断发展，有线网络的宽带化正在世界范围内全面展开，而无线通信技术也正在朝着宽带化的方向演进。

目前，无线移动通信速率已经从 2G 系统的 kbit/s 向 3G 系统的 Mbit/s 和 4G 系统的十 Mbit/s、百 Mbit/s 发展。尽管带宽剧增了数千、数万倍，但是通信容量的提升似乎总是赶不上用户需求的变化。面对拥挤不堪的无线通信频谱，各类无线通信网络在频域、时域和空域上采取了一系列提高容量的措施，不断提升通信带宽。预期未来 5G 网络将提供足够的带宽和容量，满足终端对可获得速率（百 Mbit/s）、峰值速率（Gbit/s）以及系统容量等的需求。

通过通信带宽的提升，5G 系统能够提供更低的时延和更高的可靠性，为用户提供随时在线的体验，并满足诸如工业控制、应急通信等更多重要场景需求[28]。根据预期要求，一方面将进一步降低用户面时延和控制面时延，相对 4G 缩短 5～10 倍，达到人力反应的极限（如 5 ms 触觉反应），并提供真正的永远在线体验；另一方面，一些关系人的生命、重大财产安全的业务，要求端到端可靠性提升到 99.999% 甚至 100%。

2. 网络结构立体化

在地面固定基础设施的基础上，通过补充和加强空基、天基通信基础设施，实现对热点地区和偏远地区的有效覆盖，提供有保障的移动通信能力，是正在发生的通信变革。相应地，网络发生的变化之一是网络节点将在地面节点的基础上，增加空基、天基网络节点，形成分层的立体化网络拓扑结构，各层节点分别部署在不同的物理空间，是一种在空间上多层分布的新型网络结构。图 1-6 表示了一种典型的立体网络结构。

网络结构的立体化能够突破仅依托地面节点的平面型网络在传输容量、用户容量、地域覆盖和用户移动等方面的制约，建立无处不在、灵活可靠的无线网络，特别是建立具有稳定可靠、性能优良的骨干结构，可大幅提升移动环境下的通信覆盖范围、信息传输速率和传输可靠性，支持用户和节点的高速移动，为用户提供良好的移动服务体验，满足各种各样丰富场景的通信需求。

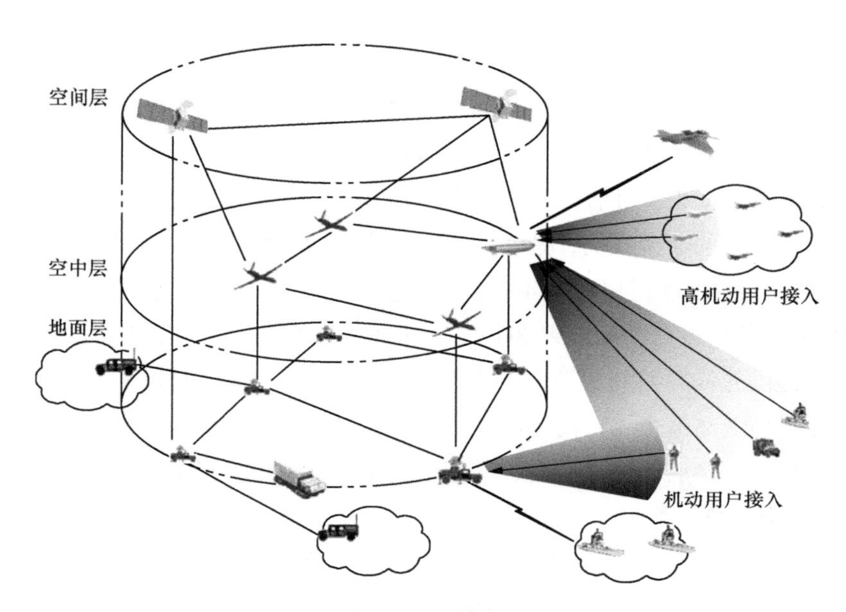

图 1-6 立体网络结构

实现网络结构立体化的主要技术途径除了在网络结构上增加空基、天基通信节点外，还包括天空地一体化网络路由算法，天地、空地、地空等上下行传输过程中的资源调度、分配与接入控制技术，端到端可靠传输技术，移动越区切换技术以及网络容量分析与优化技术等。

3. 异构网络融合化

蜂窝网、无线局域网、无线城域网、移动自组织网络、无线网状网络和空基网、天基网等各式各样无线网络并存，形成了百花齐放、百家争鸣的异构网络格局，异构性、融合性成为移动互联网网络的主要特征。为了在异构网络环境下统一提供业务，需要采用融合的方案，屏蔽网络的异构性，因此异构网络的融合是一种必然的发展趋势。从 ITU 提出的下一代网络（Next Generation Network，NGN）[29-30]、各大运营商广为关注的固定移动融合（Fixed Mobile Convergence，FMC），到我国提出的电信网、计算机网和有线电视网“三网融合”，无不体现了这种网络融合的大趋势。

网络的融合主要体现在：核心网的融合、接入网的融合、业务的融合和终端的融合等。不同的接入网络需要协同工作，以支持用户在异构无线环境中的无线漫游。由于用户业务需求的广泛性，未来的无线通信系统必须实现多种功能的综合集成：IP 业务和非 IP 业务的综合；话音、数据和图像等业务的综合；多 MAC 接入的综合；

无线传输模式的综合以及服务模式的综合等。

网络融合不仅能够充分利用异构网络之间的互补优势，向用户提供丰富的业务应用和最佳的业务体验，而且将给运营商的网络部署和运营带来广阔的市场前景和巨大的市场潜力。目前，用户已经实实在在感受到、几乎每天都在接受和使用网络融合服务的典型案例，是 2G、3G、4G 和 WLAN 的融合。随着中国移动 4G 网络的建设，移动用户在有 4G 信号的地方能够享受 4G 高速上网服务，没有 4G 信号覆盖的地方自动回退到 3G、2G 网络；另外，在办公室或家里安装了无线路由器提供无线局域网宽带上网的手机用户，到办公室或回到家，自动切换到无线局域网免费高速上网，离开办公室或家将自动切换到手机 4G、3G、2G 网络，现在机场、酒店、会展中心，甚至地铁里都能提供这样的网络服务。

4. 网络行为智能化

1999 年，Toseph Mitola 首次提出了认知无线电的概念[31-32]，引起学术界广泛关注，认知无线电得到迅猛发展。一般来说，认知无线电是一种智能的无线电通信系统，它能够感知周围的电磁环境、无线信道特征、频谱政策以及用户需求，并通过推理和对以往经验的学习，自适应地调整其内部配置，优化系统性能，以适应环境和需求的变化。

随着认知无线电的发展，摩托罗拉和 Virginia-Tech 公司提出了认知网络的概念[33]。所谓认知网络，是一种具备智能的网络，能够感知当前网络条件并根据系统性能目标进行动态规划和配置，通过自学习和自调节，采取适当行动来满足性能目标。认知网络立足整个网络的性能和系统总体目标，涉及传输过程中的所有网络要素，包括子网、路由器、交换机、传输链路、接口、终端等。

无论是认知无线电，还是认知网络，都强调网络行为具备较强的感知学习能力、高度的智能性和灵活性。可以看出，网络行为更加智能化是一个重要的发展趋势。首先，要求网络具有较高的智能认知能力，网络能智能适应不同的使用环境，能在地形条件、部署位置、用户规模、组网方式等发生改变时，自动快速地进行适应、配置和重组，网络开通和自愈快速、高效，无需操作人员的过多干预；其次，要求网络能根据用户业务需求和网络的当前状态，自动调整网络的传输控制策略和资源调度策略，确保整个网络运行状态良好，优化资源利用；最后，要求网络能够对关键的安全和性能问题做出实时、动态的响应，实现全面、有保证的信息共享和协作决策。

行为的智能化将促使未来无线网络向自配置、自管理、自恢复的方向发展，能够在更好地实现端到端通信目标优化的同时，提高网络资源利用率。

5. *业务应用多样化*

手机自诞生以来，其最重要的功能是人与人的基本沟通功能。现在，随着智能手机、智能终端的广泛应用，对个人而言，其功能和形态都得到了极大的拓展。休闲、娱乐、办公、旅游、购物、支付、银行、医疗、健康、出行、智能家居控制等个人生活的方方面面，都需要手机、平板电脑和可穿戴设备等各种形态的移动终端。移动终端甚至包含了个人的信用身份等重要信息。可以说，以手机为代表的智能移动终端已经成为人们身体的一部分。

相应地，无线网络提供的服务更多地体现"以人为本"的服务特征，在强调强大服务功能的同时，为用户构建个性化业务应用，且服务质量有质的提高。移动通信服务的价值链也势必在这种发展趋势下，进一步延伸与细化，并以开放式的新面貌呈现。在业务的开发方面，更多着眼于开发环境的适应与改善，并转变传统的封闭式业务开发模式，以开放的 API 开发模式进行优化。在无线通信网络的服务端，其服务智能化、综合化与媒体化的趋势日益明显，也就是说，未来无线服务终端的功能更加强大，特别是在多媒体视听、数据处理与无线通信的一体化等方面。

预期到 2020 年，移动终端将成为人们生活的信息中心，而 IMT-2020（5G）和其他无线网络需要在提供宽带、可靠、安全通信连接的同时，为人们提供更丰富的业务应用，构建良性的运营生态环境。

1.4.2 移动互联网的关键技术领域

移动互联网能够为用户提供越来越丰富多彩的业务服务，与作为其基础"底座"的网络能力越来越强密切相关。移动互联网对网络的要求，从上层业务应用的角度看，一是更高的资源利用效率，充分利用空中接口资源，提升传输效率；二是对突发、时变业务流量的服务保障，确保突发、高容量数据的可靠、即时传输；三是永久在线，漫游过程时刻保持网络可用，支持可靠的即时通信，提供优良的用户体验。

移动互联网网络融合的目标是使得任何用户在任何时间、任何地点都能获得具有端到端 QoS 保证的融合业务。在各类异构网络共存的情况下，其中组成的网络资源形式各不相同、用户业务需求的多样性以及商业运营模式不够明朗，使得移动互联网网络融合的研究仍然面临着诸多技术挑战。业界在相关领域开展了大量有益的探索和研究，取得了许多积极的成果，但也还存在一些亟待解决的问题。当前移动互联网网络技术的主要研究内容如图 1-7 所示，主要集中在以下几个方面。

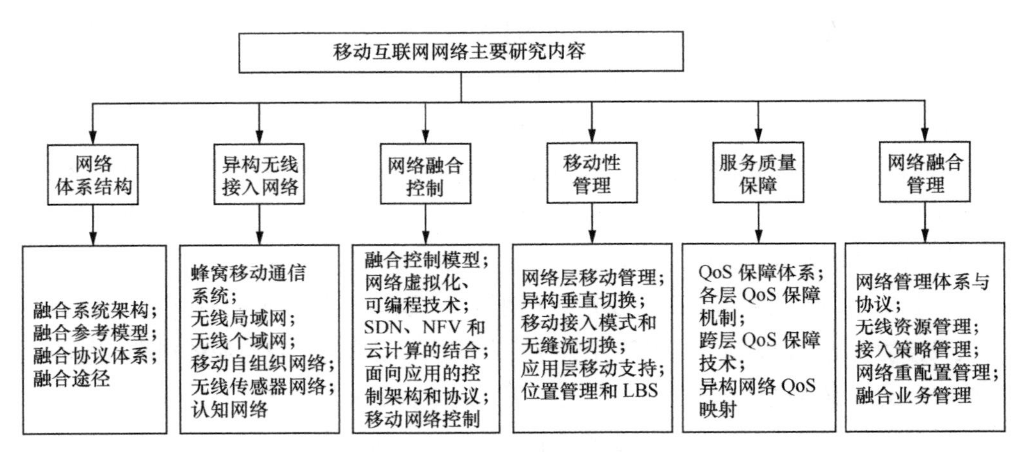

图 1-7　移动互联网网络研究内容

1. 网络体系结构

实现有效的异构移动无线网络融合，首先需要设计异构移动互联网网络融合的体系结构与参考模型，合理定义移动互联网的协议体系和互联互通接口。目前，国内外针对移动互联网体系结构相关领域已经开展了广泛的研究，包括 3G、LTE、WLAN、WiMAX、MANET、卫星、无线传感器网等异构无线网络的融合，其中，以蜂窝移动网络作为广域覆盖、WLAN 作为热点嵌入的异构移动互联网网络融合技术是目前研究的热点[34]。

移动互联网网络融合体系架构是一种特殊类型的网络体系架构，其特殊性主要体现在多种类型的无线手段、种类丰富的网络协议和灵活多样的业务应用上。网络的异构性及其业务种类的多样性对融合的网络架构提出了更高的要求，急需一种可以为用户提供个性化、多样化业务，支持多种异构无线网络结构和终端设备，具有高度的灵活性、开放性、兼容演进性以及安全、可管、可控等特征的异构融合网络架构。如何充分挖掘利用网络的异构特征，设计一种可以平滑演进的异构网络融合参考模型，实现业务、控制、承载和底层异构传输的分离，解决异构网络核心网融合、接入网融合、业务融合、终端融合和运维融合等问题，成为移动互联网网络融合研究的关键议题[27]。国际上 ITU、3GPP、IEEE、IETF 和 TISPAN 等多个标准化组织，以及各主流研究机构和各大公司从不同角度提出了多种网络融合的架构模型。如何从这些架构中提炼出具有普适性、适合未来发展的移动互联网融合网络架构，是本书重点研究的内容。

2. 异构无线接入网络

纵观各类无线网络的发展历程和趋势，需求牵引和技术进步已经催生了蜂窝网、无线局域网、无线城域网、移动自组织网等一大批技术先进、种类各异的无线接入网络，这些网络的工作频段、多址方式、信号处理、媒体接入控制等体制各不相同，目前还在不断改进、完善、丰富和发展，这些各式各样、多代同堂的网络共存构成了复杂的异构无线接入网络。

无线接入网涵盖从核心网的边缘路由交换节点到移动用户终端的全部功能实体，位于整个网络的边缘，主要包括用户身份认证、网络接入控制、移动性支持、接入传送、业务汇聚和服务质量（QoS）策略等功能。随着移动终端的大量普及以及接入技术的不断发展，无线接入系统经历了由窄带到宽带，由面向话音业务到面向数据、多媒体业务的转变。目前，主流的无线接入技术主要包括从 2G 到 4G 的蜂窝移动通信技术，WiMAX、WLAN、超宽带、蓝牙、ZigBee 等无线通信技术，移动自组织网络、无线传感器网络等新兴的无线通信技术。业务的丰富多样性和接入手段的异构性，给网络融合带来新的难题。

无线接入网研究的重点主要包括：宽带高效无线新技术、异构接入资源与统一 IP 承载的协议适配；无线资源与业务适配、汇集和 QoS 策略等管理机制。无线新技术发展的动力仍然是接入带宽、接入容量、覆盖范围、对移动应用的支持能力等因素。

3. 网络融合控制

移动互联网提供随时在线的用户体验，完全颠覆了用户上网的行为模式。随着移动用户的快速增加以及用户非结构化数据的急速爆炸，移动互联网中建立了大量数据中心，以适应快速增长的网络需求，并基于云计算平台为各种移动应用以及企业应用提供基础服务平台，包括通常所述的 IaaS、PaaS、SaaS。因此，在移动互联网时代，网络变革思想大部分体现在数据中心的网络控制、网络功能实体实现以及应用层架构/协议，互联网本身的基础架构和网络控制没有大的变化，主要是向着 IPv6 迁移以及 P2P 技术的进一步广泛应用。

云计算是移动互联网最根本的一种商业模式，其网络融合控制主要包括 SDN

网络控制、网络功能虚拟化（NFV）、虚拟化网络等技术，以及这些基础技术和云计算管理平台的结合。这些变革性的网络控制技术相互融合，构建了移动互联网云计算服务的基础设施。上述技术各自的发展、标准化、产业化以及相互之间基于RESTful API接口的标准化，是当前网络领域十分热门的技术方向。

面向服务的网络架构具有良好的扩展性。基于面向服务的架构能够为用户提供统一通信服务、移动社交服务等各种网络服务。此外，随着QQ、微信等社交软件的发展，支持用户即时消息、状态呈现、数据同步等功能的网络协议也成为研究和关注的热点。

移动网络为移动用户提供接入，已经实现从2G到4G的网络建设部署和商用，并开始了5G网络的研究。随着4G网络的逐步普及，系统架构演进（System Architecture Evolution，SAE）架构下控制网元功能划分、参考点定义，分布式部署条件下网元选择等是网络运营的核心问题。4G网络基于全IP架构，IMS系统下业务引擎的业务环境模型及其与系统的接口是业务和控制分离的关键。此外，由于移动网络多网并存，为用户提供统一的数据融合管理，也需解决分布式架构下统一用户数据格式、开放数据接口、统一数据访问协议等问题[34-35]。

4. 移动性管理

移动互联网中的移动性管理主要包括两个方面：一方面是用户移动时，网络接入链路发生切换甚至互联网接入点发生切换时，维持移动节点与网络之间的连接，从而保证用户业务的连续性；另一个方面则是移动互联网基于用户位置管理衍生出的多种商业模式，以及千变万化的、与用户位置相关的移动应用。移动性管理技术贯穿网络各个层次，涉及移动终端、无线接入网络物理层、链路层、网络层、移动管理策略以及上层应用系统等各个层面。

由于新一代移动网络业务基于全IP承载，甚至话音业务也在移动软件（QQ、易信等）上实现，故基于IP网络层的移动解决方案是最为通用的方案，上层应用无须感知用户移动。PM IPv6、DSM IPv6等移动IP能够解决IP移动性及业务无缝切换，但是也需要在移动网络建设中将其功能逻辑分配到对应的网元中，并需优化用户移动切换时延。此外，基于安全性因素，名址分离、标识分离等技术也是网络层研究的热点方向之一，用以综合解决移动相关的安全、路由问题[36]。

在多重覆盖异构无线网络中，如何根据用户使用偏好以及运营商网络策略，实现用户接入网络选择及切换，达到用户满意度和网络资源优化的平衡，是业界普遍关心的热点问题。这部分研究内容包括异构无线网络间业务垂直切换技术，多种异构网络参数的切换算法，以及从网络角度设计的高灵活性、低复杂度网络结构和移动综合策略管理等[37]。

用户位置管理主要涉及用户定位和后台移动应用。如何提升用户定位精度是用户定位研究的重点技术，包括差分 GNSS、TDOA 等[38]。基于位置的移动应用则是互联网巨头和移动运营商长期关注的热点，对应技术涉及终端定位支持、LBS 服务平台、地理信息系统（GIS）以及关于生活、服务、交通等多方面的大数据管理。

5. 服务质量保障

服务质量是从用户体验角度来反映网络业务支持能力的一系列特征指标，能够在一定程度上反映用户对所获得服务的满意程度。提供业务 QoS 保证就是采用适当的措施满足与各类用户达成的不同服务等级协定，同时对各类 QoS 参数（如业务可用性、时延、时延抖动、吞吐量、分组丢失率等）进行权衡和优化[39-40]。

业务端到端 QoS 保障研究是近年来的研究热点，特别是在移动互联网的异构无线接入环境下，如何保障跨网跨域业务的端到端服务质量，始终是一个重要的研究方向。在移动互联网中，不同类型的业务对网络性能的要求不完全一致，而不同网络的服务方式和性能也差别较大。以业务需求为中心，协调利用异构网络资源，共同提供一致的、具有服务质量保证的端到端业务，已成为移动互联网业务支持中的首要任务。同时，随着人们个性化服务需求的不断增加，异构网络融合所带来的业务 QoS 跨网支持问题、不同网络 QoS 信息在同一体系中的表示与计算问题，都将变得更加复杂。因此，移动互联网异构网络环境下端到端的 QoS 保证，无论是对异构网络资源的最优化利用，还是对接入网络之间协同工作方式的设计，都极为重要。在此背景下，如何在移动互联网中保证用户业务跨网、跨域端到端 QoS 尚待深入研究。目前的研究主要集中在异构 QoS 保障体系、跨层 QoS 协议、呼叫接纳控制（Call Admission Control，CAC）、垂直切换、异构资源分配和网络选择等方面[41-42]。

6. 网络融合管理

传统网络管理技术重点解决同构网络的规划部署、状态监控和运维优化等问题。随着通信和计算机技术的不断发展，ISO、IETF 和 ITU-T 分别提出了各自的网络管理体系架构和协议模型，在企业网、互联网和运营商网络的运维管理中得到了广泛应用[43]。在移动互联网的异构接入环境中，多种架构、技术体制的通信网络共存，用户可通过多种手段接入网络，并支持用户在多个网系间的移动和业

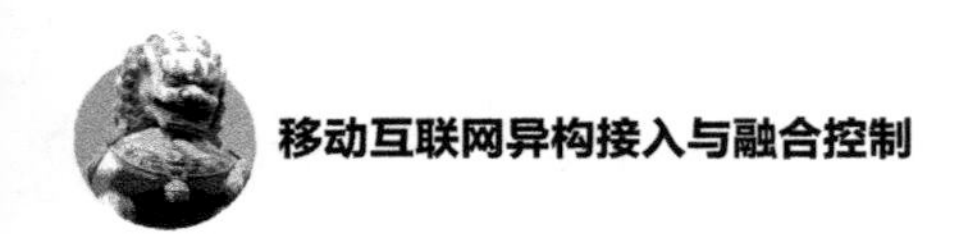

务的漫游切换。由于异构接入环境中的各接入手段分别针对特定业务、用户或覆盖范围独立设计，在业务能力和技术架构方面既存在差异，又互为补充，为用户提供选择性和此断彼通的健壮性。从技术发展看，很难通过单一网络技术全面满足网系的覆盖、时延、传输速率、成本等各种需求。因此，在移动互联网的异构网络环境下，需要研究对网络资源进行统筹管理的融合管理技术，解决不同架构通信系统共存时的规划、部署、监控和运维问题，包括支持多种接入技术的频率规划、容量规划、初始配置、接入状态监控、优选切换、无线资源管理、接入策略管理、融合业务管理等。通过对异构网络资源的融合管理，对上屏蔽各接入网络的异构性，实现网络资源优化配置和用户业务的不间断持续支持，降低运维成本，保障移动互联网异构接入环境下用户体验的一致性[44]。

此外，移动互联网络的安全也是当前的热点问题，特别是认证、授权和计费（Authentication，Authorization，Accounting，AAA），是用户在异构无线通信环境中实现安全接入的基本前提，这类问题超出了本书的内容范畴，感兴趣的读者可参阅参考文献[45-46]。

1.5 本书内容与章节安排

本书主要介绍移动互联网络体系架构与关键技术，结合移动互联网的现状及发展趋势，着眼顶层架构设计，重点强调关键技术，注重实际应用。本书共 8 章。

第 1 章为引言，从互联网、无线移动通信的起源与发展，谈到移动互联网的兴起，落脚到移动互联网络的发展趋势和关键技术，统领全书。

第 2 章在分析电信网和互联网领域网络体系结构发展的基础上，分析提出移动互联网络的主要特征、发展趋势和参考模型。

第 3 章以无线接入网络为主题，对蜂窝移动通信系统、无线局域网、无线个域网、移动自组织网络、无线传感器网络和认知网络等进行全面介绍。

第 4 章重点介绍移动互联网中新兴的网络控制技术，包括 SDN、NFV、网络虚拟化、云计算平台、基于应用的网络控制技术以及 4G 移动网络控制等。

第 5 章介绍移动互联网从链路层到应用层对应的移动性管理技术，包括链路层垂直切换、网络层移动 IPv6 扩展技术和名址分离、运营商支持的用户移动模式、应用层移动业务支撑、移动定位及 LBS 等技术。

第 6 章介绍服务质量保障技术，建立移动互联网的 QoS 保障框架，从网络分层和跨层角度阐述相应的服务质量保障技术，并提出移动互联网异构网络环境下的跨层 QoS 保障体系。

第 7 章介绍移动互联网异构网络的融合管理技术，对网络管理体系架构、无线资源管理、接入策略管理、端到端重配置技术和融合业务管理等进行全面介绍。

第 8 章对全书内容进行总结，并对移动互联网异构网络融合的未来发展进行展望。

参考文献

[1] 中国电子信息产业发展研究院赛迪顾问股份有限公司. 中国移动互联网产业发展及应用实践[M]. 北京：电子工业出版社，2014.

[2] 余清楚，唐胜宏. 中国移动互联网发展报告（2017）[M]. 北京：社会科学文献出版社，2017.

[3] IETF RFC 760. DoD Standard Internet Protocol[S]. 1980.

[4] IETF RFC 761. DoD Standard Transmission Control Protocol[S]. 1980.

[5] IETF RFC 791. Internet Protocol[S]. 1981.

[6] IETF RFC 793. Transmission Control Protocol[S]. 1981.

[7] IETF RFC 1630. Universal Resource Identifiers in WWW: a Unifying Syntax for the Expression of Names and Addresses of Objects on the Network as Used in the World Wide Web[S]. 1994.

[8] IETF RFC 1945. Hypertext Transfer Protocol-HTTP/1.0[S]. 1996.

[9] IETF RFC 2068. Hypertext Transfer Protocol-HTTP/1.1[S]. 1997.

[10] IETF RFC 1883. Internet Protocol Version 6 (IPv6) Specification[S]. 1995.

[11] IETF RFC 1884. IP Version 6 Addressing Architecture[S]. 1995.

[12] IETF RFC 2373. IP Version 6 Addressing Architecture[S]. 1998.

[13] IETF RFC 2460. Internet Protocol Version 6 (IPv6) Specification[S]. 1998.

[14] IETF RFC 3513. Internet Protocol Version 6 (IPv6) Addressing Architecture[S]. 2003.

[15] IETF RFC 4291. IP Version 6 Addressing Architecture[S]. 2006.

[16] FEAMSTER N, REXFORD J, ZEGURA E. The road to SDN: an intellectual history of programmable networks[J]. ACM SIGCOMM Computer Communication Review, 2014, 44(2): 87-98.

[17] NADEAU T D, GRAY K. SDN: Software Defined Networks[M]. O'Reilly Media Inc, 2013.

[18] TANENBAUM A S. 计算机网络（第四版）[M]. 潘爱民，译. 北京：清华大学出版社，2004.

[19] ABRAMSON N. Development of the ALOHANET[J]. IEEE Trans. on Information Theory, 1985, IT-31: 119-123.

[20] ARUNABHA G, ZHANG J, JEFFREY G A. LTE 权威指南[M]. 李莉，孙成功，王向云，译. 北京：人民邮电出版社, 2012.

[21] DAHLMAN E, STEFAN P. 4G 移动通信技术权威指南[M]. 堵久辉，缪庆育，译. 北京：人民邮电出版社，2012.

[22] 汪涛. 无线网络技术导论（第二版）[M]. 北京：清华大学出版社，2012.

[23] 于全. 战术通信理论与技术[M]. 北京：电子工业出版社，2009.

[24] 张军. 天基移动通信网络[M]. 北京：国防工业出版社，2011.

[25] 张军. 面向未来的空天地一体化网络技术[J]. 国际航空，2008 (9).

[26] 易北辰. 移动互联网时代[M]. 北京：企业管理出版社，2014.

[27] 续合元. 泛在网络架构的研究[J]. 电信网技术，2009, (7): 22-26.

[28] 大唐电信. 演进、融合与创新 5G 白皮书[Z]. 2013.

[29] ITU-T Recommendation Y.2001. General Overview of NGN[S]. 2004.

[30] ITU-T Recommendation Y.2011. General Principles and General Reference Model for Next Generation Networks[S]. 2004.

[31] MITOLA J, GERALD Q M J. Cognitive radio: making software radios more personal[J]. IEEE Personal Communications, 1999: 13-18.

[32] MITOLA J. Cognitive radio for flexible mobile multimedia communications[C]//6th International Workshop on Mobile Multimedia Communications, 1999.

[33] THOMAS R W. Cognitive Networks[D]. Blacksburg: Virginia Polytechnic Institute and State University, 2007.

[34] ZHU K, NIYATO D, WANG P. Network selection in heterogeneous wireless network: evolution with incomplete information[C]//IEEE Wireless Communications and Networking Conference (WCNC 2010), 2010: 1-6.

[35] 项肖峰, 查旭东, 胡伟清. 基于 IMS 的核心网演进分析及探讨[J]. 邮电设计技术, 2010，(4).

[36] 孙震强, 朱彩勤, 毛聪杰, 等. 构建营运级 LTE 网络[M]. 北京：电子工业出版社, 2013.

[37] 延志伟. 基于 MIPv6/PMIPv6 的移动性支持关键技术研究[D]. 北京: 北京交通大学, 2011.

[38] 李军. 异构无线网络融合理论与技术实现[M]. 北京：电子工业出版社, 2009.

[39] 廖远琴, 邱蕾, 李晓东, 等. GPS 伪距双差方法比较分析[J]. 上海地质, 2008, (2): 43-46, 66.

[40] 罗明宇, 卢锡城, 韩亚欣. Internet 多媒体实时传输技术[J]. 计算机工程与应用, 2000, (9): 44-50.

[41] 周文安, 冯瑞军, 刘露, 等. 异构/融合网络的 QoS 管理与控制技术[M]. 北京: 电子工业出版社, 2009.

[42] 程乔. 基于 WiMAX 和 Wi-Fi 以及 3G 网络融合技术的研究[J]. 大众科技，2009, 11(1): 65-67.

[43] PARK Y, KIM K, KIM D C. Collaborative QoS architecture between DiffServ and 802.11e wireless LAN[C]//Proc. IEEE VTC 03-Spring Jeju Korea, 2003.

[44] 韩卫占. 现代通信网络管理技术与实践[M]. 北京：人民邮电出版社，2011.

[45] TANG A, SCOGGINS S. 开放式网络和开放系统互连[M]. 戴浩, 译. 北京：电子工业出版社, 1994.

[46] 肖云鹏，刘宴兵，徐光侠. 移动互联网安全技术解析[M]. 北京：科学出版社，2015.

[47] STALLINGS W. 网络安全基础：应用与标准（第 5 版）[M]. 白国强, 译. 北京：清华大学出版社，2014.

第2章 网络体系结构

本章首先从网络体系结构的基本概念入手，对电信网络、计算机网络领域的网络体系结构内涵进行简要分析。然后，分别按照电信网、互联网两大阵营和领域，介绍各自网络体系结构的最新研究和发展，其中，电信网领域，重点介绍ITU下一代网络（NGN）、3GPP IP多媒体子系统（IMS）、欧盟环境网络（AN）以及ITU未来网络（FN）等网络架构设计及关键技术；互联网领域，重点介绍思科公司面向服务的网络架构（SONA）、软件定义网络（SDN）、命名化数据网络（NDN）、移动性优先（MF）以及一体化可信网络等网络架构设计及关键技术。最后，对当前主要网络架构进行了综合对比分析，并在研究移动互联网异构特征和发展趋势的基础上，提出了一种具有普适性的移动互联网网络结构和参考模型，给出了协议体系，讨论了异构移动互联网络的融合途径。

2.1 概述

网络体系结构是通信网络的总体设计，是对网络物理组成、功能组织与配置、运行原理、工作过程以及数据格式的描述框架，为网络硬件、软件、协议、存取控制和拓扑等提供标准。由此可见，网络体系结构是对网络的组成、相互关系以及实现功能的整体描述，是对网络总体功能和内在具体逻辑做出的一种明确界定，具体来说就是网络层次模型、各层主要协议以及层间接口的集合。

在电信领域，网络体系结构可能还包括一些更具体的内容，如通信网络提供的具体设备、服务，以及详细的通信速率和计费标准等。

在计算机网络领域，网络体系结构一般指网络的参考模型，最著名的就是 OSI 的 7 层模型和 IETF 的 TCP/IP 模型，如图 2-1 所示。其中，OSI 模型比较复杂，很少使用，但是层次划分概念清晰，每一层完成的功能、具备的特性等都非常重要，而且模型本身非常通用，现在仍然有效，因此，几乎所有计算机网络的教科书都会详细介绍这 7 层模型。TCP/IP 模型本身不完美，但是却被广泛使用，是当前全球互联网事实上的网络模型。从实质上看，TCP/IP 模型只有最上面的 3 层，因为下面的物理接口层并没有具体内容，因此一般采取折中的办法，认为计算机网络的协议体系为 5 层，从下到上依次为物理层、数据链路层、网络层、运输层和应用层[1-2]。

第 1 章已经提到，移动互联网本质上是移动通信和互联网的融合发展。因此，在体系结构设计上，移动互联网的出现和发展并没有产生全新的网络体系结构，而是对现有网络的继承、演进、丰富和滚动发展。当然，移动互联网作为一种新生事物，相比传统的互联网和移动通信系统，还是有很多变化和新的特征，在网络架构等方面的研究也呈现百花齐放、百家争鸣的格局。

7　应用层
6　表示层
5　会话层
4　传输层
3　网络层
2　数据链路层
1　物理层

（a）OSI 的 7 层协议结构

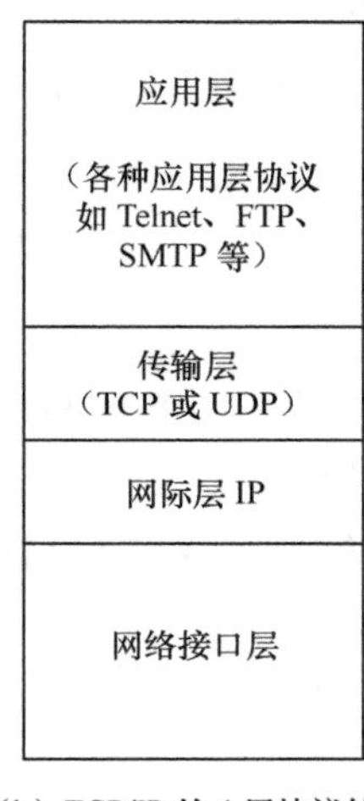

（b）TCP/IP 的 4 层协议结构

（c）5 层协议结构

图 2-1　计算机网络体系结构

本章首先按照电信网和互联网两大主要阵营和领域，介绍各自网络体系结构的最新研究和发展。然后在分析移动互联网异构特征和发展趋势的基础上，提出一种具有普适性的移动互联网参考模型。值得指出的是，尽管本章分别按照电信网和互联网两大阵营来组织体系结构研究的内容，实际上，在新型网络的架构设计、技术研讨和标准制定方面都是互相借鉴、逐步融合的。

2.2　电信网体系结构的发展

2.2.1　发展脉络

电信网是由传输、交换、终端设施和信令过程、协议以及相应的运行支撑系统组成的综合系统。自 1835 年美国人莫尔斯发明莫尔斯电码远距离发送电报以来，电信网得到了长足的发展，大致经历了电报的发明和应用、电话的发明和应用、大容量自动化通信网的发展和应用、数字通信的诞生和发展 4 个时期。

在电信网发展的历史长河中，以国际电报电话咨询委员会（Consultative Committee on International Telegraph and Telephone，CCITT）、ITU 和第 3 代移动通信合作伙伴计划（3rd Generation Partnership Project，3GPP）等为代表的标准化组织发挥了巨大的引领作用。充分的顶层设计、完整的体系架构、复杂的信令体系、全面的标准规范等，是各个时期电信网络的突出特征。例如，公共电话交换网（Public Switched Telephone Network，PSTN）、7 号信令系统、综合业务数字网（Intergrated Service Digital Network，ISDN）、宽带综合业务数字网（Broadband Intergrated Service Digital Network，B-ISDN）、下一代网络（Next Generation Network，NGN）以及目前正处于研究过程中的未来网络（Future Network，FN）等，无不经过标准化组织长期、反复讨论，最终形成完整的标准体系，以指导系统的设计、设备的研制与生产以及网络的建设与运用。

当前，电信网领域的新型网络架构主要有 ITU NGN 及 FN、3GPP IMS、欧盟环境网络（Ambient Network，AN）等。

1. ITU NGN 和 FN

NGN 是 ITU 着眼电信网络的发展提出的面向业务融合和 IP 统一承载的下一代网络架构，目前主要经历了 VoIP 阶段、软交换阶段、IMS 阶段 3 个阶段。

（1）VoIP 阶段

20 世纪 90 年代前后，ITU 推动制定了 H.323 标准体系[3]，基于 IP 承载构建了分组长途电话网络，在全球得到了广泛应用，也在商业上获得了巨大成功，为 NGN 相关协议和应用的发展打下了坚实的技术基础。在这个阶段，我国部分运营商也建设了长途 IP 电话网络，实现了话音业务的 IP 化承载。

（2）软交换阶段

20 世纪 90 年代末到 2010 年左右，随着互联网的快速发展，在一个公共分组网络中同时承载话音、数据和图像业务，已经被越来越多的运营商和设备制造商所认同。期间，ITU 提出了软交换架构，采用控制与承载分离的开放式网络架构思想，彻底打破了传统公共交换电话网垂直、封闭和私有的系统结构。

（3）IMS 阶段

2004 年以后，3GPP 提出的 IMS 架构在软交换控制与承载分离的基础上，进一步实现了业务控制与呼叫控制分离，同时增加移动性管理和 QoS 的相关内容，并全部采用 SIP 作为呼叫控制和业务控制的信令。2010 年前后，NGN 引入 IMS 代替软交换[4]。

2011 年，ITU 又在 NGN 的基础上，根据网络的发展，提出了未来网络的概念，制定了未来网络指标与设计目标的标准[5]，并将未来网络的实现时间范围初步预计为 2015—2020 年。随后，ITU 围绕网络虚拟化、网络标识、智能泛在网以及软件定义网络等制定了一系列标准。

2．IMS

NGN 的核心是 IMS，进行 IMS 标准化研究的国际标准化组织主要有 3GPP 和 TISPAN。3GPP 主要侧重于从移动的角度对 IMS 进行研究，而 TISPAN 则从固定的角度提出需求，并统一由 3GPP 进行完善。

3GPP 标准化工作经历了以下版本的演进过程[6-9]。

（1）R99 版本

R99 是 3G WCDMA 的最初版本，其体系结构包括电路域和分组域两个部分，电路域与 GSM 相同，分组域基于演进的 GPRS 网络。

（2）R4 版本

R4 的电路域实现了承载与控制的分离，即利用了软交换思想，将 R99 版本中移动交换中心（Mobile Switching Center，MSC）网元分离成媒体网关（Media Gateway，MGW）和媒体网关控制器（Media Gateway Controller，MGC）两个部分。

（3）R5 版本

为了满足上下行数据传输不对称的需求，R5 版本引入了高速下行分组接入（High-Speed Downlink Packet Access，HSDPA）技术，增加了高速下行共享信道（HSDS CH）。R5 的核心网增加了 IMS，实现了呼叫会话控制功能（Call Session Control Function，CSCF）实体和媒体网关控制功能（Media Gateway Control Function，MGCF）实体的物理分离，以分组域作为承载传输，更好地实现了对多媒体业务的控制。

（4）R6 版本

R6 版本引入了高速上行链路分组接入（High Speed Uplink Packet Access，HSUPA）和增强型的上行专用传输信道（Enhanced Dedicated Channel，E-DCH），WLAN 可以通过分组数据网关（Packet Data Gateway，PDG）接入 IMS。

（5）R7 版本

R7 版本引入了增强型高速分组接入（High Speed Packet Access +，HSPA+），对 HSPA 上下行能力进行了增强；IMS 增加了固定宽带接入方式，如 xDSL、同轴电缆（Cable）等。

（6）R8 版本

R8 版本的 LTE 是一种 3.9G 或准 4G 标准，以正交频分复用（Orthogonal Frequency Division Multiplexing，OFDM）、MIMO 等先进的物理层技术为核心，并在核心网层面进行了革命性变革，引入了系统体系结构演进（SAE），核心网中仅含分组域，并且控制面与用户面分离。

（7）R9 版本

R9 版本针对 SAE 紧急呼叫、增强型多媒体广播多播业务（Enhanced Multimedia Broadcast Multicast Service，E-MBMS）、基于控制面的定位业务等专题进行了标准化；还开展了多 PDN 接入与 IP 流的移动性、Home eNode B 安全性以及 LTE 的进一步演进和增强等方面的研究与标准化工作。

（8）R10 版本

R10 版本被称为 LTE-Advanced（LTE-A），其理论峰值速率分别达到了下行 1 Gbit/s、上行 500 Mbit/s 的水平，也就是所谓的 4G 技术。R10 引入了中继（Relay）技术，能够获得更大的覆盖范围和更高的系统容量。

（9）R11 版本

R11 版本是 R10 版本的增强，引入多时间提前量上行载波聚合、非连续的带内载波聚合、TDD 载波上下行动态配置等增强载波聚合机制以提升网络带宽，引入增强 PDCCH 技术以提升控制通道容量，引入协作多点传输（Coordinated Multiple Points，CoMP）技术以降低小区间干扰，提升小区边缘用户频谱利用效率。

（10）R12

R12 版本针对增强小基站，引入密集区域部署、宏小区和小基站载波聚合技术提升频谱利用效率，提升室内、热点场景下的容量，并利用更高频段频谱。此外，实现 TDD 和 FDD 之间增强载波聚合，完善 LTE 和 Wi-Fi 融合的流量转移和网络选择机制，并针对机器对机器通信（Machine-Type Communication，MTC）引入新的 UE 能力分类。

（11）R13

R13 版本引入非授权频谱资源利用机制、增强 MIMO、增强 D2D、增强载波聚合、SC-PTM 等技术进一步提升网络性能，明确定义室内定位的性能和扩展性，同时将窄带蜂窝物联网（Narrow Band Internet of Things，NB-IoT）作为重要课题，制订 NB-IoT 标准核心协议。

（12）R14

R14 版本基于增强授权辅助接入（enhanced Licensed Assisted Access，eLAA）、增强 LTE-WLAN 聚合（enhanced LTE-WLAN Aggregation，eLWA）进一步完善非授权频谱利用机制，基于控制平面和数据平面的时延增强降低 2 层时延，引入新的 V2V 服务以支持车联网应用，并针对 5G 网络开展系统框架和关键技术研究。

3．环境网络项目

环境网络项目始于 2004 年，简称 AN 项目，是欧盟第六框架计划下的一个大型合作项目[10]。其目标是促进未来异构无线移动网络之间的有效互联和协作，从而使得用户无论使用何种网络，都能够享有丰富、易用的服务。AN 项目的这一目标是建立在不同技术的组合及网络的动态协作上，有效地利用现有的基础网络设施和接入手段，尽量避免在现有的网络体系中增加新的网络技术。

AN 项目历时 4 年，分为两个阶段：第一个阶段（2004—2005 年）主要是确定整体方案，研发具有创新性的技术；第二阶段（2006—2007 年）通过实现、测试和性能评估来验证其可行性，并促成相应的标准化体系。

AN 项目分为 8 个工作组（WP）。WP1 进行技术协调和评估商业可行性；WP2 负责研究移动性管理；WP3 负责研究多无线接入方式；WP4 研究网络管理策略来支持动态的异构网络融合和协作；WP5 研究动态网络连接和路由结构，并重点研究用户平面的通信机制；WP6 增强传输层功能，重点研究服务感知自适应传输覆盖（SATO）技术；WP7 研究异构网络的统一动态融合，主要是在控制平面上研究融合策略，对于不同的网络类型和技术实现相同的融合过程；WP8 负责综合实现。

2.2.2　下一代网络

2.2.2.1　下一代网络概述

1996 年，美国政府提出下一代互联网（Next Generation Internet，NGI）计划。随后，国际上各研究机构和组织，包括大学、行业团体、标准化组织和公司，围绕下一代网络（NGN）提出了一系列发展计划。最典型的有 Internet 2、IETF 的下一代 IP（IPv6）和 ITU 的 NGN 等。一般来说，按照电信领域和计算机网络领域的划分，可将下一代网络的发展归结为 NGN 和 NGI 两大类。

NGN 和 NGI 都是下一代网络的含义，技术上也有很多相同涵盖的内容，但是两者的出发点是不一样的。NGI 的概念是建立在现有 Internet 的基础上，主要研究下一代 Internet 的发展；而 NGN 的概念要更加广泛一些，主要来源于电信网，涵盖但是不局限于 Internet。

NGN 是全球主要电信标准化组织致力研究和发展的重点领域之一，主要标准化组织包括 ITU-T、欧洲电信标准化组织、3GPP 等。在 ITU-T 的建议书 Y.2001[4] 中，将 NGN 定义为：NGN 是基于分组技术的网络；能够提供包括电信业务在内的多种业务；在业务相关功能与下层传送相关功能分离的基础上，能够利用多种宽带、有 QoS 支持能力的传送技术；能够为用户提供多个运营商的不受限接入；能够支持普遍的移动性，确保给用户提供一致的、普遍的业务能力。从这个定义来看，NGN 涵盖的内容比较宽泛，但其基本特征是网络与业务分离，开放的网络架构和用户不受限移动接入。从当前的发展来看，其承载网络基于当前流行的 IP 网及其发展（IPv6）也逐渐成为一个不争的事实。抛开平台的不同和终端的差异，为用户提供始终如一、普遍存在的业务是下一代网络发展的终极目标。这也是三网融合、固定移动网络融合的核心理念。

NGN 作为建立在 IP 技术基础上的新型公共电信网络，可以在全球范围内跨网络支持包括话音、数据和多媒体等各种应用，其主要特点有如下几个方面。

① 分布式控制：软交换以及后来取代它的 IMS 是 NGN 的控制功能实体，适应 IP 网络分布处理的结构特点，为其提供具有实时性要求的业务呼叫控制和连接控制功能，是 NGN 呼叫与控制的核心。

② 开放式结构：网络控制接口开放，网络部件间的协议接口基于相应的标准。

③ 业务和网络分离：推出独立于网络运营商的业务提供商，使得业务和应用的提供有较大的灵活性。

④ 一体化的综合业务网络：在统一的管理平台下，实现音频、视频、数据信号的传输和管理，提供各种宽带应用和传统电信业务。

⑤ 端到端 QoS 保证：为所承载的话音及视频等实时业务提供所需的 QoS 保证。

⑥ 完善的安全机制：在开放的网络结构中，必须保证业务提供者的可信任性，保证网络基础设施的安全运行。

2.2.2.2　NGN 体系架构

ITU-T 定义的 NGN 总体架构如图 2-2 所示，主要包含两个层面，即传送层面和业务层面[11-13]。

传送层面包含接入传送功能、核心传送功能、传送控制功能等，同时为了实现和其他网络的互通，还包含网关功能。在传送控制功能当中包含网络附属设备的控制功能、资源和许可控制功能以及传送层用户属性数据库功能。

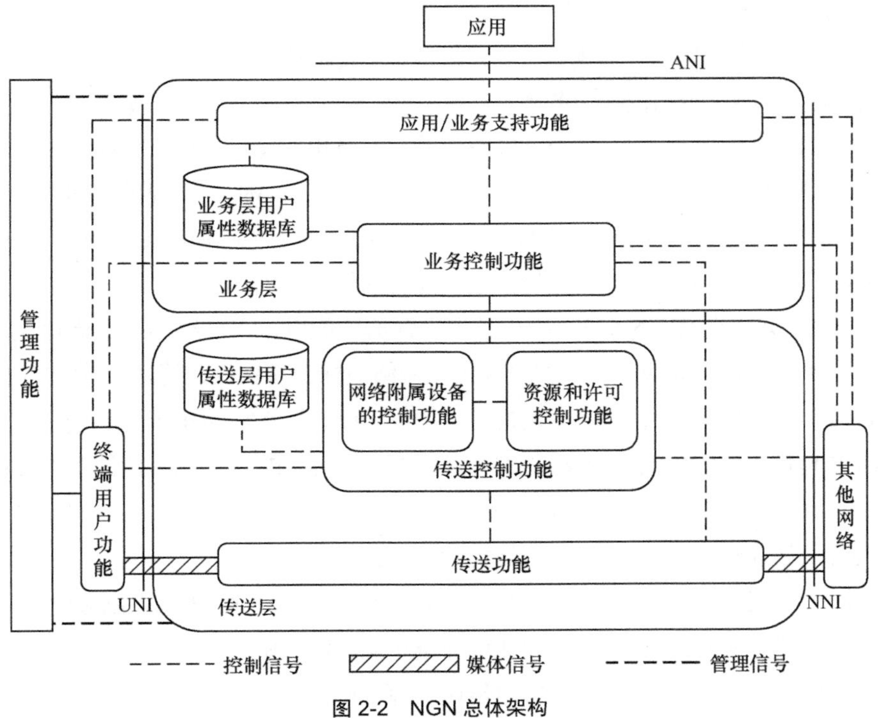

图 2-2　NGN 总体架构

业务层面包含业务控制功能、业务用户属性数据库和应用/业务支持功能，并通过应用网络接口（Application Network Interface，ANI）访问应用。

业务层面的业务控制功能可以进一步细化为不同的业务单元，具体包含 IP 多媒体业务单元、PSTN/ISDN 仿真业务单元、流媒体业务单元和其他多媒体业务单元。

IP 多媒体业务单元采用基于 SIP 的控制机制。这些业务包括多媒体会话业务，例如话音、可视电话、PSTN/ISDN 模拟和一些非会话的业务（例如签约/通知呈现的信息）。同时，IP 多媒体业务单元支持移动性要求。目前主要的实现方式是基于 SIP 的 IMS 体系架构。

PSTN/ISDN 仿真业务是指模仿 PSTN/ISDN 来支持通过网关连接到 IP 网络的传统终端，能够提供所有的 PSTN/ISDN 业务，使终端用户感知不到他们是否连接到基于 TDM 的 PSTN/ISDN。PSTN/ISDN 仿真业务组成可以有两种实现方式：基于呼叫服务器和基于 IMS。

NGN 能够提供流媒体业务，例如内容提供业务、多媒体多播业务、广播业务以及推送业务等。其他多媒体业务单元包括数据提取应用、数据通信业务、在线应用、传感器网络、远端控制业务等。

在 NGN 体系结构中，一个比较重要的部分是用户属性数据库功能，包括传送层的用户属性数据库和业务层的用户属性数据库。在 NGN 中，提供共同的用户属性数据库，利用统一的网络提供不同的业务。用户属性数据库功能支持业务层面统一的业务和控制功能，同时也支持传送层面的网络接入附属功能。

网络附属子系统（NASS）提供接入层注册功能以及用户终端初始化功能，使用户终端能够接入 NGN 系统，NASS 提供网络级标识和鉴权、管理 IP 地址空间以及对接入会话进行鉴权，同时向用户终端提供 NGN 业务/应用子系统的接入点，如 P-CSCF 地址。NASS 主要功能包括：为终端动态分配 IP 地址和其他配置参数；在分配 IP 地址前或在分配 IP 地址过程中进行用户鉴权；基于用户属性对网络接入进行认证；基于用户属性进行接入网络配置；位置管理等。

资源接纳控制子系统（RACS）负责策略控制、资源预留和接纳控制，同时还提供对边界网关的控制，包括私网地址穿越功能。RACS 向应用层提供基于策略的传送控制功能，使应用层能够请求对传送资源进行预留，而不需要了解底层传送网络。RACS 根据策略对应用层的资源请求进行评估并预留相应的资源，使网络能够执行接纳控制并设置独立的承载媒体流策略。

2.2.2.3 NGN 的关键技术

1. 软交换技术

作为 NGN 的核心技术，软交换的发展受到广泛关注；作为下一代网络的控制功能模块，软交换为 NGN 具有实时性要求的业务提供呼叫控制和连接控制功能。软交换设备是网络演进以及下一代分组网络的核心设备之一，它独立于传送网络，主要完成呼叫控制、资源分配、协议处理、路由、认证、计费等主要功能，同时可以向用户提供现有电路交换机所能提供的所有业务，并向第三方提供可编程能力。

软交换技术体现在物理节点上，即通常所讲的软交换机或通信服务器，所谓"软"，是相对于电信网络以前的 TDM 电路交换设备中大多采用专门硬件平台而言的。传统 PSTN 的交换机采用垂直、封闭和专用的系统结构，而软交换机实现了呼叫控制与媒体数据处理相分离，大多基于标准的、开放的系统结构。之所以有这样的发展趋势，是因为传统电信设备的设计正经历着由专用的设计方式向开放式模块化转变的过程。随着电信业的竞争加剧、成本降低的要求提高以及开发周期缩短的压力增大，起初由各个设备提供商独立进行的所有硬件电路、软件代码的设计模式，逐步改为外购的方式，即尽量采用第三方提供的开放商用产品，包括商用硬件平台、软件操作系统和数据库管理系统等，而设备提供商的竞争也逐步转移到相应的软件功能竞争。目前，软交换机的硬件平台发展就顺应了这样的潮流，多采用业界标准的、开放的计算机硬件平台，使运营商能够灵活地实现新业务的开发，并充分利用计算机技术的迅猛发展快速提高网络处理性能。

软交换的软件功能组成方面，与传统程控交换机呼叫控制功能模块类似，继承并实现了下列功能。

（1）媒体网关接入功能

该功能可以认为是一种适配功能，软交换可以连接各种媒体网关，如 PSTN/ISDN IP 中继媒体网关、ATM 媒体网关、用户媒体网关、无线媒体网关和综合接入网关等。支持 H.248 媒体网关控制协议或 MGCP（媒体网关协议）来实现对媒体网关的控制、接入和管理。

（2）呼叫控制功能

呼叫控制功能是软交换的重要功能之一，实现基本呼叫的建立、维持和释放，包括呼叫处理、连接控制、智能呼叫触发检测和资源控制等。

（3）业务提供功能

在网络从电路交换向分组交换的演进中，对终端用户而言，业务应当具有完全的继承性。因此，软交换必须能够实现 PSTN/ISDN 交换机提供的全部业务，包括基本业务、补充业务以及与现有智能网配合提供智能网业务。此外，新业务作为 NGN

不可或缺的组成部分，软交换需要提供可编程的、开放的 API，实现与外部应用平台的互通，从而易于新业务的引入和开发。

（4）互联互通功能

下一代网络并不是一个孤立的网络，尤其是在现有网络向 NGN 的发展演进中，不可避免地要实现与现有多个网络的互联互通，包括 PSTN、公共陆地移动网络（Public Land Mobile Network，PLMN）、7 号信令（Signaling System 7，SS7）网、VoIP 网、智能网及其他软交换网等。因此，需要软交换设备支持相应的信令与协议，例如 ISDN 用户部分（ISDN User Part，ISUP）、智能网应用协议（Intelligent Network Application Protocol，INAP）、基群速率接口（Private Rate Interface，PRI）、V5.2、移动应用部分（Mobile Application Part，MAP），从而完成与上述网络之间的互联互通。

（5）网管与计费功能

支持本地的维护管理，以及通过 SNMP（Simple Network Management Protocol，简单网络管理协议）实现与网管中心的交互。实现维护、配置、业务统计、告警以及计费信息的采集等功能。

2. IMS[14]

IMS 在 3GPP Release 5 版本中首次提出，是对 IP 多媒体业务进行控制的网络核心层逻辑功能实体的总称。随后又在 R6、R7 版本进行补充。R5 版本主要侧重于对 IMS 基本结构、功能实体及实体间流程方面的研究；而 R6 版本主要侧重于 IMS 和外部网络的互通能力以及 IMS 对各种业务的支持能力等研究。R7 阶段更多地考虑了固定方面的特性要求，加强了对固定、移动融合的标准化制订。

IMS 体系架构从上向下分为 4 层：业务层、控制层、承载层和接入层。如图 2-3 所示，业务层主要实现传统的电话业务、智能网的接入以及提供基于 SIP 的非传统电信业务等；控制层主要完成基本会话的控制、SIP 会话路由控制等功能；承载层采用具有 QoS 保证的 IP 网进行承载；接入层主要完成各类 SIP 会话的发起、终结，完成与传统 PSTN/PLMN 间的互联互通。

IMS 和软交换都可以作为 NGN 呼叫控制的体系结构，以 IP 为承载网络，实现业务和承载分离，但是两种技术存在较大差异。软交换重点解决 PSTN 的 IP 化，需要在完全继承 PSTN 业务的基础上提供一些新的业务。IMS 重点考虑 IP 多媒体业务，包括流媒体、视频以及文本综合业务，源自对移动网络的研究。

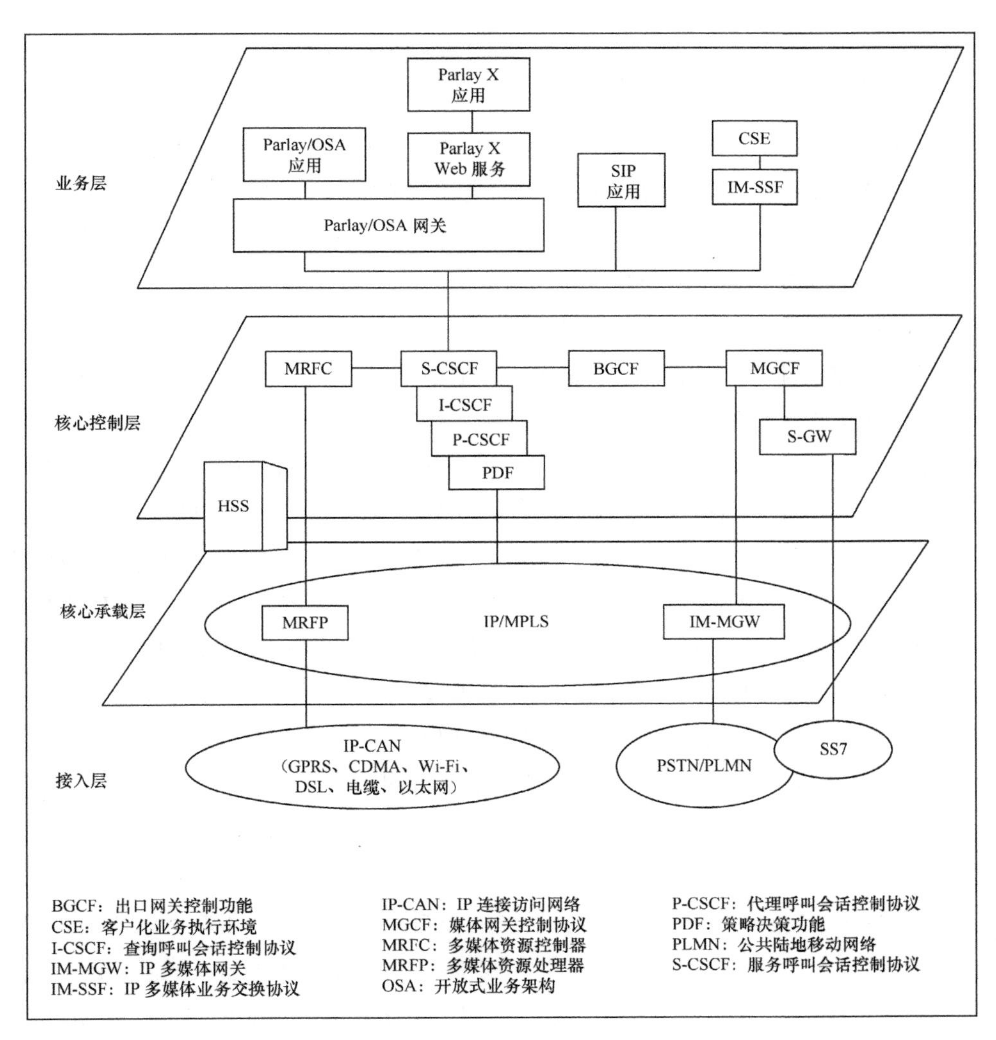

图 2-3　IMS 分层架构

IMS 和软交换最大的区别在于以下几个方面：① 在软交换控制与承载分离的基础上，IMS 更进一步地实现了呼叫控制层和业务控制层的分离；② IMS 起源于移动通信网络的应用，因此，充分考虑了对移动性的支持，并增加了外置数据库——归属用户服务器（Home Subscriber Server，HSS），用于用户鉴权和保护用户业务触发规则；③ IMS 全部采用 SIP 作为呼叫控制和业务控制的信令，而在软交换中，SIP 只是可用于呼叫控制的多种协议中的一种，更多地使用媒体网关协议（MGCP）和 H.248 协议。IMS 体系结构终端和核心侧都采用基于 IP 承载的 SIP，从而可支持各类接入方式，可以为移动运营商提供丰富的网络业务，也可以应用于固网运营商网络演化和增值，同时也是固网与移动网融合的关键技术。

IMS 虽然是针对 3G 移动网络提出的，但由于 IMS 采用与固网相同的 SIP 体系，具有接入无关性、支持用户漫游和用户数据的集中管理等优点，从而使利用 IMS 实现网络融合成为可能。具体来说，主要有以下几个方面的原因。

① IMS 顺应了网络 IP 化和业务多媒体化的趋势。IP 代表了技术融合的汇聚点，通过与 MPLS 等技术的结合，IP 技术能够出色地解决多媒体融合业务的承载；而多媒体化则代表了业务向富媒体类型的融合和汇聚。

② IMS 符合 NGN 业务与控制、承载与接入分离的要求，是软交换的延伸，并在软交换的基础上对控制功能进一步细分，形成一个更加灵活的通信控制平台，不仅可以实现人到内容服务器的多媒体通信，而且还可以实现人到人的多媒体通信。

③ IMS 得到了多个标准化组织的支持，不断发展和完善，大大加快了标准化进程。3GPP/3GPP2 定义了 IMS 的网络组件和基础架构，3GPP/3GPP2、ETSI TISPAN 和 ITU-T 等组织都在研究基于 IMS 的下一代网络融合方案，使 IMS 成为基于 SIP 的通用控制平台，同时支持固定和移动的多种接入方式，实现全网络的融合。IETF 则定义了 IMS 框架下的 SIP、会话描述协议（SDP）及其他扩展协议；开放移动联盟（OMA）定义了 IMS 框架下的系列业务，如即时消息、一号通等。

④ IMS 在核心控制层引入了 HSS，通过采用移动性管理技术以及集中设置的网络数据库支持用户漫游和切换。

⑤ IMS 位于核心控制层，对会话提供控制和管理能力，用户可以通过任何 IP 接入网接入，如 GPRS、通用陆地无线接入网（UTRAN）、无线网状网、无线局域网、WCDMA、cdma2000、数字用户线（Digital Subscriber Line，DSL）、电缆等，这些接入网络统称 IP 连接接入网络（IP-Connectivity Access Network，IP-CAN）。IMS 提供的核心控制层面与接入无关，因此，可以实现真正的固定移动融合。

3. IPv6 技术

IPv6 与 NGN 的发展密切相关。从发展理念上分析，IPv6 的发展有助于 NGN 业务从一个"点"的网络向一个"面"的网络发展。在 IPv4 网络情况下，限于各种条件的限制（地址问题、带宽问题、设备问题），在开展 NGN 业务时，必须对 IPv4 网络进行优化。在利用 IPv6 开展 NGN 业务时，一方面 IP 地址空间足够大，提供便于部署的移动 IP 技术，在互联互通方面有很强的优势；另一方面在部署 IPv6 网络时，已经考虑到承载综合业务的需求，网络的服务质量和安全性方面有保证，因此，IPv6 的网络从一开始就具备承载 NGN 业务的能力，也就是说，在 IPv6 网络上开展 NGN 业务是一个网络平“面”的问题。以中国下一代互联网（CNGI）的建设为例，在利用 IPv6 标准建立的试验网络上，通过开展 NGN 业务支持 VoIP、视频会议等，能够在试验技术的同时探索网络运营的新方式，研究如何在一个“面”的网络上开展业务，如何跨越不同的行政区划，如何协调管理范围等问题。

2.2.3　环境网络

2.2.3.1　环境网络概述

环境网络又称环境感知网络，是一种针对 3G IMS 在网络融合方面的不足提出的新型网络架构，它不是以拼凑的形式对现有的体系进行扩充，而是通过制订即时的网间协议为用户提供访问任意网络（包括移动个人网络）的能力[15]。环境网络的主要目标是实现通过任意接入技术或者任意类型的网络，为用户提供无所不在的业务，是一种基于异构网络间的动态“合成”而提出的全新网络理念。环境网络打破了传统互联网的边缘思想，强调在网络某些节点中加入业务处理、QoS 保证和安全相关的功能，使得网络支持更多的业务类型。

环境网络中的“合成”提供了一种动态创建和执行协议的手段，并提供增强的移动性支持。它为由任意单一节点或成熟的运营商网络构成的异构网络提供了统一、动态且可扩展的协作能力，支持这些异构网络之间不同程度的协作来适应不同场景和情况。协作度代表异构网络间的合成水平，并指明合作时资源如何管理和使用。协作度最高的网络合成也称为网络集成，这种情况下两个网络结合形成一个网络。

2.2.3.2　环境网络架构

环境网络架构由 3 个部分组成：环境控制空间（Ambient Control Space，ACS）、环境连通性和环境接口[16]。如图 2-4 所示。

其中，环境控制空间由一系列合作功能实体组成，它们共同执行控制层功能，如服务质量、内容管理、媒体分发、多无线电接入、网络公告和发现等。

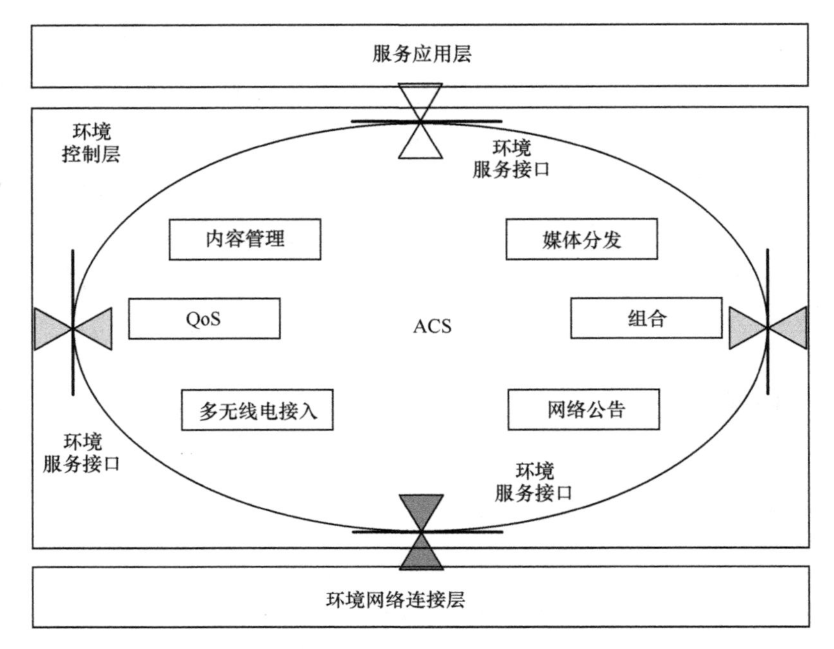

图 2-4 环境感知网络架构

网络公告和发现功能实体提供一种广播机制，保证环境感知网络及其功能实体向全网广播它们的存在和处理能力（如服务种类和资源可用性）。该功能也允许现有网络的功能实体发现其他环境网络及其功能实体，从而接受其他网络的公告或者请求某个特定环境网络的附加信息。环境网络公告和发现不限于某种特定的物理介质或地域。网络公告或发现的相关流程可以使用现有的连接。

环境网络的一个关键要求是保证控制功能独立于所使用的任何一种特定的网络技术。这可以通过环境连通性来提供，环境连通性从现有的网络架构中抽象出了附加的环境网络功能实体。例如，应用程序在基于不同的连接技术建立端到端的连接时，就不必使用不同的机制。它们只是简单地创建一个抽象的连接实体，并由环境控制空间功能通过某种特定的连接技术来建立实际的端到端连接。ACS 功能与底层的连接资源交互，这就是用连接性抽象所提供的通用且与技术无关的概念。这样就可以保证与传统技术的互操作性，也为未来的网络技术发展提供良好的兼容性。

环境接口分为 3 种类型：环境服务接口、环境网络接口和资源接口。环境服务接口使服务/应用层的程序能使用 ACS 提供的功能，应用程序使用 ACS 服务在不同的网络实体间建立、维持或者终止端到端的连接性。环境网络接口为不同 AN 或者同一个 AN 中的不同网络实体提供通信功能。资源接口向 ACS 提供必要的控制机制来管理和使用连接层上的资源（如路由器、交换机、代理服务器、媒体网关等）。通过这 3 类接口，AN 实现了业务提供者、业务接收者及 AN 网络之间的互通，而且向 ACS 屏蔽了底层，使得 ACS 功能与传送技术无关，因此，有利于增强网络的适应性和可扩展性。这些接口与 AN 的其他功能一起使得 AN 成为异构/融合网络实现的架构之一，能为异构网络提供可扩展性强、性能优秀的互操作性、可管可控性及端到端 QoS 保障能力。

2.2.4　未来网络

2.2.4.1　未来网络概述

关于未来网络（FN）的定义，业界并无共识，有关未来网络的文献很多，但都没有对未来网络给出严格的定义。ITU 作为电信网络的官方标准化组织，试图对这个概念进行规范和定义。2011 年，ITU-T 在 Y.3001 标准中，对未来网络给出的定义是：未来网络所能提供的服务、能力或设施，是现有网络难以提供的，未来网络可以是新型网络或现有网络的强化版本，也可以是在单一网络内运行的一组新型网络的组合或新型网络与现有网络的组合。这是一个非常宽泛和松散的定义。

按照作者理解，未来网络可以有广义和狭义之分，广义的理解是指业界开展研究建设的所有新型电信网络、计算机网络和广播电视网络；狭义的理解特指 ITU 针对网络的发展，在 NGN 研究基础上，继续推动网络领域开展的研究工作。本小节针对 ITU 在 FN 领域的相关标准化工作进行介绍。

目前，ITU 已经制定了一系列 FN 相关标准[5,17-31]，内容涉及 FN 的指标与设计目标、网络虚拟化、网络标识、智能泛在网和软件定义网络等。

2.2.4.2　未来网络指标与设计目标

尽管网络的某些要求保持不变，但大量要求却在不断演进和变化，同时新的要求也不断出现。例如，可持续性发展问题、环境问题需要考虑，物联网、智能电网和云计算等新的应用不断涌现，这些都要求网络及其架构随之演进。为此，ITU 相关标准化组织提出，2015—2020 年的未来网络需要满足特定的指标和设计目标。

1. FN 指标

FN 需要满足以下新的指标要求。这些指标是指能够将 FN 与现有网络明显区别开来的重要特征，它们不是现有网络的首要指标，或无法在现有网络中实现并达到令人满意的程度。

（1）业务感知

FN 提供的业务功能能够与用户需求相适应。据估计，未来业务的数量和范围将呈爆发式增长。因此，建议未来网络在不造成部署和运营成本急剧上升的前提下，满足这些业务要求。

（2）数据感知

对 FN 的架构进行优化，以处理在分布式环境下的大量数据，同时建议 FN 确保用户无论在何地均能安全、方便、迅速和准确地获得所需数据。其中，“数据”一词不限于音频或视频内容等具体的数据类型，而是表示所有可在网络上获得的信息。

（3）环境感知

FN 具有环境友好的特征。建议 FN 的架构设计、最终实施和运营能将对环境的影响降至最低程度，例如降低材料和能源消耗、减少温室气体排放等。

（4）社会与经济感知

FN 考虑社会与经济问题，从而为网络生态系统的各类参与方降低准入门槛。同时建议 FN 考虑降低其生命周期成本的必要性，以使其实现可部署性和可持续性。这些因素将有助于普及业务并促进适当竞争。

2. FN 设计目标

根据 FN 的 4 项指标，提出 FN 应当支持的高级功能和特性，即设计目标。图 2-5 给出了 FN 的 12 项设计目标及其与 FN 指标之间的对应关系。在特定的未来网络中，某些设计目标可能难以得到支持，且并非所有的未来网络都应实现每一项设计目标。另外，诸如网络管理、移动性、标识、可靠性和安全性等设计目标可能与多个指标相关，图 2-5 中仅展示了设计目标与其最为相关指标之间的关系。

（1）业务多样性

建议 FN 支持多样化业务，以满足种类繁多的流量特性和行为要求；支持数量和种类众多的通信对象，如传感器和终端装置。

未来，随着大量流量特性（如带宽、时延）和流量行为（如安全性、可靠性和移动性）极不相同的新业务和应用的出现，业务将呈现越来越多样化的特性。这就要求 FN 能够支持现有网络无法高效处理的业务。例如，FN 必须支持仅要求偶尔传输若干字节数据的业务、带宽在 Gbit/s 或 Tbit/s 甚至更高速率上的业务以及端到端时延要求接近光速的业务，或允许进行间歇数据传输、从而导致时延巨大的业务。

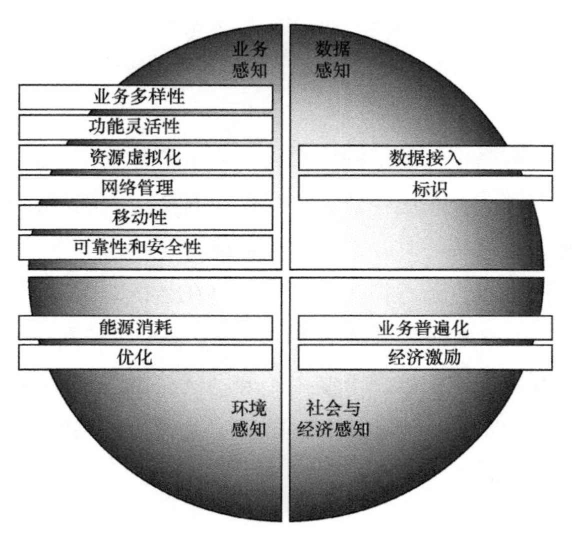

图 2-5　未来网络的 4 项指标与 12 项设计目标

此外，FN 将需要支持大量种类各异的终端设备，以实现包罗万象的通信环境。一方面，在无所不在的传感网络领域，将存在大量的联网装置，例如使用少量带宽进行通信的传感器和集成电路（IC）标签识读器；另一方面，将出现一些高端应用，例如逼真的高质量视频会议应用。虽然相关终端装置不一定数目繁多，但却要求以极高的带宽来支持这些应用。

（2）功能灵活性

建议 FN 通过提供功能灵活性来支持由用户需求产生的新业务，并实现新业务的可持续性；支持新业务的灵活部署，以适应用户需求的迅速发展和变化。

目前，极难预测远期将出现的各种用户需求。当前的网络设计具有一定通用性，能够以足够高效的方式支持伴随多数未来用户需求的基本功能。然而，目前网络的设计方法无法持续提供足够的灵活性，例如，当基本功能并非支持某些新业务的最佳选择时，这些功能便需要改变。通常，在已部署的网络基础设施中增加或修改功能，会导致出现非常复杂的部署任务，需谨慎规划；否则，可能对在同一网络基础设施上运行的其他业务造成影响。

另一方面，预期 FN 能够实现网络功能的动态修改，以运行具有特定需求的各种不同网络业务。例如，应能实现网络内的视频编码转换和传感数据汇集(即网内处理)。此外，还应支持动态部署新型业务需要的新协议。各项业务应在互不干扰的基础上，在共同的网络基础设施上共存。FN 还应能满足实验业务（用于测试和评估）的需求，且支持从实验业务向部署业务的平滑过渡，以减少新业务部署的障碍。

（3）资源虚拟化

建议 FN 支持与网络相关的资源虚拟化，支持资源分割，并确保多个虚拟资源能够同时共享单一资源；支持虚拟资源与其他所有资源的隔离；支持抽象化处理，确保特定虚拟资源无须直接与其物理特性相对应。

对于虚拟网络而言，资源虚拟化有助于网络在运行时不对其他虚拟网络运行产生干扰，同时又可与虚拟网络共享网络资源。由于多个虚拟网络可同时并存，因此，不同虚拟网络可在互不干扰的情况下使用不同网络技术，从而实现物理资源的更佳利用。抽象化特性有助于为接入和管理虚拟网络及资源提供标准接口，同时有助于支持虚拟网络功能的更新。

（4）数据接入

建议 FN 支持海量数据的高效、优化处理，具有迅速检索数据（无论其地点如何）的机制。

IP 网络的设计目标是在特定终端之间传送数据。目前，用户在网络上搜索和访问数据时使用数据关键词，并了解数据的实际地点。从用户角度讲，网络主要是用作访问所需数据的工具。未来，数据接入越来越重要，因此，FN 需要为用户提供一种迅速、快捷、轻松访问相应数据的方法，同时又要提供准确无误的数据。

网络中数字化数据的数量和特性在不断变化，消费者生成的媒体正在呈爆发式增长：社交网络业务带来了数量极大的即时网络文章，无所不在的传感网络每秒钟都在产生海量数字数据，而一些称之为“微博”的应用正在生成近乎实时的、包括多媒体数据的通信。这些数据在网络中以分布方式产生、存储和处理。在现有 IP 网络中，用户通过传统程序，即确定提供目标数据的地址和端口号码在网络中访问数据。某些数据分组含私人信息或数字资产，但缺乏内置的安全机制。因此，未来需要专门用于处理海量数据的更加简单、高效和安全的网络技术。

此类数据通信的流量特性也在不断变化。FN 的流量趋势主要取决于数据的地点而不是订户的分布情况。由于云计算的出现，资源和数据中心的存储数据也在不断变

化。随着资源有限的移动设备的普及，这一趋势将数据处理从用户终端转移到了数据中心。因此，FN 设计人员需密切关注这些变化，例如数据中心通信日益增加的重要性，以及数据中心内部及其之间为满足用户需求而开展的大量数据往来。

（5）能量消耗

建议 FN 采用装置级、设备级和网络级相互协作的技术，提高能源效率，并以最低流量满足用户需求，实现网络整体的节能。

产品生命周期包括原材料生产、制造、使用和用后处理这些阶段，降低环境影响需要对各个阶段予以考虑。其中，使用阶段的能量消耗往往是全天候运行设备面临的一个主要问题，网络技术即属于此类情况。在各种不同类型的能量消耗中，电能消耗通常最为突出。因此，在降低网络的环境影响方面，节能发挥着首要作用。

节能对网络运行也具有重要意义。伴随新业务和应用的增加，带宽通常也不断提高。但是，能耗及由此产生的热量也许会在未来成为物理方面的主要限制，此外，还有包括光纤容量或电气装置运行频率在内的其他物理限制。这些问题可能会成为一个主要的运行障碍。

过去，降低能源主要通过装置级方式实现，即借助半导体处理规则的小型化和电气装置的程序一体化。然而，这种方法目前面临高待机耗电和运行频率物理限制等困难。因此，在未来，除装置级方式（如电气、光装置的电能降低）外，设备级和网络级的方式也将至关重要。

交换机和路由器等联网节点的设计应考虑到智能睡眠模式机制（例如现有的蜂窝移动电话），这是一种设备级方式。在网络级方式方面，应考虑省电的流量控制机制，例如使用能够降低高峰流量的路由方法，另外，缓存和过滤也可以降低需传送的数据数量。

（6）业务普遍化

建议 FN 通过降低网络的生命周期成本并采用开放网络原则的方式，促进并加速不同地区（如乡镇或农村、发达或发展中国家）的设施提供。

现有的网络环境为制造商开发设备和运营商提供服务施加了很高的准入门槛。在此方面，FN 应加强电信业务的普遍化，方便网络的开发、部署及业务提供。

为此，FN 应通过标准和简单的设计原则支持开放性，降低网络的生命周期成本，特别是开发、部署、运营和管理成本，并缩小数字鸿沟。

（7）经济激励

建议 FN 通过提供经济激励，为解决信息通信生态系统的一系列参与方（如用户、各类提供商、政府和知识产权持有人）的冲突提供可持续的竞争环境。

许多技术难以部署、繁荣发展或持续发展，原因在于设计者未就固有的经济或社会问题（例如参与方之间的竞争）做出恰当的决定，或未对周围环境（例如竞争技术）予以重视，或缺乏激励手段（例如开放接口），有时也因为相关技术没有公平竞争的机制。

例如，IP 网络的初步实施过程缺少 QoS 机制，而这正是视频流等实时业务所必需的。IP 层未能向其上层提供相应的手段，以了解是否可保障端到端的 QoS。IP 网络的初步实施过程也缺少鼓励网络提供商实施这些网络的激励机制。这些原因构成了在 IP 网络中引入 QoS 保障机制和流业务的障碍。

因此，在设计和实施 FN 的要求、架构和协议时，需要对经济激励等经济和社会问题予以足够的重视，为各类参与方提供可持续发展的竞争环境。

（8）网络管理

建议 FN 能够高效运行、维护，能够提供日益增多的业务和实体，并能够高效处理海量管理数据和信息，有效将这些数据转换为与运营商相关的信息和知识。

网络必须处理的业务和实体数量不断增加。移动性和无线技术已成为网络必不可少的方面。安全性和私密性方面的要求需要适应不断扩大的应用，监管也变得日益复杂。此外，由于物联网、智能电网、云计算和其他新技术的出现而导致的数据收集和处理功能的一体化，也给网络带来了非传统网络设备，从而使网络管理目标无序扩展，并使评估标准更为复杂。

现有网络面临的问题主要有两个。一是经济方面，要求针对每个网络构成部分设计特别的操作和管理系统。由于无组织和无序的管理功能扩展增加了网络的复杂性和运营成本，因此，FN 应通过集成化程度更高的管理接口提供高效的操作和管理系统。二是操作和管理系统在很大程度上依赖网络操作人员的技能。因此，如何使网络管理任务更加简便，并使操作人员的知识得到传承，就变得非常重要。在网络管理和操作过程中，需要人类技能的任务将继续存在，例如，需要根据多年积累的经验才可做出的高层次决策。对这些任务而言，需要让没有特殊技能的新手操作人员也能够在自动化的支持下方便地管理大型复杂网络。同时，还应考虑在几代人之间实现相关知识和技术的有效传递。

（9）移动性

建议 FN 实现可确保大量节点在异质网络中自由移动的高速大型网络环境，支持各种节点移动，提供移动业务。

移动网络通过加入新的技术而不断地发展演变，预计未来移动网络将包括从宏小区到微小区，到微微小区再到毫微微小区的多种异质网络，以及带有多种接入技术的多类型节点，因为单一接入网不能提供无所不在的覆盖和大量节点所需持续不断的高质量业务级通信。另一方面，蜂窝网络等现有移动网络是从集中角度进行设计的，有关移动性的主要信令功能置于核心网中。然而，该方法限制了操作效率，所有流量信令均由中央系统处理，因此，带来了扩展和性能问题。从该角度而言，FN 应支持分布接入节点的高度可扩展架构、运营商管理分布式移动网络的机制以及应用数据和信令数据的优化路由。

分布式移动网络架构可在接入层灵活支持移动性功能，实现新型接入技术的快速部署，也可优化移动性能，因此，该架构是 FN 提供移动性的关键所在。

当节点功能有限（如传感器）时，提供移动业务存在较大的挑战，因此，FN 应考虑如何普遍提供移动性。

（10）优化

建议 FN 以用户需求和业务要求为基础，优化网络设备容量，提供良好的性能。

宽带接入的普及将促进具有不同特性的多种业务出现，进一步加大各种业务要求的多样化，如带宽、时延等。现有网络的设计旨在满足用户数量最多情况下的最高业务要求，而且为业务提供的设备传输能力对于大多数用户和业务而言往往达到了过度规范的程度。如果在用户需求增加的情况下继续维持这种模式，那么未来的网络设备将面临多种物理限制，如光纤传输容量、电气装置的运行频率等。

为此，FN 应能优化网络设备容量，并在考虑网络设备各种物理限制的情况下进行网络优化。

（11）标识

建议 FN 提供新的标识结构，以可扩展的方式有效地支持移动性和数据接入。

移动性和数据接入都要求对大量网络通信对象（主机和数据）进行有效和可扩展的标识（及命名）[32]。现有 IP 网络使用 IP 地址进行主机标识，标识实际上取决于网络附着点的位置。随着主机的移动，其标识符（ID）[33]也发生变化，导致通信会话中断。移动电话通过在下层管理移动性隐藏了这一问题，但当下层无法处理时（例如由于接入网络的异质性），该问题将再次出现。同样，目前没有能够用于数据标识并得到广泛采用的 ID。因此，FN 应确定新的、在主机和数据之间有效联网的标识结构，从而解决这些问题。FN 应提供在数据和主机 ID 之间的动态映射以及这些 ID 与主机定位器之间的动态映射。

（12）可靠性和安全性

考虑到各种挑战，建议 FN 的设计、操作和演进均具有一定的可靠性和复原能力，并能够确保用户的安全性和私密性。

由于 FN 定位为支持人类社会活动的重要基础设施，能够支持各种类型的关键业务，例如智能交通管理（公路、铁路、航空、海上和空间交通）、智能电网、电子卫生、电子安全和应急通信（ET）[34]，同时还应确保这些业务的完整性和可靠性。通信装置旨在确保人类安全并支持人类活动的自动化（驾驶、飞行、办公和家庭环境控制、检疫和监督等）。这些功能在灾害（自然灾害，如地震、海啸、飓风、军事或其他对抗、重大交通事故等）情况下极为重要。某些应急响应业务（例如个人对机构的应急通信）还需要给予授权用户优先使用权，优先处理应急流量、网络装置识别以及时间和地点标记，包括有助于大幅提高服务质量的相关精确度信息。

所有用户必须给予 FN 合理的信任，相信 FN 即使在出现各种故障或影响正常运行的问题时，也能提供令人满意的服务。FN 的这种能力称作适应力，其特点是值得信任和能够应对挑战。FN 获得的信任度会面临一系列挑战的威胁，包括自然故障（例如硬件老化）、重大灾害（自然或人为灾害）、攻击（现实世界或网络世界的攻击）、配置错误、反常但合法的流量以及环境挑战（特别是无线网络）。FN 的设计和工程处理中加入了应对各类挑战的能力，能够在遭遇挑战的情况下继续提供服务，按时完成各项任务。

FN 的特点是虚拟化和移动性，同时将提供广泛的数据和业务。具有这些特点的网络安全性要求进行多层接入控制（保证用户识别、认证和授权）。这是对现有安全性要求的补充，其中包括保护在线身份和声誉。

2.2.4.3 未来网络关键技术

目前，ITU 在 FN 领域开展了一系列研究，制定了网络虚拟化、标识、智能泛在网、SDN 等相关规范建议，下面重点对这几方面进行介绍。

1. 网络虚拟化框架

网络虚拟化是在一个物理网络上建立多个虚拟网络的方法，这些虚拟网络称为逻辑隔离网络划分（Logically Isolated Network Partition，LINP）。为了建立 LINP，需要将物理资源进行划分，抽象为虚拟资源，并进行互联。这些虚拟资源可以基于路由器、交换机和主机等物理资源创建。

LINP 相互独立，其用户可以在虚拟层对虚拟资源进行编程，也就是说，每个 LINP 能够给用户提供类似于传统网络的服务。例如，服务商可以租用 LINP 并给用户提供服务或技术。为了便于部署网络虚拟化，需要提供对 LINP 的创建、监视、状态测试等控制和管理能力。

图 2-6 表示网络虚拟化的概念体系结构。一个物理资源可在多个虚拟资源间共享，每个 LINP 包含多个虚拟资源。每个 LINP 由一个独立的 LINP 管理者管理。物理网络中的物理资源虚拟化后可形成虚拟资源池，这些虚拟资源池由虚拟资源管理者（Virtual Resource Manager，VRM）管理。VRM 与物理网络管理者（Physical Network Manager，PNM）交互，执行对虚拟资源的控制和管理。一旦使用虚拟资源建立了 LINP，则为该 LINP 分配一个 LINP 管理者，负责对该 LINP 执行管理功能。

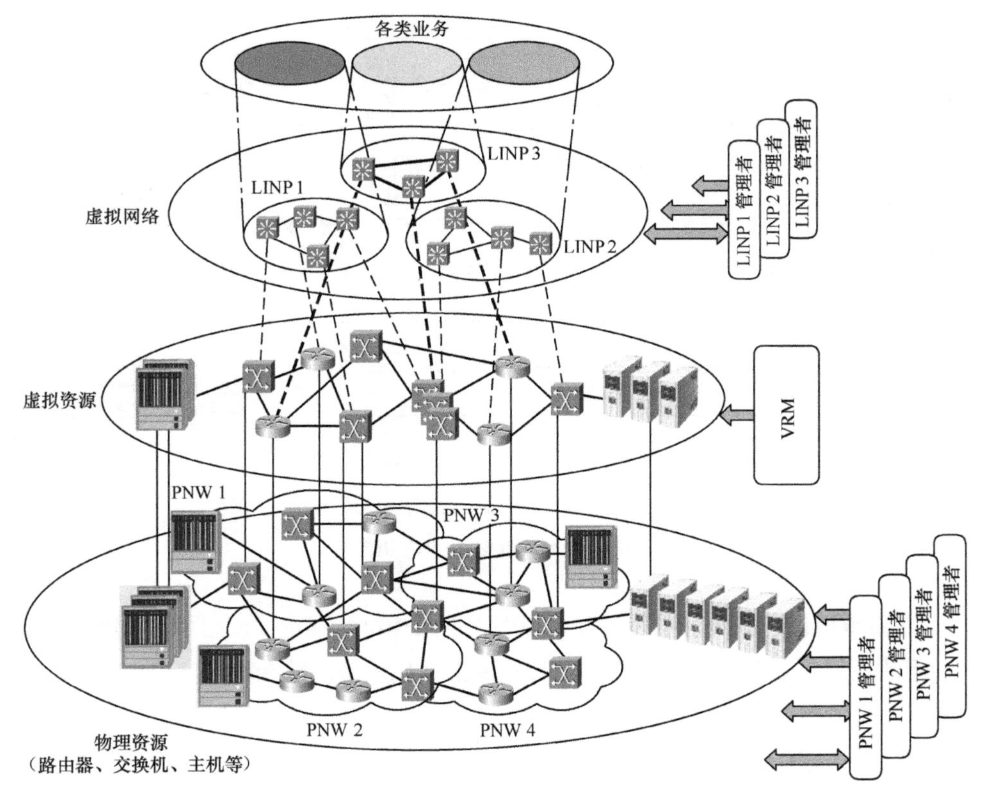

图 2-6　网络虚拟化概念体系结构

图 2-7 表示 LINP 概念，包含位于网络资源上多个共存的 LINP。用户需求提交给 VRM，VRM 根据管理策略响应需求，负责为用户分配 LINP。VRM 创建 LINP 管理者，并分配适当的权限。LINP 具有一系列特性，包括分割、隔离、抽象、灵活性（或弹性）、可编程性、认证、授权、记账等。

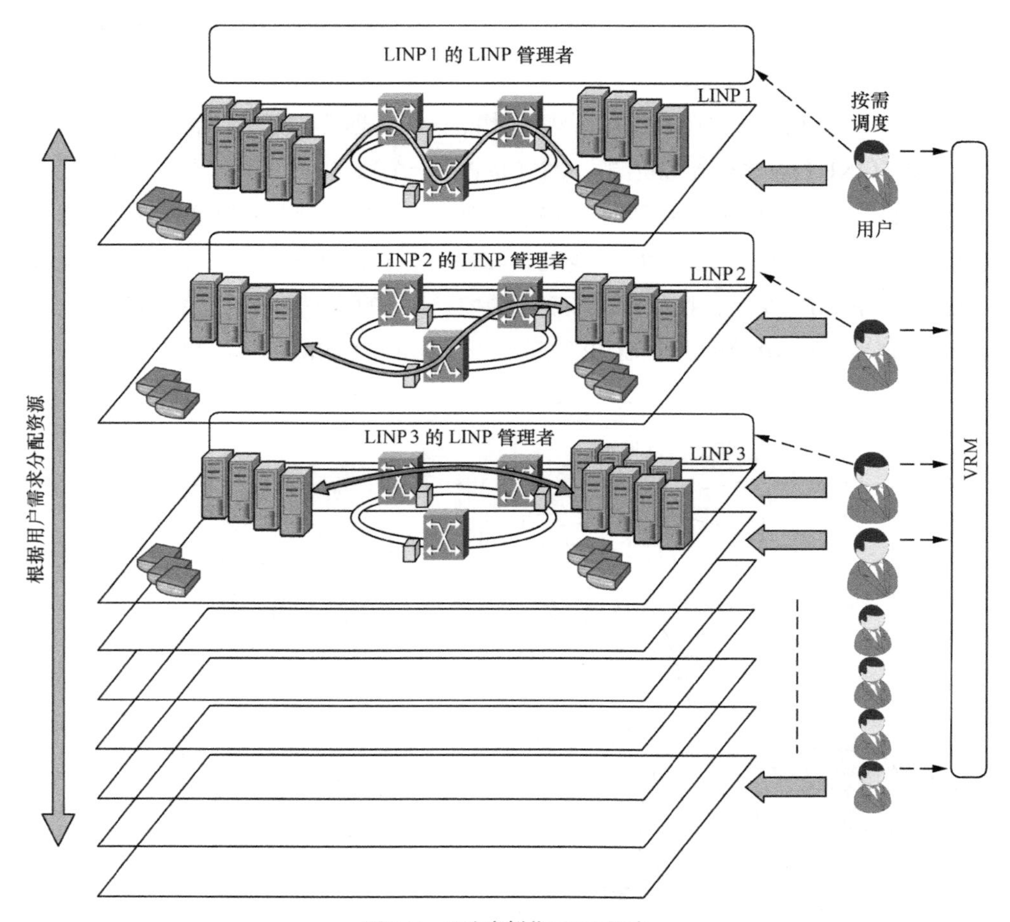

图 2-7　网络虚拟化 LINP 概念

网络虚拟化能够提升物理资源利用率，抽象和可编程特性使得可对 LINP 进行管理和调整，支持网络根据用户和应用需求的变化无缝调整迁移。

2. **标识框架**

根据 FN 设计目标，建议 FN 提供新的标识框架，支持移动性，优化数据接入和访问。这就需要为通信对象定义新的标识。

通信网络中的对象包括用户、数据（或内容）、节点（主机或设备）、链路和通信会话，需要唯一地标识这些对象。传统互联网将 IP 地址作为唯一的标识。IP 地址同时表示节点的身份和位置，互联网的自治域和应用层的各类应用也用 IP 地址来表示。

将 IP 地址既作为应用层和传输层的标识符，又作为网络层的定位符，是互联网难以有效支持移动性的根源[35]。同时，互联网缺乏唯一标识数据或内容的全局标识符，这种唯一的标识对于就近高效访问大容量数据非常必要，也是实现以内容为中心的网络或数据感知网络的基本要求。因此，建立针对节点、数据、通信会话和服务的新的标识体系十分必要。

图 2-8 给出了标识框架，包含 4 个组件，连接各类通信对象和物理网络。第一个组件是 ID 发现服务，发现通信对象的各类 ID；第二个组件是 ID 空间，定义和管理各类 ID；第三个组件是 ID 映射登记处，维护各类 ID 之间的映射关系；第四个组件是 ID 映射服务，执行 ID 之间的映射。

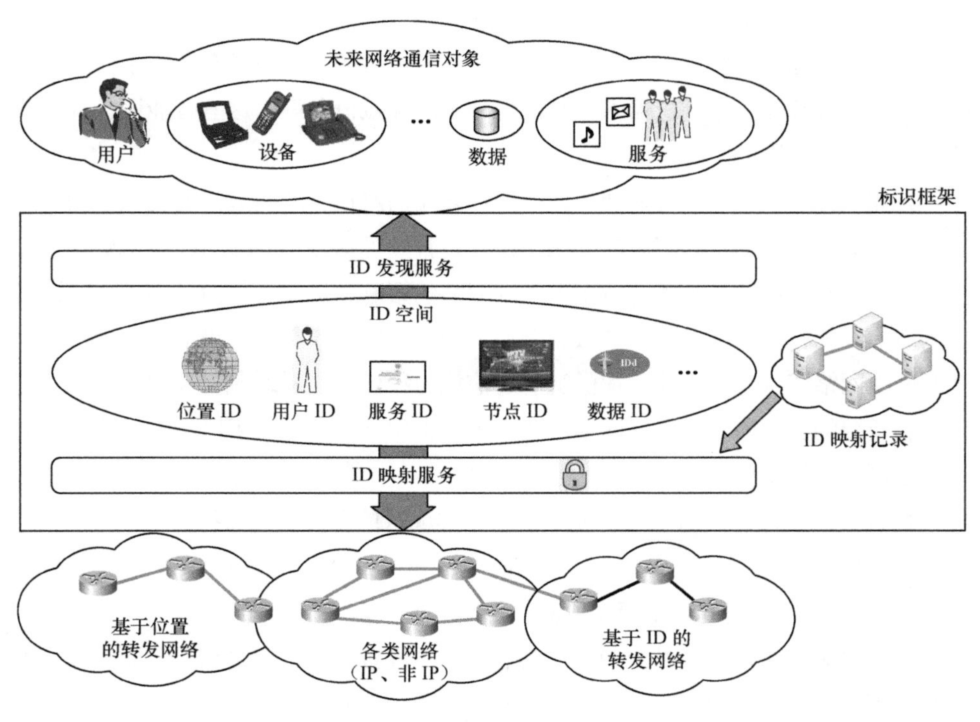

图 2-8　未来网络标识框架

ID 空间中包含用户 ID、数据（或内容）ID、服务 ID、节点 ID 和位置 ID。通过这些 ID 的功能交互实现各类应用。

ID 映射登记处负责维护 ID 之间的关系，存储和更新 ID 之间的映射，并将映射提供给 ID 映射服务。

ID 映射服务利用 ID 映射，在采用不同协议的异构物理网络上获得无缝的服务，这些网络可以使用不同的位置标识来定位同一个节点，并通过路由系统向该节点转发分组。

3. 智能泛在网

根据 FN 关于业务感知、数据感知、环境感知和社会经济感知的 4 项指标，需要以平滑演进的方式，基于现有 IP 网络，采用可行的技术逐步实现这些能力。智能泛在网（Smart Ubiquitous Network，SUN）正是 FN 的短期实现。

（1）发展趋势

当前，在 IP 网络和信息通信技术领域出现了如下几个重要的趋势。

一是智能、泛在的设备。信息通信技术的发展使电信领域发生了巨大的变化，特别是终端用户设备，不仅尺寸、外观和媒体显示等物理特性更为友好，更重要的是出现了越来越多体验优秀的服务和应用，目前典型的智能设备有智能手机、智能电视、智能传感器、智能机器人和其他各种智能穿戴设备等。这些智能设备都需要使用网络提供的服务。

二是网络能力增强。智能泛在设备的部署和信息社会的发展需要更强大的网络来应对各类挑战，如不同编解码类型的视频、音频等媒体对 QoS/QoE 的要求不同，对带宽的要求也不同，智能设备接入不同网络的策略、接口、能力各不相同，设备在网络之间的无缝切换，以及“数据爆炸”带来的数据流量指数级增长、少数用户垄断使用网络资源等。因此，提供智能通信能力和机制，采取流量控制机制，管理和控制资源的合理使用，确保网络对各类媒体类型、各类接入手段和各类传送策略的业务进行有效支持。

此外，需要设计网络空间的安全机制，实现对信息社会的保护。

（2）SUN 目标

SUN 的目标主要有以下两个方面。

一是增强网络能力。结合用户行为、端用户设备能力、网络和服务能力以及媒体类型等，实现 QoS/QoE、移动性、安全等智能资源管理，优化使用网络、业务、端用户设备的各类资源。

二是支持各类业务和应用。能够收集、感知网络和服务的状态，对相关的上下文环境状态进行评估，同时，结合位置、接入网络、设备和服务等级约定（Service Level Agreement，SLA），支持游牧、无缝切换等移动性，提供无处不在的通信连接。

（3）SUN 能力需求

为了实现 SUN 目标，SUN 需要维护下列信息。

① 端用户状态信息（例如所处位置、用户行为等），用于自适应、自动、可编程的服务递送；

② 端用户设备状态信息，用于支持自适应、自动、可编程网络、连接配置和服务递送；

③ 网络状态信息（例如接入节点、骨干节点的状态和环境），用于支持自适应、自动、可编程网络；

④ 服务提供状态信息（例如服务能力、服务器和存储器等配置），用于支持自适应、自动、可编程服务配置；

⑤ 内容相关上下文信息，例如内容的媒体格式、可用性和属性等状态和环境。

实现 SUN，需要提供 6 种能力：上下文感知能力、内容感知能力、可编程能力、泛在能力、智能资源管理能力、自动网络管理能力。具体如图 2-9 所示。

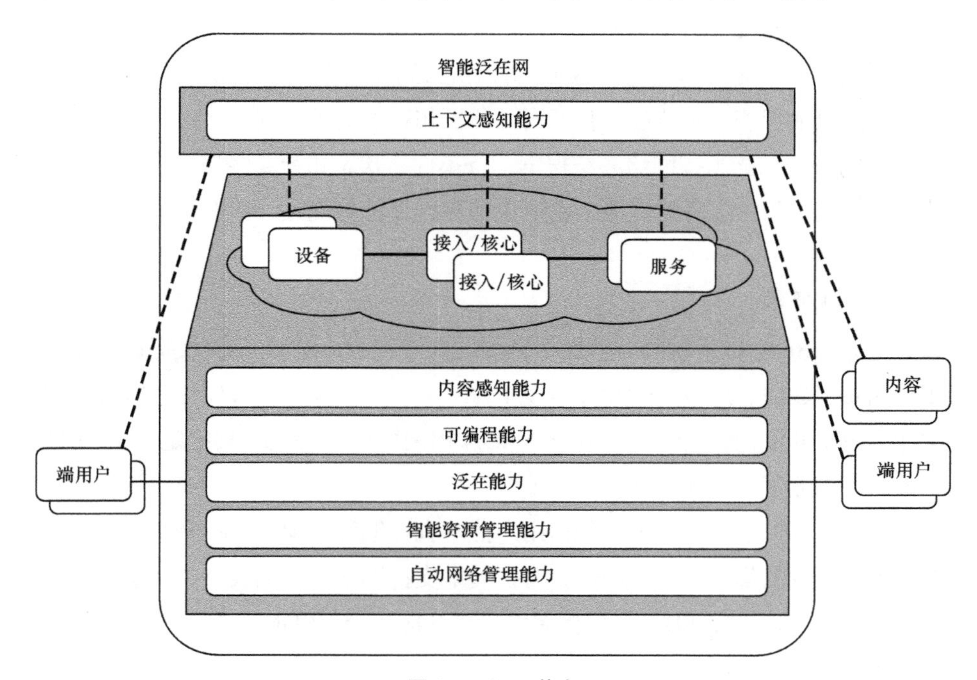

图 2-9　SUN 能力

上下文感知能力指检测设备物理状态变化的能力，例如 GPS 提供的位置服务、传感器提供的监控能力。这种能力使网络能够动态地捕获上下文信息的变化，根据用户特征和环境自适应调整网络服务。SUN 提供的上下文感知能力主要包括上下文收集、存储、分析、预测和共享等。

内容感知能力指根据内容相关信息高效识别、检索和递送内容的能力。这种能力根据用户态势提供个性化的内容递送服务。靠近用户的网络节点进行内容缓存和递送，可在爆发式内容请求的情况下提供高质量的视频流服务。SUN 提供的内容感知能力主要包括内容发现、缓存和动态分发等。

可编程能力指通过改变网络程序软件，改变网络的行为和功能的能力。这种能力使网络能够使用相关资源建立虚拟网络，支持新型网络服务的开发和部署，具备很强的灵活性，可较好地满足用户需求。可编程能力主要包括开放式服务/网络 API、虚拟化、联盟等。

泛在能力指在人与人、物与物、人与物之间提供运动中无缝通信的能力。为了在任何地点、任意时间提供服务，泛在能力支持在网络中的切换和漫游，设备变化时服务不中断，通过异构接口和网络的人、物之间握手与识别。泛在能力主要包括适应性、无缝、连接一切和泛在接入。

智能资源管理能力指通过更透明、准确地安排各类资源，提供公平使用资源的能力，主要包括智能资源监视、智能资源分析和智能资源控制等。

自动网络管理能力指网络系统根据运行条件、状态和社会经济需求，进行动态自动适应、重组和重配置的能力，主要包括自配置、自优化、自保护、自愈和自组织等。

4. SDN 框架

近年来，SDN 成为网络业界整个行业关注的焦点，SDN 的主要标准化组织有 ONF、ODL、OCP、NFV、ONRC 以及 IETF 等[36]。2014 年，ITU 作为官方的电信网络标准化研究机构，也制定了第一个 SDN 相关标准 Y.3300，其中定义了 SDN 的基本概念，描述了高层体系结构[30]。

根据 ITU 的定义，SDN 是使得用户能够直接编程、编排、控制和管理网络资源的一系列技术的集合，能够动态、可扩展地支持网络业务的设计、递送和操作。

根据 ITU 的描述，SDN 高层体系结构包含应用层、SDN 控制层、资源层 3 层和多层管理功能面，简称“三层一面”，如图 2-10 所示。

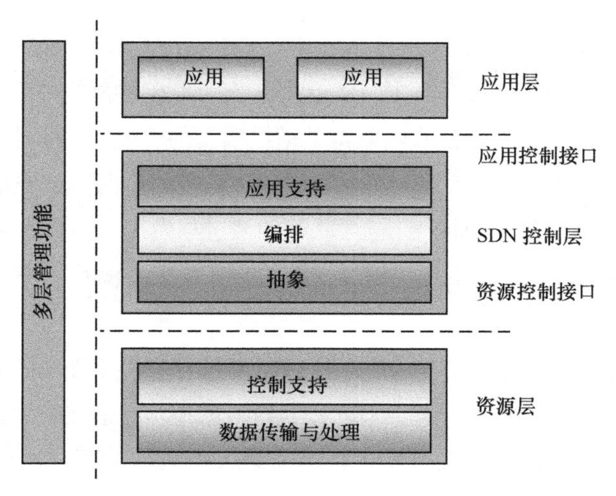

图 2-10　SDN 高层体系结构

应用层描述网络业务或企业应用，这些应用通过应用控制接口与 SDN 控制层交互，使控制层自动定制网络资源的行为和属性。

SDN 控制层根据应用层的要求，动态地控制网络资源的行为。SDN 应用通过应用控制接口与 SDN 控制层来交互网络资源应如何控制和分配。SDN 控制层通过资源控制接口向网络资源发送控制信令。

资源层是网络单元执行数据分组处理和传送的位置，根据 SDN 控制层，通过资源控制接口发来的指令来执行数据的处理和传送操作。

多层管理功能是执行跨层管理功能的实体，主要包括故障、配置、账务、性能和安全管理功能[37]。

2.3　互联网体系结构的发展

2.3.1　发展脉络

互联网诞生以后，自 20 世纪 80 年代初形成 TCP/IP 体系以来，TCP/IP 以简单、开放的特性迅速普及，到现在已经发展成为全球重要的信息基础设施，并融入各行各业，走进千家万户，也将为科技革命和时代进步提供创新的源泉和不竭动力。迄今为止，以 TCP/IP 为基础，“Everything over IP”“IP over Everything”的“小蛮腰”网络体系结构（如图 1-4 所示）非常稳定，仍是现有互联网的网络体系结构。

第 1 章已经提到，尽管互联网取得了举世瞩目的成就，但基于 TCP/IP 的现有互联网也逐渐暴露出许多的不足，例如移动性、服务质量保障、安全性、可管可控等方面都存在巨大挑战。为此，针对互联网的演进与发展，业界开展了广泛的研究工作，试图克服现有网络的不足，提供更好的服务质量，满足用户的各类需求，提升互联网的能力。

在互联网的发展演进过程中，成立于 1985 年的互联网工程任务组（IETF）发挥了重要的引领作用。IETF 是全球互联网最具权威的技术标准化组织，主要任务是负责互联网相关技术规范的研发和制定，当前绝大多数国际互联网技术标准都出自 IETF。同时，以思科（Cisco）、瞻博（Juniper）等为代表的各大网络公司，以 ONF（Open Networking Foundation，开放网络基金会）、ODL（Open Day Light）、NFV（Network Function Virtualization，网络功能虚拟化）等为代表的相关标准化组织，以及以美国 NSF 和我国国家重点基础研究发展计划（“973”计划）为代表的政府资助机构等，都在互联网向下一代演进过渡中进行体系结构的相关研究工作。

本节将重点对思科公司提出的面向服务网络架构（Service-Oriented Network Architecture，SONA）、ONF 率先提出的软件定义网络（Software Defined Network，SDN）、NSF 资助的命名化数据网络（Named Data Networking，NDN）和移动性优先（MobilityFirst），以及我国“973”计划资助的一体化可信网络与普适服务体系等进行介绍和分析。

2.3.2 面向服务网络架构

2.3.2.1 SONA 概述

全球化、虚拟化、消费化的企业 IT 应用趋势需要网络作为开放、统一的平台满足不断涌现的新需求，网络的角色势必由原来的传输平台职能转化为综合服务平台。为了适应全球网络从简单的链接功能逐步拓展为能够智能化感知不同业务和应用的发展趋势，思科公司提出了智能化信息网络（Intelligent Information Network，IIN），这是一个代表业界未来发展方向的技术理念。当然，IIN 不仅是一个技术理念，也是思科公司响应客户需求所提出的商业框架。在电信领域，思科公司提倡 IP

下一代网络为全球的有线网络和电信运营商的战略转型提供创新的技术支持；落实到商业市场领域，IIN 的技术理念则变成了“一站式提供（the Whole Offer）”，为成长型的企业提供简易安全和灵敏的解决方案；在消费者市场上，IIN 则体现为“在线家庭（Connected Home）”；同样，面对企业市场用户，思科也为其网络赋予了 IIN 特性，从数据中心到企业分支机构，从广域网到局域网，思科的解决方案在企业网络的各个层面都赋予了其智能性，这就是 SONA[38]。

SONA 是一种基础网络架构，将复杂且具有共性的应用集成到网络层面，而将个性化的高端应用部分留给终端完成，强调融合网络集成系统的灵活性以及资源的标准化和虚拟化。SONA 的基本目标是将传输网络发展到智能信息网络，将网络的职能由传输平台职能转化为综合服务平台基础网络架构，帮助企业最大限度地提升其网络服务和资源的价值。

2.3.2.2　SONA 的组成

SONA 是一种开放的体系结构，使网络能够最优化地参与到企业的整体业务流程中，使企业应用开发者利用集成的网络服务、通信和协作服务，通过面向服务的网络平台，实现更敏捷、更灵活的应用业务[39-40]。

SONA 架构由网络基础设施层、交互服务层以及应用层组成，如图 2-11 所示。

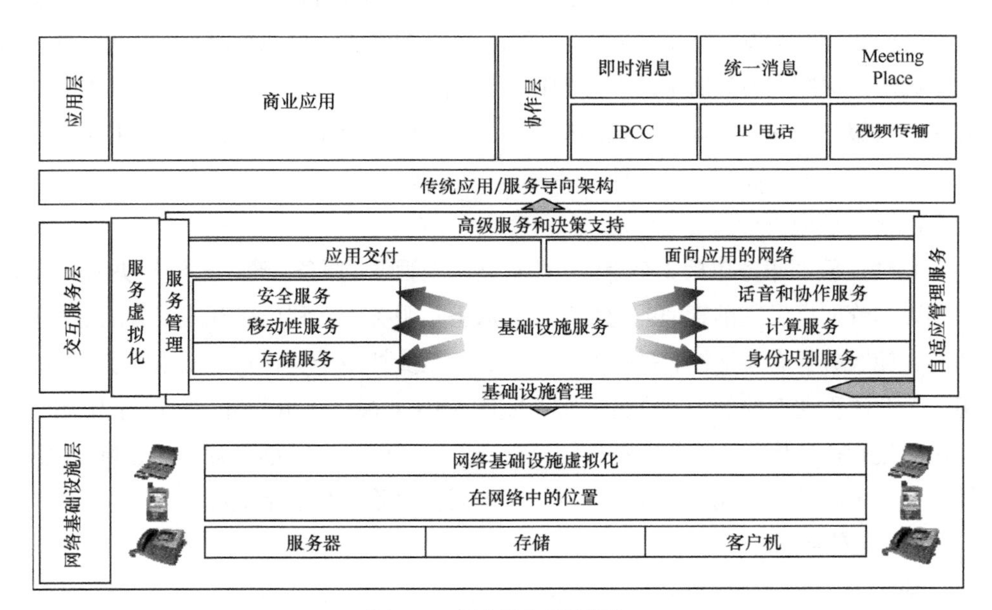

图 2-11　面向服务网络架构

1. 网络基础设施层

网络基础设施层主要包括路由和交换基础设施，以及存储器、服务器和客户机等设备。这些设备是服务和数据的物理存储位置。

2. 交互服务层

交互服务层主要包括基础设施服务、应用服务和自适应管理服务 3 类服务，为应用和业务流程有效分配网络基础设施资源。

（1）基础设施服务

基础设施服务是一种面向网络的服务，用于消除资源鸿沟，主要包括安全服务、移动性服务、存储服务、话音以及协作服务、计算服务、身份服务和网络基础设施虚拟化服务。这些服务对基础设施进行效能优化，使得给特定的商业流程和应用分配合适的资源更加容易。其中的一项重要技术是虚拟化，主要有两项重要功能：一是能够让许多物理上分布的资源看起来像一个资源池（或者让一个资源看起来像许多资源）；二是能够以逻辑方式而不是物理方式对资源进行处理。

（2）应用服务

应用服务是对上层的服务，通过基于网络的服务实现应用程序整合、交付、升级和优化，主要包括两个组件：面向应用的网络（Application Oriented Network，AON）和应用交付。AON 使网络能够理解应用程序的语言，例如采购订单等信息。这将让网络智能地发挥路由、转换、记录、通知或者验证商业级对象等功能。由于大多数应用程序在设计时都没有考虑到网络优化问题，在水平网络框架上增加应用程序交付服务，能够实现端对端的交付、升级和应用程序数据优化，以及控制整个企业、用户、供应商和合作伙伴的信息。

（3）自适应管理服务

自适应管理服务包括 3 个组件，即基础设施管理、服务管理、分析与决策支持。基础设施管理提供基础管理能力和集中式服务；服务管理利用交互式服务的部署和功能，使服务具有灵活性、敏捷性；分析和决策支持用于填补基础设施的能力和应用、企业流程期望的能力之间的间隙，完成 MIB 监视、流量分析、应用行为分析、容量规划和拓扑仿真，决策支持根据分析提供行动信息，如 QoS 建议、容量、故障场景、应用调整、预先部署配置验证、部署后变化验证及策略执行等。

3. 应用层

应用层主要包含两类应用：协作应用和企业应用。协作应用，例如统一通信、

IP 呼叫中心等，是以实时话音、视频交互为主要特征的通信应用。企业应用，例如客户关系管理（Customer Relation Management，CRM）、企业资源规划（Enterprise Resource Planning，ERP）、供应链管理（Supply Chain Management，SCM）等，通过服务层提供的通用服务，网络在实现这些应用及其相关的商务流程方面将发挥更为直接和重要的作用。

2.3.3　软件定义网络

2.3.3.1　SDN 体系架构

SDN 是一种新兴的网络架构，其主要特征是网络控制和数据转发分离，并且可以直接编程。SDN 将原来和独立的网络设备紧紧绑定在一起的控制功能迁移到可计算的设备上，上层的应用和服务对底层设施进行抽象，把网络作为一个逻辑的或者虚拟的实体。

图 2-12 描述了 SDN 体系架构的逻辑视图。网络智能集中在基于软件的 SDN 控制器上，它能够对整个网络进行管理。因此，网络对于上层应用和策略引擎只是单一的、逻辑的交换机。企业能够在整个网络中得到独立于路由交换设备厂商的控制，这样极大地简化了网络的设计和运行。SDN 也能够简化网络设备，它不再需要了解和处理大量的协议，只需要接收来自 SDN 控制器的指令即可。

SDN 的基本组成要素包括以下几个方面。

（1）SDN 控制软件

SDN 控制软件也称 SDN 控制器，它将传统网络中分布在全网设备中实现的网络控制平面集中起来实现，使得网络设备不再实现控制平面的功能，网络设备只实现数据平面的功能。它是 SDN 架构的核心，是基于软件的控制器，负责维护全局网络视图，向上层应用提供用于实现网络服务的可编程接口（通常称为北向接口）。SDN 控制器根据上层应用的需求，在全局网络视图上计算出具体的网络配置指令，下发给网络设备执行，从而满足上层应用对网络的需求。

（2）上层应用

应用程序利用 SDN 控制器提供的应用编程接口，在 SDN 控制器提供的全局网络视图上，灵活地实现多种网络控制应用，如路由、多播、安全、接入控制、带宽管理、流量工程、服务质量等。

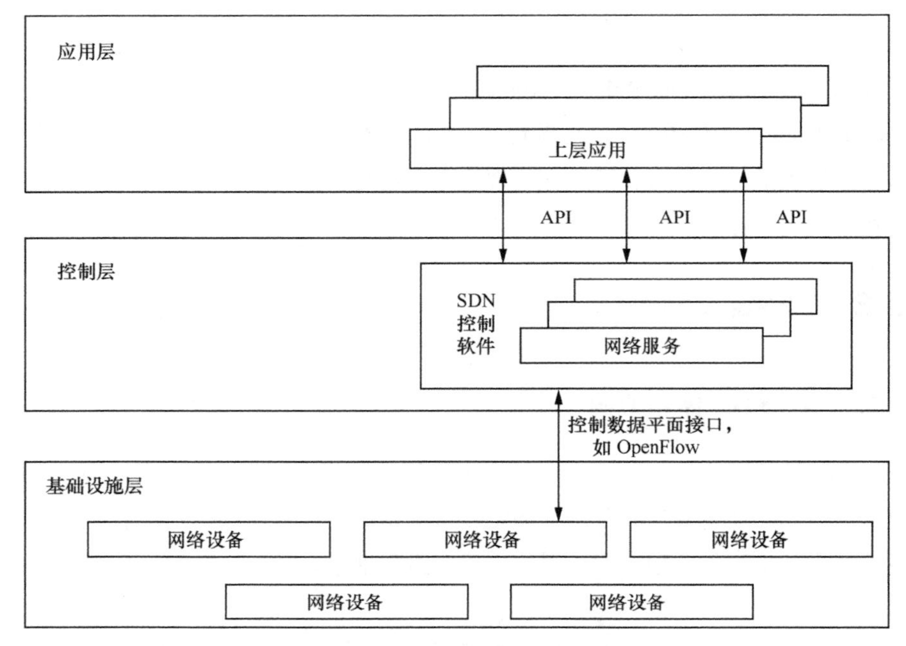

图 2-12　SDN 体系架构

（3）网络设备

SDN 中的网络设备具有与 SDN 控制器的接口，通常称为南向接口。SDN 控制器通过利用网络设备提供的网络信息构建全局网络视图，并且通过南向接口直接控制网络设备。网络设备在 SDN 控制器的直接控制下完成数据转发操作。

SDN 的基本特征有以下几个方面。

（1）控制平面与数据平面分离

网络数据平面由受控转发的网络设备组成，转发方式以及业务逻辑均由运行在独立于网络设备的 SDN 控制器上的控制应用所控制。

（2）控制平面与数据平面之间的开放接口

SDN 为控制平面提供开放的网络操作接口，也称为可编程接口。通过开放接口，控制应用只需要关注自身逻辑，而不需要关注底层具体的实现细节。

（3）逻辑上的集中控制

逻辑上集中的控制平面可以控制多个数据平面设备，可以控制整个物理网络，因而可以获得全局的网络状态视图，并可以根据该全局网络状态视图实现对网络的优化控制。

2.3.3.2　OpenFlow 技术

网络控制平面与网络数据平面之间的接口是 SDN 体系架构中的关键组成要素。OpenFlow[41]作为 SDN 架构中控制平面与数据平面之间接口定义的第一个实例，在提出的初期就受到业界的广泛关注。当前，业界普遍选择 OpenFlow 作为 SDN 中控制平面与数据平面之间的接口，并围绕其建立了一系列的控制器、控制应用以及网络设备。

OpenFlow 的成功与其简单、高效的特点密不可分。OpenFlow 架构十分简洁，如图 2-13 所示。OpenFlow 交换机由内部转发流表以及用来与外部控制器进行通信的安全通道组成。为了使远端的控制应用能够对数据平面的网络设备进行编程，OpenFlow 协议指定了一系列基本操作。通过 OpenFlow，SDN 控制应用可以直接访问并操控数据平面中的网络设备，OpenFlow 交换机则使用流表流水线来进行数据分组匹配与数据分组转发。

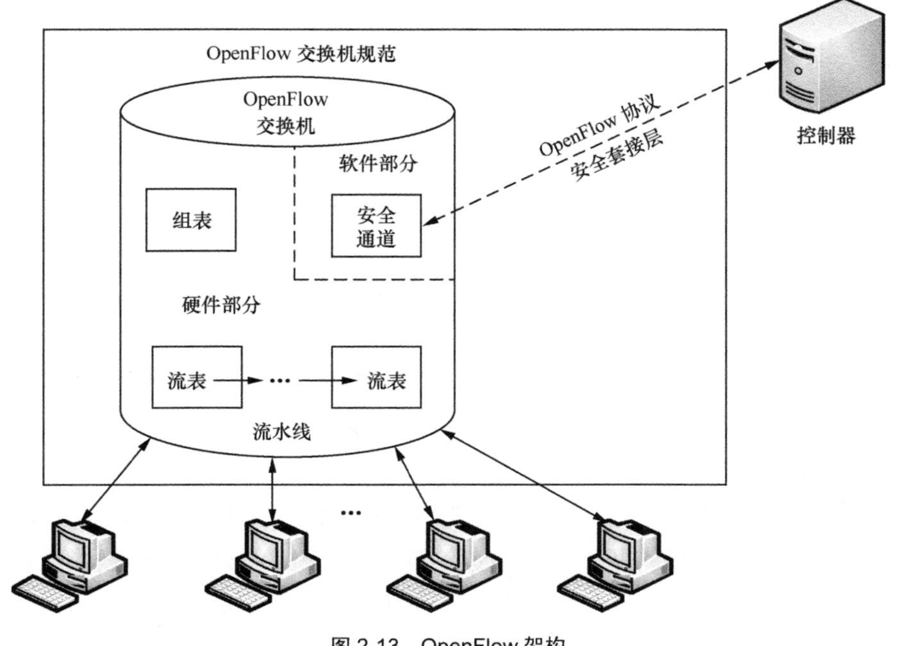

图 2-13　OpenFlow 架构

OpenFlow 交换机中的每个流表中含有多条流表项，每条流表项由匹配域、优先级、统计域以及一系列的转发指令组成，如图 2-14 所示。控制器可以利用 OpenFlow 协议对这些流表项进行添加、删除或者修改操作，当数据分组匹配到某个流表项时，该表项对应的指令集合将被触发。OpenFlow 支持最基本的动作，包括转发、丢弃、群组操作、入队以及添加/去除标签等。

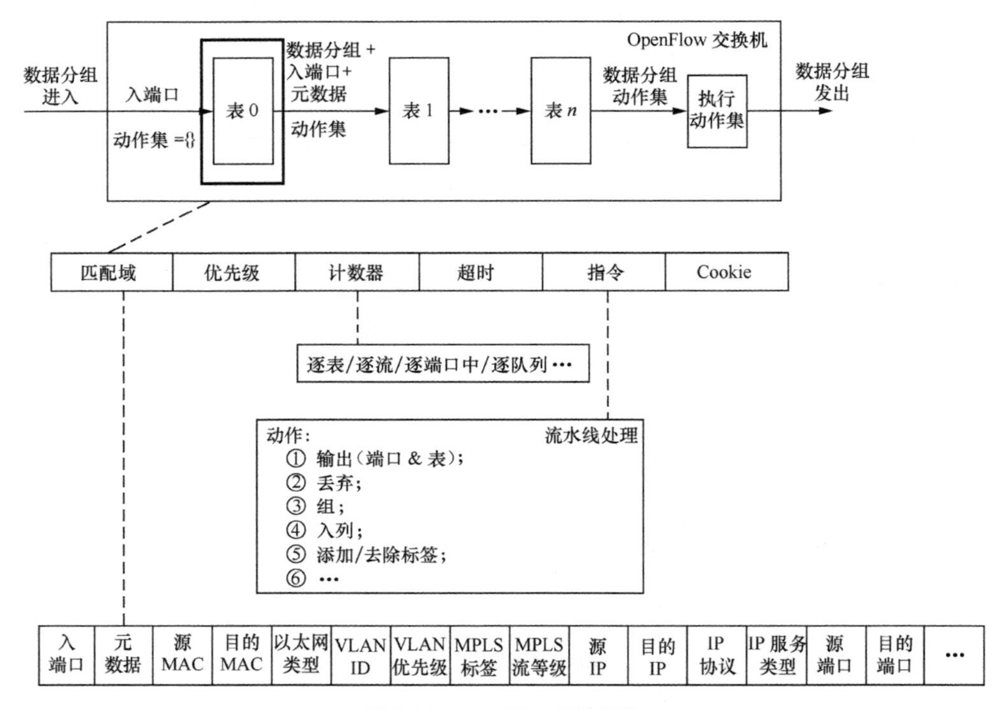

图 2-14　OpenFlow 流表示例

OpenFlow 通过对网络中流的控制来达到对网络进行灵活控制的目的。OpenFlow 中对流的定义十分灵活，这也就使其能够对网络进行更灵活的控制。例如，在需要进行细粒度控制的网络场景中，可以逐流建立流表项并通过逐流的精确匹配实现对网络的精确控制；在流量较大的网络环境中，可以使用通配流表来对汇聚流进行转发，降低流表项数目对转发节点内存空间的冲击。另外，控制平面建立流表项的方式也十分灵活。控制平面既可以被动地建立流表项，由新流来触发流表项的建立，也可以主动地建立流表，提前对转发设备的转发行为进行配置，从而提高转发效率。OpenFlow 细粒度的、基于流的转发能力使得网络控制变得十分灵活，使其能够实时地对网络应用、用户、会话的需求做出不同的响应。

2.3.3.3　基于 SDN 的网络虚拟化技术

1．网络虚拟化系统的设计原则

（1）隔离性

虚拟网络技术隔离性指的是能够使同一物理网络上的不同虚拟网络之间做到拓扑隔离、带宽隔离、流量隔离、流表项隔离。如果某个虚拟网络中提供的服务具有一定的危险性，或者会占用大量网络资源导致网络拥塞甚至网络瘫痪，通过资源隔离，并不会给其他虚拟网络带来太大影响，一定程度上增强了虚拟网的安全性和抗攻击性。

（2）可配置

虚拟网络的 OpenFlow 交换机构成、链路构成、每个虚拟网络的 QoS 需求等都可以通过虚拟网络配置功能进行个性化配置。不同的虚拟网络会提供不同的服务，如 VoIP 服务、Web 服务、电子邮件服务、网络搜索服务，网络管理员可以根据具体的需求配置虚拟网络提供何种服务。

（3）模块化

虚拟网络由很多小的功能模块组成，其工作方式跟 SDN 控制器平台组件的工作方式一样。这使得每个虚拟网络都可以利用 SDN 控制器提供的统一编程接口开发新的功能模块，与 SDN 控制器平台具有很好的兼容性。以这种模块化的方式提供服务，能够非常方便地复用已经开发出来的功能模块，例如某个虚拟网络不再为用户提供服务，可以将相关模块加载到另外的虚拟网络中提供服务，而无须做代码上的修改。

2．SDN 虚拟化

由于 SDN 设备具有良好的可编程性，网络管理人员和网络研究人员可以非常容易地控制网络设备，部署新型网络协议。在 SDN 中控制平面与数据平面相互分离，支持用户定义自己的虚拟网络，定义自己的网络规则和控制策略，网络服务提供者能够为用户提供端到端可控的网络服务，甚至可以在硬件设备上直接添加新的应用。这都使得 SDN 非常适合于网络虚拟化。这种可编程的网络平台不仅能解开网络软件与特定硬件之间的耦合，还能将网络软件的智能性和硬件的高速性充分结合在一起，使得网络变得更加智能与灵活。目前，在 SDN 虚拟化技术研究方面的主要成果有斯坦福大学的 FlowVisor 项目[42]、匈牙利爱立信研究院的 IVOF[43]、瑞典皇家理工学院的 OVN（OpenFlow Virtualization Network）项目[44]和 OpenDaylight 开源项目组织发布的 OpenDaylight SDN 控制平台。

2.3.3.4 SDN 网络服务

SDN 网络逻辑集中的控制层面可以屏蔽底层物理网络的细节，将物理网络能力抽象为网络服务供上层调用。SDN 架构支持一系列的 API，API 使得网络更容易实现一些公共的网络服务，包括路由、多播、安全、接入控制、带宽管理、流量工程、QoS 等。例如，SDN 架构使得它更容易在有线和无线连接情况下，定义和实施一致性的策略。另外，SDN 支持通过智能系统对整个网络进行管理，目前 ONF 正在研究开放的 API。

同时，网络操作者和管理员能够自动配置简化的网络，而不需要手动在上千的设备上编写成千上万行的配置代码。另外，利用 SDN 的集中式智能化控制能够动态改变网络的行为，在几个小时或几天内配置新的应用和网络服务，而不是像现在需要花费几星期甚至几个月的时间。通过在控制层集中收集网络状态，SDN 通过动态的自动化程序，为网络管理者提供灵活的配置、管理和优化网络资源的能力。此外，也可以针对个性需求对网络进行编程，而不仅限于使用厂商定义的特征。

2.3.4 命名化数据网络

2.3.4.1 NDN 概述

2010年，美国NSF资助了4个为期3年的未来互联网体系结构项目，分别是NDN、MobilityFirst、Nebula 和 XIA（eXpressive Internet Architecture）。

如今的 Internet 起源于 20 世纪 60 年代，由于设备价格昂贵，当时互联网业务比较少，主要解决两个主机之间资源的共享问题，通信的模型建立在两个机器之间，一个希望获取数据，另一个希望提供数据。数据分组只包含发送端和接收端主机的 IP 地址，所有互联网的业务都在成对的主机之间完成。

互联网在起源之初，主要的应用需求是计算资源共享，而经过 50 多年的发展，互联网的使用已发生了巨大的变化，现在互联网的主要使用需求是内容的获取和分发。在最近的 50 年内，随着计算机及其附属设备的逐渐普及，其价格逐渐降低，已经能被大多数人所接受，互联网业务与日俱增，传统的主机/服务器模式已经不能满足人们的需求，人们所关注的不再是目的地址，而是内容本身。

虽然应用发生了这么大的变化，但互联网的体系结构仍然是 Host-to-Host 通信模式，对于以发布和获取信息为主的互联网，Host-to-Host 通信模式存在明显的不足，比如每次存取内容，都要间接映射到内容所在的设备。为了解决这个问题，出现了面向数据的网络架构（Data-Oriented Network Architecture，DONA）[45]，并发展到 NDN。NDN 采用名字路由，通过路由器来缓存内容，从而使数据传输更快，并能提高内容的检索效率。NDN 对数据直接命名，和命名主机相比，能更好地满足目前人们对互联网的需求。在 NDN 中，不在意数据分组的源地址和目的地址，只关注内容本身，通过内容的名字能够直接寻址。

NDN 的通信是由接收者即数据请求者驱动的。NDN 上主要有两种数据分组：兴趣请求分组（Interest Packet）和数据分组（Data Packet）。这两种数据分组的结构如图 2-15 所示。兴趣请求分组中的数据包括内容名、选择选项、随机时间值，其中选择选项包括优选顺序、发布者过滤、选择范围等。内容数据分组包括签名（摘录算法、证明等）、签署信息（发布 ID、密钥定位、失效时间等）和数据。

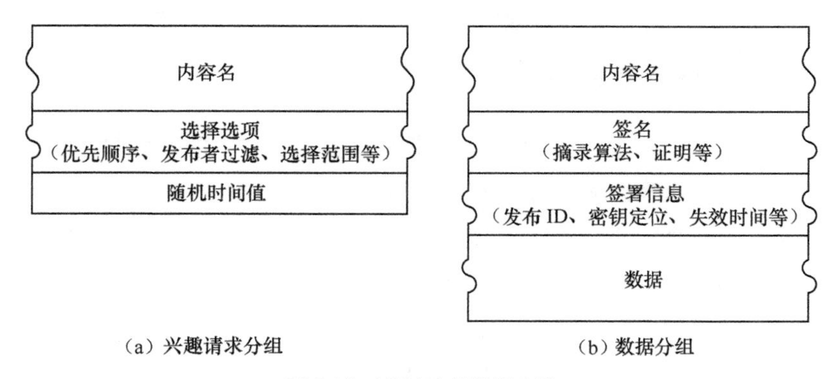

图 2-15　NDN 中的数据分组

为了接收数据，一个请求者会发送兴趣请求分组，里面包含了该请求数据的标识。例如，当一个请求者请求资源“/parc/videos/WidgetA.mpg”时，路由器接收到该请求分组后，会记录请求分组进入路由器的接口，寻找转发信息表（Forward Information Base，FIB）中的名称，然后按照基于命名的路由转发协议将其转发。一旦请求分组到达含有所需数据的节点，内容数据分组返回，并且同时包含名称和数据名称及数据签名。数据分组按照请求分组创建的路径逆向返回给请求者。需要注意的是，不论是请求分组或者是内容数据分组都没有携带任何端口或者接口的地址。兴趣分组是按照兴趣分组中的名称路由转发到内容提供者，数据分组依据在每个路由跳中建立的状态信息返回请求者。

NDN 的路由器对请求分组和数据分组都进行缓存。当收到多个请求分组时，仅第一个向外转发，其余的不转发。所有的请求分组都被加入请求分组列表，它的每个条目包含收到同一个请求分组接口集。当收到对应的数据分组后，路由器查找请求分组列表，向所有记录的传入接口转发数据分组，并删除相应的条目，然后缓存数据分组到遵从特定缓存替换策略的路由器存储器。数据沿着被请求的路径原路返回。每个数据分组每跳都满足一个数据请求，同时也达到了数据均衡的效果。

NDN 中的数据分组独立于它的来源和目的地，因此，路由器可以缓存它满足将来的请求。这样可以不用添加额外的设备就支持内容分发、多播、移动连接和容迟网络。例如，一个正在播放流媒体的移动客户端从一个局域网移动到另一局域网后，虽然旧局域网中的数据被丢弃了，但是它已经被缓存到路径上。当重发数据请求时，网络会把最近缓存中内容发给客户端，这样就减少了切换时延。靠近客户端的数据缓存提高了数据分组传送效率，减少了对数据源的依赖性。

2.3.4.2 NDN 节点模型

NDN 主要靠消费者，也就是需求数据的一方来驱动。消费者通过向所有可用的接口广播兴趣分组来请求数据。网络中任何一个节点接收到兴趣分组后，如果能够满足该请求，就会向消费者发送数据分组。因为兴趣分组和数据分组中都含有内容的名字，所以数据分组满足兴趣分组的条件是两者的内容名字一致，内容的名字由不透明的、二进制字符串组成，通过反斜杠隔开各个部分。名字具有典型的分层结构，这样名字匹配过程中可以简化实现[46]。

NDN 节点的基本操作和 IP 节点类似：一个信息分组到达接口后，进行最长匹配查询，根据查询结果进行不同的处理。图 2-16 显示了 NDN 节点进行分组处理的过程。每个 NDN 节点包含 3 个部分：转发信息表（FIB）、内容存储（Content Storage，CS）表和未完成的兴趣表（Pending Interest Table，PIT）。

FIB 被用于转发兴趣分组到可能匹配的数据源，其功能和 IP 节点的路由表功能相近，只是 FIB 中可以有多个接口，这也间接地反映了 NDN 不是严格地只向一个数据源请求数据，而是可以同时向多个存储数据的源进行请求。

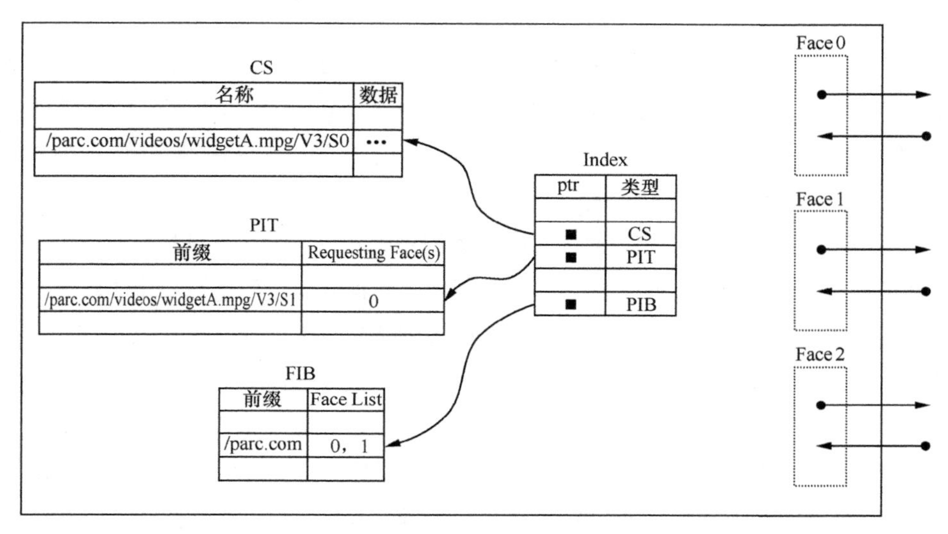

图 2-16　NDN 节点的分组处理过程

CS 的作用和 IP 路由器中的缓存相似，但是替换策略不同，每个 IP 分组属于一个单独的点对点会话，数据分组转发后被立即删除，缓存区重复使用。NDN 数据分组能自我识别、自我鉴权，因此，可用于多个消费者（例如多个主机读取同样的报纸或者观看同样的 YouTube 视频）。为了使共享能力最大化，NDN 会尽可能地保存到达的数据分组。

PIT 负责跟踪发送给内容源的兴趣分组，使数据分组能够按照兴趣分组的路径返回到消费者。在 NDN 中，只有兴趣分组需要被路由，而数据分组仅按照兴趣分组路由的路径直接返回即可，NDN 节点的 PIT 中相应实体在数据分组被获取后直接删除。为了防止兴趣分组长时间得不到响应而在网络中长期存在，可以给兴趣分组设置一个时间值，超过该时间值后兴趣分组自动被删除。

当一个兴趣分组到达 NDN 节点的接口时，根据内容的名字进行最长匹配查询。Index 表被用于确定查询顺序，确保先查询 CS，之后是 PIT，最后查询 FIB。因此，如果在 CS 中存在该内容的名字，说明该 NDN 节点存有该内容，直接将内容发送至兴趣分组到达的接口后直接删除兴趣分组即可。否则，如果内容名字匹配发生在 PIT 中，说明之前已经有对该内容的请求，直接将兴趣分组到达的接口添加到相应 PIT 实体中的 Requesting Face，之后删除兴趣分组即可。如果名字匹配发生在 FIB，则说明兴趣分组需要继续转发给其余的节点。此时需要将兴趣分组到达的接口从对应 FIB 实体中的 Face List 中删除（防止兴趣分组被转发回到达的接口），如果此时的 Face List 不为空，则兴趣分组被转发至其余的接口，并在 PIT 中建立一个新的实体，实体中的 Requesting Face 为兴趣分组到达的接口。如果 3 个表中都没有对兴趣分组中内容名字的匹配，则将兴趣分组直接删除（说明该节点没有任何匹配的内容，也不知道怎么找到该内容）。

数据分组的处理过程相对简单，因为数据分组不进行路由，只是按照每个节点中 PIT 形成的链路返回数据需求者即可。返回的数据分组也要进行 3 个表的匹配，匹配的顺序和兴趣分组相同，如果在 CS 中找到相应的匹配项，表明该数据分组是复制品，也就是说在这之前已经有相同的数据分组被发送给需求者，直接删除该数据分组；如果进行 FIB 匹配，说明在 PIT 中没有找到匹配结果，也就是说该数据分组有可能是恶意数据分组，之前并没有需求者发送对该内容的兴趣分组，直接删除；如果在 PIT 中找到匹配项，说明该数据分组是该节点请求的，将数据分组添加到内容存储中，并在 CS 表中建立该内容的实体，之后将数据分组发送给 PIT 匹配实体的每一个响应接口。

2.3.4.3 NDN 命名策略

NDN 中对内容的命名对于网络是不透明的，路由器并不知道名字的具体含义，但是路由器可以知道名字组成的边界。这就允许每个应用可以选择自己的命名框架，命名方式可以独立于网络。

NDN 采用分层的方式为内容命名，例如，由 PARC 发布的一段视频可以命名为“/parc/videos/WidgetA.mpg”，其中，“/”并不是名字的一部分，其作用是标明名字中各个组成部分的分界。采用这种分层结构对于应用展现自己各部分数据之间的联系是非常有用的。例如，视频的版本一的第三个数据段可以表示为“/parc/videos/WidgetA.mpg/1/3”，这种分层结构也允许路由聚合。

尽管全球范围内获取数据需要一定程度的全球唯一性，但 NDN 架构中的名字不需要全球唯一。用于本地通信的名字很大程度上是基于本地内容的，并且仅需要本地路由或者本地广播来搜索相关数据。

为了获取动态产生的数据，请求用户在看到未产生数据前就能够决定所需数据的名字构成。通过确定的算法可以由供应商和用户以共知的数据产生名字，或者用户也可以通过部分名字就可以获取数据内容。例如，数据请求用户想请求“/parc/videos/WidgetA.mpg”返回一个名字为“/parc/videos/WidgetA.mpg/1/1”的分组包。用户利用得到的第一个数据分组，和之前与供应商协商的命名规则结合起来，知道具体的命名规则后就可以再次请求所需的数据。

命名系统是 NDN 架构中最重要的功能，很多功能尚处于研究中，尤其是如何界定和分配高层名称还是个挑战。名字对于网络的不透明性并且独立于特定应用的特性，意味着 NDN 架构的设计和发展可以与命名结构、命名发现、应用背景下命名空间的遍历研究并行推进和发展。

2.3.4.4　NDN 路由机制

现如今，存在各种各样的路由解决方案，但是可以确定的是，任何针对 IP 网络的路由协议都可以在 NDN 中有效运行，因为 NDN 是 IP 的一个超集，它对网络有更少的限制，却有相似的路由语义。NDN 具有路由协议的良好特性：大多数路由协议的核心部分和 NDN 面向内容的引导泛洪模型类似，因为两者都在不知道节点和位置信息的情况下事先进行多网络拓扑解析。NDN 本身具有健壮的信息安全性，因此，NDN 中的路由传输自动具有安全性。

NDN 路由技术和现今 IP 网络路由协议实现技术相似，不同的是，NDN 路由器向外宣告它能提供数据名字前缀，而不是宣告 IP 前缀。这种宣告信息通过路由协议向外扩散。每一个路由器根据收到的路由宣告建立一个 FIB。传统的路由协议，例如 OSPF、BGP，都能变成具有名字前缀的路由协议。但是，没有边界的命名空间将会使我们面临一个难题，那就是如何保持路由表的大小随着数据名称的数量动态变化的问题。NDN 架构将采用集中方式来扩展路由，同时也包括对传统网络架构的改造。

1．域内路由协议

域内路由协议提供发现并描述本地连接，并且描述直接相连资源的能力。一般来说，这两种能力都可以在完全不同的信息域中实现。例如，IS-IS 中在 IEEE 802.1 中的 MAC 层描述连接，在第三层传播 IP4/IP6 前缀。在 IP 和 NDN 中，路由转发都是明确的，同样是基于最长匹配查询的结果来确定最近的邻居。由于具有如此类似的特性，因此，IP 中 FIB 的扩散机制同样可以用于 NDN 中的 FIB。

NDN 的前缀和 IP 中路由的前缀是大不相同的，因为存在的主要问题是如何在具体的路由协议中表示 NDN 前缀。IS-IS 协议和 OSPF 协议都具有通过普通的类型长度值（Type Length Value，TLV）描述直接相连资源的能力，这正好适用于分发 NDN 中的前缀信息。协议规定，不识别的 Types 字段数据分组将会自动忽略，这表明不用修改现有的路由器和协议就可以把 NDN 路由器加入到现行 IS-IS 或者 OSPF 网络中，而不会对其产生影响。NDN 路由器通过连接协议获取网络拓扑结构，通过 NDN 中的 TLV 洪泛前缀。

图 2-17 显示了在一个 IGP 域中同时具有 IP 路由器和 NDN 路由器的场景。与 A 相连的媒体仓库宣布它具有内容的名称为“/parc.com/media/art”。该信息会由 A 的路由进程添加到 FIB，然后把此信息通过 NDN 中 TLV 通告向所有域内节点泛洪。E 节点先收到此 LSA，它会创建一个指向 A 的 FIB 条目，并添加到自己的 FIB 中，表明通过 A 能获取“/parc.com/media/art”内容。当 B 宣称它可以获取到“/parc.com/media”和“/parc.com/media/art”内容后通过 IGP 通告泛洪，当收到一个“/parc.com/media/art/impressionist-history.mp4”的数据请求时，E 的路由进程会同时将其发送到 A 和 B，中间节点的路由器按照 IP 路由协议转发数据分组，不做其他处理。

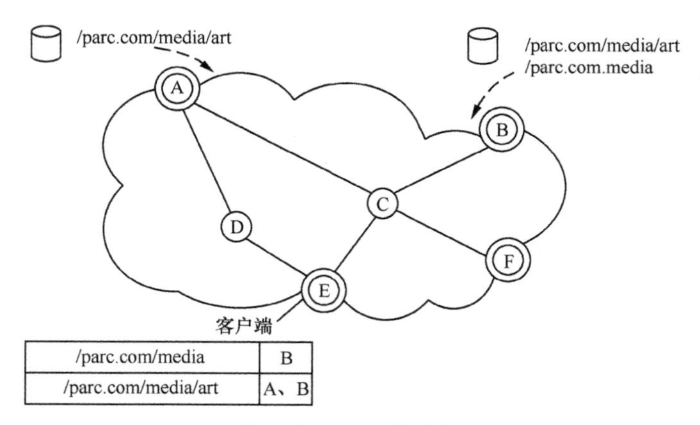

图 2-17　NDN 结构例图

NDN 可以动态构建减小带宽和时延最优的路由拓扑，在本例中节点却不能实现这项功能，因为网络中有纯 IP 路由节点，这就导致无法达到最优目的。如果与 F 连接的节点请求和 E 相同，则会导致 A-C 或者 B-C 重复传输。如果 C 节点升级成为 NDN 路由器，E 和 F 请求同一个内容时就是网络最优的，问题也会得到解决。

在上述描述中，网络采用 IGP（LSA）来传输包含认证、保护和策略信息的 NDN 数据分组，因此，即使 IGP 是不安全的，具有 NDN 功能的节点通信仍然是安全的。如果所有的节点都是 NDN 兼容的，那么所有节点间的通信自然是安全的。对外部产生的前缀的安全认证是路由协议的一部分。在 NDN 中，内容前缀是可信的。例如，在图 2-17 中，由媒体服务器产生的内容服务声明是安全的，在 IP 中，来自外部 IGP 或是 BGP 的前缀信息是不可靠的。

NDN 支持多路径路由。IP 网络通过采用最佳的路由来避免环路，但具有单一性。在 NDN 架构中，数据请求不可能持续循环，名字加上一个随机数，这种方式能有效判断重复请求并将其丢弃。数据沿着请求路径返回，因此也不会形成循环。第一个数据响应请求数据分组被缓存在本地，随后到达的重复分组将会被丢弃。这种内嵌的多路径机制能够有效地支持负载均衡和服务选择。

2. 域间路由协议

当用户和网络节点规模较大时，NDN 就可体现出其在网络连接方面的优势，在 NDN 中，按照就近原则从最近的内容服务器提取自己请求的内容，通过这种方式可以较大程度地减少数据通信产生的时延，同时也节约了建设成本。NDN 中的用户可以与自己的 ISP 直接连接，只有发现内容路由器才能采用 NDN 的服务，这是其中的关键。通过改进 DNS 来解决该问题。通过 DNS 的查询机制可以实现不同网络间的信息共享。如果两个 NDN 需要进行互联，但是不能直接连接，而是采用其他方式，如通过其他 ISP 来实现互联，将会导致这两个 NDN 不能互通。这种情况下就需要进行域间路由过程。NDN 域间路由需要将域的名字前缀信息集成在 BGP 中以向网络通告其信息，BGP 可以像 IGP 一样，在域间采用 TLV 机制，支持向域外用户和网络通告地址相关信息。

NDN 中的路由安全目前已经大大提高了。第一，对所有的路由信息进行签名操作，防止被伪造和篡改；第二，多路径路由缓和了前缀劫持，因为路由器可以发现被劫持前缀引起的异常改换别的路径获得数据；第三，NDN 信息只与特定数据有关，不是简单定位到特定主机地址，这就使得向特定主机发送恶意数据分组较困难。

2.3.4.5　NDN 与 P2P、CDN 的比较

对等网络（Peer to Peer，P2P）技术[47-48]颠覆了互联网上原有的客户端/服务器（Client/Server）计算模式，使得资源不再集中在少数昂贵的服务器中，而是广泛分

布在众多的终端节点中，获取资源不再依赖中央服务器的性能。P2P 的可扩展性是通过降低和均衡中央负载来实现的，充分利用了 P2P 的网络自组织能力、自适应性以及在节点间的容错分布机制。在各种 P2P 系统中，客户端主动代理为其他候选节点解析资源命名，从选定的节点检索并下载数据段。从拓扑结构上看，P2P 从最初的中心拓扑结构到完全分布式结构，各种各样的拓扑结构层出不穷。大多数 P2P 网络为了提高构架的可伸缩性，均采用分布式散列表（Distributed Hash Table，DHT）为底层基础协议。从运用领域上看，P2P 技术已经涵盖了分布式科学计算、文件共享、话音通信、流媒体点播和直播、在线游戏支撑平台、邮件系统等方面。但是 P2P 只适用于为特定的应用提供专有的数据传输处理模型，对应用本身具有很强的依赖性和归属性，不是一种普适的解决方案。

当前，大型互联网内容提供商都在使用内容分发网络（Content Distribution Network，CDN）技术来加速静态数据和动态数据的内容分发[49]。CDN 的核心思想是：搭建覆盖网络，将内容主动调度到最接近用户的网络“边缘”，使用户可以就近获取所需的内容，解决互联网拥塞状况，提高用户获取的响应速度，通过增加存储来换取处理性能。对于视频直播流，覆盖结构组成一个多播树来减少带宽消耗并提高性能。CDN 的分布式内容部署尽可能避开互联网上有可能影响数据传输速度和稳定性的瓶颈和针对不同运营商网络内复制数据内容，减少互联的流量，进而降低带宽成本。CDN 提供给服务提供者更多的控制权。服务提供者可以针对地区、用户密集度、内容的流行度或是其他因子进行宏观调控，以使内容更快、更稳定地传输。同时，CDN 系统能够根据网络流量、各节点的连接、负载状况、数据的热度、与用户的网络距离和响应时间等系统参数，实时智能地将用户的请求进行调度并指定到离用户最近的服务节点上，从而提高效率和性能。

当前的 CDN 基础设施可提供一系列复杂的管理工具和调度策略，一些关键的数据中心之间甚至使用私人高速链路，用于配置数据对象的位置、路径、管理性能和评估使用状况等，导致成本高昂。这种解决方案是专有的，取决于具体的 CDN，这意味着并不存在通用的方法，因此，在不同的 CDN 系统之间没有互操作性，也使得不同的 CDN 之间不可能共享数据，也不能把他们互联起来。在这种情况下，跨网络存储和通信资源都不能被有效地利用起来。同时，由于 CDN 数据中心之间同步的代价非常高，对于一些实时性强、数据粒度小、交互频繁的应用（例如微博、社交网络、视频会议等）就显得有些力不从心。

从互联网内容分发这一关键任务出发，对 P2P、CDN 和 NDN 研究的关键问题进行比较[50]，见表 2-1。

表 2-1　P2P、CDN 和 NDN 的比较

类别	P2P	CDN	NDN
网络协议	基于连接； 端到端通信； 自组织拓扑； 动态调节和规划； 分布式存储； 抖动性高； 结构复杂，管理要求高	基于连接； 多为层次化； 静态拓扑； 静态部署； 数据分布式存储、内容主动调度，适度动态规划； 管理和监控要求高	内容为中心； Interest 驱动； Pull 方式； 灵活的路由策略； 就近获取； 容错、容断； 管理要求低
体系构架	结构化或者混合构架； 仍然需要中央控制； 应用层覆盖网络； 依赖应用程序； 普适性差、可用性一般； 规模中等	树状、星状拓扑居多； 完全中央控制； 应用层覆盖网络； 依赖应用程序； 普适性差、可用性高； 局部规模	完全的去中心化； Serverless； 传输层网络； 对上层友好； 普适性高，可用性高； 大规模处理能力
安全性	额外的系统层面的保护机制； 被动的数据保护； 识别难度大	专用网络，DNS 控制的调度保证访问安全，数据中心专有的安全防范能力； 仍然面临 DoS 攻击	数据命令、签名； 数据自身加密； 自我保护能力，与传输无关
带宽使用	数据冗余极高，大量数据复制； 网络拥塞的罪魁祸首	专用高速带宽连接数据中心； 降低对骨干网的冲击、节省骨干网带宽，边缘获益大	就近获取，智能的数据复制和传输共享； 负载按需动态自我调配，路由智能策略，支持多路由机制
版权控制	盗版泛滥，缺乏有效的版权控制； 运营商抵制	基于中央认证和控制； 与应用和服务绑定； 额外的 DRM 技术	数据有命名、签名； 公钥和私钥机制； 与存储和传输无关
绿色计算	带宽浪费，重复传播； 大量能源浪费	带宽要求高（专用网络），能源消耗高，专用高性能存储方案，数据中心能耗高	资源重复利用率高，大量节省重复投入，尤其对于多媒体内容分发（例如优酷等 C/S 视频播放和视频会议等服务）
商业模型	无有效计费模式； 资金成本低； 商业模式不清晰	有效的计费模式，但效果难以准确量化； 资金成本投入极高	有效的计费模式，粒度高，可精确量化，性价比高； 新的路由设备、新的 OS 设计、新的应用服务模式，市场潜力大

2.3.5 移动性优先

2.3.5.1 移动性优先概述

第 2.3.4 节已经提到，移动性优先（MobilityFirst）也是美国 NSF 于 2010 年资

助的未来互联网体系结构项目之一。该项目主要针对移动问题，即以移动为正常场景，而不是特例。该体系结构基于容迟网络提供健壮性，结合自认证公钥机制，提供一个具有原生可信属性的网络，移动支持是该体系的首要属性，将环境和位置感知服务作为网络基础服务，并综合权衡了架构的移动性、可扩展性和网络资源的公平使用，支持移动终端间的有效通信。

2.3.5.2 移动性优先的体系结构

移动性优先体系结构关注两个最基本的目标，即移动性和可信任性。在体系设计中，这两个目标需要相互促进、相互增强，并重点关注互联网目前还不能满足的要求，主要包括以下几方面。

（1）无缝的主机和网络移动性

体系结构应当无缝地支持移动设备和网络。无线链路的存在和移动性支持是一种正常场景，而不是一种特殊的情况，需要特殊的处理。目前的互联网，IP 地址被用于识别一个主机/接口，同时也代表网络位置，当主机的网络位置发生变化（即移动性）或主机同时与多个网络位置绑定（即多归属）时，则会难以适应。

（2）不要求唯一的信任源

该体系结构应该不要求唯一的全局信任源。与之相对应，目前的互联网依赖唯一的名称与数字地址分配机构（Internet Corporation for Assigned Names and Numbers，ICANN），其必须被信任才能可靠地将名字翻译为 IP 地址[51]。

（3）有计划的数据接收

接收机应该具有控制到来业务的能力，特别是要能够拒绝不想接纳的业务[52]。对比一下，目前的互联网将大部分的接收机当作被动的节点，几乎没有控制接收数据的能力。

（4）均衡的健壮性

一小部分不正常节点必须不能影响其余节点的性能和系统的有效性。

（5）内容可寻址性

网络应该促进内容的获取，允许内容独立于其主机位置独立寻址。

（6）可扩展性

体系结构应该允许新网络服务的不断发展。

移动性优先网络的体系结构如图 2-18 所示，请求消息的网络服务首先被源和目

的全局唯一标识（GUID）定义，之后通过服务标识（SID）定义（服务标识表明了传送模式，例如单播、多播、任播、多归属、内容获取或者基于上下文的信息传送）。对于路由，出于可扩展性目的，使用一种混合的基于名和址的方案，一个快速的全局名字解析服务器（GNRS），动态地将目的 GUID 与当前的网络地址集合（NAs）绑定。GNRS 因此形成了一种转接特征，能够在传输过程中把名字绑定到动态移动性或连接断开所需要的路由地址。通过改变网络内部的存储机制，采用类似于大数据块的逐跳存储转发方式来实现数据传输，从而更好地适应由于移动性带来的链路质量波动和连接断开的情况。相应地，网络中使用的域内（Intra-Domain）和域间（Inter-Domain）路由协议都具有新的特征，比如边缘网络感知和最近绑定（也就是目的端绑定或重新绑定 GUID 到 NAs，而无须通知源端）能力。

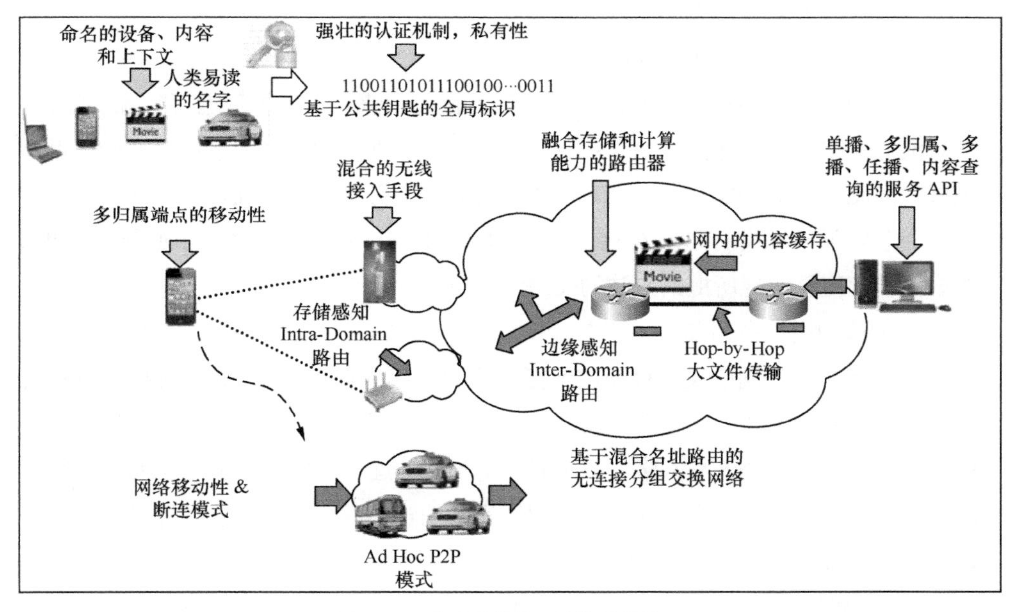

图 2-18　移动性优先网络体系结构

移动性优先体系结构中的主要关键技术分析如下。

（1）名址分离

移动性优先彻底地分离了人类易读的名字、相关的全局唯一性标识和动态的网络地址。与目前的互联网相比，人类易读的名字可以通过多个名字鉴权服务（NCS）被管理并归属为一个唯一的 GUID。NCS 提供者之间不需要协作，因为 GUID 空间

非常大，可以忽略冲突的发生。分配给网络对象的GUIDs被映射到一组网络地址或者位置上，这些地址是目前需要接收数据的设备的网络地址集合。

（2）基于可验证的全局唯一性标识

被一个NCS分配的GUID源自一个公共的密钥，因此，能够提供鉴权和安全性服务。得到的GUID是一个公共密钥的密码混杂形式，还可以使得它们能够自我验证[53-54]。

（3）基于名字的网络服务API

移动性优先中的服务API基于源和目的网络对象的名字，而不是网络地址/接口。这允许我们建立抽象的服务，包含多归属设备、成组的对象、命名的内容等。一个网络对象可能由多个设备或者多个接口组成，因此服务的抽象概念很自然是多播的，非常适合无线环境。

（4）混合的基于名/址的路由

所提出的体系结构使用混合的基于名/址的路由来获取可扩展性。绑定的所有网络对象的名字空间预计具有100～1 000亿量级，而唯一的路由网络数目预计在百万量级，因此，将GUID映射为NA，并使用NA进行路由是权宜之计。这个方法需要一个全局服务（我们称为GNRS）动态地将GUID映射为NA。很明显，GNRS的规模和速度是实现所提出方法的关键设计要素。

（5）移动端点多归属

假设未来互联网的设计存在数十亿个移动端点，每个端点一天内都要穿越数百个无线接入网。因此，移动端点将会是典型的多归属设备，具有多个网络接口，这样才能同时接入多个无线网络。基于名字的消息传递，一个简单的设备GUID就可以用来将数据分组传送到任何一个多归属设备的当前网络附属，能够提供无缝移动性和多归属服务，解决当前IP网络的问题。

（6）存储感知域内和边缘感知域间路由

移动性优先域内路由协议可支持网络内部存储，以便在需要克服链路质量波动或连接断开时使用。除此之外，全局域内路由协议需要具有一定程度的边缘感知能力，因为有时需要有效地和多个不同特性的边缘网络传递数据，例如慢速的蜂窝网或者快速的有线网。

（7）一跳传输

移动性优先协议在路由器之间使用一跳（Hop-by-Hop）或一段（Segment-by-

Segment）大文件传输，在每个节点处进行整个文件的接收和存储。这种方法使得在路由器上实现了先存储后绑定的功能，同时也在动态无线、移动环境下提供很重要的性能增益（在传统的端到端流传输之上）[55]。

（8）可选择的网内计算服务

在路由器上进行信息/文件的处理，使得在路由器上引进增强服务成为可能。通过一个可选择的计算层实现这种增强服务。该计算层可以调用一定的 GUIDs 和 SIDs，实现特定的功能，例如内容缓存、位置感知路由或者上下文感知消息传递。这种能力同时也提供了一种协议功能演进的途径。

为了更清楚地了解协议的工作原理，首先要理解名和址是如何分离的。如图 2-19 所示，各种不同的设备、内容（Content）或者上下文（Context）分别通过各自的命名服务器将人类易读的名字转换为 GUID，而全局名字解析服务的作用是将 GUID 转换为网络地址集合，这样，通过全局名字解析服务器就实现了名和址的分离。

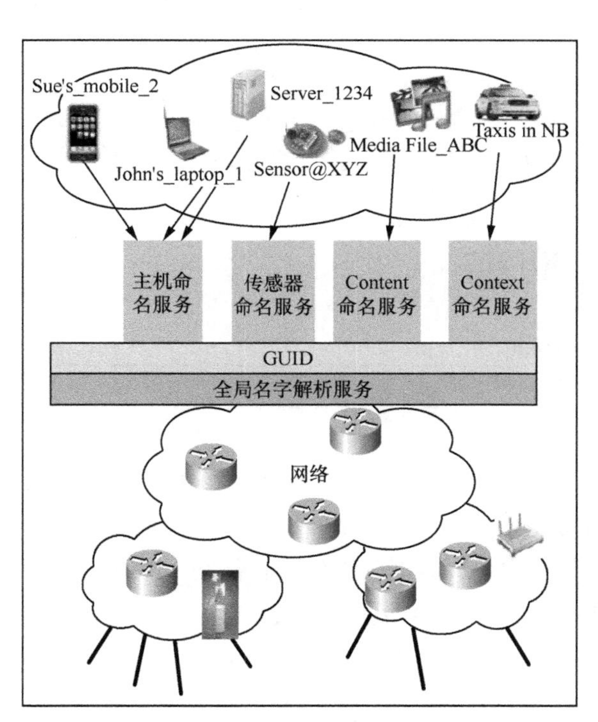

图 2-19　全局名字解析服务示意

下面通过图 2-20 所示的例子来描述两个端点之间是如何传递信息的。首先，用户需要在信息传递之前向 NCS 注册自己的设备请求 GUID（这里将笔记本电脑和手机分配同一个 GUID），这样 NCS 里就保存了用户设备和 GUID 的映射；然后，服务器通过 NCS 查询用户设备的 GUID（如果已知用户的 GUID，则可不用查询）；在已知用户设备的 GUID 后，通过 GNRS 查询用户 GUID 对应的 NA（这里是 NA99 和 NA32）；最后将 GUID、SID（用来表明该服务是单播、多播或其他）、NA 和数据一起封包并通过网络发送出去。数据分组通过移动性优先网络准确地传递到用户的设备。

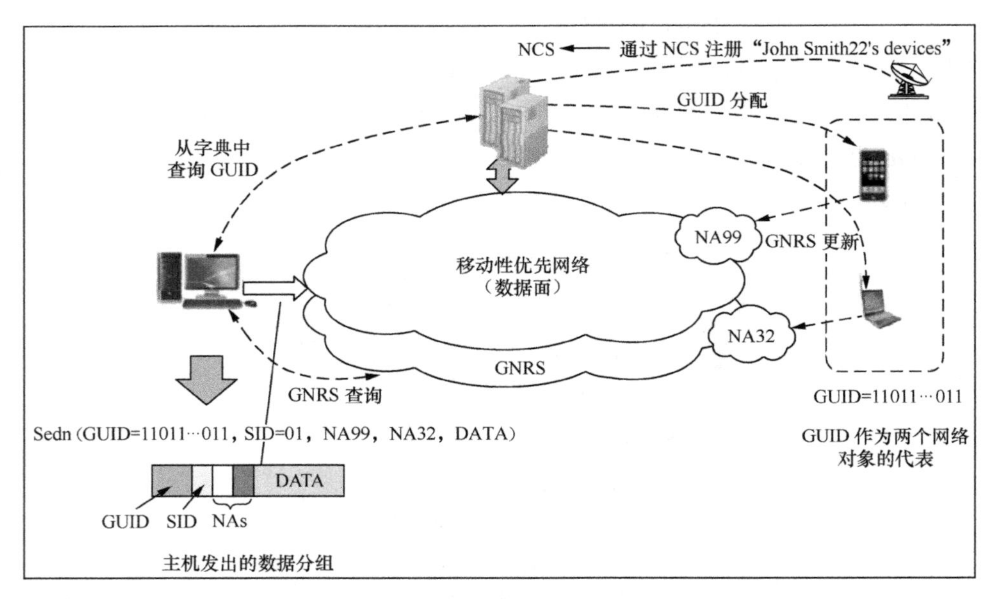

图 2-20　端点信息传递示意图

网络中的路由器将使用 NA（被当作一个快速的路径）作为转发的判定，通过多播和复制功能添加可以抵达 NA99 和 NA32 的路径。如果因为连接断开或者移动性导致传递失败，数据分组将被存储在网络内部，之后 GNRS 将会被周期地发起询问来重新绑定 GUID 和 NA。根据用户对传递服务（例如延迟容忍）的要求和本地的策略，该数据分组或者被传递给新的目的地，或者由于时间超时被丢弃。

数据分组在路由器处的处理过程如图 2-21 所示，每一个网络中的路由器都有到两种路由表的接口：一个路由表将 GUIDs 映射为 NAs；另一个将目的 NA 映射为前向转发的下一跳或者端口号。从图 2-21 中可以看出，数据分组在进入网络后，协议数据单元（PDU）中始终存在目的（和源）GUID。分组头中还存在一个 SID，表示 PDU 需要的服务类型，包括一些选项，如单播、多播、任播、上下文传递和内容查询等。此外，在分组头中存在一个可选择的 NA 列表附着在 GUID 和 SID 之后。

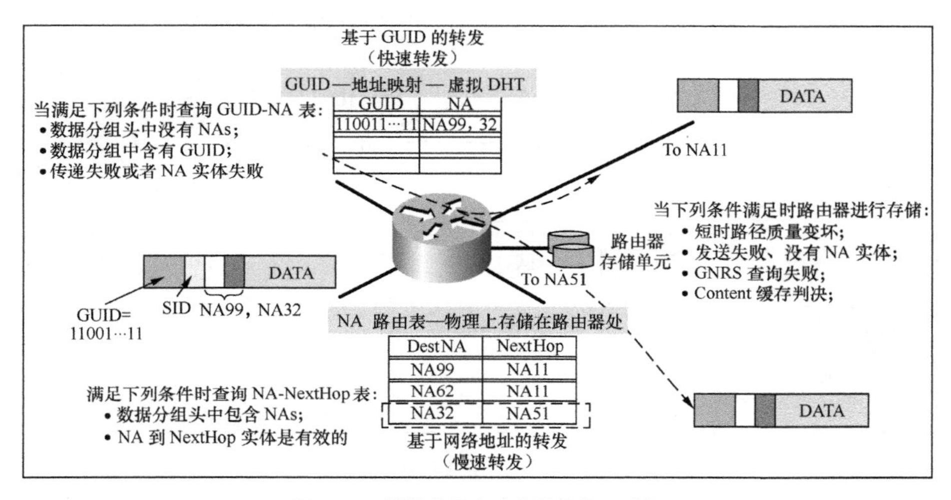

图 2-21 数据分组在路由器的处理过程

当和 GUID 相对应的 NA 列表有效时，路由器仅需要和普通 IP 路由一样查询 NA 路由表，这个过程被认为是快速转发。沿着路径的任何路由器都可以选择是否通过查询 GNRS 来分解 GUID，这个过程被叫作慢速转发，允许在发生移动或连接断开后重新绑定 NA。GUID 路由选项可以使其实现后续绑定算法，该算法可以在 PDU 传输过程中决定或修改要到达的目的 NA。当然，延迟和 GNRS 协议管理会使路由器处的 GUID 查询具有更高的开销，但是，这也将使得大协议数据单元（10 MB～1 GB）仅传输一次即可。

移动性优先体系结构的最大好处是可以处理由于设备移动性造成的频繁通断，可以有效地支持设备的移动性。图 2-22 展示了当终端设备发生移动时的处理过程。开始时，移动设备被绑定到 NA99 网络，由于设备移动，失去了与 NA99 网络的连接，而重新绑定到了 NA75 网络。这个过程会导致信息传递失败，如果是主机/服务器类型的网络，会丢弃或者重传数据分组。但是，由于移动性优先路由器具有存储感知功能，可以在连接断开情况下存储无法到达目的地址的数据，这样边缘路由器存储后续的数据分组，通过周期性向 GNRS 询问新的 NA，获取到新的 NA75 网络。随后更新数据分组，转发给新的目的网络。

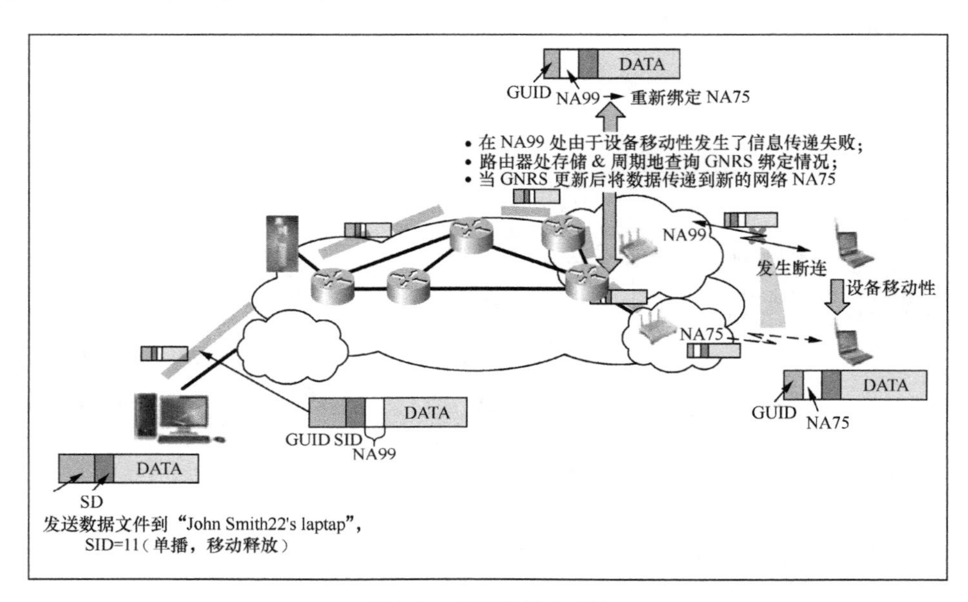

图 2-22　移动性处理过程

2.3.5.3　全局名字解析服务

移动性优先结构最主要的特点是实现了名址分离，通过全局名字解析服务能够实现 GUID 和网络地址的分离。GNRS 是一个全局服务，在网络对象的名字（也就是其 GUID）和目前的网络地址或者位置之间提供动态的绑定关系。这种设计需要解决两个关键问题：一是大规模地支持千亿甚至万亿个对象；二是低时延需求（约百毫秒或更低），用来支持细微的移动性而不破坏应用程序流。目前正在研究的可选方案有两种：第一种是一种网内方案，路由器支持有效的 1 跳 DHT（分布式散列表[56-57]）服务来分发 GUID:NA 映射[58]；第二种是使用一种带有位置感知应答的分布式覆盖服务，当容量受限时对时延进行优化。下面是对第一种方案进行详细描述。

路由器 DHT 方法通过控制 NA:GUID 之间映射来实现，全网一致采用一个连续散列函数来分发 GUID:NA 映射。在基础层，服务支持两个操作，即插入（或者更新）和

查询。插入操作用于在网络发生变化时在 GNRS 中快速建立和存储 GUID:NA 映射表，当 GUID 执行一个查询时，用查询映射表操作来决定 NAs 集合。图 2-23 解释了这两个操作。当主机 A 与网络绑定时，它给本地网络内指定的 GNRS 服务路由器发送一个插入消息。该服务路由器应用一个预先定义的连续散列函数来处理 GUID 得到一个 X，在全局网络空间中 X 是有效的网络标识，并可通过查阅域间路由表来寻址，之后该插入消息被转发至 X 网络的 GNRS 路由器，它将存储这个映射。一个从主机 B 发出的查询（查询 A 的位置）遵循相似的步骤，首先发送一个查询信息到本地 GNRS 路由器。采用同样的散列函数将查询信息转发到存储 A 的 GUID 映射的网络（X）的 GNRS 路由器。出于性能、可靠性和可信性的考虑，内部路由 DHT 方案每次一般会使用超过一个 DHT 结果来获取 k（k >1）个复制品，从而在网络中建立多个相同的映射。

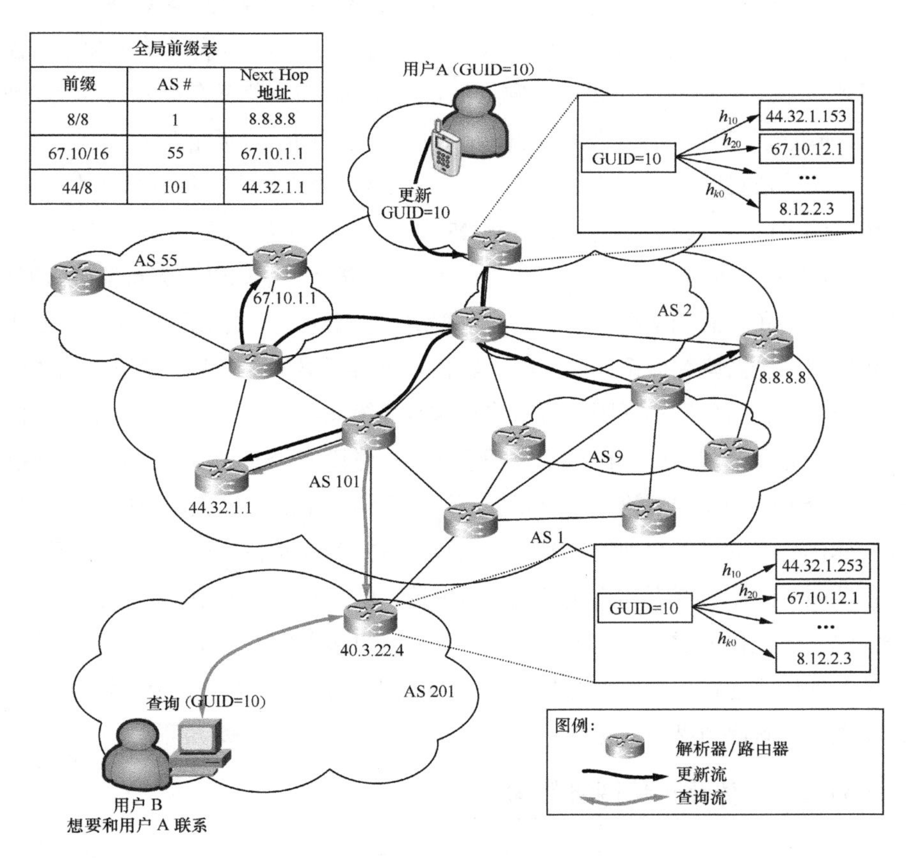

图 2-23　GNRS 处理过程

2.3.6 一体化可信网络与普适服务体系

2.3.6.1 一体化可信网络概述

现有信息网络的原始设计思想基本上是一种网络支撑一种主要服务的解耦模式，在此基础上的演进与发展难以突破该设计思想的局限，无法满足网络及服务的多样性需求。例如，电信网当初是面向话音业务传输设计的，虽然能够提供电信级的对称话务质量，但是其以电路交换为基础的两层垂直结构（信令层加物理层）及规则的三层树状平面拓扑结构，决定了其网络效率低下，同时，电信网带宽受限导致其难以适应宽带流媒体业务的需要；互联网当初是面向数据业务传输设计的，其拓扑结构是具有幂律结构的无标度网络，正是这种无标度的幂律结构拓扑导致互联网对恶意攻击的抵御能力十分脆弱。同时，互联网不支持多种业务的接入需求，不能为多元化用户提供普适服务。正是由于信息技术如此重要，而目前现有信息网络又存在着上述的多种重大缺陷，所以近年来世界各国都积极开展了下一代信息网络的研究工作。在此基础上，北京交通大学张宏科教授等提出了一体化可信网络与普适服务体系的思想[59]。

传统信息网络的分层结构，如国际 OSI 的 7 层体系结构、互联网的 5 层体系结构等，日益暴露出越来越多的缺陷和原始设计模式的不足，难以适应新型可信网络、移动互联网络和传感网络等的需求。为了解决这些问题，一体化可信网络与普适服务体系提出了全新网络体系结构的网通层和服务层两层总体模型与理论。网通层完成网络一体化，服务层实现服务普适化。这两层模型结合在一起，构成了一体化网络与普适服务体系的基础理论框架。基于两层总体模型，创建了接入标识和交换路由标识的分离聚合映射理论，建立新型网络体系结构下的广义交换路由理论，从而形成一体化网络的模型与理论。在分析、总结各种传统网络服务共性机理的基础上，提出普适服务的服务标识和连接标识解析理论，建立其映射模型与机制，以应对服务个性化、多元化的需求，实现普适服务。建立以接入标识与交换路由标识的分离聚合映射理论及连接标识机理为基础的一体化网络可信（安全、可靠、可控、可管）与移动理论，解决新型一体化网络与普适服务体系的可信与移动问题。

2.3.6.2 一体化可信网络架构

通过对现有多种信息网络长期深入研究和归纳总结，发现各种网络交换路由的工作机制和原理非常类似，都是完成各种数据的交换与转发，区别只是各种数据的格式和所支持的服务不同。基于上述共性机理，一体化网络体系架构提出接入标识、交换路由标识及其解析映射理论，建立广义交换路由的理论与机制，以解决多种网络一体化问题[60]。

一体化网络指将现有多种网络重新构思和设计成一种网络。在一体化网络体系架构中，网通层是核心，一体化网络的广义交换路由技术是重点。

一体化网络体系架构模型如图 2-24 所示。该模型中，一体化网络接入标识与交换路由标识分离聚合映射技术是核心。在这项核心技术中，创建并引入了两个虚拟模块和一个解析映射，两个虚拟模块即虚拟接入模块和虚拟骨干模块，一个解析映射指接入标识解析映射。

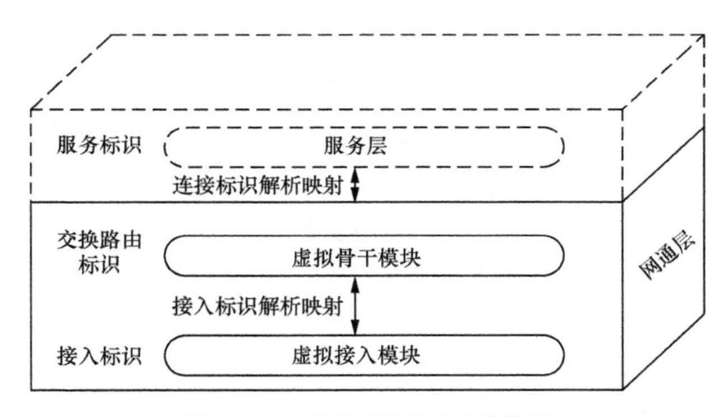

图 2-24　一体化网络体系架构模型

虚拟接入模块引入了接入标识作为终端接入的身份标识，每个终端都具有一个或多个全球唯一的接入标识。各种接入网络或终端（如互联网中的固定网络、移动网络和传感网络，电信网中的各种接入网络和终端等）以一种统一的方式接入，克服了传统信息网络中接入网络和接入终端单一的问题，拓展了网络服务的范围。另外，当各种接入网络或终端移动到其他位置时，终端的接入标识不需要改变，使得用户的连接不需要中断。

虚拟骨干模块引入了交换路由标识，用于虚拟骨干模块的广义交换路由和寻路。当数据分组进入虚拟骨干模块传输时，源端接入交换路由器采用内部的交换路由标识替代接入标识进行转发，到达通信对端的接入交换路由器后，数据分组的交换路由标识被置换为原来的接入标识。这样，当数据分组在虚拟骨干模块上传输时，其他用户不可能通过截获虚拟骨干模块的信息来分析用户的身份，保证了用户的隐私性；也不可能通过用户身份来截获他们的信息，保证了用户信息的安全性。

接入标识解析映射将多个交换路由标识映射到多个接入标识或者将多个接入标识映射到多个交换路由标识。

网通层的作用是在一个一体化的网络平台上提供多元化的网络接入，为数据、话音、视频等业务提供一个一体化的网络通信平台，从而达到有效支持普适服务（即多种服务）的目的。网通层引入虚拟接入模块和虚拟骨干模块及接入标识，与交换路由标识的分离聚合映射（简称接入标识解析映射）。虚拟接入模块通过引入接入标识实现多元化接入。虚拟骨干模块为各种接入提供交换路由标识，用于核心网络上的广义交换路由。接入标识解析映射理论则是将多个交换路由标识映射到多个接入标识，实现交换路由标识与接入路由标识的分离聚合。

网通层的工作机理为：虚拟接入模块将各种接入网络和终端等映射为接入标识，然后接入标识映射到虚拟骨干模块的交换路由标识；虚拟骨干模块通过广义交换路由算法选路传输；到达对端的广义交换路由器后，数据分组的交换路由标识被置换回原来的接入标识。

服务层创建了虚拟服务模块与虚拟连接模块、服务标识解析映射与连接标识解析映射，以实现对各种业务的统一控制和管理。虚拟服务模块引入服务标识来描述和标识多种业务的服务；虚拟连接模块为每个业务提供多种连接。服务标识解析映射将服务对象映射到多个服务连接，以支持多种业务；连接标识解析映射将服务连接映射到网通层的多个连接，体现了一次服务可对应多个连接、多种路径选择的思想，从而使服务的实现更加可靠。

服务层的工作机理为：首先，各种不同的业务被映射成服务标识符；然后，根据服务标识解析映射将服务标识符映射为连接标识；最后，连接标识根据连接标识解析映射理论映射到网通层以实现广义交换选路。

2.4 移动互联网的体系结构

2.4.1 网络体系结构的比较分析

无论是电信网络领域，还是互联网领域，随着需求的牵引和技术的推动，有关网络体系结构的研究层出不穷。有的针对当前网络的现实问题提出具体的解决方案，有的从“白纸画画”的角度开展全新的顶层设计，当然，更多的还是这两种思路的结合，因为解决具体问题一定会考虑整体架构的设计，不能在解决一个问题的同时引入其他问题，而开展全新的设计，不可能不基于现有的实践经验和技术积累，否则是构建空中楼阁，难以落地。

随着网络的发展，电信网、互联网实际上早已相互渗透，形成“你中有我、我中有你”的发展态势。更高、更快、更强、更加开放、合作共赢，这些都是业界追求的目标，也是用户获得移动互联、随时在线体验的基础。尽最大可能地将各种类型的无线网络融合在一起，并在一个通用开放的网络平台上提供多种业务，随时随地为用户提供灵活、可靠、无缝的通信体验，是人们追求的目标，也是未来通信发展的必然趋势。

当前主要网络架构的描述和比较见表 2-2。

表 2-2　主要网络架构比较

名称	提出的组织机构	突出特征	典型应用场景	进展情况
下一代网络	ITU-T	业务与控制分离、控制与承载分离、承载与接入分离	电信智能网络	2004 年 2 月，由 ITU-T 第 13 研究组正式提出，目前标准化工作基本完成
未来网络	ITU-T	业务感知、数据感知、环境感知、社会与经济感知	下一代电信智能网	2011 年 5 月，由 ITU-T 第 13 研究组正式制定第一个标准，目前正在推进标准化工作
面向服务的网络架构	思科公司	将共性应用集成到网络层面，具有智能化、设备虚拟化等特点，使基础网络具备很强的灵活性	企业网	2005 年，由思科提出，并得到了 IBM、Tibco、SAP 等厂商支持
软件定义网络	美国斯坦福大学、ONF	采用控制和转发分离的架构，网络虚拟化技术增强网络的灵活性	网络安全、路由决策、网络虚拟化、无线接入、数据中心节能	2008 年 4 月，由 Nick McKeown 教授提出，后由 ONF、ODL、OCP、IETF、ITU-T 等机构推进其迅猛发展
命名数据网络	美国加利福尼亚大学伯克利分校、NSF	NDN 对数据直接命名，只关注内容本身，通过内容的名字能够直接寻址，突破了网络交换和链接设备对宽带网络造成的技术瓶颈	数据中心	2010 年，美国 NSF 资助的 4 个未来互联网体系结构项目之一
移动性优先	美国 NSF	将移动作为第一属性，具有自动环境和位置感知能力，致力于在移动、可扩展性和公平使用网络资源之间的平衡，实现移动终端间的有效通信	大规模无线接入和移动设备使用	2010 年，美国 NSF 资助的 4 个未来互联网体系结构项目之一

（续表）

名称	提出的组织机构	突出特征	典型应用场景	进展情况
环境感知网络	欧盟	网络动态组合，通过即时的网络协定来为用户提供访问任意网络的能力，提高了网络的QoS保障能力	行业应用	2004年提出，广泛应用于电力、水利、工业控制等行业
一体化可信网络与普适服务体系	北京邮电大学	针对网络的安全性和个性化服务而提出的新型网络和服务架构	下一代信息网络	2007年，我国“973”计划资助项目，完成了原型系统验证
认知网络	美国摩托罗拉和Virginia-Tech公司等	具有学习和认知能力，能够感知网络状况，并根据网络状况来计划、决定并行动，具有智能化特点	无线电工程领域、军事通信	2006年提出，该技术的应用价值已在认知无线电和跨层网络设计方面有所体现，受到学术界和工业界广泛关注

2.4.2 移动互联网的主要特征

从前面的介绍可以发现，不管是电信网，还是互联网，尽管存在很多不同的标准化组织和研究机构，但其出发点和根本的目标基本是一致的，即提供体验更好的新型网络，解决网络的可管可控性、安全性、可扩展性和移动性等问题，满足用户在服务质量、移动性、实时性等方面更高的要求。

移动互联网本身并不是全新的发明创造，其本质上是互联网和移动通信、无线通信融合的产物。当然，与传统的互联网和移动通信系统相比，移动互联网具备非常突出的特征，主要表现在网络的异构性上。从当前各类无线网络发展的情况来看，异构性主要表现在通信手段、接入网络、核心网络、终端、业务以及运营商的异构性等方面[61]。移动互联网的异构性如图2-25所示。

1. 通信手段的异构性

各类无线网络通信系统工作的频段资源十分丰富，例如，蜂窝网一般采用800～900 MHz或1 700～2 600 MHz频段，无线局域网一般采用2.4 GHz/5 GHz频段，无线城域网采用2～11 GHz或10～66 GHz频段，移动自组织网络一般工作在几十至几百 MHz 频段等；采用的调制解调、编解码、复用和多址、天线等技术更是有很多，例如BPSK、QPSK、LDPC、TURBO、OFDM、TDMA、FDMA、MIMO等；通信速率也各不相同，低的只能达到几十 kbit/s 甚至几百 bit/s，高的达到几 Mbit/s、几十 Mbit/s、甚至 Gbit/s；通信距离差异很大，近的只能达到几十米，甚至几米，远的可达到几十公里，甚至几百到几千公里。

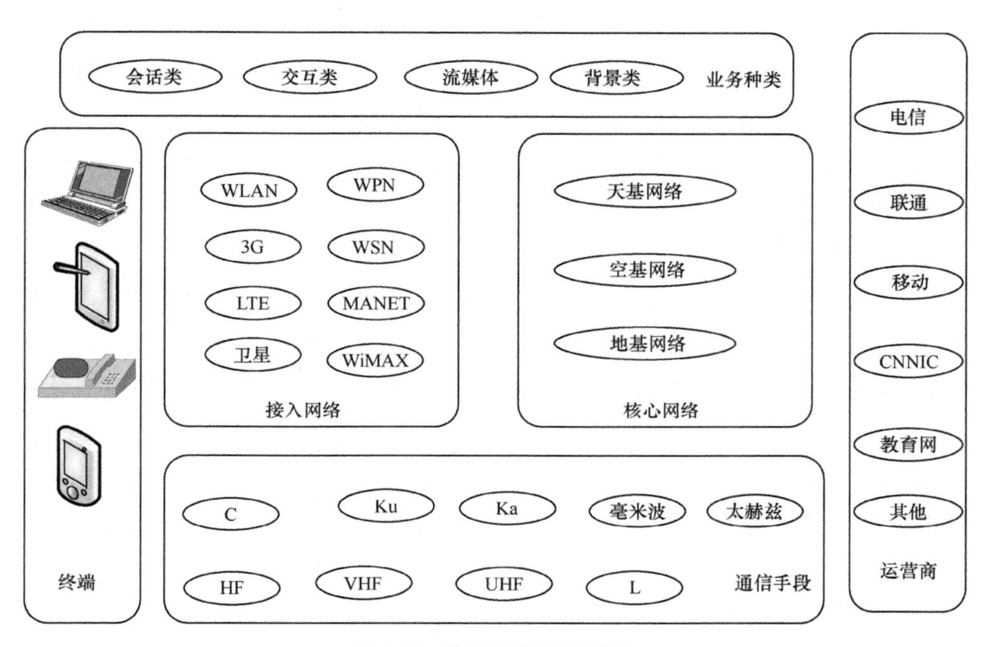

图 2-25 移动互联网的异构性

2. 接入网络的异构性

用户终端面对着不同类型的无线接入网络，而无线接入网络覆盖范围不同，技术参数不同（如带宽、时延、抖动等），并执行不同的控制与管理机制，业务能力也有所不同，网络结构甚至迥异（如蜂窝、Ad Hoc、分层、分簇等组网方式）并可能属于不同的所有者（如运营商、企业专网、个人网络等）。各类移动通信无线接入技术和宽带无线接入技术的迅速发展使得接入网络的异构特性十分明显。

3. 核心网络的异构性

目前，路由器加光纤是最典型、最广泛的核心网络构建方式。随着天基信息网络的发展，已经出现了天基互联网，同时以 Google 公司、Facebook 公司等为代表的企业已经开始着手基于浮空平台建立空基网络，提供移动互联网服务。未来，基于天基、空基和地基通信基础设施建立空天地一体的移动互联网，实现通信信号全球无缝覆盖，将人类活动拓展至远海、空间乃至深空，增强系统的灵活机动性和信息的协同能力，是进一步的发展方向。这将需要将天基、空基、地基特性不一的核心网络融合起来，形成物理分布建设、逻辑互联共享的“一张”全球移动互联网。

4. 终端的异构性

在异构的移动互联网络环境中，用户拥有的接入终端类型日益丰富，包括台式计算机、手机、平板终端，甚至各类家用电器等在内的多种设备都将具有无线接入能力。此外，各种终端具有不同的业务能力，包括无线接入能力、人机交互能力、存储能力、计算能力以及电池续航能力等，并且这些终端在业务提供过程中同样需要在异构接入网络之间进行切换。

5. 业务的异构性

异构网络中存在多种不同类型的业务，包括会话类业务、交互类业务、流媒体业务和背景类业务，上述业务具有不同的特征参数，并对接入网络与用户终端有着不同的要求。用户周边的泛在智能终端设备将在互联互通与互操作的基础上，构成以用户为中心的不同服务网络（如个人域网、办公域网、家庭域网、车域网等），并对外呈现出业务类型丰富化和组织结构松散化的特点。此外，用户业务应用将不再是单一的运营商提供模式，而是会有更多的网络及终端设备的参与以及用户在不同服务网络之间的切换，业务提供也将出现更加智能的模式。

6. 运营商的异构性

一般来说，不同运营商对其所运营网络的认证与授权策略、接入控制策略、资源分配策略和计费策略等并不完全相同。此外，在保证基本互联互通的基础上，不同运营商在业务提供、网络互通以及服务质量信息表示等方面也存在较大的差异。

2.4.3 移动互联网的参考模型

1. 网络结构

当前，移动通信系统和无线局域网无疑是对人们日常生活影响最大的两类无线接入系统。同时，卫星、空基系统、移动自组织网络以及无线传感网、个域网等的快速发展，丰富了移动互联网的基本内涵、系统组成和功能性能。未来，移动互联网络将由地基网络、空基网络和天基网络组成，具备显著的“天空地一体化”特征，其网络结构如图 2-26 所示。

天空地一体化移动互联网的系统架构在逻辑上可划分为核心网和接入网。核心网是信息承载与传递的中枢网络，用于将异地分布的各种接入网互联，构建广域综合信息传输平台，并实现用户的统一管理和业务的融合控制，主要由地基、空基和天基网络综合组网构成；接入网是用户接入核心网的末端局域网络，实现地面、空中等用户的移动接入，完成各种异构接入手段的综合运用、传输适配、接入资源分配等，主要由各种有线、无线接入子网构成。

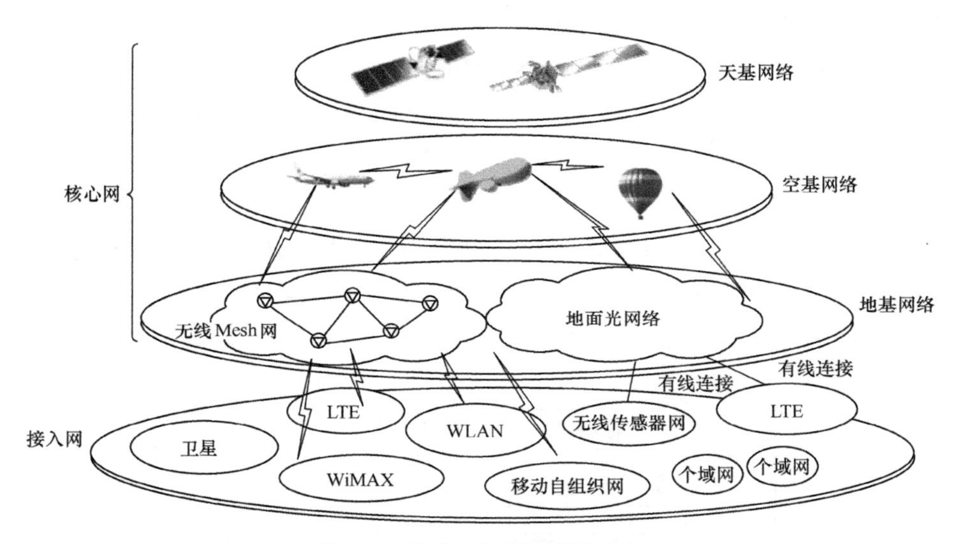

图 2-26　移动互联网网络结构示意

地基网络主要由固定网络基础设施、移动网络基础设施以及各种地面接入手段基站（或接入点）等构成。其中，固定网络基础设施主要采用有线/光纤传输手段，用于城市或人口密集的发达地区；移动网络基础设施主要采用宽带无线传输手段，用于通信基础设施比较缺乏的地区，山区、人口稀少的农村等地区通常采用无线 Mesh 组网的方式构建。地基网络传输速率高，支持的接入用户容量大，各种大型移动互联网应用中心、数据中心、管理控制中心等通常都部署在地基网络内。

空基网络主要由各种飞机、系留气球、飞艇、无人机等空中平台搭载通信载荷构成。通常采用无线 Mesh 组网方式，覆盖范围一般可达几百公里，且部署灵活。空基网络主要用于满足各种高速运动的地面、空中用户的移动通信需求，为偏远地区或地面网络基础设施无法到达的地方提供远程接入移动互联网服务，也可用在发生地震等重大自然灾害情况下，地面固定通信基础设施受损时的应急通信服务。

天基网络主要由各种低轨道（Low Earth Orbit，LEO）、中轨道（Medium Earth Orbit，MEO）、高椭圆轨道（Highly Elliptical Orbit，HEO）和地球同步轨道（Geostationary Earth Orbit，GEO）卫星搭载通信载荷构成。天基链路主要包括星际链路和星地链路，覆盖范围很广，在卫星数量和轨道位置合理配置的情况下可实现全球覆盖，但传输时延较大，星上可用通信资源稀缺，用户容量有限。天基网络一旦建立，一般可以存在数年到数十年时间，除了作为地基、空基网络的补充和备份手段外，还是偏远地区覆盖、灾区应急通信、空中高速移动等极端情况下的主用通信网络。

接入网主要由 3G、LTE、WLAN、MANET、WiMAX、卫星、无线传感器网等各类接入子网构成。支持用户直接接入核心网或通过中继多跳接入核心网，实现用户随遇接入和在多种无线接入手段之间垂直无缝切换。

2. *参考模型*

结合异构、无线移动互联网的特点，参考当前业界各类主流网络架构，移动互联网的参考模型可提炼为传输层、承载层、控制层、运维管理系统和安全防护系统，简称“三层两系统”模型，如图 2-27 所示。

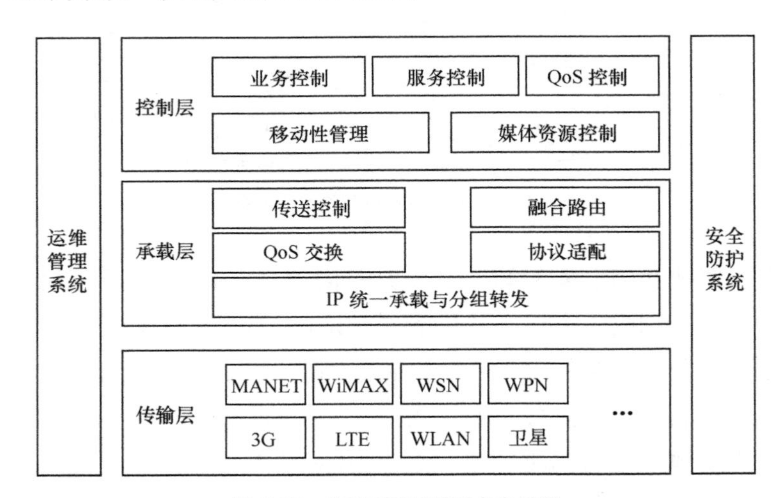

图 2-27　移动互联网网络参考模型

传输层是数据传输的物理平台，对应于 OSI 七层模型的物理层和链路层，主要使用多种异构的有无线传输手段，例如 3G、LTE、卫星、WLAN、WiMAX、光纤等，完成信息在各种信道上的传输，把承载层发送的数据转化为适合在信道上传输的数据格式，并管理相应的逻辑链路。从技术角度来看，传输层的异构性体现在物理层有 OFDM、WCDMA、IEEE 802.11、IEEE 802.16、WDM、SDH 等多种技术手段，在 MAC 层则包括 TDMA、CDMA、FDMA、CSMA 等多种多址方式。

承载层是统一、开放的分组转发平台，通过统一的 IP 承载、接入控制、路由

交换和传送控制，对上屏蔽传输层差异性，对下实现对多种传输手段、异构子网的综合运用和高效融合。由于异构网络是一个混合网络，各个无线接入网络的层次划分都不同，所以需要一个统一的承载层，将这些不同接入技术的物理层和数据链路层进行统一适配，屏蔽不同接入网络的差异，实现互联互通，并对上提供统一的接口。承载层完成 IP 承载与分组转发、异构传送控制、融合路由、协议适配以及 QoS 交换等功能。IP 承载与分组转发主要完成各种业务的统一承载和数据转发功能。异构传送控制主要完成无线资源接入控制和网络资源接纳控制功能，实现异构资源的融合控制、资源适配和状态的统一上报。融合路由则在多种有线/无线网络之上构建综合网络，负责将多种相互独立的有线/无线网络综合组网，实现天空地网络融合，形成统一的通信网络基础设施。协议适配则完成各种异构网络协议及信令、媒体格式的转换。QoS 交换根据业务 QoS 要求、QoS 保障策略以及异构传输手段的特性采取相应操作，完成业务的有序转发、异构网络 QoS 参数的转换和 QoS 策略的执行，并对上提供统一的 QoS 管理接口，接受上层下达的 QoS 控制策略。

控制层是智能的核心控制平台和开放的应用支撑平台，对下控制承载层的各种行为，实现对各种异构传输资源的统一调度和使用，对上为各种应用和用户提供标准接口和公共网络服务，包括业务控制、QoS 控制、移动性管理、媒体资源控制和服务控制等功能。业务控制实现媒体业务接入、用户管理、呼叫选路、会话控制、边界网关控制和业务触发等功能，提供基于 IP 的话音、数据、视频和多媒体等综合业务支持和网络业务统一控制。QoS 控制实现异构网中各类传输资源的控制和业务的端到端处理，包括端到端资源管理、资源调度与控制、QoS 策略制定和下发等功能。移动性管理包括位置管理和切换管理，位置管理主要是跟踪以及定位移动节点的即时位置，从而为移动节点提供及时、有效的接入服务，切换管理主要为了维持移动节点与网络网元之间连接的连续性，使用户在移动以及不断更改网络接入点的过程中保持通信服务的有效性和连续性。媒体资源控制实现音频/视频等媒体的编解码、格式转换、信号音产生、媒体流合成、文语转换、录音通知发送等操作。服务控制为上层应用和业务使用网络资源提供统一的服务接口，并为上层应用提供公共基础网络服务，使上层应用能更好地使用异构网络资源，灵活开发各种新业务、新应用而无须关心下层网络的实现。

运维管理系统是保障网络可靠、高效运行的支撑系统，主要包含网络管理、频率管理等网络支撑保障功能。采用面向服务的管理机制，对异构无线网络中的各种设备、策略、权限、频率等进行统一管理，完成各种无线接入手段参数的配置和状态收集，实现异构网络资源管理、接入策略管理、重配置管理、计费管理、故障管理等功能。通过网管代理，将各种管理能力融合到协议各层的设计中，实现网络控制面与数据面的有机融合和整体联动，提高信息传递服务质量保障能力和资源利用效率。

安全防护系统是保障网络安全可信运行的支撑系统，从数据安全、主机安全、边界防护、入侵检测、应用安全等方面对异构网络系统提供全方位的安全防护，主要包括接入鉴权、认证、入侵检测、信道加密、隔离交换、防病毒等功能。

3. **协议体系**

参考 ITU Y.2011 标准[62]，移动互联网网络融合的主要协议体系如图 2-28 所示。

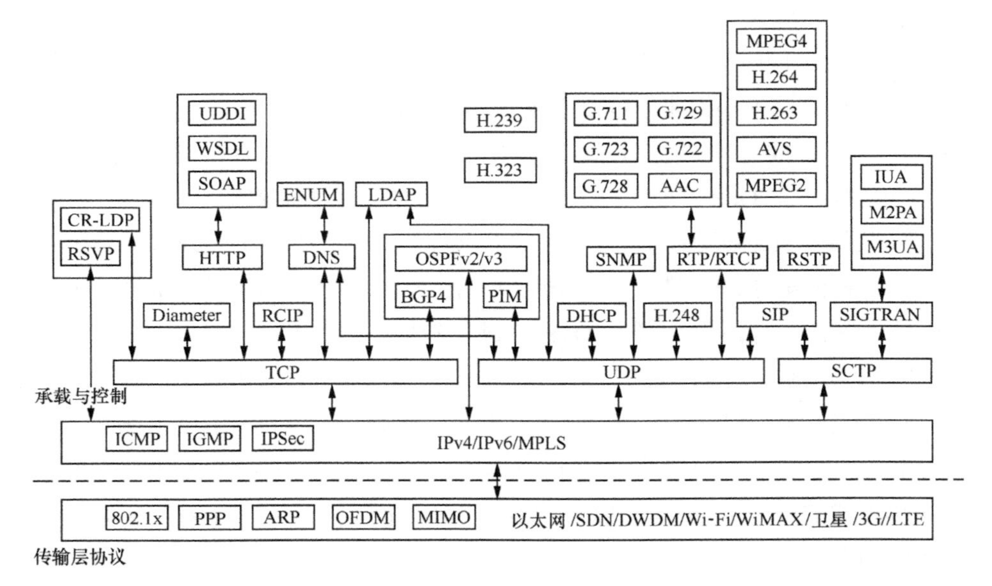

图 2-28　移动互联网网络协议体系

传输层主要包括 SDH、DWDM、ASON、卫星、Wi-Fi、WiMAX、3G、LTE 等多种信息传输技术，采用 802.1x、PPP、ARP 等链路层协议，完成数据封装、协议适配、点对点及点对多点等数据连接的建立、配置与检测、接入认证以及地址映射解析等功能。

承载层主要包括路由交换、信令、QoS 保证和端到端传输控制等技术。采用 IPv4/IPv6 协议实现网际互联，采用 OSPF、BGP、PIM 等单播和多播路由协议实现动态路由，采用 CR-LDP、RSVP 等协议提供 QoS 增强功能，采用 IPSec 提供机密性、完整性保护，采用 TCP、UDP、SCTP 等协议为消息的端到端传递提供多种模式。

控制层主要包括业务控制、网络服务、互联互通、媒体处理等技术。采用 SIP、Diameter、H.248、RCIP 等信令协议实现网络业务控制，采用 RTP/RTCP、RSTP 等协议实现多媒体通信业务控制与传送，采用 DNS、ENUM、LDAP、HTTP、SOAP 等协议提供网络服务，采用 SNMP 支持网络管理，采用 SIGTRAN 等协议实现与其他网系互联互通。在媒体编解码方面，支持 G.711、G.723、G.729 等多种音频编解码标准和 H.263、H.264、MPEG2、MPEG4 等多种视频编解码标准。

2.4.4　移动互联网的融合途径

未来异构移动互联网将由卫星网络、无线局域网、无线城域网、无线个域网以及通用移动通信系统等多种网络组成。这些接入网络通过天空地一体化 IP 核心网进行互联互通，为用户提供泛在通信服务。这些不同的接入网络常常会覆盖同一区域并提供相同的服务。用户终端是一种多模接入的设备，这些多模终端可在不同网络中切换和漫游，获得最佳的服务，如图 2-29 所示。

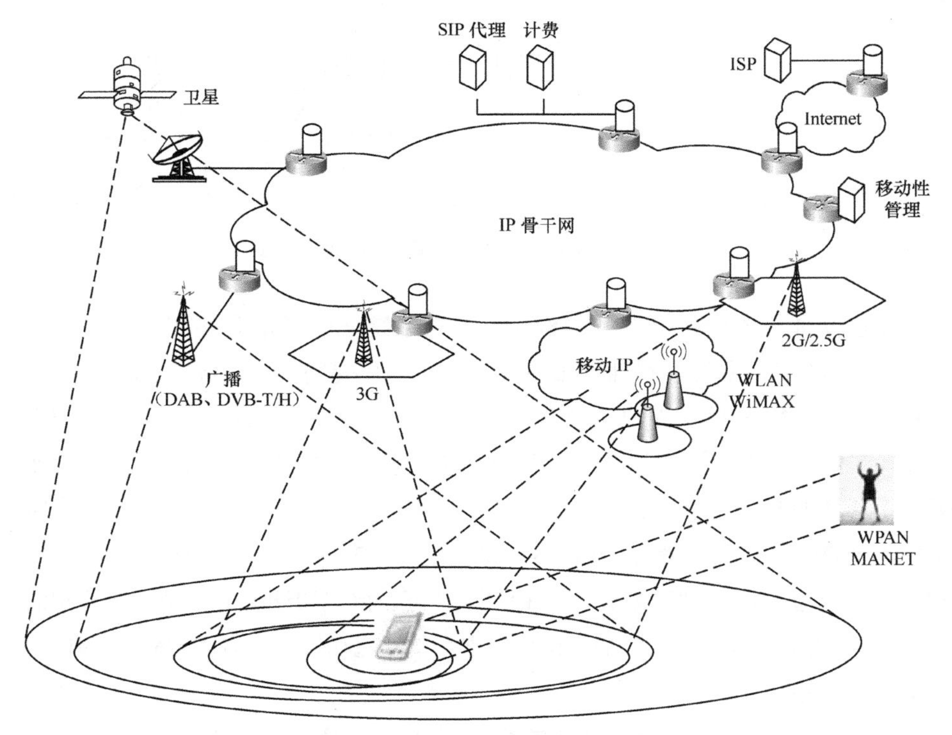

图 2-29　异构移动互联网网络融合示意

异构移动互联网网络间的融合方式，按照系统间结合的紧密程度通常可以分为紧耦合和松耦合两种，如图 2-30 所示。这两种融合方式最早是 ETSI 在其宽带无线接入网络（Broadband Radio Access Network，BRAN）计划[63]中针对 Hiper-LAN/2 提出来的，虽然在最初的定义中只考虑了 3G 与 WLAN 这两种无线网络相结合的情景，但其实现原理对于任意多个异构无线接入系统间相互结合的情景同样适用。

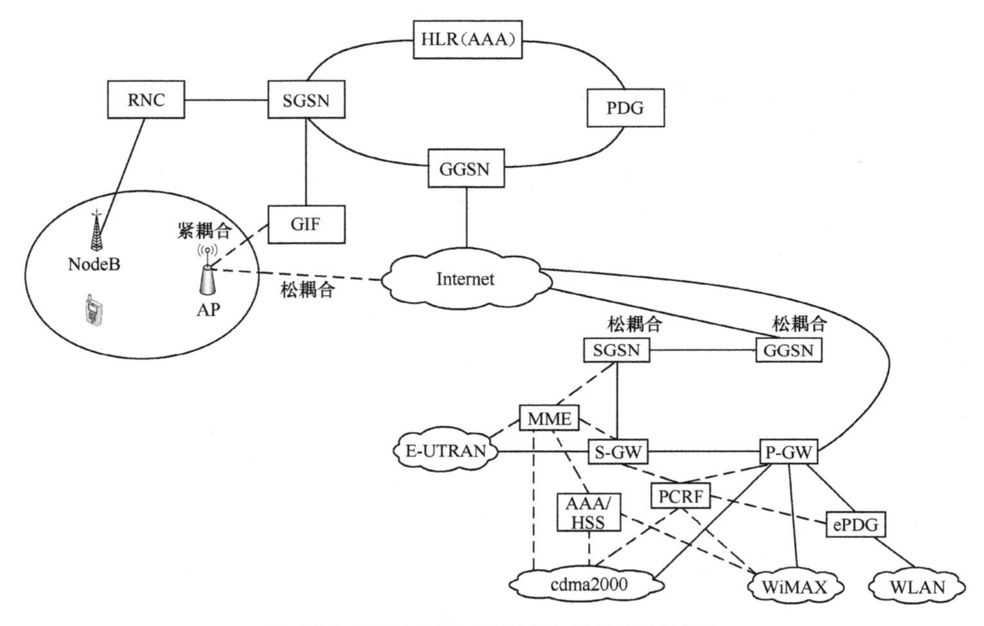

图 2-30　WWAN-WLAN 紧耦合/松耦合架构示意

在紧耦合方式架构下，各异构无线接入系统之间通常会存在从属关系。以 UMTS 与 WLAN 系统进行紧耦合的情况为例，通常是将提供广域覆盖的 UMTS 作为主网络，而将提供热点宽带接入的 WLAN 系统作为从属网络，WLAN 系统中的接入节点需要通过特定的接入网关接入 UMTS 网络中[64]。该特定的接入网关需要实现所有与 UMTS 无线接入相关的协议功能（如认证、授权、移动性管理等），所以从 UMTS 核心网络的角度看，WLAN 可以看作 UMTS 的一个无线接入子网。此时，WLAN 系统与 UMTS 共享 UMTS 所提供的认证、授权和计费（AAA）功能和信令协议，多模终端在 UMTS 和 WLAN 系统之间的垂直切换也可以由 UMTS 的移动性管理功能来实现。

紧耦合架构的主要优点是可以共用主网络的各种资源，保护运营商的投资，网

间切换时延、切换失败率等一般比较小，且可进行异构网络间的负荷平衡[65]。然而，紧耦合架构方式同时也存在着一些明显的缺点。首先，异构无线接入系统在实现紧耦合时，主网络必须向从属网络开放自己的网络接口和相关的数据库。当从属网络与主网络分别归属于不同的网络运营商时，主从网络各自的网络安全和商业利益有可能会受到相互威胁。因此，通常只有属于同一个运营商的异构无线接入系统才以紧耦合的方式实现网络互联，这限制了紧耦合方式的使用范围[66]。其次，在紧耦合架构方式下，当有新的从属网络需要连接到主网络时，需要对主网络中的相关配置信息进行修改，以便与新的网络负荷条件相适应，这严重影响了整体网络的可扩展性，并会加重网络负担，容易形成网络瓶颈，而且还需要升级和改造现有的网络设备，实现技术难度较大。此外，紧耦合架构方式对用户的终端设备也提出了新的要求，用户的移动终端需要支持多种接入模式，可运行多个不同的网络协议栈，即需要实现多模终端。

松耦合方式是指参与构成异构移动互联网网络的各无线接入系统之间不存在任何从属关系，各无线接入网络关系对等，彼此独立，各有不同的接入控制方式、数据路由方式、移动性支持、计费方式和安全机制。松耦合方式能够最大限度地保持不同无线接入系统之间的独立性，减少异构无线接入系统之间的信息交互，不同网络运营商的无线接入系统可以方便地利用松耦合方式实现网络互联。而且，无线接入系统在以松耦合方式加入异构移动互联网网络时，技术要求较低，不需要对现有网络设备进行大的升级和改造。松耦合方式与紧耦合方式相比，在使用范围、实现复杂度和可扩展性等方面都具有较大优势，因此，也成为业界公认的未来移动互联网络的融合方式[67-68]。按照不同的实现思路，现有的松耦合方式大体可以分为以下 3 种[69]。

第一种松耦合方式是每个无线网络都通过特定的网关与其他的无线网络实现互联。文献[70-71]提出在 GPRS 和 WLAN 的边界设立一个特定的网关来实现 GPRS 系统和 WLAN 系统之间的互联，两个无线网络的用户都可以通过此网关实现网间无缝漫游，从而尽量避免对现有两种网络进行较大的改动。

第二种松耦合方式是建立一个由第三方运营的专用核心网络，将所有的异构无线接入系统都连接到该专用核心网络中，从而实现各无线接入系统之间的互联。文献[72]的 SMART 项目提出了一种能够集成多种异构无线网络的架构，在架构中使用基础接入网和公共核心网两种不同的网络来分别负责信令交互和数据业务传输。

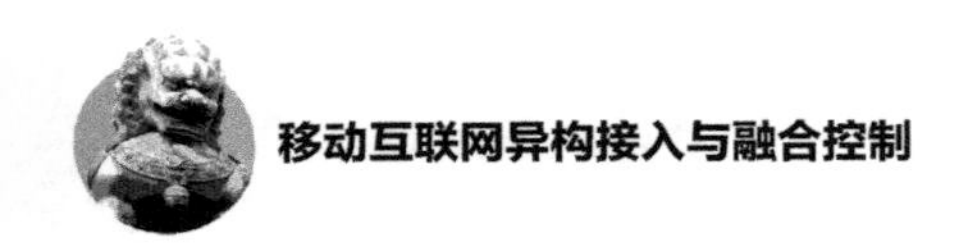

这种耦合方式的扩展性比较好,每个无线接入系统只需与第三方签订服务等级协议,而不必与所有其他的无线接入系统运营商分别签订服务等级协议，从而有效地解决了第一种松耦合方式中网络扩展性差的问题。但建立专用的第三方运营的核心网络需要国际标准组织和各国政府政策的支持，并需要大量的资金投入，其应用前景也不被业界看好。

第三种松耦合方式也是建立统一的核心网络，但与第二种方式需要建立第三方运营的专用核心网络所不同，它将 Internet 作为统一的核心网络，并将 IP 协议作为异构无线系统之间的互联协议。由于这种基于 IP 协议的异构无线系统互联解决方案与底层的无线接入技术是相互独立的,所以能够屏蔽各种无线接入系统的异构特性,并向上层提供一致性的网络环境。而且这种松耦合方式充分利用了现有的 Internet 网络基础设施，无须新建专用的核心网络，从而有效地降低了实现异构无线网络的建设成本。这种利用 Internet 作为统一的核心网络，实现异构无线系统之间融合的松耦合架构，已在业界取得了广泛的认同[73]，被认为是未来泛在异构移动互联网络最有可能的实现方式。

参考文献

[1] TANENBAUM A S. 计算机网络(第四版)[M]. 潘爱民，译. 北京：清华大学出版社, 2004.

[2] 谢希仁. 计算机网络（第 6 版）[M]. 北京：电子工业出版社，2013.

[3] ITU-T Recommendation H.323 v7. Packet-Based Multimedia Communications Systems[S]. 2009.

[4] ITU-T Recommendation Y.2001. General Overview of NGN[S]. 2004.

[5] ITU-T Recommendation Y.3001. Future Networks: Objectives and Design Goals[S]. 2011.

[6] 3GPP TR 25.913 v9.0.0. Requirements for Evolved Universal Terrestrial Radio Access (UTRA) and Universal Terrestrial Radio Access Network (UTRAN)[S]. 2009.

[7] 3GPP TS 36.300 v8.0.0. Evolved Universal Terrestrial Radio Access (E-UTRA) and Evolved Universal Terrestrial Radio Access Network (E-UTRAN), Overall Description, Stage 2 (Release 8)[S]. 2007.

[8] 3GPP TS 36.300 v9.0.0. Evolved Universal Terrestrial Radio Access (E-UTRA) and Evolved Universal Terrestrial Radio Access Network (E-UTRAN), Overall description, Stage 2 (Release 9)[S]. 2009.

[9] 3GPP TS 24.008. Mobile Radio Interface Layer 3 Specific Canon; Core Network Protocols[S]. 2004.

[10] 程婕，冯春燕. Ambient Networks 项目及其关键技术[J]. 中兴通讯技术，2008.

[11] ITU-T Recommendation Y.2012. Functional Requirements and Architecture of Next Generation Networks[S]. 2010.

[12] ITU-T Recommendation G.805. Generic Functional Architecture of Transport Networks[S]. 2000.

[13] KNIGHTSON K, MORITA N, TOWLE T. NGN architecture: generic principles functional architecture and application[J]. IEEE Communications Magazine, 2005, 43(1): 49-56.

[14] 3GPP TS 23.228. IP Multimedia Subsystem (IMS)[S].

[15] NIEBERT N, SCHIEDER A, ABRAMOWICZ H, et al. Ambient networks: an architecture for communication networks beyond 3G[J]. IEEE Wireless Communication Magazine, 2004, 11(2).

[16] EARDLEY P, HANCOCK R, HEPWORTH E. Ambient Internetworking: an architecture for extending 3rd generation mobile networks[C]//Fifth International Conference on 3G Mobile Communication Technologies, 2004.

[17] ITU-T Recommendation Y.3011. Framework of Network Virtualization for Future Networks[S]. 2012.

[18] ITU-T Recommendation Y.3012. Requirements of Network Virtualization for Future Networks[S]. 2014.

[19] ITU-T Recommendation Y.3013. Socio-Economic Assessment of Future Networks by Tussle Analysis[S]. 2014.

[20] ITU-T Recommendation Y.3021. Framework of Energy Saving for Future Networks[S]. 2012.

[21] ITU-T Recommendation Y.3022. Measuring Energy in Networks[S]. 2014.

[22] ITU-T Recommendation Y.3031. Identification Framework in Future Networks[S]. 2012.

[23] ITU-T Recommendation Y.3032. Configurations of Node Identifiers and Their Mapping with Locators in Future Networks[S]. 2014.

[24] ITU-T Recommendation Y.3033. Framework of Data Aware Networking for Future Networks[S]. 2014.

[25] ITU-T Recommendation Y.3041. Smart Ubiquitous Networks-Overview[S]. 2013.

[26] ITU-T Recommendation Y.3042. Smart Ubiquitous Networks-Smart Traffic Control and Resource Management Functions[S]. 2013.

[27] ITU-T Recommendation Y.3043. Smart Ubiquitous Networks-Context Awareness Framework[S]. 2013.

[28] ITU-T Recommendation Y.3044. Smart Ubiquitous Networks-Content Awareness Framework[S]. 2013.

[29] ITU-T Recommendation Y.3045. Smart Ubiquitous Networks-Functional Architecture of Content Delivery[S]. 2014.

[30] ITU-T Recommendation Y.3300. Framework of Software-Defined Networking[S]. 2014.

[31] ITU-T Recommendation Y.3320. Requirements for Applying Formal Methods to Software-Defined Networking[S]. 2014.

[32] ITU-T Recommendation F.851. Universal Personal Telecommunication (UPT)-Service Description (Service Set 1)[S]. 1995.

[33] ITU-T Recommendation Y.2091. Terms and Definitions for Next Generation Networks[S]. 2008.
[34] ITU-T Recommendation Y.2205. Next Generation Networks-Emergency Telecommunications-Technical Considerations[S]. 2011.
[35] ITU-T Recommendation Y.2015. General Requirements for ID/Locator Separation in NGN[S]. 2009.
[36] 张卫峰. 深度解析 SDN——利益、战略、技术、实践[M]. 北京：电子工业出版社，2014.
[37] ITU-T Recommendation M.3400. TMN Management Functions[S]. 2000.
[38] FOO I. The Role of Cisco SONA in Enterprise Architecture Frameworks and Strategies[R]. Cisco White Paper, 2008.
[39] The Cisco SONA Architectural Model in Unified Communications: A Solid Foundation for the Collaborative, Innovative Enterprise[R]. Cisco White Paper, 2008.
[40] Cisco Service-Oriented Network Architecture: Support and Optimize SOA and Web 2.0 Applications[R]. Cisco White Paper, 2008.
[41] MCKEOWN N, ANDERSON T, SHENKER S, et al. OpenFlow: enabling innovation in campus networks [J]. Computer Communications Review, 2008, 38(2): 69-74.
[42] SHERWOOD R, GIBB G, YAP K K, et al. Can the production network be the testbed[C]//OSDI, 2010.
[43] SONKOLY B, GULYAS A. Integrated OpenFlow virtualization framework with flexible data, control and management functions[C]//IEEE INFOCOM(Demo), 2012.
[44] KONTESIDOU G, ZARIFIS K. OpenFlow Virtual Networking: A Flow-Based Network Virtualization Architecture [D]. Stockholm: Royal Institute of Technology, 2009.
[45] KOPONEN T. A data-oriented (and beyond) network architecture-dona[C]//ACM Sigcomm, 2007.
[46] JACOBSON V, SMETTERS D K, THORNTON J D, et al. Networking named content[C]//CoNext, Rome, Italy, 2009.
[47] 聂荣，张洪欣，吕英华, 等. P2P 网络的研究与进展（上）[J]. 电信科学，2008, (3).
[48] 聂荣，张洪欣，吕英华, 等. P2P 网络的研究与进展（下）[J]. 电信科学，2008, (4).
[49] BUYYA R.内容分发网络[M]. 宋伟, 等, 译. 北京：机械工业出版社，2014.
[50] 雷凯. 命名数据网络与互联网内容分发[J].中国计算机学会通讯，2012, 8(8).
[51] SEMS M. Debate rages over who should control ICANN[J]. Processor, 2009, 31(16): 7.
[52] LIU X, YANG X, LU Y. To filter or to authorize: network-layer dos defense against multimillion-node botnets[C]//ACM SIGCOMM, 2008.
[53] ANDERSEN D, BALAKRISHNAN H, FEAMSTER N, et al. Accountable Internet protocol (AIP)[C]//ACM SIGCOMM, 2008.
[54] IETF RFC 4423. Host Identity Protocol (HIP) Architecture[S]. 2006.
[55] LI M, AGRAWAL D, GANESAN D, et al. Block-switching: a new paradigm for wireless transport[C]//USENIX NSDI, 2009.
[56] STOICA I, MORRIS R, LIBEN-NOWELL D, et al. Chord: a scalable peer-to-peer lookup

protocol for internet applications[J]. IEEE/ACM Trans. on Networking, 2003.
[57] RATNASAMY S, FRANCIS P, HANDLEY M, et al. A scalable content-addressable network[C]//ACM SIGCOMM, 2001.
[58] VU T, BAID A, ZHANG Y, et al. DMap: a shared hosting scheme for dynamic identifier to locator mappings in the global Internet[C]//IEEE ICDCS, 2012.
[59] 张宏科，杨冬，董平. 新互联网体系下的普适服务机理及关键技术[J]. 中兴通讯技术，2008, 14(1): 42-47.
[60] 杨冬，周华春，张宏科. 基于一体化网络的普适服务研究[J]. 电子学报，2007, 35(4): 607-613.
[61] 李军. 异构无线网络融合理论与技术实现[M]. 北京：电子工业出版社，2009.
[62] ITU-T Recommendation Y.2011. General Principles and General Reference Model for Next Generation Networks[S]. 2004.
[63] Broadband Radio Access Networks (BRAN); HIPERLAN Type2; Requirements and Architectures for Interworking between HIPERLAN/2 and 3rd Generation Cellular Systems[R]. ETSI Tech. REP. 101 957, 2001.
[64] SALKINTZIS A K, FORS C, PAZHYARINUR R. WLAN-GPRS integration for next-generation mobile data networks[J]. IEEE Wireless Communications, 2002, 9(5):112-124.
[65] PHIRI F, MURTHY M. WLAN-GPRS tight coupling based interworking architecture with vertical handoff support[J]. IEEE Wireless Personal Communications, 2007, 40:137-144.
[66] BUDDHIKOT M, CHANDRARUNENON C, HAN S, et al. Integration of 802.11 and third-generation wireless data networks[C]//Proceedings of IEEE INFOCOM'2003, 2003, 1: 503-512.
[67] BUDDHIKOT M M, CHANDRANMENON C, SEUNGJAE H, et al. Design and implementation of a WLAN/cdma2000 interworking architecture[J]. IEEE Communications Magazine, 2003, 41:90-100.
[68] VARMA V K, RAMESH S, WONG K D, et al. Mobility management in integrated UMTSIWLAN networks[C]//IEEE International Communications Conference 2003, ICC'03, 2003, 2:1048-1053.
[69] DEMESTICHAS P, STAVROULAKI V, BOSCOVIC D, et al. m@ANGEL: autonomic management platform for seamless cognitive connectivity to the mobile Internet[J]. IEEE Communication Magazine, 2006, 44(6): 118-27.
[70] JYH-CHENG C, WEI-MING C. Design and analysis of a mobility gateway for GPRS-WLAN integration[J]. IEEE Transactions Vehicular Technology, 2007, 56: 2603-2616.
[71] 3GPP TS 23.402 v8.5.1. Architecture Enhancements for Non-3GPP Accesses [S]. 2009.
[72] HAVINGA P J M, SMIT CZ J M, WU G, et al. The SMART project: exploiting the heterogeneous mobile world[C]//Proc. 20d International Conference on Internet Computing, 2001.
[73] CHIUSSI F M, KHOTIMSKY D A, KRISHNAN S. Mobility management in third-generation all-IP networks[J]. IEEE Communications Magazine, 2002, 40: 124-135.

第3章 异构无线接入网络

本章首先给出接入网的基本概念，分析无线接入的特点、应用场景和优势。然后，从发展历程、主要特点、关键技术、核心应用等方面，分别对蜂窝移动通信系统、无线局域网、无线个域网、移动自组织网络、无线传感器网络和认知无线网络等主要异构无线接入网络进行介绍。蜂窝移动通信系统，在综述 1G、2G、3G、4G、5G 发展历程的基础上，重点介绍 4GLTE 技术和 5G 新技术。无线局域网，在分析特点、综述 IEEE 802.11 系列标准演进的基础上，重点介绍无线传输、自适应波束赋形等关键技术。无线个域网，在分析特点、综述 2.4GHz ISM 频段及邻近频段各种无线标准的基础上，重点介绍红外线、蓝牙、UWB、HomeRF 等技术。移动自组织网络，在分析特点的基础上，重点介绍移动 AdHoc 网络的 MAC 协议和路由协议。无线传感器网络，在分析特点的基础上，重点介绍路由协议、数据融合和基于 IPv6 的无线传感器网络协议。认知无线网络，在分析认知网络、认知无线网络特性的基础上，重点介绍频谱感知、可用带宽感知等关键技术。

3.1 概述

所谓接入网，是指骨干网络到用户终端之间的所有设备，由业务节点接口（SNI）和用户—网络接口（UNI）之间的一系列传送实体（如线路设备和传输设施）组成。其长度一般为几百米到几公里，因而被形象地称为“最后一公里”。由于骨干网一般采用光纤传输，带宽高且信道质量稳定，因此，接入网便成了整个网络系统的瓶颈。接入网的接入方式主要包括铜线（普通电话线）接入、光纤接入、光纤同轴电缆（有线电视电缆）混合接入和无线接入等几种方式。

近年来，随着移动互联网的高速发展，接入技术日益多样，人们越来越认识到，用户需求千变万化，不可能用一种接入技术满足所有场景、所有用户的入网要求。不同的无线接入技术，有很多不同之处，如移动性、覆盖范围、业务特性、接入速率等，适合的场景也不尽相同，这些接入系统和网络应该彼此共存，融合发展，而不是相互替代。只有在一个体系中综合使用所有这些技术，通过各种接入技术的共存与融合，才能使得用户灵活使用异构的网络环境，享受泛在的接入服务，最终为不同应用提供需要的能力。因此，异构的无线接入网络是移动互联网时代一种固有的重要特征。

与有线接入网络相比，无线接入网络具有许多有线接入网络无法比拟的优势，主要有以下几个方面。

（1）业务提供迅速

无线接入网安装容易，建设周期短。而有线系统不仅建设周期长，而且要占用土地资源，施工接续困难，设备易遭人为破坏，还容易受到自然灾害的影响。无线接入网在自然灾害中仍能保证用户通信畅通的优势是有线系统无法比拟的。

（2）灵活性高

无线接入网灵活可变，不需要预知用户位置，容量可大可小，易扩容。

（3）覆盖面大

无线接入网在基站合理选址的情况下，可覆盖达几十公里甚至几百公里以上的地域，从而优化网络结构，提升覆盖能力。

（4）经济效益明显

无线接入网的安装、维护费用大大低于有线接入网络，而且接入网费用与用户距离无关，这在经济不发达地区尤显其经济优势。

实际上，无线接入网络的意义远不止让大家能够随时随地连上 Internet，基于无线网络的高级应用才是无线网络真正精彩之处。例如，在制造行业，人们能够在车间访问库存管理系统；在医疗行业，医护人员能在床边获取实时的患者监护信息；在零售行业，销售人员不必离开前台就能检查库存情况；在教育行业，教师和学生能够随时随地接入园区环境中的学习资源。随着无线接入网络的普及，无线定位、照片即拍即传、停车收费等应用已经走进人们的生活。

目前，主流的无线接入网络主要包括蜂窝移动通信系统、无线局域网、无线个域网、移动自组织网络、无线传感器网络以及认知无线网络等。本章分别对这些异构无线网络进行介绍。

3.2　蜂窝移动通信系统

蜂窝移动通信是指采用类似于蜂窝形状的区域覆盖方式，建立由基站子系统和移动交换子系统等设备组成的移动通信基础设施，实现无线通信信号的无缝覆盖，为移动用户提供在运动中的话音、数据、图像以及视频等通信服务。其主要特征是终端的移动性，且具有越区切换和跨本地网自动漫游功能。

多年来，蜂窝移动通信一直是无线接入的主流技术，其发展历程经历了第一代移动通信（1G）、第二代移动通信技术（2G）、第三代移动通信技术（3G）、第四代移动通信技术（4G），目前正在向第五代移动通信技术（5G）发展，如图 3-1 所示。

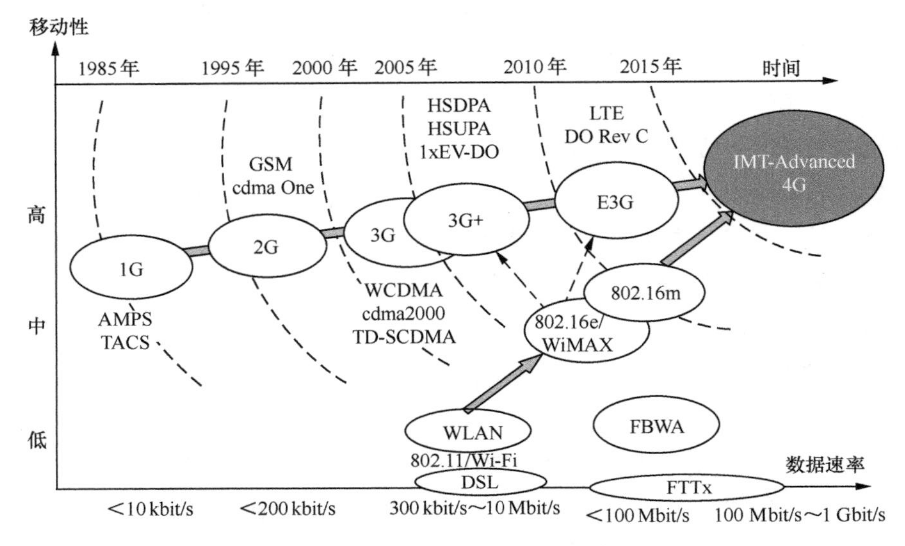

图 3-1　蜂窝移动通信的发展历史

第一代移动通信技术采用 FDMA 机制，能提供模拟话音服务，由于采用模拟窄带调制方式，传输速率有限。

第二代移动通信技术主要以欧洲的 GSM 体制和北美的 IS-95 体制为主，多用户接入方式分别为 TDMA 和 CDMA，与第一代移动通信最明显的不同是调制方式由模拟转换为数字，不仅能提供数字话音服务，还支持数据业务，传输速率明显提升，2G 是比较成功的移动通信方式，真正意义上实现了全球通，目前仍然是话音通信较有效的方式。

第三代移动通信技术主要有欧洲的 WCDMA、北美的 cdma2000 以及中国自主研发的 TD-SCDMA，其中，WCDMA 和 TD-SCDMA 是由第二代的 GSM 演进而来的，cdma2000 则是由 IS-95 演进而来的。多用户接入方式采用 CDMA，下行最高传输速率可达 2 Mbit/s，与前两代系统相比，第三代移动通信系统最主要的特点是除了传统的话音和数据业务外，还提供对多媒体业务的支持，其中，高速移动环境下支持 144 kbit/s 的数据传输速率，慢速移动环境下支持 384 kbit/s 的数据传输速率。第四代移动通信系统也叫 B3G，主要是指 LTE 及 LTE-Advance 系统，分为 TDD-LTE

和 FDD-LTE，其中，FDD-LTE 是欧洲和北美采用的体制，而中国的 TDD-LTE 则是由 TD-SCDMA 演化而来。

相比于 3G 系统，4G 在技术上和应用上都发生了质的飞跃，不仅是简单地改进了现有技术，通过采用 OFDM 和 MIMO 技术，充分利用了时、空、频三维资源，采用频谱聚合、协作多点传输、智能天线等技术，显著地提高了频谱利用率和传输速率，能更有效地支持用户移动性和多媒体业务，传输速率是 3G 的 10 倍，中国 4G 的商用已经于 2013 年年底实现，目前，各大运营商正在积极地铺设 4G 基础设施，各种设备制造商也相继推出了多种 4G 移动终端，相信距 4G 网络的普及已经不再遥远。

随着世界上各个国家 4G 网络的商用，针对第五代移动通信系统的研究也已经开始，与 4G LTE 技术相比，5G 将要达到 10 Gbit/s 的通信容量、毫秒级的通信时延，在 4G 基础上进一步提高能量效率和频谱利用率，旨在构建多网融合、智能、绿色的通信网络，5G 网络将不单单只是提速，而强调以用户体验为中心，满足用户不同种类的需求。此外，在新技术方面，5G 也将有所突破，比如大规模 MIMO（Massive MIMO）技术、毫米波通信、同时同频全双工（Co-frequency Co-time Full Duplex，CCFD）、非正交多址接入（Non-Orthogonal Multiple Access）等都将纳入 5G 的研究中。

前三代移动通信技术已经普及，这方面的文献资料很丰富[1-4]，在这里不做详细介绍。我们下面重点对 4G LTE 技术以及 5G 新技术进行介绍。

3.2.1　LTE 技术

3GPP 长期演进（Long Term Evolution，LTE）项目是近年来 3GPP 启动的最大的新技术研究以及标准化项目，被通俗地称为 3.9G，峰值数据传输速率可以达到 100 Mbit/s，是 3G 向 4G 演进的最主流技术[5]。和前三代移动通信技术相比，LTE 增强了多个无线通信系统性能指标，如更大的系统容量、更高的用户数据速率、更少的等待时间、更优的覆盖范围、更低的运营成本以及更灵活的网络部署。具体包括：提高小区容量；能够利用 20 MHz 的载波带宽提供上行 50 Mbit/s、下行 100 Mbit/s 的峰值速率；降低系统时延，控制平面从驻留状态到激活状态的迁移时间小于 100 ms，从睡眠状态到激活状态迁移时间小于 50 ms，用户平面内部单向传

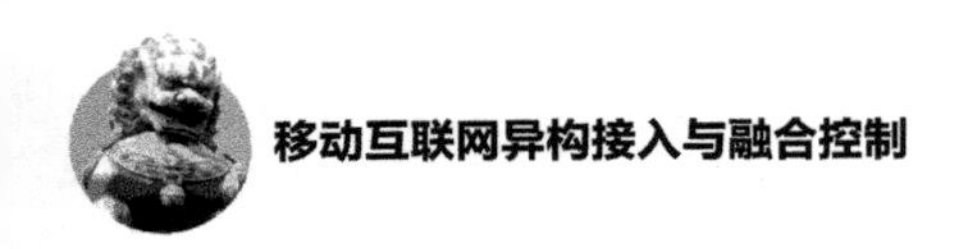

输时延低于 5 ms；改善小区边缘用户的性能；能够为 350 km/h 高速移动用户提供大于 100 kbit/s 的接入服务；支持 100 km 半径的小区覆盖；支持成对或非成对频段，并可灵活配置 1.25～20 MHz 多种带宽。

3.2.1.1 LTE 协议帧结构

LTE 系统同时定义了时分双工（Time Division Duplexing，TDD）和频分双工（Frequency Division Duplexing，FDD）两种方式，两种方式最主要的区别是帧格式不同。

TDD-LTE 针对 TDD 模式中上下行时间转换的需要，设计了如图 3-2 所示的无线帧结构。无线帧长度是 10 ms，由两个长度为 5 ms 的半帧组成，每个半帧由 5 个长度为 1 ms 的子帧组成，有 4 个普通的子帧和 1 个特殊子帧，因此整个帧也可理解为分成了 10 个长度为 1 ms 的子帧作为数据调度和传输的单位（即 TTI）。其中，子帧#1 和#6 可配置为特殊子帧，该子帧包含了 3 个特殊时隙，即 DwPTS、GP 和 UpPTS（如图 3-2 所示），它们的含义和功能与 TD-SCDMA 系统中的相类似。其中，DwPTS 的长度可以配置为 3～12 个 OFDM 符号，用于正常的下行控制信道和下行共享信道的传输；UpPTS 的长度可以配置为 1～2 个 OFDM 符号，可用于承载上行物理随机接入信道和 Sounding 导频信号；剩余的 GP 则用于上、下行之间的保护间隔。

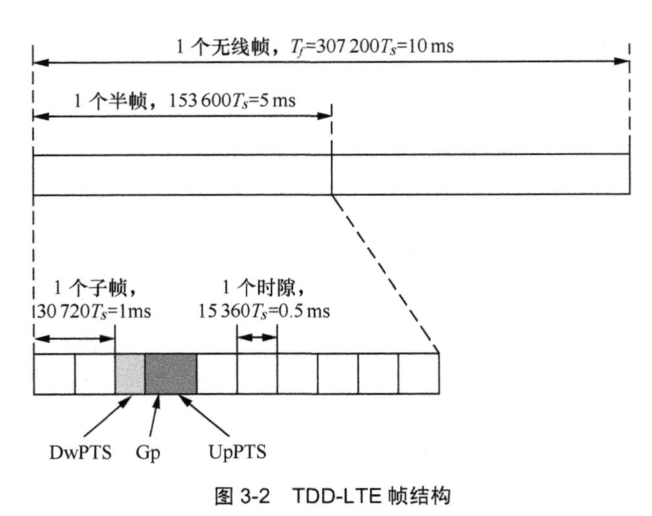

图 3-2 TDD-LTE 帧结构

和 TDD-LTE 不同，FDD-LTE 上下行均采用简单的等长时隙帧结构。沿用

UMTS，LTE 系统一直采用 10 ms 无线帧长度。一个无线帧由 20 个时隙和 10 个子帧组成。FDD-LTE 帧结构类型 1（FS1）上下行采用完全相同的帧结构（如图 3-3 所示），可同时适用于 TDD、半双工 FDD 和全双工 FDD。

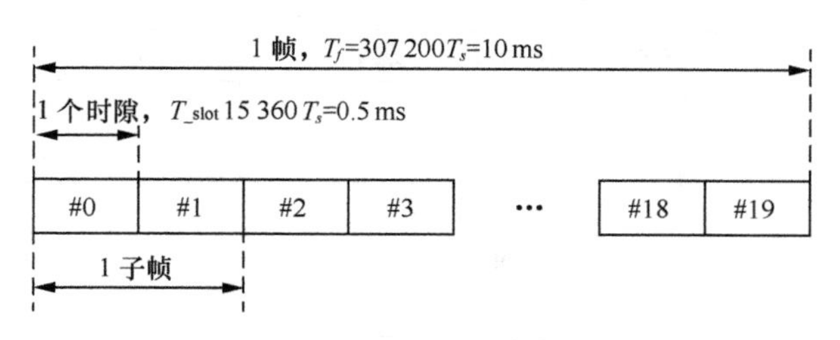

图 3-3　FDD-LTE 帧结构

TDD-LTE 独特的帧结构使得其具有如下优点：① 频率配置灵活，和 FDD-LTE 系统不同的是可以充分利用频谱资源中的零散频段；② 时隙资源调整灵活，可利用上下行时隙转换点灵活地调整上下行数据传输所占用的时隙比例，从而更好地支持非对称业务；③ 上下行信道通过时隙区分频谱一致，所以发送和接收的射频单元可以共用，降低了设备成本；④ 发送和接收数据共用一个开关，不需要收发隔离器，降低了设备的复杂度；⑤ 上下行信道具有互惠性，可更好地采用传输与处理技术，如联合传输、智能天线技术、RAKE 接收等技术，从而降低移动终端的处理复杂度。

由于在 TDD-LTE 中上下行两个链路需要在同一帧中传输，和 FDD 相比，系统设计更加复杂，对设备要求更高，其不足之处表现为：保护间隔的使用降低了频谱利用率，特别是当需要提供较广的覆盖能力时，需要更长的保护间隔，导致频谱利用率更低；使用混合自动重传请求（Hybrid Automatic Repeat Request，HARQ）技术时，TDD-LTE 平均环回时间（Round Trip Time，RTT）比 FDD-LTE 的 8 ms 稍长，并且 TDD-LTE 使用的控制信令更复杂；上下行信道通过时隙区分，为保证上下行帧的准确接收，整个通信系统对基站和终端设备的同步有很高的要求。FDD-LTE 和 TDD-LTE 的技术对比见表 3-1。

表 3-1　FDD-LTE 和 TDD-LTE 的技术对比

技术体制	TDD-LTE	FDD-LTE
采用相同的关键技术		
信道带宽灵活配置	1.4 MHz、3 MHz、5 MHz、10 MHz、15 MHz、20 MHz	1.4 MHz、3 MHz、5 MHz、10 MHz、15 MHz、20 MHz

（续表）

技术体制	TDD-LTE	FDD-LTE
帧长	10 ms（半帧 5 ms，子帧 1 ms）	10 ms（半帧 5 ms，子帧 1 ms）
信道编码	卷积码、Turbo 码	卷积码、Turbo 码
调制方式	QPSK、16QAM、64QAM	QPSK、16QAM、64QAM
功率控制	开环结合闭环	开环结合闭环
MIMO 多天线技术	支持	支持
技术差异		
双工方式	TDD	FDD
子帧上下行配置	无线帧中多种子帧上下行配置方式	无线帧全部上行或者下行配置
HARQ	个数与时延随上下行配置方式的不同而不同	个数与时延固定
调度周期	随上下行配置方式不同而不同，最小为 1 ms	1 ms

3.2.1.2 LTE 及 LTE-A 关键技术

3GPP 从网络架构、网络的部署场景、系统性能要求、业务支持能力等方面对 LTE 进行了详细的描述。与第三代移动通信系统相比，LTE 具有如下技术特征[6]。

① 支持灵活的带宽部署，LTE 的载波带宽可以在 1.25～20 MHz 内根据需要进行配置，而且上下行带宽分配支持对称和非对称，保证了将来在系统部署上的灵活性。

② 系统架构以分组域业务为主要目标，取消了 RNC 节点，网络结构更为平坦，减少了数据业务时延。

③ 上下行多址技术分别采用 SC-FDMA 和 OFDM，OFDM 使资源分配方案更为灵活，SC-FDMA 减少了对移动台射频方面的要求。

④ 采用短时隙帧结构，降低了无线网络时延，减少了交织长度，有 0.5 ms 和 0.675 ms 两种时隙长度，解决了向下兼容的问题。

⑤ 通过灵活的频谱资源调度以及混合自动重传，提高了小区平均数据传输速率。

⑥ 下行采用多天线预编码技术，降低了多用户干扰，提高了小区容量。基站最多支持 4 天线同时发送数据，可以灵活地采用分集和复用技术为多个用户进行服务，有效地提高了峰值传输速率。

⑦ 上行功率控制技术更先进，以开环功率控制技术为主，结合少量闭环功率

控制，根据信号接收灵敏度等指标灵活控制移动台发射功率，在正常通信的基础上尽量降低移动台的发射功率，减少上行信道干扰。

⑧ QoS 保证，通过设计系统服务质量策略和严格的 QoS 机制，保证对 QoS 有不同需求的业务都能获得相应服务。

作为 LTE 的长期持续增强版本，LTE-A 在很多方面对 LTE 进行了改进和增强，能够提供更高的传输速率，为了满足 IMT-A 技术规范的要求，LTE-A 提出了一些主要的关键技术，主要包括以下几个方面。

（1）多频段协作与载波聚合[7-8]

高频载波用于室内、家庭基站（Home NodeB）和小范围热点等场景，低频载波为高频载波提供补充，填补高频段系统的覆盖空洞和高速移动用户带宽整合，通过载波聚合，可以将多个频谱资源上零散的频段整合起来，供高端移动台使用，以提高峰值速率，载波聚合最大可以使用 100 MHz 带宽。低端移动台则选择某一载波以后向兼容方式工作。

（2）中继技术[9-10]

中继（Relay）技术可以使 LTE 的覆盖范围更大，提供更加灵活的组网方式。在地广人稀的地区可以利用中继点快速、有效地提高覆盖率。在热点地区可以通过多个中继点协作工作的方式提高系统容量。同时，由于中继技术对移动台完全透明，并且具有后向兼容性，因此，可以直接加入任何已有 LTE 网络。

（3）协作多点传输[11-12]

为了提高小区边缘用户的服务质量，协作多点（Coordinated Multiple Point，CoMP）传输技术利用分布式天线原理，通过多个基站协作的方式为用户提供增强服务。按照数据处理方式可以分为多点联合处理和多点协作波束成形。值得注意的是，作为增强的干扰减弱方式，协作多点传输可以跟许多技术同时使用。为了减少干扰并提高系统容量，可以在家庭基站之间进行多点协作，或者在热点地区利用多中继点协作工作的方式等。

（4）异构网络[13-14]

考虑到家庭基站所有权的变化以及家庭基站密集部署、重叠覆盖的特点，运营商可能部分丧失网络规划和网络优化的控制权，干扰控制和接入管理的难度增加，在这种情况下，家庭基站之间以及家庭基站与宏小区基站之间的干扰问题是异构网络亟须解决的问题。同时，2G、3G、4G 网络之间的水平、垂直切换等应用，形成了比较复杂的异构网络场景，如图 3-4 所示。从某种意义上讲，异构网络与协作通信之间是密不可分的，与传统网络不同，传统意义的网络规划无法在异构网络中进行，因此，网络需要能进行自组织和自优化。而要实现自组织和自优化，最重要的一点就是网络中的节点之间需要进行信息传递，因此，可以认为异构网络的机制本身就是一种慢速的协作。3GPP 的协作通信研究组正在开展异构网络条件下协作通信性能的研究。

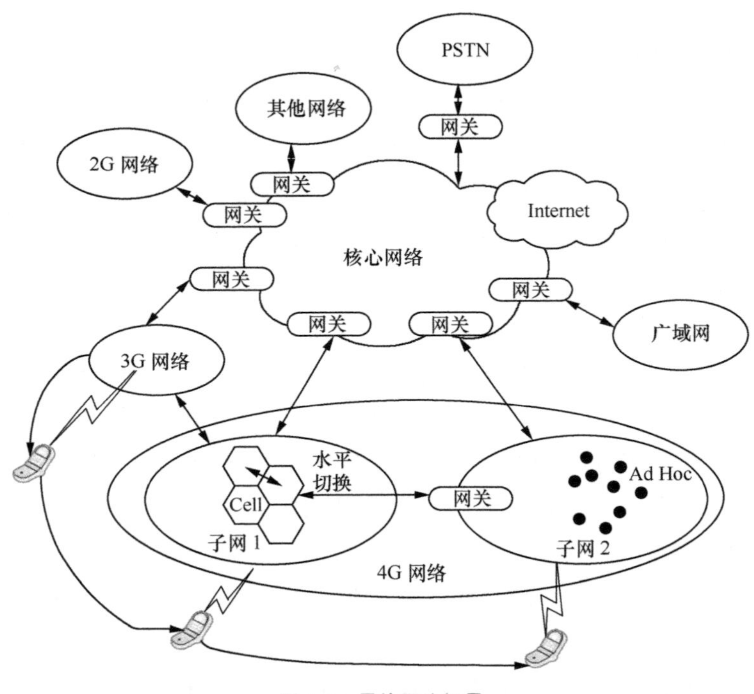

图 3-4　异构网络场景

（5）多天线增强传输技术[15-16]

在 LTE Rel8 基础上，增加专门用于解调数据的解调参考符号和用于信道测量的信道状态参考符号，以减少代价昂贵的公共参考符号。同时，引入多级反馈以提高波束成形的准确性，优化 MIMO 技术，更好地支持多用户通信，MIMO 原理机制如图 3-5 所示。基站下行数据传输时最多支持 8 根发射天线，提高了分集和复用增益，用户上行数据传输时可以使用空间复用技术，并采用联合检测和干扰消除等小区间干扰抑制技术。

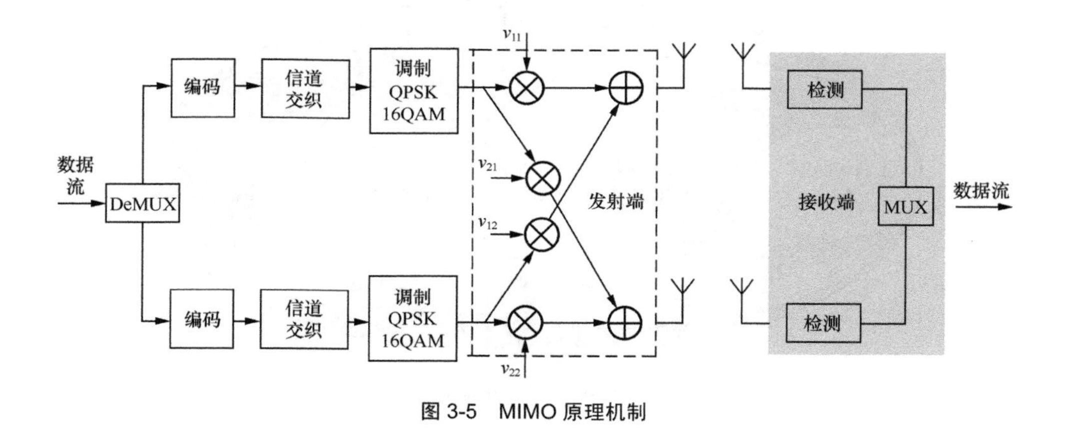

图 3-5　MIMO 原理机制

3.2.2　5G 移动通信新技术

移动通信经历了从 1G 到 4G 的发展，历代移动通信系统都有其典型业务能力和标志性技术。例如，1G 的模拟蜂窝技术、2G 以时分多址（TDMA）和频分多址（FDMA）为主的数字蜂窝技术，都以电路域话音通信为主；3G 以码分多址（CDMA）为主要特征，支持数据和多媒体业务；4G 以正交频分复用（OFDM）和多输入多输出（MIMO）为主要特征，支持宽带数据和移动互联网业务。近年来，集成电路技术快速发展，通信系统和终端能力极大提升，通信技术和计算机技术深度融合，各种无线接入技术逐渐成熟并规模应用。可以预见，对于未来 5G，不能再用某项业务能力或者某个典型技术特征来定义。

随着无线移动通信系统带宽和能力的增加，面向个人和行业的移动应用快速发展，移动通信相关产业生态将逐渐发生变化，5G 不再仅是更高速率、更大带宽、更强能力的空中接口技术，而是面向业务应用和用户体验的智能网络。在基础技术上，集成电路、器件工艺、软件等将持续快速发展，支撑 2020 年 5G 移动宽带产业。

5G 移动宽带系统将成为面向 2020 年以后人类信息社会需求的无线移动通信系统，它是一个多业务多技术融合的网络，通过技术的演进和创新，满足未来包含广泛数据和连接的各种业务的快速发展需要，提升用户体验[17-20]。5G 通信的业务能力如图 3-6 所示。

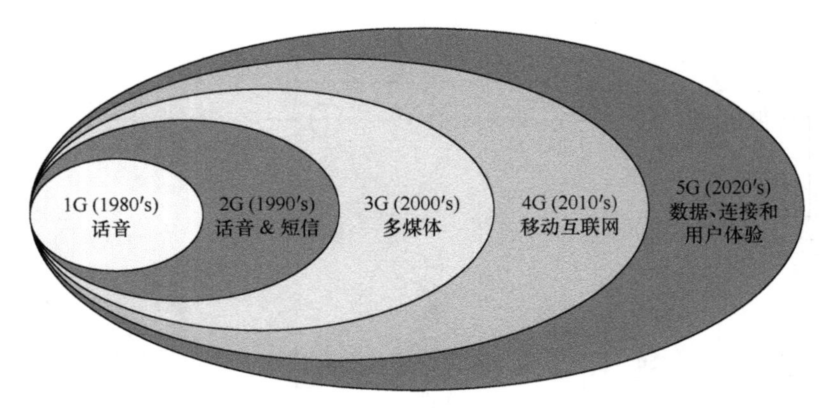

图 3-6　5G 业务能力

3.2.2.1　5G 的愿景与需求

5G 是面向 2020 年信息社会需求的无线移动通信系统，下面结合通信发展历史和目前最新产业发展趋势，从 5G 的社会职责和功能以及终端用户、网络运营和业务应用等多个维度，对 2020 年的无线移动通信系统愿景进行初步分析，从而给出 5G 关键能力需求。

1. 5G 的宏观愿景：社会职责和功能

移动通信系统经历了 20 多年的发展，其应用已经非常普及，随着技术的进步，其应用会更加广泛。未来无线移动通信系统在人类社会中将发挥更加重要的作用，其社会职责和贡献可以总结为如下 4 个方面。

（1）人类社会生态的无线信息流通系统（广泛应用领域）

国际移动通信（IMT）技术将在未来社会的各方面发挥重要作用，包括应对气候变暖、减少数字鸿沟、降低环境污染等，同时 IMT 也将在公共安全、医疗卫生、现代教育、智能交通、智能电网、智慧城市、现代物流、现代农业、现代金融等领域发挥重要作用。

IMT 技术带动的智能终端和移动互联网应用，以及未来个人视听消费电子与 IMT 的结合，将对游戏娱乐、媒体和出版、报纸杂志业以及广告业产生重要影响。基于有线和无线网络的电子商务和互联网金融，将对零售业和金融业产生重大影响。

IMT 将成为未来人类社会生态赖以正常运转的无线信息流通系统，缺少了这个系统的支撑，整个人类社会机器都难以正常高效运转。

（2）连接世界的无线通道（泛在连接）

未来 IMT 将打破传统的人与人通信，成为连接世界万物的通道。有了这个通道，我们的世界将变成一个泛在连接的智能高效社会。IMT 可以作为人感官的延伸，扩展人的听觉、视觉到达世界的任何角落，使每个人可以与世界上所有的人和物建立直接的联系。

物联网或者器件连接是 2020 年信息社会重要的特征，IMT 由于其优越的系统性能、便捷的连接方式、巨大的规模效应等诸多优势，必将在 2020 年及以后的物联社会中发挥重要的作用。

（3）人们生活的信息中心（丰富的应用）

手机自诞生以来，其最重要的功能是人与人的基本沟通功能。未来手机对个人而言，其功能和形态将极大地拓展：休闲、娱乐、办公、旅游、购物、支付、银行、医疗、健康、出行、智能家居控制等个人生活的方方面面，都需要手机、平板电脑、可穿戴设备等各种形态的移动终端。移动终端甚至包含了个人的信用身份等重要信息。

2020 年，移动终端将成为人们生活的信息中心，而 IMT-2020（5G）需要为这些功能提供便利、可靠、安全的通信保证。

（4）保证通信权利的基础设施（基础设施）

随着移动通信技术的快速发展以及规模效应，通信对人类社会的重要作用和价值将超越通信本身，为了保证社会的正常高效运转，未来移动通信将不再是其刚诞生时的一种奢侈的服务。类似水电供应设施，移动通信网络和设备将成为人类生活的基础设施，提供基础性的服务。未来 IMT 系统将超过现有的紧急通信范围，发挥其社会责任，提供更多的基本通信服务保证。当然，移动通信作为商业运营系统，必不可少地提供更多丰富多彩的高附加值业务，这也是促使技术进步的重要动力。

2. 5G 的应用愿景：应用与运营

从应用和运营的角度来看，广泛业务支持能力和持续盈利能力是对 5G 的关键需求，这些需求可以进一步分解到以下 4 个方面。

（1）更多的业务能力，更好的盈利能力

运营商需要未来 5G 网络具有更多的业务能力，除了传统的电信业务外，还需

更好地支持未来移动互联网和物联网业务的快速发展，同时基于公网拓展到更为广泛的行业应用。在 5G 宽带移动网络基础上，更加丰富的移动互联网和物联网业务应用必将快速发展，未来网络需要支持更加灵活的运营模式，创建良性的运营生态，实现业务运营和网络运营共赢。

（2）足够的带宽和容量

未来 5G 网络需要提供足够的带宽和容量，满足终端对可获得速率（百 Mbit/s）、峰值速率（Gbit/s）以及系统容量等的需求。同时，2020 年无线移动网络整体需要具备 1 000 倍的移动流量提供能力，单位面积吞吐量需要达到目前 4G 的 1 000 倍甚至更高（100 Gbit/s·km^{-2}以上）。另外，5G 需要支持更多的连接器件数目，为现有移动通信手机的 100 倍量级及以上。

（3）低成本、易于部署

用户使用更多的移动流量时不希望资费有明显增长，因此需要运营商降低每比特的成本，对应 1 000 倍流量增长意味着每比特成本降低到现在的 1/1 000。

绿色节能也是未来移动网络最重要的需求之一，1 000 倍流量提升但网络总体能耗不提高，2020 年移动网络端到端每比特能耗需要降低到现在的 1/1 000。

未来网络将是异构融合的多制式极复杂网络，多层覆盖，多制式覆盖，多业务网络融合。运营商希望网络能够支持更智能的、单一的自组织网络，做到多技术体系和多层次覆盖网络的自配置、自管理、自优化，减少人工维护。

（4）兼容现有网络，保护已有投资

未来 5G 网络也需要兼容现有的各种网络和制式，做到互联互通以及更好的互操作，保护运营商的已有投资。

3. 5G 的关键能力需求

根据社会职责和功能、终端用户、业务应用和网络运营等对未来 5G 的愿景分析，从技术的角度总结 5G 的关键能力需求有以下几个方面。

（1）1 000 倍的流量增长，单位面积吞吐量显著提升

基于近年来移动通信网络数据流量增长趋势，业界预测到 2020 年，全球总移动数据流量将达到 2010 年总移动数据流量的 1 000 倍。这要求单位面积的吞吐量能力，特别是忙时吞吐量能力同样有 1 000 倍的提升，需要达到 100 Gbit/s·km^{-2}以上。

（2）100 倍连接器件数目

未来 5G 网络用户范畴极大扩展，随着物联网的快速发展，业界预计到 2020 年连接的器件数目将达到 500～1 000 亿。这就要求单位覆盖面积内支持的器件数目将极大增长，在一些场景下单位面积内通过 5G 移动网络连接的器件数目达到 100 万，相对 4G 增长 100 倍。

（3）10 Gbit/s 峰值速率

根据移动通信历代发展规律，5G 网络同样需要 10 倍于 4G 网络的峰值速率，即达到 10 Gbit/s 量级。在一些特殊场景下，用户有单链路 10 Gbit/s 速率的需求。

（4）10 Mbit/s 的可获得速率和 100 Mbit/s 的速率能力

2020 年的网络，需要能够保证在绝大多数的条件下（例如 98%以上概率），任何用户能够获得 10 Mbit/s 及以上速率体验保障。对于特殊需求用户和业务，5G 系统需要提供高达 100 Mbit/s 的业务速率保障，以满足部分特殊高优先级业务（如急救车内高清医疗图像传输服务）的需求。

（5）更小的时延和更高的可靠性

5G 网络需要为用户提供随时在线的体验，并满足诸如工业控制、紧急通信等更多高价值场景需求。这一方面要求进一步降低用户面时延和控制面时延，相对 4G 缩短 5～10 倍，达到人力反应的极限，如 5 ms（触觉反应），并提供真正的永远在线体验；另一方面，一些关系人的生命、重大财产安全的业务，要求端到端可靠性提升到 99.999%，甚至 100%。

（6）更高的频谱效率

ITU 对 IMT-A 在室外场景下平均频谱效率的最小需求为 2～3 $bit/s{\cdot}Hz^{-1}$，LTE-A 引入多点协作（CoMP）等先进技术，可以进一步提升系统的频谱效率。通过演进及革命性技术的应用，5G 的平均频谱效率相对于 4G 需要 5～10 倍的提升，解决流量爆炸性增长带来的频谱资源短缺。

（7）能耗效率明显提升

绿色低碳是未来技术发展的重要需求，通过端到端的节能设计，使网络的综合能耗效率提高 1 000 倍，达到 1 000 倍流量提升但能耗与现有网络相当。

5G 系统的性能指标如图 3-7 和表 3-2 所示。与 4G 相比，5G 系统的关键效率需求见表 3-3。

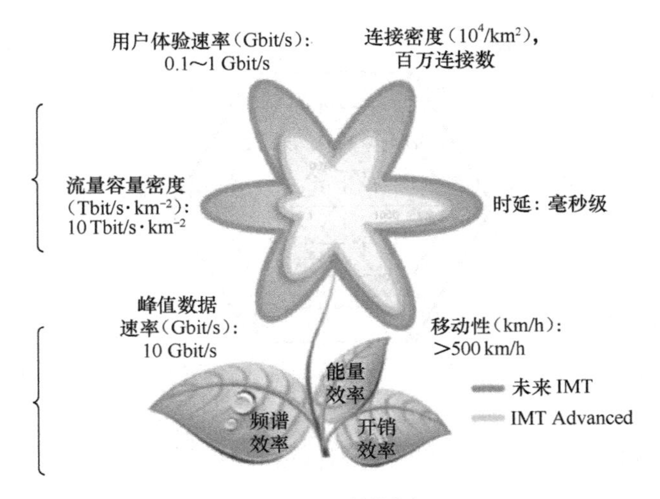

图 3-7 5G 性能指标

表 3-2 5G 系统的 KPI

KPI 项	5G 系统的 KPI	定义
峰值数据速率	≥10 Gbit/s	用户能达到的最高数据速率
保证的最小用户数据速率	≥100 Mbit/s	用户获得的最低体验速率
连接密度	10^6 连接数/km^2	单位面积内连接的设备数目
业务流量密度	数十 Gbit/s·km^{-2}	单位面积内所有用户的数据流量
无线时延	≤1 ms	数据分组从出现在基站的 IP 层到出现在终端的 IP 层的时间
端到端时延	毫秒级	数据分组从源节点发出到被目的节点成功接收的时间
移动性	达到 500 km/h	收发双方之间的相对移动速度

表 3-3 5G 的关键效率需求

效率需求（单位）	与 4G 相比的性能	定义
频谱效率（bit/s/Hz/cell 或 bit/s/Hz/km^2）	5～15 倍	每小区或单位面积内，单位频谱所提供的所有用户吞吐量的和
能量效率（bit/J）	≥100 倍	每焦耳网络能量所能传输的比特数
成本效率（bit/￥）	≥100 倍	每单位成本所能传输的比特数

3.2.2.2 5G 技术趋势

演进、融合和创新是面向未来 5G 技术标准发展的三大路线。

1．演进

移动通信的用户换代需要一个长期的过程，预计到 2020 年，LTE 及其演进系统将成为最主流的通信系统，LTE 持续演进对 2020 年移动通信非常重要。LTE 系统在 LTE-Hi/小小区持续增强、用户边缘速率体验、多天线技术、对 M2M 业务的支持等各方面有待进一步提升和功能扩充。LTE/LTE-A 进一步演进的主要技术方向包括以下几个方面。

（1）LTE-Hi/小小区持续增强

密集组网是满足未来流量需求增长最有效的方法。我国提出的 LTE-Hi 技术主要面向高频热点小覆盖场景提供宽带移动数据业务体验，提出了动态 TDD、室内热点 MIMO 增强、高阶调制等关键技术，未来需要进一步地优化和增强。近期主要研究内容包括：优化空口设计，增强小区间干扰协调，实现小小区与大覆盖小区的 U/C 分离等；进一步面向小覆盖和高频段设计新系统，提升单小区能力和带宽，支持新的业务类型，降低空口时延，设计更扁平、灵活的网络架构等。TDD 在高频段小覆盖场景下具有频谱利用效率高、设备成本低以及频率使用灵活等优点，超密集部署场景将重点考虑基于 TDD 方式的技术增强和演进。

（2）边缘性能增强和用户体验提升

LTE-A 系统边缘性能有待进一步提升和增强，多接入点联合处理技术受限于接入点之间接口的回传（Backhaul）能力，随着传输技术的进步以及集中式处理架构的推广，CoMP 技术可以持续提升和增强，提供无覆盖边界差异、以用户为中心的虚拟小区体验。另外，随着集成电路和芯片处理能力的发展，接收机部分也可以考虑更加先进的干扰消除技术（例如最大似然干扰消除、迭代干扰消除等），从而有效降低小区间的同频干扰，提升业务质量和空口频谱效率。

（3）先进天线技术

多天线技术作为 LTE 的最主要特征，是未来演进的最重要方向。有源天线（AAS）技术将射频处理单元甚至部分基带单元放到天线前端，从而为采用更先进的多天线技术带来了可能。基于有源天线并将垂直方向的多阵子分离出来，可以实现三维波束赋形（3D Beamforming）技术，从而支持水平和垂直空间的波束赋形和多用户复用，进一步提升空口频谱效率。3D 空间信道模型的研究和分析、信道估计和参考符号设计、赋形码本的设计为后续研究的重点。

随着计算能力的提升，大规模 MIMO 技术结合空间特性以及编码增益，可以进一步提升空间复用效率，提升系统容量，大规模天线的场景如图 3-8 所示。当然天线数目的大规模增加，对设备的外观设计、网络建设和部署、系统处理能力等也带来一定的困难。由于高频段上天线间距和尺寸更小，工程实现难度更低，可采用全新的天线型态设计，大规模 MIMO 在未来高频段的利用也是重要的研究方向。

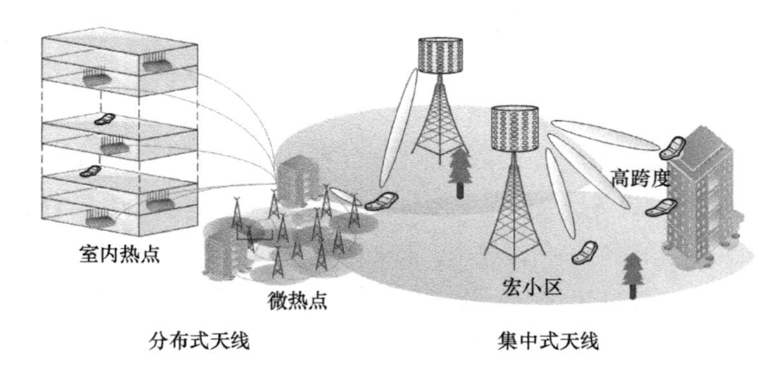

图 3-8 大规模天线场景

（4）支持更多的应用场景

移动通信网络支持广泛的覆盖，提供随时随地的无缝接入和移动性支持，并且由于规模效应，在性能和成本上具有明显优势。为了支持广泛的 M2M、D2D 以及 PPDR 等各种面向公众和面向行业的应用，现有系统需要进行空口接入的优化设计、协议栈和流程的适应性修改、接入架构的扩展等。在进行应用场景的扩展时，需要认真分析基于 LTE 的技术扩展与其他短距离通信技术（蓝牙、ZigBee 等）、无线接入技术（WLAN 等）以及专网通信技术（LTE-R、DSRC 等）之间的需求和能力差异，考虑多系统融合，避免重复设计和过度设计。

（5）更灵活可靠的网络和连接

在传统蜂窝小区的基础上，未来无线通信系统需要进一步拓展连接方式和接入方式，支持更加灵活的网络架构以及连接方法，提升网络可靠性和整体性能。在高铁等场景下，移动中继（Mobile Relay）技术可有效解决大量以簇为单位的用户整体高速移动，并提供可靠服务的需求，其重点为解决高性能无线回传链路的设计和优化、用户簇移动性管理等技术难题。

为了进一步增加通信链路的灵活性和可靠性，在引入 D2D 特性的基础上，可以进一步设计支持 UE 辅助的中继技术，通过多跳扩展网络覆盖或者提升链路性能。另外，基站内用户间 MAC 层直通，可以降低通信回传的开销，适合未来业务本地化和社区化的趋势，同时结合用户中继（UE Relay）等多跳技术，在回传链路出现故障时，也能为用户提供可靠的通信保证。

（6）更智能化的网络管理和无线资源管理

未来无线通信网络将是多业务系统、多接入技术以及多层次覆盖的复杂网络，这给网络的运营和管理以及资源合理协调使用带来了巨大挑战。对于复杂异构网络，需要设计具有环境和业务感知能力的统一自配置和自优化网络技术，实现对网络覆盖环境及其对应的业务需求和用户行为按照一定的颗粒度实时感知，并能够根据环境以及业务需求，动态地调整和配置网络策略、系统参数和资源分配，最优地利用各种网络资源为用户提供最优的业务体验。

2. **融合**

面向 2020 年的 5G 时代将是一个泛技术的时代，无线电波已经被各种技术挤满，融合成为一种趋势。融合包括 3 个层次。

（1）多领域跨界融合

未来的应用需求多种多样，更多的日常物品——从房子、车子，到各式各样的消费品，都开始联网，5G 网络需要融合多种应用领域的技术，满足设备多样化的无线连接性要求，并高速处理各类联网信息，实现高效、便捷和安全的信息传输和共享，真正开启物联网新世界。通信、信息、消费电子技术融合，催生新的产品形态、商业模式以及利润增长点，也带来更多的移动通信应用场景：移动通信与汽车电子融合带来车联网应用场景；移动通信与多媒体视听设备融合带来极大的带宽和流量需求；移动通信与云计算结合的移动云可以使人们随时随地得到超高性能信息和数据服务体验等。

不同领域技术的跨界融合不仅是终端和应用技术问题，还将影响网络架构和系统设计，以满足协同工作和提升用户体验的目标，各种新型的业务应用给网络的带宽、速率、时延、管理等方面带来新的需求和挑战，未来 5G 系统需要有针对性地开展网络架构、业务服务、安全管理、空中接口的设计和优化。

（2）多系统融合

无线业务系统的融合包括卫星移动通信与地面移动的融合（天地一体化）、蜂窝通信与数字广播的融合、移动蜂窝与宽带接入系统及短距离传输系统的融合。融合的关键在于，充分发挥不同系统在各方面的优势，互相补充，协同工作，达到最高的应用效率和最好的用户体验。

不同系统可以在业务平台上融合统一，实现统一的账号和计费等；更紧密的融合可以在移动核心网实现多系统互操作以及业务服务的统一管理控制；进一步的融合是在接入网层面实现无缝体验或者业务承载汇聚，通过多个业务系统统一为用户提供服务。对用户来说，融合的目的是以更低廉的价格和电池消耗实现更好的业务质量和可靠网络保证。从系统角度来说，融合的重点是更好地选择系统和服务形式，从而提高整个系统的运行效率并降低能耗。

（3）多 RAT/多层次/多连接融合

蜂窝系统内的多种接入技术（2G/3G/4G/5G）以及多层覆盖（Macro/Micro/Pico/Femto）、多链路（Relay、D2D、UE-Relay）之间紧密耦合，协调合作，共同为用户服务，最重要的是做到网络侧多种连接通道各司其职，发挥最大的效用，同时各种技术和接入对用户透明。

异构融合主要的研究方向包括以下几个方面。

① 通过多 RAT 互操作实现多种制式网络之间的合理选择和业务切换；

② 通过在接入层的聚合，进一步提升用户速率，并实现业务承载的随意分配；

③ 通过 U/C 分离实现宏覆盖与热点覆盖，共同为用户提供可靠连接和宽带数据通道；

④ 通过多种连接方式实现灵活可靠的网络，降低时延，降低系统开销，提高能耗效率；

⑤ 通过集中式的无线资源管理，提升网络整体效率；

⑥ 多技术制式、多层次、多连接的复杂网络实现统一自组织、自优化，降低资本性支出（Capital Expenditure，CAPEX）和运营成本（Operating Expense，OPEX）。

（4）融合对终端影响

除去传统手机和高性能的智能终端，融合将催生更多新形态的终端，这些给终端的实现设计、移动性支持、耗电等带来挑战。系统融合技术的研究需要芯片、射频和其他附加功能技术的提升，软件定义无线电（SDR）技术的真正实现，做到单片多模，或者根据网络自适应重配置。

3. 创新

移动通信系统频率受限，LTE 及其演进系统在技术和网络等各方面的优化空间有限，而社会对无线移动宽带的需求快速增长。基础理论和科学技术不断进步，5G 发展需要追求突破性的技术，以满足更长远的未来需求。创新性的技术能否在 2020 年以后实现标准化和产业化，取决于多方面的因素：技术带来的性能增益、技术复杂度及其可实现性、业务应用需求的紧迫性等。目前一些有潜力的创新方向包括以下几个方面。

（1）新的频率使用方式

① 灵活的频谱利用技术。未来需求的爆发式增长与频率受限的矛盾，加上固定频率分配和使用效率低的现状，要求探索新的频率使用方式。认知无线电技术通过动态地感知无线电环境主要业务的使用情况，实时地调整系统和用户使用的频率及系统参数，从而实现在不影响主要业务的情况下机会式使用空闲频段，提升频谱使用效率。这种动态感知频率使用方式，在技术、政策等方面还存在较大的挑战。例如，如何满足实时业务的质量需求，如何快速地重配置正在通信的系统，如何保证主要业务不受干扰，无线电规则上如何保障频谱的合理使用等。一些折中的灵活频率利用方式也在研究中，例如，通过建立频谱地理数据库的方式，半静态使用空闲频段；针对低功率小覆盖场景，实行多运营商共享授权频段技术，提高频谱利用率。

② 高频段利用。当前业界对移动宽带通信的研究主要基于 6 GHz 及以下频段，为了满足更大带宽和流量的需求，需要考虑高频段（6 GHz 及以上）的利用。在高频段上，具有更多的频谱空间，从长远看，能够满足移动宽带对容量和速率的需求。但是，覆盖半径受限、穿透能力有限、传播特性不佳、移动性支持能力受限等因素需要充分考虑，同时高频器件和系统设计成熟度、成本等因素也需要得到解决。

（2）新的空口传输技术

随着技术进步和新理论的不断发现，新的空口传输技术不断被提出，这些技术有待进一步研究和推动，以实现空口效率的大幅提升。例如同频同时双工技术和角动量调制（OAM）技术。

① 同频同时双工技术，也叫全双工技术，通过天线、射频以及数字部分的干扰隔离和消除，实现在同一时隙和频率上同时发送信号和接收信号。该技术理论上可以提高空口频谱效率 1 倍，同时能够带来频谱的更灵活分配和使用。根据典型蜂窝移动通信系统不同的覆盖半径，天线接头处收发信号功率差，通常为 100～150 dB，如何简单、有效地实现如此大的干扰消除需要进一步研究。另外，邻近小区的同频干扰也是一个需要解决的难题。非正交、非同步多址技术打破 OFDM 系统完全正交并严格同步（CP 范围内）的要求，通过在发送端的预处理，或与接收机的增强设计，从而实现非正交非同步多址，提升频谱效率，目前典型的技术有非正交

多址、GFDM、VFDM 等。

② 角动量调制技术。近年来，学术界也有对 OAM 用于无线电通信的研究和初步实验，该技术利用电磁波不同旋转率的轨道角动量之间正交的特性，结合相位和频率调制，能够实现更高频谱效率的信号调制，极大地提升了频谱效率。但是，将 OAM 技术用于移动通信，存在非理想传播环境下的旋转率畸变问题，以及如何实现轨道角动量调制的天线设计，如何实现全向覆盖等诸多问题，需要学术界和产业界共同努力，不断地从理论和实践上探索并寻求解决方案。

此外，软件定义空口提供先进的调制编码、波形、多址接入、MIMO 传输模式、复用模式和自适应帧结构等，实现空中接口的软件化、可配置和绿色化，如图 3-9 所示。

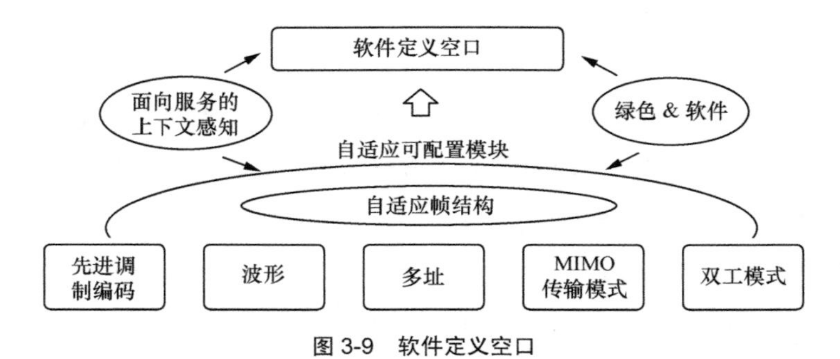

图 3-9 软件定义空口

（3）新的网络架构

① 分布接入和集中计算。随着光纤和芯片技术的发展，有线传输能力和计算处理能力得到了极大提升，分布式天线和集中式基带池的网络架构被提出。将天线分布到网络中能够拉近空口距离，提升系统容量。将信号通过高性能光纤传输网络集中到高运算能力的基带运算池统一处理，一方面能够实现多接入点的联合处理，提升网络性能；另一方面通过集中资源池的方式，可以减少基站站址，降低能耗，提高计算资源利用率。该方案对传输资源以及回传各方面性能需求较高，大规模应用的可行性有待进一步研究。

② 新型网络架构。传统的蜂窝网络最重要的功能是提供电信类业务，实现可管、可控、可运营。电信类业务、移动互联网类业务和 M2M 类业务将成为 5G 移动宽带的三大基本业务类型。移动宽带网络体系可以借鉴固网中的 SDN 技术、CDN 技术，并结合无线网络多频率、多体制、移动性等特点及需求，重新设计更高效、

灵活的 5G 无线网络架构，适应未来业务发展需求，实现运营商持续盈利，维持整个移动宽带产业生态的正常运转。图 3-10 给出了一种基于 SDN/ NFV 的移动通信网络架构。

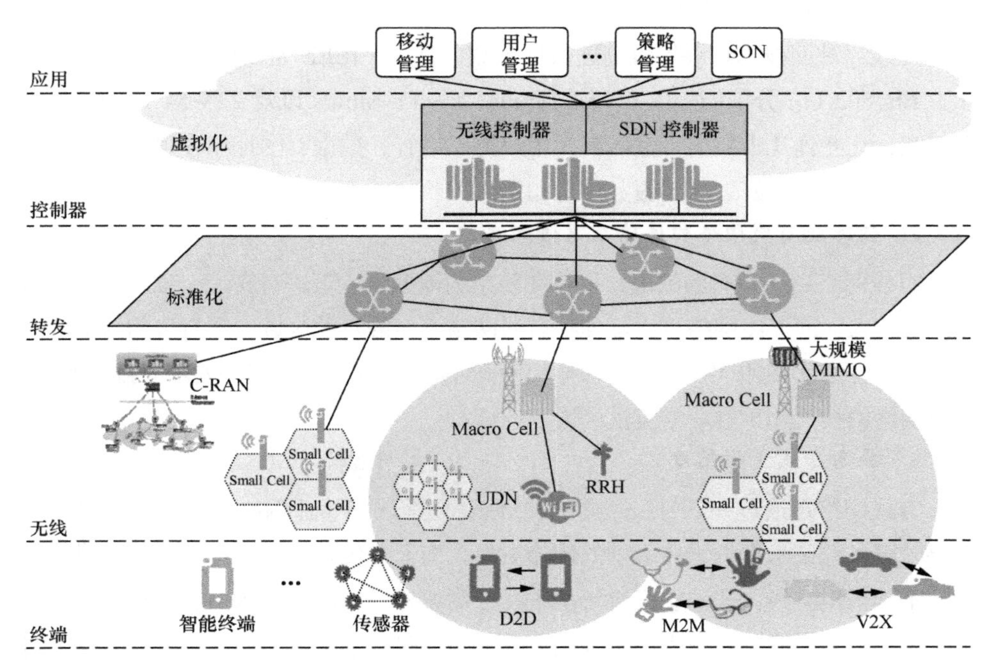

图 3-10　基于 SDN/NFV 的移动通信网络架构

3.3　无线局域网

无线局域网（Wireless Local Area Network，WLAN）出现在 20 世纪 80 年代中期，其利用无线通信技术在一定的局部范围内建立网络，是计算机和无线通信技术相结合的产物。它以无线多址信道作为传输媒介，提供传统有线局域网的功能，与有线局域网形成绝佳的互补，能够使用户真正实现随时、随地、随意的宽带网络接入。WLAN 可以使终端设备具有可移动性，能够快速、方便地接入网络，具有安装便捷、使用灵活、经济节约和易于扩展的特点，在许多应用领域发挥着其他联网技术不可替代的作用。

3.3.1 无线局域网的特点

1. 有较高的传输带宽

无线局域网技术能够提供高速数据带宽，其中，IEEE 802.11a、IEEE 802.11b 和 IEEE 802.11g 分别能提供 6～54 Mbit/s、1～11 Mbit/s 以及 22～54 Mbit/s 的数据带宽，几兆到几十兆的带宽能够为用户提供话音、数据、图片和多媒体等绝大多数业务，并且能很好地满足服务质量和用户体验。

2. 使传统有线网络的传输距离得到延伸

有线网络由于固有的缺陷，很难在复杂的地理环境下进行布设，难以获得随时随地的接入，而无线网络可以延伸到有线网络不能触及的区域，和有线网络形成互补。处于无线局域网的信号覆盖范围内的任何终端，都可以按照需要随时接入网络，使得网络的接入和扩容非常灵活。

3. 提高了抗干扰能力

有线网络是通过在信号线路周围加屏蔽层进行抗干扰，例如双绞线、同轴电缆，必要时以光纤技术提供千兆级别的传输质量。而无线传输由于通过空间信号进行传输，不能采用有线传输的手段进行抗干扰，需要通过相应的技术措施解决，无线网络采用了扩频、跳频等技术或者提高自身无线信号发射强度来增强抗干扰性能，可以有效地解决无线信号抗干扰的问题。

4. 应用范围广泛

相比于有线网络只使用于固定的终端，无线网络技术的固有属性使其使用范围更广泛。一般来说，无线网络更适用于终端发生移动的环境，例如车站、机场、院校、码头、大型购物中心等。另外，在已建楼群区域使用无线网络可以避免布设有线网络带来的麻烦。

5. 高逻辑端口密度

和有线信道相比，无线信道在理论上可以被多个用户共享，大大提高了设备的逻辑端口密度，因此，相比于有线网络，无线局域网更适合在用户密集的热点地区（如会场、机场等场所）部署。

6. 开放的频段

IEEE 建议对 802.11a 和 802.11b 使用开放的频段，无需执照即可部署。在中国，

802.11a 的 5 GHz 频段和 802.11b 的 2.4 GHz 频段已经全部开放，不需要执照。

3.3.2 无线局域网的协议标准

1990 年，IEEE 802.11 无线局域网标准工作组成立，其任务是研究工作频段在 2.4 GHz、5 GHz 等开放频段的无线设备和网络发展的全球标准。目前，主要 IEEE 802. 11 标准的演进如图 3-11 所示，主要标准见表 3-4。

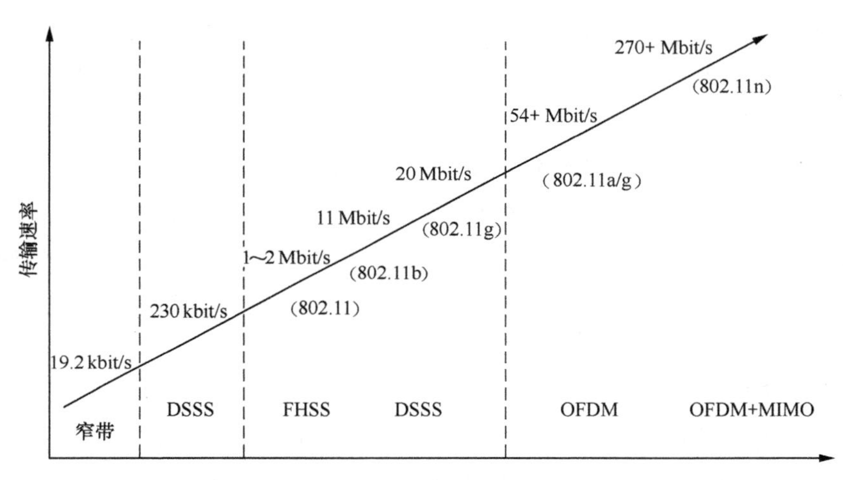

图 3-11　IEEE 802. 11 标准演进

表 3-4　IEEE 802 11 标准列表

标准	802.11	802.11a	802.11b	802.11g	802.11n
标准冻结时间	1997 年 7 月	1999 年 9 月	1999 年 9 月	2003 年 7 月	2009 年 9 月
工作频段	2.4 GHz	5 GHz	2.4 GHz	2.4 GHz	2.4 GHz 和 5 GHz
带宽	20 MHz	20 MHz	20 MHz	20 MHz	20 MHz 和 40 MHz
调制方式	FHSS DSSS	OFDM	CCK DSSS	DSSS OFDM	OFDM DSSS
峰值速率	2 Mbit/s	54 Mbit/s	11 Mbit/s	54 Mbit/s	600 Mbit/s
兼容性	—	不兼容 802.11b	不兼容 802.11a	兼容 802.11b，不兼容 802.11a	兼容 802.11a/b/g
产品状态	速度低，已被淘汰	速度快，干扰小、价格较高	成熟，价格低廉，逐渐被淘汰	成熟，价格低廉，终端普及率高	技术和产品发展方向，设备价格相对较高，终端普及率有待提高

1．802.11a/b

1997 年，IEEE 802.11 无线局域网标准工作组公布了该标准，它是第一代无线局域网标准之一。该标准允许无线局域网及无线设备制造商建立互操作网络设备，对物理层和媒体访问控制（MAC）定义了相应的规范。802.11 标准中对物理层数据传输的信号特征和调制方式进行了规定。在物理层中，定义了一个红外线传输方法和两个 RF 传输方法，RF 传输方法采用扩频调制技术来满足绝大多数国家的工作规范。802.11 无线局域网标准的主要业务是中小型网络的数据存取，速率最高只能达到 2 Mbit/s，主要用于解决校园网和办公室局域网中用户与用户终端的无线接入。由于 802.11 无线局域网标准在传输距离和传输速率上都不能满足人们的需要，因此，为了对 802.11 标准进行扩展和补充，IEEE 802.11 无线局域网标准工作组又相继推出了 802.11a 和 802.11b 两个新标准，其中，802.11a 的工作频段为 5 GHz，数据传输速率最高可达 54 Mbit/s；802.11b 的工作频段为 2.4 GHz，补充了高速物理链路层相关的标准，提高了数据传输速率，数据传输的峰值速率可达 11 Mbit/s。802.11b 已经成为目前的主流标准，被多数厂商所采用。

2．蓝牙标准

蓝牙（IEEE 802.15）标准的出现是为了弥补 802.11 标准的不足。和 802.11 相比，蓝牙更具移动性，例如，蓝牙能够将一个设备连接到 LAN 和 WAN，甚至支持全球漫游，而 802.11 却只能将通信范围限制在办公室和校园内。此外，蓝牙体积小、成本低，可用于更多的设备。但是，蓝牙是一种低功耗、短距离、低带宽的应用，主要是点对点的短距离无线发送技术，严格来讲，蓝牙不算是真正的局域网技术。

3．802.11g

2003 年，IEEE 802 标准化委员会正式发布了无线局域网新标准 802.11g，该标准和 802.11b 在同一频率上，但是采用了 OFDM 技术，比 802.11b 标准具有更高的负载能力；802.11g 提供额外的 PBCC-22 和 CCK-OFDM 技术，有利于提供多模 WLAN 的产品。802.11g 标准既可以在 2.4 GHz 频率下提供 11 Mbit/s 数据传输率，也能在 5 GHz 频率下提供 56 Mbit/s 数据传输率，很好地适应了 802.11a 和 802.11b 标准。

4．802.11n

经过 20 多年的发展，无线局域网的标准得到进一步的扩展，在 IEEE 802.11n

标准中，无线局域网设备的最大信息传输速率可以达到 600 Mbit/s，相比于 802.11 标准，发生了质的飞跃。此外，在无线信道接入上，802.11n 设备还采用了静态 40 MHz 及动态 20 MHz/40 MHz 两种机制，进一步提高了系统容量。

5. 802.11ac/ad

近年，IEEE 启动了下一代无线局域网标准 IEEE 802.11ac/ad 的制定，该标准中峰值信息传输速率将达到 7 Gbit/s，能够更好地满足高吞吐量无线数据业务的传输，例如高清视频等业务。2008 年开始着手研究 IEEE 802.11ac 标准，当时该标准被称为“Very High Throughput（甚高吞吐量）”，当时的研究目标是传输速率达到 1 Gbit/s。在室内高速数据传输环境下，对于数据传输速率的需求超过 1 Gbit/s 的业务，例如多路高清视频和无损音频，IEEE 802.11ac 也可能无能为力。因此，提出了 IEEE 802.11ad，该标准的出现主要是为了解决短距离大容量的数据传输，例如家庭内部无线高清音/视频信号的传输，IEEE 802.11ad 为家庭多媒体应用带来更完备的高清视频解决方案。之所以 IEEE 802.11ad 能够达到如此高的吞吐量，是因为其抛弃了拥挤的 2.4 GHz 和 5 GHz 频段，而是使用了频谱资源中更高的 60 GHz 频段，大大地提高了传输速率。由于 60 GHz 频谱是未授权的频段，在大多数国家有大段的频率可供使用，因此，IEEE 802.11ad 可以利用 MIMO 多天线技术实现多信道的同时传输，在多个传输信道中，每个信道的传输带宽都将超过 1 Gbit/s，在整合 IEEE 802.11z 和 IEEE 802.11s 的基础上，它可以很容易地实现设备之间的大容量文件传输和数据同步。当然，它最主要的用途还是用来实现高清信号的传输。

3.3.3　无线局域网的关键技术

1. 无线传输技术

实现无线局域网的关键技术主要有 3 种：红外线、直接序列扩频（Direct Sequence Spread Spectrum，DSSS）和跳频扩频（Frequency Hopping Spread Spectrum，FHSS）。

目前无线局域网主要采用红外线和无线电波两种传输媒介。红外线局域网使用波长小于 1 μm 的红外线，具有很强的方向性，支持 1～2 Mbit/s 数据速率，但是红外线受阳光干扰大，仅适用于近距离的无线传输；相比于红外线，无线电波的覆盖范围更广，是常用的无线传输媒体。

采用无线电波作媒体时，主要有扩频方式和窄带调制方式两种调制方式。其中，扩频方式是无线局域网采用无线电波传播时最主要的方式。所谓扩频通信，是指通过扩频码展宽信号带宽，将发送的信息展宽到一个比信息带宽宽得多的频带上去，在接收端通过相同的扩频码将发送信号恢复到原信息带宽。这样使得发射功率低于自然的背景噪声，可完全淹没在背景噪声下，一方面可使扩频通信非常安全，基本避免信息被窃取和截获；另一方面，由于信号功率较低，也不会对人体健康造成伤害。

扩频通信的特点包括：抗干扰能力强，安全保密性好，可以进行多址通信，抗多径干扰。扩频技术包括：线性调频、DSSS、跳时扩频（DHSS）、FHSS、DS/TH、DS/FH、FH/TH 等混合系统。其中，最常用的是 DSSS 和 FHSS。

直接序列扩频技术同时使用整个频段，将传输信号与一个时隙很窄、频带很宽的扩频序列直接相乘，信号带宽被扩展，在接收端可以无损地恢复。跳频扩频技术则把可用的频带切割成很小的跳频信道，在一次信息传输时，发送端和接收端按照一定的伪随机码（信号传输前收发双方达成一致）不断地从一个信道跳到另一个信道，因为伪随机码的碰撞概率很小，所以只有接收端才能正确地对信号进行接收，而其他的干扰不知道跳频规律，故难以进行有针对性的干扰；跳频的瞬时带宽是很窄的，但通过扩频技术使窄带宽的频谱得以扩展，降低背景噪声和其他信号的干扰，提高了数据的安全性，使传输更加稳定。

DSSS 与 FHSS 的扩频机制不同，导致两者各有利弊。FHSS 在抗远近效应上优于 DSSS，而 DSSS 在抗衰落方面则要优于 FHSS。为了弥补单一扩频方式的缺陷，可以采用 FH/DS 方式，将两者结合起来，从而达到降低成本、提高性能的目标。在现实的应用中则要根据具体的需求，综合考虑各种扩频方式的优缺点，选择最优的扩频方式。

2. OFDM–MIMO 技术

随着无线通信技术的飞速发展，无线局域网的应用越来越复杂，从单纯的数据传输到多媒体视频的需求，人们对无线局域网性能和数据传输速率的要求也越来越高。IEEE 802.11a 和 IEEE 802.11g 协议标准支持的数据传输速率最高为 54 Mbit/s，这对于大容量的视频来说是不够的。理论上说，OFDM 作为高速无线局域网的核心技术，只要选择各载波的带宽，并且采用纠错编码技术，就可以消除多径衰落对系统的影响，但从实际上说，为了进一步增加系统的容量，提高系统传输速率，需要

给系统分配更多的载波数量，这将增加整个系统的带宽，造成系统复杂度的增加，这对于带宽和功率受限的无线局域网来说不太合适。MIMO 技术通过在发送端和接收端同时配置多个天线，可以成倍地增加系统的容量，虽然 MIMO 可以利用空间的多径信号，但是对于频率选择性衰落，MIMO 依然无能为力。而通过将 MIMO 和 OFDM 技术相结合，可以很好地解决这一问题。

根据 MIMO 和 OFDM 各自的特点，二者都有自己的应用领域，OFDM 通过将频谱信道分成小的窄带信道，在每个窄带信道内频谱特性可以看成平坦衰落的，减小了多径衰落的影响，而 MIMO 技术通过采用预编码技术，能够在空间中产生独立的并行信道，并行信道之间互不干扰，可以同时传输多路数据，有效地提高了系统的传输速率。MIMO-OFDM 技术兼顾了两者的优点，在时间、频率和空间 3 个维度上获取分集和复用增益，有效地降低了噪声、干扰、多径对系统容量的影响。当信道条件不好时，可以使用分集方式增加信号的接收功率，降低误码率；当信道条件好时，可以使用空间复用的编码方式，成倍地提高传输速率。图 3-12 和图 3-13 分别表示 MIMO-OFDM 系统模型发射端和接收端的原理。

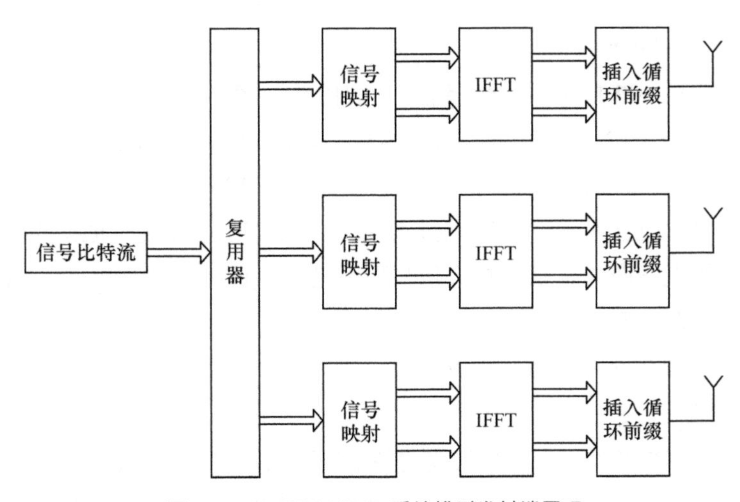

图 3-12　OFDM-MIMO 系统模型发射端原理

由于 MIMO 技术和 OFDM 技术的结合能够弥补各自的缺点，有效地提高了系统的整体性能，所以 OFDM-MIMO 技术是下一代无线局域网的研究热点。OFDM-MIMO 技术势必使无线局域网向着更大容量、更高速率、更好性能的方向发展，在人们的日常生活中起到越来越重要的作用。

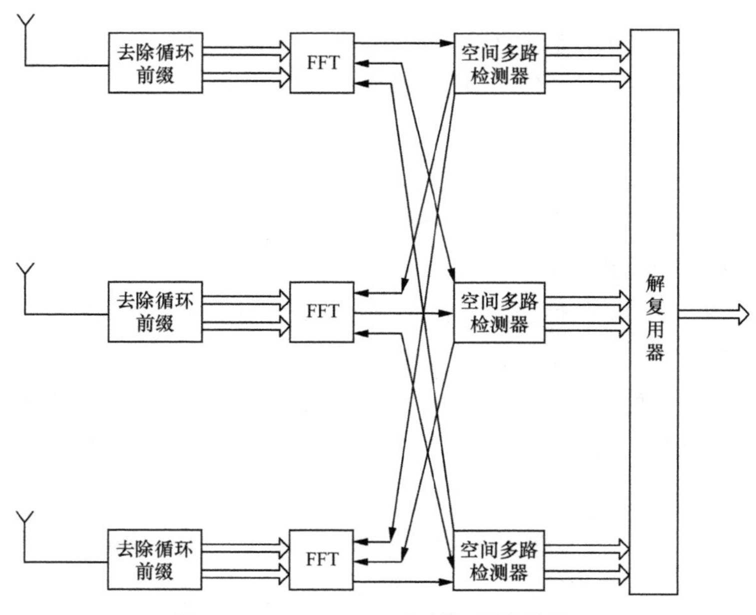

图 3-13　OFDM-MIMO 系统模型接收端原理

3. 自适应波束赋形

虽然 IEEE 802.11ad 能够达到更高的传输速率，但是由于其工作频段更高（60 GHz），相比于 2.4 GHz 或 5 GHz 频段其衰减更加严重，传输距离达到 10 m 以上时传输速率会大幅下降。为了解决这个问题，IEEE 802.11ad 采用自适应波束赋形技术。自适应波束赋形能够进行天线方向的自适应调整，通过减小波束宽度来获得较高的天线增益，从而扩大信号覆盖范围。此外，如果在收发两端的视距传播路径上存在障碍物，自适应波束赋形也能避开障碍物快速重建一条新的链路进行通信。波束赋形可以通过相位加权天线阵列、波束切换、多天线阵列等不同的技术来实现。

自适应波束赋形通过对阵列天线的各个阵元加权实现空域滤波，能够依据变化的环境实时地调整阵元的加权因子，在不同方向上形成不同的天线增益，实现对期望信号的有效接收，形成最佳方向图。

图 3-14 为自适应阵列天线原理框图，图中的接收机可以实现下变频、低通滤波和模数转换（A/D）等功能，用于为后续信号处理单元提供基带数字信号。

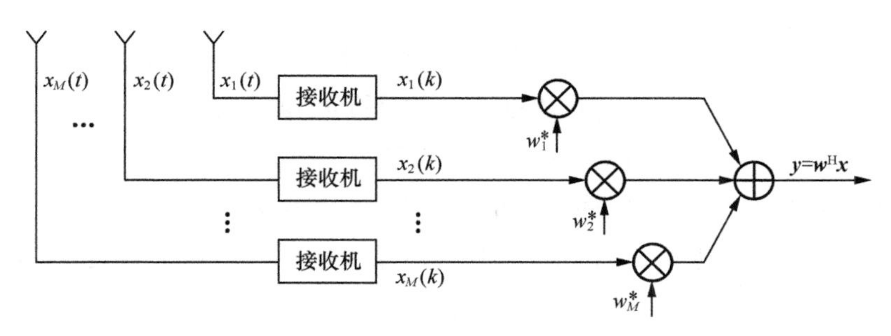

图 3-14 自适应阵列天线原理框图

设 $\boldsymbol{w} \in \boldsymbol{C}^{M\times1}$ 为阵列的加权矢量，则自适应波束赋形器的输出为：

$$\boldsymbol{y} = \boldsymbol{w}^{\mathrm{H}} \boldsymbol{x} \tag{3-1}$$

其中，$(\cdot)^{\mathrm{H}}$ 表示共轭转置。自适应波束赋形的实质就是通过自适应算法调整式（3-1）中的加权矢量，使阵列输出逼近某一方向的期望信号，从而达到接收期望信号和抑制干扰的目的。

最优加权矢量可表示为：

$$\boldsymbol{w}_{\mathrm{opt}} = \boldsymbol{R}_x^{-1} \boldsymbol{r} \tag{3-2}$$

其中，$\boldsymbol{R}_x$ 是天线阵列的相关矩阵，$\boldsymbol{r}$ 是信号相关向量。这两个值的计算式表示如下，其中，$\bar{y}$ 是波形赋形输出信号的期望值。

$$\boldsymbol{R}_x = \mathrm{E}\left[\boldsymbol{x}(k)\boldsymbol{x}^{\mathrm{H}}(k)\right] \tag{3-3}$$

$$\boldsymbol{r}(k) = \bar{y} * \boldsymbol{x}(k) \tag{3-4}$$

4. *多频段互操作快速会话迁移技术*

为了实现 IEEE 802.11ad 与其他 IEEE 标准（802.11a/b/g/n/ac）的互通，IEEE 802.11ad 采用快速会话迁移（FST）技术，支持 Wi-Fi 通信在 3 个频段之间的无缝切换。对于用户体验而言，拥有多频设备的用户在不同制式的 Wi-Fi 网络间进行切换时可以进行无中断的通信，这样，在 IEEE 802.11ad 信号覆盖的区域可以进行高速的数据传输，而当进入 IEEE 802.11ad 不能覆盖的区域时，可以无缝迁移到 2.4 GHz 或 5 GHz Wi-Fi 上。

3.3.4 无线局域网的应用

与传统的有线局域网相比较，无线局域网具有组网灵活快捷，易扩展，受自然环境、地形及灾害影响小，开发时间短，运营成本低，投资回报快等优点，与传统的有线网络形成绝佳互补。随着 IEEE 802.11 系列标准的相继推行，无线局域网的产品将更加丰富，不同标准的产品兼容性也将获得提升。现在无线网络 IEEE 802.11ad 协议中最高传输速率可达 7 Gbit/s。目前无线局域网除能传输传统的话音、数据信息外，还能传输图像、视频等多媒体业务，可更好地满足用户的需求。虽然无线局域网以红外线或者电磁波为传输介质，但是通过合理的抗干扰技术，可以保证数据不容易被窃取，提高了网络传输的安全性，因此，无线局域网被广泛应用于以下多个场景。

1. **精细农业**[21]

精细农业（Precision Agriculture/Precision Farming）是一种以空间信息技术和作物生产管理决策支持技术（DSS）为基础的、面向大田作物生产的精细农作技术，即基于信息和先进技术的现代农田精耕细作技术。准确、可靠的农田信息是实施精细农业的基础，而农业是一个涉及耕种、畜牧、养殖和加工等领域的产业。因此，一个完整的农田信息管理系统包括大量的信息，以实现全过程精细判别及基于智能化生产设备的准确控制。在这一过程中，传统数据传输方式凸现了几个瓶颈问题。

为了适应精细农业的农田信息快速采集要求，系统采集到的大量数据需通过田间网络系统实时传输到本地处理系统。由于田间的工作环境比较复杂，如果采用有线网络进行数据传输，整个工作过程必然会受到系统本身以及外界环境当中多种复杂因素的影响。此外，考虑本地有限的技术力量和处理能力，系统采集的大量数据需要远程传输到技术力量集中的专门研究机构或公司进行处理和分析。

与有线局域网相比，无线局域网具有容易部署、接入和组网灵活等优势。通过该系统，管理层、高级技术人员和运行人员可以不受时间和地点的限制，随时观察到生产过程中的主要参数及其变化趋势；通过远程控制方式，可以实现农业机械自动作业，完成田地的翻耕、农作物播种、收割等一系列的工作；可以在很大程度上解放劳动力，提高作业效率，实现高效农业。

2. **无线城市**[22]

最早的无线城市是 2004 年美国费城提出的无线费城计划，指的是建设基于 Wi-Fi 802.11b 标准的 Mesh 网络。此后，这股无线城市的建设浪潮开始席卷全球。截至 2011 年年底，包括美国的华盛顿、英国的伦敦、加拿大的安大略、澳大利亚的帕斯、荷兰的阿姆斯特丹、德国的汉堡、中国的台北和香港等在内的 1 000 多个城市在建或计划建设无线城市。北京、天津、青岛、武汉、上海、南京、扬州、杭州、广州、深圳等 10 多个城市也已积极开展无线城市的建设。

在无线城市的无线网络建设中，WLAN 主要应用在热点覆盖的场景，为不同区域、不同客户提供灵活、便捷的宽带接入能力。其定位可以从以下方面考虑。

① 从网络结构和技术特点来看，WLAN 不具备大范围覆盖能力，对用户广域移动支持不足，这就决定了 WLAN 主要用于在一个相对较小的范围内，进行热点覆盖和容量分担。

② 从网络建设方式来看，与移动网络基站建设周期长的特点不同，WLAN 网络具备投资少、建设周期短等优势，且对土地资源、杆塔资源、电力资源和天线资源等要求低，无需特殊的配套资源。

③ 从组网方式来看，WLAN 网络的设计一般基于现有电信城域数据网，不再单独组网，不改变现有城域网的拓扑结构，其组网方式一般可采用自治式组网、集中式组网或 Mesh 组网方式，以对移动网络进行补充。

3. 医疗系统[23]

无线局域网技术在医疗事务综合管理、信息数据库访问、远程交流领域发挥着积极作用。合理利用该技术能有效地调用医疗资源，减少人力、物力成本，增强医院核心竞争力，为我国医疗机构开辟现代化发展的新道路。

在医院的医疗系统中，无线局域网技术的应用着重表现在 3 个方面：一是医疗垃圾与药物的跟踪；二是远程医疗；三是患者数据管理与家庭医院。

（1）医疗垃圾与药物的跟踪

其一，通过无线局域网，可以对医疗垃圾进行有效跟踪。医疗垃圾具有空间污染、急性传染和潜伏性污染的特征，其病毒、病菌的危害性远高于普通生活垃圾，处理过程必须严格遵守相关规范。在医院范围内，为医疗垃圾贴上电子标签（RFID 射频技术），利用无线网络的身份识别功能并结合监控，可以轻松地防止垃圾随意外流，实现分类识别和中转监督。通过整合 GPS 功能，甚至可以在外包处理公司的运输过程中记录物品地点并及时反馈，有效杜绝乱丢乱弃的现象。

其二，可以运用无线局域网技术进行药物跟踪。例如，美国食品药品监督管理局（FDA）规定营销机构必须对药品建立 RFID 身份识别系统才可以进行配送。在药品包装贴上 RFID 电子标签，录入药品名称、生产企业、生产批号等信息，跟踪药物的流通信息，一旦出现问题，可以在第一时间了解药物流向，采取相关措施，实现监督管理的作用。

（2）远程医疗

医院对无线局域网技术的应用，还突出表现在远程医疗方面。例如，2004 年 8 月，甘肃省径川县某医院通过远程医疗会诊系统，以 512 kbit/s 的对称速率，同步连接了北京中日友好医院、兰州大学第一医院的远程医疗会诊系统的终端，从而实现了远程医疗信息交流、护理、诊断咨询等医学活动。

（3）患者数据管理与家庭医院

医务工作者可以利用移动终端通过无线局域网随时获取患者信息。例如，结合电子病历数据库，医生可随时查阅患者病史和诊疗记录；结合临床诊断工作站数据库，医生能随时调取患者的血液、尿液的生化检测报告；结合护理工作站数据，主治医生在办公室就能及时获取重症监护室（ICU）病患的心跳、血氧、血压等各项生理指标，随时采取下一步治疗行动。家庭医院是指通过网络将医疗资源共享，实现诊断和护理服务的定制化。当某位家庭成员需要保健诊断或医疗救助时，智能终端能迅速采集部分生理数据并传递，医生借此可以给予指导建议或采取相应措施。美国等发达国家，已运用无线网技术将家庭医院的范围扩大到更广阔的空间。

3.4 无线个域网

无线个域网最早是由美国 DARPA 在一个军事项目中提出的，当时的目标是将士兵随身携带的电子设备进行互联，构建低功耗、通信半径为 2 m 的个人网络。随着国内外信息化建设步伐的加快，无线个域网技术发展非常迅速，标准化进程也越来越高，为了指导与规范无线个域网的发展，IEEE 组织专门成立了 802.15 技术小组，并且制定了 IEEE 802.15 系列标准。

无线个域网位于整个通信网路的末端，用于解决终端与终端之间近距离的无线互联，如连接个人计算机与手机等。WPAN 是基于计算机通信的专用网，是在个人操作环境下需要互相通信的装置构成的一个网络，不需要中央管理控制设备，能够为个人近距离电子设备之间提供方便、快捷的数据传输。WPAN 设备具有体积小、功耗低、价格便宜和易操作等优点，作为近距离无线通信技术的最新发展，市场前景极为广阔。目前从事无线个域网技术研究和开发的人员越来越多，相关的软件开发商以及设备制造商队伍也在不断壮大，由于 WPAN 设备具有嵌入式、模块化的特点，因此，也吸引了众多无线电业务爱好者的关注。

3.4.1　无线个域网的特点

无线个域网的典型覆盖范围在 10 m 以内，和无线局域网相比，无线个域网更注重在个人工作空间（Personal Operating Space，POS）内各种电子和通信设备之间的互联互通以及信息共享，这些设备既包括无线耳机、手机、手持电脑等个人便携设备，也包括打印机、无线鼠标等办公设备。根据无线个域网功耗、传输速率、系统复杂度等要求的不同，又可以将其划分为低速无线个域网（Low Rate WPAN，LR-WPAN）、中速无线个域网（Medium Rate WPAN，MR-WPAN）和高速无线个域网（High Rate WPAN，HR-WPAN）3 种级别。

作为一种短距离无线通信技术，无线个域网具有低成本、低复杂度、低功耗的特点，主要解决小范围内个人无线设备之间的互联与共享。与无线广域网、无线城域网和无线局域网相比，无线个域网规模更小，组织更灵活，已经成为新一代移动无线接入网络中至关重要的一个组成部分。同时，作为整个通信网络的最末端，无线个域网有以下特殊之处：一是设备可以随时加入和离开无线网络，而不必经过复杂的认证过程；二是设备既可以实现主控功能，又可以成为被控设备。然而，WPAN 应用要求和应用范围的特殊性使得其物理层传输技术面临着一系列问题。

首先，由于无线个域网适用于室内家居环境或者小型办公环境，复杂的室内环境必然会对其通信质量产生影响。在室内环境下，对通信质量影响最大的就是多径衰落，即由同一传输信号沿两条或多条路径传播，到达接收端的时延不同，接收端将相位不同的多个信号进行叠加，进而引起信号衰落。此外，WPAN 设备功耗受到严格的限制，这使得平坦性衰落对其影响也很严重。发送设备一般都不能抵抗平坦衰落，当由于平坦性衰落过强导致接收信号的能量衰落到一定程度时，接收端将无法正确接收数据。

其次，无线个域网工作在免授权的 2.4 GHz 频段，该频段主要开放给工业、医学、科学等机构进行使用。免授权的频段使其工作起来相对方便，设备只要将发射功率限制在 1 mW 以内即可。然而，正是 ISM 频段的免授权，使得在该频段上运行的标准很多（见表 3-5），彼此之间没有协调机制，相互之间干扰比较大，使该频段频谱资源整体匮乏。联邦通信委员会（Federal Communication Commission，FCC）对设备发射功率的限制不能解决根本问题，因此过多无线标准传输体制之间的相互干扰一直是未能妥善解决的问题。此外，还有一些非通信设备同样工作在该频段（如微波炉），虽然它们不以通信为目的，并且其本身也进行了屏蔽设计，但不可避免的功率泄露仍然会对在其周边范围内工作于同一频段的无线设备产生干扰。

表 3-5　工作于 2.4 GHz ISM 频段及邻近频段的各种无线标准

无线技术标准	工作频段范围
蓝牙	2.402～2.480 GHz
ZigBee	2.3～2.483 5 GHz
RFID	0.9～2.5 GHz
802.11b、802.11g	2.3～2.48 GHz
数字无绳电话	1.905～1.92 GHz，2.3～2.483 5 GHz
无线 USB	3.1～4.7 GHz
UWB	3.1～10.6 GHz

最后，随着设备越来越多地采用无线技术以及物联网、智能家居、智能办公等概念的相继提出，无线个域网内的无线接入设备逐渐增加，无线设备的接入控制问题逐渐突出。最初，单个设备只需要点对点配对进行信息传输，随着设备的增加，设备之间的组网需要统一的管理，无线传输技术的多址能力越来越成为限制无线个域网发展的瓶颈。在无线个域网标准中，蓝牙标准仅能同时支持 3 个并发的同步话音信道和一个异步数据信道，多址能力十分有限；罗技公司最新的优联技术（Unifying）也仅可以在同一个接收模块下同时连接 6 个无线设备。因此，在解决物理层传输技术时，必须考虑多址干扰对系统容量和通信质量带来的影响。

3.4.2　无线个域网的关键技术

目前，无线个域网的主要实现技术有红外线、蓝牙、UWB（Ultra Wideband，超带宽）、ZigBee、NFC、HomeRF 等。这些技术在成本、功耗、传输距离、传输速率、组网能力等方面各有特点，但没有一种技术可以满足所有的需求。

1. **红外线**

红外通信技术是一种点对点通信技术，是第一个实现无线个域网的技术。为解决多种设备之间的互联互通问题，建立统一的红外数据通信标准，1993 年红外线数据协会（Infrared Data Association，IrDA）成立，并在 1994 年发表了 IrDA 1.0 规范。采用 IrDA 标准的无线设备数据传输速率从最开始的 115.2 kbit/s，很快发展到

4 Mbit/s 以及 16 Mbit/s。目前，该标准的软硬件设备都已很成熟，在许多小型移动设备上得到了广泛应用，如 PDA、手机、电视机、空调遥控器。

IrDA 的主要优点是工作频段免授权、通信成本低、功耗低、体积小、连接方便和简单易用。此外，红外线传输距离较近并且角度小，安全性高。IrDA 的不足在于，它是一种视距传输，在相互通信时，两个设备之间不能被其他物体阻隔，且必须对准，因此，该技术只能用于两台（非多台）设备之间的短距离连接。虽然红外技术能够取代有线连接进行无线数据传输，但是其扩展性比较差，功能单一。此外，核心部件红外线 LED 也不是十分耐用。在技术上，IrDA 还有许多缺陷，这也是其不能成为无线网络标准的主要原因。IrDA 目前的研究方向是视距传输和传输速率的问题。

2. **蓝牙**

蓝牙（Bluetooth）是目前无线个域网的主流技术，1998 年 5 月由爱立信、诺基亚、英特尔、IBM 和东芝共同开发。蓝牙无线技术介于无线个域网和局域网之间，通常人们更偏向于将其归为无线个域网。蓝牙的协议标准为 IEEE 802.15，工作在不需要授权的 2.4 GHz 频段，采用 2.4 GHz 的无线电收发频率进行传输，可以在 10～100 m 的短距离内无线传输数据，可以支持 1 Mbit/s、4 Mbit/s、8 Mbit/s 和 12 Mbit/s 等多种传输速度，可以在没有有线连接的情况下使移动电话、键盘、鼠标、打印机、计算机和其他设备进行通信或数据共享。和红外线技术不同，蓝牙技术支持点到点和点到多点的连接，可以将多个无线设备连成一个微微网（Piconet），在微微网内部可以进行无线通信，多个微微网之间也可以互相连接，从而实现多种无线设备之间随时随地进行无线连接。蓝牙技术已经具备 Wi-Fi 技术的基本特点，相比之下，蓝牙更省电，可在一定环境下取代用户对 Wi-Fi 应用的需求。

目前，蓝牙设备应用非常广泛，全球每天生产和销售上百万台配置有蓝牙的各类设备。2005—2007 年蓝牙的主流标准是 Bluetooth 2.0+EDR 标准，但是其配置流程复杂并且设备功耗较大，Bluetooth 2.1 进一步改善了 Bluetooth 2.0，已经成为目前的主流标准。相比 2.0 标准，Bluetooth 2.1 在许多方面进行了改进，例如，在安全性方面，Bluetooth 2.1 会自动列出目前环境中可使用的设备，不再必须利用个人识别码使用数字密码来进行配对与自动进行连接。在省电方面，Bluetooth 2.1 将装置之间相互确认的信号发送时间间隔从 0.1 s 延长到 0.5 s 左右，可大大降低蓝牙芯片的工作负载，待机时间可以有效延长 3～5 倍。

经过不断的发展，蓝牙技术已经成为无线个域网最为普及的技术，规范和标准也在不断更新。蓝牙技术的典型环境有无线办公环境、信息家电、汽车工业、医疗设备、学校教育以及工厂自动控制等。并且，集成了 UWB 技术的 Bluetooth 3.0 标准（代号西雅图/Seattle）将取代目前的蓝牙版本成为新的标准，相比于目前的版本，其传输速率更高，从而将给多种宽带业务提供更好的支持，用户体验更好。

蓝牙技术在实际应用上的缺点是芯片大小和价格难以下调，设备相对昂贵。此外，蓝牙技术在传输距离、抗干扰能力、信息安全等方面也有许多需要完善的地方。因此，许多用户不愿意花大价钱来购买这种无线设备。许多业内专家认为，蓝牙技术的市场前景取决于蓝牙价格能否降低以及基于蓝牙的应用是否能达到一定的规模。

3. UWB

超宽带无线技术是一种基于 IEEE 802.15.3a 的近距离无线通信技术，传输带宽超过 1 GHz，通信速度可以达到几百 Mbit/s 以上。在实际应用时，其在 10 m 范围以内传输速率可达 100 Mbit/s，具有带宽极宽、传输速率高、抗干扰性能强、发送功率小、消耗电能小、低成本、保密性好等优势。UWB 目前最具代表性的技术就是 WUSB（Wireless USB）以及无线 IEEE 1394。

其中，WUSB 是英特尔、三星、微软、NEC、惠普和飞利浦等厂商主导的一种 UWB 无线技术，在 3 m 范围内最高数据传输速率可达 480 Mbit/s，传输距离最大可以达到 10 m 左右。Staccato Communications、Realtek 半导体、Tzero Technologies、Alereon、Wisair 以及 WiQuest Communications 等 PHY 厂商已完成对此类技术的测试。WUSB 的基本特性和 USB 相似，可让用户摆脱 USB 线缆的束缚，支持点对点模式和混合网络模式，多个 WUSB 之间可以组成网络，两个网络的 WUSB 设备可以通过一台主控 WUSB 主机进行通信，WUSB 可以实现数字家庭 TV、打印机、DC/DV、音响、个人机和其他外设间的高速无线应用，改变家庭网络使用习惯。

在产品方面，很多厂家都推出了 WUSB 控制器或芯片，以 NXP ISP3582 为例，其生产的 WUSB 设备控制器不仅具备有线 USB 传输速度快和易于使用的优势，同时还具有无线传输灵活的特点，可用于高速图片传输、音乐下载以及消费电子产品与 PC 外设的数据同步，可以无缝替换目前系统中的有线 USB。

虽然 WUSB 具有许多优点，但是其还存在许多不足，主要问题是 UWB 系统占用的带宽很高，可能会对现有其他无线通信系统产生干扰。但从应用前景来讲，它无疑是一种极有潜力的技术。

4. ZigBee

ZigBee 是一种新兴的短距离无线通信技术，工作频率为 868 MHz、915 MHz 或 2.4 GHz，3 个频段都是无须申请执照的开放频段。ZigBee 采用 DSSS 技术，突出特点是成本低、可靠性高、电池寿命长、有组网能力以及应用简单，主要应用领域包括消费性电子设备、工业控制、农业自动化、汽车自动化和医用设备控制等。ZigBee 是一种介于蓝牙和 RFID 无线标记技术之间的技术，基于 IEEE 802.15.4 标准，网络拓扑可以是星形、网状或者簇状结构，可灵活地组成各种网络。其基本传输速率为 250 kbit/s，传输距离一般可达 10～75 m，当速率降低到 28 kbit/s 时，传输范围可扩大到 134 m。

ZigBee 联盟成立于 2001 年 8 月。以 Ember、Oki、Silicon、TI 为代表的芯片厂商都推出了 ZigBee 的相关应用方案，可以应用在键盘/鼠标、监控和控制设备、近距离网络互联、VoIP、遥控和游戏配件、家庭和楼宇自动化、医疗电子产品等领域。ZigBee 属于低速 WPAN，其速率是 2～250 kbit/s，但它具有功耗非常低、时延短、网络容量大、成本低、安全、工作频段灵活等优点。

5. RFID 和 NFC

RFID 是一种非接触式的自动识别技术，通过射频信号和目标对象自动识别并获取相关数据，有 3 个基本要素：标签、解读器和天线。被识别对象的信息采集工作主要由电子标签和读写器配合完成，信息处理系统则根据需求对采集来的信息进行控制和数据处理。与传统的识别方式相比，RFID 技术无需人工干预和光学可视，无须直接接触即可完成信息的输入和处理，并且操作快捷、方便，具有耐高温、防水、防磁、标签上数据存储量大、可以加密和更改以及使用寿命长等优点，可广泛应用于物流、商品库存管理、门禁、收费和智能交通等多个领域。然而，受限于标准、成本等条件，RFID 技术和应用环境还很不成熟。主要表现在：标准尚未统一；制造技术复杂，生产成本高；安全性不高；应用环境和解决方案不够成熟。

NFC（Near Field Communication，近场通信）是一种基于 RFID 的互联技术，该技术是由飞利浦、索尼和诺基亚创建的非营利性行业协会——NFC 论坛来支持的，其主要应用层面在消费性电子产品、手机支付、电子票证、门禁、公交、非接触式智能卡和对等式通信等领域。和 RFID 不同，NFC 采用了双向的识别和连接。NFC 可在单一芯片上结合感应式卡片、感应式读卡器和点对点的功能，在 10～20 cm 范围内根据需要可以实现 106 kbit/s、212 kbit/s 或 424 kbit/s 的数据传输速率，任意两个短距离的设备（如手机）都可以实现彼此的数据通信，可满足内容访问、信息交换等通信方式。NFC 可以对无线网络进行快速、主动的设置，也可以用作虚拟连接器，服务于现有的蓝牙、802.11 以及蜂窝状网络设备。其数据传输速率比红外线更高，传输安全性比蓝牙更高。

6. HomeRF

HomeRF 技术由数字增强无绳电话（Digital Enhanced Cordless Telephone，DECT）和无线局域网技术结合发展而来，主要目的是降低话音数据成本。1998 年，家用射频工作小组（Home Radio Frequency Working Group，HRFWG）制定了共享无线接入协议（Share Wireless Access Protocol，SWAP）。DECT 使用 TDMA 方式，适合话音业务，而无线局域网 IEEE 802.11 使用 CSMA/CA 方式，适合于数据业务，二者工作频段相同，都是对等网。

SWAP 是 HomeRF 的协议标准，与 OSI 网络模型有一定的映射关系，其模型如图 3-15 所示。在 SWAP 中，MAC 对应于数据链路层，MAC 层之上集成了许多其他协议，根据传输业务的不同，采用的上层协议也不同，当传输数据业务时，SWAP 使用 TCP/IP 承载；当传输流业务（诸如视频数据流等）时，使用 UDP/IP 承载，同时为了提供高质量的话音业务，还集成了 DECT 协议。

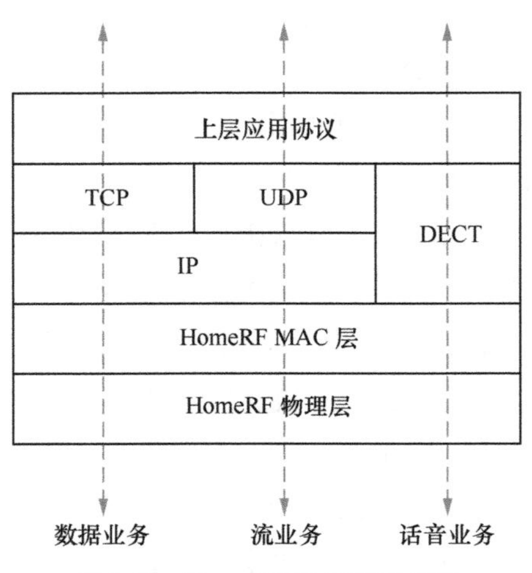

图 3-15 HomeRF 的 SWAP 模型

（1）物理层

HomeRF 采用数字跳频扩频技术，调制方式为 2FSK 或 4FSK，为恒定包络调制。

采用频移键控调制方式可以有效地抑制无线环境下的干扰和衰落。采用 2FSK 时，最大数据传输速率为 1 Mbit/s；采用 4FSK 时，数据传输速率可达 2 Mbit/s。HomeRF 的最新版 2.*x* 增加了跳频带宽，采用 WBFH（Wide Band Frequency Hopping，宽带跳频）技术，将带宽从原来的 1 MHz 增加到 3 MHz、5 MHz，数据峰值传输速率高达 10 Mbit/s，接近 IEEE 802.11b 标准的 11 Mbit/s。此外，HomeRF 还可以根据数据传输速率动态地调整跳频带宽，可以满足家居通信中不同种业务对带宽的需求。

（2）介质访问层

SWAP 的 MAC 层对应于 OSI 七层模型中的数据链路层，因此，其主要功能是完成数据帧的封装、拆封等。针对话音和数据业务，SWAP 分别采用了不同的方式，其中，话音业务基于 DECT 系统的 TDMA 方式，数据业务采用 IEEE 802.11 中的 CSMA/CA 方式。SWAP 定义了两种类型的帧结构来分别适应话音和数据业务：一种是 10 ms 的子帧（Subframe），另一种是 20 ms 的超帧（Superframe）。这两种帧分别用于不同的场合。当网络中存在话音业务时，采用 10 ms 的子帧，并增加一个标识位以同步方式进行通信；当网络中只有数据业务时，HomeRF 将使用超帧，采用异步方式工作，在一个跳频点上的通信时间为 20 ms。

（3）网络层

SWAP 的网络层协议采用 Internet 的 TCP/IP 协议，其中，一般的数据通信使用 TCP，而 UDP 用于流媒体（Stream Media）业务。SWAP 组网的形式非常灵活，既可以作为控制网络使用，也可以采用 Ad Hoc 网络。在 Ad Hoc 结构的网络中，接入节点之间的地位平等，每个节点既可以作为主机发送或接收数据，也可以作为路由器进行数据的转发和路由，由各点对网络进行分布式控制。Ad Hoc 网络结构只适合数据传输，而对于对时延有要求的实时业务，则必须采用控制网络，控制网络中必须要有一个专门的控制点（CP）对整个系统进行管理与协调，通过 USB 等标准接口与个人计算机相连，它可以成为一个网关设备，用于接入 PSTN。

（4）DECT

HomeRF 继承了无绳电话系统 DECT 的协议与规范，提高了话音通信的质量。一般移动电话的话音质量只有 3.4 MOS，公用电话的质量为 4.3 MOS，而 HomeRF 2.0 的话音质量可以达到 4.1 MOS。由于是以 DECT 基础，HomeRF 能继续支持各种新业务，例如呼叫转移、呼叫等待等。系统可同时支持多达 8 个激活的话音信道。

（5）数据通信与流业务

为了实现数据业务的高效传输，HomeRF 的无线接入方式采用了 IEEE 802.11 标准中的 CSMA/CA 模式，该模式是通过竞争的方式来进行无线接入的，在某个时刻只能有一个接入点在网络中传输数据。传统有线局域网的 MAC 层标准协议是 CSMA/CD，但由于无线通信不易检测信道是否存在冲突，因此，IEEE 802.11 定义了载波侦听多点接入/冲突避免。一方面，载波侦听查看介质是否空闲；另一方面，通过等待一段随机时间，减小信号发生碰撞的概率，当介质被侦听到空闲时，则优先发送。

3.4.3　无线个域网的应用

无线个域网中的关键技术各有特点，应用领域各有侧重。蓝牙技术能够提供 QoS 保障，可用于话音与一般数据传输；ZigBee 虽然传输速率较低，但却适合应用在感测与控制场合；UWB 带宽极宽，传输速率很高，可以主要应用于视频等多媒体业务中；RFID 技术则在现代物流、电子商务等领域有着广阔的应用。各种技术之间相互融合，缺点互补，逐渐向着更好的方向发展，各类无线个域网的关键指标和应用场合比较见表 3-6。总之，随着无线个域网技术的不断发展以及和其他无线网络的不断融合与互补，无线个域网的应用范围将会更加广阔，应用前景更为乐观，将取代个人用户设备的有线连接方式，给人们的生活带来方便和快捷。

表 3-6　各种无线个域网关键指标和应用场合比较

参数	红外线	蓝牙	UWB	ZigBee	RFID	HomeRF
工作范围	3 m 内	10 m 内	10 m 内	100 m 内	10 m	50 m 内
频段	850～900 nm 的红外频谱	2.4～2.48 GHz	3.1～10.6 GHz	868 MHz、902～928 MHz、2.4～2.48 GHz	1～100 GHz	2.4 GHz
最大数据传输速度	16 Mbit/s	3 Mbit/s	1 Gbit/s	20 kbit/s、40 kbit/s、250 kbit/s	10 Mbit/s	100 Mbit/s
应用	打印机、扫描机、数码相机	移动通信设备和电脑设备、信息家电	多媒体内容传输、高清晰度以及地面穿透雷达、无线传感器网络、无线定位系统	家庭内部控制、建筑物自动检测、家庭安全、医疗检测	自动停车场收费和车辆管理系统、防盗和无钥匙开门系统的应用、自动加油系统的应用、门禁和安全管理系统	话音领域，家庭娱乐、家庭自动化控制，远程医疗服务

3.5　移动自组织网络

相比于移动通信、卫星通信等依托基础设施的通信系统，无基础设施依托的网络有其独特的优势，因为不需要设立专门的基础设施，所以可以在灾情或比较恶劣的环境实现无线通信，近年来得到了广泛的关注，包括无线自组织网、无线 Mesh 网等。无线自组织网源于美军的分组无线网，主要分为两类：移动自组织网和无线传感器网。移动自组织网通常是由一些对等的无线移动节点组成，这些对等的节点按照一定的组网协议自动组建成一个网络，网络中的节点都可以移动，这导致网络的拓扑结构不断发生变化。因此，移动自组织网是由一些无线移动节点组成，无中心、自组织、自愈的无基础设施网络。在移动自组织网络中，节点之间相互协作，实现信息和服务的共享，节点可以不需要事先通知网络而随意地离开或加入，并且不会影响整个网络的正常运行。由于节点的天线覆盖范围有限，导致两个通信节点可能不会直接通信，往往需要一个或多个中间节点的参与，节点间的路由通常由多跳实现。由于节点之间地位平等，没有固定的路由器，所以移动自组织网中的节点既充当主机又充当路由器，也就是说，既可以运行自己的应用程序，又可以运行相关的路由协议，为其他节点提供数据转发功能，相比于其他依靠现有基础设施的网络，移动自组网具有网络自组织性、分布式控制方式、网络拓扑结构动态变化、传输带宽有限、多跳路由、移动节点计算能力有限、安全性差等特点，但是也具有其独特的优势，例如网络搭建快速、机动灵活、顽健性好、建网开销低等。移动自组织网络与现有无线网络的主要区别见表 3-7。

表 3-7　移动自组织网络与现有无线网络的主要区别

网络类型 比较的内容	现有无线网络	移动自组织网络
无线网络结构	有中心，单跳	无中心，多跳
拓扑结构	固定	动态建立，灵活变化
有无基础设施支持	有	无
安全性和服务质量	较好	较差
配置速度	慢	快
生存时间	长	短
路由选择和维护	容易	困难

（续表）

比较的内容＼网络类型	现有无线网络	移动自组织网络
网络健壮性	低	高
研究重点	物理层和链路层	协议的所有层
中继设备	基站和有线骨干网	无线节点和无线骨干网
中继节点的特点	基站有多部收发信机，全双工方式通信，有专用硬件，容易实现全网同步	无线节点通常只有一部收发信机，半双工方式工作，不容易实现全网同步
无线节点的控制管理	由基站集中负责，无线节点必须先与基站通信，再通过基站与目的节点通信	由无线节点本身负责，通常采用分布式方式

3.5.1 移动自组织网络的特点

移动自组织网络所具有的许多固有特性，例如无须网络基础设施支持、网络节点具有的移动特性、多跳转发的数据通信模式等，使其无论在组织管理还是操作模式上，完全不同于传统的有线网络、无线局域网络和蜂窝无线网络等其他无线网络。与传统的有线网络系统以及蜂窝无线网络等不同，移动自组织网络具有以下特点。

1. **分布式的操作方式**

移动自组织网络是一种分布式网络系统，网络中的所有节点在功能上是对等的，不存在绝对的网络控制与管理中心设施，各节点通过分层的网络协议和分布式算法协调彼此的行为，兼具主机和路由器的双重功能。正是由于节点间的这种对等关系，移动自组织网络中的节点可以随时加入或者离开网络，一般不会由于某个节点故障或者退出而影响整个网络的运行，与有中心网络相比，移动自组织网络具有很强的抗毁性。无网络控制和管理中心的模式使网络部署更加方便、快捷，但也给拓扑维护、路由协议以及网络管理的设计带来了很大的挑战。此外，如果移动自组织网络没有网络管控中心，那么当网络规模逐渐增加时，各节点所获得的信息很难获得一致性和时效性，这将导致网络各层协议的设计十分困难。

2. **动态变化的网络拓扑结构**

对于传统的网络而言，网络拓扑相对稳定，而在移动自组织网络环境中，网络节点是完全自治的，可以以任意的速度和方式移动，也可以无须警告地随时加入或离开当前网络系统，再加上无线发送装置的天线类型多种多样、无线信道间的互相干扰、发送功率的变化、地形和天气等综合因素的影响，导致网络节点由无线信道形成的网络拓扑随时发生变化，并且很难预测。

3. 多跳转发

在移动自组织网络中，由于设备体积和功率的限制，单个节点的覆盖范围是非常有限的。当数据传输的源节点和目的节点不在同一个节点的覆盖范围内时，需要网络中的其他节点协助进行数据转发，数据通过多跳的方式到达目的节点。与传统的有线网络以及基于固定基础设施的无线网络不同，在这种网络环境中，提供数据转发服务的实体是普通的网络节点，而不是专用的路由设备，每个网络节点不仅可以作为普通终端，还可以作为路由转发设备运行路由协议，根据链路信息进行路由的维护与管理，这是移动自组织网络与其他网络最显著的区别之一。移动自组织网络的多跳模式如图 3-16 所示。

4. 无线信道的局限性

不同于有线信道，无线链路的带宽资源极其宝贵，由于自身的局限性，无线信道能提供的网络带宽相对于有线信道要低得多，并且无线信道随周围环境的变化而出现不稳定性，开放空间所引起的其他信号与噪声的干扰以及无线接入时不可避免的竞争，都使得无线信道的质量难以同有线网络相比。此外，在有线网络中，两个节点之间通过有线连接，如果信息可达就一定是双向可达；而在移动自组网中，由于节点发射功率或者地形限制等因素的影响，很可能会形成单向无线信道，例如，手持和车载设备的发射功率不同，很可能导致手持设备能收到车载设备的信号，而车载设备收不到手持设备的信号。

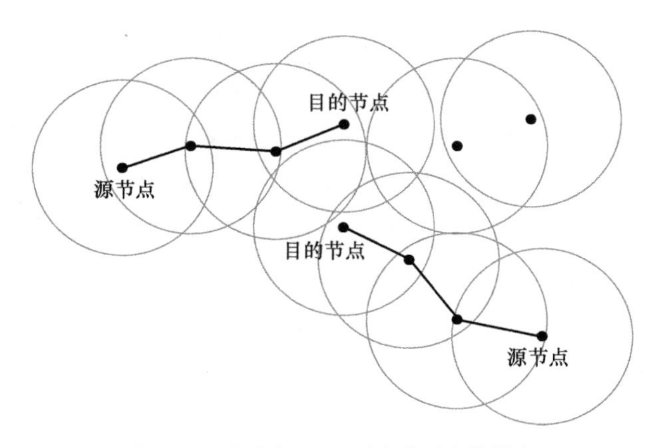

图 3-16　移动自组织网中的多跳通信模式

5. 有限的能源供应

和固定设施不同，在移动自组织网络中，设备的可移动性决定了网络节点一般具有体积小、重量轻的特点，设备的尺寸限制了能够为设备提供的能量，从而也限制了设备的发送功率。

6. 有限的计算和存储能力

移动自组织网络的节点设备都是体积比较小的便携式计算终端，如移动电话、便携式计算机、PDA 等。这类设备的 CPU 和存储容量都比较有限。因此，在设计移动自组织网络的网络协议时，要尽可能简单并且高效。

7. 有限的网络安全

移动自组织网络所固有的无中心、无线传输介质、有限的可用资源以及拓扑动态变化等特性，使其自身安全性极其脆弱。传播空间的开放也使网络中的恶意节点更易于实施各种攻击手段，而有限的可用资源（计算、存储、带宽以及能源等）以及无中心的网络体系结构，限制了在移动自组织网络中部署和运用高强度网络安全手段的可能性。

3.5.2 移动自组织网络的关键技术

3.5.2.1 移动 Ad Hoc 网络的 MAC 协议

根据 OSI 七层模型，按照功能不同可以将数据链路层细分为两个子层：逻辑链路控制（Logic Link Control，LLC）子层和 MAC 子层。LLC 层主要完成分簇、连接控制等与信道无关的链路层控制功能。MAC 子层对节点的无线接入进行接纳控制，为上层提供快速、可靠的报文传送支持。MAC 协议控制着节点在何时可以接入无线信道，直接控制着在信道上发送和接收的所有报文，MAC 协议性能的好坏直接影响信道利用率的高低，因此对整个网络的性能起着至关重要的作用。

只有在点对点的情况下才无须考虑信道的接入控制，在多点同时接入信道时，需要进行合理的信道接入控制。通信网络中的信道共享方式一般分为 3 种：点对多点共享、多点共享和多跳共享。其中，点对多点共享方式的应用最为广泛，主要应用于有中心控制的无线通信系统。例如，在无线局域网或蜂窝移动通信系统中，在基站的控制下，共处于一个基站范围内的多个终端（手持电话）共享一个广播信道。多点共享指在没有中心控制节点的情况下，多个终端共享一个广播信道，所有终端地位相同，需要某种数据链路机制来协调对信道的争用。以太网是多点共享最典型的例子。多点共享相当于一个全互联的广播式网络，一个终端发送报文，其余终端都可以接收到。

与点对多点共享、多点共享不同，多跳共享最主要的应用是移动 Ad Hoc 网络。对于网络中的单个节点来说，它和覆盖范围内的其他节点多点共享一个信道，但其信号覆盖范围外的节点却感知不到任何该节点发起的通信，因此，在一定条件下，该节点覆盖范围外的其他节点可以进行另外的通信。这种通信机制使得在移动 Ad Hoc 网络中，即使在只使用一个通信频段的情况下，也能同时进行多对节点的通信，提高了频谱的利用效率，这也是移动 Ad Hoc 网络的一个显著优点。

下面介绍几种重要的无线 MAC 协议，其中包括主要应用于多点共享式网络的 MAC 协议 ALOHA[24]和 CSMA[25-26]、应用于无线局域网的 IEEE 802.11 协议[27]、MACA[28]和 MACAW[29]这两种专门针对移动 Ad Hoc 网络设计的协议。

1．ALOHA

ALOHA 是最早的无线媒体访问控制协议，采用 ALOHA 协议的无线网络中，任何节点都可以根据自己的需要直接发送数据，而不受其他因素的限制，ALOHA 算法信道情况如图 3-17 所示。由于没有采用任何协调机制，因此，节点发送的报文具有很高的碰撞概率，ALOHA 协议最大信道利用率只有 18.4%，性能很差。为了减小碰撞概率，提高 ALOHA 协议的性能，可以将数据划分成等长的帧，同时将信道划分为等长的时隙（Slot），一个时隙的长度就等于发送一个数据帧所需的时间，每个节点只能在网络给其分配的时隙内发送数据。这种改进称为时隙 ALOHA 协议。显然，通过分配时隙，可以规划用户发送数据报文的时间，并显著地降低报文碰撞的概率，它的最大信道利用率可达 36.8%。图 3-18 表示了一个时隙 ALOHA 范例，其中，第 1 帧在第 3 个时隙中识别了 Tag 4，第 2 个帧在第 2 个时隙中识别了 Tag 1、在第 3 个时隙中识别了 Tag 3。

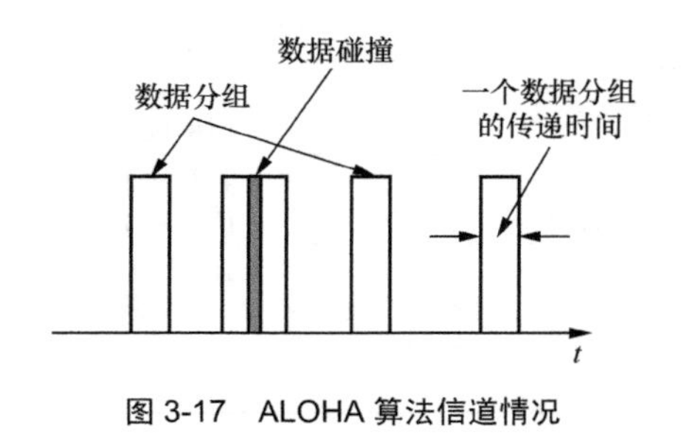

图 3-17　ALOHA 算法信道情况

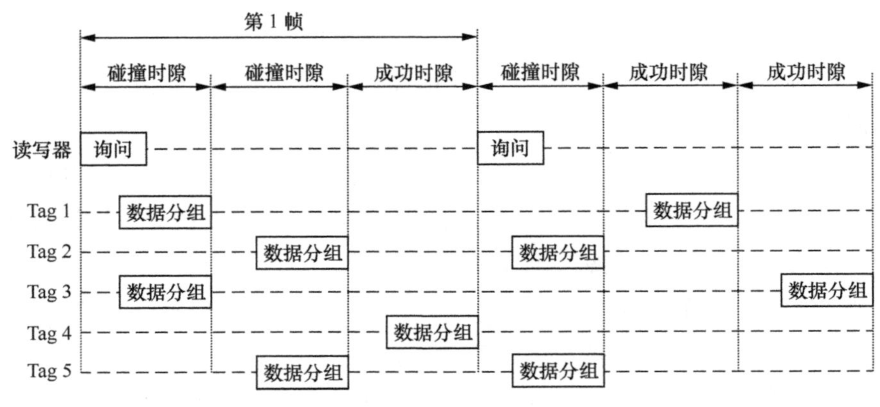

图 3-18　时隙 ALOHA 范例

2. CSMA

在 CSMA 协议中，MAC 协议首次采用了载波侦听（Carrier Sensing，CS）技术。在采用 CSMA 协议的网络中，每个节点在发送数据前，首先检测周围的信号强度，根据信号强度是否超过设定的阈值来判断当前信道是否空闲：如果超过，则认为有其他节点正在进行通信，需要推迟对信道的访问；如果没有超过，则认为周围没有其他节点在通信，可以接入信道。根据不同的退避策略，CSMA 分为非坚持、1-坚持、*p*-坚持 3 种。非坚持指当节点侦听到信道忙后，随机推迟一段时间后重新开始检测；1-坚持指节点侦听到信道忙后仍然一直检测，直到信道变空闲为止；*p*-坚持是前两种方式的折中，指节点侦听到信道忙后以概率 *p* 继续监听，而以概率 1-*p* 退避一段随机时间后再重新检测。非坚持 CSMA 在具体的应用中比较普遍，信道利用率最高可达 80%以上，但是对于移动 Ad Hoc 网络，由于隐藏终端问题，非坚持 CSMA 性能提高不是很明显。各类 CSMA 算法的比较见表 3-8。

表 3-8　不同 CSMA 算法的比较

CSMA	优点	缺点
非坚持算法	若信道处于忙状态，分组就延迟发送，减少网络冲突	若多个站点都有数据要发送，由于都在延迟，所以媒体仍可能处于空闲状态，媒体利用率低
1-坚持算法	只要媒体空闲，站点就可以立即发送，避免了媒体利用率的损失	若有两个或两个以上的站点有数据要发送，冲突就不避免
p-坚持算法	既能像非坚持算法那样减少冲突，又能像 1-坚持算法那样减少媒体空闲时间	如果 *p* 值过大，冲突就不可避免，最坏的情况是，随着冲突概率增大，吞吐量会降低到零；当然若 *p* 值选得过小，媒体利用率会非常低

3. IEEE 802.11 协议

IEEE 802.11 的 MAC 层规范定义了两种媒体访问控制机制：分布式协调功能（Distributed Coordination Function，DCF）和点协调功能（Point Coordination Function，PCF）。通过载波监听多路访问/冲突避免（CSMA/CA）机制，DCF 为异步数据传输提供了基于竞争的分布式信道访问方式；PCF 是建立在 DCF 基础上的一种可选机制，同样支持异步数据服务。此外，通过利用轮询（Polling）机制，PCF 可以为延迟受限服务提供集中式的、无竞争的信道访问方式，并具有一定的 QoS 支持能力，但是为了避免冲突，PCF 需要一个点协调器来集中控制媒体访问。由于上述方式采用了集中控制，所以不能应用于移动 Ad Hoc 网络这种无基础设施的网络中。由于上述限制，如果移动 Ad Hoc 网络试图利用 IEEE 802.11 协议，则只能进行异步数据服务。

4. MACA 协议

多址接入冲突避免（Multiple Access with Collision Avoidance，MACA）协议是移动 Ad Hoc 网络主要使用的一种单信道接入控制协议，能够解决移动 Ad Hoc 网络中的隐终端问题。在 MACA 协议中，采用了冲突避免机制，并首次引入了 RTS（Request To Send）/CTS（Clear To Send）握手机制来解决隐藏终端问题。

在发送数据前，发送节点首先向目的节点发送一个 RTS 控制帧，RTS 帧中携带数据报文的长度信息。当收到 RTS 后，目的节点马上回送给发送节点一个 CTS 控制帧，而收到 RTS 的其他节点，为了保证发送节点能够正确接收该目的节点回送的 CTS 分组，需要延迟一段时间才能发送信号，延迟时间的长短取决于该 RTS 分组中数据报文的长度。当其他节点收到目的节点发送的 CTS 帧后，知道在其通信范围内有其他节点要接收某种长度的报文，为了避免冲突，则通过实施退避算法以延迟发送。对于发送节点，收到目的节点回送的 CTS 后进行数据传输，如果没有收到 CTS，则认为 RTS 因为冲突而被破坏，然后执行二进制指数退避（Binary Exponential Backoff，BEB）算法，延迟一段时间再重发 RTS。

MACA 协议的优点主要有以下两点。

① 使移动 Ad Hoc 网络中的隐终端问题在一定程度上得到缓解。

② 提高了无线信道的利用率。当普通的 CSMA 技术发生冲突时，发生冲突的各个节点都需要进行数据重传，大大降低了无线信道的利用率。对于 MACA 协议来说，由于 RTS 帧和 CTS 帧的长度比数据分组短得多，因而大大降低了发生冲突的

可能性。

MACA 也存在如下问题。

① 虽然与 CSMA 相比，MACA 减少了数据报文的冲突，但是当网络负荷比较大时，在 RTS/CTS 交互期间也存在冲突。主要包括 RTS 之间的冲突、CTS 之间的冲突以及 RTS 和 CTS 之间的冲突等。

② MACA 没有采用链路层确认机制，当冲突发生时不能及时地反馈，需要上层进行超时重发，因此降低了效率。

③ 二进制指数退避算法的公平性很差。如果某个节点的退避计数器值较大，将导致后续竞争中失败的可能性也较大，从而进一步增大退避值，造成“饿死”现象。

5. MACAW 协议

MACAW（MACA for Wireless）协议是对 MACA 协议的改进，除了使用 RTS/CTS 握手机制外，MACAW 还使用了 RRTS、DS 和 ACK 等其他控制报文，可以更好地解决隐终端和暴露终端问题。其会话过程如图 3-19 所示。

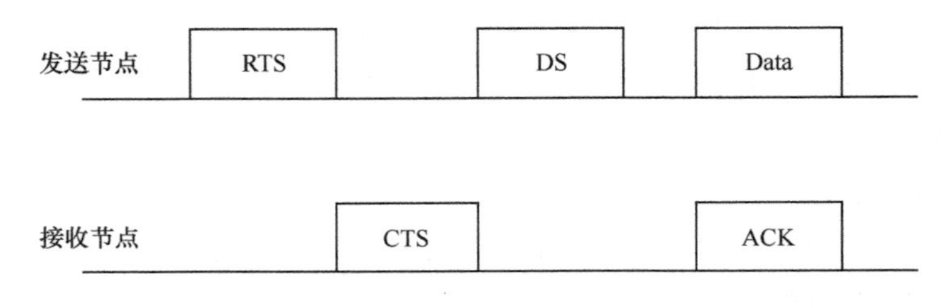

图 3-19　MACAW 会话过程

MACAW 对 MACA 协议的具体改进有如下几个方面。

（1）增加了链路层确认机制

MACAW 采用 RTS-CTS-Data-ACK 握手机制。如果发送节点在发送 RTS 后没有收到来自接收节点的 CTS 回应帧，则启动计时器，计时器超时则重发 RTS；如果接收节点收到 RTS，则回应 CTS；如果接收节点正确收到 Data，则回应 ACK。重发 RTS 时，如果收到 CTS，退避计数器不变；如果收到 ACK，退避计数器按 MILD 算法减小；如果没有收到任何回应，退避计数器按 MILD（Multiple Increase Linear Decrease，乘法增加线性减少）算法增加。采用这种方法能够进一步提高信道的利用率。

（2）对退避算法的改进

在节点发送的数据报文头部包含本节点的退避计数器值，收到该报文的节点将数据发送节点的退避计数器值作为自己的退避计数器值。当传输完成后，所有的退避计数器恢复到最小值。这样可使两者获得相同的退避计数器值，并且能够在一定程度上防止“饿死”现象，但是该算法忽略了网络当前的竞争激烈状况，增加了分组冲突的可能性，不适合网络负荷很大的情况。另外，MACAW 采用了乘法增加线性减少退避算法，与 BEB 算法相比，可以获得更好的公平性，同时，MACAW 还可以为不同的目的站维护和复制多个退避计数器值。但是由于使用单一的退避计数器，该算法会使拥塞问题过度传播，例如当某节点关闭时，计数器值会急剧增长，从而将降低系统的效率。

（3）其他方面的改进

当 RTS 和 CTS 成功交互后，发送节点可以向其他站点发送 DS 消息，通知其不要发送信息。在收到 DS 信号后，暴露终端不再发送信号，这样便解决了 MACA 中暴露终端退避计数器连续增加的问题。此外，为了判断 RTS 和 CTS 交互失败的原因，可以在 RTS 和 CTS 信息交互时，在信息头中携带本次交互发送的 RTS 和 CTS 报文数目，通过计算一次成功交互需要重发的 RTS 和 CTS 次数来判断失败的原因，合理调整双方的退避计数器值。

MACAW 的主要缺点是数据传输前控制信息交互次数太多，占用了大量的网络资源，再加上无线收发装置的转换时间，效率比较低。虽然 MILD 退避算法可以在一定程度上解决公平性问题，但会有拥塞过度扩散的问题。因此，MACAW 是用网络开销和传输时延来换取网络吞吐量的提高。

3.5.2.2　移动 Ad Hoc 网络的路由协议

在移动自组织网络中，网络结构是动态变化的，这种独有的特性使得路由技术成为这种网络的关键技术之一。目前，针对移动自组织网络的路由技术已经有了大量的研究，并且取得了相当多的成果。移动自组网的路由协议大致可以分为以下 3 类。

1. **平面式路由**

平面路由协议的网络结构比较简单。在平面路由网络中，节点处于平等的地位，在路由转发上功能相同，节点之间共同协作完成数据转发。平面式路由协议包括：AODV、ABR、DSDV、DSR、FSLS、FSR、OLSR、SSR、TORA、WRP[30~37]等路由协议。根据具体寻址方式的不同，又可划分为表驱动路由协议和按需路由协议。图 3-20 表示了移动 Ad Hoc 网络路由协议按驱动方式的分类及其代表协议。

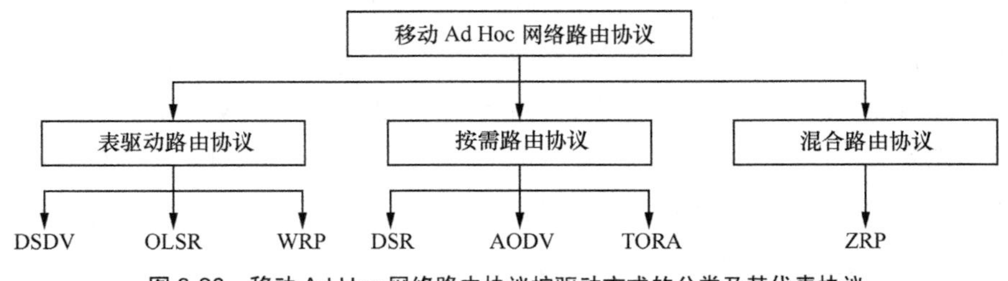

图 3-20　移动 Ad Hoc 网络路由协议按驱动方式的分类及其代表协议

（1）表驱动路由

表驱动路由也称为先应式路由或主动式路由，网络节点周期性地向外广播自己的路由信息，因此，网络中的路由信息是实时更新的。表驱动路由的优点是当节点需要发送数据分组的时延很小时，由于发送数据到目的节点的路由存在，因此，可以直接发送分组；缺点是为了实时地反映网络的拓扑结构，建立主动路由，周期性的路由信息分组广播需要花费较大的开销。典型的表驱动路由协议有无线路由协议（Wireless Routing Protocol，WRP）、目的序列距离向量（Destination Sequenced Distance Vector，DSDV）协议和优化链路状态路由（Optimized Link State Routing，OLSR）协议等。

WRP 基于无环路路径发现算法。网络中的每个节点维护 4 张表，包含距离表、路由表、链路开销表和消息重传表。距离表包含每条路径上邻居节点的下一跳节点，也包含通过每个邻居节点到达目的节点的距离。路由表包含本节点的前驱节点和后继节点、本节点到目的节点的距离以及该表项的标签（表明该表项是一个简单路径、一个回路或是无效路径）。链路开销表包含从节点到所有邻居节点的链路开销。消息重传表包含邻居节点对该节点路由更新消息的确认，如果邻居节点没有确认，则该节点重传路由更新信息。

DSDV 路由协议对传统分布式 Bellman-Ford 路由算法进行了改进，是一种无环距离向量路由协议。在 DSDV 协议中，每个节点都维护一个路由表，为了区分路由的新旧程度，路由表中的每个表项都有一个由目的节点设定的序列号。因为需要周期性的更新，且为了建立一个可用的路由，DSDV 需要较长时间才能收敛，并不适合时延敏感的业务。

OLSR 是一种先应式的链路状态路由协议，节点之间需要周期性地交换各种控制信息，通过分布式计算来更新和建立自己的网络拓扑图。其中的关键概念是多点中继站（MPR），MPR 是在广播洪泛的过程中挑选的中继节点。传统的链路状态协议中，每个节点都转发它收到信息的第一份复制件，而 OLSR 大幅减少了转发的信息。此外，MPR 节点只选择在 MPR 或者 MPR 选择者之间传递链路状态信息，也能够有效地控制广播流量。

（2）按需路由

按需路由不需要主动式的路由维护，只有在需要发送数据时才开始寻找路由，因此，在数据发送前，源节点首先需要建立到目的节点的路由路径，等路径建立完成后才能开始发送数据。与表驱动路由协议相比，按需路由的优点是，不需要周期性的路由信息广播，从而降低了系统开销；缺点是，当有数据分组要发送时，需要等待一定的时间用于路径的建立，从而引入路径建立时延。典型的按需路由协议有源路由（Dynamic Source Routing，DSR）协议、按需距离向量（Ad Hoc On-Demand Distance Vector，AODV）协议和临时预定路由算法（Temporally Ordered Routing Algorithm，TORA）等。

DSR 协议允许源节点动态地寻找路径，通过发送数据前的路径选择，可以得到一条到目的节点的路径，每个待发送的数据分组都带有完整的地址列表信息，包括从源节点到目的地之间所有节点（包括源及目的）的地址信息。该表指出了该数据分组从源节点发出到达目的节点所需的路径。通过该表，每个数据分组不需要中间节点存储路径信息即可独立找到目的节点。该协议不需要实时维护路径信息表，只有在发送数据时才启动寻址协议。

AODV 协议是对 DSDV 的改进，相当于将按需路由应用在 DSDV 上，通过降低 DSDV 中控制报文的数目来提高系统效率。为了建立源节点到目的节点之间的路由，源节点广播一个路由请求（RREQ）消息，收到广播消息的邻居节点再次广播，通过广播的扩散将请求消息传递到目的节点，收到请求消息后，目的节点发出响应消息回传给源节点，源节点收到响应后就可以得知到达目的节点的路由。此外，当路径上的中间节点移动时，AODV 还能进行路由维护，实现对缓存路由的修改和删除。

TORA 协议是一种源初始化按需路由选择协议，采用链路反转的分布式算法，引入路由高度的机制，创建一个从源到目的节点的有向无环路图。其核心思想是将拓扑变化引发的控制信息的传播范围限制在变化处附近较小的范围内，节点只保留临近点的路由信息，从而减小维护路由信息的代价，具有高度自适应、高效率和较好的扩充性。该协议由路由创建、路由维护和路由删除 3 个基本模块构成。

通过以上的分析可见，平面式路由协议具有如下优点：由于网络中的节点地位平等，节点间的流量较均衡；当网络中一个节点发生拥塞或故障时，不会对整个网络产生很大的影响，相邻节点可以承担起分组报文的转发任务，系统的可靠性较高，平面路由协议的顽健性较好。但平面路由也存在一些不足：平面路由协议的特性决定其一般没有节点移动性管理任务，随着网络中节点的不断加入与退出，路由的维护会更加困难。此外，网络规模的扩大也将增加路由时延和耗费，因此，平面式路由协议的扩展性较差，主要用于中、小规模的网络。

2. **分层式路由**

随着网络规模的逐步扩大，网络中节点个数不断增加，如果网络中每个节点都维护整个网络的拓扑信息，则会是一个很大的工程，增加系统的开销，而分层式路由则可以很好地解决这个问题。

在平面式路由协议中，网络中的所有节点在功能上是对等的。而在分层式路由协议中，节点被分为多个层次，层次指的是一个簇（Cluster）或区（Zone），分层的方法一般可以分为显式和隐式两种。在隐式的分层中，每个节点属于一个本地范围，范围内的节点要进行选路，范围内外使用不同的路由策略，这种方式也称为逻辑分层；显式分层则是将地理上紧密相连的节点组成一个显式的簇，每个簇选举一个簇首，簇内的节点只能与簇首进行单跳节点通信，这种方式也称为物理分层。网络的所有节点分成多个层，层次内的节点间采用表驱动路由算法，在各层次间采用按需路由算法。常见的分层式路由协议包括：CBRP、CEDAR、CGSR、DDR、GSR、HARP、HSR、LANMAR、ZRP 等。

分层路由协议的优点是：由于网络中的节点被划分为不同层次，每层维护层内的路由信息，层次之间只需要交互少量信息，网络的扩展能力强，因此适合大规模网络；通过组合使用预先获取和按需获取等路由策略，分层路由协议解决了表驱动路由协议中过量的控制消息流量问题和按需路由协议中的长时延问题。

分层路由协议的缺点是：由于簇首在簇内的特殊作用，簇首节点的故障会影响整个簇的通信，即整个系统的稳定性和可靠性取决于簇首节点的稳定性和可靠性；

同时，随着节点的不断移动，相对于平面式路由协议来说，簇的维护和管理也复杂得多。

3. 地理位置辅助的路由

在平面路由协议和分层路由协议中，节点仅知道自己的逻辑名称（如地址信息），节点通过路由探测获取全网的拓扑结构以及节点之间的链接关系和链路特性，由此确定路由。随着定位技术的发展，节点可以很方便地通过多种方式（比如 GPS）获得自己的地理位置信息。利用这些位置信息，可以有效地改善自组网的路由性能，因此，人们开始致力于研究使用位置信息的路由协议。

LAR（Location-Aided Routing，位置辅助路由）是一种典型利用源节点位置信息的路由协议，该协议通过 GPS 获取位置信息，通过位置信息控制路由查找范围，也就是通过限制路由发现的洪泛，以减少控制报文的数量。具体来说，就是根据 GPS 提供的位置信息，将洪泛控制在一个定义好的区域（例如矩形区域）内。和 LAR 类似的基于位置信息的路由协议还有 RDMAR（Relative Distance Micro Discovery Ad Hoc Routing，相对距离微发现 Ad Hoc 路由）协议和 LOTAR（Location Trace Aided Routing，跟踪位置辅助路由）协议。

根据地理位置路由协议的机制可知，该协议具有一些独特的优点，例如利用位置信息，在寻找路由时可以使节点避免简单的泛洪，若发送节点已知相邻节点或目的节点的位置信息，则可以提高路由寻找的效率。此外，地理位置辅助的路由协议还有一些缺点：节点地理位置信息的获取需要专用定位系统（比如 GPS），因此，成本较高，建网相对复杂，同时安全性比较低。

4. 几种常用移动 Ad Hoc 路由比较

按照驱动方式、更新方式、是否支持多路由等方面，对各类常用移动 Ad Hoc 路由进行对比分析，见表 3-9。

表 3-9　移动 Ad Hoc 网络中各种路由协议的性能对比

	DSDV	OLSR	WRP	DSR	AODV	TORA
分布式操作	是	是	是	是	是	是
无环回路由（Loop-Free）	是	是	是	是	是	是
表驱动/按需	表驱动	表驱动	表驱动	按需	按需	按需
周期性路由更新	是	是	是	否	发送 Hello 报文	否
维护多条路由	否	否	否	是	否	是
支持单向链路	否	否	否	是	否	否

（续表）

	DSDV	OLSR	WRP	DSR	AODV	TORA
基于节能策略	否	否	否	否	否	否
报文转发机制	逐跳	逐跳	逐跳	逐跳	逐跳	逐跳
提供安全机制	否	否	否	否	否	否
路由度量	路径	路径	路径	路径	路径	路径
存在特殊节点	否	否	否	否	否	否
特殊硬件需求	否	否	否	否	否	双信道 GPS
多播功能支持	否	否	否	否	否	否
QoS 支持	否	否	否	否	否	否

3.5.3 移动自组织网络的应用

由于移动自组织网络不依赖于固定的网络基础设施，因此，适合无法或不便预先铺设网络基础设施的场合以及需要快速自动组网的场合。概括来讲，它的应用场景主要有以下几类。

1. 军事应用场景

由于军事斗争的特殊性，战场可能发生在任何地点，依靠基础设施的网络显然不适应态势发展迅速的战争环境，而移动自组织网络无须架设网络基础设施、抗毁性强、可快速展开等特点，使其特别适合于战场环境下的网络通信和作战指挥。目前，该技术已经被应用于美军的战术互联网控制器和数字电台等战术通信设备及系统中。

2. 物联网

物联网（Internet of Things）是利用信息传感设备收集的信息，按照约定的协议，将任何物品接入互联网进行信息交换和共享，以实现智能化识别、跟踪、定位、监控和管理的一种网络。从某种意义上讲，物联网可以看成互联网的延伸和扩展。物联网的很多技术都是基于移动自组织网络。

3. 紧急和临时场合

在发生了地震、水灾、强热带风暴或其他灾难后，通信网络的固定基础设施（例如有线通信网络、卫星通信地球站、蜂窝移动通信网络的基站等设施等）很可能被摧毁而无法正常工作，影响救援的正常进行，而移动自组织网络这种不依靠基础设施的网络能够快速部署，无需基础设施，特别适用于这种场合。

4. 个人通信技术

个人通信技术不仅可用于实现个人手机、笔记本电脑、PDA等个人电子通信设备之间的通信，还可以用于个人局域网之间的多跳通信。通常可以在大型商场、机场、办公区等场所使用。

5. 与移动通信系统的结合

移动自组网还可以与蜂窝移动通信系统相结合，特别是作为中继使用，移动台之间构成自组织网络，通过多跳转发的方式扩大蜂窝移动通信系统的覆盖范围，提高小区边缘的数据速率，均衡相邻小区的业务等，从而提升移动通信网络的性能。

3.6 无线传感器网络

无线传感器网络（Wireless Sensor Network，WSN）是无线自组织网络的另一个典型应用，网络拓扑结构相对固定或变化缓慢，无线传感器网络是由大量的、廉价的、不同种类的传感器组成，传感器之间通过多跳自组织的方式进行信息传递，目的是感知、采集覆盖范围内的相关信息，并上报给上级节点或观察者[38]。

无线传感器网络集成了传感器技术、分布式信息处理技术、无线通信技术和微型机电系统（MEMS）技术，是当前信息技术的前沿和热点之一，受到了广泛的关注。一般而言，传感器网络中的节点包含4个模块，分别为传感器模块、处理器模块、无线通信模块和电源模块。传感器模块主要负责信息的采集与格式转换；处理器模块负责节点的控制和数据的存储；无线通信模块负责节点之间的无线通信；电源模块主要负责为传感器节点提供能量。在整个网络系统中，部署在监测区域的大量传感器节点收集来自于外界环境的数据，并通过处理和交换，最终传输到汇聚节点进行相应处理。无线传感器网络具有节点小型化、自组织和对外部世界有感知能力等特点，综合运用了传感器技术、无线通信技术、嵌入式系统及电源方面等多项技术。因此，无线传感器网络给人们提供了一种崭新的信息获取方式以及设备的组网方式，使人们能够获得较为详细、可靠的重要信息。在电子消费、家庭护理、交通管理、智能农业、商业、环境监测、医疗健康、工业控制与监测、国家安全、军事对抗、监测、空间探索等领域有着潜在和广泛的应用需求。

一个无线传感器网络通常包括传感器节点、汇聚节点和管理节点。传感器节点将采集的数据通过其他传感器节点按照多跳的方式传到汇聚节点，最后通过互联网或者其他方式到达数据处理中心，管理节点负责对传感器网络进行管理、发布监测任务等。

图 3-21 给出了一种典型的无线传感器网络结构示意。

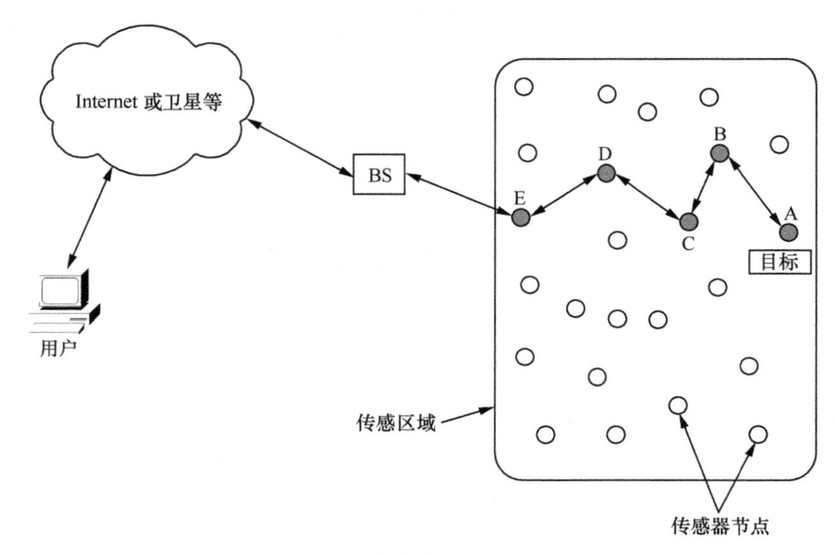

图 3-21 无线传感器网络结构示意

作为新一代无线网络通信技术，无线传感器网络能够有效地获取信息，具有非常广泛的应用发展前景，其不断发展的技术和不断扩充的应用将会对人们的日常生活产生深远的影响。

3.6.1 无线传感器网络的特点

无线传感器网络是由部署在监测区域的众多传感器节点以自组织方式构成，能够有效地获取检测区域的数据信息。其应用的主要目的是通过协同感知、数据采集来获取感知数据，通过信息处理后传送给传感器网络外部的用户。在整个网络中，传感器节点是由感知部件、处理器单元和存储器、供电单元以及相应的通信组件和软件等几部分构成，具有感知和通信能力。一般意义的传感器节点构成如图 3-22 所示。

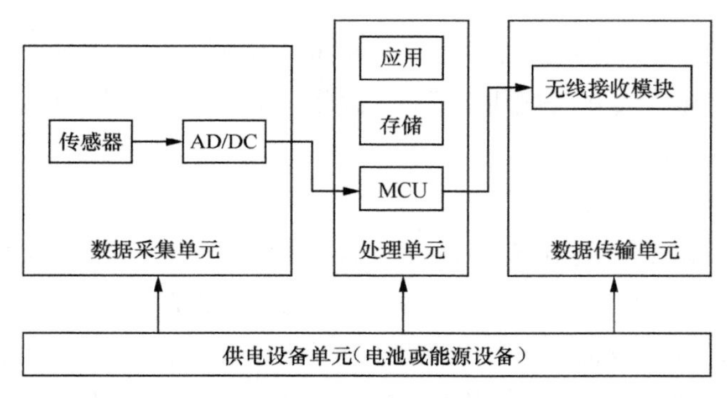

图 3-22　典型传感器节点构成

无线传感器网络不仅具有同 Ad Hoc 网络一样的移动性以及通信和电源等的局限性，还有一些独有的特点。这些特点给传感器网络的有效应用带来了挑战[39-40]，可以归类如下。

1. **大面积的空间分布**

一般情况下，无线传感器网络的应用场景都具有大范围、大面积、立体化和全天候的特点。例如，在军事应用中，可以在战场上部署无线传感器网络，以随时跟踪敌人的军事行动，由于传感器节点的小型化、智能化的特点，可以被大量地装在宣传品、子弹或炮弹壳中，通过空投或其他方式散落在战场上，形成大面积的监视网络，不分昼夜地进行全范围监视与控制。

2. **有限的通信能力**

在无线传感器网络中，传感器节点的覆盖范围一般较短，往往是几十米到几百米。而且，传感器节点的信道带宽比较窄，在正常工作时，传感器节点之间的通信容易出现频繁的断连。同时，由于传感器网络的应用环境一般都比较复杂，大多受高山、建筑物、障碍物等地理因素和风雨雷电等自然因素以及其他外界因素的影响，传感器节点可能会长时间离线甚至永久失效，所有这些因素都会对传感器网络的通信能力产生影响。

3. **有限的电源能量**

由于受体积的限制，传感器节点携带的能量往往是极其有限的，且由于无法有效地重新安装电池，网络中的节点经常失效或被废弃，电源能量约束是阻碍传感器网络有效应用的严重问题，并且截至目前，仍然没有得到有效的解决。传感器节点的能量消耗主要有两个方面：计算和通信。但是相比于计算，节点的通信过程消耗

的能量更为严重。相关实验[41]表明，在 100 m 的通信距离内传输 1 kbit 的数据和 CPU 执行 3 Mbit 指令的耗能几乎相同。因此，要想有效地利用传感器网络，最重要的是研究节点的节能措施。

4. 有限的计算能力

无线传感器网络中的节点都采用嵌入式处理器和存储器，负责完成传感器节点的计算和存储相关功能。但是，和普通的处理器与存储器相比，嵌入式设备的处理能力和容量都有限，这使得单个传感器节点的计算和存储能力都极其有限，因此，有效地解决传感器节点有限的计算和存储能力以及如何合理使用这些有限计算能力的节点，也是传感器网络应用需要解决的问题。

5. 网络的自动管理和高度协作性

在无线传感器网络中，为了减少无线链路中传送的数据量，数据处理在传感器节点中完成，只有必须与其他节点交互的信息才能通过无线链路传输。传感器网络的节点不是预先计划的，且节点位置也不是预先确定的，因此在网络中就会有一些节点由于内部或外部的因素而无法正常运行，不能完成指定的任务。为了防止损坏或者不能正常运行的节点对传感网络造成影响，在配置节点时需要有必要的冗余，此外，节点之间需要相互协作，共享数据，这样可以保证获得被监视对象比较全面的数据。

6. 复杂的网络管理和维护

首先，与普通的有线网络和其他无线网络相比，传感器网络的节点数目较多且分布范围广泛，此外，传感器网络可以部署在范围很大而管理人员较少的地理区域。因此，传感器节点数量大、分布广和地理部署位置复杂的特点决定了网络的管理与维护十分困难。

其次，传感器网络具有很强的动态性。在传感器网络中，感知对象、传感器节点以及网络管理者这 3 个要素都可以移动，并且传感器节点会频繁地加入或退出，因此，传感器网络需要能够动态地调整网络拓扑结构，这也使得网络的管理变得更加复杂。

最后，很多传感器网络需要对感知对象进行控制，例如温度和湿度，并且感知的数据需要具有回控装置以及可以控制软件进行工作，管理这些具有特殊功能的传感器节点构成的网络也具有相当大的难度。

7. *以数据为中心的应用*

在传感器网络中，最重要的就是感知数据，任何应用系统都需要传感数据的支持。正常工作时，传感器网络中的每个节点都会产生大量的数据，对于使用者来说，其感兴趣的不是网络硬件而是感知数据。因此，传感器网络的设计必须以传感器节点感知数据的管理和处理为中心，即以感知数据的采集、融合、存储、查询、分析、理解和挖掘为中心。

3.6.2　无线传感器网络的关键技术

3.6.2.1　无线传感器网络的路由协议

路由协议的目的是将数据分组从源节点有效地转发到目的节点，从功能上说可以将其分为两个方面：寻找源节点和目的节点间的优化路径；将数据分组沿着优化路径正确转发[42-44]。无线局域网、无线自组网等传统无线网络的首要目标是公平、高效地利用网络带宽提供高服务质量，这些网络路由协议寻找路由路径时最主要的目标是保证通信时延要尽量小，同时提高整个网络的利用率，避免产生通信拥塞并均衡网络流量等[45]。在无线传感器网络中，传感器节点的能量有限，且一般很难得到有效的补充，因此，路由协议需要高效利用能量，能量消耗是无线传感网路由协议必须考虑的问题，同时无线传感器网络节点数目大且分布广，所以节点一般只能获取局部拓扑结构信息，路由协议要能合理地利用局部信息进行路径选择。无线传感器网络的路由协议和具体应用相关，不同的应用采用的路由协议可能差别很大。此外，无线传感器网络的路由机制还经常使用数据融合技术来提高网络效率[46]。因此，传统无线网络的路由协议不一定适用于无线传感器网络。

针对传感器网络不同的应用场景，研究人员已经得出多种不同的路由协议，归纳起来，这些路由协议具有以下特点[47-48]。

（1）以数据为中心

传统的路由协议通常以地址为路由依据，而在无线传感器网络中，节点广泛分布在检测区域，而用户关注的是监测区域的感知数据，而不是要具体找到每个传感器节点，不是仅获取某个传感器节点的数据。无线传感器网络的数据通常是由多个传感器节点向汇聚节点传输，按照感知数据的需求，以数据为中心形成消息转发路径。

（2）能量优先

在选择数据传输路径时，传统网络的路由协议关注的是数据传输效率或用户 QoS 需求，很少考虑网络节点的能量消耗问题。而无线传感器网络的特殊性决定了其节点的能量有限，降低节点的能耗成为无线传感器网络路由协议设计的重要目标。

（3）基于局部拓扑信息

无线传感器网络通常采用多跳的通信模式以节省节点的能量，而节点有限的存储资源和计算资源使得其不可能存储大量路由信息，不能进行太复杂的路由计算。如何在节点只能获取有限、局部拓扑信息的条件下，有效地进行数据转发是需要解决的问题。

针对上述无线传感器路由协议的特点，在进行路由协议设计时需要注意以下几点。

（1）能量高效

在进行路由选择时，无线传感器网络的路由协议不能仅考虑能量最小的路径，而且要从整个网络的角度考虑，选择使整个网络能量均衡消耗的路由。此外，由于传感器节点的资源有限，无线传感器网络的路由机制要尽量简单、高效。

（2）可扩展性

在无线传感器网络中，由于分布的环境不同，地形、天气以及其他外界因素都可能导致传感器节点的失效，因此，网络中可能会出现节点的频繁失效和新节点的频繁加入。此外，传感器节点还可能随时发生移动，这些都会使得网络拓扑结构动态发生变化，所以要求传感器网络的路由机制具有可扩展性，能够适应网络结构的变化。

（3）顽健性

无线传感器网络的部署环境一般都比较复杂，周围环境对传感器节点的影响、传感器节点以及无线链路本身的缺点等不可靠性要求，使得无线传感器网络的路由机制需要具有一定的容错能力。

（4）快速收敛性

无线传感器网络节点能量和通信带宽等资源有限，网络拓扑结构动态变化。因此，要求路由机制能够适应网络拓扑结构的动态变化，网络能够快速收敛，减少通信协议开销，提高消息传输的效率。

目前，国内外有许多无线传感器网络路由算法，主要包括 Flooding（泛洪）和 Gossiping、SPIN（Sensor Protocol for Information via Negotiation，通过协商的信息传

感器协议）、Directed Diffusion（定向扩散）、Rumor、GPSR（Greedy Perimeter Stateless Routing，贪婪法周边无状态路由）、SAR（Sequential Assignment Routing，有序分配路由）等。下面介绍几种比较典型的路由算法。

（1）Flooding 和 Gossiping[49]

Flooding 和 Gossiping 算法是比较经典的传统路由算法，可以在无线传感器网络中使用。在 Flooding 算法中，节点向所有邻节点广播产生或收到的数据，被广播的数据分组只有过期或者到达目的节点才终止。该算法具有严重缺点：交叠（节点先后收到监控同一区域的多个节点发送的几乎相同的数据）、内爆（节点几乎同时从邻节点收到多份相同数据）、资源利用盲目（节点不考虑自身资源限制，在任何情况下都转发数据）。Gossiping 算法是对 Flooding 算法的改进，节点通过随机转发收到的数据而避免了内爆，但同时增加了数据传输时延。这两个算法不需要维护路由信息，算法简单但扩展性很差。

（2）SPIN[50]

SPIN 算法是第一个基于数据的算法。以抽象的元数据对数据进行命名，命名方式没有统一标准。为避免盲目传播，节点产生或收到数据后，用包含元数据的 ADV 消息向邻节点通告，如果邻节点需要数据，则用 REQ 消息提出请求，数据通过 DATA 消息发送到请求节点。算法的优点是：通过数据命名解决了交叠问题；ADV 消息比较小，可以减轻内爆问题；节点可以根据自身资源和应用信息决定是否进行 ADV 通告，避免了资源利用盲目问题。与 Flooding 和 Gossiping 算法相比，SPIN 算法有效地节约了能量，但是仍然存在一些缺点：当产生或收到数据的节点的所有邻节点都不发送请求消息时，数据的传输中断，以致较远节点无法得到数据，当网络中的大部分节点都是潜在汇聚节点时，该问题不严重，但当汇聚节点较少时，数据无法传到目的节点。且当某汇集节点对任何数据都需要时，其周围节点的能耗比较严重；而且随着网络规模的增加，内爆仍然存在。图 3-23 表示了 SPIN 算法的路由建立与数据传输。

（3）Directed Diffusion[51]

Directed Diffusion 算法是一个重要的基于数据的、查询驱动的路由算法。该算法用属性/值来命名数据。汇集节点广播包括属性列表、持续时间、上报间隔、地理区域等信息的查询请求 Interest（该过程本质上是设置一个监测任务），该请求主要用于建立路由。沿途节点需要对收到的请求信息进行缓存与合并，并计算、创建包含下一跳、数据上报率等信息的梯度（Gradient），从而建立多条指向汇集节点的路径。监测区域内的节点周期性上报数据，途中各节点可对数据进行缓存与融合。在数据传输过程中，汇集节点可以根据需要向某条路径发送 Interest，以增加或减少上报间隔，增强或减弱数据上报率。该算法具有以下优点：采用多路径，顽健性好；汇集节点根据实际情况采取增强或减弱方式，能有效利用能量；使用数据融合，能减少数据通信量；使用查询驱动机制按需建立路由，避免了保存全网信息。但是该算法不适合多汇集节点网络，Gradient 的建立开销很大；数据融合过程会带来较大开销和时延。图 3-24 为 Directed Diffusion 算法的路由建立过程。

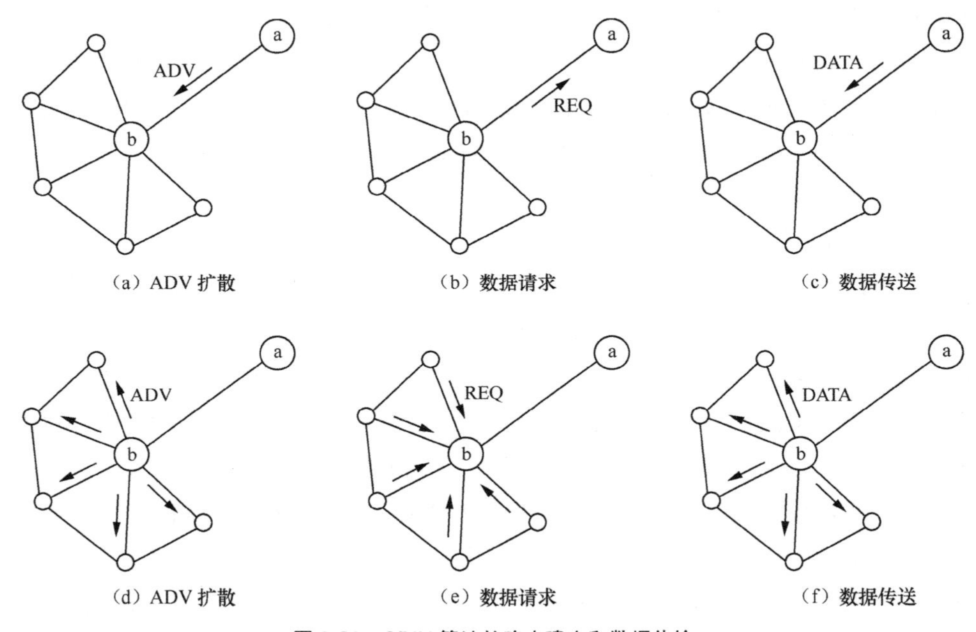

图 3-23　SPIN 算法的路由建立和数据传输

（4）Rumor[52]

如果汇集节点的一次查询只需一次上报，Directed Diffusion 算法显然开销较大，Rumor 算法却能很好地解决该问题。该算法借鉴了欧氏平面图上任意两条曲线交叉概率很大的思想。传感器节点监测到事件后不是立刻上报，而是暂时将其保存，并创建称为 Agent 的生命周期较长的数据分组，数据分组中携带事件和源节点信息，之后按一条或多条随机路径在网络中转发。收到的节点再次随机发送到相邻节点，并可在再次发送前在 Agent 中增加其已知的事件信息，在转发 Agent 前需要根据事件和源节点信息建立反向路径。此外，汇集节点的查询请求也沿着一条随机路径转发，当两路径交叉时，则路由建立。如果两条路径不发生交叉，汇集节点可再通过 Flooding 查询请求。Rumor 算法比较适合汇集节点较多、网络事件很少并且查询请求数目很大的情况。但如果事件非常多，维护事件表和收发 Agent 带来的开销会很大。

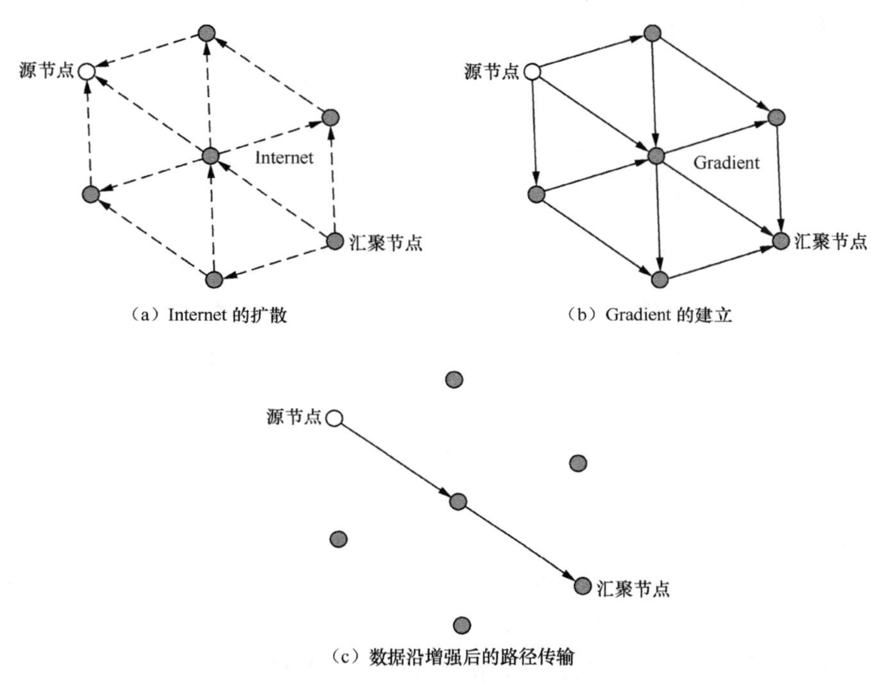

图 3-24　Directed Diffusion 算法的路由建立过程

（5）GPSR[53]

GPSR 算法这是一个典型的基于位置路由的算法。在使用该 GPSR 算法的网络中，每个节点都被统一编址，并且知道自身地理位置，各节点利用贪心算法尽量沿直线转发数据。在数据转发过程中，产生或收到数据的节点首先计算相邻节点到目的节点的欧氏距离，之后向最靠近目的节点的邻节点转发数据，但是这种机制会出现空洞问题，即数据没有到达比该节点更接近目的节点的区域（称为空洞），这将导致数据无法继续向前传输。当出现这种情况时，空洞周围的节点能够探测到，并构造平面图沿空洞周围利用右手法则来解决此问题。该算法只依赖直接邻节点进行路由选择，避免了在节点中建立、存储、维护路由表，几乎是一个无状态的算法；能够保证只要网络连通性不被破坏，就一定能够发现可达路由；路由选择算法基本上接近于最短欧氏距离算法，数据传输时延小。该算法的缺点是，当网络中源节点和汇集节点分别集中在两个区域时，会出现通信量不平衡的现象，容易导致部分节点失效，从而破坏网络连通性，此外，由于每个节点需要已知自己的位置信息，所以需要 GPS 或其他定位方法协助计算节点位置信息。图 3-25 表示了 GPSR 算法中出现空洞及避开空洞的情形。

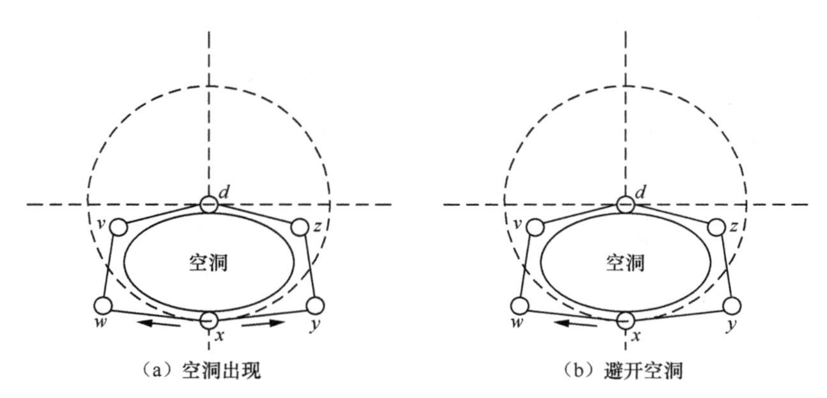

（a）空洞出现　　（b）避开空洞

图 3-25　GPSR 算法中的空洞

（6）SAR[54]

SAR 算法是第一个保证 QoS 的主动路由算法。汇集节点的所有一跳邻节点都以自己为根创建生成树，在创建生成树过程中，考虑节点的最大数据传输能力以及时延、分组丢失率等 QoS 参数，各个节点通过生成树反向建立到汇集节点的、具有不同 QoS 参数的多条路径。节点发送数据时可以选择一条或多条路径进行传输。该算法能够提供 QoS 保证，但缺点是节点中含有大量冗余的路由信息，节点 QoS 参数、路由信息的维护以及能耗信息的更新等都需要较大的能量开销。

3.6.2.2　无线传感器网络的数据融合技术

在无线传感器网络的实际应用中，用户在查询传感器网络事件时，往往直接将所关心的事件通告给网络，而不是基于传感器节点的地址直接传到某个具体节点，传输的数据是某个感兴趣区域内的宏观状态或者事件。也就是说，网络用户关心的不是某个特定节点的数据信息或者整个网络的细节数据，而是某个区域的监控信息，这是无线传感器网络的一个典型特点。

由于无线传感器网络部署的冗余性，整个网络采样的数据含有大量冗余信息，如果不经过处理直接通过无线方式将全部信息进行传输，势必会消耗节点的大量能量，而且用户获取大量的数据后还需要进行二次处理。为了降低网络传输过程中的数据量和能耗，去除网络中的冗余数据，可以通过网络内部相关节点的数据融合算法来解决，从而达到节约整个网络能耗、延长网络生命期的目的。在网络运行过程中，单个节点观测的不确定性会导致采样数据的精确度高低不等或者采集数据的异常，利用无线传感器网络的拓扑结构，在网络内部采用一定的数据融合算法对这些数据进行处理[55-56]，提高网络的顽健性和准确度。在无线传感器网络中进行数据融合处理有如下优势。

（1）删除冗余、无效和可信度较差的数据

在部署无线传感器网络时，为了保障网络的可靠性和监测信息的准确性，考虑到传感器节点损毁其失效的可能性，需要对节点进行冗余配置。在这种冗余配置的情况下，多个节点上报的数据可能会非常相近，即数据的冗余程度较高。不经处理就把这些数据都发给汇聚节点，会使得传感器节点的能耗增加，而并不会对数据精度有太大的帮助，汇聚节点并不能获得更多的信息。数据融合技术可以使传感器节点在向汇聚节点发送数据前处理掉冗余的数据，从而节省了网内节点的能量资源。

（2）获取更准确的信息

由于环境的影响，传感器节点上报的数据存在着较高的不可靠性，通过对监测区域多个传感器节点的数据进行融合处理，可以有效地提高汇聚节点获取信息的精度和可信度。

（3）提高网络数据采集的实时性

在传感器网内进行数据融合，可以减少网络数据传输量，降低数据传输时延，减少传输数据冲突碰撞现象，减少传输拥塞，可在一定程度上提高网络收集数据的实时性。

1．按网络拓扑结构关系分类

传感器网络所特有的性质决定了该种数据融合方法与网络结构密切相关。根据传感器网络拓扑路由，可以分为分簇型数据融合方式、反向树型数据融合方式以及树簇混合型数据融合方式。

分簇型数据融合方式的结构如图 3-26 所示，该种方式的数据融合主要应用于分级的簇型网络中，整个网络自组织地分成若干个簇区域，每个簇区域选出一个簇头，负责收集和管理本簇内的传感器节点，簇内的感知节点感测到数据后，将数据直接发送到簇头节点，簇头节点融合处理簇内数据后，将融合后的数据直接转发给汇聚节点。

与这种数据融合方式相关的路由主要有：低功耗自适应聚类（Low Energy

Adaptive Clustering Hierarchy，LEACH）路由算法及其改进算法、基于安全模式的能量有效数据融合（Energy-Efficient and Secure Pattern-Based Data Aggregation，ESPDA）协议等。

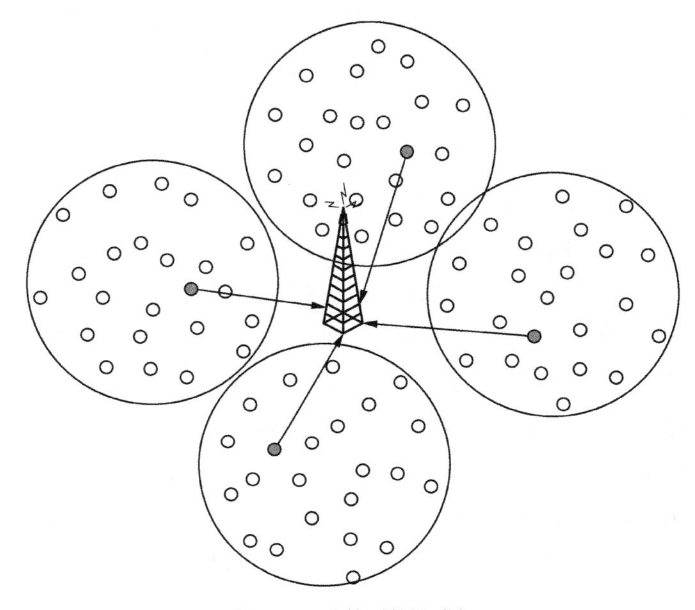

图 3-26　分簇型数据融合

如图 3-27 所示，反向树型网内融合技术建立在平面树型网络拓扑结构基础上，感知节点通过多跳的方式将感测的数据转发给汇聚节点。多跳的路径由反向多播融合树形成，树上各中间节点都对接收到的数据进行融合处理。与这种数据融合方式相关的路由主要有：高效能量感知的分布启发式融合树（Efficient Energy Aware Distributed Heuristic to Generate the Aggregation Tree，EADAT）、平衡融合树路由（Balanced Aggregation Tree Routing，BATR）以及 SPIN。

簇树混合型网内数据融合技术面向簇—树混合型网络，该种网络具有复杂、高效的特点，如图 3-28 所示。该种融合技术其实是前两种融合技术的结合，相当于分簇型数据融合技术中的簇头节点利用反向树型数据融合技术，具体来说，首先无线传感器网络自组织大量的簇，感知节点将感知数据直接发送至它所在簇的簇头节点，簇头节点负责感知数据的融合处理，经融合处理后的数据通过簇头组成的反向多播树转发给汇聚节点。

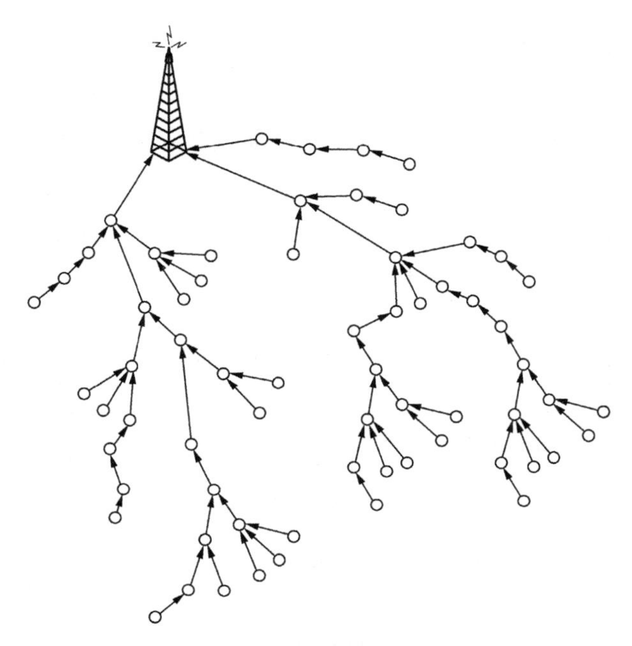

图 3-27　树型网内融合

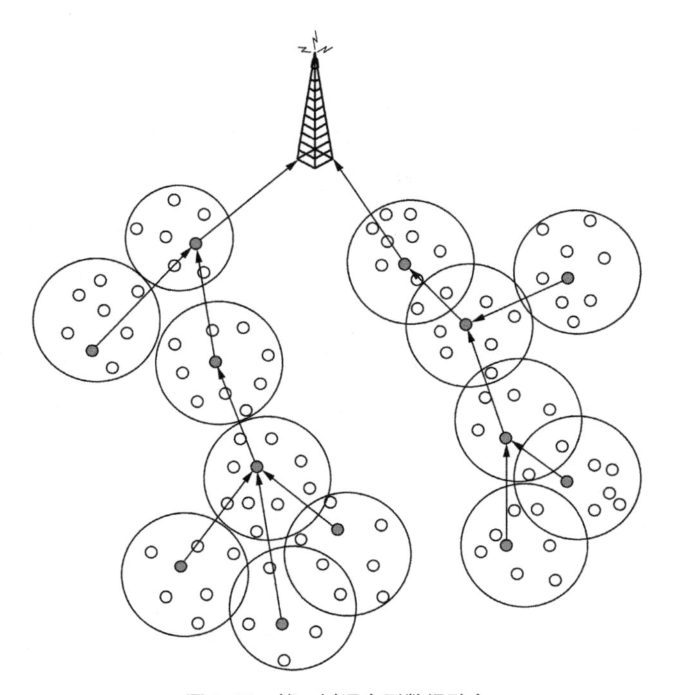

图 3-28　簇—树混合型数据融合

2. 按照信息含量分类

从信息含量上分，无线传感器网络数据融合技术可以分为无损融合和有损融合。数据融合的基本原则是减少冗余信息。在无损融合中，所有有效的信息将会被保留，当各个结果相关性比较大时，会存在许多冗余数据。与无损融合不同，通过减少信息的详细内容或降低信息质量，有损融合可以减少更多的数据传输量，从而达到节省能源的目的，如图 3-29 和图 3-30 所示。

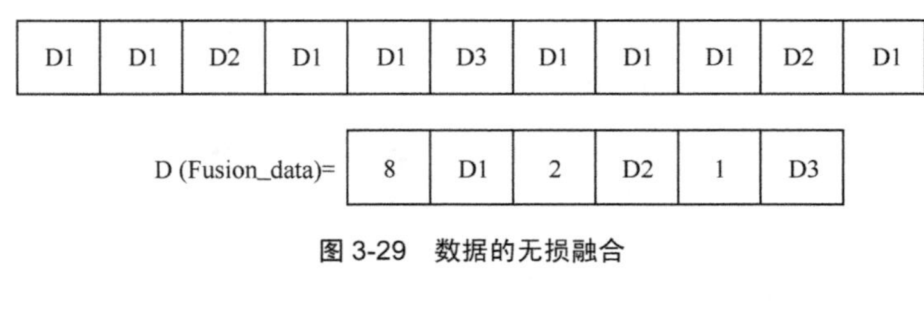

图 3-29　数据的无损融合

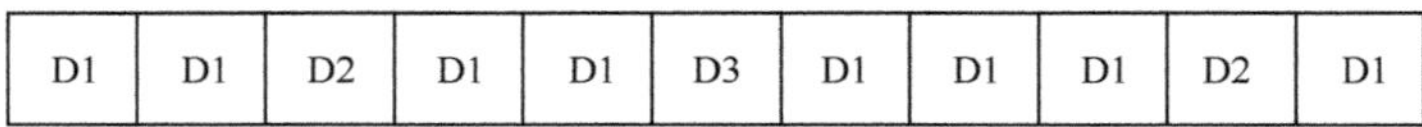

D (Fusion_data)=w1*D1+w2*D2+w3*D3

图 3-30　数据的有损融合

3. 按数据融合级别分类

数据融合从抽象程度上可以分为 3 个层次：数据级融合、特征级融合和决策级融合。数据级融合是最低层次的融合，它是从最基本上对传感器获得的原始数据进行融合，主要针对目标检测、定位、跟踪、滤波等底层数据融合，能提供其他层次所不具有的细节信息，但是融合有很大的局限性，稳定性和实时性都比较差。特征级融合属于中间层次的融合，能够增加某些重要特征的准确性，融合的不再是底层的原始数据，而是经过提取的特征信息，也可以产生新的组合特征，具有较大的灵活性。决策级融合是一种高层次的融合，和前两种融合相比，它不着眼于具体的数据或者数据的特征，而是直接对完全不同类型的传感器或来自不同环境区域的局部决策进行最后分析，以得出最终的决策。决策级融合抽象层次高，使用范围最广。

总之，数据级融合对资源的要求比较严格，但信息准确性最高；决策级融合会有一定的信息损失，但是处理速度最快；特征级融合既实现了客观的信息压缩，又保留了足够的重要信息，是介于数据级融合和决策级融合之间的一种中间级数据融合方式。

3.6.2.3　IPv6 与无线传感器网络的无缝结合

无线传感器网络应用前景广阔，IPv6 的某些特性能够很好地支持无线传感器网络的应用，具体表现在以下几个方面。

1. 地址空间

IPv6 提供了非常大的地址空间。据估算，IPv6 可以为地球上的每一粒沙子分配一个地址。如此巨大的地址空间对于无线传感器网络的某些应用是非常有吸引力的。例如智能家居，如果一个几百万人口的城市全部实现家居智能化，则至少需要几百万个地址来区分不同的家庭，如果给每个设备分配一个地址，那么所需的地址数量更是惊人的，现有的 IPv4 地址空间已经远远不能满足。

2. 移动性

无线传感器网络的节点有时是可以发生移动的，如果不论移动设备实际上在何处，其他设备都能够通过同一个 IP 地址（或其他标识）与该设备进行通信，这将是十分方便的。这种能力在某些应用场合下还是必需的，例如在医疗监控/健康监控应用中，某些类型病人在正常情况下的活动范围是很大的，可以是整个城市，甚至会出差到其他的城市，例如心脏病人等。如果能够给病人配置一个唯一的 IP 地址，不论用户到达什么地方，通过移动 IP 技术都可以找到用户，在危机时刻（例如心脏病突发），警报信息能够准确地传给病人，就有助于及时为医生提供病人的一些有用信息。

3. 安全性

在 IP 协议发展中，安全性是根据不同用户的身份验证和访问控制实现的。同时还提出了关于一致性的强制措施，其中包括一些方法来防止传输源的欺骗和抵制重播攻击以及传输过程中对数据的修改。其他的服务包括不可再现性（签名）、保密性（加密）和通过拒绝对于某些服务的攻击以实现保护等。安全性在无线传感器网络的国防应用中非常重要，工业控制中也有可能出于商业机密保护而要求一定的安全性。

4. 邻居发现

IPv6 协议中的邻居发现机制，对无线传感器网络的一些需求也提供了很好的支持。

① 参数发现：此机制在 IPv6 中可以帮助节点确定链路信息，例如本地链路 MTU；而在无线传感器网络中，可以用于传感器节点获取路由选择所需的参数，例如带宽、路由器的功耗等。

② 路由器发现：帮助节点来识别本地路由器。

③ 地址自动配置：用于无线传感器节点自动配置。

④ 邻居不可达检测：邻居发现可帮助节点确定邻居是否可达。

除此之外，还有重复地址检测、重定向等。

IPv6 协议中通过定义特殊的 ICMP 报文类型来实现邻居发现。根据无线传感器网络的特点，可以对 ICMP 报文进行适当修改，这些 ICMP 报文包括以下几种类型。

（1）路由器通告

无线传感器网络应用除了需要路由器通告可用性、本地 MTU 指标等一般性信息，还需要通告能量的可用性等无线传感器的网络敏感信息。

（2）路由器请求

当无线传感器节点结束休眠或者有新的节点加入时，可以请求本地路由器发送路由器通告。由于无线传感器网络的特点，其节点通常休眠时间比较长而工作时间比较短，所以在一定程度上，路由器通告报文的发送可以由节点主动请求，尤其是在节点数量少的应用场景下，这样的措施可以减少路由器的能量消耗。

（3）重定向

如果路由器不是特定目的地的最佳路由器，其向源节点发送重定向报文，以通知源节点进行路由重定向。

（4）任意点播地址

和 IPv6 所叙述的相同，点播地址表示单播地址的集合，发送给该任意点播地址的数据分组将随机地传送给任意一个单播地址，发送节点并不在意由节点集合中的哪一个来响应。

5. **无状态自动配置**

有状态自动配置的网络不够灵活，如 DHCP 需要安装和管理 DHCP 服务器。而 IPv6 协议支持即插即用的网络连接，通常无线传感器网络应用中，其无线网络部分的规模较小，所以无状态自动配置更适合。IPv6 无状态自动配置过程要求节点采用如下步骤。

首先，进行自动配置的节点必须确定自己的链路本地地址（例如 IEEE EUI-64

地址）；然后，必须验证其在链路上的唯一性；最后，节点必须确定需要配置的信息。完成自动配置的节点首先将其链路本地地址添加到链路本地前缀后，这样做的目的是保证只要同一链路上没有其他节点使用与之相同的，该节点的 IPv6 地址就是可用的。

但是，在使用该 IPv6 地址前，节点必须证明本地链路地址的唯一性，即节点必须确定同一链路上没有其他节点在使用该 EU-64 地址。这在使用网络接口卡的互联网上可以很容易实现，但是在无线传感器网络中，节点并没有类似 MAC 地址的唯一标识，因此很可能发生地址重复现象。有些嵌入式处理器/控制器配有一个唯一的序列号，这对于无线传感器网络中 IPv6 的地址自动配置是有益的。

3.6.3　无线传感器网络的应用

作为新一代有效获取信息的无线网络，无线传感器网络得到了广泛的应用，并以其低成本、低功耗、自组织和分布式的特点带来了信息感知的变革。虽然由于技术等方面的制约，无线传感器网络的大规模商业应用还有待时日，但最近几年，随着微处理器体积越来越小以及传感器节点生产成本的下降，已经有为数不少的传感器网络得以应用。目前，无线传感器网络的应用主要集中在以下领域。

1．环境监测和保护

加州大学伯克利分校在大鸭岛（Great Duck Island）部署传感器网络来监视生态环境[57]，传感器网络中的节点采用加州大学伯克利分校的 Micamote 节点[58]，包括监测环境所需的温度、湿度、大气压力、光强等多种传感器。传感器网络采用分簇的结构，感知节点将采集的环境参数传输到簇头节点，然后通过基站、互联网等将数据传输到数据库中，用户或管理员可以通过互联网远程访问监测区域。

此外，为了监测局部环境条件下小气候和植物甚至动物的生态模式，加州大学还在南加利福尼亚 San Jacinto 山建立了可扩展的无线传感器网络系统[59]。面积为 0.25 km^2 的监测区域分为 100 多个小区域，包含各种类型的传感器节点，该区域的网关负责传输数据到基站，经由传输网络到互联网。

2．军事领域

在军事领域中，无线传感器网络能够实现实时监视战场状况、监测敌军区域内的兵力和装备、定位目标物、监测核攻击及生物化学攻击等。美国军方研究的 NSOF

（Networked Sensors for the Objective Force）系统是美国军方未来战斗系统的一部分，主要用于军事侦察，能够收集侦察区域的情报信息，并将此信息及时地传送给互联网。该系统含有大约 100 个静态传感器节点以及用于接入互联网的指挥控制（Command and Control，C2）节点。

美国科学应用国际公司采用无线传感器网络构建了一个电子防御系统[60]，该系统的主要作用是为美国军方提供情报信息和军事防御信息。系统利用声音传感器节点监测车辆或者人群的移动方向，同时，系统采用多个微型磁力计传感器节点来探测监测区域中是否有人携带枪支、是否有车辆行驶。

3. 文物保护

众所周知，古人留下的文物是祖先遗留下来的宝贵精神和物质财富，是人类文明的重要见证，但是文物分布情况十分复杂，文物保护任务艰巨。当前，文物的损坏或丢失十分严重，如何科学而有效地保护文物面临着巨大挑战。无线传感器网络的工作机制十分适用于古建筑结构健康监测、文物储藏室环境监测和防盗。将传感器节点合理部署在展室或储藏室内，可以对文物存放环境的温度、湿度、光照和振动等数据进行监测，当环境不合要求时及时向监控中心报警，以便通知相关人员及时处理。因此，将无线传感器网络用于文物保护，既能提高文物的保护水平，又能节省人力资源，降低劳动强度。

4. 医疗护理

加利福尼亚大学提出的人体健康监测屏 CustMed 基于无线传感器网络[61]，采用可佩戴的传感器节点，传感器类型包括皮肤反应、压电薄膜传感器，压力、伸缩、温度传感器等。传感器节点采用加州大学伯克利分校研制、Crossbow 公司生产的 dot-mote 节点，人体当前的信息可以通过 PC 呈现出来。

针对当前社会老龄化的问题，纽约 Stony Brook 大学提出了监测老年人生理状况的无线传感器网络系统（Health Tracker 2000），该系统可以监测用户的生理信息，还可以在生命发生危险的情况下及时通报其位置信息和身体情况。传感器节点采用 Crossbow 公司的 MICA2 和 MICA 2DOT 系列节点，主要采用呼吸、血氧水平、温度、脉搏等类型传感器。

5. 空间探索

探索外部星球一直是人类梦寐以求的理想，人类已经做了很多有益的尝试。无线传感器网络独有的特点可以很方便地实现星球表面大范围、长时期、近距离的监测和探索，是探索外部星球一种经济可行的方案。为了给将来的火星探测、选定着陆场地等需求提供支持，NASA 的 JPL 实验室研制了 Sensor Webs 系统。现在该项目已在佛罗里达宇航中心的环境监测项目中进行测试和完善。

6. 建筑领域

将无线传感器网络用于建筑物的检测，不仅成本低廉，而且能解决传统有线网络布线复杂、易受损坏、线路老化等问题。斯坦福大学采用基于分簇结构的两层网络系统，提出了基于无线传感器网络的建筑物监测系统[58]。传感器节点由 EVK915 模块和 ADXL210 加速度传感器构成，簇首节点由 Proxim Rangel LAN2 无线调制器和 EVK915 连接而成。

7. 智能交通及其他

上海市重点科技研发计划中的智能交通监测系统，将节点部署于十字路口周围，部署于车辆上的节点还包括 GPS 全球定位设备，系统采用温度、湿度、声音、图像、视频等传感器。该系统重点强调了系统的安全性问题，包括网络规模、网络动态安全、数据传输模式、数据管理融合、耗能等。

1995 年，美国交通部提出了“国家智能交通系统项目规划”，预计到 2025 年全面投入使用。该计划利用大规模无线传感器网络，配合 GPS 等资源，能够使所有车辆都自动保持车距，并且保持高效、低耗的最佳运行状态，此外，还可以推荐最佳行使路线，对潜在的故障可以发出警告。

除了上述提到的应用领域外，无线传感器网络还可以应用于智能家居、工业生产、仓库物流管理、海洋探索等领域。

3.7 认知网络

3.7.1 认知网络概述

Virginia Tech 公司的 Thomas 给认知网络（Cognitive Network，CN）下了一个定义[62]，明确认知网络是一种能够感知当前网络条件，并据此进行规划、调整和采取适当行动的网络。也就是说，认知网络能够感知当前网络条件，并根据系统性能目标进行动态规划和配置，通过自学习和自调节，采取适当的行动来满足性能目标。这就要求网络能够从认知过程中积累经验并用于今后的决策和行动，并且所有决策和行动服务于特定的系统目标。认知网络的认知过程 OODA（Observation Orientation Decision Action，观察、判断、决策、行动）环路如图 3-31 所示。

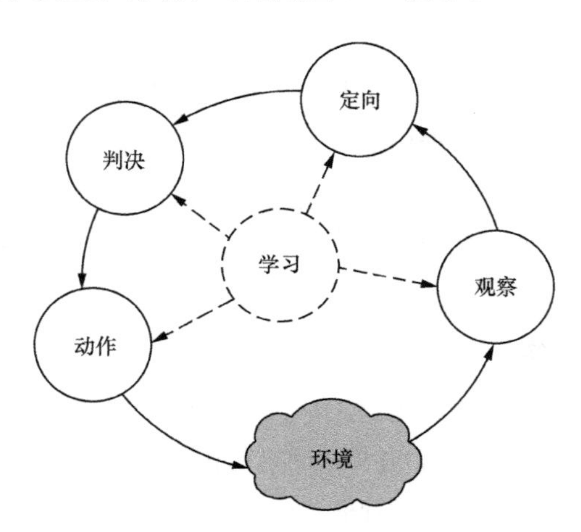

图 3-31　认知过程的 OODA 环

认知无线电是认知网络的一种特例，重点考虑如何根据网络环境来调节工作频率和频段，以高效利用宝贵的无线频谱资源；而认知网络更加重视整个网络的性能和系统总体目标，涉及数据传输过程中的所有网络元素，包括子网、路由器、交换机、终端、加密机制、传输媒体和网络接口等，涵盖整个网络范围，而不是局部范围或个别元素[63]。

认知网络的认知和学习特性，使它具有不同于传统网络的一些重要特性。

1. 泛在性和异构性

与非认知网络相比，认知网络能够动态、自适应地提供更好的端到端性能。认知过程可以提供更好的资源管理、QoS、安全和接入控制等目标。在认知网络中，节点能够通过认知过程，随时感知周围的网络环境，选择适合的接入方式，灵活地切换通信模式，建立异构网络环境，如图 3-32 所示。因此，认知网络能够提供最大可能的无缝连接服务，实现多网融合和各种网络之间的无缝切换，并使网络的性能最优化。

2. 协同性

目前的网络中，终端和终端之间、网络和网络之间缺少有效的信息互通，节点间缺乏相互沟通，造成资源浪费及资源分配不合理等情况，网络整体利用率低。在认知网络中，认知过程不仅能够感知周围的网络环境，也能够感知网络中周围其他网络元

素的信息。因此，认知网络可以改变传统网络中节点之间因信息孤立而导致的竞争和不合作关系，建立起节点之间协同工作的关系。这种建立在对网络环境和网络元素充分认知基础上的协作关系，能够有效地进行节点间的资源共享，从而更有效地利用网络资源，实现优势互补，使网络的使用更加高效、合理。

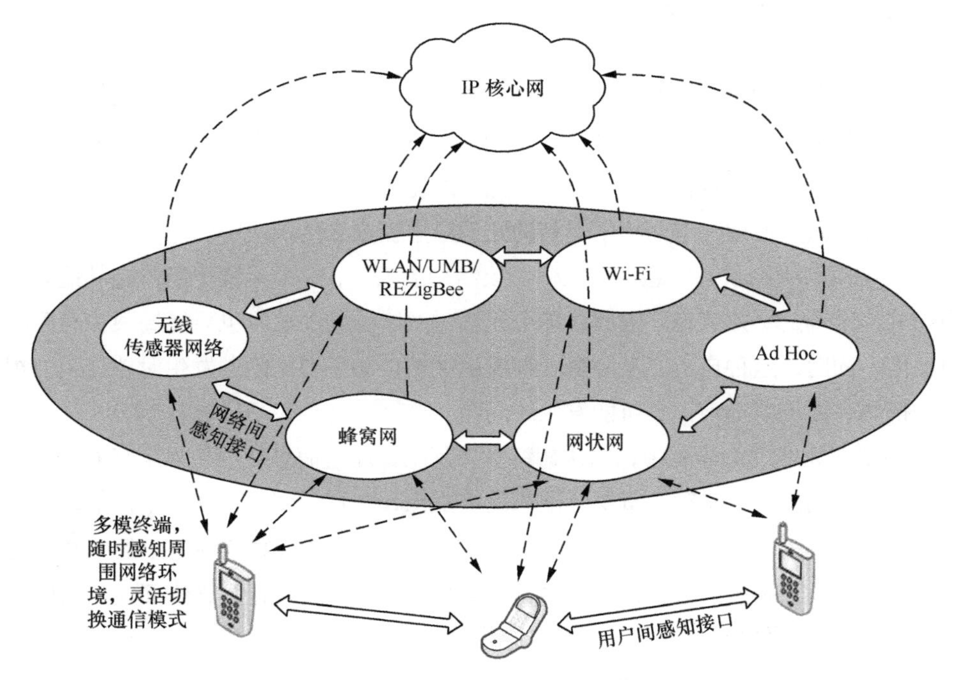

图 3-32　认知网络的泛在性和异构性

3. **高度智能性**

目前的网络配置和管理主要依赖于人工操作，随着计算机和网络技术的不断发展，网络日益庞大复杂，人工管理和维护越来越难以满足系统性能的要求。按照未来网络的异构特性，各种网络在网络拓扑、工作模式和参数设置等方面，都应该能够动态变化，尽量减少对人工的依赖。认知网络高度智能性体现在它具有自感知、自适应、自配置、自我意识、自我学习的功能，能够智能地进行决策和重配置。通过认知过程，网络能够感知周围环境，并不断地进行调整和重构，以适应周围环境。这种感知过程包括终端间的感知、网络间的感知以及终端和网络间的感知。同时，网络的变化又会引发环境的再变化，对网络和其中的用户产生新的影响，引起新的调整和重构。网络在这种不断的相互影响和变化中实现优化配置，最终实现性能的最优化。为实现这种智能的自我组织和配置功能，考虑借鉴人工智能领域的研究成果，在认知网络的组网和调度中引入人工智能算法，从而达到学习、认知和网络性能优化的目标。

3.7.2 认知无线网络

认知无线网络的主旨是让网络能够观察、学习和优化自己的行为，其基本目标是提高端到端的效能。这就要求认知无线网络不仅能够感知当前的状况以采取相应的自适应行动，并且具备思考、学习和记忆的能力，能够基于所获取的知识对当前情况和事件做出推理，继而将学习到的知识应用在未来的判决中。

传统网络中的状态信息受层次化协议结构的限制，单个元素不能体会其他元素当前的、准确的感知状态。因此，单个元素对网络激励的反应也只能局限在有限的范围内。同时，这种自适应反应是一种反射性的，即只有当问题发生时才会采取相应的措施，而不能提前预测可能发生的问题。

在认知无线网络体系中，以认知特性为基础，通过信息处理和人工智能，可以实现对网络的感知、决策、资源分配和网络重构，四者之间又存在着紧密的内在逻辑关系，如图 3-33 所示。在这种体系结构中，认知无线网络能够观察、感知和学习网络环境状态，智能决策并自适应调整节点和网络的配置与行为，进而达到对网络性能的智能优化[64-65]。

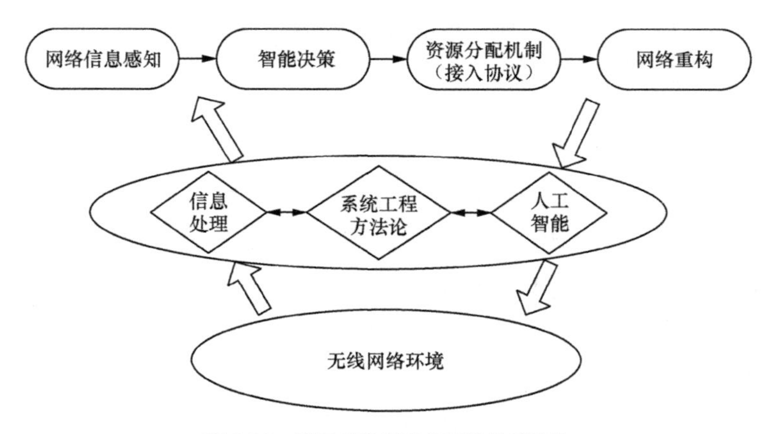

图 3-33 认知无线网络的理论体系结构

认知无线网络的组网方式可以分为两类：基于基础设施的组网形式和基于 Ad Hoc

的组网形式。基于基础设施的认知无线网络如图 3-34 所示，主要由认知无线网络接入点和认知无线网络节点组成。

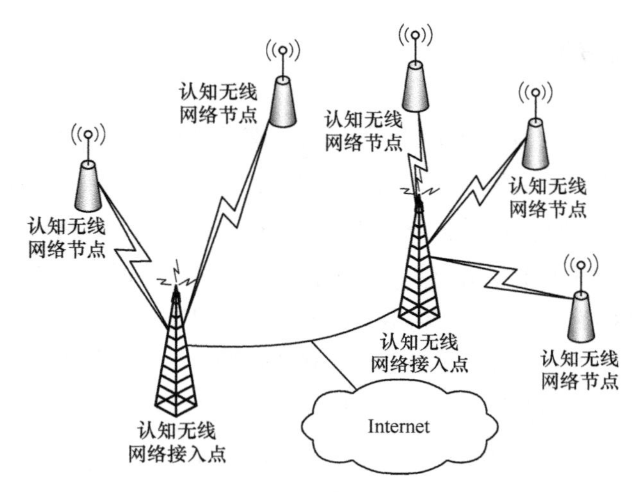

图 3-34　基于基础设施的认知无线网络

基于 Ad Hoc 方式的认知无线网络中，认知节点以自组织、多跳方式组网，如图 3-35 所示。这种网络没有基础设施的支撑，网络节点既能通过无线的方式直接相互通信，又能协助其他网络节点完成相互通信。在这种方式组成的网络中，所有节点地位平等，无须设置任何的控制中心。

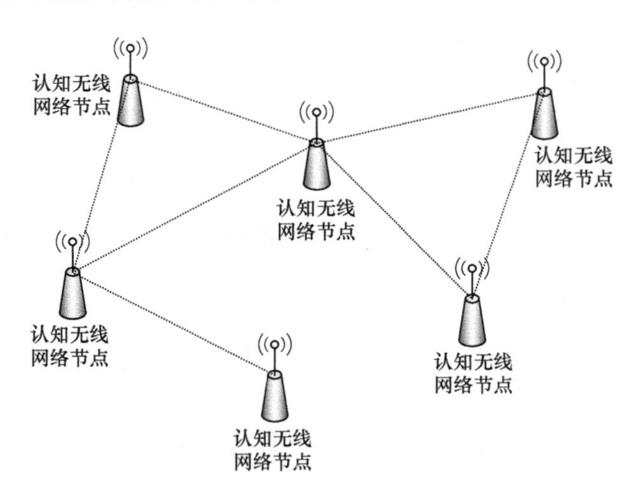

图 3-35　基于 Ad Hoc 方式的认知无线网络

认知无线网络的主要研究领域有：网络信息感知、无线资源分配机制、智能决策算法和网络重构技术等。

3.7.3 频谱感知技术

频谱资源（频谱空洞）是认知无线网络物理层最基础的可用资源，从网络层的角度来看，该资源可映射为端到端的带宽资源。这些资源信息的获取是无线网络中保证用户 QoS 的重要前提，也是认知无线网络的工作基础，其感知结果的准确性将直接决定频谱利用率及业务流所能达到的性能。特别是可用带宽信息，它是网络资源的综合，是直接为网络业务所利用的资源，因此，其研究意义也越来越受到重视。

频谱感知技术也是认知网络区别于传统无线网络的核心技术之一。按照感知的对象不同，频谱感知可分为基于发射源的感知和基于干扰的感知。而根据感知方式的不同，目前对频谱检测技术的研究主要包含两方面：一是单点频谱检测技术，根据单个认知无线电节点接收的信号，检测其所处无线环境的频率占用状态；二是多点协作频谱检测技术，即把多个节点的频谱检测结果进行合并，以提高检测正确率，并降低对单节点的性能要求，如图 3-36 所示。

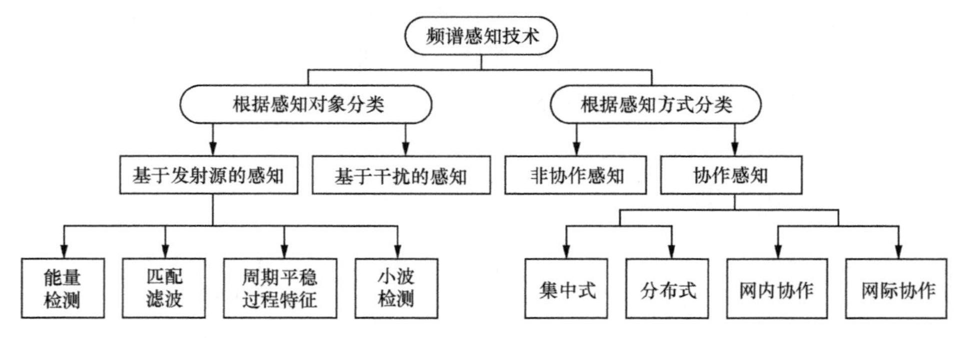

图 3-36　频谱感知技术分类

1. 基于发射源的感知

针对发射源的不同特征进行感知，该方法又可细分为以下几类。

（1）能量检测

能量检测是指在一定频段内检测能量的积累，如果积累后的能量高于设定的门限，则说明有信号存在；否则只有噪声。能量检测的优点是无需任何检测信号的先验知识，属于非相关检测。其缺点是检测速度慢，并且对门限值的设定也非常敏感。

（2）匹配滤波检测

匹配滤波检测是指通过频谱滤波器进行信号检测的技术。匹配滤波器是输出信噪比最大的最佳线性滤波器。匹配滤波检测是在已知主用户信号特征下最优的频谱检测技术，是一种相关检测。和其他检测技术相比，它具有时间短、检测精度高的优势。但是需要主用户信号的详细特征，如果需要对多个主信号进行检测，就需要配置多个滤波器，其执行成本将大大增加，因此其应用场合也受到很大的限制。

（3）周期平稳过程特征检测

周期平稳过程特征检测是指通过提取接收信号的静态相关特征来检测主用户信号的技术。静态相关特征是由信号的周期性特征导致的。这种检测技术的主要优势是能从调制信号功率中区分出噪声能量，前提是噪声为不相干的广义平稳信号。因此，周期平稳过程特征检测可以在较低的信噪比前提下检测信号。

（4）小波检测

由于无线网络中功率谱密度的不规则性，可以通过小波变换来分析信号的特征，其最大优势是能对较宽频段的信号进行检测。

表 3-10 对以上 4 种主要的频谱感知技术的优缺点进行了总结。

表 3-10　频谱感知技术

感知技术	优点	缺点
能量检测	不需要信号的先验知识，简单易行	检测速度慢；不能在低信噪比下工作；无法区分主用户与认知用户信号
匹配滤波	准确度高，较易执行	需要主用户信号的全部先验知识；可扩展性差
周期平稳过程特征检测	低信噪比和干扰条件下性能稳定	计算复杂，需要主用户的部分先验知识
小波检测	利于宽频段下的信号检测	计算复杂，无法检测扩频信号

2．**基于干扰的感知**

该方法的基本思想是根据接收端受到的干扰程度来决定是否或者如何进行频谱接入。在实际应用环境中，基于发射源的感知方法还存在一些难以克服的问题。例如主用户接收端不确定问题，也称为主用户的隐终端问题。认知用户在主用户发射端的干扰半径外，因此，一旦检测到频谱可用并接入信道，便会与主用户接收端发生冲突。此外，还存在虽然认知用户处于主用户发射端的干扰半径内，但是由于障碍物的存在，导致在阴影区域（扇形区域）检测到频谱可用，而接入信道后也会与主用户的接收端发生冲突。因此，研究学者又提出了一种新的检测干扰的模型——干扰温度模型。该模型不使用噪声作为判断门限，而是将干扰温度，即接收端所能忍受的干扰程度来进行门限判断。只要不超过该门限，认知用户就可以使用该频段。

3．协作感知

由于无线环境存在路径损耗、阴影效应和多径效应，仅依靠单个节点检测频谱，不能保证其正确性。在复杂环境中，认知无线电用户受到了阴影效应的影响，只有某些用户能够正确检测频谱。因此，可以合并多个节点的频谱检测结果，通过协作频谱检测来提高频谱检测的正确性。协作感知的本质即认知用户通过协作来共同感知频谱空洞。

协作感知可分为集中式和分布式。在集中式协作感知中存在一个中心控制节点。该节点通过公共控制信道广播感知任务给网络中的所有节点，并将各感知节点的感知结果进行采集。需要指出的是，公共控制信道在认知网络中并不容易实现，该问题也是认知网络中一个极具挑战性的问题。在分布式感知中，认知节点虽然共享感知信息，但却单独进行频谱接入。协作感知还可以分为网内协作（即在一种网络系统内进行协作感知）与网际协作（即在多种无线网络系统中协作感知）。

协作感知与非协作感知的优缺点对比见表 3-11。

表 3-11　协作与非协作感知对比

感知方式	优点	缺点
非协作感知	工作过程简单	无法彻底解决隐终端及阴影等问题，感知准确度低，感知速度慢
协作感知	感知准确度高，感知速度快，能解决隐终端和阴影问题	执行与计算复杂，通信开销大，需要公共控制信道

3.7.4　可用带宽的感知技术

可用带宽是指在不影响网络中背景业务流（即已经存在的业务流）的情况下，端到端通信所能获得的最大数据传输率。在网络资源感知方面，无论是物理层的频谱资源，还是 MAC 层的信道资源，最终都将转化为网络中端到端的带宽资源。可用带宽信息的获取是认知无线网络中支持 QoS 的一个重要前提，因此，关于可用带宽信息的感知技术也越来越受到重视。

首先得到广泛研究的可用带宽测量方法是基于探测分组的方法，主要应用于有线网络。其原理是基于探测分组间距模型（Probe Gap Model，PGM）或者探测分组速率模型（Probe Rate Model，PRM），终端节点通过不断发送端到端的探测分组来估计目标路径上的可用带宽。但是，由于无线网络的资源本来就受限且十分珍贵，往往不能承受节点发送过多探测分组所带来的额外负载，因此，人们又不断提出适合无线网络的可用带宽获取方法。这些方法大体可以分为两类：基于感知的估计方法和基于模型的预测方法。

1. 基于感知的估计方法

基于感知的可用带宽估计方法最先在单跳无线网络中提出，然后扩展到多跳无线网络中。这类方法的基本思想是节点分别感知其周围信道的利用情况，然后交互这些信息来进行可用带宽估计。如果这种信息交互得不是很频繁，基于感知的方法可以认为对存在的业务不构成干扰。

多跳网络与单跳网络的主要区别是多跳网络中存在流内竞争问题，主要是指同一条多跳路径上的相邻节点会为支持相同的业务流而竞争信道，当某一链路在发送数据时，路径上在其干扰范围内的链路无法进行数据传递。

2. 基于模型的预测方法

在很多时候，仅对当前可用带宽进行估计并不足够，还需要对下一时刻的可用带宽进行预测，而基于模型的方法正是基于这个背景提出的。基于模型的方法是指根据网络的行为规律建立其数学模型，然后利用模型来分析网络中给定路径可用带宽信息的方法。很自然地，在该方法中首先要解决的问题是建立无线网络的模型，正是因为模型能反映网络的活动规律，所以具有预测性。

因为在无线网络中，节点间由于相互竞争而导致其活动有不确定性，所以通过概率分析模型来分析网络行为是很好的方法。这其中具有代表性的工作是 Bianchi 针对 IEEE 802.11 建立的马尔可夫模型。

作为总结，图 3-37 给出了这 3 类方法的分类框图和其中有代表性的工作。

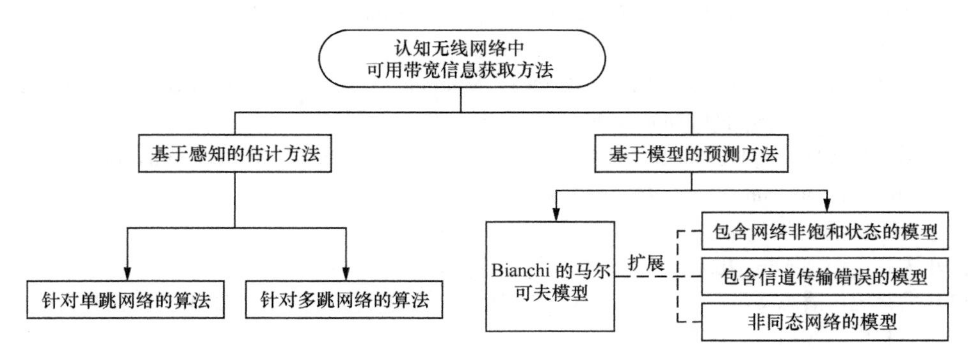

图 3-37　认知无线网络中可用带宽估计方法分类

参考文献

[1] HILLEBRAND F. GSM and UMTS: the Creation of Global Mobile Communication [M]. John Wlley&Sons, Inc, 2002.

[2] HOLMA H, TOSKALA A. WCDMA for UMTS[M]. Second Edition. JohnWiley&Sons Ltd, 2000.

[3] DAHLMAN E, PARKVALL S, SKOLD J. 3G Evolution: HSPA and LTE for Mobile Broadband[M]. Second Edition. Academic Press, 2008.

[4] 3GPP Tdoc Rl-063335. 64QAM for HSDPA[S]. Nokia, 2006.

[5] BAKE M, SESIA S, TOUFIK I. LTE, The UMTS Long Term Evolution: From Theory to Practice[M]. JohnWiley&Sons Ltd, 2009.

[6] 沈嘉, 索士强, 全海洋, 等. 3GPP 长期演进（LTE）技术原理与系统设计[M]. 北京：人民邮电出版社，2008.

[7] 3GPP Tdoc Rl-101724. On PCFICH for Carrier Aggregation[S]. EST-Ericsson, 2010.

[8] 3GPP Tdoc R1-102319. Interpreting the Carrier Indicator Field[S]. Qualcomm Incorporated, 2010.

[9] 3GPP Tdoc R1-091762. Cell Edge Performance for Amplify and Forward vs. Decode and Forward Relays[S]. Nokia Siemens Networks, 2009.

[10] LANG E, REDANA S, RAAF B. Business impact of relay deployment for coverage extension in 3GPP LTE-advanced[C]//ICC LTE Evolution Workshop, 2009.

[11] 3GPP Tdoc Rl-100121. Discussions on CoMP Standard Impact[S]. Samsung, 2010.

[12] 3GPP Tdoc R1-100258. The Standardization Impacts of Downlink CoMP[S]. Huawei, 2010.

[13] 3GPP Tdoc R1-102774. Interference Conditions in CSG Deployments[S]. Qualcomm Incorporated, 2010.

[14] 3GPP Tdoc Rl-102885. Possibility of UEside ICI Cancellation in Hetnet[S]. Panasonic, 2010.

[15] 3GPP Tdoc Rl-103220. DM-RS OCC Design for Rank 5-8 in LTE-Advanced[S]. Fujitsu, 2010.

[16] 3GPP Tdoc R1-103252. Length-4 OCC Mapping Scheme for DM-RS Ranks 5-8 in LTE-Advanced[S]. NTTDOCOMO, 2010.

[17] ANDREWS J G, BUZZI S, CHOI W, et al. What will 5G be?[J]. IEEE Journal on Selected Areas in Communications, 2014: 1065-1082

[18] IMT-2020（5G）推进组. 5G 概念白皮书[Z]. 2015.

[19] 大唐电信. 演进、融合与创新 5G 白皮书[Z]. 2013.

[20] 尤肖虎，潘志文，高西奇，等. 5G 移动通信发展趋势与若干关键技术[J]. 中国科学：信息科学，2014, 44(5): 551-563.

[21] 王秋萍，李宏伟，齐朝杰. 无线局域网技术在精细农业中的应用[J]. 农机化研究，2005, (5):

209-211.
[22] 贾帅. WLAN 在无线城市中的定位[J]. 电脑与电信，2011, (8): 43-46.
[23] 薄磊. 无线局域网技术在医疗中的应用探究[J]. 网络通信，2013, (8): 165.
[24] 郑少仁，王海涛，赵志峰，等. Ad Hoc 网络技术[M]. 北京：人民邮电出版社, 2005.
[25] MARSON M, ROFFINELLA D, MURRU A. ALOHA and CSMA protocol for multichannel broadcast networks[C]//Proc. Canadian Commun. Energy Conf, 1982.
[26] COLVIN A. CSMA with collision avoidance[J]. Computer Commun., 1983, 6(5): 227-235.
[27] IEEE Std 802.11. IEEE Computer Society, IEEE Standard for Wireless LAN Medium Access Control (MAC) and Physical Layer (PHY) Specifications[S]. 2012.
[28] KARN P. MACA-a new channel access method for packet radio[C]//Proc. ARRL/CRRL Amateur Radio 9th Computer Networking Conference, 1990. 133-140.
[29] BHARGHAVAN V, DEMERS A, SHENKER S, et al. MACAW: a media access protocol for wireless LANs[C]//Proc. ACM SIGCOMM'94, 1994: 212-225.
[30] IETF 2501. Mobile Ad Hoc Networking (MANET): Routing Protocol Performance Issues and Evaluation Considerations[S]. 1999.
[31] BROCH J, MALTZ D.A., JOHNSON D B, et al. A performance comparison of multi-hop wireless Ad Hoc network routing protocols[C]//Proc. of the 4th Annual ACM/IEEE International Conference on Mobile Computing and Networking, 1998.
[32] Pasminimisra. Routing protocol for Ad Hoc mobile wireless network[EB]. 2000.
[33] PERKINS C E, BHAGWAT P. Highly dynamic destination-sequenced distance-vector routing(DSDV) for mobile computers[C]//Proc. ACM SIGCOMM'94, 1994: 233-244.
[34] MURTHY S, CARCIA-LUNA-ACEVES J J. An efficient routing protocol for wireless networks[J]. ACM/Baltzer Mobile Networks Appl., Special Issues on Routing in Mobile Communication Networks, 1996: 183-197.
[35] HOHNSON D B, MALTZ D A. Dynamic Source Routing in Ad Hoc Wireless Networks[M]. Kluwer Publishing Company, 1996: 153-181.
[36] HONG X Y, XU K X, GERLA M. Scalable routing protocols for mobile Ad Hoc networks[J]. IEEE Network, 2002: 11-21.
[37] IETF RFC 3561. Ad Hoc on Demand Distance Vector (AODV) Routing[S]. 2003.
[38] POTDAR V, SHARIF A, CHANG E. Wireless sensor networks: a survey[C]//2009 International Conference on Advanced Information Networking and Applications Workshops, 2009.
[39] 程宏兵. 无线传感器网络安全关键问题研究[D]. 南京：南京邮电大学，2008.
[40] LI Z, TRAPPE W, ZHANG Y Y, et al. Robust Statistical Methods for Securing Wireless Localization in Sensor Networks[C]//ISPN’05, the 4th Int'l Symp. Info. Processing in Sensor Networks, 2005: 12.
[41] GHIASI S, SRIVASTAVA A, YANG X, et al. Optimal energy aware clustering in sensor networks[J]. Sensors Magazine, MDPI, 2002: 258-269.

[42] BO Y, MARIA O, SHAZIA S. On the optimal robot routing problem in wireless sensor networks[J]. IEEE Transactions on Knowledge and Data Engineering, 2007, 19(9):1252-1261.
[43] SANCHEZ J A, RUIZ P M. Bandwidth-efficient geographic multicast routing protocol for wireless sensor networks[J]. IEEE Sensors Journal, 2007, 7(5): 627-636.
[44] MADAN R, LALL S. Distributed algorithms for maximum lifetime routing in wireless sensor networks[J]. IEEE Transactions on Wireless Communications, 2006, 5(8): 2185-2193.
[45] JIANG Q F, MANIVANNAN D. Routing protocols for sensor networks[C]//IEEE Consumer Communications and Networking Conference, 2004: 93-98.
[46] MURUGANATHAN S D, MA D C F. A centralized energy-efficient routing protocol for wireless sensor networks[J]. IEEE Communications Magazine, 2005, 43(3): 8-13.
[47] LI X Y, HUANG D P. Energy efficient routing protocol based on residual energy and energy consumption rate for heterogeneous wireless sensor networks[C]//China Control Conference, 2007: 587-590.
[48] HU H F, ZHEN Y. Cooperative opportunistic routing protocol for wireless sensor networks[C]//International Conference on Wireless Communications, Networking and Mobile Computing, 2007: 2551-2554.
[49]HAAS Z, HALPERN J, LI L. Gossip-based Ad Hoc routing[C]//Proc. of the IEEE INFOCOM, New York: IEEE Communications Society, 2002: 1707-1716.
[50] KULIK J, HEINZELMAN W R, BALAKRISHNAN H. Negotiation based protocols for disseminating information in wireless sensor networks[J].Wireless Networks, 2002, 8(2-3): 169-185.
[51] INTANAGONWIWAT C, GOVINDAN R, ESTRIN D, et al. Directed diffusion for wireless sensor networking[J]. IEEE/ACM Trans. on Networking, 2003, 11(1): 2-16.
[52] BRAGINSKY D, ESTRIN D. Rumor routing algorithm for sensor networks[C]//Proc. of the 1st Workshop on Sensor Networks and Applications, 2002: 22-31.
[53] KARP B, KUNG H. GPSR: greedy perimeter stateless routing for wireless networks[C]//Proc. of the 6th Annual Int'l Conf. on Mobile Computing and Networking, 2000: 243-254.
[54] SOHRABI K, GAO J, AILAWADHI V, et al. Protocols for self-organization of a wireless sensor network[J]. IEEE Personal Communications, 2000, 7(5): 16-27.
[55] NIU R X, CHEN B, VARSHNEY P K. Fusion of decisions transmitted over Rayleigh fading channels in wireless sensor networks[J]. IEEE Transactions on Signal Processing, 2006, 54(3):1018-1027.
[56] NIU R X, VARSHNEY P K. Distributed detection and fusion in a large wireless sensor network of random size[J]. EURASIP Journal on Wireless Communications and Networking, Wireless Sensor Networks, 2005. 462-472.
[57] MAINWARING A, POLASTRE J, SZEWCZYK R, et al. Wireless sensor networks for habitat monitoring[C]//In the 2002 ACM International Workshop on Wireless Sensor Networks and Applications, 2002.

[58] HILL J, CULLER D. A Wireless Embedded Sensor Architecture for System-Level Optimization [R]. UC Berkeley Technical Report, 2002.

[59] SZEWCZYK R, OSTERWEIL E, POLASTRE J, et al. Habitat monitoring with sensor networks[J]. Communications of the ACM, 2004, 47(6): 33-40.

[60] SHETH A, THEKKATH C A, MEHTA P, et al. Sen slide: a distributed landslide prediction system[J]. Operating Systems Review, 2007, 41(2): 75-87.

[61] JAFARI R, ENCARNACAO A, ZAHOORY A, et al. Wireless sensor networks for health monitoring[J]. MobiQuitous, 2005. 479-481.

[62] THOMAS R W. Cognitive Networks[D]. Blacksburg: Virginia Polytechnic and State University, 2007. 58-60.

[63] 陈挣，张勇，滕颖蕾，等. 认知网络概述[J]. 无线通信技术，2009, 4: 21-25, 29.

[64] THOMAS R, FRIEND D, DASILVA L. Cognitive networks: adaptation and learning to achieve end-to-end performance objectives[J]. IEEE Communication Magazine, 2006, 44(12): 51-57.

[65] MITOLA J III. Cognitive radio for flexible mobile multimedia communications[J]. Mobile Networks and Applications, 2001, 6(5): 435-441.

第4章 网络融合控制

本章对网络融合控制相关技术进行介绍。首先，介绍网络融合控制的技术特点和网络层次分布。然后，对软件定义网络（SDN）、网络功能虚拟化（NFV）、网络虚拟化技术进行介绍，并描述云计算网络控制和SDN、NFV的关系。针对软件定义网络，重点介绍SDN整体理念、OpenFlow协议、SDN控制器实例和SDN组网实例。针对网络功能虚拟化，主要依据ETSI NFV标准规范描述NFV技术特点、体系架构和典型用例。针对网络虚拟化，从数据中心服务器网卡、交换机、层叠网多层次描述对应虚拟化实现技术。在此基础上，结合面向应用的网络控制思想以及IP综合业务融合控制需求，介绍思科SONA架构、统一通信技术以及即时消息控制协议。最后，结合4G、5G移动网络发展，介绍移动核心网、IP业务网及用户管理对应的融合控制技术。针对核心网，主要介绍4G EPC网络功能实体和参考点协议，5G网络发展新需求、新挑战以及对应网络新架构。针对业务网和用户管理，主要介绍IMS系统架构、业务控制流程以及UDC用户数据融合控制。

4.1 概述

网络融合控制是对网络转发行为、拓扑构建、虚拟化部署、功能服务化/标准化等进行的多层次、协同控制技术。随着网络技术的发展变革以及移动互联网的扩展，核心网络承载以及各种异构网络的接入均统一采用 IP 技术体制，网络控制的重点不再是传统的组网协议、用户网络接入等，而是针对网络的动态适应性、快速部署性、客户移动性、业务开发扩展性等进行设计，并重点考虑云计算业务快速部署需求、移动互联网业务发展需求和 M2M 物联网发展需求。网络融合控制的技术特点包括以下 5 个方面。

1. 基于全 IP 的网络控制

Internet 的核心 IP 技术以其简单、开放的特征，正在从互联网领域向通信网络的各个领域渗透，并逐步促进形成以“IP over Everything”和“Everything over IP”为特征的网络层公共传输平台。随着移动网络 3G/4G 技术的推进和部署，基于 LTE SAE 网络架构，传统电信的话音、短信等业务在未来将基于 IP 分组网体制进行实现，不再基于原有电路域提供对应功能。而在承载网络上的业务网、数据中心，也是基于二层/三层技术组网构建，因此网络控制技术面向全 IP 网络。

2. 控制和承载分离

近年来，SDN 以及 OpenFlow 技术成为互联网的热点技术。SDN 提出网络控制和网络转发分离的思路，将原来分布在各个通信设备中的控制功能、组网协议集中到网络控制器中实现，并提供标准、开放的北向接口供上层应用调用，将原有封闭网络变为开放网络，实现网络可编程性。在网络控制器和网络转发设备之间，依托于主流的 OpenFlow 协议及部分厂商制定的专用标准，定义了网络转发设备数据面的报文通用处理要求以及流表结构等，减少网络控制器和网络转发设备的耦合关系。

3. 控制功能服务化

SDN 思路带来了网络控制功能软件化、服务化的发展趋势。传统网络控制功能在组网设备中实现，而组网设备的运行平台是一个相对封闭的平台，其开发环境、计算处理能力、存储资源等均有较多限制，并且网络控制协议面临不同厂商协议实现一致性等问题。当特定设备供应商针对客户提供专用控制功能时，存在厂商绑定关系，网络扩展会受到限制。网络控制功能基于软件化服务进行提供，能够突破部署平台限制，具备跨平台使用、灵活部署、易于扩展升级的特点。将网络控制功能进行服务标准化描述和封装，还能够和其他功能协同工作，充分体现面向服务架构的思想。

4. 网络控制引入虚拟化技术

基于虚拟化的网络控制在网络中已经广为应用。一方面，目前的计算处理平台性能非常强劲，部分网络设备包括防火墙、入侵检测设备等均可作为计算平台的虚拟设备进行实现，从而实现在网络中灵活部署；另一方面，随着云计算技术的商用扩展，数据中心网络中客户规模扩展和服务迁移已经是频繁事件。云计算平台将所有资源，包括计算资源、存储资源以及网络资源等进行统一动态管理。为支持网络动态管理需求，适应客户虚拟服务设备在物理网络的不同位置部署扩展并互通，引入了虚拟化技术对网络进行控制，有效提升网络的动态性。

5. 网络能力抽象及平台化

根据思科公司面向服务网络架构的思想，部分应用能力在网络中进行统一实现有利于网络效能提升。随着移动互联网的发展和社交网络服务的流行，互联网部分服务已经网络化构建，类似 IMS 系统一样，实现平台化控制。例如微信、QQ 等平台，作为用户上网的入口，提供基于用户数据管理、用户移动管理以及呼叫、视频、用户群组、呈现管理等基本能力引擎，并将接口开放引入新闻、游戏等第三方服务。虽然不同厂商内部具体协议没有公开，但基本业务控制引擎的实现机制主要还是采用类似 SIP/SIMPLE 协议、XMPP（eXtensible Messaging and Presence Protocol，可扩展通信和表示协议）等，实现群组、呈现、即时消息、音/视频通信的业务并提供服务接口。

本章对网络融合控制相关技术进行介绍。首先介绍网络融合控制技术在网络各层次的分布及关系，然后介绍 SDN 的相关技术、网络功能虚拟化（NFV）的相关技术和网络虚拟化技术，描述其主要技术特征和应用实例，描述云计算网络控制和 SDN、NFV 的关系。在此基础上，就面向应用的网络控制思想以及相关协议进行介绍。最后结合移动 LTE 网络发展，简单介绍 LTE 网络 EPC 核心网、EPS 网络接口以及 IMS 系统的相关控制实体、功能及业务架构。

4.2 融合控制的层次结构

网络融合控制的层次结构如图 4-1 所示，网络各个层次分别对应不同的融合控制技术。基于各层次控制技术的共同实施，能够完成整个网络体系的控制。

图 4-1 网络融合控制层次结构

网络基础架构包括用户无线接入网络（Ad Hoc 网络、2G/3G/4G、Wi-Fi、WiMAX 等）以及有线承载网络、数据中心网络等。传统基础架构需要实现基础的路由、多播、

MPLS/VPN、流量工程等控制。基于新兴网络控制思想，底层基础架构也可进行简化，上述功能可以依托于网络集中控制实现。为实现基础设施的复用，提升应用效率，此层需要考虑增加网络虚拟化对应功能，包括物理网络上虚拟的 Overlay 网络、服务器内部虚拟设备之间的虚拟交换设备等，并且这些功能能够基于 SDN 进行控制。

在网络控制层，主要基于 SDN 的网络服务实现对物理网络的控制，基于虚拟化实现网络功能，并为上层应用提供 API 调用接口。SDN 网络服务包括传统的网络拓扑管理、网络转发路径计算、网络流量工程控制、网络多播路径计算等，也结合了虚拟网络控制功能，实现 VLAN 控制以及业务隧道封装控制，建立物理网络上的虚拟网络。同时，SDN 网络服务为 NFV 的实现提供网络底层控制能力。网络功能虚拟化将网络中的各种传统功能实体，例如移动网络 EPC 控制、IMS 系统、用户管理系统等，均基于 NFV 进行实现。在此基础上，采用面向应用的网络架构，将网络能力进行封装和组合。例如，将网络用户基本通信功能结合群组、呈现、多媒体会议等，以能力引擎的机制实现，并提供标准 API 或协议接口供上层应用使用。目前主流接口是基于 Web Service 的 REST API 服务接口。

在应用层，上层应用不考虑网络具体形态，网络异构性已经被屏蔽。应用仅需关注自身的业务逻辑、工作流实现，不再考虑网络特性。电信、互联网、多媒体和娱乐（Telecom、Internet、Media and Entertainment，TIME）多生态系统的实现已经可以独立于网络控制。

4.3　SDN 的控制技术

4.3.1　SDN 的基本思想

开放网络基金会（Open Networking Foundation，ONF）给出了 SDN 的标准定义：软件定义网络是一种新兴的网络架构，其网络控制和转发分离，并可直接对网络进行编程。

基于此定义，SDN 主要包括两个特性，即网络控制平面与数据平面分离、控制平面可编程。虽然这两个特性并非全新概念，在过去已经有相关技术进行实现，例如路由控制平台（Routing Control Platform，RCP）[1]、IETF 发布的转发和控制单元分离框架（Forwarding and Control Element Separation，ForCES）[2-4]，但是目前，仅 SDN 真正为网络设计带来了巨大变革。下面描述现有网络结构和基于 SDN 思想设计网络的区别。

现有网络结构如图 4-2（a）所示，网络中交换设备均为封闭设备，具备独立操作系统和定制的报文转发硬件，可看作自治的黑盒子，运行网络路由协议等多种复杂协议，用于实现各类业务的转发控制和 QoS 特性。基于该网络结构，网络中增加、减少组网设备需涉及大量设备配置。为满足不同业务流（数据、音频、视频流等）在同一网络中传输，也需对不同厂商不同设备进行手工的规划配置。由于不同厂商设备可能参数配置等均不相同，该工作实现较为复杂。此外，在数据中心网络中，在传统 Client-Server 南北向通信基础上，基于云计算的应用还存在大量服务器间东西向通信协作，数据中心虚拟化技术，负载动态调整等机制，引入大量东西向通信的动态性需求。现有网络较难满足上述需求。

SDN 的核心思想是网络控制和转发分离，网络控制可编程、可灵活扩展。如图 4-2（b）所示，网络中各种控制功能基于网络操作系统集中实现，为网络管理人员提供极大的开放性和可编程性。原有交换设备不再运行复杂的网络协议，而是接受 Network OS 基于标准开放接口下发的网络策略和转发规则进行工作，转发设备得以简化实现。

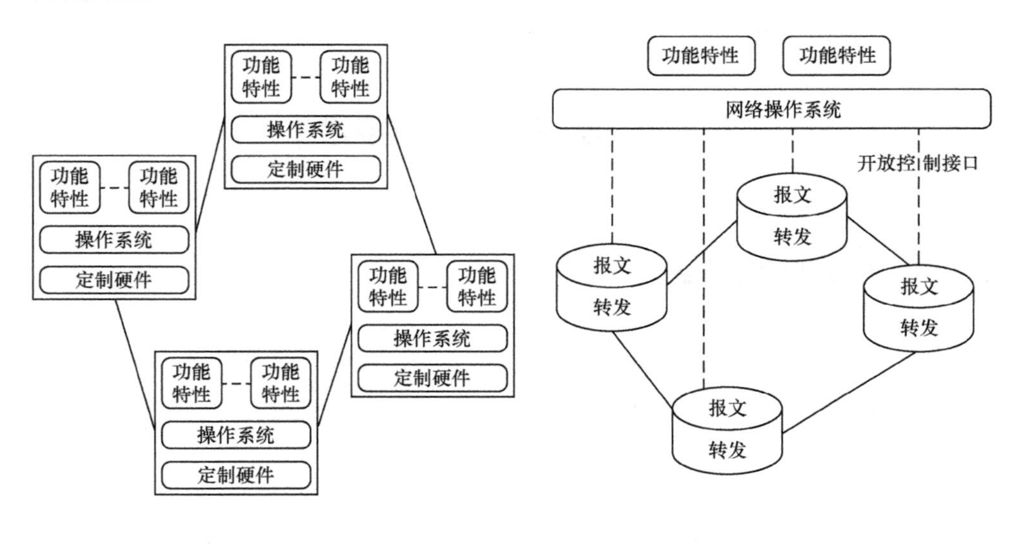

图 4-2　网络结构变革示意

SDN 架构在 ONF 白皮书中定义，在 2.3.3 节中也描述了 SDN 体系架构的逻辑视图和基本组成要素。SDN 核心在于控制器，能够通过网络服务实现对网络的控制。

SDN 为网络设计带来以下 4 个方面的变革[5]。

（1）控制平面和数据平面独立

网络协议一般包括数据平面、控制平面和管理平面。数据平面包含用户产生的所有消息；控制平面则完成网络需要的一些基本控制工作，例如，依据三层 OSPF 路由协议或二层生成树协议发现路径转发的最短路径树，这类网络完成的交互协议成为控制消息，是网络动态运行的基础；网络管理平面主要对网络及设备进行监测、对数据流量进行统计，该过程重要但不是网络运行所必需的。

SDN 的关键就是将控制平面和数据平面进行分离。数据平面使用转发表进行报文转发（在 OpenFlow 中称为流表（Flow Table）），而转发表的形成由控制平面产生。控制平面逻辑上独立于交换设备并在控制器上实现，交换设备仅实现数据平面功能，其设计实现大为简化，降低了复杂性和成本。

（2）集中式的控制平面

集中式控制具备抗毁性问题，一旦控制中心被攻击而失效，整个网络就会陷入瘫痪。基于此思路，ARPANET 一开始就基于控制平面和数据平面分布式设计，例如每一个路由器均参与构建路由表，路由器在邻居之间进行交互目标可达性验证，这也是现代 Internet 的设计思路。

直到近几年，随着大型数据中心的发展，集中式控制才又重新被考虑，大部分的组织和团队又开始使用集中控制机制。和分布式控制相比，集中式控制具备一个明显的优势，就是效率更高，不需要层层传递，控制器能够快速地进行网络状态改变或进行策略调整。抗毁性问题则主要通过冗余备份机制解决，当控制器损毁时，备份设备能够持续保证网络运行。

（3）可编程的控制平面

由于控制平面是集中式的，网络管理员能够非常容易地通过升级控制程序改变网络控制机制。基于适当的 API 进行网络行为编程，一个管理员就能实现一系列的策略，并动态地对这些策略进行维护和调整。

可编程的控制平面对于 SDN 非常重要。可编程的控制平面能够有效地将物理网络分割为具备不同策略的多个虚拟网络，并运行在相同的硬件基础设施上，而基于现有基础设施构建的网络很难实现这种功能。

（4）具备标准化的应用编程接口

SDN 包含对硬件基础设施进行控制的南向接口以及被上层网络应用程序调用的北向接口。当前主流的南向接口协议是 OpenFlow 协议，由 ONF 实现和维护。此外，思科公司的 OnePK 也由于其公司和设备的影响广泛而大量使用。其他的南向接口协议，例如 XMPP、I2RS（Interface to the Routing System，路由系统接口）、SDNP（Software Driven Networking Protocol，软件驱动网络协议）、AVNP（Active Virtual Network Management Protocol，主动虚拟网络管理协议）、SNMP、PCE（Path Computation Element，路径计算单元）等，也是潜在的南向接口协议，但是这些协议主要为特定应用开发，作为通用南向接口协议具有一定的局限性。

目前，北向接口还没有完全标准化，主流北向接口主要包括 OpenDaylight REST API 和 OpenStack Network API。

4.3.2 SDN 的优势和挑战

控制平面和数据平面分离给控制网络带来了强大的编程能力，为网络的配置管理、性能、网络架构设计带来了收益。例如，SDN 控制不仅能够实现交换层的报文转发控制，也能实现数据链路层的链路调整，这打破了网络不同层级的隔阂。此外，通过快速获取网络状态的能力，SDN 能够基于管理策略实时地对网络进行集中式控制，优化网络配置，提升网络性能。SDN 还有一个巨大的潜在优势，是能够提供一个方便的平台供新技术进行验证，这能够极大地促进和激励新的网络设计[6-7]。下面详细描述这些优势。

（1）增强配置能力

在网络管理中，配置管理是最重要的功能之一。特别是当一台新设备被添加到现有网络中时，为实现新老设备协同工作，需要进行特定的配置工作。由于网络中通信设备可能由不同厂商提供，其配置管理接口和方式具备多样性，当前网络配置典型过程包括一定程度的手工过程，而手工配置过程较为繁琐且容易出现错误。同时，排除网络配置错误也是一项非常艰巨的工作。对于现有网络设计来说，自动并动态地对网络进行重新配置是一个巨大挑战。

SDN 能够提升网络配置管理的能力，解决类似场景带来的配置管理复杂性问题。在 SDN 中，单一的控制平面能够实现单点、自动地控制网络中所有设备，包括不同厂商的交换机、路由器、网络地址转换器（Network Address Translator，NAT）、防火墙、负载均衡设备等。在此基础上，整个网络能够被编程配置并能够动态地根据网络状态进行优化。

（2）提升性能

在网络运行维护中，最大化利用网络基础设施能力是一个关键指标。由于网络中不同厂商的存在以及不同技术的采用，优化网络性能被认为是非常困难的工作。当前方式通常是集中优化网络单一子网的性能，或者针对某些网络服务提升用户使用质量。显然，这些方式仅限于本地信息而非基于跨层设计，仅能实现局部优化而非全局优化。

SDN 为网络性能全局提升提供了一种途径。SDN 集中式控制具备一个全网的视图，并且能够通过和网络架构中不同层次进行的信息交互，获得控制反馈信息。在此基础上，许多具备挑战的网络优化问题能够转换为集中式的控制算法，并为传统网络问题带来新的解决思路。例如网络流量调度、端到端拥塞控制、负载平衡报文路由、网络能源效率提升以及网络 QoS 支持等，均能够基于集中控制算法设计开发并易于部署，能够有效地提升全网性能。

（3）激励创新

网络应用持续发展，未来网络应该激励创新，能够预测并满足未来网络应用的需求。但是一个新的创意或设计需要面临设计实现、试验验证和部署到现有网络等多个挑战。最为主要的障碍是传统网络单元中广泛使用的各种硬件平台，此外新功能验证通常在一个独立、简化的试验床上进行，不能为实际的运用部署提供充分的验证数据和保证，即使现有的 PlanetLab 和 GENI 等支持大规模的试验场景也不能完全解决问题。

对比而言，SDN 通过提供一个可编程的平台来激励创新。该平台能够方便、灵活地设计、试验并部署新的思路想法、新的应用程序以及新的高回报服务。高度可配置的 SDN 能够基于真实网络环境提供一个独立的虚拟网络，进行功能性能验证，并支持部署过程无缝地从试验阶段迁移到正式运营阶段。SDN 和传统网络比较见表 4-1。

表 4-1　SDN 和传统网络比较

	SDN	传统网络
特性	数据平面和控制平面分离，网络控制可编程	每一个问题需要一个新的协议解决方案，复杂的网络控制
配置	通过集中式实现参数验证和自动配置	手工配置，易于出错
性能	依据多个层次的网络信息动态全局控制	有限的局部信息进行性能调整，相对静态的配置
创新	新创意易于软件实现，充分的测试环境，基于软件的快速部署和升级	新创意受限于硬件平台难以实现，有限的测试环境和长期的部署过程

虽然 SDN 具备上述优势，但 SDN 毕竟处于发展初期，仍然有许多基本问题需要解决。其中最为重要和急迫的问题是标准化和应用推广。

一个健康的网络生态系统应该有机地结合网络设备生产厂商、SDN 应用程序开发者和网络设备消费者，目前 SDN 生态系统还未完全形成。虽然 ONF 组织对于 SDN 的定义是最广为接受的，但 ONF 发起的 OpenFlow 协议也不是 SDN 唯一的标准，也并非是一个完全成熟的解决方案。对于 SDN 而言，标准开源的 OpenFlow 驱动较为缺乏，对于 SDN 应用开发的标准北向接口以及更高级的编程语言也不确定。2013 年，以思科、博科、IBM 等网络公司为主导形成 OpenDaylight 组织，目标是打造一个开源的 SDN 控制平台，但是该组织和 ONF 组织在理念上存在差异。ONF 主要站在网络用户的角度，期望摆脱通信设备厂商绑定关系，期望控制接口基于 OpenFlow 标准化；而 OpenDaylight 组织则从网络设备厂商角度，考虑 SDN 产业，促进其产品推广，其南向接口标准较多，从设备厂商的角度保留了厂商定制权利，为厂商定制硬件预留空间。

SDN 为网络技术创新提供了一个平台，然而从传统网络迁移到 SDN 是一个有破坏性、痛苦的过程。较受关注的 SDN 问题包括和传统网络设备协作工作能力、SDN 性能、集中控制的隐私问题、缺乏专家技术支持等。基于这些原因，虽然 SDN 技术非常受业界关注，但是基于 SDN 建立的实际网络还是相对较少。随着 SDN 技术成熟度的提升和标准化规范的推广以及 SDN 产品逐渐成熟和推向市场，SDN 将逐步走向实际部署期。

4.3.3　OpenFlow 协议及其发展

OpenFlow 于 2007 年由斯坦福大学最早提出，旨在打破既有封闭网络交换设备的形态，为网络提供开放性。目前其协议规范由 ONF 组织维护，最新版本为

1.4 版本。

OpenFlow 往往被认为是 SDN 控制器和 OpenFlow 交换机之间的一种标准南向接口协议，但实际上 OpenFlow 协议标准名称是 OpenFlow Switch Specification[8]，除了定义 SDN 控制器和 OpenFlow 交换机之间的南向接口协议格式，还定义了 OpenFlow 交换机的基本模块构成及数据处理流程、控制转发行为的多级流表（Flow Table）及组表（Group Table）、基于匹配规则的执行行为（Action）等。下面分别就 OpenFlow 的交换机转发功能和南向接口协议进行描述。

1. OpenFlow 交换机基本功能

OpenFlow 标准规范定义的 OpenFlow 交换机基本框架如图 4-3 所示。OpenFlow 交换机内部主要构成包括核心的流表、配合流量使用的组表、控制器实现协议通信的 OpenFlow Channel 模块以及交换机的通信端口。交换机通信端口可以是具体的物理端口，也可以是虚拟设备的逻辑端口。

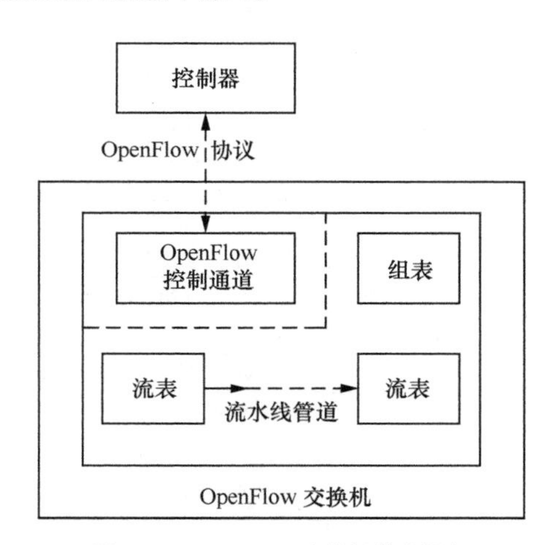

图 4-3　OpenFlow 交换机基本框架

OpenFlow 交换机基于流表实现报文处理，流表的建立由控制器通过标准消息下发。交换机端口接收到数据后，就进行流表查找匹配，然后根据匹配的规则进行对应处理。交换机中每一个流表均可由数个至数千个流表项（Flow Entry）组成，每一流表项包含 6 个部分，其定义见表 4-2。需要注意的是，流表项的组成是控制器和交换机之间传输的数据结构，并不是和交换机内部交换芯片转发表中的实际字段一一对应的[9]。

表 4-2 流表项定义

Match Field	Priority	Counter	Instruction	Timeout	Cookie

- Match Field：报文匹配字段，包含入端口、报文头信息以及通过前一张流表传递的元数据信息。在 OpenFlow 1.3 中定义了 40 种匹配规则，具体见表 4-3，覆盖了报文输入端口、元数据、以太网、VLAN、IPv4/IPv6、UDP/TCP/ICMP、DSCP、MPLS、PBB 等。
- Priority：流表项的优先级，根据优先级可以在流表设计时保证先匹配到高优先级表项。
- Counter：用于标识该流表项被匹配的次数，可用于观察网络负载情况。
- Instruction：基于匹配报文的处理指令，具体指令见表 4-4。
- Timeout：流表项的超时时间，当时间超时时，该流表项将被删除。
- Cookie：控制器进行使用的值，用于区分统计、修改、删除流表，不用于数据转发。

表 4-3 OpenFlow 流表匹配项

序号	OFP_1.3 匹配项	描述
0	IN_PORT	交换机输入端口（Switch Input Port）
1	IN_PHY_PORT	交换机物理输入端口（Switch Physical Input Port）
2	METADATA	流表之间传递的元数据（Metadata Passed Between Flow Tables）
3	ETH_DST	以太网目标 MAC 地址（Ethernet Destination Address）
4	ETH_SRC	以太网源 MAC 地址（Ethernet Source Address）
5	ETH_TYPE	以太网帧类型（Ethernet Frame Type）
6	VLAN_VID	VLAN 标识（VLAN ID）
7	VLAN_PCP	VLAN 优先级（VLAN Priority）
8	IP_DSCP	IP 报文 DSCP 优先级（6 bit in ToS Field）
9	IP_ECN	IP ECN 标识（2 bit in ToS Field）
10	IP_PROTO	IP 报文协议字段（IP Protocol）
11	IPv4_SRC	IP 源地址（IPv4 Source Address）
12	IPv4_DST	IP 目标地址（IPv4 Destination Address）
13	TCP_SRC	TCP 源端口（TCP Source Port）
14	TCP_DST	TCP 目标端口（TCP Destination Port）
15	UDP_SRC	UDP 源端口（UDP Source Port）
16	UDP_DST	UDP 目标端口（UDP Destination Port）
17	SCTP_SRC	STCP 源端口（SCTP Source Port）
18	SCTP_DST	STCP 目标端口（SCTP Destination Port）
19	ICMPv4_TYPE	ICMP 报文类型（ICMP Type）

（续表）

序号	OFP_1.3 匹配项	描述
20	ICMPv4_CODE	ICMP 报文编码（ICMP Code）
21	ARP_OP	ARP 报文中操作码（ARP Opcode）
22	ARP_SPA	ARP 报文中 IP 源地址（ARP Source IPv4 Address）
23	ARP_TPA	ARP 报文中 IP 目标地址（ARP Target IPv4 Address）
24	ARP_SHA	ARP 报文中源 MAC 地址（ARP Source Hardware Address）
25	ARP_THA	ARP 报文中目标 MAC 地址（ARP Target Hardware Address）
26	IPv6_SRC	IPv6 报文源地址（IPv6 Source Address）
27	IPv6_DST	IPv6 报文目标地址（IPv6 Destination Address）
28	IPv6_FLABEL	IPv6 报文流标签（IPv6 Flow Label）
29	ICMPv6_TYPE	ICMPv6 报文类型（ICMPv6 Type）
30	ICMPv6_CODE	ICMPv6 报文编码（ICMPv6 Code）
31	IPv6_ND_TARGET	IPv6 邻居发现报文目标地址（Target Address for ND）
32	IPv6_ND_SLL	IPv6 邻居发现报文源链路层地址（Source Link-Layer for ND）
33	IPv6_ND_TLL	IPv6 邻居发现报文目标链路层地址（Target Link-Layer for ND）
34	MPLS_LABEL	MPLS 头标签（MPLS Label）
35	MPLS_TC	MPLS 头优先级（MPLS TC）
36	MPLS_BOS	MPLS 栈底标识位（MPLS BoS Bit）
37	PBB_ISID	PBB 骨干服务标识（PBB I-SID）
38	TUNNEL_ID	隧道标识（Logical Port Metadata）
39	IPv6_EXTHDR	IPv6 扩展头部（IPv6 Extension Header Pseudo-Field）

表 4-4 OpenFlow Instruction

类型	指令	描述
可选	Meter meter id	将匹配报文进行计数器速率计算。计数器中可设置速率门限（Band），针对不同速率门限可对报文执行具体 Action（见表 4-5）
可选	Apply-Actions action(s):	立即执行对应的 Action。如图 4-4 所示，Action 集合一般在所有流表处理后最终执行，而该指令立即执行
可选	Clear-Actions:	立即将 Action 集合清除
必须	Write-Actions action(s)	不会马上执行该 Action，而是将 Action 写入 Action 集合，最后统一执行
可选	Write-Metadata metadata / mask	在不同流表之间传递元数据。元数据主要用于对数据流进行唯一标识
必须	Goto-Table next-table-id	跳转到 next-table-id 指定的流表进行处理

表 4-4 中描述了针对报文需要执行 Action，规范中对于 Action 的定义是“转发报文或者修改报文的具体操作，例如报文 TTL 递减”。Action 可以立即执行，也可添加到 Action 集合中在转发到出端口前统一执行。具体 Action 的定义见表 4-5。

表 4-5　OpenFlow Action 定义

类型	Action	描述
必须	Output	转发报文到指定端口，包括物理端口、逻辑端口和保留端口
可选	Set-Queue	为报文设置 Queue ID。当报文通过 Output 转发到一个端口，Queue ID 决定端口的哪一个队列被用于调度和转发该报文，以支持基本 QoS 功能
必须	Drop	没有明确 Action 表示丢弃。对于报文，没有输出指令就会被丢弃
必须	Group	通过指定组进行报文处理。具体执行依据组类型
可选	Push-Tag/Pop-Tag	支持标签的插入和弹出处理。具体可支持 VLAN、MPLS、PBB 等
可选	Set-Field	设置报文中各类域的值，通过域类型和修改头域中相应值来区分
可选	Change-TTL	可修改 IPv4 的 TTL、IPv6 的 Hop Limit 或 MPLS 的 TTL

除了流表外，交换机还具备组表。组表是流表的一个补充。当一个数据流匹配流表后，其指令中的 Action 可以指定到某一个组进行处理。组表包含 4 个部分，其定义见表 4-6。

表 4-6　组表定义

Group Identifier	Group Type	Counter	Action Buckets

- Group Identifier：组标识，32 位唯一的整数标识。
- Group Type：组类型，包括 ALL、Select、Indirect 和 Fast Failover，具体解释见表 4-7。
- Counter：计数器，当报文经过该表项处理，增加计数器。
- Action Buckets：一组 Action Bucket，每一个 Action Bucket 包含一系列的 Action。

表 4-7　组表类型解释

类型	组类型	描述
必须	ALL	该组表中的多个 Action Buckets 均需进行执行。针对每一个 Bucket 克隆一个独立报文，可以实现一个报文的多种转发行为以及多播、广播转发
可选	Select	基于某种轮转算法，依次选择一个 Bucket 进行执行，例如可使用加权算法实现负载均衡
必须	Indirect	该类型只支持一个 Bucket。多个流表可以跳转到相同的一个该类型组表，共享其定义的 Bucket，从而对业务流实现汇聚，节约芯片资源
可选	Fast Failover	在多个 Bucket 中执行第一个可行（Live）的 Bucket。当该 Bucket 对应的执行条件不满足时，例如指定端口失效，则选择下一个可行 Bucket；如果所有 Bucket 均不可行，则丢弃报文。该类型组表可用于实现保护倒换

为了提升流量的查询效率以及实现流量识别可编程，交换机具备多级流表，通过流水线模式来进行复杂匹配。报文经多级流表转发的示意如图 4-4 所示，当报文从入端口进入后，在第一个流表进行匹配项查找，然后执行对应指令。如果执行指令不是丢弃报文或转发到输出接口，也不是流表跳转，则报文依次经过其他流表进行处理，最终在转发到出端口前，将 Action 集合中的 Action List 进行执行。

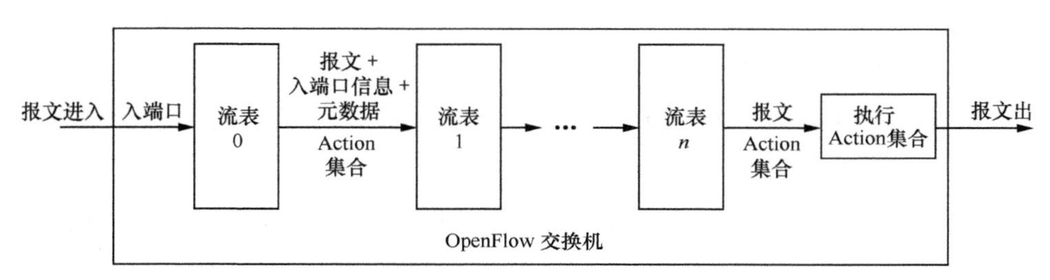

（a）报文在流水线中基于多个流表进行匹配处理

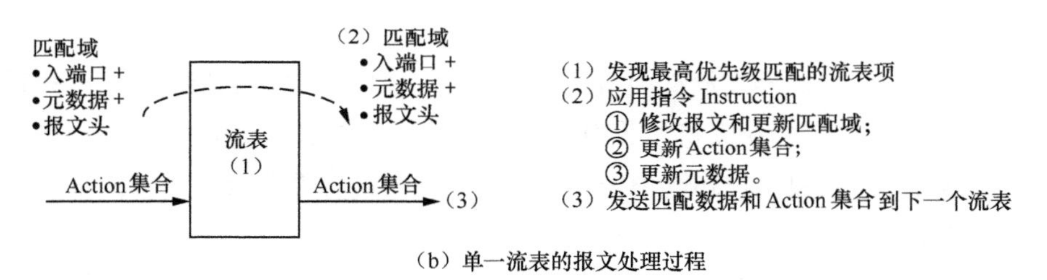

（b）单一流表的报文处理过程

图 4-4 报文经流水线多级流表处理流程

通过多级流表可以实现较为复杂的报文处理逻辑，能够通过多级匹配处理多个流程分支，并且能够节约芯片内部储存空间。但是多级流表的设计对于交换芯片设计而言是一个巨大的挑战。传统交换芯片没有流表概念，一般都是使用原始报文的信息进行一系列的查找，最后一次编辑。基于多级流表的思路会对传统交换芯片架构进行颠覆性设计。在 OpenFlow 协议中没有定义流表级数，流表级数的不确定会导致芯片设计的不确定，且多级流表会导致报文处理时延的增加[9]。故较多 OpenFlow 交换机在南向接口协议上支持 OpenFlow 协议，在数据转发平面却不能完全支持规范，或者设计 Hybrid 交换机在某些端口对 OpenFlow 进行支持。

2. OpenFlow 南向接口协议

OpenFlow 南向接口协议定义了控制器和交换机之间的消息接口，如图 4-3 所示。二者之间的消息承载一般基于 TLS，也可直接基于 TCP。

控制器和交换机之间的消息分为三大类，分别是 Controller-to-Switch 消息、Asynchronous 消息以及 Symmetric 消息。

（1）Controller-to-Switch 消息

Controller-to-Switch 消息是由控制器发起的消息，具体包括如下。

- Features：控制器可以对交换机的标识以及其基本能力发起一个特性的查询。交换机必须对查询进行应答。该消息一般在 OpenFlow 通道建立时发起。
- Configuration：控制器能够设置和查询交换机配置参数。交换机仅针对查询进行响应。
- Modify-State：控制器用于对交换机的流表和组表进行添加、删除、修改，设置交换机端口的属性。
- Read-State：控制器用于获取交换机的各种状态信息，包括当前配置、统计参数及能力。
- Packet-out：控制器发给交换机的转发报文，在报文中携带交换机需要执行的 Action 列表。交换机接收报文后需要执行对应的 Action 指令，控制报文转发。该消息可以包含整个报文，也可包含缓存在交换机内部的报文的对应标识。
- Barrier：Barrier 请求和响应消息用于保证控制器下发消息的正确处理顺序。在两个消息之间加入 Barrier，交换机会在前一条消息处理完成后才对 Barrier 进行回复，使得控制器能够发送下一条消息。
- Role-Request：当交换机连接了多个控制器时，控制器向交换机设置或者查询自己的角色，控制器角色包括 Master、Slave 和 Equal。
- Asynchronous-Configuration：当交换机连接了多个控制器时，控制器向交换机设置自己是否需要接收状态通告或转发报文。有的控制器可能仅需要部分信息，有的控制器则需要全部信息。

（2）Asynchronous 消息

Asynchronous 消息是交换机发送给控制器的消息，具体包括如下。

- Packet-in：当交换机接收报文进行流表匹配的 Action 是发送给控制器，或交换机不知道如何处理该报文时，可以将报文以 Packet-in 消息发送给控制器，由控制器进行报文转发处理。如果交换机具备缓存空间且报文处理 Action 指示对报文进行缓存，则 Packet-in 消息可以仅包含该报文的一部分，并结合该报文标识发送给控制器；如果交换机不具备缓存空间，则 Packet-in 消息包含完整报文。

- Flow-Removed：当流表超时或者接收到控制器删除命令时，交换机对流表进行删除，并通知控制器。
- Port-Status：交换机用于通知控制器自身的端口状态变化情况。
- Error：交换机用于通知控制器自身发生了一些错误。

（3）Symmetric 消息

Symmetric 消息可由控制器和交换机任意一方发起，主要用于双方握手，具体包括如下。

- Hello：控制器和交换机启动后发送，通知对方自己启动了。
- Echo：完成控制器和交换机的心跳检测，也可用于测量二者连接的带宽、时延。
- Experiment：扩展使用。

从控制器冗余备份角度来看，网络可以部署多台控制器。其中，一台可作为 Master 节点，对交换机进行完全的控制；其他节点可以作为 Slave 节点，作为 Master 节点的备份。此外，为实现系统负载均衡，多个控制器可处于 Equal 角色，每一控制器均发挥 Master 作用，单一交换机可连接多个 Equal 节点。

3．OpenFlow 协议发展

OpenFlow 从 1.0 版本到 1.5 版本，匹配项已经从 12 个发展到 45 个，表 4-3 展示了 1.4 版本的 40 个匹配项。虽然当前匹配项能够支持大部分的协议字段，但是随着协议的发展，必然会导致匹配项不断增多，从而增加 OpenFlow 协议的复杂性和交换设备的复杂性，对 SDN 控制器的编程能力也提出了挑战。

针对 Openflow 在编程能力以及协议可扩展性等方面的缺陷，业界也在积极探索 OpenFlow2.0，将实现完全可编程 SDN 作为目标，目前已形成两种实现途径。一种是华为公司提出的协议无感知转发（Protocol Oblivious Forwarding，POF）协议，另一种是由 OpenFlow 发明者 Nick 会同普林斯顿大学和其他研究机构所提出的 P4（Programming Protocol-independent Packet Processors，协议无关的数据分组处理器编程）高级语言[10]。前者偏向于强调协议无关指令集实现协议无感知转发，更偏向对硬件实现提出要求；后者则关注上层网络建模来定义交换设备转发逻辑，具有平台无关特点，更偏向软件编程。

POF 协议最初在 2013 年提出，2014 年 7 月提交 ONF 组织作为 OpenFlow 2.0 的支撑，并且融合了 P4 的研究成果。协议无感知的核心在于交换设备执行数据操作时，主要基于三元组{type、offset、length}对报文进行匹配。type 字段包括报文数据域或者是元数据域，offset 是指匹配域的 bit 偏移位置，length 是指匹配域的 bit 长度。例如针对以太网报文的源地址进行匹配，offset=48，length=48。和 OpenFlow 类似，POF 协议也定义了多级流表，每一级可匹配不同的域，并执行对应的 instruction，具体包括跳转到不同流表、设置/修改报文内容、增加/删除报文头部，复制报文内容到元数据、设置报文的队列 ID、报文丢弃策略、输出端口指定等。

POF 协议的偏移量和长度，使得交换机无需再关注具体协议的设计，扩展性大为提升。但是，针对多级流表、多个任意偏移量和长度的匹配，交换机在具体实现上如何保证性能？最初 OpenFlow 协议推出时，交换网络芯片的设计就已经面临巨大挑战，基于 POF 协议，其复杂度又大幅提升。未来，在转发平面上实现 POF 协议的高性能转发，才能真正较为完美地在实际业务部署中支持网络的扩展性，并能够支持诸如命名数据网络、内容中心网络等未来网络。

4.3.4 SDN 控制器及网络服务

在 SDN 中，SDN 控制器是网络中最为重要的元素，也是各大网络厂商在未来网络中角力的重要领域。目前市场上具备各种类型的控制器，包括开源和商用控制器；有基于标准 OpenFlow 南向接口的 OpenFlow 控制器；也有遵循控制和转发分离但支持多种南向接口协议的 SDN 控制器。

目前的 SDN 控制器软件，一般均提供一个集成运行框架，能够方便地部署新的网络服务，并实现南、北向接口，然后在此基础上实现特定的服务功能，例如路由计算、防火墙、流量工程等功能。目前商用 SDN 控制器包括思科公司的 CiscoOne、戴尔公司的灵动网络控制器、极进网络的 OneFabric Connect、华为公司的 OPS、瞻博公司的 Contrail 等，较为知名的开源 SDN 控制器则包括 OpenDaylight、NOX、Floodlight、Ryu 等项目。本书主要就 OpenDaylight 开源项目来展示 SDN 控制器相关技术，因其最具代表性，也最受业界关注。

OpenDaylight 项目组织于 2013 年成立，目前已经成为最受关注的 SDN 控制器开源项目。该项目包含思科、博科、思杰、IBM、微软、红帽子等白金成员，NEC、VMware 黄金成员以及包括中国的华为、中兴在内的众多白银成员，并承诺开源软件代码，能够全面实现 SDN 控制器所需的各类功能。

OpenDaylight 项目整体架构如图 4-5 所示，它是一个模块化的软件，包括一个完全独立的控制器、接口、协议插件和应用。该软件在 Java 虚拟机中运行，能够部署到支持 Java 的任何硬件平台及操作系统上。基于该平台，用户和厂商可以开发和定制自己的 SDN 和 NFV 解决方案。

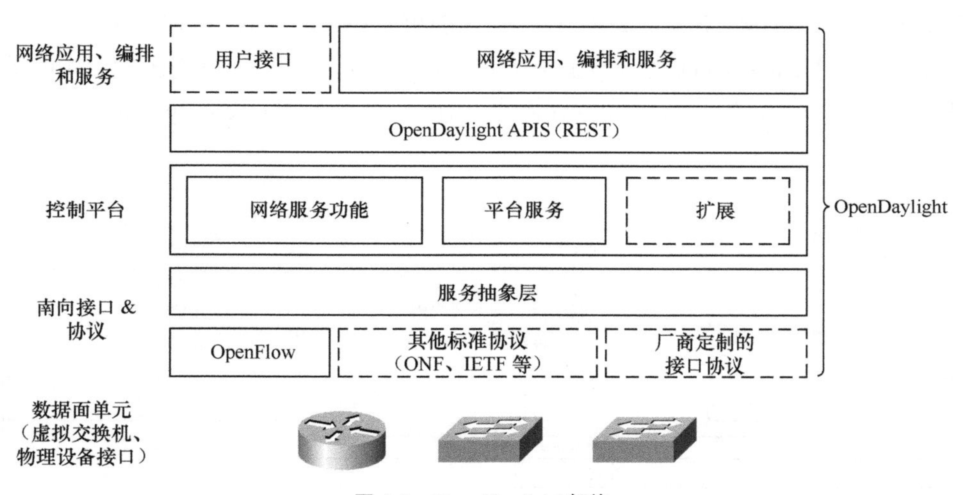

图 4-5　OpenDaylight 架构

2014 年 9 月，项目发布了最新的氦发行版（Helium），提供了新的用户接口和更加简单定制的安装过程，平台功能得到增强，既增加了高可用性、集群和安全性，也增强和扩展了新的协议，包括 OpenFlow 流表模式、PacketCable MultiMedia、一个应用策略框架以及服务功能链服务，并与 OpenStack 进行了更加深入的集成。

控制器提供了北向 API 给应用程序，其支持 OSGi 框架和双向 REST API。OSGi 框架能够实现应用程序运行在相同的地址空间，而调用的 REST API 可处于不同地址空间，甚至可以和应用程序不在同一台设备上。商业逻辑和算法一般驻留在应用程序中，使用控制器 REST API 进行网络信息收集，运行算法进行性能分析，并使用控制器进行一些新规则的网络协作。

南向接口具备支持多协议的能力，多种协议可作为插件集成，包括 OpenFlow 1.0、OpenFlow 1.3、BGP-LS 等。这些模块动态地链接到服务抽象层（Service Abstraction Layer，SAL）。SAL 将设备能力以统一机制提供给之上的网络服务，并决定在控制器和网络设备之间选择合适的南向接口协议。

控制器平台包括动态可加载的插件模块来执行网络任务，具备一系列的基础网络服务，用于网络控制能力的实现。Helium 中实现的服务模块如图 4-6 所示，根据官方网站资料，其提供 AAA、BGPCEP、DLUX、Group Based Policy、L2 Switch、LISP Flow Mapping、OpenFlow Plugin、OpenFlow Protocol Library、OVSDB、PacketCable PCMM、Plugin 2OC、SNBI、SDNI、SNMP4SDN、SFC、TCPMD5、TTP、VTN、Yang Tools 等网络服务模块及北向接口插件。表 4-8 是对项目中的重要模块进行描述（表 4-8 和图 4-7 没有一一对应，主要参考 OpenDaylight 开发者手册）。

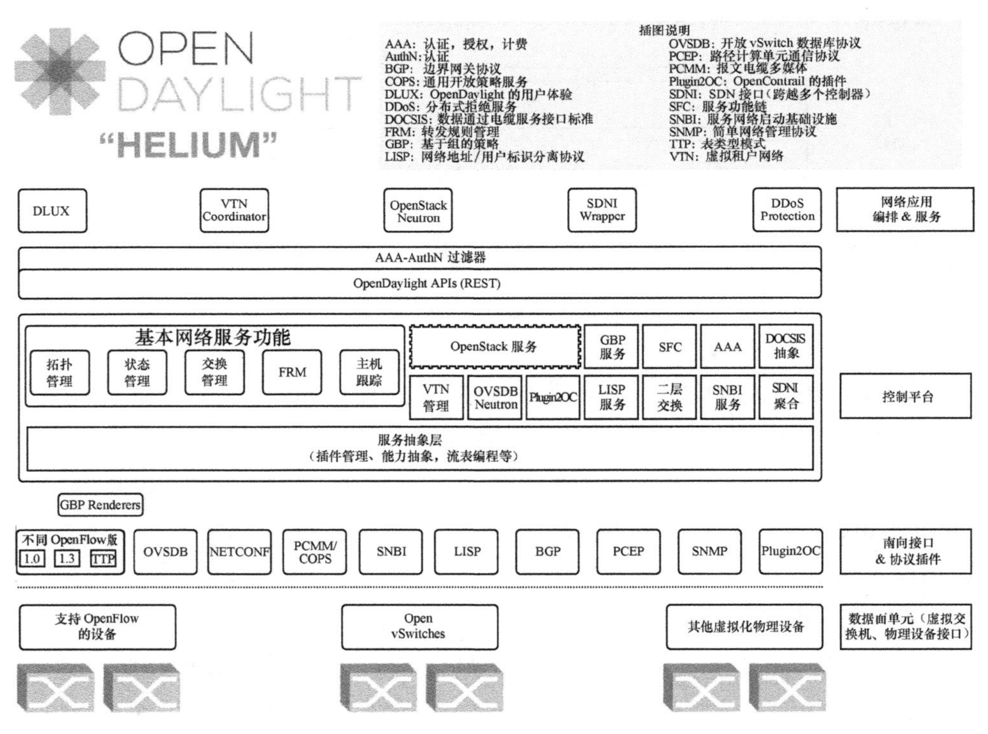

图 4-6　OpenDaylight Helium 模块组成

表 4-8　OpenDaylight 模块描述

模块名	描述
BGP/PCEP	BGP-LinkState 协议模块和路径计算单元，实现流量工程
Defence4ALL	支持 DDoS 检测和保护
Group Based Policy	支持端用户注册和策略的 REST 库，基于组策略功能的概念展示
L2 Switch	控制所连接的 OpenFLow 交换机实现以太网二层转发，支持主机跟踪
LISP Flow Mapping	提供 LISP 控制面的服务，包括名址映射系统服务的 REST API 和 LISP 协议的 SB 插件
MD-SAL Clustering	提供对 OpenDaylight 实例集群的维护管理
Netconf over SSH	提供通过 SSH 安全方式进行 Netconf 的网络管理
OpenFlow Flow Programming	支持发现和控制 OpenFlow 交换机及其网络拓扑
OpenFlow Table Type Patterns	允许 OpenFlow 的表类型模式能够手工地和网络元素关联
OVS Management	支持使用 OVSDB 插件和相关的 OVSDB 北向接口对 OpenFlow 虚拟交换机进行管理
OVSDB OpenStack Neutron	支持 OpenStack Neutron（云计算平台的网络管理模块）使用本项目 OVSDB 支持。
Packetcable PCMM	支持基于流的 CMTS 动态 QoS 管理，使用 DOCSIS 基础架构
Plugin to OpenContrail	通过 OpenContrail（另一个开源 SDN 平台）为 OpenStack 的 Neutron 提供支持
RESTCONF API Support	提供 REST API 访问 MD-SAL，包括数据商店
SDN Interface	在 OpenDaylight 实例之间提供交换和状态共享
Secure Networking Bootstrap	定义了 SNBI 域并与设备白名单联系起来，保证域内安全性
Sevice Flow Chaining	对特定的流量支持网络服务链（SFC），在 NFV 章节中将对 SFC 进行介绍
SFC over LISP	在 LISP 网络中支持 SFC
SFC over L2	在二层网络中支持 SFC
SFC over VXLAN	在 VXLAN 中支持 SFC，VXLAN 是一种层叠网技术，在 NFV 章节中会进行简介
SNMP4SDN	通过 SNMP 监视和控制网络元素
VTN Manager	虚拟租户的网络支持，包括对 OpenStack Neutron 的支持

为帮助读者进一步了解 SDN 控制器提供的网络服务，下面进一步介绍部分网络服务模块。

（1）BGP/PCEP 模块

SDN 控制器能够提供众多网络服务，而网络拓扑收集以及集中式的路径计算功能是最为通用，也是最容易理解的。针对大型网络，基于多约束的网络路径计算是一个 CPU 计算消耗较大的工作，而 SDN 控制器能够使路径计算功能从网络设备中独立出来。但是，如何从网络中收集网络资源并进行网络路径计算，实现方法很多。在 OpenDaylight 项目中提供了 BGP/PCEP 协议库，其作为独立的模块项目，提供基于 Java 实现的边界网关协议（Border Gateway Protocol，BGP）和路径计算单元协议（Path Computation Element Protocol，PCEP）[11]，为网络多约束条件路径计算提供解决方案和外部调用 API。

BGP 是 Internet 的核心协议之一，作为一种基于策略的路由协议，目前已经经过大量的扩展，且应用已经超过其最初设计的初衷。在 OpenDaylight 项目中，BGP 的应用同样基于其扩展功能，参考 IETF 2013 年发布的草案“North-Bound Distribution of Link-State and TE Information Using BGP”（下简称 BGP-LS）实现。BGP-LS 能够基于 IGP 路由协议从网络中收集链路状态和流量工程信息，并利用新的 BGP 网络层可达信息（Network Layer Reachability Information，NLRI）编码格式和外部模块共享网络状态信息。网络状态信息主要包括本地/远端 IP 地址、本地/远端接口标识、链路度量和流量工程度量、链路带宽、保留带宽、每种 CoS 类别业务的预留状态、抢占和共享的风险链路组（Shared Risk Link Group，SRLG）等信息。BGP-LS 协议能够基于可配置的策略，进行网络链路状态和流量信息的分发，从而控制网络状态分发的频度和带宽。在 OpenDaylight 中，BGP-LS 也可作为一种南向接口协议，SDN 控制器能够基于该协议获取网络状态信息。

PCE 是一个独立于网络设备的软件模块。该模块基于网络流量数据库 TED，完成多约束条件的 MPLS/GMPLS 路径计算，可应用于多层网络，包括复杂的光网络。PCEP 则主要是一个基于 TCP 的通信协议，主要用于路径计算客户（Path Computation Client，PCC）向 PCE 发起路径计算请求，并由 PCE 向 PCC 进行计算结果响应。因此，PCEP 也是 OpenDaylight 中的一种南向控制协议，可用于转发设备向 SDN 控制器请求路径计算。同时，PCEP 还可作为 PCE 之间的通信协议。

如图 4-7 所示，端到端用户通信的入口和出口分别位于两个 LSP 服务商网络，基于每一个 LSP 内部网络独立计算不能提供全局最优的端到端 QoS 路径。图 4-7 中每一个 LSP 的 PCE 服务使用 BGP-LS 获取内部网络信息，并通过 PCEP 进行彼此的网络信息交互，就能够为跨域端到端用户计算一个全局的最优路径，并下发到路由器中，由 RSVP 或其他协议建立连接。

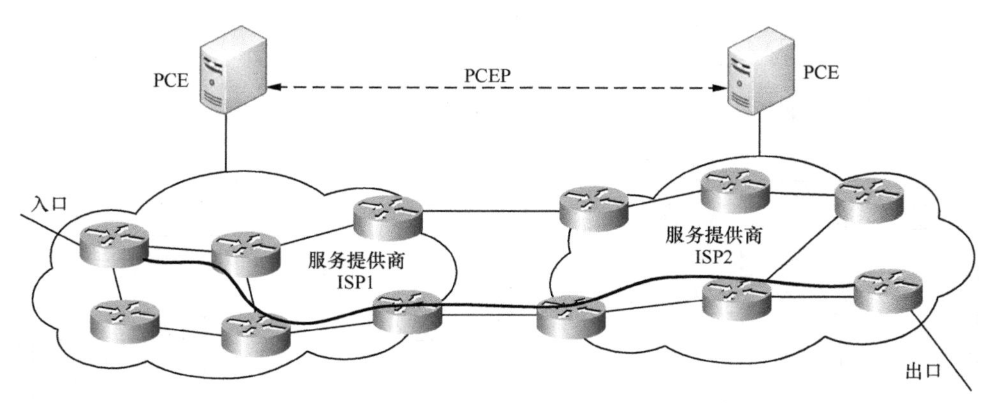

图 4-7　多自治域路径计算

（2）VTN 模块

虚拟租户网络（Virtual Tenant Network，VTN）应用是 SDN 控制器提供的一个多租户的虚拟网络管理应用。在传统网络中，因为不同的部门和系统需要相互独立的网络，并需要运行不同的网络应用程序，所以网络建设投资很大，营运维护非常繁重。

基于网络虚拟化技术（在 4.5 节中进一步描述实现技术），相同的底层物理网络上能够承载相互独立的虚拟网络，VTN 就是对应此虚拟网络。VTN 是一个独立的逻辑抽象平面，该逻辑面能够完全独立于物理面。用户可以设计和部署任何所期待的网络，而无须知道物理网络拓扑以及带宽限制。VTN 允许用户使用图形化可视的工具进行传统二/三层的网络设计，一旦网络基于 VTN 被设计，它能自动地映射到物理网络中，并通过 SDN 控制协议自动地配置单个交换设备。该方式能够隐藏复杂的底层网络，更好地管理网络资源，降低网络服务的重配置时间，使网络配置错误减至最少。

参考图 4-6 所示，OpenDaylight 对应的 VTN 服务包括应用层的 VTN Coordinator 模块和网络服务层的 VTN Manager 模块。这两个模块的具体框架如图 4-8 所示。

在 OpenDaylight 架构中，VTN Coordinator 是网络应用、协作及服务层的一部分，能够通过使用 OpenDayligth 控制器（简称 ODC）提供的 REST API，对 VTN

网络进行创建和定义。VTN Coordinator 自身也给网络应用提供 REST API，并且能够通过对多个 ODC 进行协作控制，实现跨 ODC 的 VTN 建立。VTN Coordinator 的具体内部模块及描述如下。

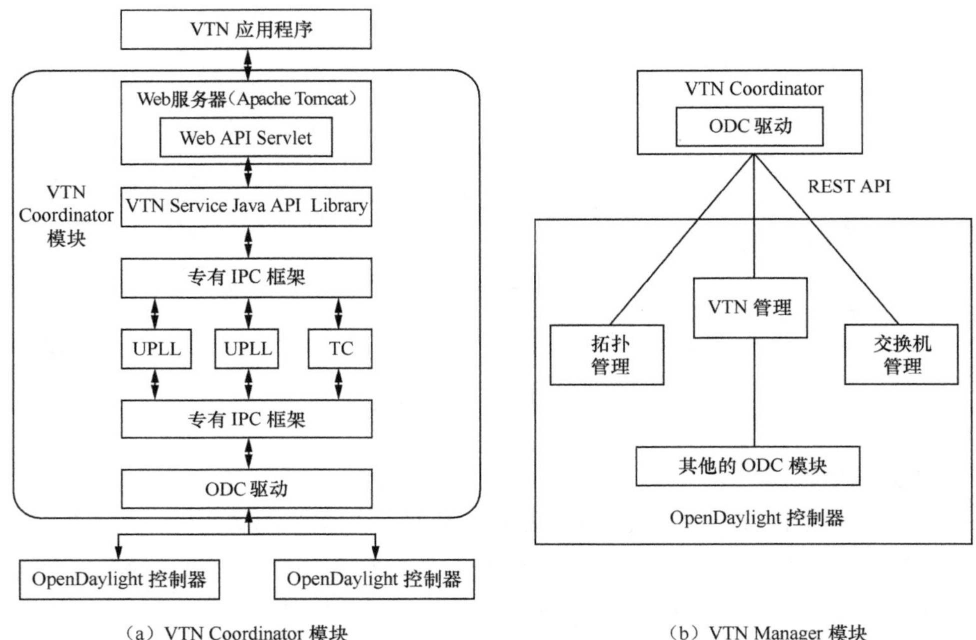

（a）VTN Coordinator 模块　　（b）VTN Manager 模块

图 4-8　VTN Coordinator 和 VTN Manager 结构

- VTN Web API：为 VTN 应用提供北向 REST API，能够最终为用户提供 VTN 的管理应用界面。
- Transaction Coordinator（TC）：提供两种内部协作功能，分别是事务协作和事务协作库（TCLIB）。
- Unified Provider Physical Layer（UPPL）：对底层物理网络进行监控，提供物理网络的状态。
- Unified Provider Logical Layer（UPLL）：提供对虚拟网络的定义和监控功能。
- OpenDaylight Controller Driver（ODC Driver）：ODC 驱动能够使用 ODC 提供的 REST API 驱动 ODC 进行 VTN 所需的网络管理行为。

通过 VTN Coordinator 创建虚拟网络，对应的虚拟网络元素见表 4-9。

表 4-9　VTN 网络元素描述

元素名	子类名	描述
虚拟节点	vBridge	在 VTN 网络中二层交换机功能的逻辑表示
	vRouter	在 VTN 网络中三层路由器功能的逻辑表示
	vBypass	被控制网络之间的连接逻辑表示
	vTerminal	被连接到虚拟网络的虚拟节点，其接口能够映射到真实的物理端口，作为一个流过滤器（FlowFilter，类似 ACL 功能，用于实现特定业务传递，从而实现不同 VTN 隔离）重定向部分的源或者目标。可以理解为虚拟网络流量和物理网络支持转发格式（例如 VXLAN 隧道封装）的转换点
虚拟接口	Interface	虚拟节点的接口，能够连接到其他虚拟节点
虚拟连接	vLink	在虚拟接口之间物理层连接的逻辑表示

VTN Manager 作为 ODC 的插件，对 VTN Coordinator 创建的虚拟网络元素进行具体管理，能够为 VTN Coordinator 提供虚拟网络元素管理的 REST API。在表 4-9 中列举的网络元素，均由 VTN Manager 进行实际的创建、更新、删除。在 OpenDaylight 中，为支持 OpenStack 的 VTN，它也提供一个 OpenStack L2 Network Functions API 的实现。

（3）L2 交换机

OpenFlow 交换机自身不具备任何组网功能，无论是二层组网还是三层组网，它提供的报文转发功能均需要依靠控制器下发的流表实现。当物理网络使用 OpenFlow 交换机进行组网时，就需要一个控制器来实现所有 OpenFlow 交换机二层组网功能的流量控制功能。L2 Swtich 就是 ODC 中提供的二层交换机组网控制模块。

L2 Swtich 组网控制模块主要是基于 OpenFlow 控制协议实现。本文进行一个最基本二层通信过程控制的举例。

① 控制器能够根据 OpenFlow 连接，以 Packet-out 形式控制交换机发送 LLDP 链路发现协议报文，实现网络拓扑的发现；

② 当 PC 需要进行通信时，会向交换机发送 ARP 请求报文；

③ OpenFlow 交换机不能处理该报文，以 Packet-in 形式转发到控制器；

④ 控制器解析报文，以 Packet-out 形式，结合网络拓扑，控制其连接的各 OpenFlow 交换机在各个端口扩散 ARP 报文，同时可以将发起 PC 的 MAC 地址转发规则下发到各个交换机中；

⑤ 被通信的 PC 应答 ARP 报文；

⑥ 交换机不能处理该报文，以 Packet-in 转发到控制器，控制器解析此应答，

将对应转发规则下发到各个交换机，并以 Packet-out 形式控制交换机将该 ARP 应答转发到源 PC；

⑦ 源 PC 获取目标 PC 的 MAC 地址，可以进行通信，OpenFLow 交换也具备对应 MAC 转发规则，可以实现报文转发。

L2 Swtich 组网控制功能具体包括报文处理器（Packet Handler）、地址跟踪器（Address Tracker）、路径计算服务、STP 服务和流表写服务 5 个模块。

- 报文处理器：作为 ODC 的一个基本功能，能够接收和转发报文，其处理的报文主要是 OpenFlow 的 Packet-in 报文，能够解析 Packet-in 报文中的各种协议（例如链路发现协议（LLDP）、地址解析协议（ARP）等），并且能够对报文进行修改和转发。
- 地址跟踪器：能够进行记录和映射，例如，将 IP 地址映射到 MAC 地址、MAC 地址映射到交换机/端口，通过扩展该模块还能适应隧道功能，例如 VLAN、MPLS 标签的映射等。
- 路径计算服务：能够利用图形算法在主机之间提供可选路径，例如最短路径、最低代价路径等，路径计算服务能够提升和增强网络性能。
- STP 服务：能够实现 STP 算法，该项服务能够服务于混合型网络，例如可以控制 OpenFlow 交换机和非 OpenFLow 交换机进行 STP 交互。
- 流表写服务：当主机之间业务路径被计算出来时，该服务关注具体的业务流转发编程，同时，该服务关注业务流转发路径的状态，当路径中的交换机或者端口 Down 时，能够及时重新编程，下发新的转发流表。该服务的其他附件功能包括 MAC 地址老化、报文过滤、静态 MAC 地址规则等。

4.3.5 基于 SDN 思想设计的 Google B4 网络

4.3.5.1 Google B4 网络概述

Google 公司在全球建有一定数量的数据中心，数据中心之间采用高速光缆进行互联，构建广域网络。根据文献描述，2012 年 12 月前 Google 公司参与 SDN 改造统计的有 16 个数据中心站点，具备 46 条单向边，构成了 B4 网络[12]。

在数据中心之间主要存在 3 类数据交互：一是用户数据备份，例如邮件、文档、音/视频等数据；二是远程存储访问，用于分布式数据源的访问和计算等；三是大规模数据在数据中心的同步。数据中心之间的网络流量有高峰和低谷之分，高峰流量可以达到平均流量的 2～3 倍，而平均流量只有带宽的 30%～40%，为了适应高峰流量而一味提高数据中心的带宽，会大幅增加成本，并且在非高峰时期也造成了带宽的浪费。经过分析，数据中心间高优先级业务流量仅占总流量的 10%～15%。只要能对流量进行区分并设置不同优先级，保证高优先级业务低延迟到达，然后再让低优先级流量把空余带宽占满，数据中心的广域网连接就能达到接近 100%的利用率。

Google 公司发现直接利用现有商业产品较难满足需求，就采用了 SDN 设计思路对数据中心通信进行改造。其设计了集中的流量工程服务器，能够利用整个网络的拓扑信息和来自应用的需求信息计算出一组接近全网最优的数据转发规则；重新设计各数据中心之间通信的外部高速路由交换设备，能够接收流量工程服务器下发的路由转发策略进行业务转发，实现基于业务的隧道（Tunnel）选取和流量量化分摊。

B4 网络的拓扑示意如图 4-9 所示，全球十几个数据中心通过自己新研的外部互联交换机（下文简称交换机）构建一个全球互联的广域网络。交换机之间使用 IS-IS 路由协议作为内部组网协议；交换机和数据中心内部使用 eBGP 进行路由交互，获取数据中心内部路由信息；交换机之间根据通信需求建立 iBGP 连接（与物理连接无关），同步彼此之间的数据中心内部路由。交换机通过带外连接和全网集中控制的流量工程服务器进行通信，汇报网络流量，接收转发策略。

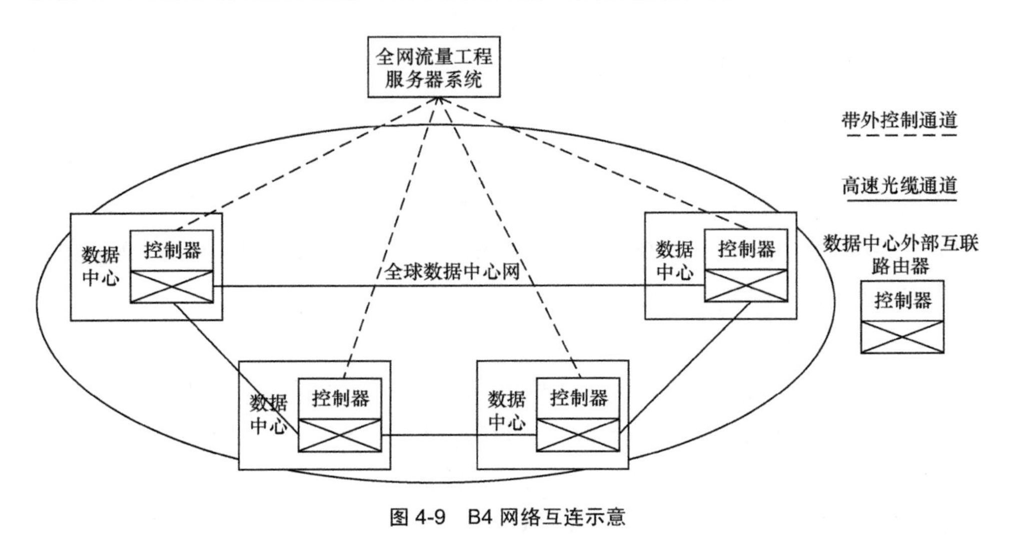

图 4-9　B4 网络互连示意

B4 网络的设计决策和挑战见表 4-10。

表 4-10　B4 网络设计决策

设计决策	理论/收益	挑战
B4 交换机基于商用交换芯片实现	B4 网络在提升带宽使用率和容错上进行平衡；站点比较少，不需要很大的路由转发表；需要相对低价的交换机进行网络能力扩展	牺牲硬件容错性、深度缓存和大容量路由表
实现 100%的链路利用率	针对昂贵的传输链路高效使用； 许多应用周期性的高于平均带宽，最大的带宽应用需要动态适应可用带宽	当链路/交换失效时，网络的分组丢失不可避免。对于一些低优先级业务，需要容忍高时延和分组丢失
集中式的流量工程	使用多路径转发去平衡应用的带宽需求； 针对站点之间的速率限制，提升应用分类和优先级调度； 分布式协议实现流量工程一般是局部优化，需要全局的实现才能更快、更优	没有现成的协议使用，需要知道数据中心之间的需求和优先级
硬件和软件独立	B4 网络需要定制化的路由和监控协议； 快速的软件协议迭代改进； 通过外部软件冗余部署能够更容易地保护软件失效； 对于不可预知的硬件部署，提供相同的软件编程接口	没有成熟的模式可以借鉴，打破了硬件和软件之间的联系

4.3.5.2　B4 网络设计

B4 网络具体设计如图 4-10 所示，完全符合 B4 的设计决策，包括基于商用芯片实现交换机转发平面，硬件和软件独立设计，集中式控制流量工程，最终达到 100%的网络带宽利用率。整个网络由全局控制（Global Controller）层、站点控制（Site Controller）层以及交换硬件（Switch Hardware）层 3 个层次构成。

（1）全局控制层

运行了一些集中式的应用程序，包括 SDN 网关和流量工程中心服务器。B4 网络将路由协议与流量工程（TE）当作不同的服务进行部署，并将中心化的 TE 服务部署在标准的路由应用上。在全局层中，TE 服务器通过 SDN 网关和各个站点的控制器进行通信，实现全网流量控制。

（2）站点控制层

主要由网络控制服务（Network Control Service，NCS）构成，NCS 又由 OpenFlow 控制器（OpenFlow Controller，OFC）和网络控制应用（Network Control Application，NCA）组成。NCS 上运行分布式路由和流量工程协议，OFC 基于 NCA 的指令维护网络的状态，同时根据 NCA 反馈的信息，修改交换机的转发表。为了保证控制的可靠，运行 NCS 服务器是通过在多个运行了 NCS 实例的服务器上进行选举所产生的。

（3）交换硬件层

为所有物理交换机的集合，主要负责业务转发，并不运行复杂的软件。主要由实现 OpenFlow 代理（OpenFlow Agent，OFA）软件的通用 Linux 计算机和商用成熟交换芯片组成。

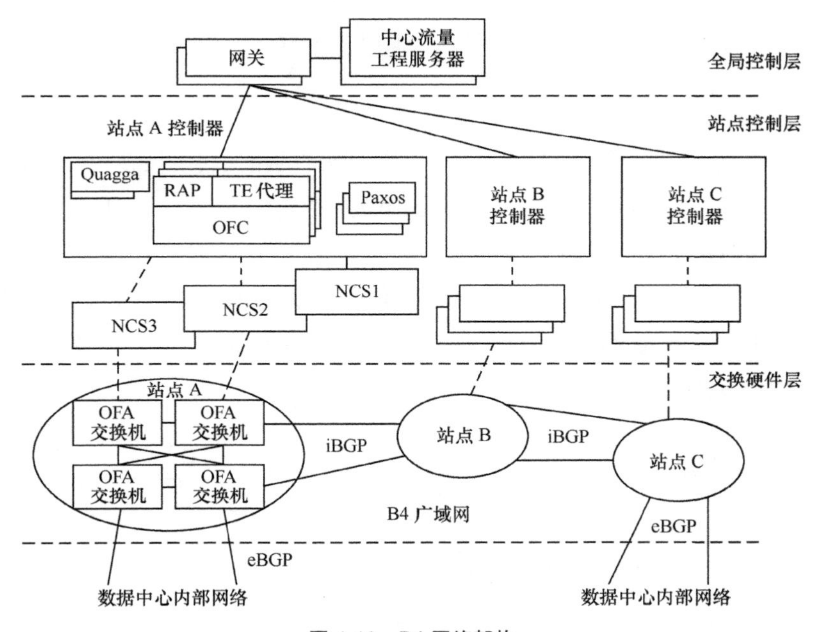

图 4-10　B4 网络架构

结合网络架构，下面进一步介绍网络中的节点设计以及流量工程实现。

（1）Open Flow 交换机设计

B4 网络的 OpenFlow 交换机由嵌入式 CPU 和商用成熟交换芯片构成。

嵌入式 CPU 中运行 Linux 操作系统，在此之上运行 OFA 软件。OFA 能够接受标准 OpenFlow 协议控制，能够接收 OpenFlow 流表；在内部，OFA 将 OpenFlow 流表规则转换为商用成熟交换芯片的转发规则，控制交换芯片工作。

商用交换芯片一共使用了 24 个独立的 16×10 Gbit/s 无阻塞交换芯片，基于背板构成一个二级交换拓扑，如图 4-11 所示。第一级使用 8 个交换芯片，用于芯片之间的背板交换，其余 16 个交换芯片主要用于对外提供交换接口（单芯片提供 8 个

10 Gbit/s 以太网，共对外提供 128 个接口）。

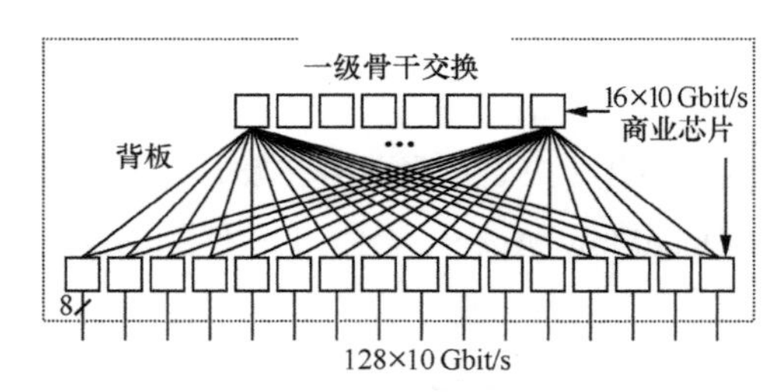

图 4-11　B4 交换机转发面芯片结构

（2）NCS 控制器设计

NCS 控制器不是全网的控制器，仅是单一站点的路由转发设备控制核心。它体现了软件和硬件独立设计的思想，基于通用服务器平台实现数据中心之间的路由组网协议以及对 OpenFlow 交换机的控制功能。

NCS 主要由两部分组成：一部分是基于开源 Quagga 路由工程实现 BGP/IS-IS 路由算法；另一部分是基于 Paxos 分布式软件以及 OpenFlow 控制器软件实现 OFC。二者之间的集成如图 4-12 所示。

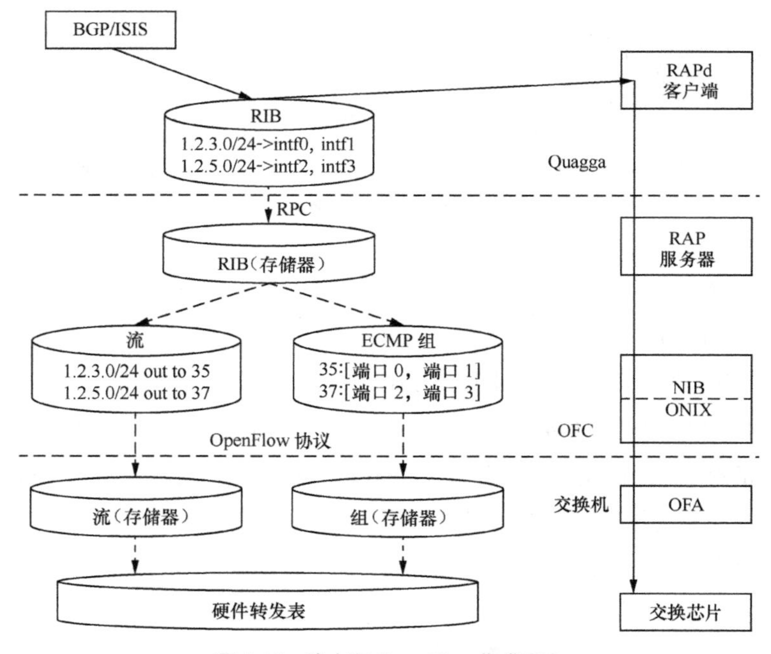

图 4-12　路由和 OpenFlow 集成示意

在图 4-12 中，Quagga 协议栈 BGP/IS-IS 路由协议形成数据中心站点之间的路由信息库（Routing Information Base，RIB）。因为 NCS 中 Quagga 并不直接与数据平面相连，为了让 Quagga 完成相应的路由工作，路由应用代理（Routing Application Proxy ，RAP）就成了 Quagga 与数据平面之间协议报文交互的代理。Quagga 为物理交换机的每个端口都建立了相应的隧道标签接口，其协议报文经过 RAPd 转发到 OFC，然后再转发至 OFA，最后交付到数据转发平面。从外部进入的协议数据分组也会使用这个通道的反向链路。

一个 RAPd 进程将 Quagga 路由协议消息发送给 RAP 服务器，并且通过 RPC 获取 OFC 得到的变化信息。RAP 负责提取路由协议形成的 RIB，并形成对应的流表，最后通过 OpenFlow 协议下发给交换机的 OFA。例如，B4 交换机采用 ECMP 来 Hash 选择下一跳的某个输出口，RAP 将 RIB 中的两条路由条目转化为 OpenFlow 中两条基于 IP 地址前缀的流表，每条流表都会映射到 ECMP 组表上，这样多条流表共享 ECMP 组表，ECMP 组表中包含输出的接口信息，从而完成 ECMP 过程。

除了数据平面的数据分组送到 Quagga，RAP 会通知 Quagga 关于交换接口和物理端口的状态变化信息。一旦交换机检测到端口状态的变化，交换机上的 OFA 会将对应的 OpenFlow 消息发送到控制器 OFC。OFC 根据上报消息更新自己的网络信息数据库（Network Information Base，NIB），并将其复制给 RAPd。Quagga 为每个物理交换机接口都创建了一个虚拟接口，RAPd 收到变换信息后会改变相应虚拟接口的状态，随后 Quagga 就会产生路由更新，重新选择最短路径，紧接着开始协议处理。

（3）TE 控制器设计

流量工程控制器负责向全网的交换节点下发流量工程策略。该控制器对应全网的 SDN 控制设备，但仅提供单一的网络服务—流量工程计算，并将计算结果下发到各个数据中心 NCS 中。

流量工程的目的是让相互竞争带宽的业务尽可能使用不同的传输路径。B4 采用流量工程系统的目标是为每个应用提供最大—最小公平的带宽分配，该算法直接作用在 TE 优化核心算法中。最大—最小公平算法要求只要业务对带宽的要求还没有满足，就通过抑制业务间所采用的 Fair Share 值来最大化带宽的使用。

图 4-13 描述了 B4 采用流量工程系统的软件架构。

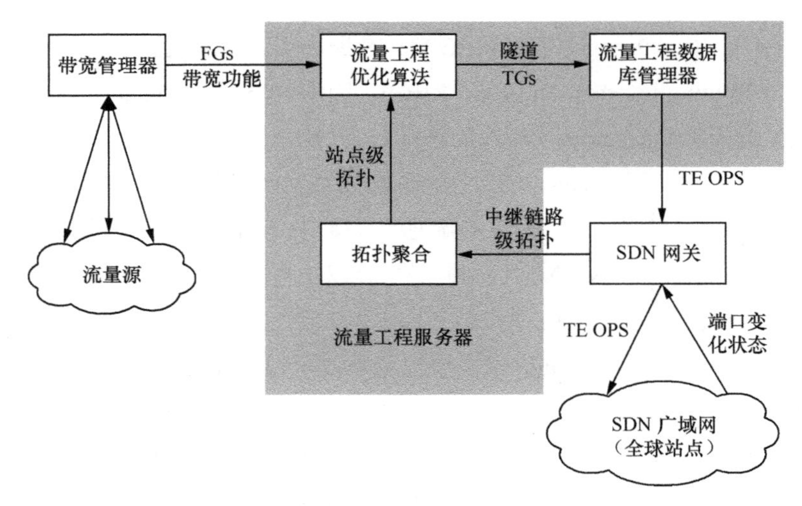

图 4-13　B4 流量工程系统的软件架构

流量源负责将业务流特征信息（包括带宽信息和数据分组信息）汇报给带宽管理器，由带宽管理器决定业务流的标识分组以及带宽分配，形成 FGs（Flow Groups，流组），再将这些结果输入 TE 优化算法核心。该算法核心同时也会收到由 SDN 网关汇报并经过拓扑聚合提取的拓扑信息（主要是端口状态变换导致的链路状态变化），作为算法的另一个输入。最后由算法结果决定业务流组采用的隧道和隧道组（Tunnel Groups，TGs）。隧道和隧道组信息会继续输入流量工程数据库管理器（TED Manager）中，并通过 SDN 网关下发 TE 操作。

（4）流量工程协议与 OpenFlow

B4 网络采用 OpenFlow 协议作为 SDN 的南向接口协议。为了减少整个系统的流表数目，B4 网络的流表主要基于隧道封装方式实现。网络中的隧道封装采用{源站点 IP，目的站点 IP，QoS}这种集合对业务流进行抽象与分类，相同源站发出、抵达相同目的站的数据流都采用相同的隧道封装。

为了基于流量工程应用做抽象，B4 网络中的交换机分为 3 种身份。

① 负责封装的交换机，主要负责隧道头部的封装和隧道之间流量的分配；

② 负责交换的交换机，主要负责根据数据分组的外层头部进行数据交换；

③ 负责解封装的交换机，主要负责隧道的终结，去掉外层头部后，根据数据分组的固有内容交换到相应的交换机去。

表 4-11 详细地说明了构成 TE 中每个关键元素与 OpenFlow 以及流表的映射。

表 4-11　TE 构成与 OpenFlow 定义流表的映射

TE 构成元素	交换机角色	OpenFlow 消息	硬件表
隧道	交换	FLOW_MOD	LPM 表
隧道	交换	GROUP_MOD	多路径表
隧道	解封装	FLOW_MOD	解封装隧道表
隧道组	封装	GROUP_MOD	多路径表、封装隧道表
流组	封装	FLOW_MOD	ACL 表

源站点通过隧道封装生成 FG。交换机检查数据分组的目的 IP 是否被一个 FG 包含，如果包含，则将这个数据分组与这个 FG 映射起来。进入交换机且与某个 FG 映射（或者说属于这个 FG）的数据分组，将会使用相应的隧道进行转发。每个进入的数据分组都会根据自己的目的 IP 在 TG 查找到相应的隧道。

B4 网络交换机上都有一个流量工程配置列表。负责封装的交换机根据这个列表将数据分组进行隧道封装。负责交换转发的交换机使用这个表，根据数据分组的隧道 ID（外层 IP 头部的目的 IP）进行交换转发。负责解封装的交换机根据这个表针对数据分组的隧道 ID 进行隧道终结，还原数据分组头部。因此，完成整个隧道过程需要多个交换机的参与。

（5）B4 网络数据面转发实现

B4 网络数据中心之间主要基于隧道方式实现业务转发，OpenFlow 交换机需要根据流表策略进行报文的封装和解封装。

如图 4-14 所示，两个数据中心 10.0.0.0 网段和 9.0.0.0 网段进行通信。负责封装的交换机根据数据分组的头部对业务流量进行识别，根据不同的流表为数据分组封装不同的外层 IP 头部，其中 IP 源地址固定，目的 IP 根据每条隧道封装。

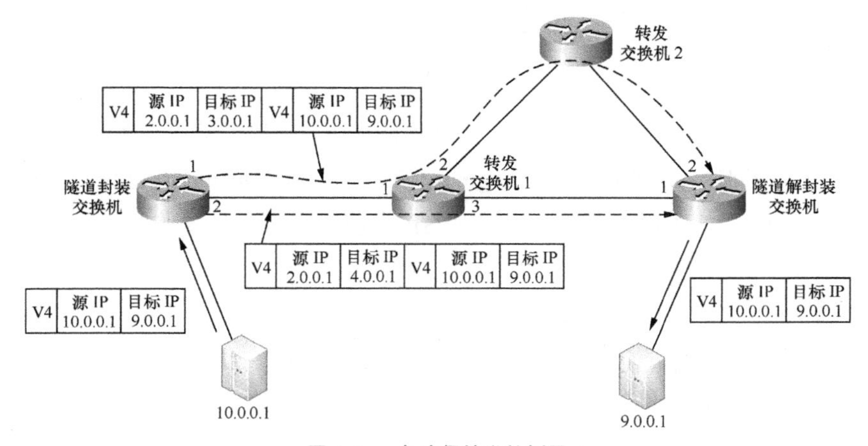

图 4-14　多路径转发的例子

其中，特定业务流采用源/目的 IP 地址为 2.0.0.1/4.0.0.1 的外层封装，并且采用最短的路径进行转发；其他业务流采用源/目的 IP 地址为 2.0.0.1/3.0.0.1 的封装，转发过程中多经过了一个转发交换机，即转发交换机 2。这样，不同业务流能够使用不同的业务路径。

当交换机接收到数据分组后，根据本地流量工程配置列表，识别出应该解封装的数据分组并进行解封装操作。解封装后，交换机再根据内层 IP 头部，基于本地的最长匹配路由表 LPM，再次将数据分组转发到相应的外部交换机上。

B4 中的交换机同时支持基于最短路径的路由和基于隧道 TE 转发，这样就能保证在 TE 不生效的情况下，交换机依然可以通过路由来保证网络的正常运行。考虑到 OpenFlow 协议中定义的流表优先级次序与交换机硬件表项的特性，不同转发机制下发的流表（含流和流组）将被作用到商用交换网络芯片不同的硬件表项中。例如 Quagga 路由协议形成的路由转发流表作用在交换机的 LPM 表项上，流量工程下发的流表作用在访控列表（ACL）项上。数据分组在进入交换机时，会首先执行 ACL 规则，然后再被 LPM 表转发。

4.3.6 基于分段路由实现 SDN 控制

基于 OpenFlow 协议的 SDN 控制在现实环境中面临流表扩展性、硬件芯片技术制约、新旧设备共存及网络演进问题。上文提到的 Google B4 网络属于新研网络的实例，但是更多现存网络如何更好利用 SDN 思路进行优化演进？由思科公司发起的分段路由（Segment Routing，SR）技术，是一种基于现有 IP/MPLS 广域网的改良方案，使其面向服务且扩展性更好，属于全新的 SDN WAN 解决方案。

分段路由是一种基于源路由的技术，目前由 IETF SPRING 工作组进行标准化。截至 2017 年年末，SR 架构草案（Segment Routing Architecture）已经发布到第 13 版，OSPF、IS-IS、BGP 也发布了相应的 SR 扩展草案，读者如有兴趣可通过 IETF 官网获取学习。

下面基于图 4-15 描述分段路由的实现原理。

① 网络中每个节点或链路具备段 ID（segment ID，SID），分别对应全局 SID 和邻接 SID。当 SR 数据平面应用 MPLS 时，一个 SID 编码就是一个 MPLS 标签。

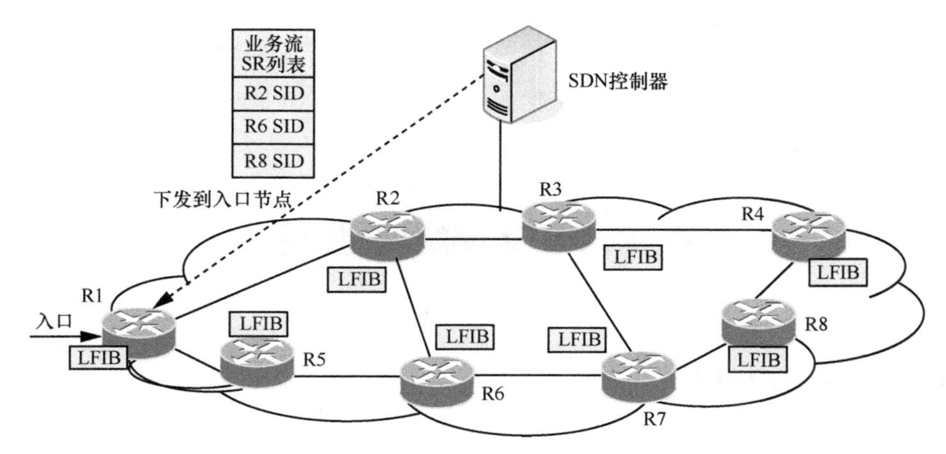

图 4-15　分段路由原理示意

② 针对网络中运行的 IS-IS 或 OSPF 协议，以及在多自治域之间运行的 BGP，进行报文格式的简单扩展，支持 SID 在网络中扩散同步。例如 OSPF 协议，就在 Opaque LSA 通告中增加新的 TLV，对全局 SID 和链路 SID 进行支持。通过路由协议扩展，网络中每一个节点在本地维护一个标签转发信息表（Label Forwarding Information Base，LFIB），定义 SID 转发的下一跳和标签堆栈执行的操作，包括标签入栈<push>、标签不变<continue>、标签出栈<pop>。

③ SDN 控制器基于传输需求，计算受控业务的转发路径，并将转发路径形成 SID 列表，对应 MPLS 协议就是标签堆栈。需要注意的是，这个转发路径可以不是严格源路径，而是结合最短路径进行优化，以减少 SID 列表长度。例如，图 4-15 中 SR{R1、R2、R6、R8}就不包含 R7，因为期望 R6 到 R8 的路径与最短路径 R6、R7、R8 一致，就可以进一步采取压缩编码。

④ SDN 控制器将 SID 列表下发给入口节点。入口节点基于 FEC 识别输入的业务流，将业务传输路径对应 SID 列表映射为 MPLS 标签栈，形成 MPLS 帧并转发进入 SR 网络域。

⑤ 中间节点无需 SDN 控制器下发控制规则，根据本地 LFIB 对携带标签堆栈的报文进行转发处理。该过程和 MPLS 转发流程一致。

根据上文描述，分段路由具备两大核心优势。一是 SDN 流表控制无需像 OpenFlow 的实现一样需下发给网络中每一个节点，而是仅下发给业务流的入口节点；二是 SR 标签堆栈的处理和 MPLS 协议转发流程基本一致，有利于现存大量

MPLS 网络的演进。除此之外，分段路由还能够为流量工程提供等价路径等附加功能。基于上述原因，再加上思科公司提供了大量案例和应用实践，使得分段路由成为现今 SDN-WAN 控制的热门方案。

| 4.4 NFV 网络控制技术 |

4.4.1 NFV 概述

网络功能虚拟化（Network Function Virtualization，NFV）是虚拟化技术的一种应用。虚拟化技术主要是一种硬件复用技术，将传统软件/硬件绑定的单一设备转变为将多个软件功能可配置部署在单一的硬件平台上，复用同一硬件平台资源，使用户感觉具备多个原有的单一设备。虚拟化技术广泛应用于服务器虚拟化、存储虚拟化领域，VMware ESX、Hyper-V、Xen 以及 KVM 等虚拟机技术就是计算虚拟化的具体技术实现。

随着云计算服务的普及以及数据中心的兴建，虚拟技术应用更加广泛，网络中存在大量虚拟设备的迁移和增加，需要灵活、简便的管理方式来实现动态变化设备的通信需求。网络功能虚拟化提供了一种新的方法用于设计、部署和管理网络功能。网络功能虚拟化将网络功能和硬件设备进行解耦，将网络地址转换（NAT）、防火墙、入侵检测、域名服务（DNS）、缓存（Caching）等网络功能作为应用软件进行实现，并使用工业标准的高性能服务器作为通用平台，在合并的硬件平台上部署多个网络功能，如图 4-16 所示。

2012 年年末，20 多个电信服务提供商在欧洲电信标准研究所（ETSI）内成立了一个标准化工作组（ISG）进行 NFV 的标准化工作。自此，NFV 引起业界极大的兴趣，包括电信工业超过 28 个网络运营商和 150 个技术提供商参与其中。网络虚拟化为何会吸引众多运营商和厂商参与，因为其能够带来如下好处。

① 将软件和硬件解耦。软件功能实现不受限于硬件，能够实现差异化服务和定制服务。

② 灵活的网络功能部署。具备灵活性和扩展性，能够方便、快速、动态地在网络各个位置提供和实例化新的服务。

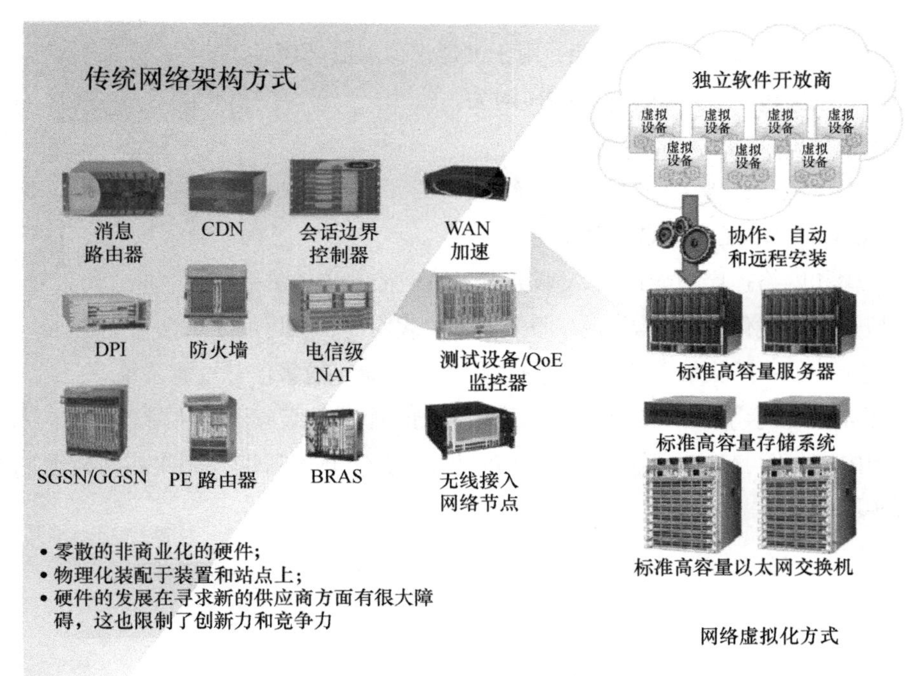

图 4-16　网络功能虚拟化概念

③ 能够大幅降低对市场需求的响应时间，降低改变网络所需的网络操作和部署时间。

④ 支持网络功能的多个版本和多个租户，使得多个不同的应用、用户和租户使用单一硬件平台。这允许网络维护人员基于不同客户和服务共享资源。

⑤ 通过利用单一网络平台提升管理维护效率，动态维护网络。

⑥ 降低购买设备投入，可以在统一的高容量标准服务器上进行网络功能部署。

⑦ 缩减营运投入。降低电源消耗、空间需求，提升网络监控能力。

⑧ NFV 形成了一个设计领域广泛、鼓励开放的生态系统。由于是面向软件的实现，小型软件开发团队、学院等均可参与进来，可以激发产生更多变革性的网络功能。

网络功能虚拟化应用非常广泛，既可以应用于数据平面的报文处理，也可实现控制平面功能；既可应用于固定网络，也可应用于移动网络。下面是 NFV 的应用举例。

交换单元：BNG、CG-NAT、路由器、虚拟交换机。

移动网络节点：HLR/HSS、MME、SGSN、GGSN/P-GW、RNC、NodeB、eNode B。

家庭路由器和机顶盒等功能：用于创建虚拟家庭环境。

隧道网关单元：IPSec/SSL VPN 网关。

流量分析：DPI、QoE 测量。

服务保证；SLA 监控、测试诊断。

NGN 信令单元：SBCs、IMS。

汇聚和网络扩展功能：AAA 服务器、策略控制和计费平台。

应用级的优化：CDNs、缓存服务器、负载均衡、应用加速。

安全功能：防火墙、病毒扫描、入侵检测系统、垃圾信息过滤系统。

图 4-17 显示了 NFV 在电信运营商系统的一个系统级应用，从用户有线、无线接入到内容分发、NAT，再到 LTE 的 EPC 网络实体、IMS 呼叫控制实体均基于 NFV 进行实现。

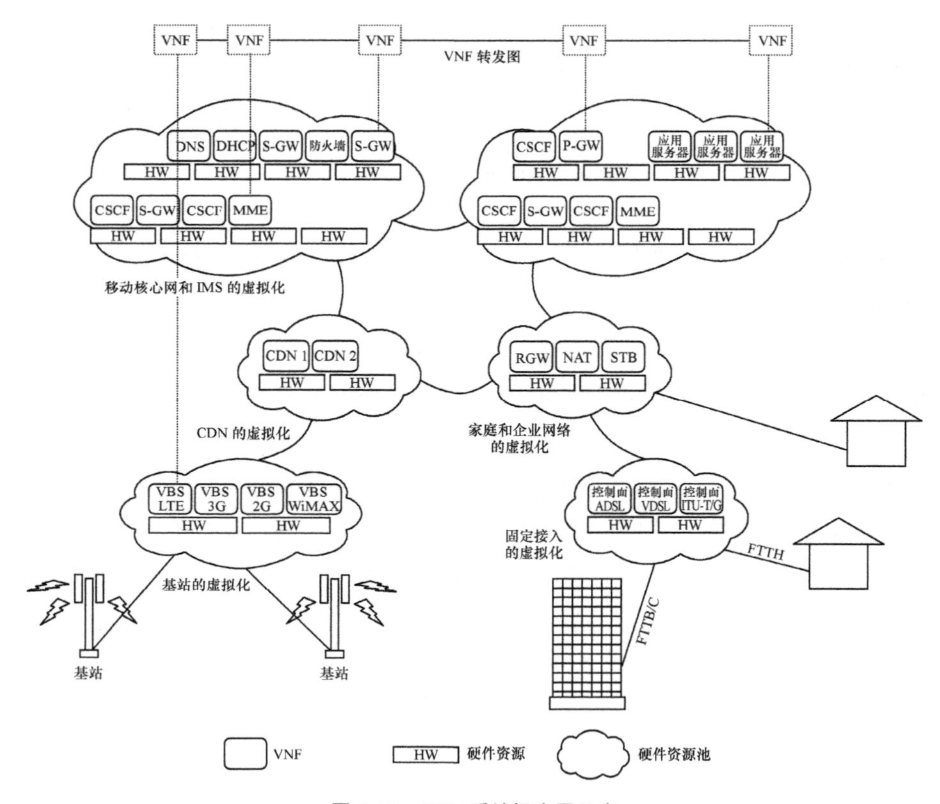

图 4-17　NFV 系统级应用示意

4.4.2 NFV 的技术架构

2013 年 10 月，ETSI 的 NFV 工作组发布了一组规范，涉及 NFV 的概念、架构、需求以及用例。基于架构框架规范，对 NFV 的架构进行了定义[13]。

NFV 的架构设计除了需要实现 4.4.1 节中描述的各种优势，还重点关注了如下方面。

- 针对不同的 Hypervisor 以及计算资源，能够建立一个支持虚拟网络功能（VNF）操作的架构，包括提供共享的存储、计算以及物理/虚拟网络；
- 能够建立一个软件架构，将不同的 VNF 组合为一个功能块来构建 VNF 转发图（转发图的概念后续介绍）；
- NFV 和其他管理系统的管理接口以及协作接口，例如和 EMS、NMS 以及 OSS/BSS 的接口；
- 能够支持一系列具备不同可靠性、不同可用等级的网络服务；
- 保证虚拟化不会引起新的安全威胁；
- 针对虚拟化，关注性能相关问题；
- 将虚拟化和非虚拟化网络功能之间协作工作的影响降低到最小；
- 提升现有数据中心技术。

基于上述需求，NFV 架构框架规范中提供了顶层框架，如图 4-18 所示，包括 3 个主要的工作域。

① 虚拟化网络功能，作为网络功能的软件实现，具备在 NFV 基础设施（NFVI）上运行的能力。

② NFV 基础设施，包括不同的物理资源以及如何将这些资源进行虚拟化。NFVI 需要支持 VNF 执行。

③ NFV 管理和编排，它覆盖了虚拟化的物理设备/软件资源的编排管理、生命周期管理以及 VNF 生命周期管理。NFV 管理和编排主要关注 NFV 框架中必要的特定虚拟化管理任务。

针对 NFV 顶层架构进一步细化，对其 3 个主要领域进行模块划分，形成图 4-19 所示的架构框架。图 4-19 中包括 NFV 架构中的功能模块以及功能模块之间的主要参考点。目前，一些功能模块已经部署在网络中，其他功能模块可能需要增加，以支持虚拟化过程以及后续的维护。

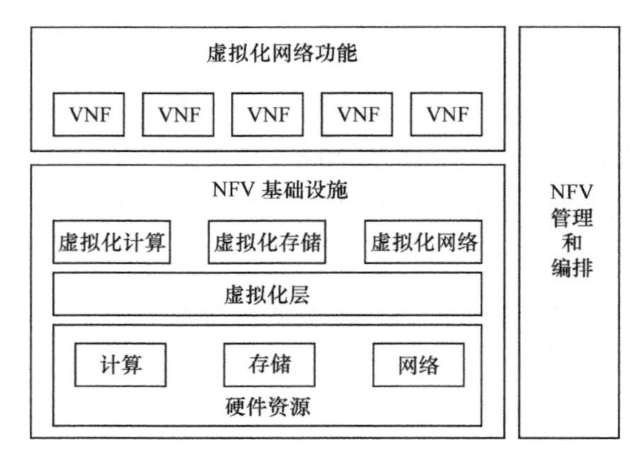

图 4-18 NFV 顶层框架

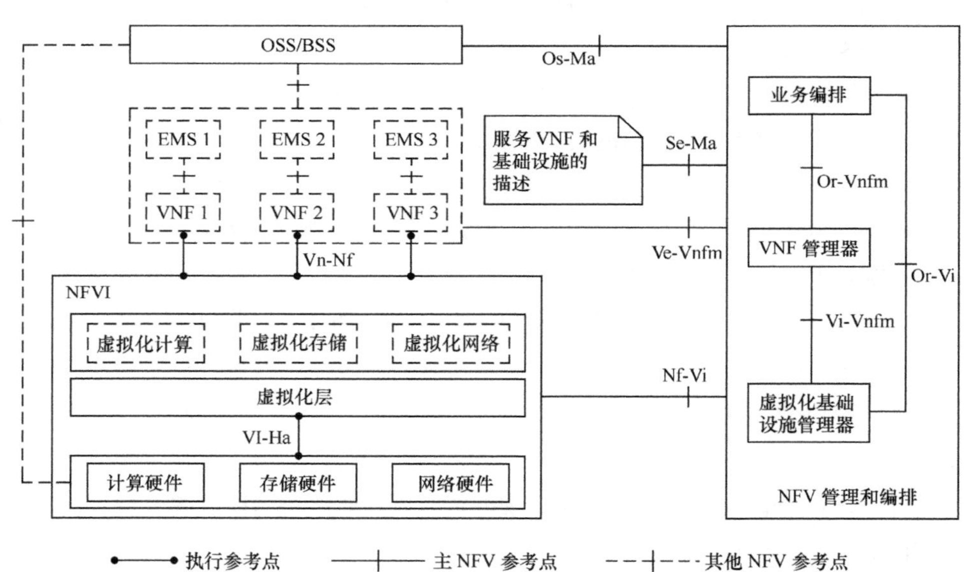

图 4-19 NFV 参考架构框架

（1）VNF

如前所述，VNF 就是在传统非虚拟化网络中对应的功能，例如 3GPP 演进分组核心网（Evolved Packet Core，EPC）中的 MME、S-GW、P-GW，可作为虚拟化网络功能实现；家庭网络中的家庭网关、DHCP 服务器、防火墙等也可作为虚拟网络功能实现。一个 VNF 的外部操作接口希望和物理设备的接口一致，通过从虚拟化层提供的API获取虚拟资源，主要包括虚拟计算资源、虚拟存储资源和虚拟网络资源。

VNF可以由多个内部模块组成，甚至部署在多个虚拟机中。同样地，完整的VNF也能够部署在一个单独的虚拟机中。NFV框架能够动态地构建和管理VNF实例，VNF之间的数据、控制、管理、依赖关系以及其他属性。目前，至少有3种针对VNF不同关系的架构视图。

- 一种虚拟化部署/On-Boarding形式，运行环境是单台虚拟机。
- 一种商用开发软件包形式，运行环境可以是几个内部互连的虚拟机（Virtual Machine，VM），需要一个部署模板描述这种属性。
- 维护人员角度，从软件开发上接收VNF的维护和管理方式存在不同。

基于此，VNF之间的关系包括VNF转发链（VNF的连接关系被定义）和VNF集（VNF之间的连接关系没有定义）。

（2）EMS

单元管理系统（Element Management System，EMS）针对每个独立的VNF进行管理。由于VNF对应各种不同的网络功能，故需要对应的管理系统进行管理。例如，EPC网络单元和防火墙单元就需要独立的管理系统。

（3）NFVI

NFVI是VNF部署、管理和运行的基础环境。NFVI包括所有的硬件和软件资源，并且可以跨越不同地域。不同地域之间的网络连接也可以认为是NFVI的一部分。

NFVI硬件资源包括计算、存储和网络资源，通过虚拟层提供给上层VNFs。计算和存储资源一般作为资源池，而网络资源由路由器、交换机、有/无线链路构成。网络资源可以分为两部分：一是用于连接计算服务器/存储设备的网络，形成PoP点，类似于数据中心网络；二是用于连接各个PoP点的网络，类似于目前的WAN。

NFVI中的虚拟层抽象了硬件资源，并将VNF软件和底层硬件解耦，其功能包括：对物理资源的抽象和逻辑分区（硬件抽象层）；实现虚拟化架构，使得上层VNF能够基于标准方式使用虚拟资源；为VNF软件提供虚拟资源，使之能够执行。虚拟层就像VM中的Hypervisor，基于虚拟层，VNF能够运行在不同的物理硬件上。

（4）虚拟化设施管理器

虚拟化设施管理器（Virtualized Infrastructure Manager）负责控制和管理VNF与计算、存储及网络资源的交互，管理虚拟资源的分配。对于在本架构中指定的硬件资源，虚拟化设施管理执行如下。

- 资源管理：负责软件目录、计算存储及网络资源；为虚拟化分配运行平台，例如 VM；管理基础设施的资源分配，例如增加 VM 资源，提升能耗比等。
- 营运维护：提供可视化的基础设施管理监控、NFV 基础设施运行的性能分析和优化、错误信息收集。

（5）业务编排

业务编排（Orchestration）主要负责 NFVI 和软件资源的协作，并在 NFVI 上实现网络服务。

（6）VNF 管理器

VNF 管理器（VNF Manager）负责 VNF 生命周期管理（实例化、升级、查询、扩展、资源回收以及终止）。系统中可部署多个 VNF 管理器，分别对应不同的 VNF 实现。

一个 VNF 管理也能对多个 VNFs 进行管理。

（7）服务、VNF 集基础设施

这是一个数据集，提供 VNF 的部署模板信息、VNF 转发图信息、服务相关信息以及 NFVI 的信息模型。

（8）OSS/BSS

对于网络服务或电信运营商而言，OSS/BSS（运营商的运营支持系统与企业支持系统）采用 NFV 技术架构快速、灵活地进行网络部署业务，提供用户各式便利服务的同时，必须考虑自身的运营业务模式与计费原则。

为实现 NFV 架构框架的电信级部署，在规范[14]中也描述了在未来的技术发展中需要持续关注和研究的重要领域。

（1）虚拟化层

虚拟化层是 NFV 架构中的关键单元。虚拟化层主要的实现工具是 Hypervisor。VNF 主要部署在 VM 中，虚拟化层将提供一个开放和标准的接口给 VNF 部署容器。虚拟化层还需要考虑 VNF 的移植性以及其他性能问题。

（2）VNF 软件架构

在 NFV 中，具体的 VNF 已经被其技术标准所定义，其实现形式就是一个软件包。但是 VNF 软件的架构需要进一步研究。虚拟化技术提供给业界一个机会，对传统递增的网络功能进行一个模块化和更轻型的设计，一个 VNF 能够分解成更小的功能模块，提供更好的扩展性、重用以及快速响应。另一方面，多个 VNF 又能够组合在一起，降低管理成本和 VNF 转发图的复杂度。这两个分解/组合的方面都是未来研究的方向。其初始化描述如下。

- VNF 分解：将顶层架构的 VNF 分解为一个较低层的 VNF 集合，NFV 标准组织应提供指南，以决定 VNF 如何分解和标准化。
- VNF 组合：将一些低层的 VNF 组合定义为顶层的 VNF。

例如，EPC 网络中的 S-GW、P-GW，作为 3GPP 标准中的独立逻辑实体，也可结合成为一个新的 VNF 实体“SGW-PGW”。基于组合或分解的 VNF，管理方式也会发生变化。

（3）管理和性能

管理和协议带来的挑战主要是端到端服务以及端到端 NFV 网络映射，将 VNF 在恰当的位置进行实例化以实现所需服务，分配和调整硬件资源给 VNF 等。此外，将网络功能、硬件设备、网络功能之间的联系松耦合，带来了网络排查错误以及网络恢复的挑战。

（4）其他

其他领域包括性能、可靠性、安全等。

4.4.3 NFV 的用例

NFV 是一种概念和思路，具体如何实施还需要具体用例进行指导和参考。ETSI 发布的 NFV Use Cases[15]中为读者提供了 9 种用例场景：网络功能虚拟化基础设施即服务、虚拟网络功能即服务、虚拟网络平台即服务、虚拟网络功能转发图、移动核心网络和 IMS 系统虚拟化、移动基站虚拟化、家庭环境虚拟化、CND 虚拟化、固定的接入网络功能虚拟化。

本节选取两个用例进行介绍。

（1）网络功能虚拟化基础设施即服务

网络功能虚拟化基础设施即服务（NFV Infrastructure as a Service，NFV IaaS）是参考云计算中 IaaS（Infrastructure as a Service，基础设施即服务）、NaaS（Network as a Service，网络连接即服务）而提出的。在 IaaS 中，用户使用服务提供商提供的计算、存储等资源运行、控制自己的特定应用，但不控制其底层的基础设施。在云计算文献[16]中，也提到了将网络连接作为一种服务，虽然目前没有针对 NaaS 的明确定义，其应用主要是指按需创建 CSP 或 CSC 之间的连接或数据中心内部计算节点的连接。

NFV IaaS 就是将 IaaS 和 NaaS 映射到 NFVI 中，结合了两者的能力，在提供一个计算服务的运行环境基础上，还能够提供动态的网络连接服务。NFV IaaS 既可支持 VNF 在其上运行，动态创建网络连接，又能为云计算的应用，包括 PaaS 以及 SaaS，提供运行环境。

基于 NFV IaaS，可以使得跨运营商之间的协作更加容易。具备 NFVI 架构的运营商能够提供 VNF 服务，使得其他运营商可以跨地域使用。图 4-20 描述了 NFV IaaS 应用的一个场景，运营商 X 能和运营商 Y 签订商业服务协议，然后运营商 X 的 VNF 实例就能在运营商 Y 的 NFVI 上装载和运行，并依然由运营商 X 控制，运营商 Y 仅提供 VNF 运行所需要的资源集（计算、Hypervisor、网络能力、绑定的网络中断等）。这时，运营商 Y 自己的 VNF 依然可以继续在自身的 NFVI 上运行。

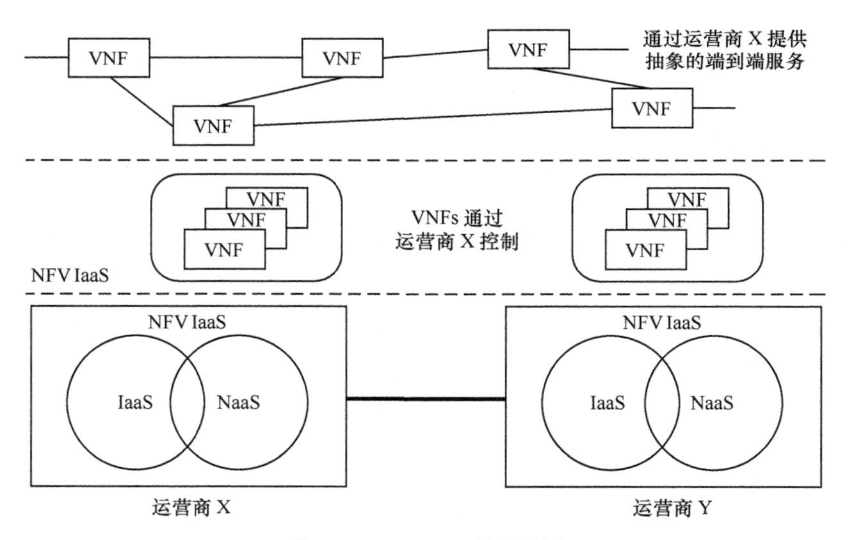

图 4-20　NFV IaaS 使用举例

基于图 4-20 进行更加具体的举例说明。运营商 X 为客户提供虚拟化负载均衡服务，但是其并非在全球均具备能够提供该服务的基础设施。当其客户需要负载均衡服务时，客户所要求的服务地点可能并不具备对应基础设施。在该地域运营商 Y

具备对应基础服务设施，并能基于 NFV IaaS 将其 NFV 基础架构作为服务提供。运营商 X 根据服务协议使用运营商 Y 的服务，部署负载均衡 VNF 软件包，就能为自己的客户提供对应的负载均衡服务。对于运营商 X 而言，这避免了在所有地域部署新设备的昂贵投入、复杂性或者租用固定服务，能基于 NFV IaaS 快速部署和扩展虚拟服务，并扩展服务地域。运营商 Y 同样能通过出租多余的能力获得利益，并促进自身在 NFV 和 SDN 基础架构的投资。

通过对不同服务商的隧道机制、编址、QoS、政策要求、安全和维护过程进行抽象，NFV IaaS 还能简化部署。其他的关键需求包括多租户保证充分的流量隔离、租户指定的策略法规以及弹性扩展，以降低动态云环境扩展所带来的费用和复杂性[16]。

就像 SDN 一样，NFV 是面向开放的多租户环境，能降低运营商 CAPEX（运营商资本性付出，包括固定资产投入、网络建设成本等）。为此，需要一个物理和虚拟基础设施提供通用的自动化框架能力，同时具备一个通用部署模型，能扩展服务提供和地域边界。

（2）虚拟网络功能转发图

虚拟网络功能转发图（Virtual Network Function Forwarding Graph，VNF-FG）定义了报文在网络功能（Network Function，NF）中经历的顺序，图 4-20 的最上层可以看作一个 VNF-FG。VNF-FG 能提供各种虚拟应用的逻辑连接，当然也能和物理网络协同工作共同提供一个网络服务。

当前基于硬件的方式，设计实现一个端到端的转发图是非常复杂和耗时的工作，并且对于规模扩展和管理需付出昂贵成本。必须应用物理的安装和连线，并且为物理设备划分区域参数，例如 VLAN 标识、子网地址等。这些工作受限于物理连接，配置也必须手动，需要认真细致以避免出错。

在 NFV 环境下，能快速、高效地创建、升级和扩展规模以及移除一个 VNF 转发图。例如，增加一个新的 VNF 到一个或更多的服务链中，可以创建一个新虚拟机，并在虚拟机中运行实例化的服务功能，然后添加到转发图中进行升级，满足扩展性需求。在开放、多厂商环境下高效地实现和部署一个 VNF-FG 时，保证充分的性能、能力和容错恢复能力是一个挑战。同样地，转发平面的编程性必须在虚拟设备和物理设备的边缘自动地进行。

VNF-FG 和实际物理应用转发图的比较见表 4-12。

表 4-12　物理应用转发图和 VNF 转发图的比较

属性	物理应用转发图	VNF 转发图
效率	需要为峰值负载提供对应的功能和网络能力	仅需为当前所需负载能力提供对应功能和网络能力，并且各个功能可以共享
冗余性	使用特定硬件和特定网络实现备份	在一些例子中，备份功能能共享 NFV 基础设施的硬件资源和网络能力
灵活性	功能基于硬件时，升级新特性需要很长的部署间隔	功能基于软件，升级新特性部署间隔更短
复杂性	附加的配置、物理接口以及支撑系统被需要，用于交换设备实现转发图的中间件控制	转发图中虚拟交换功能及 VNF 的配置能以更直接和有效的方式实现
部署性	部署在其他运营商或企业网络中需要物理实体、接口并配置连接到末端用户	虚拟功能和交换能更加容易部署在运营商或者企业网中。虚拟的网络功能可以降低配置复杂度

图 4-21 是 VNF-GF 的示例。图中上半部分可以看作 VNF-GF 的逻辑视图，下半部分可以看作逻辑视图向物理视图的映射。图中 VNF-A 和 VNF-B 都是完全的虚拟网络功能，VNF-C 则是部分虚拟网络功能，因为其数据面通过了物理交换机转发。

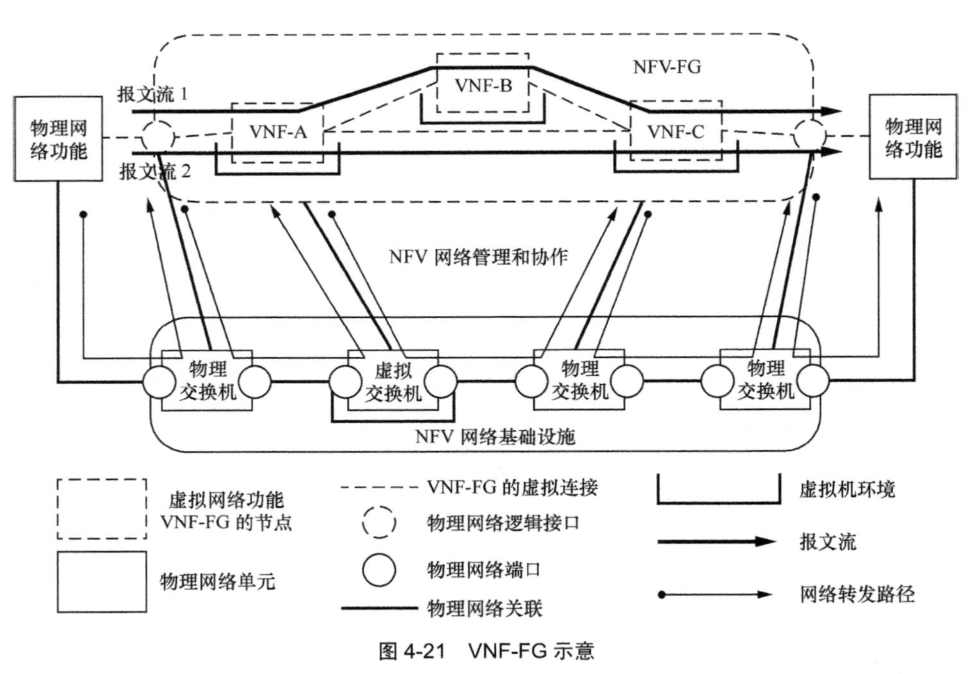

图 4-21　VNF-FG 示意

对图 4-21 中不那么直观的节点角色进行简要描述。

- 物理网络功能：没有被虚拟化的物理网络功能，作为整个服务的一部分，它可以是一个物理接入或骨干网络、独立的虚拟机，也可以是不同运营商提供的多个 VNF-FGs 的交互点。
- 物理网络逻辑接口：网络运营商指定的 VNF-FG 和物理网络功能的边界。它可以基于 VNF-FG 和物理网络功能之间传输报文的特定字段（报文的源/目的地址）进行定义。同样地，在 NFVI 中连接到物理网络功能的一个以太网端口的 VLAN ID 也可以是一个逻辑接口。
- 报文流：网络服务所针对的特定报文流，通过 VNF-FG 定义其路径。不同的报文流会在 E2E 服务中具备不同的路径，即使是相同的报文流，根据 VFN 的状态也可能经过不同的路径。

对于 VFN-FG 的理解，需要注意的是，VNF-FG 不是针对报文进行转发，而是针对报文需要经过的网络虚拟应用进行定义。例如，报文可能会经过网络监控 VNF、负载均衡、防火墙，最终到达目标节点。

4.5　网络虚拟化控制技术

4.5.1　概述

网络虚拟化和网络功能虚拟化是不同的概念。网络功能虚拟化是面向网络中的各种功能实现，不局限于网络本身。而网络虚拟化则主要面向 IP 网络，其范围包含 VLAN、VPN、虚拟交换机/路由器以及物理网上叠加的虚拟网络等。

根据互联网上的相关资料，网络虚拟化包括以下几个方面。

（1）多个物理网络设备虚拟为单个网络设备

例如，思科公司的虚拟交换系统（VSS），能够将多台思科交换机虚拟为单台交换机，使得设备的端口数量、转发能力、性能规范倍增；H3C 的智能弹性架构（IRF），也能将多个设备虚拟为单一设备；华为公司的集群交换机系统（CSS），实现交换设备多虚一，转发平面可以跨设备链路聚合。

（2）单一物理设备虚拟多个网络设备

包括传统的以太网 VLAN 以及 IP VPN 对应技术实现，同时，基于 NFV 技术的虚拟交换机也能在同一物理设备上实现多个虚拟设备。此外，基于服务器网卡的虚拟化技术也有对应的 SR-IOV 等技术。

（3）物理网络上虚拟 Overlay 网络的创建和动态管理

该项技术本质上是云计算多租户、NFV-FG 等应用的基础，主要是基于可编程控制的思想在物理网络中建立多个独立的虚拟网络。该项技术可以认为是 NFV 和 SDN 两种技术的结合。

本节不针对通信设备厂商的专用技术进行介绍，主要从数据中心、云计算运行的融合控制需求进行网络虚拟化技术的相关介绍，包括服务器网卡虚拟化技术、虚拟化交换机以及虚拟化网络控制协议。

4.5.2 服务器网卡虚拟化

在数据中心，每一台服务器系统至少需要一个 L2 网卡用于通信，所以每一台物理设备均需一个物理网卡。但是随着 NFV 技术以及 SDN 技术的推动，单一物理设备上会运行实现多个 VNF 实例，则该物理设备对应多个虚拟设备，每一个虚拟设备可能需要一个或多个虚拟网卡。

目前网卡虚拟技术主要包括 3 类，如图 4-22 所示。在图 4-22 中，p 前缀代表物理设备，v 前缀代表虚拟设备，虚线是虚拟设备，实线是物理设备。

（1）传统虚拟机提供网卡方式

传统虚拟机厂商主要基于该方式实现网卡虚拟化。基于 Hypervisor，每个虚拟设备提供对应虚拟网卡，然后虚拟网卡通过虚拟交换机连接到物理网卡上。该方式比较直观，利于理解，但是其缺点也非常明显，就是软件的开销较大，性能难以提升。此外，对于外部网络管理软件而言，虚拟网卡很难管理，且虚拟网卡可能不能提供当前物理网卡提供的所有特性。故该实现方式面临较大挑战。

（2）SR-IOV 方式

针对方式（1），物理网卡厂商或芯片厂商经 PCI SIG 工作组提出了对应的解决方案，即物理网卡基于 PCI-E 总线，使用单根 I/O 虚拟化（Single-Root I/O Virtualization，SR-IOV）为虚拟机提供虚拟网卡端口，其中，Single-Root 是指对应虚拟机的单个 Hypervisor。

通过 SR-IOV，一个 PCI-E 网卡设备能够建立多个虚拟 I/O 通道，并能够使其直接一一对应到虚拟机的虚拟网卡上，用于提升虚拟机的转发效率。在图 4-22 中，网卡内部具备虚拟交换机功能，能够实现虚拟机之间的本地业务交换，无须占据服务器资源。

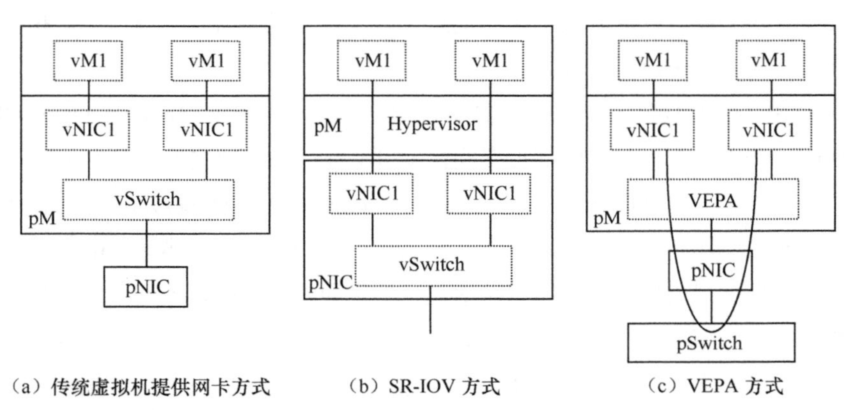

（a）传统虚拟机提供网卡方式　（b）SR-IOV 方式　（c）VEPA 方式

图 4-22 服务器网卡虚拟化的 3 种方式

（3）VEPA 方式

物理网卡厂商或芯片厂商还提出一种解决方案，其通过虚拟以太网端口聚合器（Virtual Ethernet Port Aggregator，VEPA）为虚拟设备提供虚拟通道。VPEA 目前是 IEEE 802.1Qbg 的一部分，其目的是降低与高度虚拟化部署有关的复杂度。

VEPA 会将服务器虚拟机上的所有流量转移到外部交换机中，通过外部交换机实现同一台物理服务器上虚拟机之间的通信，以及和外部基础网络通信。为实现虚拟机之间的报文转发，在物理交换机上需要实现一种新的转发模式，使得交换机接收的流量能够“原路返回”，如图 4-22（c）所示流程。VPEA 模式能和 SR-IOV 等技术结合，并让外部交换机可以看到所有的虚拟机流量，在这种情况下，传统的网络工具和流程，例如防火墙、IDS/IPS、端口监视、QoS 功能等，能在虚拟化和非虚拟化环境下以相同的方式进行使用。

4.5.3 虚拟交换机

在数据中心，近年来随着基于虚拟机的应用部署普及，虚拟交换机产品也得到较大发展。思科公司的 Nexus 1000V 虚拟交换机是一款智能交换机，在 VMware ESX 环境中运行，能够支持思科 VN-Link 服务虚拟化技术，能够提供基于策略的虚拟机连接、移动虚拟机安全保护和网络策略，以及对服务器虚拟化和联网团队运行无干扰的操作方式。VMware 的 Distributed vSwitch 也提供了一种跨多台 ESX 主机的超级虚拟交换机管理方案，能够把分布在多台 ESX 主机的单一交换机逻辑上组成一个大交换机，能够在数据中心级别集中配置、管理，并且支持将第三方的虚拟交换机纳入整个超级交换机进行管理。

随着 SDN 的发展，目前较为流行的虚拟交换机是 Open-vSwich。Open-vSwich 是一个运行在虚拟化平台上的虚拟交换机软件（基于平台独立的 C 语言开发的开源软件，符合 Apache 2.0 License），主要运行在虚拟设备的 Hypervisor 中（也可作为控制栈集成在交换芯片中），为众多虚拟主机提供交换功能。本来 Linux 协议栈自身已经为各个虚拟机提供了网络桥接功能，但是通过 Open-vSwich，能够提供更多的交换功能。如图 4-23 所示，Open-vSwich 能够为虚拟设备提供：① 网络隔离，能够将虚拟机分配到不同的 VLAN 中，还能够实现流量过滤；② 流量监控，支持 NetFlow、sFlow 流量监控协议，并且支持 SPAN 和 RSPAN，能够对数据分组采样并发送到网络分析器中进行处理；③ QoS 配置，通过流量队列分配、流量整形功能，为不同的虚拟机分配不同的 QoS 能力；④ 自动控制，能够基于 OpenFlow 进行转发控制，能够基于 OVSBD 进行交换机配置管理和资源分配。

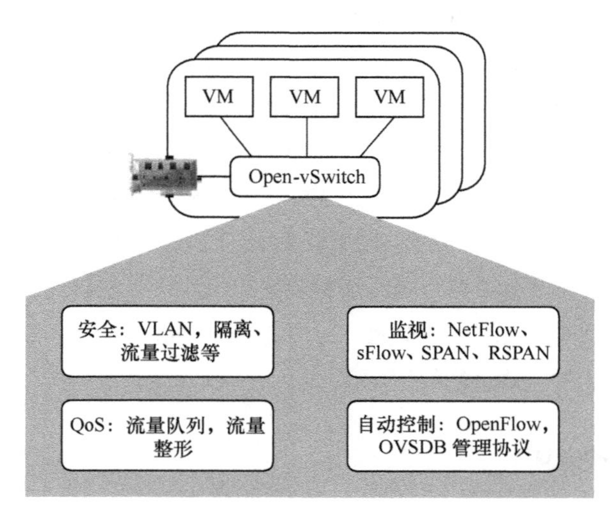

图 4-23　vSwitch 示意

Open-vSwitch 因为其开源性，目前已经在多个虚拟平台上交换芯片中得到移植，是 XenServer 6.0 平台默认交换机，支持 Xen Cloud Platform、Xen、KVM、Proxmox VE 以及 VirtualBox，并且已经集成到许多虚拟管理系统中，包括 OpenStack、OpenQRM、OpenNebula 及 oVirt。SDN 的众多控制器，包括 OpenDaylight、Floodlight 等也能对 Open-vSwich 进行控制。Open-vSwitch 具体的特性包括以下几个方面。

- 支持通过 NetFlow sFlow IPFIX、SPAN、RSPAN 和 GRE-Tunneled 镜像使虚拟机内部通信可以被监控；
- 支持 LACP（IEEE 802.1AX-2008）（多端口绑定）；
- 支持标准的 802.1Q VLAN 模型以及 Trunk 模式；
- 支持 BFD 和 802.1ag 链路状态监测；
- 支持 STP（IEEE 802.1D-1998）；
- 支持细粒度的 QoS；
- 支持 HFSC 系统级别的流量控制队列；
- 支持每个虚拟机网卡的流量控制策略；
- 支持基于源 MAC 负载均衡模式、主备模式、L4 散列模式的多端口绑定；
- 支持 OpenFlow 协议（包括许多虚拟化的增强特性）；
- 支持 IPv6；
- 支持多种隧道协议（GRE、VXLAN、IPSec、GRE 和 VXLAN over IPSec）；
- 支持通过 C 或者 Python 接口远程配置；
- 支持内核态和用户态的转发引擎设置；
- 支持多列表转发的发送缓存引擎；
- 支持转发层抽象，快速适应新的软件或硬件平台。

进一步分析 Open-vSwich，其包括如下组成部分。

- ovs-vswitchd：守护程序，实现用户空间数据平面的慢交换功能，也完成控制平面的基本转发逻辑学习，包括地址学习、VLAN、LACP 等。
- openvswitch_mod.ko：位于内核空间的数据平面快交换程序，完成数据分组的查询、修改、转发、隧道封装等。
- ovsdb-server：基于 OVSDB 协议保存虚拟交换机的配置信息，主要是基于 XML 的配置描述，一般包括接口分配、端口速率、VLAN 分配等。
- ovs-dpctl：一个用于配置交换机内核模块的工具，可以控制转发规则。

- ovs-vsctl：主要用于获取或修改虚拟交换机的配置信息，能够更新虚拟机配置信息。
- ovs-appctl：应用层的控制，能够向 ovs-vswitchd 发送命令。
- ovsdbmonitor：图形化界面，向用户展示虚拟交换的配置信息。
- ovs-controller：一个简单的 OpenFlow 控制器。
- ovs-ofctl：当虚拟交换机是 OpenFlow 交换机时，用于控制 OpenFlow 流表。

4.5.4 虚拟 Overlay 网络

前面主要描述了各个虚拟机之间数据交换相关的网络虚拟化技术，但是并不涉及数据中心频繁发生的虚拟器迁移所需要的网络虚拟化技术。

在数据中心中，网络一般是通过以太网交换机构建二层网络，不同二层网络通过二层 VLAN 交换技术或三层 IP 路由技术构建更大型网络。在此网络中，虚拟机会根据客户需求变动等情况发生迁移或增加。当一个虚拟机从一个子网迁移到另一个子网时，它的 IP 地址会发生变化，因为网络地址既是网络位置的标识，也是用户系统身份标识。虽然具备移动 IP 等技术，但是如果能实现用户仅在二层子网内部移动，则问题会大大地简化。因为在二层网络中，IP 地址仅作为用户系统身份，不再作为网络位置标识，故移动无须改变地址。因此，当一个网络是由跨 L3 路由器的多个 L2 网络连接构成，通常意义上就是创建了虚拟的二层网络。同样对于云计算的多租户需求，也需要将分布在不同子网的虚拟机创建在单一的虚拟二层网络中。如图 4-24 所示，部署在不同服务器的虚拟机通过相同 VLAN 号在物理网络上构建虚拟网络。

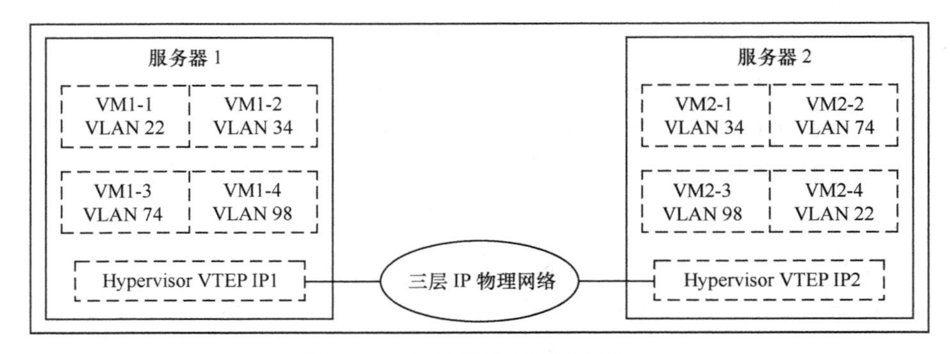

图 4-24　不同虚拟机在不同 VLAN 中

目前主要包括 3 种技术实现虚拟化 Overlay。

（1）VXLAN 技术

VXLAN（Virtual Extensible LAN，虚拟扩展局域网）技术[17]是由 VMware、思科和几个合作者提出的技术。当报文传输进行隧道封装时，外部隧道封装格式包括 L2/IP/UDP/VXLAN 头部，并通过 VXLAN 头部中 24 bit 的 VNI 信息将传统 VLAN Tag 从 4 kB 扩展到 16 MB，即可以在物理网络中创建 16 MB 的虚拟网络。

当报文进行 VXLAN 隧道封装并通过物理网络传输时，通常硬件交换机只会用外层的隧道头信息进行负载均衡。这样如果很多个不同的数据流采用同样的 VXLAN 隧道封装传输时，硬件交换机做负载均衡会永远将这些采用相同封装的数据分配到同一个链路上。为了更好地做负载均衡，在隧道源端做隧道封装时，会先使用原始报文的头部信息计算出 Hash 值，然后用这个 Hash 值作为 VXLAN 隧道封装中的 UDP 源端口号。这样，当物理设备用外部隧道头部中的 UDP 端口号作种子计算 Hash 值做负载均衡时，实际上就已经包含了内部原始报文的头部信息，从而更好地完成了负载均衡。

（2）NVGRE 技术

NVGRE（Network Virtualization Using Generic Routing Encapsulation，通用路由封装的网络虚拟化）技术主要由微软推出实现。GRE 隧道技术是一个很早的技术，微软复用了 GRE 技术，通过对其报文头中 GRE Key 字段的重新定义，将高 24 bit 作为虚拟网络标识（与 VXLAN 一致），从而支持 16 MB 的 VLAN 数量。

与 VXLAN 一样，采用 GRE 隧道封装的报文同样要面对负载均衡的问题。为了更好地做负载均衡，在 GRE 隧道源端做隧道封装时，会先用原始报文（Inner Header）的头信息计算出 Hash 值，然后把这个 Hash 值的第 8 bit 写到 GRE Key 字段的第 8 bit。这样硬件交换机在做负载均衡计算时，就可以采用 GRE Key 来做 Hash，从而进行负载均衡。

（3）STT 技术

无状态传输隧道（Stateless Transport Tunneling，STT）技术最初是 Nicira 提出的隧道技术，用在虚拟交换机上。该技术的提出主要是为了解决一个可能严重影响服务器性能的问题，就是报文分片问题。数据中心的报文通常都是很大的 TCP 报文，在发出前需要分片，而分片会严重影响 CPU 性能。STT 协议与 VXLAN、NvGRE

相似，将一个二层帧封装在 IP 报文的负载中，并在负载的前部构造一个 TCP 头和一个 STT 头以实现 TCP 报文封装，从而使得服务器网卡对隧道封装的 TCP 报文进行分片，有效避免主机利用 CPU 进行分片。详情参考草案 draft-davie-stt-01。当然，使用 STT 的前提是需要服务器网卡支持 TSO（TCP Segment Offload，TCP 分片卸载），目前大部分服务器网卡都支持该功能。

4.5.5 虚拟网络转发实例

前面提到了虚拟 Overlay 网络，下面基于 OpenContrail 系统进行具体的实例介绍。OpenContrail 系统是 Juniper 公司推出的开源 SDN 扩展平台，虚拟网络是 OpenContrail 系统的重要部件。虚拟网络是部署物理网络顶层的逻辑架构，也用于替代基于 VLAN 隔绝网络的方案，为多租户提供虚拟数据中心。每一个租户或者应用可以拥有一个或者多个虚拟网络，每个虚拟网络之间相互隔绝，除非使用安全策略允许虚拟网络之间相互访问。

OpenContrail 系统主要包括控制器和虚拟路由器。控制器对虚拟网络进行控制管理，虚拟路由器则在 VM 中处于和 Open-vSwitch 相同的位置，运行在虚拟服务器的 Hypervisor 层，通过在物理底层网络的上层创建虚拟 Overlay 网络（可以是三层 IP 网或二层以太网），使用动态的“通道”网，保证虚拟服务器之间的连通性，从而实现网络虚拟化功能。

在 OpenContrail 构建的虚拟 Overlay 网络中，VM 之间可以使用 MPLS over GRE/UDP 通道或者 VXLAN 通道进行通信。OpenContrail 系统使用 MPLS over GRE 而不使用 MPLS over MPLS 有诸多原因：① 数据中心的底层交换机经常不支持 MPLS；② 维护人员不希望数据中心因使用 MPLS 而变得复杂；③ 因为在数据中心内部带宽足够，不太需要使用流量工程。

虚拟网络具体报文封装如图 4-25 所示。其中，第一种格式对应二层和三层 MPLS 报文基于通用 GRE 协议进行封装；第二种格式对应二层报文基于 VXLAN 协议封装；第三种格式对应二层和三层 MPLS 报文基于通用 UDP 头进行封装，该方式综合 MPLS over GRE 和 VXLAN 封装，支持二层或者三层的 Overlay，是用一个“内层”MPLS 分组头作为本地 MPLS 标签标识，用于识别目的路由实例（类似于 MPLS over GRE），用一个外层 UDP 分组头，便于底层网络的多路径传输（类似 VXLAN）。

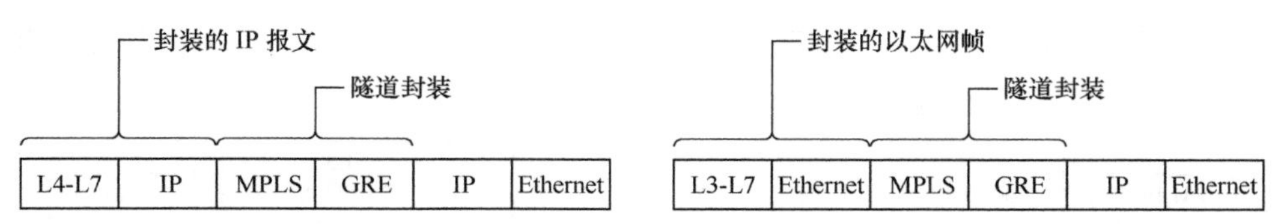

（a）L3/L2 Overlay 对应 MPLS over GRE 分组格式

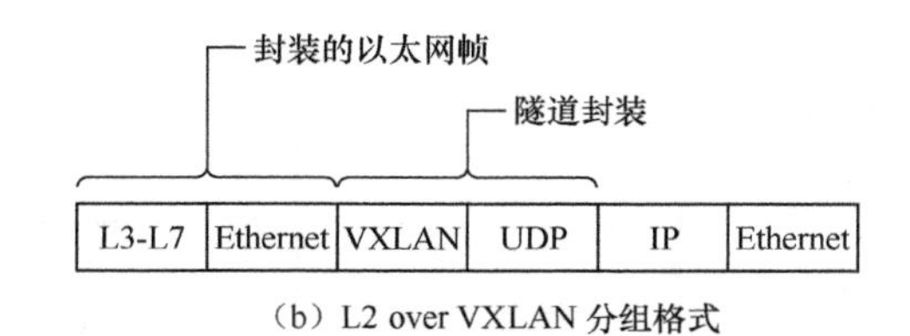

（b）L2 over VXLAN 分组格式

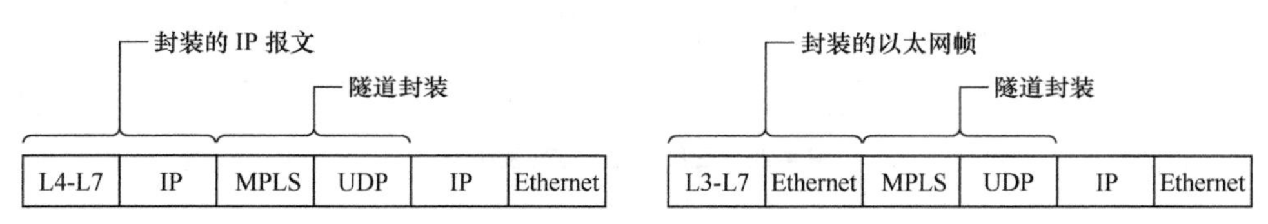

（c）L3/L2 Overlay 对应 MPLS over UDP 分组格式

图 4-25　虚拟网络报文封装格式

在 OpenContrail 系统中，虚拟网络需要支持三层单播、二层单播、Fallback 交换以及三层多播多种通信机制。

（1）三层单播支持

如图 4-26 所示，下面描述 VM 1a 向 VM 2a 发送 IPv4 数据报文的流程。

① VM 1a 上的应用发送一个数据分组，目的 IP 地址是 VM 2a。

② VM 1a 默认路由的网关指向路由实例 1a 的 IP 地址。

③ VM 1a 向网关地址发送 ARP 请求，路由实例 1a 上的 ARP 代理进行响应。

④ VM 1a 发送 IP 数据分组到路由实例 1a。

⑤ 在路由实例 1a 上的 IP FIB（IP 转发信息表）会包含相同虚拟网络中其他所有 VM 的 32 位路由，包括 VM 2a。这些路由是控制节点通过 XMPP 安装。对于 IP 数据分组进行隧道封装操作，形成新报文。

- 压入一个 MPLS 标签，该标签为虚拟路由器 2 为路由实例 2a 分配；
- 压入一个 GRE 标签，目的地址为计算节点 2。

⑥ vRouter1 通过 IP FIB 1 查找封装；数据分组的转发路由表项（目的地址是计算节点 2 的 IP）。

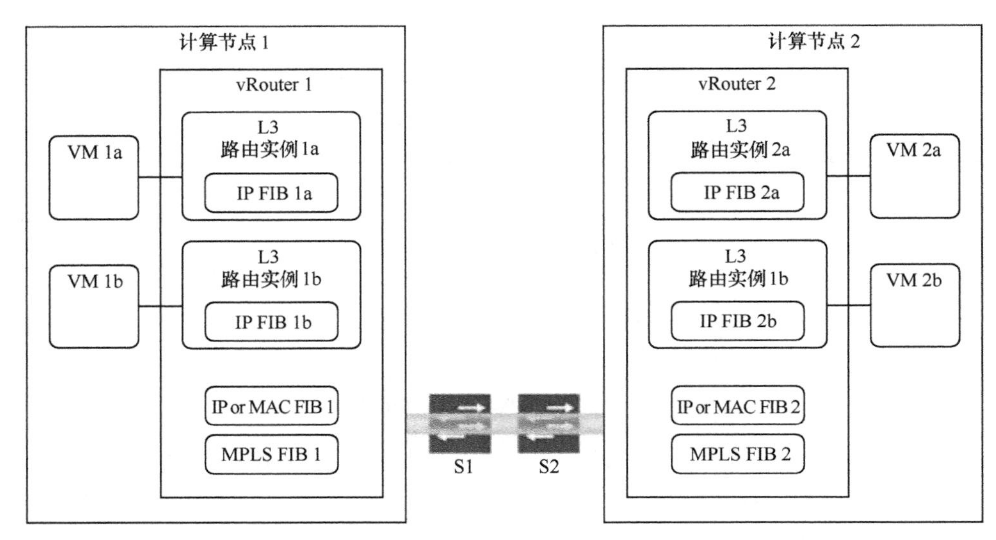

图 4-26　三层单播数据转发平面

⑦ vRouter1 发送封装数据分组到计算节点 2，中间经过的物理交换机 S1、S2 支持目标为计算节点 2 的 IP 转发。基于二层或三层转发，后续介绍。

⑧ 计算节点 2 接收封装后的数据分组，在本地 IP FIB 2 上进行 IP 查找。发现外层目的 IP 就是本地地址时，会进行解封装，移除 GRE 头，使用 MPLS 头。

⑨ 计算节点 2 在 MPLS FIB 2 中执行 MPLS 标签的查找，查找到表项定位在路由实例 2a 上，解封装分组头，移除 MPLS 标签，并把解封装后的数据分组发送进入路由实例 2a。

⑩ 计算节点 2a 在 IP FIB 2a 中进行解封装后的内层 IP 地址查找，定位路由指向连接 VM 2a 的虚拟端口。

⑪ 计算节点 2 发送数据分组到 VM 2a。

回到步骤⑦，考虑底层网络对二层转发和三层转发的支持情况。如果底层网络是二层网络，则以下几种情况。

- 封装数据分组的外层源 IP 地址（计算节点 1）和目的 IP 地址（计算节点 2）在同一个子网；
- 计算节点 1 发送对于计算节点 2 的 ARP 请求，计算节点 2 发出 ARP 响应，包含计算节点 2 的 MAC 地址。
- 通过二层交换基于目的 MAC 地址从计算节点 1 发送到计算节点 2。

如果底层网络是三层网络，那么有以下几种情况。

- 封装数据分组的外层源 IP 地址（计算节点 1）和目的 IP 地址（计算节点 2）在不同子网；
- 所有包括物理路由器（S1 和 S2）和虚拟路由器（vRouter 1 和 vRouter 2）均运行相同的路由协议（如 IS-IS）；
- 封装后的数据分组根据目标 IP 地址通过底层网络转发到计算节点 2。

（2）二层单播支持

二层 Overlay 网络的转发和前面提到的三层 Overlay 网络的转发相同，区别在于两点。

① 路由实例里面的转发表包含 MAC 地址，而不是 IP 前缀。在图 4-26 中，IP FIB 需改为 MAC FIB。

② ARP 并不用于 Overlay 中（但是用在底层网络）。

（3）回落交换 Fallback Switching

OpenContrail 支持混合模式，即虚拟网络中混杂二层和三层的 Overlay。虚拟路由器中的路由实例同时包含 IP FIB 和 MAC FIB。对于每一个数据分组，虚拟路由器先查找 IP FIB，如果 IP FIB 中匹配路由，那么将转发数据分组；如果 IP FIB 中不匹配路由，那么将查找 MAC FIB，这就是 Fallback Switching。

注意 Fallback Switching“先路由后交换”的行为，与 IRB（集成路由交换）“先交换后路由”的行为完全相反。

（4）三层多播支持

OpenContrail 支持三层 Overlay 的 IP 多播，多播操作将通过 Overlay 的多播树和底层网络的多播树来实现。任何一种方式，多播树都可以是共享树（*, G）或者详细源树（S,G）。

OpenContrail 支持多播部署使用 Overlay 中的多播树取代底层网络的多播树，使用 XMPP 信令在每个虚拟网络中的虚拟路由器建立 FIB，从而实现多播树的创建。比起在源节点直接复制发送到所有其他参与多播组的虚拟路由器，该协议机制要复杂很多，但是设备效率会更高。当然，也可基于底层物理网络的多播功能进行实现，但是这会受限于底层网络必须运行多播路由协议。

图 4-27 描述了在 Overlay 中创建多播树的基本概念。作为多播树 Root 的虚拟路由器，发送 N 个复制流量到 N 个下行虚拟路由器，下行路由器再发送 N 个复制流

量给更多的虚拟路由器，进而所有的接收路由器全部覆盖，这个案例中 N 等于 2，数字 N 并不等于每一个虚拟路由器。

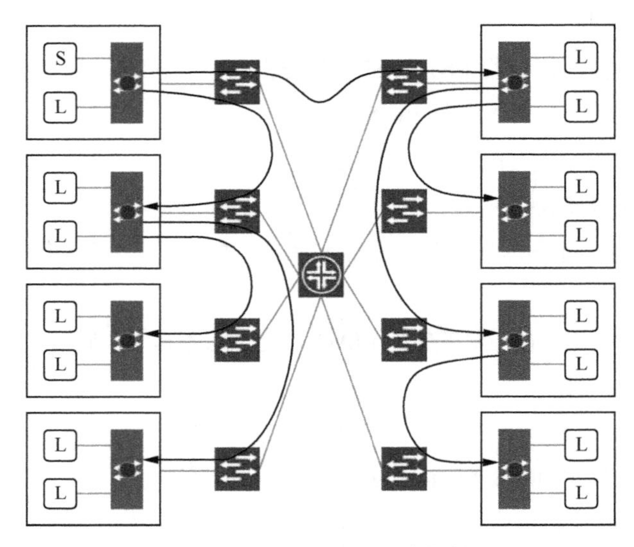

图 4-27　Overlay 网络的多播树

4.6　云计算/NFV/SDN 网络融合控制

4.6.1　云计算平台和网络控制

前文介绍的 SDN 及 NFV 等技术，均是针对云计算的兴起和数据中心建设所面对的问题，而提出的高效、快速、降低成本的解决方案，所以 SDN、NFV 需要和云计算管理平台进行无缝集成，才能较好地满足应用需求。

目前 IT 界非常流行的开源云管理平台是 OpenStack。OpenStack 既是一个社区，也是一个项目和开源软件，它提供了一个部署云的操作平台或工具集。其宗旨在于，帮助组织运行虚拟计算或存储服务的云，为公有云、私有云，也为大云、小云提供可扩展的、灵活的云计算。

OpenStack 构建自几个核心技术组件，如图 4-28 所示。左侧是仪表盘

（Horizon），显示了一个可为用户和管理员用来管理 OpenStack 服务的用户界面。NOVA 提供了一个可伸缩的计算平台，用来支持大量服务器和虚拟机的配置和管理。Swift 实现一个具有内部冗余、可大量伸缩的对象存储系统。Glance 项目为虚拟磁盘映象实现了一个存储库——映像即服务（Image as a Service）。在底部的是 Quantum 和 Melange，二者实现了网络连接即服务（Network Connectivity as a Service）。

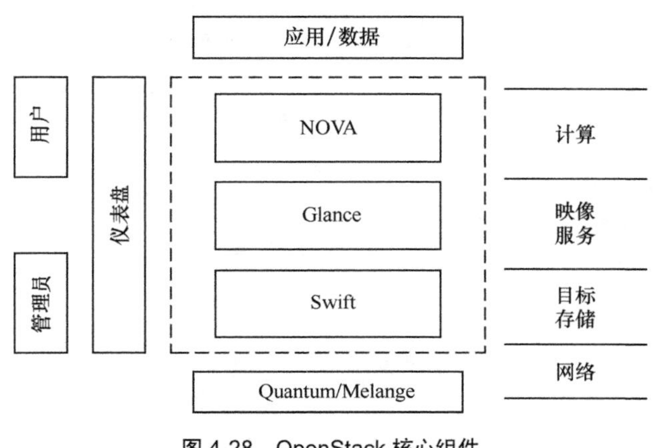

图 4-28　OpenStack 核心组件

在 OpenStack 中，NOVA 针对虚拟计算资源进行管理，但是作为一个完整的云管理平台，还需要在 NOVA 管理的 VM 之间建立动态的租户网络，以及考虑租户之间网络设计的合理性和扩展性。这部分实现主要基于 Quantum 完成，在最新版 OpenStack 中，Quantum 已经更新为 Neutron，不过本文还是基于 Quantum 进行介绍。

Quantum 架构如图 4-29 所示，它对外提供基本 API 和扩展 API，具体参考可见 *OpenStack Network API v2.0 Reference*。基本 API 主要针对网络、子网和端口的相关管理，扩展 API 包括三层网络扩展、安全组及规则、负载均衡即服务（LBaaS）、代理调度扩展等。

基于 Quantum API，下面举例创建一个 10.0.30.0/24 的子网，分配地址池从 10.0.3.20 到 10.0.3.150。Quantum 为其完成网络 ID、租户 ID 的创建，并根据虚拟网络具体情况为其分配网关地址，并启动 DHCP 服务。

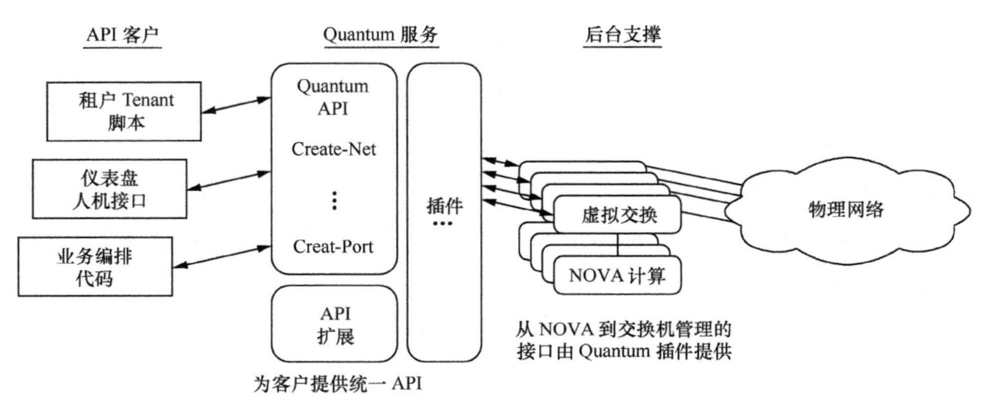

图 4-29　Quantum 架构

```
POST /v2.0/subnets
Content-Type: application/json
Accept: application/json
{
"subnet":{
"network_id":"ed2e3c10-2e43-4297-9006-2863a2d1abbc",
"ip_version":4,
"cidr":"10.0.3.0/24",
"allocation_pools":[
{
"start":"10.0.3.20",
"end":"10.0.3.150"
}
]
}
}
```

API 调用应答如下。

```
status: 201,
content-length: 306,
content-type: application/json
{
"subnet": {
"name": "",
"network_id": "ed2e3c10-2e43-4297-9006-2863a2d1abbc",
"tenant_id": "c1210485b2424d48804aad5d39c61b8f",
"allocation_pools": [{"start": "10.0.3.20", "end": "10.0.3.150"}],
"gateway_ip": "10.0.3.1",
```

```
"ip_version": 4,
"cidr": "10.0.3.0/24",
"id": "9436e561-47bf-436a-b1f1-fe23a926e031",
"enable_dhcp": true}
}
```

Quantum 对于网络的真正控制是通过具体插件实现的。目前，Quantum 已经支持的插件包括思科 UCS/Nexus 插件（思科）、Quantum L2 Linux Bridge 插件（LinuxBridge）、用于 NVP 的 Quantum 插件（Nicira_NVP）、Openv Switch 插件（Open-vSwitch）、Ryu Controller 插件（Ryu）、NEC OpenFlow 插件等。上述插件有些已经集成到 OpenStack 中，还有很多是在 SDN 项目或 NFV 项目中进行集成的，为 OpenStack 提供对应控制服务。基于此机制，OpenStack 能够独立开发，并实现和 SDN、NFV 的有效集成，从而实现云平台计算、存储、映像以及网络的全面管理，具备一个完备的生态系统。图 4-30 就是 OpenStack 和 OpenFlow 的集成应用示意。

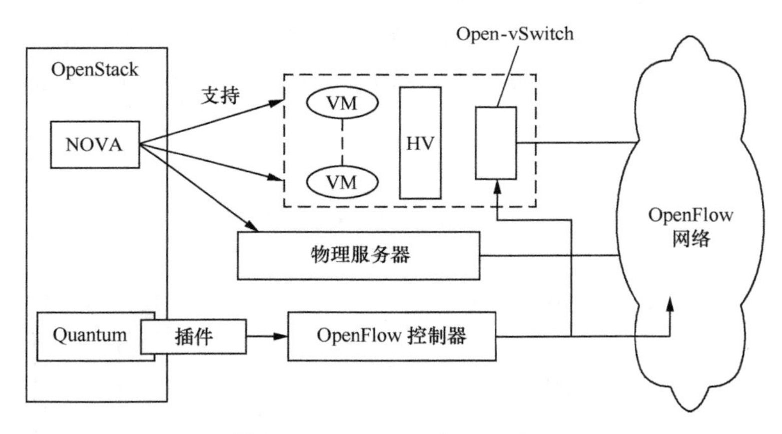

图 4-30　OpenStack 和 OpenFlow

4.6.2　SDN 和 NFV

基于 ONF 的角度，提出了 NFV 和 SDN 的关系。ONF 认为基于 OpenFlow 的 SDN 和 NFV 均是使动态云环境达到电信级应用的优化网络控制架构，均通过提升自动化和虚拟化来获得网络更大的灵活性，从而降低运营商 OPEX 和 CAPEX。NFV 更加倾向于优化网络功能的部署（例如防火墙、DNS、负载均衡等），基于 OpenFlow 的 SDN 则更加关注底层网络。

部署 NFV 需要大规模的动态网络连接，包括物理网络和虚拟网络。在图 4-31 中展示了一个云计算、NFV 及 SDN 的关系及工业产品映射图。在图 4-31 中可以看出，SDN 控制层能够通过 API 形式为 NFV 以及 OpenStack 提供网络控制的支撑。NFV 和 OpenStack 能够为上层的网络应用提供控制接口。

基于 NFV ESTI 角度，NFV 白皮书也描述了 NFV 和 SDN 的关系。ETSI 认为 NFV 和 SDN 有较多的一致性，但是彼此之间并不相互依赖，既可独立实现，也可相互补充。网络功能虚拟化的目标可以使用非 SDN 的机制，依赖于数据中心较多的现有技术进行实现。但是，依赖 SDN 独立的控制平台和转发平面，能够降低 NFV 在部署设备存在的兼容性问题，便于营运和维护。在 4.4.3 节中介绍的 NFV 用例，均提供了基于 SDN 的解决方式。

当然，SDN 和 NFV 的实现机制完全不同。SDN 重点在于控制和转发分离，强调网络的开放性和灵活的控制，NFV 重点则在于将网络功能软件化实现，并部署到高容量服务器平台中，减少物理设备型号和数量。SDN 需要定义新的南向接口协议、控制模块和各种应用，NFV 则更具现实操作性，主要将现有功能放在标准硬件设备的虚拟容器中运行。

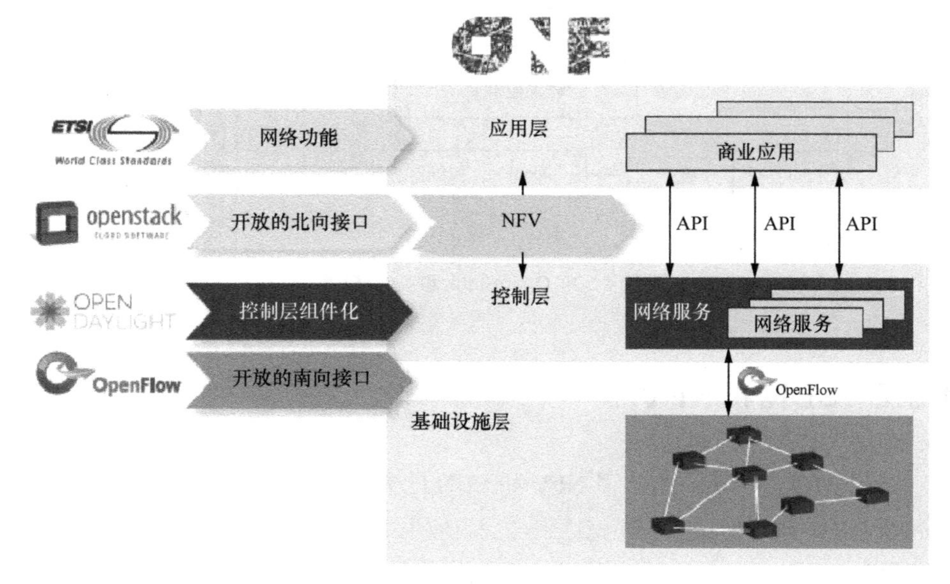

图 4-31　NFV 和 SDN 的工业实现

4.7　面向应用的网络控制技术

4.7.1　思科 SONA

1．基本概念

SONA（Service-Oriented Network Architecture，面向服务的网络架构）是思科公司早期提出的一种网络架构思想。SONA 在本质上并不是一种架构，而是一种架构样式，能够使网络动态提供新服务，以便为企业提供能够适应流程要求的最高灵活性和可靠性，不断增强对 IP 的依赖。

基于思科 SONA 思路，需要将服务迁移到网络。在很大程度上，这意味着在应用服务器上运行的代码将迁移到路由器、交换机以及用于运行和管理网络的其他专用设备上。换言之，应用本身将拥有更简单的架构，并能够扩大范围。应用将能够调用更适合、由基于网络的服务执行的各种功能。另外，由于网络能够识别重要事件，然后将其传输给应用，因此，服务还能使应用本身得到增强。应用仍然是头脑，网络将变成延伸的神经系统。

思科 SONA 的层次结构在 2.3.2 节中已经描述。SONA 提供的网络服务并没有指定为特定应用实现，而是为基于通用标准实现的系统（TCP/IP、XML、HTTP 等）提供服务，因此，能帮助传统的 EAI、SOA、Web 服务等环境提供网络优化。根据上层应用是否感知服务存在，网络服务可分为透明服务和显式服务两类。

透明服务能用于加速或优化应用，上层应用无须感知服务存在。透明服务包括动态路由、VLAN 支持、负载均衡、MPLS VPN、防火墙、入侵检测系统（IDS）、入侵防护系统（IPS）以及广域应用加速（WAAS）等。

显式服务设计为能够和上层应用进行交互，并提供可访问的 API 或发布交互协议。显式服务能够为网络维护及应用开发人员提供网络可视化信息，提供网络实现的能力集。显式服务包括无线/移动定位服务（使用 API）、集成的脚本实现服务路由（IVR）（使用 TCL）、网络接纳控制（使用 EAP、API、HCAP）、认证授权和计费等（RADIUS、HCAP、XML）等。

2. SONA 提供的网络服务

SONA 提供了六大网络服务，分别是安全服务、移动性服务、存储服务、统一通信服务、身份服务、应用服务。

（1）安全服务

安全服务提供操作控制（中心化的安全认证、策略定义、服务器和终端的保护）、威胁控制和遏制（关键应用的安全部署、基于内容控制和保护、入侵检测及防火墙功能）、安全交易（基于 Web 应用的保护以及高级应用程序安全）和保密通信（VPN、Anti-Replay 服务、网络集成加密等）。

（2）移动性服务

提供移动接入、移动应用的安全性服务及非雇员访问网络资源的安全性服务。基于 Wi-Fi 设备，提供用户位置定位服务，能够将广域网、Wi-Fi 以及蜂窝电话集成到统一通信服务中。

（3）存储服务

提供透明的数据迁移复制；基于网络的数据复制移植，在 IP 网络中透明地移动 SAN 数据；基于数据等级的备份和加速，能够提供虚拟化的存储服务。

（4）统一通信服务

提供用户状态呈现；基于用户设备能力、位置信息上下文和安全提供服务，提供话音呼叫功能；提供用户协作、目录访问等策略；提供用户会议和即时消息功能。

（5）身份服务

提供网络中 AAA 认证、802.1x 认证、网络接纳控制、PKI 密钥管理以及 Web 认证。

（6）应用服务

提供包括缓存服务、应用加速服务（广域网加速 WAAS）、负载均衡服务以及基于策略的服务质量保证和监控。

3. SONA 和 NFV

SONA 的核心思想是在网络中为上层应用提供服务，是思科专有的一种网络设计及实现，在其提出初期和传统网络环境比较具备先进性。

随着网络技术的发展，工业化统一的高容量、高性能计算平台的普遍部署以及 NFV 技术的实现，思科提出的较多网络服务已经可以脱离专用的硬件平台，使用 NFV 技术在虚拟设备上进行实现并灵活部署。基于 SDN 和 NFV 的网络可以认为网络和应用已经得到集成，网络构建已经面向服务、面向应用。

4.7.2　统一通信

随着网络发展和融合，固定电话、移动电话、短信、彩信、传真、话音邮箱、电子邮件、音/视频会议、即时通信等多种网络业务均逐步基于 IP 网络实现。用户希望能够实现随时随地、使用任何设备和网络进行自由沟通，尤其是企业用户希望能将各种通信能力和企业的商业应用、办公流程进行无缝的融合，从而优化工作流程、增强企业的对外服务能力[18]。

统一通信能够为用户提供融合的业务能力支持，其提供业务如图 4-32 所示。话音支持，包括基本点对点和点对多点的 VoIP 基本话音通信能力、呼叫扩展能力支持（点击拨号、一号多机）、呼叫中心功能支持；多媒体通信业务支持，包括多方音频会议、多方视频会议、电子白板、应用共享等；统一消息支持，包括呈现、群组、即时消息 IM，以及 IM 和短消息 SMS、IM 和多媒体彩信 MMS、传真和 E-mail 之间的互通和转换；业务管理支持，包括企业网络通讯录、个人自助服务等。

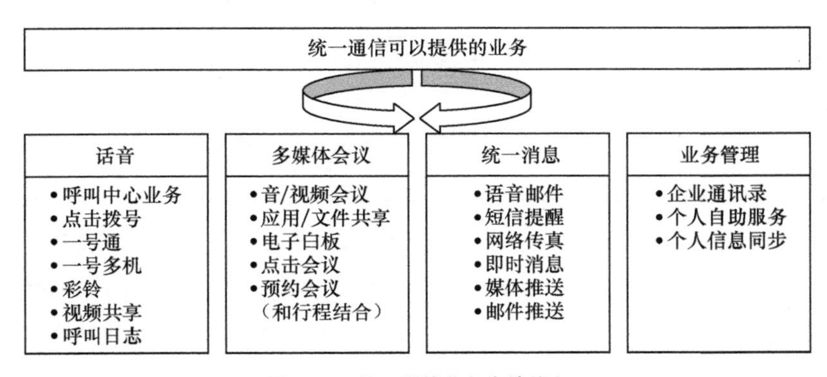

图 4-32　统一通信业务支持能力

几乎所有的统一通信方案均部署在 IP 网络上，通过基于 SIP 的会话控制功能和 AS 应用服务器，为用户提供各项统一通信服务。表 4-13 列举了著名厂商的统一通信解决方案，各厂商的方案在部署方式、功能实现方式、主要的接口和协议以及统一通信的基本架构等方面基本相同，存在少量差异。

表 4-13　统一通信解决方案对比

解决方案	相同点	实现技术
思科	基于 IP 网络传输，采用 SIP 会话控制，基于 AS 应用服务器提供业务逻辑控制	建立在企业数据网和 IP 核心网上，AS 应用服务器提供各项统一通信功能。部分服务还能集成在多业务路由器上
微软		建立在企业数据网和 IP 核心网上，AS 应用服务器提供各项统一通信功能，提供企业自备式的统一通信解决方案。微软 Lync 能够和思科、Avaya 等公司统一通信集成
华为		基于 CPM 统一的业务提供平台提供托管式统一通信 SIP 会话控制，AS 应用服务器提供各项统一通信功能
IBM		建立在企业数据网和 IP 核心网上，AS 应用服务器提供各项统一通信功能，提供企业自备式的统一通信解决方案，主要包括 Lotus Sametime 实时协作等，能够和思科、Avaya 等公司统一通信集成
Avaya		建立在企业数据网和 IP 核心网上，AS 应用服务器提供各项统一通信功能。主要基于 Avaya Aura 平台，还提供基于 Web 的 UE 应用
阿尔卡特—朗讯		AS 应用服务器提供各项统一通信功能，基于 IMS 架构，提供企业提供托管式统一通信方案
H3C		建立在企业数据网和 IP 核心网上，AS 应用服务器提供各项统一通信功能，和思科类似，部分通信产品也集成统一通信功能
中兴		利用统一通信平台+EBG 提供企业自备式或托管式的统一通信方案

IMS（IP Multimedia Subsystem，IP 多媒体子系统）主要基于 SIP 构建[19]，基于 IMS 的功能实体和对外接口（主要涉及 CSCF（呼叫会话控制功能）、HSS（用户归属服务器）以及 ISC 接口已经规范定义），参考 OMA 业务控制机制和通用引擎也可实现电信级统一通信服务，其结构如图 4-33 所示。

4.7.3　即时通信控制协议

在互联网应用中，IMS 应用、主流统一通信采用了基于 SIP 的 SIMPLE 和基于 JABBER 的 XMPP，微信、QQ 等国内最为流行的通信平台则参考 XMPP、Active Sync 等相关协议设计实现了私有控制协议。下面对标准控制协议进行简要介绍。

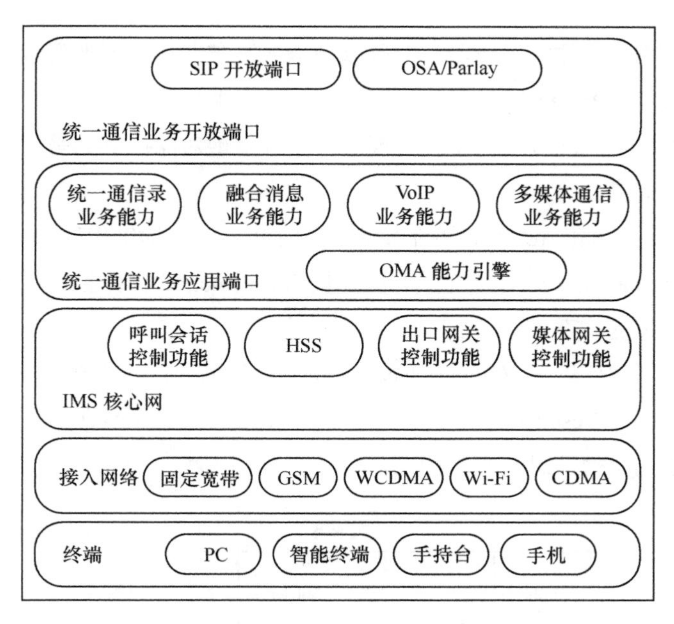

图 4-33　基于 IMS 的统一通信

4.7.3.1　SIMPLE 呈现

1．概述

SIMPLE（SIP Instant Messaging and Presence Leveraging Extension，SIP 即时消息和呈现支持扩展）是 IETF 的 SIMPLE 工作组以及由这个工作组制定的一组 SIP 扩展。SIMPLE 规范是在 2001 年 2 月由 IETF SIMPLE 工作组正式提出的，是 SIP 针对即时消息和呈现业务的扩展。SIMPLE 通过对 SIP 进行扩展，定义了 Message 等方法，并结合事件通告机制，从而实现了即时消息和呈现业务，构建了基于 SIP 的即时消息和呈现业务框架[20]。

SIMPLE 是目前为止制定较为完善的一个规范，随着 SIP 成为 IMS 网络的主要信令协议，很多设备商、运营商和标准化组织机构都纷纷采用该规范。如 IBM 和微软都致力于在它们的即时通信系统中实现这个协议。

2．呈现体系结构

SIMPLE 符合 RFC 2778[21]提出的 Presence 模型，其功能实体模型结构如图 4-34 所示。各个功能实体如下。

• 呈现服务（Presence Service）。接收、存储和分发呈现信息。呈现服务可以是一个物理实体的服务器，也可以是呈现发布者和呈现观察者。

- 呈现对象（Presentity）。用于向呈现服务提供呈现信息。
- 观察者（Watcher）。用于向呈现服务获取呈现对象提供的呈现信息或者自身的呈现信息。
- 呈现用户代理（Presence User Agent）。为 Principal 提供代理来操作呈现对象，是 Principal 和呈现对象之间的操作接口，Principal 操作呈现用户代理来改变呈现对象的状态。
- 观察者用户代理（Watcher User Agent）。与呈现用户代理的功能类似。
- 呈现协议（Presence Protocol）。定义了呈现对象和呈现服务、观察者和呈现服务之间交换消息的一组标准。

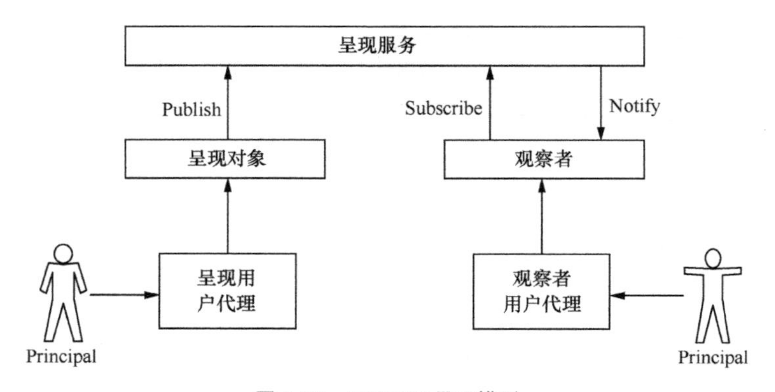

图 4-34　SIMPLE 呈现模型

在具体实现中，最常见的是把呈现服务实现为将一个呈现服务器、呈现用户代理和呈现对象组合在一起，将观察者和观察者用户代理组合在一起，由一个终端来同时支持这两种组合体。这样，一个终端就既能订阅别人的呈现信息，也能发布自己的呈现状态信息。

SIMPLE 在原有 IMPP 抽象呈现模型的基础上，完善了消息传递机制。即通过事件状态发布机制，完成呈现对象向呈现服务提供呈现信息的传递过程；通过事件状态订阅机制，完成观察者向呈现服务提出获取呈现对象的订阅；通过状态通知机制，完成了呈现服务向观察者发送呈现对象的状态传递机制。因此，从图 4-34 可以看出，观察者获取信息是通过两条消息传递的过程来完成的，即通过 SIP 的 Subscribe 消息提出订阅呈现对象呈现信息的请求，通过 Notify 消息来获取呈现对象的呈现信息。

IETF 的 SIMPLE 工作组制定了许多草案标准来支持呈现和即时消息业务，这体现在：对 SIP 消息的扩展；对事件通知框架的扩展；对在线状态和即时消息内容和数据格式的定义；对授权策略、资源列表等内容和数据格式的定义等，如 RFC 3265、RFC 3903、RFC 3863 等。

SIMPLE 的呈现和即时消息业务是由两套不同的、相对独立的 IETF 标准集合来规范化的。其中，与呈现业务相关的内容和规范要比即时消息多得多，这些规范可以粗略地分为以下类别。

- 核心机制协议，主要定义了 SIP 消息的扩展，用于对呈现的订阅、发布、通知等事件；
- 呈现文档，是一种 XML 文档，用来定义丰富的呈现信息，并且有核心机制协议承载；
- 隐私策略，也是一种 XML 文档，用来描述自己的隐私信息，或者定义自己的呈现状态由什么方式展现给观察者等；
- 优化，主要针对核心机制协议的改进，使得 SIMPLE 呈现业务获得更好的呈现性能，尤其在无线链路环境下。

3. **基于 OMA 的呈现框架**

在开放移动联盟（OMA）中，有一个专门的状态呈现和可用性工作组（Presence and Availability Group，PAG）致力于应用层级的呈现业务技术研究，主要是制定与底层网络无关的呈现业务规范，包括各个应用层实体之间的接口、其他业务实体的关系等。OMA 在 OMA-AD-Presence_SIMPLE-V2_0[22]中定义了基于 SIP/SIMPLE 的呈现业务架构，如图 4-35 所示，其中粗体框是呈现业务的功能实体。

（1）呈现服务器

呈现服务器是接收、存储和分发 Presence 信息的功能实体，执行以下功能。

- 发布来自一个或者多个呈现者发布的呈现信息；
- 把一个或者多个呈现信息进行整合；
- 处理观察者对呈现信息的订阅，维护观察者对呈现信息的订阅关系；
- 向观察者分发状态变化的通知；
- 授权观察者按照呈现规则和隐私策略对呈现进行订阅。

（2）资源列表服务器

资源列表服务器（Resource List Server，RLS）接收和管理对呈现资源列表的订

阅，执行以下功能。

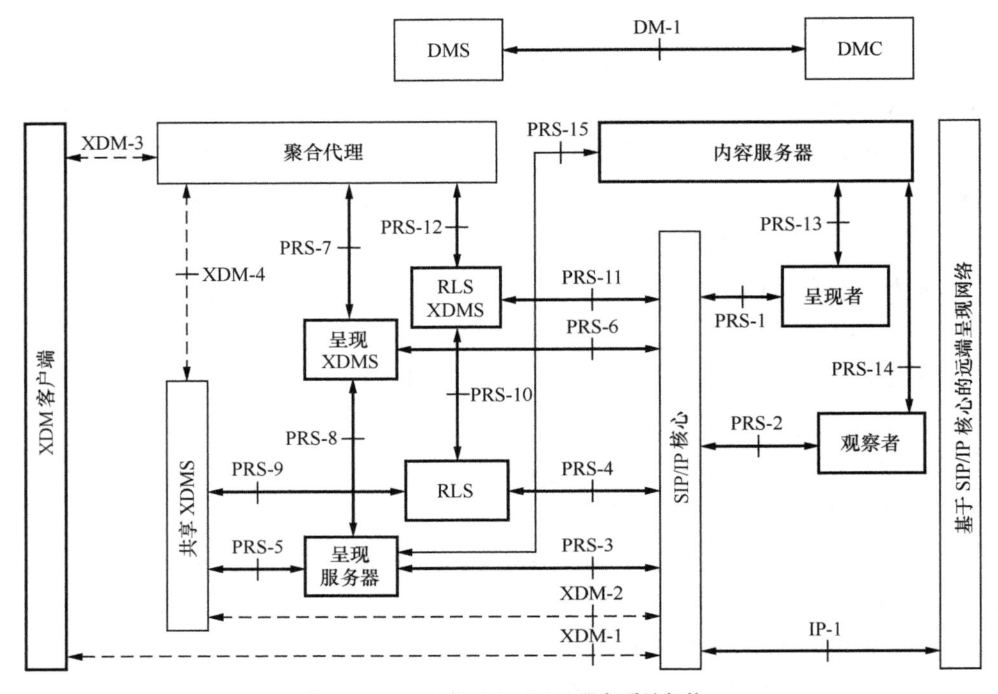

图 4-35　OMA 关于 SIMPLE 服务系统架构

- 接收呈现资源列表的订阅；
- 代理观察者对资源列表发起虚拟订阅，包括对本地服务器和远端服务器；
- 根据后台订阅收到的信息，定时发送相应的通知给观察者。

（3）呈现者

呈现者（Presence Source）是提供呈现信息的功能实体，位于用户终端或应用服务器。

（4）观察者

观察者是向呈现服务器请求呈现者呈现信息的功能实体，位于终端或应用服务器中，执行以下功能。

- 支持对单个呈现者的呈现信息的订阅和通知；
- 可以通过呈现对象资源列表使用单个订阅消息，实现对多个呈现者的订阅；
- 可以请求部分通知，接收呈现服务器发布的增量呈现信息通知。

（5）呈现信息管理系统和资源列表管理系统

呈现信息管理系统（Presence XDMS）和资源列表管理系统（RLS XDMS）主要保存呈现状态和资源列表信息以及相关文档，例如呈现的授权策略，并且实现相关呈现文档变化的订阅以及变化的通知，主要通过 XCAP 与呈现服务器和资源列表服务器进行通信。

4. 呈现信息订阅和通知具体流程

如图 4-36 所示，用户 A 和用户 B 均为同一域的用户，用户 A 向服务器发起订阅，希望得到好友列表中用户 B 和用户 C 的状态，用户 B 和用户 C 先后上线，向呈现服务器发布自己的状态。

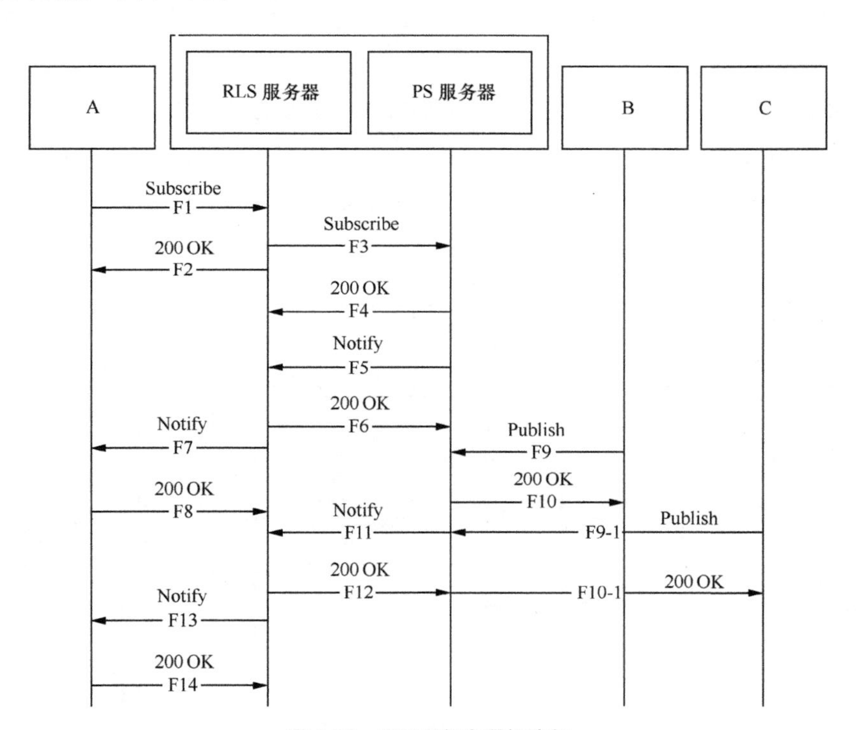

图 4-36　呈现订阅和通知流程

- 用户 A 向呈现资源列表服务器发起订阅，订阅自己好友列表 A-List 中成员的状态[F1]；
- 资源列表服务器向呈现服务器 PS 发起虚拟订阅，订阅好友列表 A-List 中用户 B 和用户 C 的状态[F3]；

- RLS 向用户 A 用户通知当前用户 B 和用户 C 的状态[F5]；
- 用户 B 和用户 C 先后上线，并向呈现服务器 PS 发布自己的上线状态[F9、F9-1]；
- RLS 从呈现服务器 PS 获取到当前用户 B 和用户 C 最新状态，并整合成一个状态通知文档，发布给 A[F13]。

4.7.3.2 SIMPLE 即时消息

1. SIMPLE 消息架构

虽然目前国内应用最广的 QQ、微信采用了自己定制的私有协议，但是 IETF 也致力于通用 IM 协议的设计和标准化，并针对当前主流的 SIMPLE 和 XMPP 形成了协议标准。XMPP 与 SIMPLE 都是遵循 IMPP 的规约而制定的，并在应用领域有完整的实现案例。

OMA 中的呈现业务引擎是基于 SIP/SIMPLE 实现的[23]，图 4-37 描述了 IM 的业务架构。IM 的核心单元主要是 IM 服务器、IM XML 文档服务器和 IM 客户端，且依赖整个系统的 SIP/IP 核心，共享 XDMS 等组件。

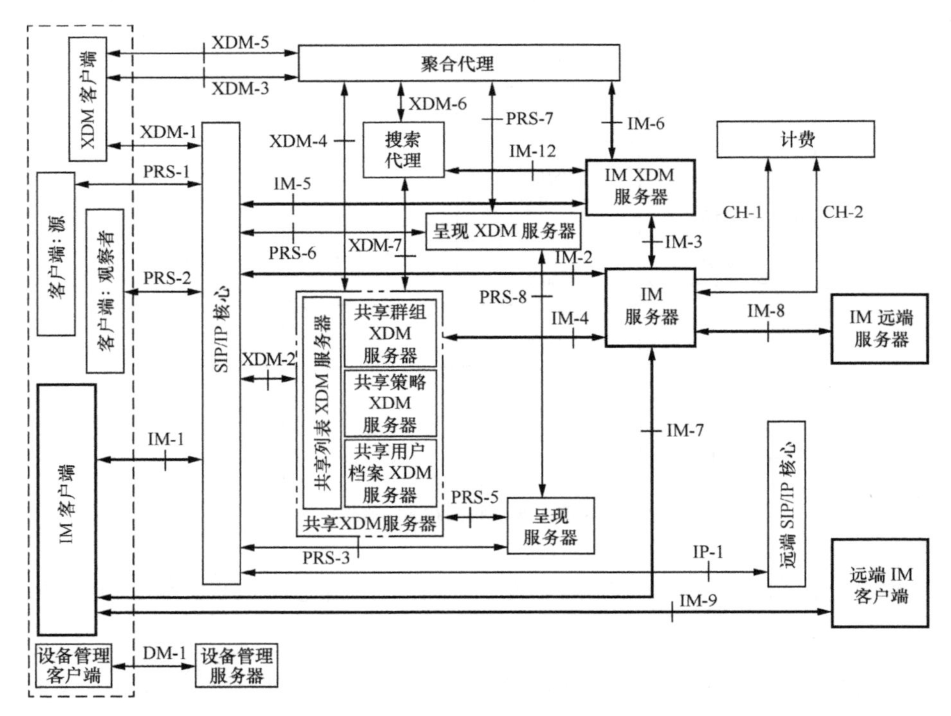

图 4-37　即时消息架构

（1）IM 服务器

完成 IM 的业务逻辑流程处理，主要的业务特质如下。

- 支持寻呼模式消息递送；
- 支持会话模式消息递送；
- 支持大消息模式递送；
- 支持利用共享 XDM 获取群组成员列表功能；
- 支持即时消息群发；
- 支持预定义群组会话；
- 支持 Ad Hoc 会话；
- 支持从一对一会话扩展为 Ad Hoc 会话；
- 支持公共会议会话；
- 支持消息附件；
- 支持消息递送报告；
- 支持消息离线推送。

（2）IM XDMS

系统提供共享 XDMS，为 IM、呈现、会议等多种服务提供公共的 XML 文件数据库。各个服务也具备自身特定的 XDMS。IM 专有的 XDMS 服务器主要提供即时通信自身的 XML 文件，例如临时群组信息等。

（3）IM 客户端

用户使用的客户端软件。客户端软件基于 SIP 机制通过 SIP/IP 核心将消息发送到 IM 服务器上并接收消息。

2. SIMPLE 消息业务模式

（1）呼叫模式

SIMPLE 支持的 IM 呼叫模式不同于基于 SIP 的其他多媒体会话。一般的多媒体会话在完成 SIP 信令协商后，需要通过其他协议（如 RTP 协议）在用户代理之间交互实际媒体数据，而基于 SIMPLE 的 IM 呼叫模式无须建立会话通道，IM 消息直接以 SIP 中的 Message 方法为载体传输，且每个 IM 消息由单独的 Message 命令传输，彼此独立。

（2）会话模式

IM 会话模式是基于标准的 SIP 和 MSRP（Message Session Relay Protocol，消息会

话中继协议），终端通过 SIP 消息来建立会话，并进行会话协商。MSRP 基于会话发起消息传输，基于 TCP 连接进行，可以在终端之间传输任意的 MIME 类型信息（包括文本和图片等信息）的混合传输。MSRP 典型的消息交互流程如图 4-38 所示。

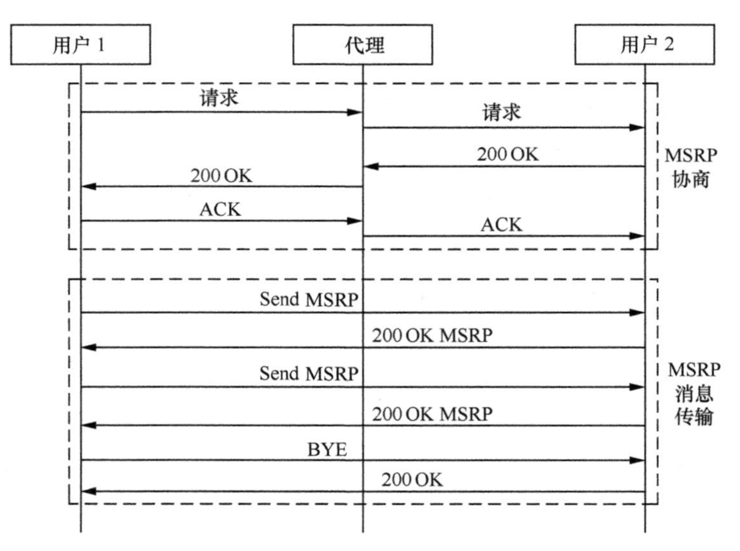

图 4-38　会话模式即时消息传输

流程图中包含有 SIP 和 MSRP 的消息。用户 1 和用户 2 开始即时通信之前需要建立 MSRP 会话。在用户 1 发送给用户 2 的请求消息和用户 2 回送的 200 OK 响应消息中带有 SDP 会话描述信息，借助于 SDP 的提供/响应模型，用户 1 和用户 2 成功交换了 MSRP 会话协商信息。接下来，用户 1 向用户 2 发起 TCP 连接，用户 2 接受后，MSRP 会话关系就建立了。Send MSRP 请求消息中包含有双方实际交换的即时消息文本，MSRP 200 OK 响应消息仅用于确认已经收到对端发来的请求消息，不能携带及时消息文本。即时消息通话结束后，某一方发送 SIP BYE 请求消息结束会话。可以看出，MSRP 会话信息对于 SIP 而言不过就是普通的媒体流，和话音呼叫时传输的媒体流没有本质区别。

4.7.3.3　XDM 文档管理控制

1．XDM 文档控制架构

对于 Presence、IM 等业务引擎，都需要接入和操作一些公共的信息及各自所需要的信息。这些信息存储在网络中，不仅包括单纯的列表，也可以是定义终端用户个性化属性的列表集合，并能被授权的主体接入和操作。例如，最为常用的用户好友列表信息就需要呈现服务、即时消息服务获取。基于此需求，XDM 定义了可扩展的和标准的格式储存（如 XML），以及接入和操作这些数据要使用的公共协议。

基于 OMA 定义的 XDM 架构如图 4-39 所示，其体系结构包含 XDM 客户端（XDM Client）、聚合代理（Aggregation Proxy）、搜索代理（Search Proxy）、订阅代理（Subscription Proxy）、共享 XDM 服务器（Shared XDMSs）、交叉网络代理（Cross-Network Proxy）实体以及向 XDM 提供业务的外部实体，例如远端处理网络（SIP/IP 核心）、设备管理服务器（DMS）以及设备管理客户端（DMC）等。图 4-39 中，共享的 XDM 服务器是为所有其他业务提供共性的 XML 文档服务，而引擎特定的服务器、引擎特定的 XDM 服务器可具体对应到即时消息或呈现的对应服务器，表示了 XDM 架构如何对特定的应用提供文档管理支持[14,24]。

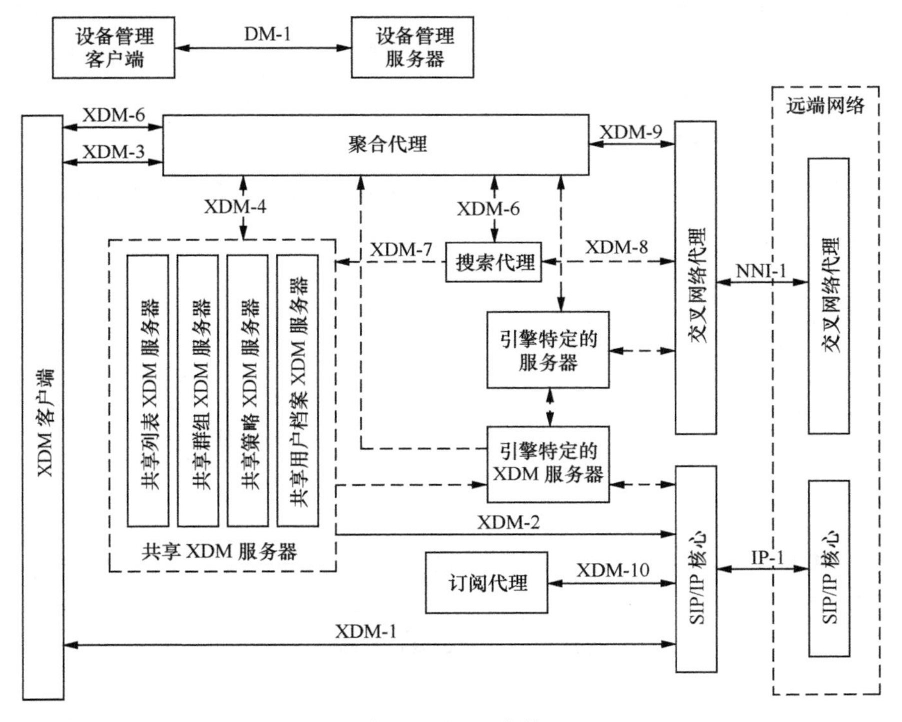

图 4-39　XDM 架构

2. XCAP

XDM 群组进行管理/访问操作基于 XML 配置访问协议（XML Configuration

Access Protocol，XCAP）。该协议由 IETF 制定，于 2007 年 5 月正式成为 RFC 规范（RFC 4825）[25]。该协议允许客户端读、写、修改存放在服务器中 XML 格式的应用配置数据。XCAP 将 XML 文档中的节点映射到 HTTP URIs 中，使得这些组件能够直接通过 HTTP 访问。XCAP 使用的是 HTTP 1.1 作为传输协议，实现了映射到标准 HTTP 1.1 方法的一套操作，这些操作将 HTTP 报头设置成固定值。XCAP 为客户端提供了一系列操作，例如，替换服务器上某一个文档，删除、增加文档；对指定的文档内容节点进行修改、删除、增加；对节点属性进行修改等操作。客户端对服务器上存储的 XML 配置数据进行增加、修改和删除的流程遵循 HTTP 的 Put、Get、Delete 流程。XCAP 定义了某个资源的修改对其他资源的影响，还定义了接入访问资源的相关授权策略。

XCAP 作为通用协议可以用在很多与配置服务器 XML 文档相关的场合。例如，呈现业务的用户可以用 XCAP 配置在资源列表服务器上的好友列表，也可以授权它们的观察者权限，或者在电话会议中可以用来配置参会人员的名额，增加人员入会，或者请出某人离开会场等。总之，当需要配置在远端服务器上的 XML 文件时，都可以用 XCAP 来完成。

迄今为止，IETF 标准化了 3 个与 SIMPLE 业务相关的 XCAP 用法，使用示意如图 4-40 所示。

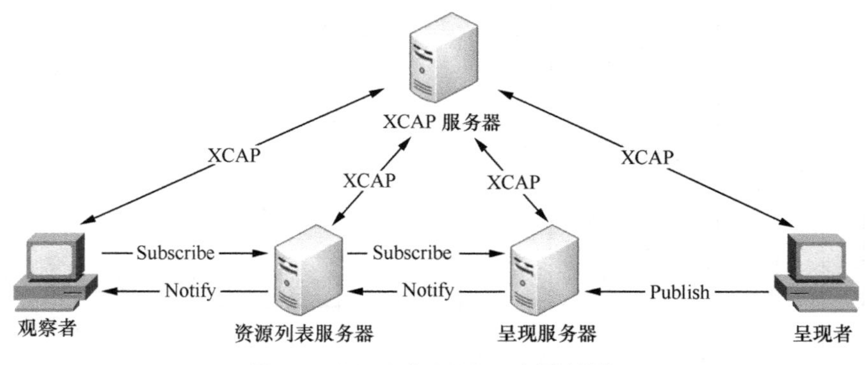

图 4-40　XCAP 在 SIMPLE 中用法结构

- XCAP 在资源列表中的用法：在 RFC 4826 中定义了资源列表用作好友列表的操作。
- XCAP 在呈现信息中的用法：在 RFC 4827 中定义了操作基于 PIDF 的 XML

文件操作方式。

- XCAP 在呈现业务中隐私授权策略：在 Presence Authorization Rules 中定义了客户端可以定制授权策略，例如，禁止部分观察者订阅、查看自己的状态。

3. XDM 应用示例

在 RFC 4826 中定义了两种 XML 文件，并扩展为 XCAP 的 Resource-Lists 和 RLS-Services 两种应用。终端可以用 XCAP 来管理、配置服务器上的这两个文档。RLS-Services 定义了服务器可用的服务以及订阅这些服务器的 URI，包括可用群组的引用。Resource-Lists 包含了用户列表，一般指可用的群组，这个文档被引用在 RLS-Services 中[26]。

这种服务的一个典型例子就是呈现列表（Presence List）服务，在有些场景下也叫作好友列表（Buddy List），如图 4-41 所示。呈现列表服务支持客户端发送一个单独的 Subscribe 请求来获取一个列表上用户的呈现信息。资源列表服务器作为代理，获取每个用户的呈现信息，并把它们返回给发送最初请求的客户端。对于这些服务的用户来说，定义一个群组是很有用的，即使用户只是希望跟朋友共享自己的好友群组。因此，定义一种标准格式的列表是很有必要的。因此，就可以用 Resource-Lists 文档格式来表示这种列表，并且用 RLS-Services 文档来定义该列表的 URI，并把这个 URI 跟该列表文档关联起来。

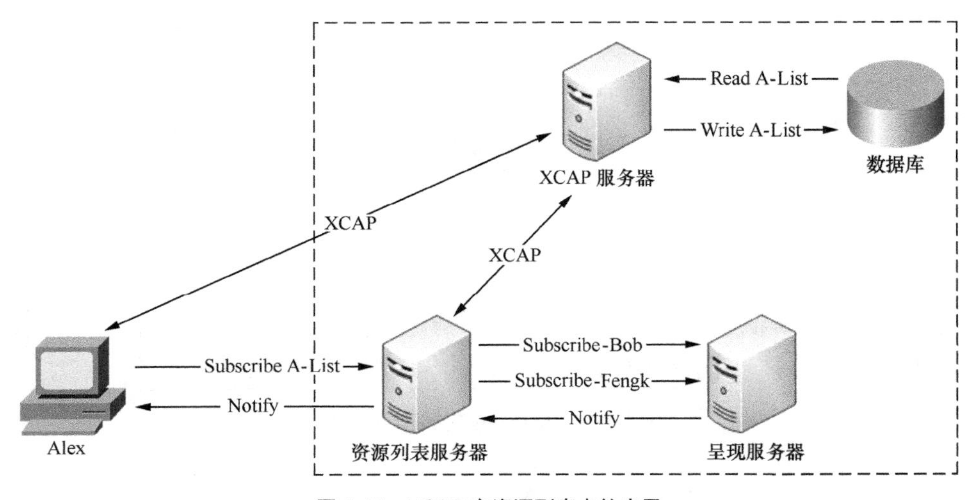

图 4-41　XCAP 在资源列表中的应用

- Alex 在台式电脑上登录，订阅了好友列表 A-List。

- 资源列表服务器收到请求后，向 XCAP 服务器上发起请求，获取 A-List 的相关 XML 文档，即 Resource-Lists 和 RLS-Services 文档。
- 资源列表服务器获取到相关文档后，解析 A-List，列表中有 Bob 和 Fengk 两个成员，然后根据 RLS-Services 文档中的权限规定，依次向呈现服务器发起虚拟代理订阅。
- 呈现服务收集状态，聚合成一个文档通知给 Alex。
- Alex 可直接向 XCAP 服务器发起请求增加、删除、修改好友信息，XCAP 服务器收到请求后，将在 A-List 中修改好友信息。

在 SIMPLE 框架中采用 Publish 方法来发布用户当前状态。一个呈现用户代理 PUA 可以用 Publish 发布用户状态信息，但是 Publish 能力有限，不能满足所有情景下的状态需求，因为 Publish 只是建立一个软状态，每个状态都有一个 Expires，超时后状态就会失效，需要客户端重新发布或者刷新状态，而无法设置永久的状态。在 RFC 4827 中描述了如何用 XCAP 操作 PIDF 文档的应用方法，客户端可以直接操作存放在 XCAP 服务器上的 PIDF 文档，将自己的状态写到 PIDF 文档中，达到永久保存状态的目的，或者将自己的状态信息附加到 Publish 方法的消息体中，然后呈现服务器代替客户端将状态信息添加到 XCAP 服务器上[27]。XCAP 在呈现发布中的应用如图 4-42 所示。

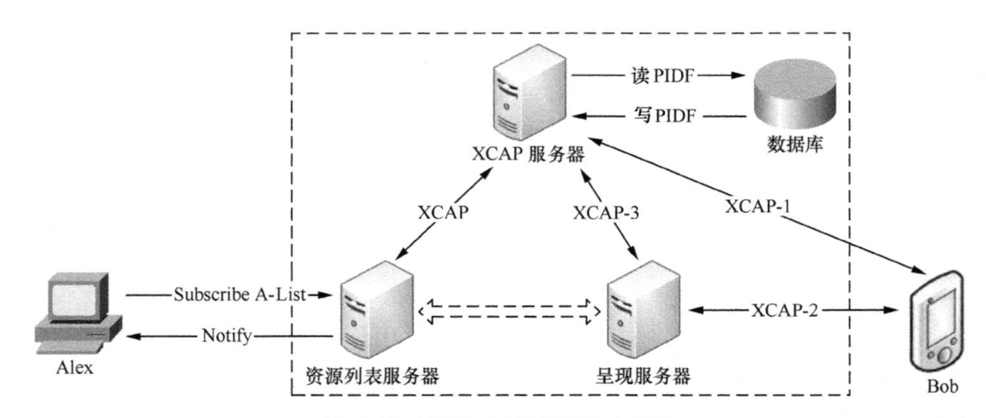

图 4-42　XCAP 在呈现发布中的应用

- Bob 在下线前发布了自己的状态，将“我下周要出差”的状态信息发布到服务器，它可以通过 XCAP-1 直接修改存放在 XCAP 上的 PIDF 文件，或者通过 XCAP-2 的方法在 Publish 的消息体中附加自己的状态信息，然后服务器代理客户端通过 XCAP-3 修改 PIDF 文件。

- Alex 上线后，向资源列表发起订阅，订阅过程遵照好友列表的订阅过程。
- 资源列表服务器将 Bob 的包含“我下周要出差”的状态信息通知给 Alex。

4.7.3.4　XMPP

1．XMPP 体系结构

XMPP是和SIMPLE独立的、一种以XML为基础的开放式即时通信协议。XMPP源于 Jabber 开源社区在 1999 年开发的 Jabber 协议，主要针对实时、扩展即时通信、出席信息、维护联系人等网络实时通信开发。不同于其他即时通信协议，XMPP 采用开放、开源的方式发展，继承了 XML 的特性，具有超强的可扩展性。XMPP 主要包含 RFC 3920、RFC 3921、RFC 3922 和 RFC 3923 这 4 个标准协议。RFC 3920 是 XMPP 的核心协议，定义了基于 XML 的 XMPP 的核心协议，包括基本框架、编址方式、XML 流、安全和国际化的一些扩展；RFC 3921 定义满足 IM 的即时和在线信息功能；RFC 3922 定义了 XMPP 和 CPIM 之间的映射；RFC 3923 定义了点对点的信道加密和数字签名[28-31]。

XMPP 设计采用的是客户端/服务器（C/S）模式架构，如图 4-43 所示。系统主要由客户端、网关、服务器 3 个部分组成。XMPP 服务器支持服务器之间的 DNS 路由，所有从客户端到客户端的数据和消息都需要经过 XMPP 服务器进行转发。

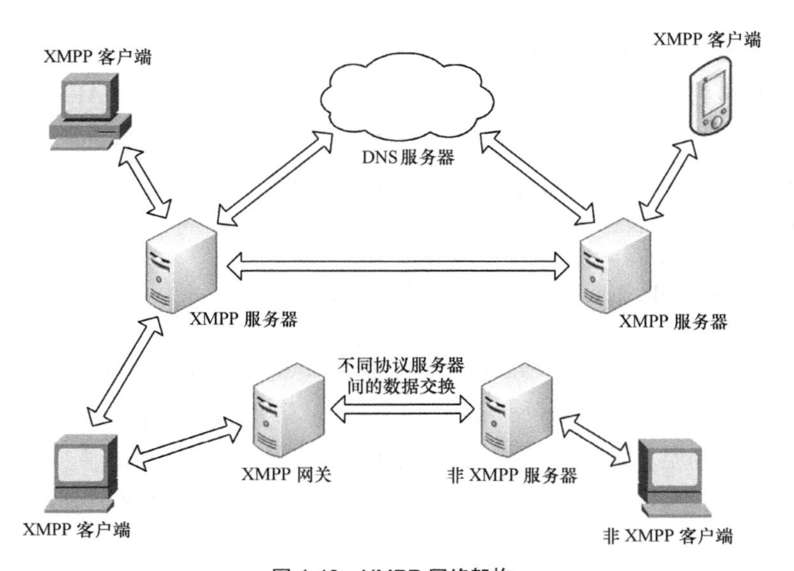

图 4-43　XMPP 网络架构

- 客户端：XMPP 支持简单的客户端，将复杂性转移到服务器。客户端通过 TCP 直接连接 XMPP 服务器，并通过使用 XMPP，充分利用由服务器及任何相关服务所提供的功能，例如订阅状态、即时信息传送等。
- 网关：将 XMPP 数据转换成非 XMPP 数据，实现同其他非 XMPP 的 IM 通信软件或其他系统之间的互联互通，例如 E-mail、短信等。
- 服务器：类似于邮件服务器，分布式部署。不同域的用户连接到自己的服务器上，服务器之间通过标准协议来交换信息。

2. XMPP 消息格式及核心功能分析

XMPP 技术是基于 XML 流（XML Stream）的技术，当和 XMPP 服务器创建会话时，需要先和服务器建立一个 TCP 长连接，并在这个连接上给服务器发送 XML 流进行服务协商，在协商过程中服务器也会给客户端发送 XML 流来回应请求。一旦协商通过，客户端和服务器就会通过 XML 流和对方用以<message/>、<presence/>和<iq/>这 3 种 XML 段（XML Stanza）进行数据交换。

标签<message/>：用于两个 XMPP 用户发送消息，它规定了消息源、消息目的地、类以及消息体等。常用于一对一聊天、多人聊天、通知、预警和报错，下面的例子就是用户 Alex 给用户 Fengk 发送了一条“Hello”的文本消息。

```
<message from= Alex@123.cn/pda to= Fengk@123.1it type= chat >
<body>Hello</body>
</message>
```

标签<presence/>：用于确定用户的订阅状态，可以查询好友的在线状态，通知或转发客户端的状态信息，例如上线、下线等，下面的例子是用户 Alex 将自己的状态信息“Away”和附加状态文字“Go to bed!”发给服务器 123.com，服务器会将 Alex 的状态转发给订阅了 Alex 状态的在线用户。

```
<presence from= Alex@123.com /pda >
<show> away</show>
<status>go to bed!</status>
</presence>
```

标签<iq/>：用于请求、回应操作，类似于 HTTP 的 Get、Post 和 Put 方法，它和前面的<message/>、<presence/>最大不同在于，发出<iq/>请求后一定要收到回复，即使回复内容为空。通常客户端针对好友列表管理的添、删、改、查操作都采用此标签操作。下面这个例子是用户 Alex@123.com 向 XMPP 服务器 123.com 请求 Alex@123.com 这个账号的好友列表数据。

```
<iq from= Alex@123.com/pda id:rr82alz7 to= Alex@123.om/pda type= get >
<query xmlns= jabber:iq:roster />
</iq>
```

服务器回复 Alex 的数据如下。

```
<iq from= Alex@123.com id= rr82alz7 to= Alex@123.com/pda type= result >
<query xmlns=jabber:iq:roster>
<item jid=whiterabbit@123.com />
<item jid=sister@ok.cn />
</query>
</iq
```

3. *状态订阅功能分析*

作为服务于即时通信的技术标准，其核心功能包括消息发送（Messaging）和状态（Presence）。在 XMPP 网络中，查看他人的状态信息需要得到被查看方的允许，因为并非所有人都同意自己在网络中的状态被别人随意看到。所以当用户需要看某人的状态信息时，他需要向对方发送请求并得到对方的允许，XMPP 术语将这个发送请求称为 Subscribe Request。下面是用户 Alex 向用户 Fengk 发出订阅状态信息的请求。

```
<presence from=Alex@123.com to=Fengk@567.com type= subscribe/>
```

如果用户 Fengk 同意 Alex 的订阅请求，用户 Alex 会收到如下的 XML Stanza。

```
<presence from= Fengk@567.com to= Alex@123.com type= subscribed/>
```

如果用户 Fengk 不同意 Alex 的订阅请求，用户 Alex 则收到如下信息。

```
<presencefrom= Fengk@567.com to= Alex@123.com type= unsubscribed/>
```

在上面的例子中，如果用户 Fengk 同意 Alex 的订阅请求，Alex 和 Fengk 可将对方加入自己的好友列表中。

Alex 成功订阅 Fengk 的状态后，当 Fengk 改变自己状态时，Alex 能够获取 Fengk 的新状态，流程如下描述。

① 用户客户端和服务端协商建立 XML Stream；

② 客户端 Fengk 给服务器发送一个登录初始状态的 XML Stanza，例如 <presence/>；

③ 服务器检索出与 Fengk 有订阅关系的用户，此例中 Alex 与 Fengk 有订阅关系；

④ 服务器将这个用户的状态发送给订阅者 Alex。

4.7.3.5　Sync 协议

随着移动互联网逐步走向成熟和便携式移动终端设备的高度普及，数据信息的交互分享已经不再受空间地理位置限制，为用户的信息获取带来了方便。目前移动终端设备在数据同步分享领域存在着多种私有协议技术，且每种协议技术仅针对有限的移动终端系统和数据类型。这些非相关的协议技术使用户制造商、服务提供商和开发人员的工作任务更加复杂化。不同的私有数据和设备管理协议技术的增加和应用扩散，已经成为移动终端设备应用发展的一大障碍，制约数据传递和分享，限制了用户的流动性。单一同步分享标准的缺乏给最终用户、设备制造商、设备提供商和开发人员制造了诸多问题。

基于同步需求业界出现了多种数据同步协议、规范和技术，其中包括 IntellisSync 方案、微软的 ActiveSync 技术、CPISync 算法和 SyncML（Synchronization Markup Language，同步标记语言）等。下面就最主流的 SyncML 协议进行介绍。

SyncML 是一种基于 XML（扩展标记语言）的新一代数据同步协议，可以适应各种不同的通信平台和移动通信网络。SyncML 是一个新标准，它提供一个通用规范来协调客户机和服务器的数据交换，使用统一的 XML 格式（不需要进行验证）与服务器进行数据传递[32]。

SyncML 是一种增量同步的协议，对每个设备都要维护数据的改动信息数据库文件。同步发生时，先判断是哪个设备，找到这个设备对应的改动信息数据库文件，只发送该数据库中标记为需要同步的记录，同步后再重置记录的标记。SyncML 数据同步的特点是同步速度快，开放性好，支持各种异质的同步设备。不足之处在于对存储容量要求比较高，例如，如果有 n 个设备，每个设备有 m 个记录，则需要 $n \times m$ 的存储空间。

如图 4-44 所示，应用 A 代表同步过程的服务器端，应用 B 代表同步过程的客户端。客户端与服务器端通过底层网络协议（例如 HTTP、WSP 等）连接。客户端由客户同步代理访问网络，通过代理结合 SyncML 接口（SyncML I /F）以及适配器发消息给服务器端；服务器端由服务器同步代理接收或发送消息，通过同步引擎（Sync Engine）管理同步过程，例如用户数据库更新和冲突处理。

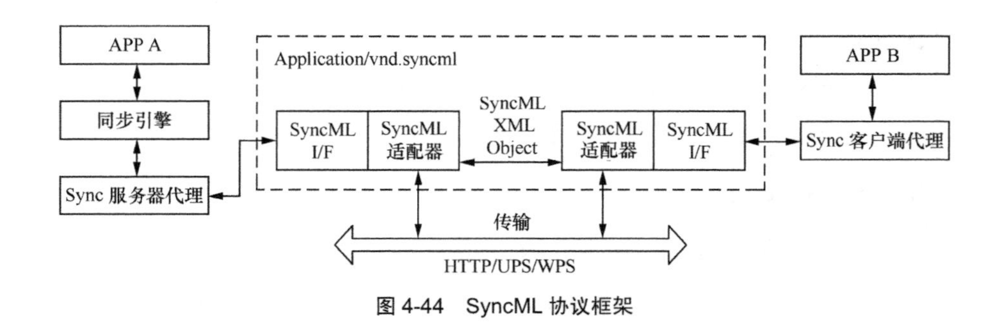

图 4-44　SyncML 协议框架

为了保持数据的一致性状态，数据在服务器或者客户端任何一方改变后，必须进行同步。一致性有不同的粒度：数据库级别和文件级别。文件级别的一致性可以通过 US（并发版本系统）得到，US 保存了文件集合修改的历史。当更新文件时，只要修改不是发生在文件相同的行上，不同的修改可以合并到文件中。对于数据库，达到同步状态的最简单办法是数据库的复制。在这种情形中，当前的数据库被更新的数据库所覆盖，使两边的数据库达到一致的状态。基于同步是通过交换全部还是部分修改过的数据的方式，同步可以简单地分为两大类：慢同步和快同步。慢同步又称为完全同步，这种情况下一方的全部条目都发送给另一方。通过同步分析来找出匹配的条目，以避免重复的条目，最后用新的或修改过的条目来更新两边的设备。如果上次同步的状态丢失或者是第一次同步，一方完全不知道另一方数据的情况，那么这一漫长的过程是必不可少的。

4.8　移动网络控制技术

在移动互联网时代，SDN、NFV、虚拟化网络等技术随着数据中心建设、云计算普及而得以发展。但是从电信运营商角度来看，其核心的网络控制技术主要体现在用户的无线接入控制、核心网络控制以及核心业务提供上。

随着 4G LTE 的推广，运营商网络控制技术逐步向着全 IP 方向发展。4G 网络整体基于 SAE 架构进行推进。SAE 的主要工作在 3GPP SA WG2 开展，其目标是制定一个具有高数据率、低时延、数据分组化、扁平化、支持多种无线接入技术的、具有可移植性的 3GPP 系统框架结构。

LTE 网络由 E-UTRAN（Evolved UTRAN）和 EPC（Evolved Packet Core，演进分组核心）组成，又称为 EPS（Evolved Packet System，演进分组系统）。移动用户可基于 E-UTRAN 接入，也可基于传统 2G/3G、WLAN 以及非 3GPP 网络接入，由 EPC 负责对用户 UE 的接入进行控制和分配链路资源，并完成不同接入方式的协议转换，最终通过 EPC 的 SGi 参考点接入 IP 分组业务网。IP 分组业务网包括 Internet，也包括电信运营商自身业务网，如 IMS 网络，为用户提供电信的话音、视频等业务。基于 LTE 的移动互联网具体架构以及业务提供如图 4-45 所示[33]。

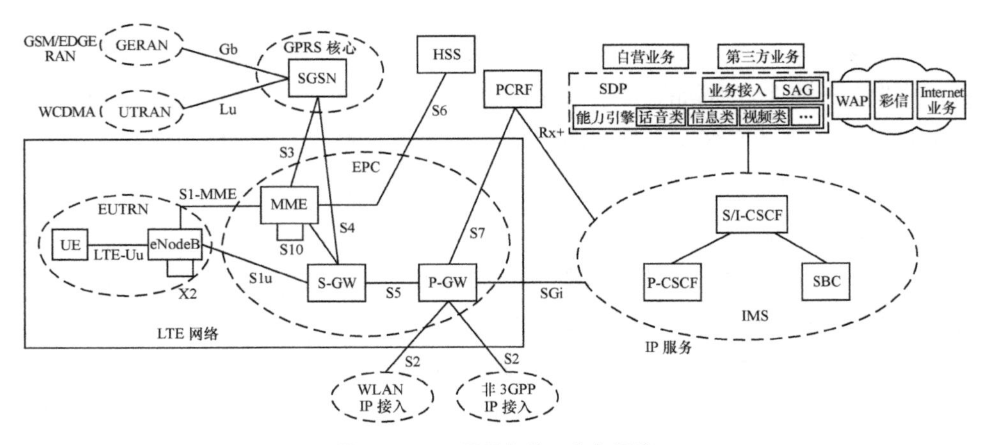

图 4-45　4G 网络架构及业务提供

4.8.1　EPC 网络实体功能及选择控制

EPC 中逻辑节点包括移动管理实体（Mobility Management Entity，MME）、服务网关（Serving Gateway，S-GW）、分组数据网关（PDN Gateway，P-GW）、演进的 PDN 网关（Evolved PDN Gateway，ePDG）、策略控制和计费规则功能（Policy Control and Charging Rules Function，PCRF）以及用户归属服务器（Home Subscriber Server，HSS）。下面简要介绍一下 EPC 中主要逻辑节点功能[34-35]。

（1）MME 节点

MME 是核心网的唯一控制平面实体。通过 NSA 协议处理 UE 和 EPC 之间的控制信令，主要功能是完成接入控制（用户鉴权、密钥协商）、移动性管理（附着、去附着、跟踪区列表管理、切换和传呼）、会话管理（建立会话所需的承载管理）、网元选择（P-GW 选择、S-GW 选择、切换到 3GPP 的 2G 网络或 3G 网络的 SGSN 选择、用户切换需改变 MME 时的 MME 选择）、信息存储（用户状态、用户上下文和 EPS 承载上下文信息）以及业务连续性。

（2）S-GW 节点

S-GW 是用户平面实体，是到 E-UTRAN 终止接口的网关，每一个 UE 和 EPS 仅对应一个 S-GW。涵盖基于 GTP 或 PMIP 的 S5/S8 接口，主要功能包括会话管理（为用户接入承载进行建立、修改和释放）、路由选择和数据转发（无论用户跨小区切换不同 eNodeB，还是用户跨 LTE 和其他 3GPP 技术接入，作为用户数据移动锚点）、QoS 控制（根据 QCI 设置 DSCP 等）和计费。

（3）P-GW 节点

P-GW 是用户平面实体，和 2G/3G 网络中的 PDG 功能基本一致，能够将用户数据通过 SGi 接口路由到分组网络。如果一个 UE 接入多个分组网络，则可能需要多个 P-GW。P-GW 的主要功能包括为 UE 分配 IP 地址（DHCPv4/v6）、会话管理（为用户接入承载进行建立、修改和释放，将数据转发到外部分组域）、PCRF 选择、QoS 控制（上行或下行链路传输层的报文标记）、基于用户的报文过滤以及计费等功能。

（4）PCRF

策略控制和计费规则功能给每个用户提供分组过滤、支持计费、合法监听、为 UE 分配 IP 地址、在服务网关和外部数据之间路由转发数据、分组数据屏蔽功能。

（5）EPDG

演进的分组数据网关主要完成 UE 与 P-GW 网关之间的路由，通过 IP 安全隧道和代理移动 IPv6 协议（Proxy Mobile IP Version 6，PM-IPv6）隧道中传输分组的封装和解封装，在使用 PM-IPv6 时实现移动接入网关（MAG）功能，作为 WLAN 之间网络选择时的本地移动锚点等。

在 EPC 网络中，可以具备多个 MME、S-GW、P-GW，需要根据业务对网络节点的需求进行选择，从而实现路由优化、负载均衡以及故障恢复等功能。下面介绍其选择控制功能。

（1）P-GW 选择

P-GW 选择功能将为 3GPP 接入用户分配一个 P-GW，用于连入分组数据网。该功能主要利用 HSS 提供的签约用户信息和其他附加准则。其他准则包括 P-GW 的负载均衡考虑，当 MME 从 DNS 获取 P-GW 的 IP 地址以及其能力权重时，就能为用户选择合适的分组网关。

HSS 为 MME 提供的 PDN 描述上下文包括如下信息。

- P-GW 的 IP 地址和接入点名称（APN）。此方式可以认为由 HSS 直接选定了 P-GW，用户接入数据均通过归属地接入分组网。
- 接入点名称并指示是从漫游拜访地还是从归属网络进行 P-GW 分配。此外，当从非 3GPP 网络（WLAN 等）切换接入时，也可获取可选的 P-GW 标识。

P-GW 的地址可以通过 APN 映射获取，也可通过 HSS 提供的 P-GW 标识获取。HSS 也可指定其分配的静态 P-GW 是否作为 UE 的默认接入点。当 UE 已经连接到一个或多个分组网时，为了建立一个新的 PDN 连接，UE 需要提供其所需的 APN。

目前，3GPP 定义的 P-GW 节点选择的具体过程如下。

① UE 在初始接入网络中时，使用网络提供的默认 APN 建立 PDN 连接。

② 当UE已连接到一个或者多个PDN时，由UE为P-GW选择提供请求的APN。当这个 UE 提供的 APN 为合法签约中的 APN 时，则使用该 APN 导出一个 P-GW 地址用于建立 PDN 连接；否则使用签约数据中提供的默认 APN 导出 P-GW 地址，并建立 PDN 连接。

③ 如果 HSS 提供了 P-GW 的 IP 地址，则在使用静态 IP 地址的情况下，或者当 UE 由非 3GPP 接入切换到 3GPP 接入的情况下，MME 直接选择该 P-GW，否则 MME 可以按照一般方法另外选择的 P-GW。

④ 如果 HSS 提供了 PDN 的 APN，并且签约允许拜访网络为这个 APN 分配一个 P-GW，则 P-GW 选择功能的结果是在 vPLNM 中得到一个 P-GW 地址。如果拜访网络中不能给 P-GW 地址，或者签约不允许拜访网络为这个 APN 分配一个 P-GW 时，则应从归属网络中为这个 APN 导出一个 P-GW 地址。

⑤ P-GW 地址采用 DNS 功能，根据 APN、用户签约信息和其他信息导出。

⑥ 如果用户签约信息中给出了 APN-OI Replacement 字段，则在 P-GW 的域名构造时，将 APN-OI 字段值替换为收到的 APN-OI Replacement 字段值。当以上的 P-GW 解析失败时，P-GW 的域名将用“.mnc<MNC>.mcc<MCC>.gprs”串附加构造。

⑦ 如果 DNS 功能提供的是一张 P-GW 地址列表，则 MME 需要从这张列表中选择一个 P-GW，选择时要考虑 P-GW 之间的负荷均衡。如果选出的 P-GW 不可用，则从这张列表中选择另外一个 P-GW。

⑧ 如果 UE 提供了一个 PDN 的 APN，则该 APN 就被用于导出一个 P-GW 地址。

（2）S-GW 选择

S-GW 选择功能是为 UE 选择一个 S-GW。除了跟踪区域更新（TAU）和切换过程外，UE 在任何时候只能连接到一个 S-GW。S-GW 的选择方法包括如下准则。

① 根据网络拓扑和路由情况，一般选择 UE 所在位置的 S-GW。当 UE 在重叠的 S-GW 服务区域时，网络应该选择一个未来发生切换可能性最小的 S-GW。

② S-GW 的负载均衡是为 UE 选择 S-GW 的一个重要标准。当从 DNS 查询得到 S-GW 的 IP 地址包括权重因子时，MME 将之作为负载均衡的要求。权重因子典型是根据 S-GW 节点的能力设置。

③ 如果一个漫游用户从只支持 GTP（GPRS 隧道协议）的网络移动到支持代理移动 IP 协议（PMIP）的网络中，所选择的本地出口 P-GW 支持 PMIP，而其归属地路由的 P-GW 应该使用 GTP。这意味着被选择的 S-GW 应同时支持 GTP 和 PMIP，以便为该 UE 同时建立本地出口和归属地路由会话。MME/SGSN 向 DNS 服务器查询 S-GW 地址时，可以获取附加信息以得知 S-GW 的协议支持能力。对于支持上述双协议的 S-GW，MME/SGSN 会指示其在 S5/S8 参考点接口采用何种协议。

④ 如果网络配置了在同一个网络实体中实现的 P-GW 和 S-GW，则在非漫游情况下，先选择 P-GW，然后尽量选择与 P-GW 在同一个网络实体中实现的 S-GW，从而减轻网络的负担，缩短时延。

综上所述，S-GW 节点的选择由 MME 执行，主要发生在附着、TAU 及切换过程。S-GW 节点的选择应综合考虑其网络拓扑、负载状况、协议支持能力等参数指标，具体的选择策略与实现相关。此外，MME 的 S-GW 选择功能也用于确认跟踪区域列表中的跟踪区域属于相同的 S-GW 服务区域。

（3）MME 选择

MME 选择功能是为 UE 选择一个可用的 MME。该选择功能是基于网络拓扑的，例如对于 UE 当前位置具备 MME 服务重叠区域（多 MME 覆盖），则考虑选定的 MME 具有最小的发生切换可能性。当 MME/SGSN 选择一个新的 MME 时，也会根据负载均衡情况选择最合适的 MME；同样，当一个 eNodeB 选择 MME 时，同样会将负载均衡作为一个选项。

（4）PCRF 选择

P-GW 和 AF 与 PCRF 的关系是多对多的关系。P-GW 和 AF 可以对应一个或多个归属网络中的 PCRF，或在漫游网络的本地出口场景，P-GW 和 AF 可对应于一个或者多个拜访移动网络中的 PCRF。

为了实现 PCRF 的选择，P-GW 需要实现以下两种功能。

① 如果一个 Diameter 域只对应一个 PCRF，则 P-GW 可以采用静态配置的方法选择 PCRF。

② 如果一个 Diameter 域有多个独立的 PCRF，则 P-GW 通过 DRA 方式进行PCRF 的选择。

4.8.2 EPS 网络的主要参考点

EPS 网络中主要包括 E-UTRAN 和 EPC 之间的 S1 接口、eNodeB 之间的 X2 接口及其他相关接口[36]，下面分别进行描述。

1. S1 接口功能

S1 接口是 EPC 和 E-UTRAN 之间的参考点，该接口在 E-UTRAN 侧的接入点是一个 eNodeB，EPC 侧的接入点可以是控制界面 MME 逻辑节点，也可以是用户面 S-GW 逻辑节点。于是，根据 EPC 接入节点，S1 接口定义为面向 MME 的 S1-MME 接口和面向 S-GW 的 S1-U 接口。S1 接口的逻辑划分如图 4-46 所示。

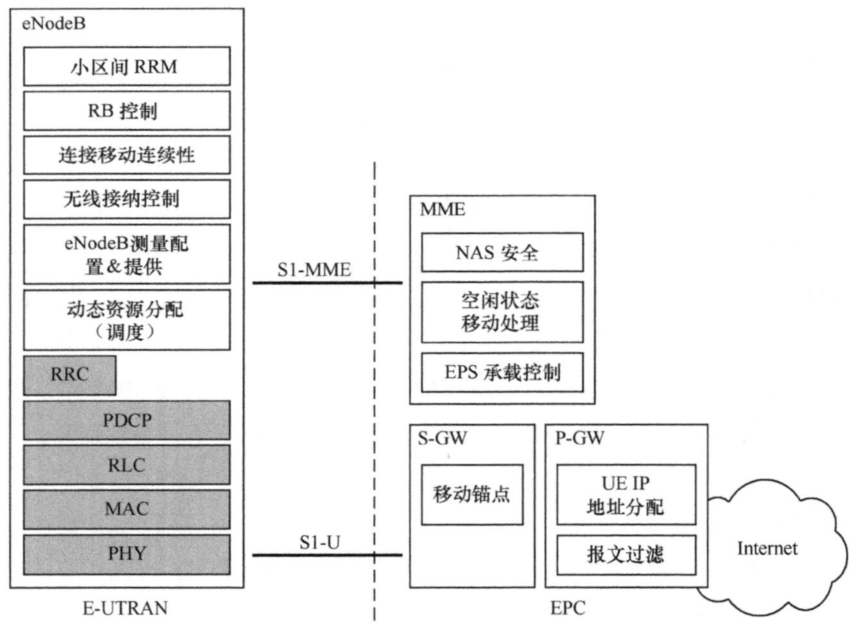

图 4-46 S1 接口的逻辑划分

用户面 S1-U 接口定义于 eNodeB 和 S-GW 之间，提供用户面 PDU 数据的非保证传递。S1-U 协议栈如图 4-47 所示，传输层网络是基于 IP 和 UDP，在此之上采用了 GTP-U 协议去承载用户数据 PDU。控制面 S1-MME 定义于 eNodeB 和 S-GW 之间。控制层协议栈如图 4-47 所示，和用户面一致基于 IP 网络承载，但是选择使用可靠的 SCTP 作为传输层。在图 4-47 中，应用层信令协议被称为 S1-AP（S1 Application Protocol）。

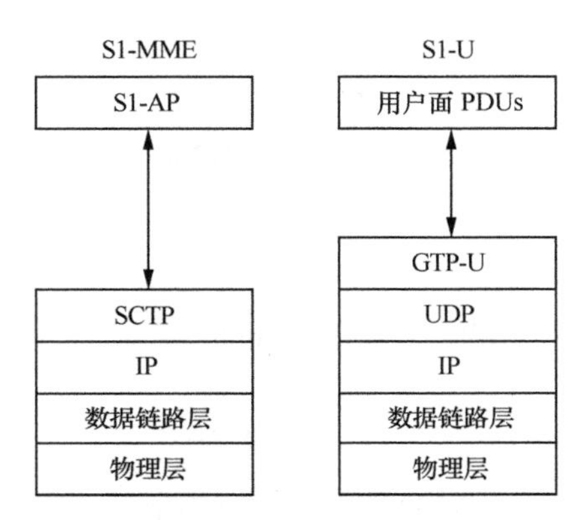

图 4-47　S1-MME 接口及 S1-U 接口协议结构

由于 S1 是一个逻辑接口，E-UTRAN 到 EPC 可能具有多个 S1 接入点，因此任何一个 eNodeB，可能有多个 S1-MME 逻辑接口面向 EPC，多个 S1-U 逻辑接口面向 EPC。S1-MME 接口的选择由 NAS 逻辑选择功能决定；S1-U 接口的选择在 EPC 中完成，并且通过 MME 信令通知 eNodeB。

下面进一步详细描述 S1 接口控制面功能。

（1）E-RAB 服务管理功能

E-RAB（E-UTRAN Radio Access Bearer，E-UTRAN 无线接入承载）服务管理功能是当 eNodeB 中 UE 上下文可用时，负责对用户数据传输建立、修改及释放 E-UTRAN 资源（EPC 和 E-UTRAN 之间的 GTP-U 隧道分配）。建立和修改 E-UTRAN 资源是通过 MME 触发的，并要求提供相应的 QoS 信息给对应的 eNodeB。E-UTRAN 资源的释放可由 MME 直接触发，也可以在接收到一个 eNodeB 请求后触发（可选的）。

（2）UE 在连接状态下的移动功能

当 UE 处于 ECM-CONNECTED 时，支持 LTE 网络内部的移动切换，包括通过 X2 接口和 S1 接口的切换准备、执行和完成。

当 UE 处于 ECM-CONNECTED 时，支持用户在 LTE 网络和 3GPP 其他不同无线接入系统网络之间的切换，包括 S1 接口切换的准备、执行和完成。

（3）S1 寻呼功能（S1 Paging Function）

寻呼功能主要支持向 eNodeB 跟踪区域中所有注册的 UE 发送寻呼请求。寻呼也可发送给相关的 eNodeB 节点，主要依据用户保存在 MME 中移动管理上下文中移动性信息。

（4）NAS 信令传输功能

基于 S1 接口，为指定 UE 提供一种传输 NAS（Non-Access-Stratum）消息（例如 NAS 移动性管理）的方式。

（5）LPPa 信令传输功能

基于 S1 接口支持传输 LPPa（TE Positioning Protocol Annex），包括上行、下行链路。

（6）S1 接口管理功能

能够处理应用实现部分不同的版本以及协议错误指示信息。能够通过复位 Reset 操作保证 S1 接口的初始化定义。

（7）NAS 节点选择功能

当 eNodeB 连接到多个 MME/S-GW 时，NAS 节点选择功能在 eNodeB 中执行，为 UE 决定选择哪一个 MME 节点。该选择基于 MME 或 SGSN 分配给 UE 的临时标识决定。在实际场景中，NAS 节点选择功能（NNSF）的决定也可基于 UE 的 S-TMSI 或者基于它的 GUMMEI 和选择的 PLMN。由于该功能定位在 eNodeB 中，所以该功能在 S1 接口中没有明确的过程定义。

（8）初始上下文建立功能

初始上下文建立功能支持所在 eNodeB 中建立所有需要的初始 UE 上下文，包括 E-RAB 上下文、安全性上下文、漫游限制、UE 能力信息、基于接入方式/频率的优先级订阅策略 ID、UE S1 信令连接 ID 等，用于实现空闲到激活状态的快速转换。

为了建立完整的初始 UE 上下文，该功能也要支持相应 NAS 消息的捎带功能（Piggy-Backing）。初始 UE 上下文的建立由 MME 触发。

（9）UE 上下文修改功能

UE 上下文的修改功能支持修改 eNodeB 中的对应内容，需要 UE 在 Active 状态。

（10）MME 负载均衡功能

MME 负载均衡功能是系统运行中，在多个 MME 中根据处理能力获得负载均衡的 MME 分配，包括 MME 增减、移除时接入用户负载分配及当新用户接入时根据负载情况进行的 MME 分配。

负载均衡的具体执行是在 S1 接口建立过程中，将能为 eNodeB 服务的所有 MME 实体的能力进行通告。为支持 MME 节点增加和删除的场景，运营维护人员需要利用 S1 接口建立的更新过程去进行实现。

（11）定位报告功能

通过 S1 接口，MME 能要求 eNodeB 报告 UE 的定位信息。

（12）PWS 消息传输功能

PWS（Public Warning System，公共警告系统）消息传输功能支持通过 S1 接口传输报警消息。

（13）过载功能

给 eNodeB 指示为其服务的 MME 已经超过负载或者返回到正常操作模式。

（14）RAN 信息管理功能

RAN 信息管理（RIM）功能是一种通用机制，用于允许两个无线接入节点之间通过核心网络进行请求和传递信息。

（15）配置传递功能

RAN 信息管理功能是一种通用机制，用于允许无线接入网络的配置信息在两个无线接入节点间通过核心网络进行请求和传递。

（16）S1 cdma2000 隧道功能

S1 cdma2000 隧道功能将 UE 和 cdma2000 无线网络之间通过 S1 接口（跨越 EPC 网络）进行隧道封装传递。该功能可以支持用户从 E-UTRAN 接入时，能够回退到 cdma2000 1xRTT，以支持电路网交换的业务（例如话音业务）。

2. X2 接口功能

在 EPS 中，X2 接口定义为 eNodeB 之间的接口，形成了所谓的 Mesh 型网络。X2 协议栈分为 X2-CP 控制面和 X2-U 用户面。

X2-U 接口提供了一个非保证的用户面 PDU 数据传递，协议结构如图 4-48 所示。传输层基于 IP/UDP，在此之上采用 GTP-U 承载用户面 PDU 数据。这和 S1-U 是一致的，以简化协议设计。X2-U 接口主要用于在 eNodeB 之间传输用户数据。这个接口只在终端从一个 eNodeB 移动到另一个 eNodeB 时使用，以实现数据的转发。

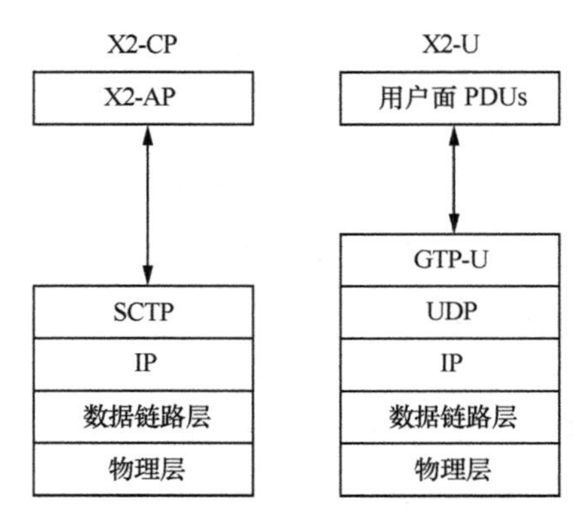

图 4-48　X2-CP 接口和 X2-U 接口协议结构

X2-CP 接口的协议结构也在图 4-48 中体现，和 S1-MME 一致，都是在 IP 网上采用 SCTP 提供可靠传输。同样地，上层的信令协议称为 X2-AP（X2 Application Protocol）。X2 AP 协议支持下列功能。

- 当用户处于连接状态时，为 UE 提供 LTE 接入系统内部的移动性支持。具体包括从源 eNodeB 切换到目标 eNodeB 的上下文切换；控制从源 eNodeB 到目标 eNodeB 的用户面隧道；切换取消。
- 负载管理功能。
- 基本的 X2 管理和错误处理功能，具体包括错误指示、X2 接口的建立、复位、X2 接口配置数据的更新、为支持移动顽健性的信息交互等。

3. 其他重要接口功能

网元实体之间的接口除了 S1 和 X2 接口外还有很多，其他节点功能列举如下[60]。

- S3。它是 MME 与 2G/3G SGSN 之间的接口，用于 UE 在通过不同的 3GPP 无线网络接入时，在 MME 和 SGSN 之间交互空闲或激活状态的用户信息和承载信息，基于 GTP-C 协议。
- S4。它是 S-GW 与 2G/3G SGSN 之间的接口，执行相关控制和移动性管理功能。若直接隧道没有建立，S4 将提供用户平面的隧道，该接口既可以只有信令面接口（GTP-C），也可以有用户面接口（GTP-U）。如果作为信令面的接口，则采用 GTP v2 协议；如果没有采用直接隧道机制，则该接口可以用于传输用户数据，基于 GTP v1 协议。
- S5。它是 S-GW 和 P-GW 之间的接口，用于支持这两个网关实体之间的承载管理和用户平面隧道，该接口应用于 S-GW 和 P-GW 分别位于不同网络实体的情况，S-GW 建立到 P-GW 的连接过程及在用户移动性管理中的 S-GW 重定位过程，该节点基于 GTP v2 协议。

- S6a。它是 MME 和 HSS 之间的接口，用于为用户接入提供认证和授权，基于 IETF 定义的 Diameter 协议。
- Gx。它是 P-GW 与 PCRF 之间的接口，支持从 PCRF 向 EPC 提供（PCC）规则的传输，基于 Diameter 协议。
- S8。它是 vPLMN S-GW 和 hPLMN P-GW 之间的漫游接口，负责漫游场景下用户平面和控制平面的传输。该接口与 S5 类似，区别在于 S8 接口是两个 PLMN 网络之间的接口。
- S9。它是 hPCRF 和 vPCRF 之间的接口，用于为漫游地传输 QoS 策略与计费控制信息，以实现系统的本地疏导功能。
- S10。它是两个 MME 之间的接口，主要用于 MME 之间的移动性管理，例如 MME 间的负载重新分配以及 MME 之间的信息传输，基于 GTP v2 协议。
- S11。它是 MME 与 S-GW 之间的接口，支持承载管理，例如用户附着或者业务请求等，基于 GTP v2 协议。
- S12。它是 UTRAN 与 S-GW 之间的接口，用于 UTRAN 和 S-GW 之间的用户平面数据隧道传输，基于 GTP-U 协议。
- S13。它是 MME 与 EIR 之间的接口，用于 UE 的标识符校验流程，基于 Diameter 协议。
- Rx。它是 PCRF 与 AR 之间的接口，用于为 PCRF 提供业务动态信息，基于 Diameter 协议。例如在 IMS 网络中，AR 为 P-CSCF，Rx 接口为 PCRF 与 P-CSCF 之间的接口。
- SGi。它是 P-GW 与 PDN 之间的接口，其中，PDN 可以是外部公共数据网，也可以是内部私有数据网，例如运营商的 IMS 网络。

4.8.3　5G 网络控制功能

4.8.3.1　网络控制的新挑战和解决途径

4G EPC 核心网络，具备数据分组化、结构扁平化的特点，为用户提供高速率、低时延的良好业务体验。但是随着云计算、车联网、自动驾驶等新技术的兴起，万物互联的物联网时代开始到来。现有 4G 移动网络架构面临连续广域覆盖、热点高容量、低功耗大连接、低时延高可靠性等极致性能指标的挑战，具体如下：

- 集中式的移动性管理机制导致接入网和核心网之间存在大量信令交互，当网络中存在海量终端或者存在密集组网场景时，核心网将面临信令拥塞的风险；
- 集中式的路由方式降低“本地数据”的传输效率，使得内容的边缘缓存难以部署；
- 保持终端“永远在线”可能导致网络资源被大量闲置的 PDN 连接消耗，例如海量的物联网终端；
- 网络节点的逻辑与硬件紧耦合使得网络的扩展性受到制约，网络运营的成本增高；
- EPC 网络使用固定网元 P-GW 作为分层结构，不能灵活拓展，无法适应未来超高速的流量增长。

针对上述挑战，2015 年，国际电联无线电通信部门（ITU-R）在日内瓦举行的世界无线电通信全会上正式将 5G 网络的标准名称确定为“IMT-2020”（International Mobile Telecommunication），定义 5G 核心网的三大应用场景为增强移动宽带（enhanced Mobile Broadband，eMBB）、大规模机器通信（massive Machine-type Communication，mMTC）和高可靠低延时通信（Ultra-Reliable and Low Latency Communication，URLLC）[37]，并在峰值速率、用户体验速率、时延、移动性、连接数密度、能量效率、频谱效率、流量密度这 8 项关键技术指标上大幅提升，具体指标在 3.2.2 节中进行了描述。

在 5G 核心网中，采用了如下关键技术解决面临的问题以及新业务场景的挑战。

- 控制与用户面分离（Control and User Plane Separation，CUPS）功能让用户面功能摆脱集中部署的局限，使其既可以集中部署于核心网，也可以分布式部署在接入网，使得用户面功能在地理位置上更靠近终端，减小业务访问时延和核心网网络负担；
- 基于服务的网络架构（SBA）用于解耦核心网功能部件，支持网络切片、网络编排及网络能力开放；
- 网络切片功能用于针对多样化的业务需求提供差异化的服务能力。网络切片是网络功能虚拟化（NFV）应用于 5G 阶段的关键特征。一个网络切片将构成一个端到端的逻辑网络，按切片需求方的需求灵活地提供一种或多种网络服务；

- 边缘计算（Edge Computing）改变了 4G 系统中网络与业务分离的状态，将业务平台下沉到网络边缘，为移动用户就近提供业务计算和数据缓存能力，实现网络从接入管道向信息化服务使能平台的关键跨越。

在具体网络控制标准指定上，3GPP 作为移动网络标准最主要的制订方，承担了 5G 网络无线接入及核心网架构方面的技术架构、接口标准研究和制定工作，其研究时间表如图 4-49 所示，Rel-14 阶段主要开展 5G 系统框架和关键技术研究， Rel-15 作为第一个版本的 5G 标准，满足部分 5G 需求，Rel-16 完成全部标准化工作，并于 2020 年初向 ITU 提交满足 ITU 需求的技术方案。截至 2017 年 12 月，3GPP 在 TR23.799、TS23.501 中描述了 5G 高层网络视图和漫游、非漫游情况下的网络结构，可以视为 5G 核心网架构的雏形，但也还有相当多的内容处于留待后续研究阶段。

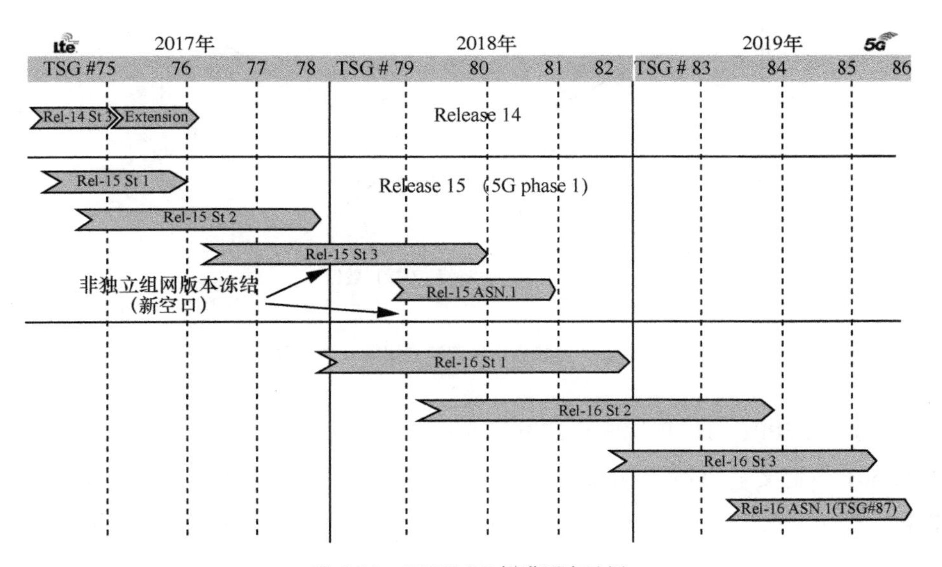

图 4-49　3GPP 5G 标准研究计划

在此过程中，由中国 IMT-2020（5G）推进组主导的 CP（控制面）/UP（用户面）分离作为关键技术提前进入 3GPP 标准；中国移动牵头并联合 26 家公司提出的基于服务的网络架构（Service-Based Architecture，SBA）已经被3GPP采纳，成为5G网络的统一基础架构[38-39]。

4.8.3.2 3GPP的5G典型场景网络架构

1. 概述

2017年12月初，3GPP正式冻结第一个非独立组网（Non-Standalone，NSA）的5G版本Rel-15，也即是5G新空口技术标准冻结，使得非独立组网产品开发时间提前了6个月。

本次冻结的非独立组网标准主要是独立建设5G基站，利用现有已经部署的4G EPC网络，将5G基站锚定在4G核心网上提供服务，支持LTE与5G双连接，以满足领先运营商快速实现5G覆盖的需求。后续5G核心网建成后，基站可迁至5G核心网，如图4-50所示。

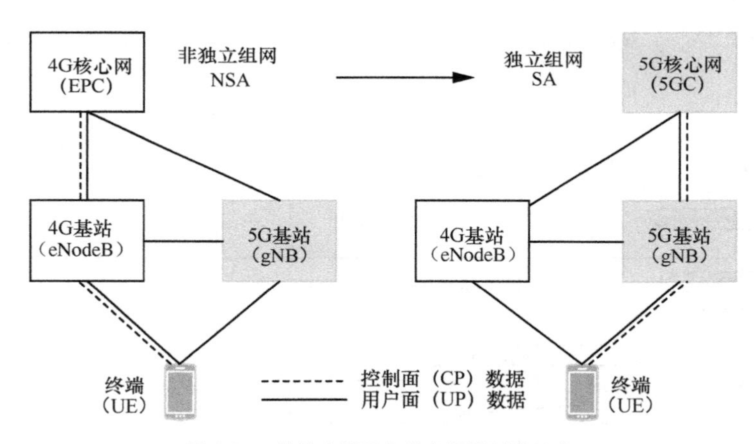

图4-50 非独立组网向独立组网过渡示意

目前，3GPP、ITU-R均未正式发布5G网络核心网架。3GPP在TR23.799[40]、TS23.501中定义了5G系统的高层架构及主要功能、逻辑关系、业务流程及与4G网络的共存关系，可视为5G核心网架构的雏形。在TR23.799中，5G网络抽象为由终端、（无线）接入网、核心网及数据网络组成的网络视图，如图4-51所示。TS23.501中，基于高层网络结构视图，使用SBA标注法对非漫游、漫游、4G/5G混合组网等典型业务场景的网络架构进行了初步定义。此外，在TS23.502中对这些业务场景下的信令交互流程进行了进一步描述。

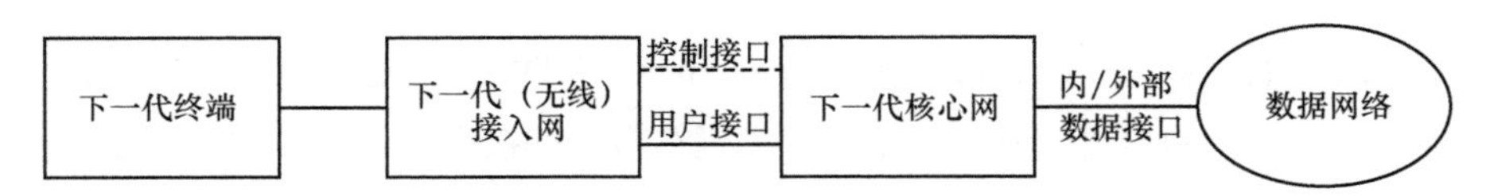

图 4-51 5G 网络高层视图

2. 5G 典型网络架构图

（1）非漫游网络架构

终端设备非漫游状态下的 5G 网络结构如图 4-52 所示。

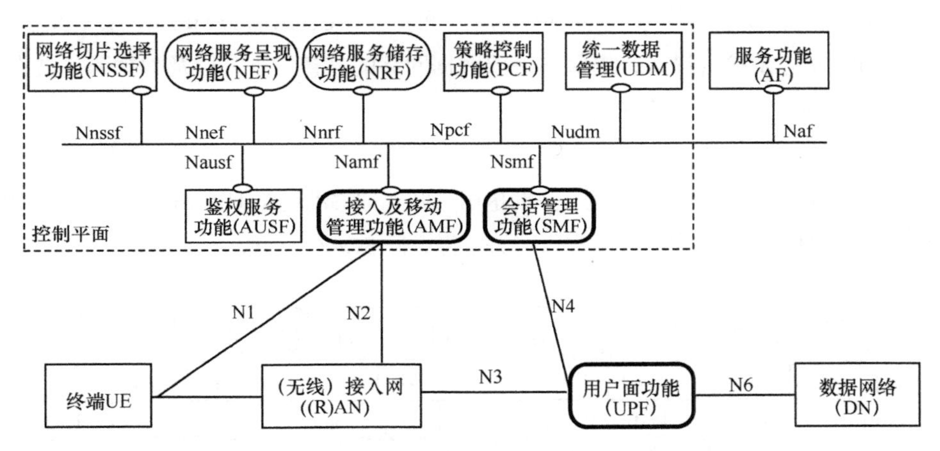

图 4-52 5G 非漫游网络架构

5G 核心网控制平面功能网元描述如下。

- 接入及移动管理功能（Access and Mobility Management Function，AMF）：负责终端的接入及移动性管理，是控制平面主要网元。
- 会话管理功能（Session Management Function，SMF）：负责会话管理，是控制平面主要网元。
- 网络服务储存功能（NF Repository Function，NRF）：提供 NF 服务自动注册、去注册、更新及查找功能。
- 网络服务呈现功能（Network Exposure Function，NEF）：提供一种安全访问 NF 服务和能力的途径。
- 策略控制功能（Policy Control Function，PCF）：提供统一的策略框架、策略定义，并为存储在统一数据仓库（Unified Data Repository，UDR）中的策略数据提供统一的订阅接口。

- 统一数据管理（Unified Data Management，UDM）：提供 3GPP AKA 认证证书生成、用户身份鉴别、基于用户签约数据的接入认证、签约数据管理、短消息管理等功能。
- 网络切片选择功能（Network Slice Selection Function，NSSF）：提供网络切片（Network Slicing）选择、AMF 网络功能（集）选择功能。
- 鉴权服务功能（Authentication Server Function，AUSF）：按 3GPP 系统及业务安全技术规范组 WG3 的规定提供鉴权服务功能。

5G 核心网用户平面主要功能网元为用户面功能（User Plane Function，UPF），主要为 RAN 提供接入锚点，提供与外部数据网络的连接管理，以及数据路由转发、数据合法拦截、流量监控等功能。

（2）漫游网络架构

5G 漫游网络有两种候选方案，分别是用户归属地移动网络 HPLMN 提供业务支撑和用户漫游地移动网络 VPLMN 提供业务支撑，同 3G/4G 一致。

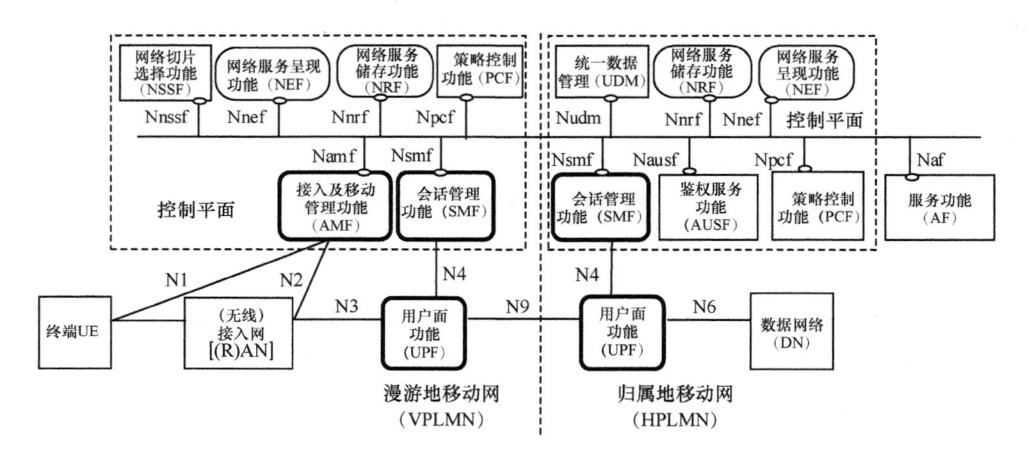

图 4-53　5G 漫游业务（HPLMN 提供支撑）网络架构

基于 HPLMN 提供支撑，对 VPLMN 功能要求最小，可有效解决 VPLMN 不具备漫游用户所需业务能力从而导致的用户跨区域漫游业务连续性问题，其架构如图 4-53 所示。

基于 VPLMN 提供支撑，由 VPLMN 在漫游本地提供主要业务功能，可以有效简化漫游用户终端、VPLMN 与 HPLMN 之间信令交互流程，其架构如图 4-54 所示。

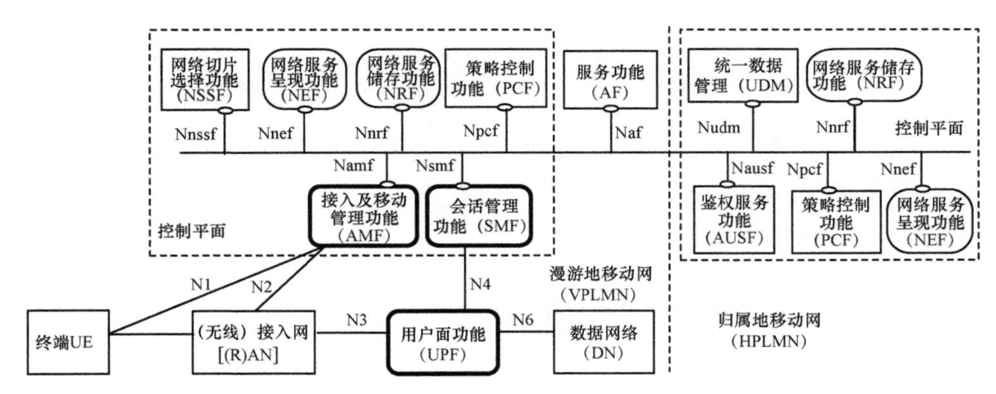

图 4-54　5G 漫游业务（VPLMN 本地提供支撑）网络架构

（3）4G 与 5G 网络混合组网网络架构

非漫游状态下的 4G、5G 混合组网网络架构如图 4-55 所示。从混合组网的网络结构对比可简单查看出 4G、5G 的网络差异及网元对应关系。4G 核心网中的 MME、SGW、PGW 消失，4G 中的 MME 功能分解到 AMF、SMF 中，SGW、PGW 被 UPF 所取代，HSS 被 UDM 所取代。

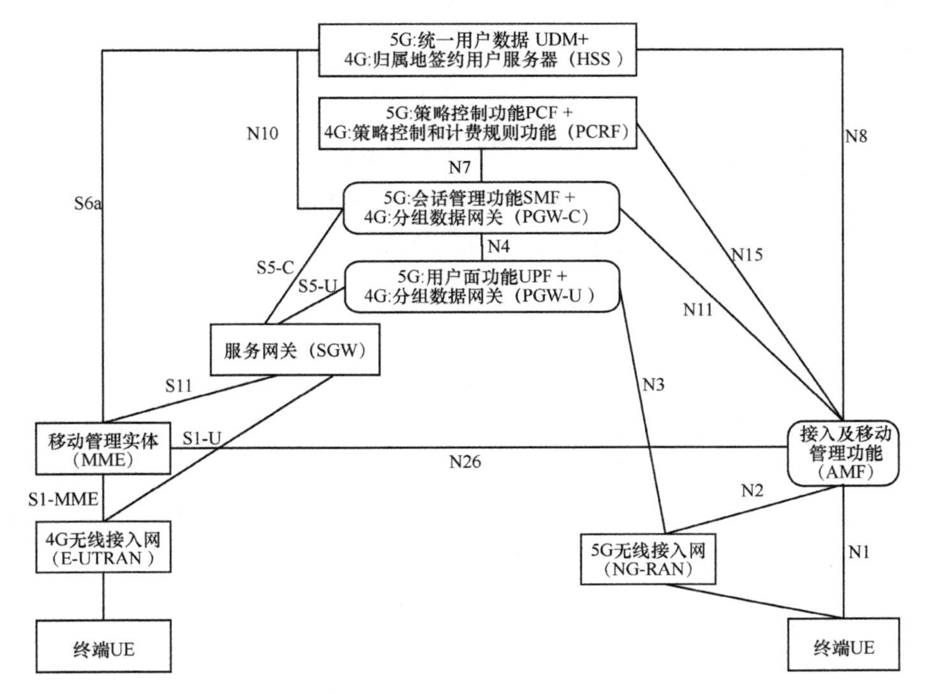

图 4-55　4G/5G 混合组网架构非漫游业务交互

在漫游状态下，依然存在HPLMN提供业务支撑和VPLMN提供业务支撑两种模式。基于前者，终端通过4G/5G网络接入时，VPLMN仅提供核心网的简单接入管理和请求转发功能，主要业务控制功能均回传至 HPLMN 进行处理。基于后者，VPLMN提供接入控制，移动管理及服务功能，HPLMN主要提供签约用户数据、策略控制及计费规则数据。

4.8.4 IMS网络控制及应用扩展

4.8.4.1 IMS概述

IMS（IP多媒体子系统）是由3GPP/3GPP2最初提出的、支持IP多媒体业务的子系统。它的核心特点是采用了SIP以及与接入方式无关。在网络融合的发展趋势下，3GPP、ETSI和ITU-T都在研究基于IMS的网络融合方案，以实现固定网和移动网的融合。因此，IMS被认为将是下一代网络的理想目标架构。

IMS具备分层的网络架构，其基本指导思想是业务与控制分离、控制与接入或承载分离，具体架构如图4-56所示。IMS的功能实体主要包括6种类别：会话管理和路由类（CSCF）、数据库（HSS、SLF）、网间配合元素（BGCF、MGCF、IM-MGW、S-GW）、服务（AS、MRFC、MRFP）、支撑实体（THIG、SEG、PDF）和计费，其中最为重要的是CSCF相关实体和数据库管理HSS[41]。

呼叫会话控制功能（Call Session Control Function，CSCF）是IMS的核心功能，在IMS中完成呼叫业务的连接管理、呼叫业务触发功能和路由选择功能。根据不同功能实现，CSCF功能可以分为以下3种。

（1）S-CSCF

S-CSCF（Serving CSCF，服务CSCF）是IMS核心功能，位于归属域，在同一运营商可以部署多个，为UE进行会话控制和注册服务。具体功能包括控制呼叫和业务的相关状态，负责用户设备注册鉴权、会话控制和计费，执行针对主叫端及被叫端IMS用户的基本会话路由功能，并执行IMS过滤规则触发服务，通过ISC接口与应用服务器互通。

（2）P-CSCF

P-CSCF（Proxy CSCF，代理CSCF）是终端设备UE接入IMS网络的第一个接触点，位于访问域中。所有的SIP信令流，无论来自UE或者发给UE，都必须经过

P-CSCF，因此，P-CSCF 可看作 SIP 信令出入 IMS 网络的代理服务器。P-CSCF 从接入网中收到终端设备发来的 SIP 注册和会话建立消息，转发到归属域中的 I-CSCF，再发至相应的 S-CSCF，反之亦然。P-CSCF 不会对 SIP 的 INVITE 消息中请求的 URL 进行修改，仅将收到的请求消息进行转发。P-CSCF 能够检测 SDP 内容，进行媒体接入的判决，也能够与策略判决功能 PDF 模块进行交互，对多媒体业务的 QoS 需求进行策略判决。

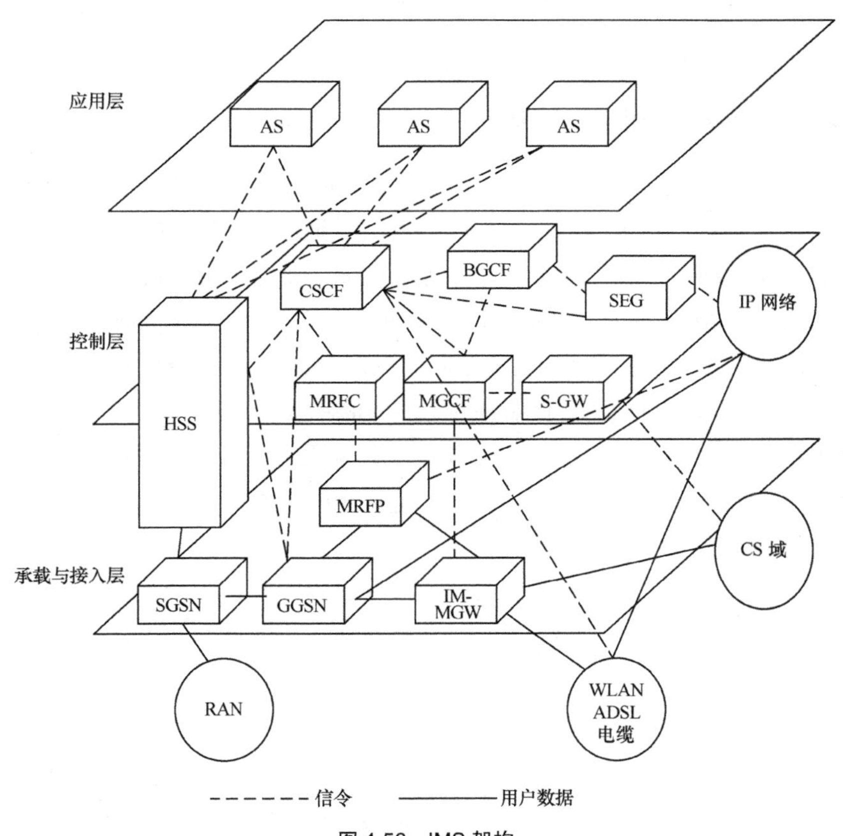

图 4-56　IMS 架构

（3）I-CSCF

I-CSCF（Interrogating CSCF，询问 CSCF）功能实体位于归属域中，是访问域到归属域的接入点，也是 IMS 与其他 IMS 网络的主要连接点，提供本域用户服务节点分配、路由查询以及不同 IMS 域间拓扑隐藏等功能。通过查询用户归属服务器 HSS 中的用户属性来确定对应 S-CSCF 提供，使得 IMS 能够灵活地选择合适的 S-CSCF。

HSS 是 IMS 中所有与用户和服务相关的数据的主要存储器，存储 IMS 用户的签约数据、服务配置信息、位置信息、鉴权参数等，其功能和传统的 HLR/AUC（归属位置寄存器/鉴权中心）类似，同时增加了对 IMS 业务的支持。HSS 主要有以下存储对象。

- 用户标识、用户号码和地址信息。
- 用户安全信息：鉴权和授权的网络接入控制信息。
- 用户位置信息：HSS 支持用户注册，并存储位置信息等。
- 签约业务信息。

4.8.4.2 IMS 应用扩展控制

IMS 具备业务与控制相分离、统一的业务触发机制、归属服务控制、用户数据的统一管理、统一认证、统一协议、接入无关性等特性，通过会话协商和管理、QoS 管理以及移动性管理等关键性技术，实现端到端的通信业务。基于 IMS，能够为异构接入网络统一提供实时的端到端移动多媒体业务（例如 Rich Call、Video Telephony 等）、非实时性的端到端业务（例如 Chat、IM 等）、多方业务（例如 Multimedia Conferencing、Chat Rooms 等）以及服务器到用户的业务（例如 Dynamic Push Service、Click to Dial 等）。

IMS 业务架构如图 4-57 所示。作为会话控制主体的 S-CSCF，通过 IP 多媒体业务控制（IMS Service Control，ISC）接口与应用服务器通信获得各种服务和应用。根据 IMS 架构，应用服务器包括 3 种类型[42]。

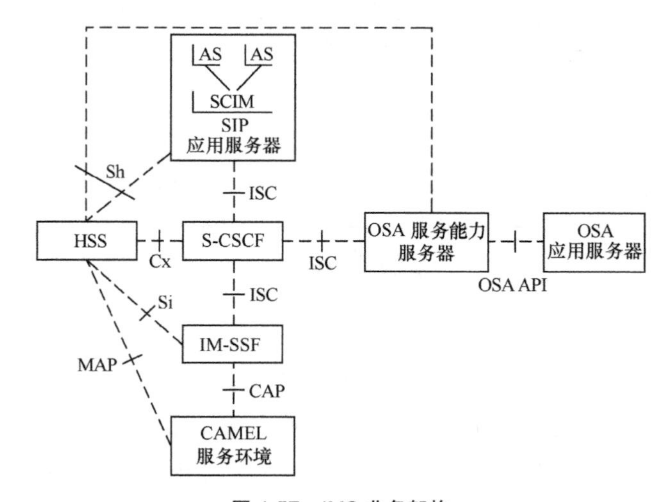

图 4-57 IMS 业务架构

（1）SIP 应用服务器

SIP 应用服务器包括业务能力交互作用管理器（Service Capability Interaction Manager，SCIM）和其他应用服务器。SCIM 即 Service Broker，提供可管理、可控制的手段，让多个业务按照用户预期的方式执行，是一种特殊的 SIP 服务器。其他应用服务器则是实现特定应用的普通应用服务器。当其他应用服务器位于归属网络之外时，应用服务器可作为其他应用服务器的网关功能。由于 ISC 接口采用了 SIP，故可直接与 S-CSCF 互通，S-CSCF 能以 SIP 服务器的方式直接调用这些业务，减少了信令转换。

（2）OSA 应用服务器

OSA 应用服务器是基于开放业务接口（Open Service Access，OSA）API 开发的第三方业务。第三方业务的提供商利用 OSA API 进行新业务的开发，使用 OSA 提供的安全 API 来接入移动运营商网络，不再受限于移动运营商提供的业务。OSA 应用服务器主要是通过 OSA 业务能力服务器（Service Capability Server，SCS）接入运营商网络，获取底层网络的业务支撑能力，并进行应用开发。

（3）CAMEL 业务环境

CAMEL 业务环境（CAMEL Service Environment，CAMEL SE）主要通过 IP 多媒体业务交换功能（IMS Service Switching Function，IM-SSF）实现。IM-SSF 主要用于接入传统智能网中的业务控制点（Service Control Point，SCP），是一种特定类型的应用服务器，目的是保持智能网的特征（例如触发检出点、CAMEL 业务交换有限状态机等），并通过 INAP/CAP 与智能网交互，完成传统的移动智能网业务。

由于 OSA API 和 CAMEL 环境并不能直接支持基于 SIP 和扩展 SIP 的 ISC 接口，所以出现了中间层——业务能力服务器层，用于实现不同协议之间的映射。

- OSA SCS：完成 OSA API 与 ISC 接口的信令映射。通过 SIP 方式执行一个或多个 OSA 业务控制功能（Service Control Function，SCF）。
- IM-SSF：类似于传统智能网的呼叫控制功能和业务转换功能，使现有的基于 CAMEL 业务环境的增值业务能继续提供，并生成新的增值业务。SSF 完成 CAMEL 应用部分（CAMEL Application Part，CAP）与 SIP 之间的协议转换，是 SIP 和 CAMEL 之间的互通模块。

S-CSCF 通过单一的 ISC 接口与业务平台相连，在 S-CSCF 看来，SIP AS、OSA SCS 和 IM-SSF 都执行相同的接口行为，均采用统一 SIP 接入。其他各种服务器的差异均通过业务能力服务器层进行屏蔽。

基于此，IMS 的应用扩展框架如图 4-58 所示，基于通用的“全局”业务引擎，具备“一次生成，重复使用”的特点，有效提升 IMS 业务开发效率及标准化业务开发流程。下面进一步介绍基于 OMA 的业务环境模型，以及基于 OSA 的业务扩展 API 和 OMA 业务环境的结合方式。

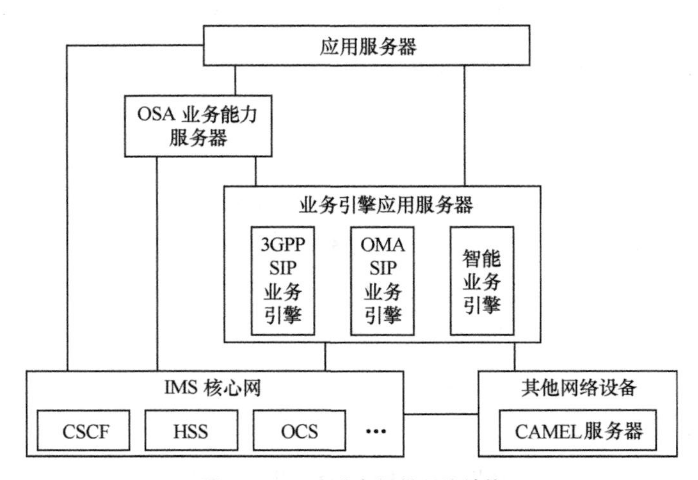

图 4-58　IMS 业务提供网络结构

1. OMA 业务控制

开放移动联盟（Open Mobile Alliance，OMA）组织致力于基于 IMS 能力的业务应用技术和标准研究。OMA 认为，业务应用层应该尽可能充分利用 IMS 提供的业务能力，特别是 SIP 会话控制方面的能力，并在此基础上对应用层的业务能力进行标准化研究。

OMA 的研究成果集中体现为 OMA 业务环境模型[43]（OMA Service Environment，OSE），并将其作为其定义 OMA 业务引擎的指导思想和基础，架构如图 4-59 所示。OSE 的基本思想是，每个引擎只定义与核心功能相关的功能、协议和调用方式，每个引擎都必须定义一个或多个标准接口提供给外部，以便其他业务引擎调用其功能，如果某个引擎需要依赖已定义的 OMA 功能，必须指明使用对应哪个引擎的何种接口。

OMA 在 OSE 中定义实体如下。

- 业务引擎实现（Enabler Implementation）：业务引擎在运营商侧或者终端侧

实现。业务引擎是用于某一业务开发、部署及运营的技术，它被 OMA 定义为一个或一组规范，这些规范以标准包的方式发布。

- 策略执行者（Police Enforcer）：提供基于策略的管理机制，通过诸如收费、用户隐私/参数设置等方式保证底层资源的安全，并对访问请求进行管理。
- 业务执行环境（Excution Environment）：包括流程监视、软件生命周期管理、系统支撑功能（如线程管理、负载均衡和缓存）、对引擎的运行维护管理等功能。
- 应用（Application）：执行工作时所需相关功能的实现，通常涉及一个或多个业务，由软件和硬件元素组成。应用是开始和结束调用引擎的基本实体，它可以直接调用业务引擎实现去实现业务。应用可以放在业务环境（包括移动终端）的任何地方。

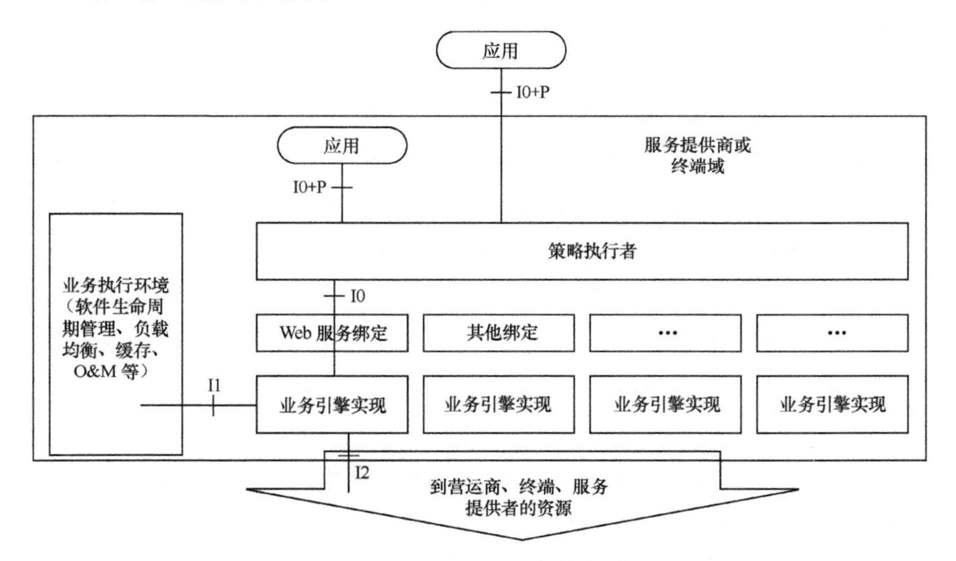

图 4-59　OMA 业务环境模型框架

OMA 在 OSE 中定义了以下 4 类接口。

- I0：业务引擎内在功能接口类，由 OMA 进行定义。若没有策略部分，该接口直接提供给应用和其他业务引擎，便于不同业务引擎之间的功能重用。
- I0+P：应用了策略的 I0 接口，提供给应用和其他业务引擎。其中，P 是 I0 接口上的一个附加参数集，部分 P 参数的语法和语义在 OMA 中进行定义，但 P 也可以不含任何附加参数。

- I1：业务引擎资源与业务执行环境之间的接口，例如软件生命周期管理，在 OMA 中进行规范，作为 OSE 的一个部分。
- I2：业务引擎实体调用底层资源功能的接口类，例如 IMS 提供给应用层的开放接口。这一类接口不在 OMA 中进行规范。

目前，OMA 基于 IMS 主要提供了群组文档管理（XML Document Management，XDM）、呈现（Presence）、即时消息（IM）和一键通（Pushtalk over Cellular，PoC）等业务引擎，这些业务引擎主要是基于 SIP 的即时通信类业务。

2. Parlay 和 OMA 的关系

GPP 和 ETSI 早期启动了 3G 系统 UMTS 的开放式业务接入（Open Service Access，OSA）研究，目标是提供一种可扩展和可伸缩的开放式体系结构，以灵活和向后兼容的方式开发新业务能力特征。同时，定义一个常规的 API，以支持第三方应用接入网络的能力。后来两个组织决定共同研究一套网络运营商之外的第三方应用安全接入和控制核心网络资源的标准方法，从 Parlay 3.0 和 OSA R5 开始，由 3GPP、ETSI 和 Parlay Group 联合发布，得到了 3GPP2、JAIN、OMA 等国际技术组织的支持，标志着 Parlay 与 OSA 规范趋于一致，统称为 Parlay/OSA。目前 OSA 提供两种 API，即 OSA/Parlay API 和 Parlay X Web Service[44]。

基于 OSE 架构，能够将 Parlay 和 Parlay X 进行有效集成，称为集成 Parlay 的 OSE 架构（Parlay In OSE，PIOSE）[45]。由于 OSE 架构中允许非引擎的实现（例如 Parlay X 或者 Parlay API 实现）和功能引擎实现在同一层级，因此，对应图 4-59 中，业务实现引擎可以具体为 Parlay X APIs 实现和 Parlay APIs 实现。

在 PIOSE 中，任意底层的资源可以为上层的功能引擎或非功能引擎提供功能支撑。图 4-59 中 I2 接口所连接的资源在 PIOSE 中主要分为 OSA/Parlay 资源和非 OSA/Parlay 资源。OSA/Parlay 资源可以被其他功能引擎使用（OSA/Parlay 的资源包括 Parlay 网关、Parlay 框架和 OSA SCS），非 OSA/Parlay 资源也能够被 Parlay X 或者 Parlay API 使用。

4.8.5 用户数据融合控制

4.8.5.1 用户数据融合概述

网络融合的主要驱动力是业务融合，而数据融合是保证业务融合的基础，用户要求多业务属性绑定的业务和统一的业务体验，因此，原来分散存储在网络不同网元中的用户数据需要进行统一的调度和使用。无论是 GSM/UMTS/LTE 融合、固定宽带 FBB/移动宽带 MBB 融合，还是电信网、广播电视网、互联网三网融合，都期望使用同一份用户数据提供服务。

3GPP 提出了用户数据融合（User Data Convergence，UDC）的概念[46]，UDC 架构如图 4-60 所示，采用逻辑分层架构，将用户数据和 3GPP 系统中的应用逻辑独立。UDC 分为两个部分：一部分是逻辑独立的用户数据仓库（User Data Repository，UDR），负责按照一定的逻辑关系存储各种用户数据；另一部分是应用前端（Front End，FE），是所有不进行用户数据存储并需要访问 UDR 的实体集合，用于进行业务逻辑处理（例如 LTE、SAE-HSS、IMS-HSS），以及用户对用户数据的创建、读取、更新、通知和标识。

传统 HLR/HSS/AUC、应用服务器、访问网络发现、归属网络发现和选择功能（H-ANDSF）、其他核心网络节点等实体，在 UDC 架构中保持应用逻辑，但是都不进行用户数据本地的永久保存，因此，都可视为应用前端。应用前端为其提供处理的应用程序决定了其类型，一个 HSS 前端可以实现 3GPP TS 23.002 定义 HSS 的完全或部分功能。

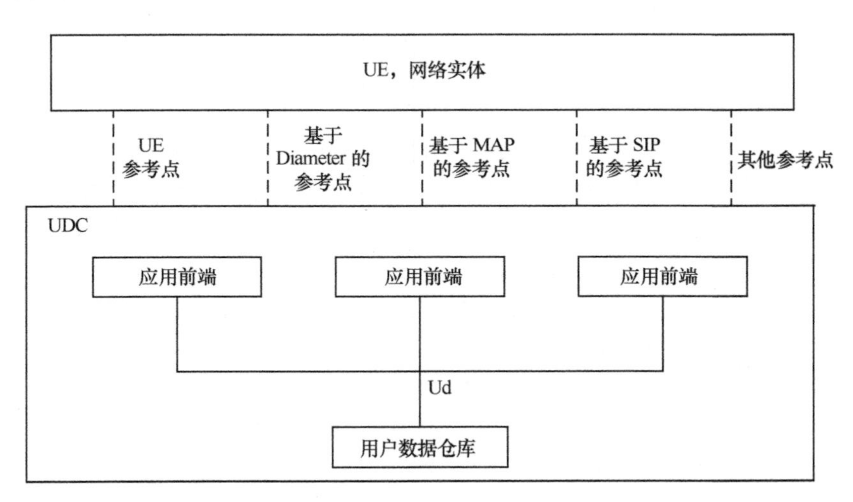

图 4-60　UDC 参考架构

UDR 是一个统一的逻辑仓库，进行用户数据存储。用户相关的数据传统上是存储在 HSS /HLR/AuC 以及应用服务器上，现在均存储在 UDR 上。UDR 加强了数据的共享以及通过 3GPP 服务进行数据操作。UDR 提供了统一的参考点 Ud 到一个或多个应用前端，并支持多个 FE 的并发访问。Ud 参考点将使用 3GPP TS 33.210 中的网络域安全的机制（Network Domain Security）来保证安全，当敏感数据通过 Ud 进行传输时，会进行对应加密操作。UDR 功能实体在实际实现时可以分布式部署在不同地点，也可中心化部署。其支持复制机制、备份功能以及地理冗灾功能，以保证数据安全。

图 4-61 对非 UDC 架构的网络和使用 UDC 架构的网络进行了对比。采用非 UDC 架构的网络，网络元素（NE）具备自己的数据库，存储用户数据并需要访问其他外部数据；而在 UDC 架构中，一致的用户数据转移到 UDR 中，原有的 NE 就转变为 FE。图 4-61 也表明原有 NE 之间的网络接口不受影响。

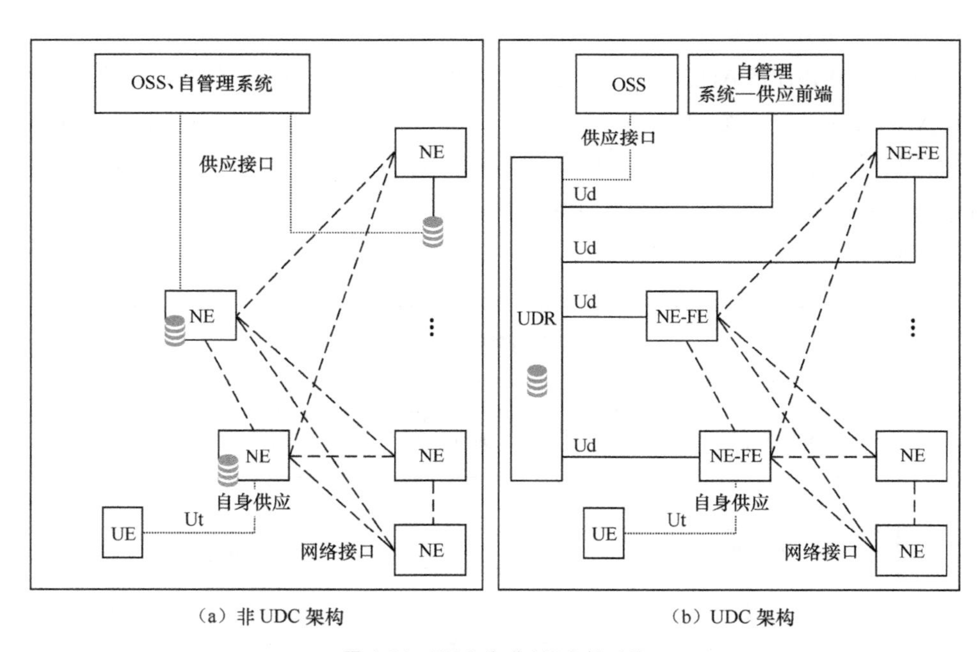

（a）非 UDC 架构　　（b）UDC 架构

图 4-61　UDC 和非 UDC 的对比

UDR 能够存储如下类型数据。

① 永久签约数据：系统需要知道的订阅数据和相关的必要信息以执行对应服务，包括用户标识（例如 MSISDN、IMSI、IMPU、IMPI）、服务数据（例如 IMS 策略）以及鉴权信息等。这些用户数据和用户的生命周期一致，用于执行服务并能够被管理员修改。

② 临时签约数据：根据系统正常操作或流量状态能够被改变的数据，例如，与服务执行相关的应用服务器的透明数据、SGSN 数量、用户状态等。

UDR 不要求存储如下类型数据。

① 用户内容数据：被用户定义并且可能具有很大的容量占用的数据，例如照片、视频、话音邮件等。

② 当用户使用服务时，产生的用户关于事件记录的相关数据。例如用户行为和习惯等相关策略。这些数据不仅用于计费，还可以用于市场目的（大数据的挖掘）。

③ 用户流量数据：用户会话或呼叫相关的动态数据。这类数据存储在 VLR、SGSN 或 S-CSCF 中。这些动态数据仅本地使用，几乎不需要进行共享。

4.8.5.2　分布式 HLR 架构

用户数据融合主要基于 2G/3G 的 HLR、4G 的 SAE-HSS 以及 IMS 的 HSS 进行融合。根据 3GPP 对应规范，2G、3G 和 4G 的用户数据具备相似性和继承性，可共享用户数据，实际部署的设备大部分可以通过融合升级进行实现。但是 HLR/SAE-HSS 和 IMS-HSS 之间的用户数据差异较大，需要采用分布式架构，统一用户数据格式、开放数据接口，统一数据访问协议[47-49]。

分布式 HLR 架构如图 4-62 所示。在数据存储方面，可进行设备升级，将用户存储设备改造为 FE，FE 通过统一的适配接口与协议实现与后端（BE）交互。FE 既可以受理来自 MAP 业务实体（例如 MSC、SGSN、GGSN、SCP）的业务操作，通过 C/D/Gr 接口与各 MAP 业务实体实现互通，也可以受理来自 Diameter 业务实体（MME、CSCF 或 AS）的业务操作，通过 S6a/S6d/Sh/Cx 接口与各 Diameter 业务实体实现互通。同时，FE 需要支持 TDM 和 IP 承载机制。

在数据结构方面，考虑到目前网络中使用的分布式 HLR 后端数据库不能完全实现 IMS 用户数据的有效融合，IMS 用户数据的融合分两个阶段进行：第一阶段通过设置不同的 BE 支持 IMS 和其他类型的用户数据，不同类型的 BE 之间通过 Rs 接口实现用户数据互查；第二阶段随着分布式架构设备规范的完善以及厂商设备的支持，BE 数据库支持所有数据的统一存储，实现 BE 设备的合并。

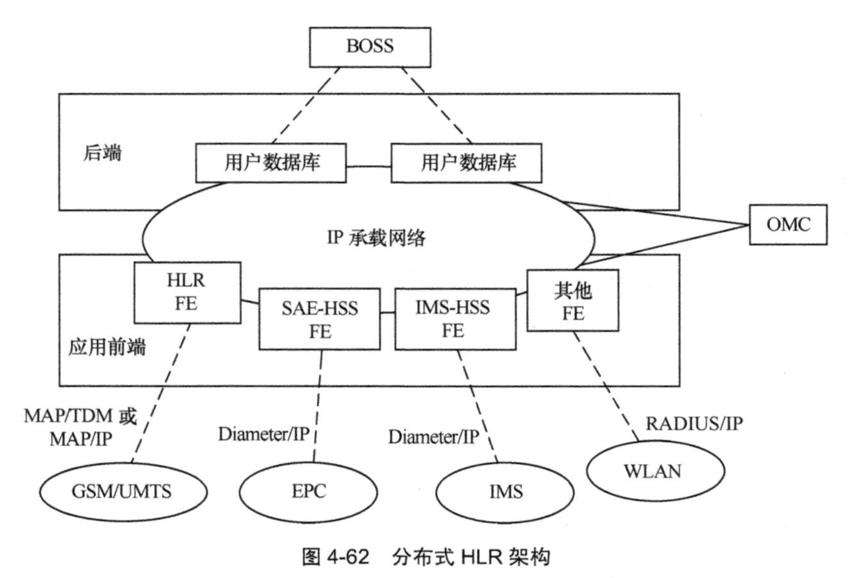

图 4-62 分布式 HLR 架构

参考文献

[1] FEAMSTER N, BALAKRISHNAN H, REXFORD J, et al. The case for separating routing from routers[J]. ACM SIGCOMM Workshop on Future Directions in Network Architecture, 2004. 5-12.

[2] IETF RFC 3746. Forwarding and Control Element Separation (for CES) Framework [S]. 2004.

[3] WANG W, DONG L, ZHUGE B, et al. Design and implementation of an open programmable router compliant to IETF for CES specifications[C]//International Conference on Networking, 2007.

[4] IETF RFC 5810. Forwarding and Control Element Separation (for CES) Protocol Specification[S]. 2010.

[5] JAIN R, PAUL S. Network virtualization and software defined networking for cloud computing a survey[J]. IEEE Communications Magazine, 2013.

[6] HU F, HAO Q, BAO K. A survey on software defined networking (SDN) and OpenFlow from concept to implementation[J]. 2014 IEEE Communications Surveys & Tutorials, 2014.

[7] XIA W F, WEN Y G , FOH C H, et al. A survey on software-defined networking[J]. 2014 IEEE Communications Surveys & Tutorials, 2014.

[8] OpenFlow Switch Specification v1.3.2. Open Networking Foundation[S]. 2013.

[9] 张卫峰. 深度解析 SDN——利益、战略、技术、实践[M]. 北京：电子工业出版社，2014.

[10] 宋浩宇. 从协议无感知转发到 OpenFlow2.0[J]. 中国计算机学会通讯，2015, 1.
[11] IETF RFC 5440. Path Computation Element(PCE) Communication Protocol[S]. 2009.
[12] JAIN S, KUMAR A, MANDAL S, et al. B4: experience with a globally-deployed software defined WAN[C]//SIGCOMM'13, 2013: 12-16.
[13] ETSI GS NFV002 v1.1.1. Network Function Virtualization (NFV) Architecture Framework[S]. ETSI, 2013.
[14] Open Mobile Alliance. XML Document Management Architecture. Approved Version 2.0[S]. 2012.
[15] ETSI GS NFV001 v1.1.1. Network Function Virtualization (NFV) Use Case[S]. ETSI, 2013.
[16] ITE-T Y.3501. Cloud Computing Framework and High Level Requirements [S]. 2013.
[17] IETF RFC 7348. VXLAN Virtual eXtensible Local Area Network (VXLAN): A Framework for Overlaying Virtualized Layer 2 Networks over Layer 3 Networks[S]. 2014.
[18] 戚晨. 统一通信简述[J]. 中兴通信技术, 2008, (5).
[19] 3GPP TS 24.229 v8.0.0. IP multimedia call control protocol based on session initiation protocol (SIP) and session description protocol (SDP), stage 3[S]. 2007.
[20] SCHULZRINNE H. The simple presence and event architecture[C]//Comsware 2006.
[21] IETF RFC 2778. A Model for Presence and Instant Messaging[S]. 2000.
[22] Open Mobile Alliance. Presence SIMPLE Architecture Approved Version 2.0[S]. 2012.
[23] Open Mobile Alliance. Instant Messaging Using SIMPLE Candidate Version 2.0[S]. 2012.
[24] Open Mobile Alliance. XML Document Management (XDM) Specification Approved Version 2.0[S]. 2012.
[25] IETF RFC 4825. The Extensible Markup Language (XML)Configuration Access Protocol (XCAP)[S]. 2007.
[26] IETF RFC 4826. Extensible Markup Language (XML) Formats for Representing Resource Lists[S]. 2007.
[27] IETF RFC 4827. An Extensible Markup Language (XML) Configuration Access Protocol (XCAP) Usage for Manipulating Presence Document Contents[S]. 2007.
[28] IETF RFC 3920. Extensible Messaging and Presence Protocol (XMPP): Core[S]. 2004.
[29] IETF RFC 3921. Extensible Messaging and Presence Protocol (XMPP): Instant Messaging and Presence[S]. 2004.
[30] IETF RFC 3922. Mapping the Extensible Messaging and Presence Protocol (XMPP) to Common Presence and Instant Messaging (CPIM)[S]. 2004.
[31] IETF RFC 3923. End-to-End Signing and Object Encryption for the Extensible Messaging and Presence Protocol (XMPP) [S]. 2004.
[32] Open Mobile Alliance. OMA Data Synchronization v2.0[S]. 2009.
[33] 项肖峰, 查旭东, 胡伟清. 基于 IMS 的核心网演进分析及探讨[J]. 邮电设计技术，2010, (4).
[34] 孙震强, 朱彩勤, 毛聪杰, 等. 构建营运级 LTE 网络[M]. 北京：电子工业出版社，2013.

[35] 3GPP TS 23.401 v9.5.0. General Packet Radio Service (GPRS) Enhancements for Evolved Universal Terrestrial Radio Access Network (E-UTRAN) Access. (Release 9) [S]. 2010.

[36] 3GPP TS 36.300 v9.3.0. Evolved Universal Terrestrial Radio Access (E-UTRA) and Evolved Universal Terrestrial Radio Access Network (E-UTRAN), Overall Description, Stage 2(Release 9)[S]. 2010.

[37] 3GPP TR 23.799 V14.0.0. Study on Architecture for Next Generation System[R] (Release 14) [S]. 2016.

[38] 3GPP TS 23.501 V1.5.0. System Architecture for the 5G System Stage 2(Release 15) [S]. 2017.

[39] 3GPP TS 23.502 V1.3.0. Procedures for the 5G System Stage 2(Release 15) [S]. 2017.

[40] 王胡成, 徐晖, 程志密，等. 5G 网络技术研究现状和发展趋势[J]. 电信科学, 2015, (9).

[41] POIKSELKA M, MAYER G. The IMS IP Multimedia Concepts and Services in the Mobile Domain[M]. John Wiley Ltd., 2006.

[42] 吴伟. 基于 IMS 的移动数据业务框架研究[J]. 移动通信, 2007, (2).

[43] Open Mobile Alliance.OMA Service Provider Environment Requirements Candidate Version 1.0[S]. 2005.

[44] 叶朝阳. 固定与移动融合（FMC）技术[M]. 北京：人民邮电出版社，2008.

[45] Open Mobile Alliance. Parlay in OSE Architecture. Approved Version 1.0[S]. 2008.

[46] 3GPP TS 23.335 v11.0.0. User Data Convergence (UDC) Technical Realization and Information Flows Stage 2 (Release 11) [S]. 2012.

[47] 吴琼, 李延斌, 朱斌. 用户数据融合技术研究[J]. 邮电设计技术, 2011, (6).

[48] 马洪源, 邱巍. 浅析通信网络中用户数据融合[J]. 互联网天地, 2014, (2).

[49] 程燕. UDC 现网引入部署方案及用户数据融合演进策略[J]. 邮电设计技术, 2012, (11).

第5章 移动性管理

本章依据移动互联网不同网络层次和应用场景，对异构网络的移动性管理技术进行介绍。面向网络承载层，重点介绍传统移动 IP 技术和名址分离技术。移动 IP 技术，主要基于 IETF RFC 标准，介绍协议基本原理，PMIPv6、DSMIPv6 等扩展协议以及移动 IP 应用实例。关于名址分离技术，主要介绍技术原理，思科 LISP 协议，国家“973”项目一体化网络体系等主流协议体制。关于面向链路层，主要针对接入链路垂直切换，介绍切换过程、策略参数、通用接入代价算法以及多业务联合网络选择算法。关于面向移动运营商核心网，主要针对用户在 2G/3G/4G 网络和 WLAN 网络移动切换的场景，基于 3GPP 标准介绍对应网络架构、功能实体、交互接口和协议流程。关于面向业务应用层，基于 IMS 业务、SRVCC 话音连续业务、多终端切换业务介绍电信类业务移动性管理，基于微信架构介绍互联网社交媒体业务移动性管理。最后，面向移动位置管理，介绍 3GPP 定位服务（LCS）、移动互联网基于位置的服务（LBS）以及对应无线定位支撑技术。

5.1 概述

移动互联网中的移动性管理，是指移动节点的特定标识与其相对网络中地址之间的一种映射技术。移动性管理主要包括用户移动的业务切换管理和位置管理。业务切换管理用于维持移动节点与网络网元之间连接的连续性，使用户在移动、不断更改网络接入点以及互联网入口点的过程中，保持通信服务的有效性和连续性；位置管理用于跟踪和定位移动节点的即时位置，从而为移动节点提供及时、有效的服务。

移动互联网移动性管理主要有如下发展趋势。

1. 移动 IP 的普遍应用

移动性支持协议可以根据不同的特征在 TCP/IP 协议栈的任何一层实现。但是网络层的移动性支持协议处于最接近链路层的上一层，能够在屏蔽异构接入网链路差异的同时，直接对终端的移动性进行管理。由于移动互联网朝着全 IP 方向发展，因此，移动性管理也基于移动 IP 技术进行对应设计和应用。移动 IP 技术经过了近 20 年的发展，根据网络场景和应用需求衍生了各种扩展协议，已经逐步完善成熟，其主流协议大部分已经由 IETF 标准化并在 3GPP 系统中定义应用。

2. 引入名址分离

虽然基于 IPv6 的应用和网站已经在全球有一定的商用部署，但是 IPv4 应用还是主流，故 IPv4 网络的 IP 地址紧缺问题依然存在，新建网络申请 IP 地址十分受限。

此外，现有 IP 网络中终端 IP 地址的定义既包含位置信息，也包括用户身份信息，不利于用户移动且安全性较差。基于上述情况，在互联网中提出了各种名址分离技术的解决方案，并得到一定应用。名址分离技术将用户通信位置和用户标识分开，能够在网络层支持用户移动，并实现用户业务无缝切换。

3. 异构网络动态选择

2G 网络以前对用户接入切换控制技术的研究多集中在单一通信系统内的小区切换，以保证用户业务的延续性。在移动互联网时代，具备全网通的多模终端已真正得到普及，2G/3G/4G/WLAN 等异构接入网络普遍部署。各种接入网络的结构、通信环境、用户数量、用户移动特征、覆盖范围的差异以及业务和应用的多样性，造成异构网络切换需要解决的难点问题更多。在多重覆盖异构无线网络中，如何将业务合理分配到多个合适的接入网中，达到用户和网络运营商的合理平衡，是业界普遍关心的热点问题。

4. 业务无缝切换和分流

随着移动数据业务的快速增长，移动网络中业务量的不断增加已经成为移动运营商们面临的重大挑战，尤其是当频谱非常有限时。移动运营商正在考虑把 WLAN 网络当作从 3GPP 基础设施分流数据业务的一种低花费的替代，将大量增长的 IP 数据业务直接分配给同时支持 3GPP 网络和 WLAN 的多模智能终端。分流负载能够在提供良好用户体验的同时，缓解蜂窝小区网络业务拥塞。但如何保证用户业务在不同网络之间切换的同时，保证业务数据连续性，真正实现无缝切换和业务分流，需要进行重点研究和实现。

5. 位置管理服务

在移动互联网环境下，用户位置信息服务能够广泛支持用户移动应用，从寻找旅馆、急救服务到定位导航，路径规划等，几乎覆盖生活中的所有方面。不同网络用户位置管理的体系、协议和流程不同，导致异构网络之间进行统一的位置管理极为复杂。在蜂窝移动通信中，采用归属/访问位置寄存器（HLR/VLR）体制来解决位置管理问题，而移动互联网应用则更多依靠 GPS 或无线测距等方式进行定位，并将定位信息和其他社交网络、民用民生等后台数据结合以实现丰富多彩的基于位置的服务（Location Based Service，LBS）。

本章对异构网络的移动性管理技术进行阐述。首先描述移动性管理的层次结构，然后基于各层分别描述对应技术。从 IP 网络承载层角度介绍用户移动性管理技术，包括传统移动 IP 技术和名址分离技术，分别描述移动 IP 的基本原理、移动 IPv6

的多种扩展协议和实例应用、名址分离技术特征及具体实现的多种协议体制。从链路接入层主要描述垂直切换及对应算法举例。从运营商移动网络接入控制角度，描述用户异构网络接入切换控制算法、异构网络接入控制相关技术。从业务应用层描述话音、数据、互联网社交媒体等移动应用的连续业务支持和无缝切换技术。最后介绍移动位置管理相关用户定位技术和 LBS 应用。

5.2 移动性管理的层次结构

移动性管理涉及网络各个层次，每个层次均采用不同的技术，以支持用户的移动性。如图 5-1 所示，从用户终端、无线链路接入、网络层、运营商网络内部策略一直到应用层，均对用户移动及移动应用提供支撑。

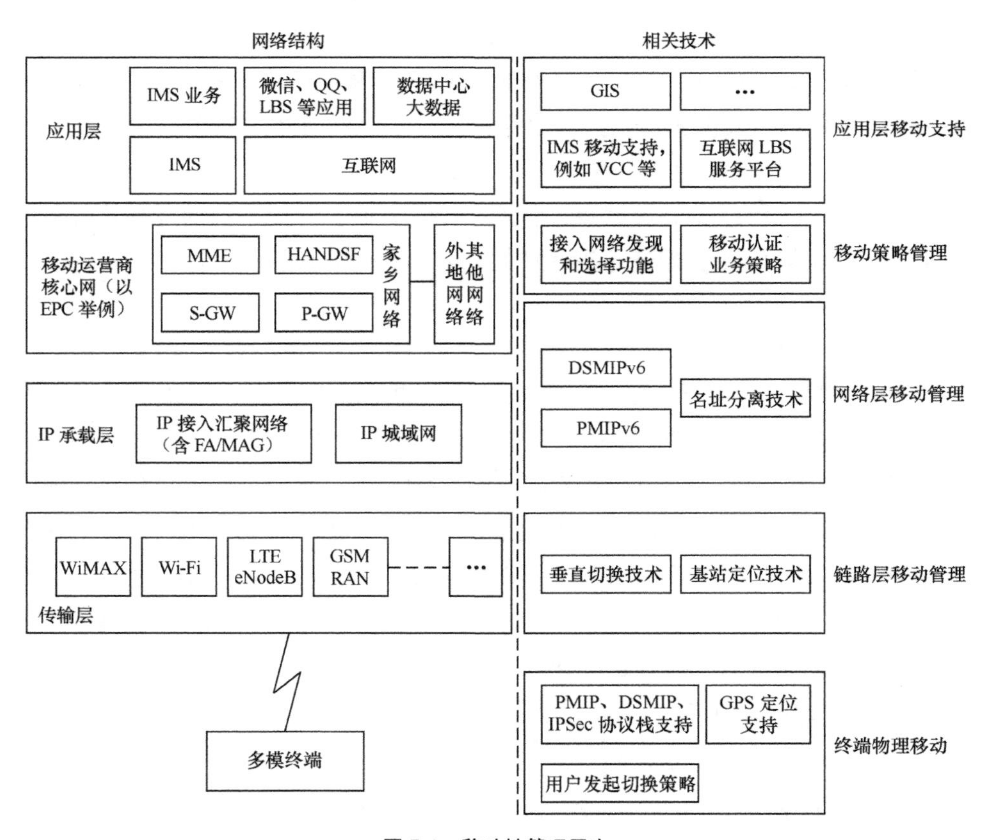

图 5-1 移动性管理层次

由于移动互联网是基于 IP 技术体制构建的，因此，网络层的移动管理是最基础的移动技术，也是一种通用的移动解决方案。基于这种方式，上层应用无须感知用户网络位置的移动（很多应用会关注用户的物理位置）。网络层移动管理最通用的技术是移动 IP，目前在 4G 网络中主要采用了 PMIPv6 和 DSMIPv6 技术，并将对应功能分解到 S-GW、P-GW 等设备上；对于 Wi-Fi 等热点覆盖网络，其网络汇聚层也能部署 MAG 等移动 IP 代理，以支持用户在不同网络中切换。此外，国内外的研究机构针对移动安全性和互联网地址短缺、多宿主通信支持等方面的需求，提出了名址分离技术这种网络层的移动解决方案。

对于链路层移动管理，则主要针对当前多样化的移动网络选择接入链路。基于该层的技术基础主要是不同接入网络对应的垂直切换技术。此外，由于移动互联网中用户位置是一个非常关键的信息，在基站设施这个层次还能够为用户终端提供基站定位，以满足丰富的 LBS 应用。

在移动运营商内部，主要是从整个移动管理的流程（包括用户移动接入策略、用户业务策略、移动 IP 功能的分解部署、用户移动认证、不同接入网络间的接口切换、用户业务无缝分流等各个方面）进行考虑，为用户移动提供全面的解决方案。

在应用层，用户应用程序对用户移动的支持方案和技术很多。例如，在 IMS 中，可以基于用户的接入终端切换提供应用层的技术解决方式，保证用户采用不同终端接入网络时保持业务连续性。而更为丰富的 LBS 相关技术，则依靠用户的位置信息，结合后台 GIS 的地图信息、云计算的大数据信息（和地理位置结合的各种服务信息，包括餐厅、影院等），为用户移动提供更加丰富的应用。

5.3 基于移动 IP 的移动性管理

5.3.1 移动 IP 的技术基础

5.3.1.1 移动 IP 概述

移动 IP 技术是指移动 IP 终端用户离开原网络，在基于 IP 的不同网络链路中自由移动和漫游时，不需要修改移动设备原有的 IP 地址，仍能继续享有原网络中一切权限和服务的技术。该技术是一个与应用层无关的、在 IP 网络层为移动设备提供应用支持的一整套解决方案，能够适用于各种具有不同安全需求的网络环境，包括互联网、局域网、虚拟专用网（VPN）以及 CDMA、Wi-Fi、WiMAX 网络等。

移动 IP 技术定义了节点移动过程中保持可寻址性的机制，在网络层解决与节点移动相关的移动检测、位置管理以及安全防护等诸多问题。此外，移动 IP 在网络层加入了新的特性，使得移动节点在漫游到外地链路上时，运行在移动设备上的网络应用程序不会因链路的改变而中断，这种特性使得移动节点必须总是通过本地地址进行寻址和通信。利用移动 IP 技术可以保证网间切换对上层应用透明，当移动节点改变其在互联网上的链路层接入点后，仍然可以保持所有正在进行的通信不间断。

为实现上述技术要求，在设计移动 IP 协议时主要考虑以下 4 个基本要求[1]。

① 移动节点在改变数据链路层的接入点后，应仍能与网络上的其他节点通信。该要求规定移动 IP 支持移动节点可以在任何链路上进行通信。

② 无论移动节点连接到哪条链路上，它应能继续用原来的 IP 地址进行通信。该要求排除了那些在移动节点移动时改变 IP 地址的方案。

③ 移动节点应能与不具备移动功能的节点通信。该要求表明移动 IP 并不需要改变现有固定主机和路由器上的协议，只需在移动节点和少数提供特殊服务的节点上实现即可。

④ 移动节点不应比互联网上其他节点面临新的或更多的安全威胁。该要求表明支持节点移动可能带来新的安全威胁，而这些威胁必须由移动 IP 来解决。

移动 IP 标准化工作至今已有 20 多年历史。基于 IETF 的移动 IP 工作组在 1992 年开始制定一系列标准，包括 RFC 2002 移动 IP 协议；RFC 2003、RFC 2004 和 RFC 1701 移动 IP 中的 3 种隧道技术；RFC 2005 移动 IP 的应用；RFC 2006 移动 IP 管理信息库（Management Information Base，MIB）等。2000 年，IETF 开始研究移动 IPv6，并在 2004 年 6 月公布了 RFC 3775 作为移动 IPv6 的标准，也结束了移动 IPv6 的草案状态。同时，其他诸如优化、安全、扩展以及应用方面的草案也正在不断修订中。除 IETF 外，3GPP、IEEE、MWIF（移动无线互联网论坛）和 WWRF（无线通信研究论坛）等组织也积极参与移动 IP 技术的研究和标准制定工作。IETF 具体的协议发展路线如图 5-2 所示[2]。

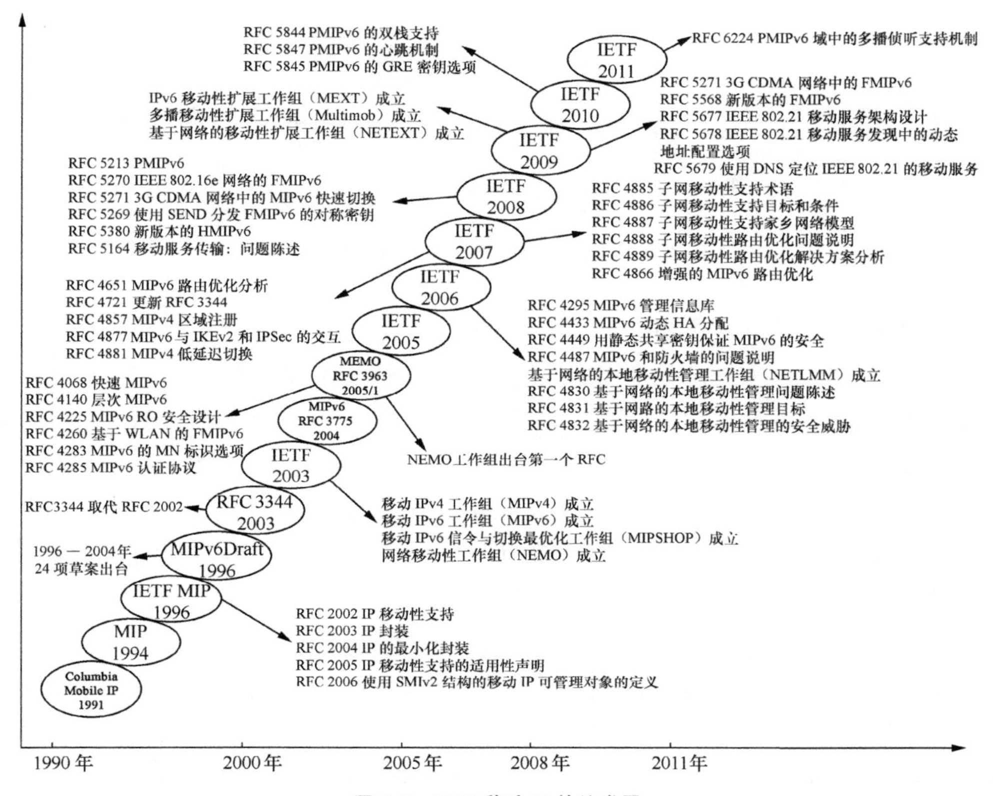

图 5-2　IETF 移动 IP 协议发展

5.3.1.2　MIPv4 协议

MIPv4 工作机制是移动 IP 的基础。在图 5-3 中，家乡网络即移动节点移动前所在网络，移动节点的家乡地址就属于该网地址。家乡代理（HA）是指家乡网络的路由器，当移动节点离开家乡网络时，它负责截获所有发往移动节点家乡地址的数据分组，并通过隧道将报文转发给移动节点，并且维护移动节点当前位置的信息。外地网络是指移动节点移动后的拜访网络，外地代理（FA）则是外地网络的路由器，为移动节点提供报文转发服务，包括接收从家乡代理通过隧道发来的报文，进行拆封后转发给移动用户，并为移动节点的报文提供普通路由器服务。在外地网络中，移动节点会获取临时的转交地址，用于标识移动节点当前所在链路位置。

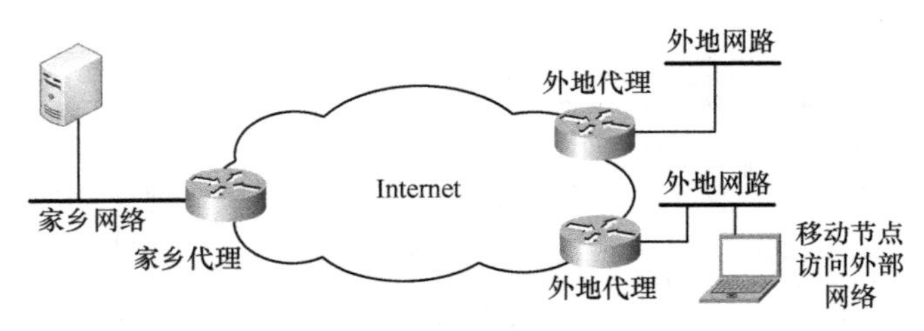

图 5-3 移动 IP 功能实体及其相互关系

MIPv4 的工作过程主要包括以下步骤[3]。

① 家乡代理和外地代理周期性地多播或广播一条被称为代理广播（Agent Advertisement）的消息，宣告自己的存在。

② 移动节点周期性地接收代理广播消息，检查报文内容，确定自己是连在家乡链路还是外地链路上。当连接在家乡链路上时，移动节点就可以像固定节点一样工作，不再利用移动 IP 的功能；如果移动节点发现自己连接在外地链路上，则启用移动 IP 的功能。

③ 连接在外地链路上的移动节点需要一个代表它当前所在位置的转交地址，这个地址可以是外地代理转交地址（外地代理网络可达的一个 IP 地址）或者配置转交地址（配置的属于外地网络的 IP 地址）。通常，移动节点可以从外地代理所广播的代理广播消息中得到外地代理转交地址。如果收不到外地代理的广播消息，移动节点就使用配置转交地址，这可以通过一个常规的 IP 地址配置规程得到，例如用 DHCP 动态配置或者手工静态配置来完成。

④ 移动节点向家乡代理注册自己已经获得的转交地址。在注册过程中，如果链路上有外地代理，移动节点就通过外地代理将注册分组中继给家乡代理。为保障网络通信的安全性，注册消息需要进行认证处理。

⑤ 注册成功后，家乡代理获取移动节点的转交地址和本地地址，并建立绑定关系。当网络中有其他节点发送数据给移动节点时，家乡代理截获该数据，并根据移动节点注册的转交地址，通过隧道将这些数据分组传送给移动节点。

⑥ 注册成功后，由移动节点发出的数据分组，采用家乡地址作为源 IP 地址，使用外地网络上的路由器作为默认的路由器。发送的数据分组将通过外地网络的路由器直接发送到通信对端。

对上述过程进行归纳，可分为代理发现过程、注册过程和报文转发。报文转发主要依靠家乡代理和外地代理之间的隧道机制进行实现，具体包括 IPIP 封装（IP

Encapsulation within IP）[4]、最小封装（Minimal Encapsulation within IP）[5]和通用路由封装（Generic Routing Encapsulation，GRE）[6]。在后续的 IPv6 发展中，隧道方式依然是主要的技术手段。但是，上述机制也带来了“三角路由”问题，即移动节点接收的报文会经过家乡代理和外地代理进行接收，而发送报文则直接由外地代理进行发送。三角路由带来的主要问题是通信效率相对降低，但是由于家乡代理和外地代理具备安全认证，安全保障高。

5.3.1.3　MIPv6 协议

MIPv6 在 IPv6 协议基础上添加了移动性功能，是 IPv6 最基础的移动性协议。当前最新标准是 RFC 6275 Mobility Support in IPv6[7]（替换原有 RFC 3775）。3GPP2 中已将 MIPv6 作为标准来提供对于宏移动性的支持，支持终端的移动性。

MIPv6 借鉴了 MIPv4 的开发经验，除了能够支持 IPv6 网络的移动性外，最为主要的改进是消除了三角路由问题，集成了路由优化机制。此外，网络中家乡地址、外地代理等定义也根据 IPv6 协议的需求发生了一些变化，MIPv6 和 MIPv4 的概念区别见表 5-1[8]。

表 5-1　MIPv4 和 MIPv6 概念区别

移动 IPv4 概念	移动 IPv6 对等概念
移动节点、家乡代理、家乡链路、外地链路	移动节点、家乡代理、家乡链路、外地链路
移动节点的家乡地址	全球可路由的家乡地址和链路局部地址
外地代理、外地转交地址	外地链路上的一个纯 IPv6 路由器。不再需要外地代理，只有配置转交地址
配置转交地址，通过代理搜索、DHCP 或手工得到转交地址	通过主动地址自动配置、DHCP 或手工得到转交地址
代理搜索	路由器搜索
向家乡代理的经过认证的注册	向家乡代理和其他通信节点的带认证的通知
到移动节点的数据传送采用隧道	到移动节点的数据传送可采用隧道和源路由
由其他协议完成路由优化	集成了路由优化

相较于 MIPv4，MIPv6 具有如下优势。

（1）地址数量

移动 IPv6 为每个移动节点分配了全球唯一的 IP 地址，无论它们在何处连接到互联网上，为移动节点服务的外地链路都要预留足够多的 IP 地址来给移动节点分配一套（至少一个）转交地址，在 IPv4 地址短缺的情况下，要预留足够多的全球 IPv4

地址是不可能的。

（2）代理发现机制

IPv6 泛播地址的特点是，以泛播地址为目的地址的数据分组会被转发到根据路由协议测量距离最近的接口上。移动 IPv6 有效利用这一原理实现动态家乡代理发现机制，通过发送绑定更新给家乡代理的泛播地址，从几个家乡代理中获得最合适的一个响应，IPv4 则无法提供类似的方法。

（3）地址自动配置

移动 IPv6 继承了 IPv6 的特征。使用无状态地址自动配置和邻居发现机制后，移动 IPv6 既不需要 DHCP，也不需要外地代理来配置移动节点的转交地址。

（4）安全机制

移动 IPv6 可以为有安全要求的过程使用 IPSec，例如注册、授权、数据完整性保护和重发保护。通过 IPv6 中的 IPSec 可以对 IP 层上（也就是运行在 IP 层上的所有应用）的通信提供加密/授权。通过移动 IPv6 还可以实现远程企业内部网和虚拟专用网络的无缝接入，并且可以实现永远连接。

（5）路由优化

为了避免移动 IPv4 由于三角路由造成的带宽浪费，移动 IPv6 指定了路由优化的机制，路由优化是移动 IPv4 的一个附加功能，但却是移动 IPv6 的组成部分之一。

（6）入口过滤

移动 IPv6 能够与入口过滤（Ingress-Filtering）方式并存。一个在外区链路上的移动节点使用其转交地址作为数据分组的源地址，并将其家乡地址包含在家乡地址目标选项中，由于在外区链路中的转交地址是一个有效地址，所以数据分组将顺利通过入口过滤。

（7）服务质量

服务质量是一个综合问题，与 IPv4 相比，IPv6 的新增优点是能提供业务区分服务，这是因为 IPv6 的头部增加了一个流标记域，共有 20 位长，这使得网络的任何中间点都能识别，并区别对待某个特定数据流。另外，IPv6 具备永远连接、防止服务中断以及提高网络性能的能力，提高了网络服务质量。

在 MIPv6 协议中新定义了 3 种特殊节点类型。

（1）移动节点

移动节点（MN）能够在不同网络中移动，同时，还可以保持主机业务的连续性。MN 在家乡网络中分配了一个全球可路由的 IPv6 地址作为家乡地址（HoA）。通过该地址，不管 MN 在什么地方都可以被别的 IPv6 节点访问到。当移动节点离开了家乡网络，并附着到另一个网络时，它会获得另一个转交地址（CoA），该地址是由新近附着的外地网络分配的。由于 CoA 在移动时要发生改变，因此，在同其他节点进行通信时，MN 不使用 CoA 作为通信终点的地址。

（2）家乡代理

HA 在家乡网络中为移动 IPv6 的 MN 提供支持。HA 实质上是一个路由器，当 MN 离开家乡的时候，它具有为 MN 代理转发数据的功能。当发送给 MN 数据分组的目的地址为 MN 的家乡地址时，HA 就拦截所有发送给 MN 家乡地址的数据分组，并把它们转发到 MN 现在所在的网络。

（3）对端节点

所有同 MN 进行通信的网络节点都称之为对端节点（CN）。CN 不需要支持移动 IPv6，仅需要支持 IPv6 协议，因此，任意的 IPv6 节点都可以作为 CN。但是，如果需要实现路由优化功能，就需要 CN 的特殊支持。

CN 和 MN 之间没有经过路由优化的通信过程和 MIPv4 类似。MN 使用 HoA 同其他节点进行通信，当 MN 从一个网络移动到另一个网络时，它就给 HA 发送一个称为绑定更新的消息，这个消息里面包含有它的 CoA 和 HoA。由于 MN 是要把 CoA 绑定到 HoA 上，因此，这些消息就称为绑定信息。

当 HA 接收到这个消息并接受了消息的内容时，它就要给 MN 回应一个绑定确认消息，表明接受了绑定更新消息。随后，HA 就在它的地址和 MN 的 CoA 之间创建了一个双向的隧道连接。MN 接收到绑定确认后，也在它的 CoA 和 HA 之间创建了一个双向隧道连接。隧道建立完成后，所有发送给 MN 的 HoA 数据分组都被家乡网络的 HA 拦截，并通过隧道发送给 MN。同样地，MN 把所有的数据分组都通过双向隧道发送给 HA，HA 负责把这些数据分组转发给 CN。图 5-4 就描述了这一情况。

然而，图 5-4 中所描述 MN 和 CN 之间的通信路径有时并不是最优的。当 MN 和 CN 在相同的网络中时，这两个节点之间交互的数据分组都要首先发送到 MN 的家乡网络，即便有些数据分组是它们使用本地网络可以直接传送的。例如，当两个用户所使用的 MN 的家乡网络位于上海，但是他们都在美国出差，那么这两个 MN 之间交互的数据分组就要穿过整个太平洋。

MIPv6 提供了路由优化机制来解决该问题，只要 CN 能够支持该优化机制，就能保证 MN 和 CN 之间直接通信。MN 首先给 CN 发送一个带有优化信息的绑定更新消息。一旦 CN 接收到带有优化信息的绑定报文后，就可以直接把数据分组发送到 MN 的当前网络。这些数据分组中也包含一个 IPv6 路由扩展报头，该报头指出数据分组的最终目的地址，也就是 MN 的家乡地址。这些数据分组直接路由到 MN 的转交地址，MN 接收到这些数据分组，发现它们含有一个路由报头，就执行路由报头的相关处理流程，将数据分组 IPv6 报头中的目的地址和路由报头中的家乡地址交换，这样就保证 MN 接收到正确的报文。同样，MN 也需要把它的转交地址作为报头的源地址，并把家乡地址添加到目的地址选项中发送给 CN。CN 接收到数据分组后，也将转交地址和家乡地址进行交换，然后再对数据分组进行处理，就像这些数据分组是从 MN 的家乡网络中发出来那样。图 5-5 描述了路由优化的过程。

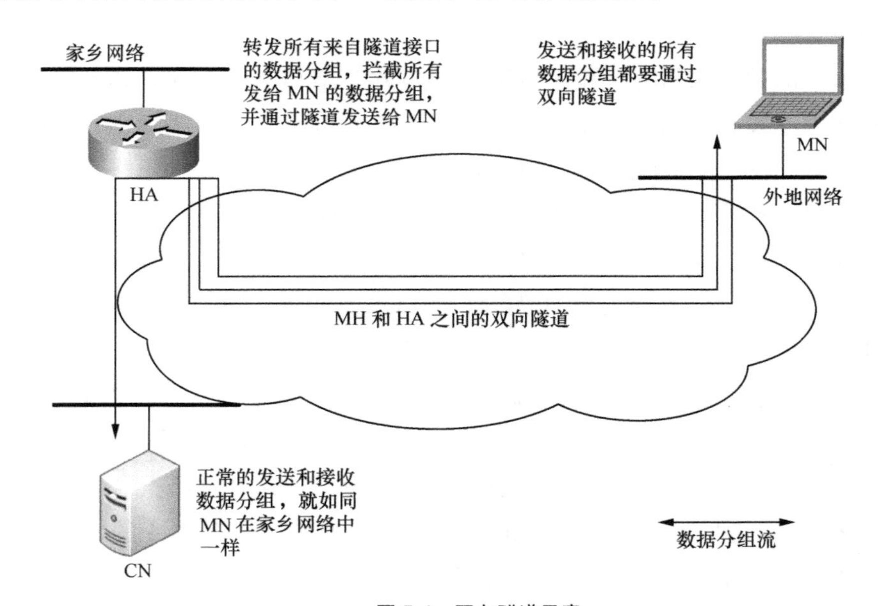

图 5-4　双向隧道示意

在路由优化的过程中，发送绑定更新消息需要进行认证，以保证安全性。如果节点接收这个消息而没有对它进行任何认证，一个攻击者就能够很容易地把本来要发送到 MN 的数据分组改变方向，直接发送给攻击者自己。为了防止出现这种攻击，绑定更新消息可采用下面两种方式进行保护。

- 发送到 HA 的绑定更新消息由 IPSec 机制进行保护；
- 发送到 CN 的绑定更新消息由一种称为返回可路由过程的机制来进行保护。

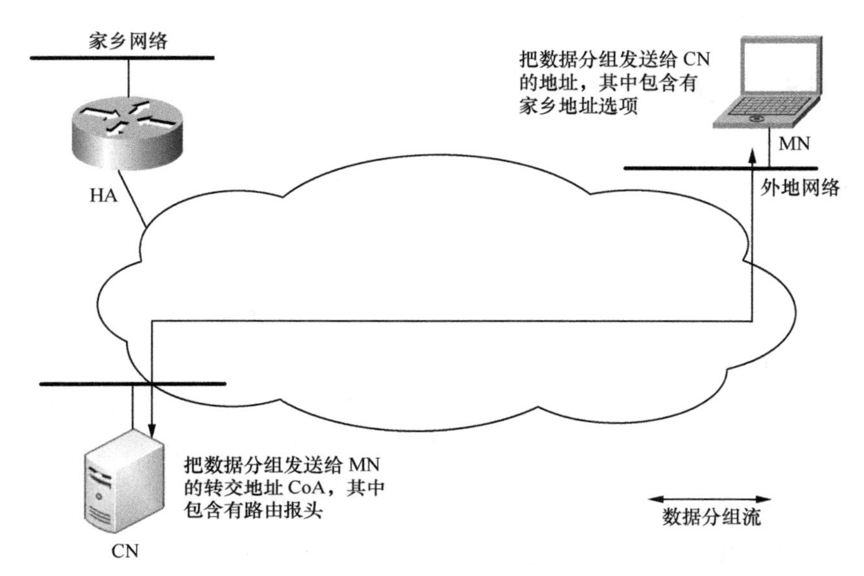

图 5-5　在 MN 和 CN 之间进行路由优化

IPSec 机制安全保障性强，但是它要求被保护的两个节点必须位于同一个管理域内。一般情况下，MN 和 HA 在同一个管理域内，可以共享 IPSec 密钥。但是 MN 和 CN 之间通常不会在同一个管理域内，此机制较难实施。因此，移动 IPv6 协议定义了一种新的安全机制来保护 MN 和 CN 之间的信令交互，也就是返回可路由过程的机制。当 MN 发送绑定更新消息时，MN 首先要做的最重要的事情就是提供一种方法来给 CN 证明：转交地址和家乡地址是由同一个 MN 所拥有的。返回可路由过程就是提供了这样一种证明 MN 拥有转交地址和家乡地址的机制。

MN 发送两个消息，一个消息通过它的家乡地址发送，另一个消息通过转交地址发送。相应地，通过家乡地址发送的消息称为家乡测试初始化消息，而通过转交地址发送的消息称为转交测试初始化消息。对于家乡测试初始化消息，CN 只返回一个家乡测试消息；对于转交测试初始化消息，CN 同样也需要返回一个转交测试消息。这些应答消息中包含有一些标记的值，这些标记是通过 MN 的地址计算得来的，同时还包含只有 CN 才拥有的密钥信息。MN 通过这个标记值产生了一个共享的密钥，并使用共享密钥在绑定更新消息中放入了一个签名。这种机制就保证了家乡地址和转交地址是同一个 MN 所拥有的[9]。

5.3.2 移动 IPv6 协议扩展

在移动互联网中，传统 IPv4 移动技术的应用相对较少，各大标准组织和研究机构主要关注 IPv6 移动技术，在 MIPv6 技术基础上进行了大量的研究，并提出一些解决方案。

3GPP 定义的 LTE 网络中，重点考虑了 LTE 系统与非 3GPP 系统之间切换的移动性问题，3GPP 与 IETF 提出了基于双栈移动 IPv6（DSMIPv6）解决终端的移动性问题和基于代理移动 IPv6 技术（PMIPv6）解决网络的移动性问题。此外，随着移动网络向微蜂窝化方向发展，切换将频繁发生，采用移动 IP 方案会导致信令开销过大，业界也定义了层次化移动 IPv6（HMIPv6）来支持微移动。

5.3.2.1 PMIPv6 协议

MIPv6 协议可以支持单个节点的自由移动，但没有为网络的移动提供一个完整的解决方案。随着移动通信技术的迅猛发展，越来越多的无线设备逐渐形成了个域网和车载网等移动网络，这些网络要求以一个相对稳定的整体，通过公共接入点访问网络。IETF 在 MIPv6 基础上，提出了移动网络基本支持（Network Mobility Basic Support，NEMO-BS）[10]协议，该协议实现了对网络整体移动性的支持。但是 NEMO 是由传统移动 IPv6 扩展来的，仍是一种基于主机的移动性管理方案，需要对移动终端的协议栈进行修改，增加终端的复杂度，而且大量信令在无线链路上传输，容易造成切换不稳定和网络资源开销过大等问题。相比之下，代理移动 IPv6（Proxy Mobile IPv6，PMIPv6）[11]作为基于网络的移动性管理协议，不需要终端参与移动性管理过程，降低了用户开销，节省了无线资源。

PMIPv6 是基于网络局域性移动性管理的一种解决方案，其目标是定义移动 IPv6 的简单扩展，支持 IPv6 主机基于网络的移动性管理，并重用移动 IPv6 的信令和特性[12]。PMIPv6 的系统结构如图 5-6 所示，核心功能实体是本地移动锚（Local Mobility Anchor，LMA）和移动接入网关（Mobile Access Gateway，MAG）。本地移动锚负责维持移动节点的可达状态，并且是移动节点家乡网络前缀的锚节点。移动接入网关是代替移动节点执行移动管理功能的实体，负责检测移动节点的连接和离开、接入链路的移动以及初始化移动节点向本地移动锚的绑定注册过程，它位于移动节点所锚的链路上。

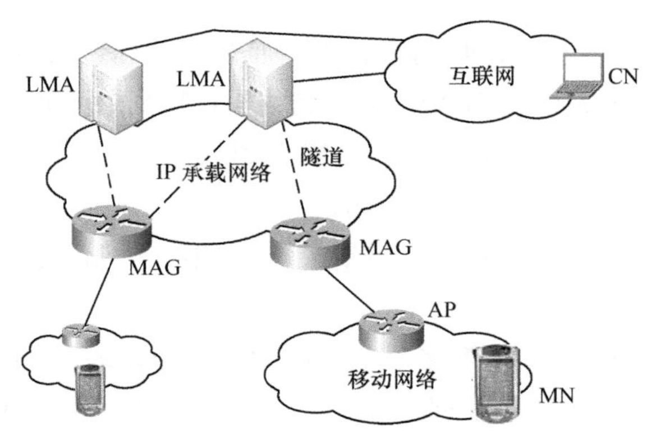

图 5-6　PMIPv6 的系统结构

在图 5-6 中，网络可以具备多个 LMA，也可以具备多个 MAG。LMA 作为移动节点家乡网络前缀的拓扑锚节点，会接收代理移动 IPv6 域内或域外的任何 CN 发送到移动节点的任何分组。此后，LMA 通过双向隧道发送这些接收到的分组到 MAG。位于双向隧道另一端的 MAG 在接收到这些分组后，去除外部的头部，并且通过接入链路转发到移动节点上。反方向通信过程中，MAG 是 MN 共享的点到点链路上的默认路由器，它会接收由 MN 发送到 CN 的任何分组，并且通过双向隧道发送到 LMA。而在双向隧道另一端的 LMA 在接收到这些分组后，先去除外部头部，然后路由这些分组到目的节点。当然在一些情况下，发送到本地范围内连接到 MAG 上对端节点的通信量，也可以被 MAG 在本地范围内进行路由。

在 PMIPv6 中，MAG 向 LMA 发送代理绑定更新消息，通知 LMA 移动节点是否在 LMA 范围内发生了切换。当移动节点在同一个 LMA 域中的不同接入点间切换时，这个节点不必是具有移动性支持的节点。外部 CN 与其通信均通过当前的 LMA 进行，因此，这种局域性移动性管理方案可以减少移动节点的协议栈负担[13]。只有当移动节点需要全局性移动性支持时，这个节点才必须是移动性支持节点。在全局性移动性支持中，移动节点假设必须从家乡代理获得家乡地址。在 PMIPv6 协议中，移动节点不涉及任何 IP 移动性相关的信令，在通信时，移动节点仅使用其家乡地址，转交地址（Care-of Address/Proxy-CoA）对于移动节点是不可见的[14]。

当移动节点进入 PMIPv6 域并且链接到接入链路上时，相应接入链路上的移动接入网关先对移动节点进行识别并获取它的身份，然后确定是否对该移动节点进行授权，以提供基于网络的移动管理服务。如果网络确定对该移动节点进行授权以提供基于网络的移动管理服务，那么网络可以保证利用其允许的任何一种地址配置机制的移动节点，能够在代理移动 IPv6 域中获得连接接口上的地址配置，并且随意移动。获得的地址配置包括源自家乡网络前缀的地址、链路上默认的路由器地址和其他相关的配置参数。从每一个移动节点的角度来看，整个 PMIPv6 域是一条单独的链路。关于三层的链接，网络会确保移动节点检测不到任何的变化，即使是改变其在网络中的链接点。

如果移动节点通过多接口和多个接入网络连接到 PMIPv6 域上，那么，网络会给每一个连接接口分配一组唯一的家乡网络前缀。移动节点能够根据对应的家乡网络前缀配置接口上的地址。移动节点可以通过利用同一个接口从一个移动接入网关移动到另一个移动接入网关上，从而改变它的链接点来执行切换，并且它能够保持在链接接口上的地址配置。

图 5-7 所示为移动节点进入 PMIPv6 域的信令呼叫流程。

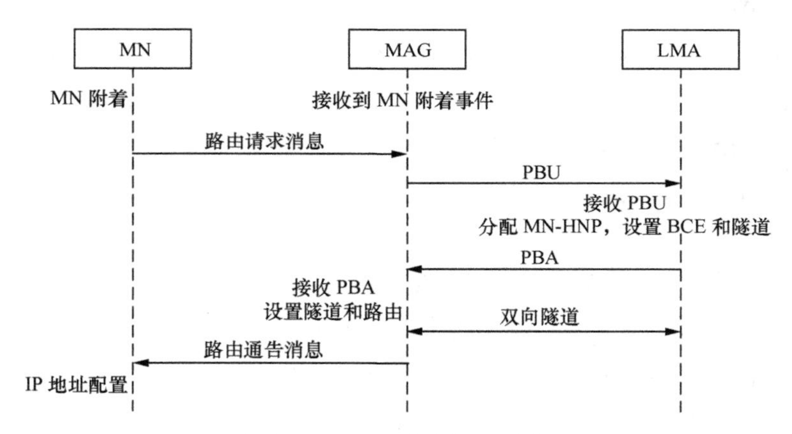

图 5-7　PMIPv6 的信令呼叫流程

① MN 发送路由请求消息到 MAG。该路由请求消息可以在 MN 接入后的任何时间到达，并且此消息与呼叫流程中的其他消息没有严格的时序关系。

② MAG 发送一个代理绑定更新消息到 LMA，用于更新 MN 节点的位置信息。当 LMA 接收到代理绑定更新消息时，它会回送包含移动节点家乡网络前缀的代理绑定确认消息。同时，LMA 会生成一个绑定缓存输入并且建立到 MAG 的双向隧道端节点。

③ 当 MAG 接收到代理绑定确认消息时，它会建立到本地移动锚的双向隧道端

节点以及和 MN 业务转发机制。MAG 必须具备必需的信息，用于模拟移动节点的家乡链路。它通过向在接入链路上的 MN 发送路由公告消息来公告 MN 的家乡网络前缀作为主机的链路上前缀。

④ 当 MN 在接入链路上接收到路由公告消息时，它会通过在相应接入链路上的路由公告消息中指示允许的模式，即有状态或无状态地址配置模式来配置它的接口地址。地址配置成功后，MN 可以获得源自其家乡网络前缀的一个或多个地址当移动地址。

⑤ 地址配置完成后，MN 链接点有来自其家乡网路前缀的一个或多个有效地址。MAG 和 LMA 也有合适的路由状态，MN 能够基于从家乡网络前缀获取的一个或多个地址进行移动节点的业务报文收发。

图 5-8 描述了移动节点从前一个链接移动接入网关（P-MAG）到新一个链接移动接入网关（N-MAG）切换过程的信令呼叫流程。

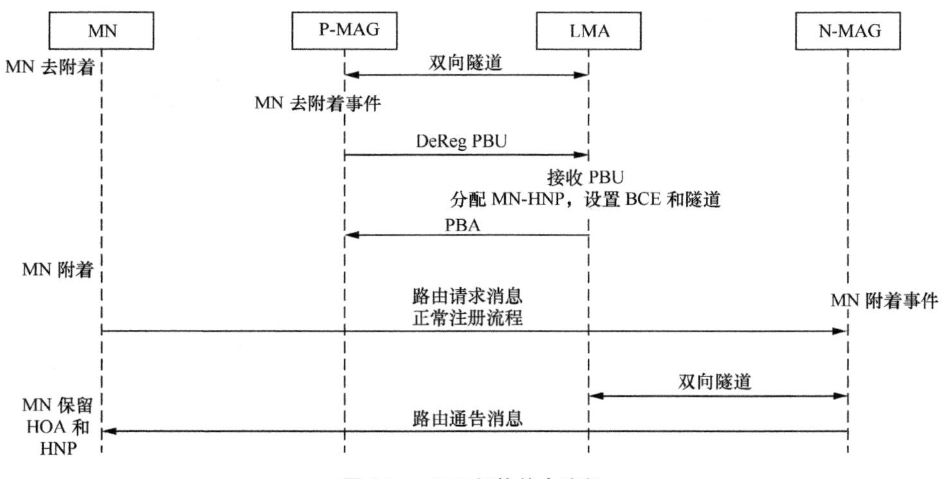

图 5-8 MAG 切换信令流程

当 MN 在代理移动 IPv6 域中获得了初始的地址配置后，如果它改变链接点，那么在前一条链路上的 MAG 会检测到 MN 的离开，即感知 MN 去附着事件。MAG 会发送信令通知本地 LMA 并且取消对于 MN 的绑定和路由状态。LMA 接收到上述请求后，会确认接收到的请求所对应的移动会话并且接受请求，此后，LMA 会等待一段时间，允许在新一条链路上的 MAG 来更新绑定。如果 LMA 在规定时间内没有接收到任何的绑定更新消息，那么它将删除绑定缓存输入。

当新的 MAG 检测到有新的移动节点接入时，它会发送信令到 LMA 中更新绑定状态。在完成信令流程后，LMA 发送包含移动节点家乡网络前缀的路由公告。因此，这可以确保移动节点不会检测到有关三层接口链接的任何变化。

5.3.2.2 DSMIPv6 协议

随着 IPv6 网络的逐步部署和应用，IPv4 和 IPv6 网络将长期共存。对于移动用户，存在从 IPv4 网络接入和 IPv6 网络接入两种方式，并可获取 IPv4/IPv6 网络中的应用。双栈移动 IPv6（DSMIPv6）[15]协议是在 MIPv6 协议的基础上加入了对 IPv4 网络的支持，能够对移动节点在 IPv4 和 IPv6 网络之间提供移动性的管理。

图 5-9 是一个 DSMIPv6 应用的示例场景。图中 HA 支持 IPv4/IPv6 双栈，对端节点支持 IPv6，而 MN 可以移动到的外地网络可以是 IPv4 网络，也可以是 IPv6 网络。在实际过程中，对端节点也可以是 IPv4 节点[16]。

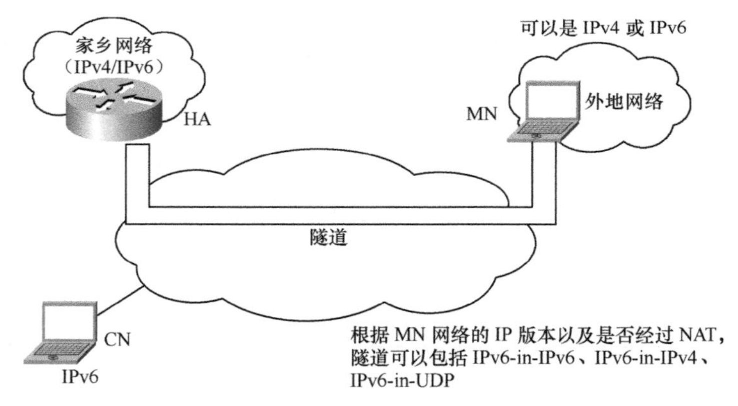

图 5-9 DSMIPv6 协议应用举例

下面结合图 5-9，列出 DSMIPv6 具体应用的过程。假设移动节点具有 IPv4 和 IPv6 家乡地址，家乡代理连接 IPv4 和 IPv6 两个网络。

① 外地网络具有 IPv6 的连通性，包括只支持 IPv6 以及支持 IPv6 和 IPv4 两种网络的场景。

移动节点移动到外地网络，获取全球唯一的 IPv6 地址作为其转交地址，并发送绑定更新消息将转交地址给家乡代理。家乡代理收到绑定更新消息后，分别为 IPv4 和 IPv6 家乡地址生成绑定缓存记录。同时生成两个不同的隧道，一个为 IPv4 数据流量（IPv4-in-IPv6），另一个为 IPv6 数据流量（IPv6-in-IPv6），使得发往这两个家乡地址的数据都转发至移动节点的 IPv6 转交地址上。

如果移动节点同时获得 IPv4 和 IPv6 两个转交地址，则优先使用 IPv6 转交地址，不能同时注册两种转交地址。

当没有启动路由优化功能时，通信节点（CN）通过 HA 与移动节点通信，当启用路由优化功能后，CN 与移动节点通过 IPv6 直接通信。

② 外地网络只支持 IPv4，移动节点获得公有 IPv4 地址作为转交地址。

如果移动节点移动到只支持 IPv4 的外地网络，并检测到它与家乡代理的通信路径中没有 NAT 设备，那么移动节点认为它获得的 IPv4 转交地址是公有的。在这种场景下，移动节点将 IPv6 的绑定更新消息通过隧道发往家乡代理的 IPv4 地址。在隧道数据分组的外部报头中，目的地址为家乡代理的 IPv4 地址，源地址是移动节点获得的 IPv4 转交地址，绑定更新消息会包括移动节点 IPv6 家乡地址、IPv4 家乡地址选项和 IPv4 转交地址选项。接收到绑定更新消息后，家乡代理分别为 IPv4 和 IPv6 家乡地址生成绑定缓存记录，都指向 IPv4 转交地址，这样，所有发往家乡地址的数据都会通过 IPv4 隧道发送移动节点的 IPv4 转交地址。家乡代理发送绑定应答消息给移动节点，需要包含 IPv4 地址应答选项。

公有地址作为转交地址时，CN 通过 HA 与移动节点通信，其中，CN 与 HA 之间通过 IPv6 通信，HA 将收到的 IPv6 数据分组通过 IPv6-in-IPv4 隧道发往移动节点。

③ 外地网络只支持 IPv4，移动节点和家乡代理的通信链路中存在 NAT 设备。

如果移动节点移动到只支持 IPv4 的外地网络，并检测到它与家乡代理的通信路径中有 NAT 设备，移动节点认为它获得的 IPv4 转交地址是私有的。这种场景下，与转交地址是公有地址的注册过程一致，只是绑定更新消息会通过 IPv4 的 UDP 隧道来发送，以便对应报文可以顺利通过通信路径中的 NAT 设备。

当私有地址作为转交地址时，通信节点通过家乡代理与移动节点通信。其中，CN 与 HA 之间通过 IPv6 通信，HA 将收到的 IPv6 数据分组通过 IPv6-in-UDP 隧道发往移动节点。

④ 仅使用 IPv4 地址的应用，即移动节点可能移动到只支持 IPv4 的网络、只支持 IPv6 的网络或者双栈网络，但它需要与一个只有 IPv4 地址的通信节点进行通信，这样，移动节点需要一个 IPv4 家乡地址。

总结一下，DSMIPv6 协议具有 IETF 所倡导的端到端移动性管理能力，需要主机端的软件和协议栈更新，需要移动节点参与移动性管理的信令处理过程。例如，当移动节点移动到外地 IPv4 网络获得 IPv4 转交地址时，需要发送绑定更新消息给家乡代理，从而将转交地址在家乡代理上注册，以便发往其家乡地址的数据分组可以通过家乡代理转发到它的 IPv4 转交地址上。针对 MIPv6 的扩展，具体包括绑定消息更新的 IPv4 家乡地址选项、IPv4 转交地址选项；绑定应答消息扩展 IPv4 地址应答选项、NAT 检测选项、隧道格式扩展；在双栈移动 IPv6 协议栈中，处理移动 IPv6 的 IPv4-in-IPv6 双向隧道，根据网络类型的不同，还实现了 IPv6-in-IPv4、IPv4-in-IPv6 和 IPv4-in-UDP 隧道。

但是，DSMIPv6 协议的应用也是有限制的，它需要假设满足以下条件。

① 移动节点和家乡代理都是双栈，同时支持 IPv4 和 IPv6 地址，这样移动节点才能在 IPv4 网络或 IPv6 网络中任意移动，家乡代理才能在不同网络之间转发数据；

② 家乡代理总是有一个公有的 IPv4 地址，可以是在其接口上配置的，也可以通过地址或者端口映射得到；

③ 移动节点知道家乡代理的 IPv4 和 IPv6 地址，以便建立隧道；

④ 移动节点可以探测到它和家乡代理之间有无 NAT 设备，以使用不同的隧道机制。

5.3.2.3 HMIPv6 协议

虽然 MIPv6 解决了三角路由问题，实现了路由优化，取消了外地代理，但是还是需要本地路由器辅助完成移动节点的切换。移动节点每次切换都需要向家乡代理或者对端发送绑定更新消息，完成重新注册的流程，这样导致网络中存在大量的信令报文，且时延加大[17]。由于网络中的节点移动很多时候都发生在区域内部，为了能更好地使用本地的网络层次型结构，减少与外地网络的信令交互，缩短切换过程进行的时间，减少骨干网上的信令报文传输开销，IETF 引入了层次化移动 IPv6（Hierarchical Mobile IPv6，HMIPv6）协议[18]。

HMIPv6 协议的基本思想是将网络通过移动节点的行为划分成不同的管理域。移动节点跨管理域的移动称为宏移动，可使用传统的移动 IPv6 协议来解决；MN 在管理域内部移动称为微移动，通过引入 HMIPv6 协议来进行管理。

如图 5-10 所示，HMIPv6 引入移动锚节点（Mobility Anchor Point，MAP）实现管理域内切换。MAP 的功能相当于家乡代理，目的是将注册信令过程局部化，减小注册信令代价。在 HMIPv6 协议中的移动节点有两个地址：一个是链路转交地址

（On-Link Care-of Address，LCoA），另一个是区域转交地址（Regional Care-of Address，RCoA）。

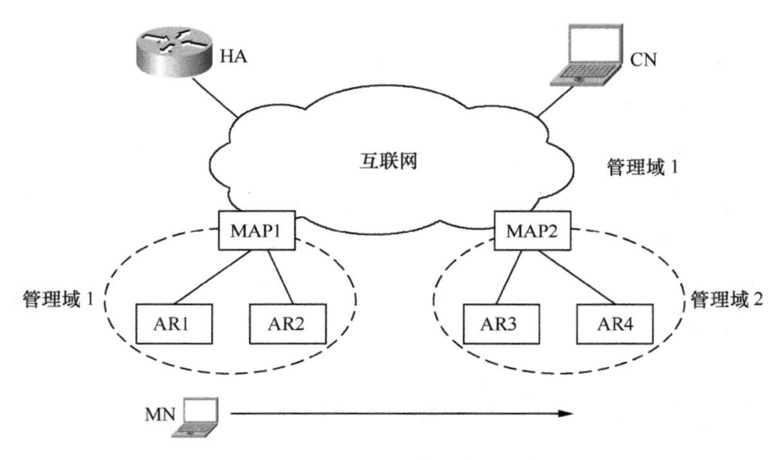

图 5-10　HMIPv6 协议应用示意

在 HMIPv6 协议的切换过程中，如果移动节点在同一管理域内的 AR 之间切换，则只是改变 LCoA，同时绑定移动节点新的 LCoA 到 MAP 上。只有在 MN 移动到另外一个 MAP 区域后，才需要重新获得新的 RCoA 以及新的 LCoA。当获取这些地址后，MN 将执行常规 MIPv6 协议的绑定过程。具体表现在：MN 发送 BU 到 MAP，MAP 绑定 MN 新的 RCoA 和 LCoA，同时，MN 还需要向家乡代理发送一个 BU 消息，将 HoA 和 RCoA 绑定起来。当然，MAP 和家乡代理在收到 BU 消息并处理完毕后，均需要向 MN 发送一个 BA 消息来进行确认。

5.3.2.4　其他扩展应用

（1）NEMO 扩展

NEMO（Network Mobility）协议在前面有提及。该协议也是对 MIPv6 协议的扩展，实现对整个移动网络进行移动性管理。有了 NEMO 扩展，当接入互联网中的某个网络发生移动时，只需要该网络中的某台主机（即移动路由器）处理与移动相关的信令流程，而该网络中的其他 IPv6 节点仍可以像往常那样进行通信。NEMO 最大的特点是其能够以整体的形式进行移动，并且 NEMO 内部拓扑维持相对稳定，与其他网络的接入点可以改变。NEMO 可以有相对简单的拓扑结构，也可以有相对复杂的拓扑结构。最基本的框架是该 NEMO 只由一个移动路由器和一个移动终端组成。相对复杂的框架是该

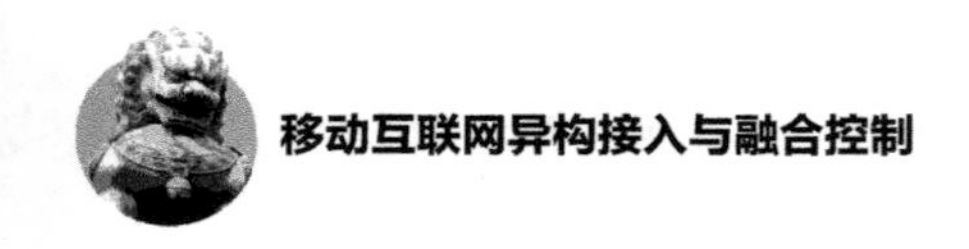

NEMO 里面存在着很多的 IP 子网，它们利用本地路由器相互连接，该 NEMO 作为一个整体利用若干移动路由器与 Internet 核心网络相连。

（2）MCoA 扩展

在移动 IPv6 中，MN 可能会生成多个转交地址，但是在同一时刻，只能向 HA 注册一个转交地址，即主转交地址。然而，对于移动节点来说，由于资费、带宽、时延等原因，有时需要能够同时使用多个网络接口接入互联网中，此时 MN 就很有必要同时向 HA 注册多个转交地址。为了实现多转交地址注册，MN 在绑定更新消息中，对每一个绑定都要生成一个绑定标识。收到绑定更新的家乡代理对每一个绑定标识符进行绑定。绑定标识信息存储在家乡代理相应的绑定缓存列表中，用于标识每一个绑定[19]。

5.3.3 移动 IP 在移动互联网中的应用

当 IP 地址既用于标识用户身份，又用于表示用户的网络位置时，用户发生移动，的确需要保持 IP 地址不变。但是在当今移动网络中，大部分的应用均是基于应用层的用户身份，IP 地址保持不变的意义并不是很大，仅针对特定场景需要。

对于较多不连续业务，用户移动时，UE 的 IP 地址发生改变对业务没有什么影响。试想一个用户从北京到了重庆，UE 获取的 IP 地址已经不同，其重新登录使用微信依然能够获取相同的服务。但是对于特定业务，移动 IP 还是能够发挥作用。下面是归纳的部分应用场景。

（1）服务应用需要和 UE 建立长连接的移动服务

例如，用户从一个地区驾驶到另一地区时使用了移动导航服务，在行驶过程中跨越了不同的归属网络，在此应用场景下，UE 和服务应用的连接需要长期保持，使用移动 IP 可以在网络层实现业务连续性（虽然在应用层也可解决，但是不属于通用解决方案）。

（2）视频业务等连续业务在不同网络间切换

考虑到用户在观看视频业务时基于 4G 网络和 WLAN 网络进行切换，移动 IP 技术可以对连续业务保障提供支撑。当然，这也需要基于移动网络架构的支持。

（3）移动 App 应用链路切换的通用解决方案

现在移动 App 非常流行，当移动终端进行移动网络/Wi-Fi 链路切换时，虽然移动 App 可以检测到系统获取不同 IP 地址，并重新建立连接，但是这需要额外的工作，且每个单一的 App 需要独立完成此工作。作者也遇到使用的 App 软件在切换链路后，必须关闭后重新运行，才能获取网络服务的情况。移动 IP 能够在网络层统一解决此问题，当然，此场景在具体实施时会比较困难，需要不同服务商的支持。

结合上述场景，在图 5-11 和图 5-12 中描述了移动 IP 技术中各个功能实体在移动 4G 网络中如何部署和实现，并简要介绍了移动 IP 的应用流程。图 5-11 简化了 MME 等控制面的实体，仅从用户面描述 PMIPv6 应用。

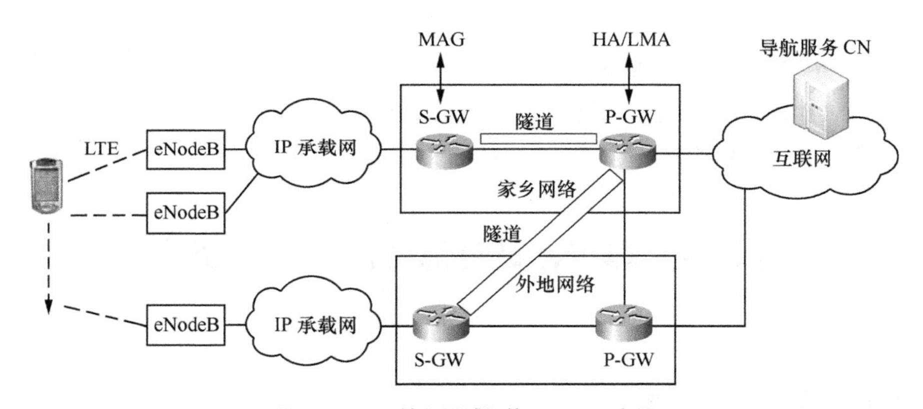

图 5-11　4G 接入区域切换 PMIPv6 应用

在图 5-11 中，用户在移动过程中使用互联网导航服务。随着车辆的移动会逐步切换本地网络 eNodeB，一直到移动到其他省市，接入外地网络。在此过程中，可以使用 PMIPv6 协议保证用户终端一直使用家乡 P-GW 分配的 HoA 进行通信，从而保持和导航服务的连接不发生中断。图 5-11 中 S-GW 就相当于 PMIPv6 协议架构中的 MAG 节点，而 P-GW 则相当于 LMA 节点，也就是 MIPv6 中的家乡代理。当用户移动到外地网络时，UE 会向外地 S-GW（对应 MAG）进行路由通告，由外地 S-GW 检测到移动节点，继而建立到家乡 P-GW（对应 HA/LMA）的业务隧道，从而支持用户移动（流程如图 5-7 所示）。根据运营商策略，用户移动到外地后，如果直接使用外地网络 P-GW 接入互联网，则外地 P-GW 也可作为移动节点新的 HA/LMA，能够将导航业务引导到外地网络 P-GW 上，这种移动就对应 PMIPv6 的全局性移动。

图 5-12 展示了链路切换时 PMIPv6 的应用情况。该应用情况也属于用户切换 MAG，但 LMA 保持不变，即家乡代理不发生改变。但是对于用户 Wi-Fi 接入的汇聚网，需要部署具备 MAG 功能的设备。

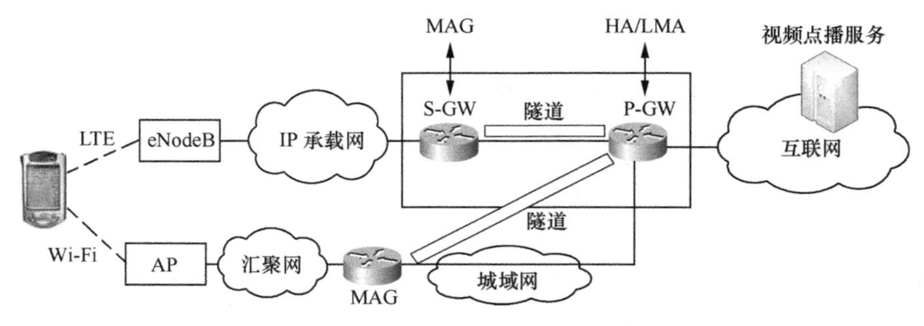

图 5-12　链路切换条件下 PMIPv6 应用

在图 5-12 中，如果 UE 对应 Wi-Fi 接入网络不支持 IPv6，移动网络提供了另一种基于 DSMIP 的解决思路。该过程需要 UE 参与，建立 UE 到 P-GW 的 DSMIP 隧道以支持不同 IPv4 网络接入。

5.4　基于名址分离的移动性管理

5.4.1　名址分离技术

在传统网络中，用户的 IP 地址具备双重作用，既包含用户的身份信息，又包含用户网络位置信息。移动互联网的应用虽然基于用户标识进行服务提供，但最终都需要将用户标识和用户终端 IP 地址进行绑定，从而使得最终的信令及业务实现 IP 寻址，这也是 IP 网络的特性。当前的终端以及服务器 TCP/IP 协议栈采用 IP 地址/传输层端口建立端到端通信，当用户 UE 终端地址发生改变时，也需要重新建立新的传输层连接。上述工作均需要在不同应用中独立实现。此外，用户 IP 地址双重特性会带来安全性问题，当用户身份和 IP 地址绑定后，冒充 IP 地址即冒充了用户的个人身份。基于上述情况，近年来业界提出了基于名址分离的技术思路，为支持用户移动提供了新的解决方案。

名址分离技术的主要目标是将传统 IP 地址既作为主机身份标识、又作为主机位置标识的功能进行分离。用户具备独立的身份标识和网络标识。网络标识用于 IP 报文在网络中进行寻址使用，是用于外部网络的位置标识。用户标识可不在外部网络中传输，由外部网络出口处的路由设备获取，从而最终到达目标终端。该概念和移动 IP 的家乡地址/转交地址有一定的相似性，但是其实现所需要的实体和技术途径并不一致，并且在不同研究中，主机身份标识的格式并不局限于 IP 地址形式。

当前国内外名址分离技术方案中，既有修改主机协议栈的方式，也有修改路由器的方式以及引入其他地址映射管理实体的方式。基于路由器的方案是通过隧道封装机制，在边缘网路由器上进行封装，将边缘网通信的主机身份会话标识和核心网的路由标识分离开来，从而实现了对主机多宿主或者路由表的有效压缩；另一种方案是通过修改主机协议栈实现的，增加相关的网络部件，重新设计上层会话的身份标识，使得 IP 地址和身份解耦，从而很好地支持网络通信的需求。下面对各种名址分离技术进行介绍。

5.4.2 名址分离协议

1. 名址分离协议背景

2006 年 10 月，互联网结构委员会（Internet Architecture Board，IAB）发起了关于 Internet 路由和地址讨论组的讨论。当时的一个关键结论是，互联网的路由和地址系统面对爆炸式增长的新站点，已经不能很好地适应和扩展。一方面是多宿主（Multi-Homed）的增加，另一方面是新增站点无法将其地址作为一个服务提供者 ISP 自身可聚合的网段。如图 5-12 所示，当一个新建站点接入 Internet 时，其需要面对本地地址分配问题，自身地址到底选择符合哪一个服务提供商网段；还要面对降低维护费用，选择最优出口/入口的问题。而当前仅有的选择工具为 BGP，但是基于 BGP 的解决方案也带来了互联网 BGP 路由表的急速扩张问题。为解决上述问题，一个思路就是将网络用户设备地址信息的变化和网络拓扑相关的地址信息解耦，不影响网络拓扑，即图 5-13 中 Provider 的地址空间和 S 站点的地址空间隔离。名址分离协议（Locator ID Separation Protocol，LISP）正是基于该思想进行设计产生的。

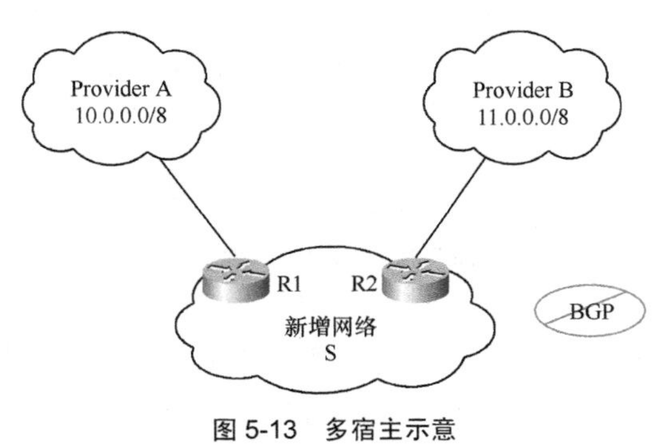

图 5-13 多宿主示意

LISP 协议最初由思科公司提出，目前已经由 IETF 进行标准化。LISP 标准系列包括 LISP 定义、LISP 和 IPv4/IPv6 的交互、LISP 替代拓扑（LISP-ALT）、LISP 针对多播环境、LISP 映射服务器接口以及 LISP 移动节点协议等。LISP 移动节点协议描述了该协议对移动功能的支持。

事实上，随着云计算的发展和 SDN 网络的构建，LISP 已经作为一种 SDN 南向控制协议，用以解决数据中心中虚拟机迁移问题以及虚拟租户网络（Virtual Tenant Network，VTN）问题。基于 LISP，虚拟机能够发生位置变化，而其设备 IP 地址作为 EID 不发生改变，仅需通过 SDN 控制改变 EID 和 RLOC 的映射绑定。在 SDN 最大开源项目 OpenDaylight 中，LISP 作为南向接口的一种，由 ConteXtream 公司提供实现。此外，思科 Nexus 7000 等交换机上也支持 LISP 协议。

2. LISP 原理

LISP 实现了边缘网络地址空间与核心网络地址空间的分离，解决了核心网络路由可扩展问题[20]。具体来说，LISP 把 IPv4/IPv6 地址空间划分为端节点身份标识（Endpoint Identifier，EID）和路由标识（Routing Locator，RLOC）。如图 5-14 所示，LISP 站点的地址空间就属于 EID，而入口隧道路由器（Ingress Tunnel Router，ITR）和出口隧道路由器（Egress Tunnel Router，ETR）及 Internet 互联的网络地址则属于 RLOC，即 ISP 的网络地址。然后，基于一套映射系统（Map Server 和 Map Resolver），能够将 EID 和 RLOC 建立联系，从而支持 EID 之间通信的隧道封装信息。此外，为支持 LISP 站点和非 LISP 站点的通信，系统中也定义了 PITR、PETR 代理设备。

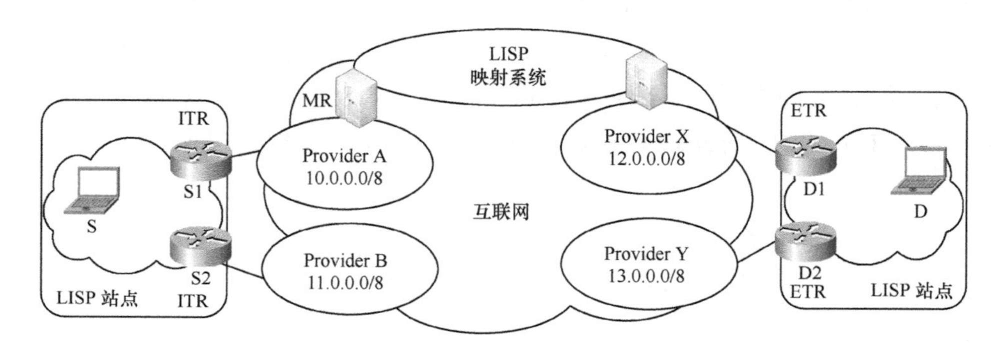

图 5-14　LISP 基本架构

- ITR：ITR 是 LISP 站点的出口路由器。当报文从 S 网络内主机发出时，报文的源地址和目的地址均是站点内部的 EID 地址。ITR 执行 EID-to-RLOC 的映射查找（本地 Cache 或发送 Map-Request 获取），并执行 LISP 隧道封装，在报文基础上封装 LISP 头部，将外部 RLOC 作为新报文的源/目标地址进行发送，使得外部网络基于全球可路由的 ROLC 地址路由转发。

- ETR：ETR 是 LISP 报文根据 RLOC 寻址到达的最终路由器。当 ETR 收到 LISP 报文后，它会对报文进行隧道解封装，并根据内部 EID 地址将报文送达目标设备。ETR 同时也是 EID-to-RLOC 映射关系的维护者，它将本地站点的映射关系通过 Map-Register 消息向 Map Server 注册。
- Map Server：该服务器从 ETR 学习到 EID-to-RLOC 映射关系，并建立 EID-to-RLOC 映射数据库。Map Server 形成的映射数据库是一个分布式的数据库，一般是基于 ALT 路由器进行信息通告和同步。Map Server 是一个逻辑功能，在具体实现时可以基于独立服务器、ALT 路由器，甚至也可在 ETR 上实现。
- Map Resolver：该服务器接收 ITR 发出的封装后 Map-Requests 请求，判断目标 IP 地址是否属于 EID 的命名空间。如果不是，则向 ITR 返回否认的 Map-Reply 应答；如果是，则通过向映射数据库查询获取映射关系，并以 Map-Reply 应答。

下面具体介绍 LISP 管理面和数据面的实现。

（1）LISP 映射系统

在任何一种 Loc/ID 分离模型中，为了使系统更合理地扩展并且能正常运行，EID-to-RLOC 映射服务是需要的。在 LISP 中，主要依靠 LISP 映射消息以及 Map Server 和 Map Resolver 基于替代拓扑（Alternative Topology，ALT）来实现映射系统。下面列出基本的控制面消息。

- Map-Register 消息。ETR 设备中记录了站点内部 EID 地址或前缀和本设备 RLOC。该信息可以通过配置或其他辅助方式实现。ETR 通过 Map-Register 消息将本地信息发送给 Map Server，用于建立 Map Server 的 EID-to-RLOC 映射数据库。
- Map-Request 消息。当 ITR 发送数据需要获取目标 EID 对应的 RLOC 地址，当本地 Cache 查找失败时，就需要发送 Map-Request 到 Map Server 或 Map Resolver。当然，通过 Map-Request 也可更新本地 Cache 的生命周期。ITR 发送 Map-Request 的速率必须得到限制，协议中推荐 1 s 中不超过一次。
- Map-Reply 消息，是 Map Resolver 针对 Map-Request 的应答消息。Map-Reply 消息中包含了复合被请求的 EID 的前缀以及 RLOC 地址，也包含多个 RLOC

对应的优先级、流量分配等信息。

- Encapsulated Control 消息，是封装的 Map-Request 消息，用于 ITR 发送 Map-Request 到 Map Resolver 或者 Map Server 转发 Map-Request 到 ETR。

前面提到 EID-to-RLOC 映射数据库是一个分布式系统，该分布式数据库主要基于 ALT 替代拓扑（LISP Alternative Topology）实现，图 5-15 为一个 LISP-ALT 部署示意。其中，替代拓扑是指一个虚拟网络，该虚拟网络将分布在全球的 ALT 路由器（ALT Re-encapsulating Tunnel Router，ALT-RTR）互联起来，以实现其分布式特性。ALT 路由器使用了现有的边界网关协议（BGP）和多协议扩展的通用路由封装（GRE）协议，用于通告 EID 前缀，而不是进行实际 EID-to-RLOC 映射分发。

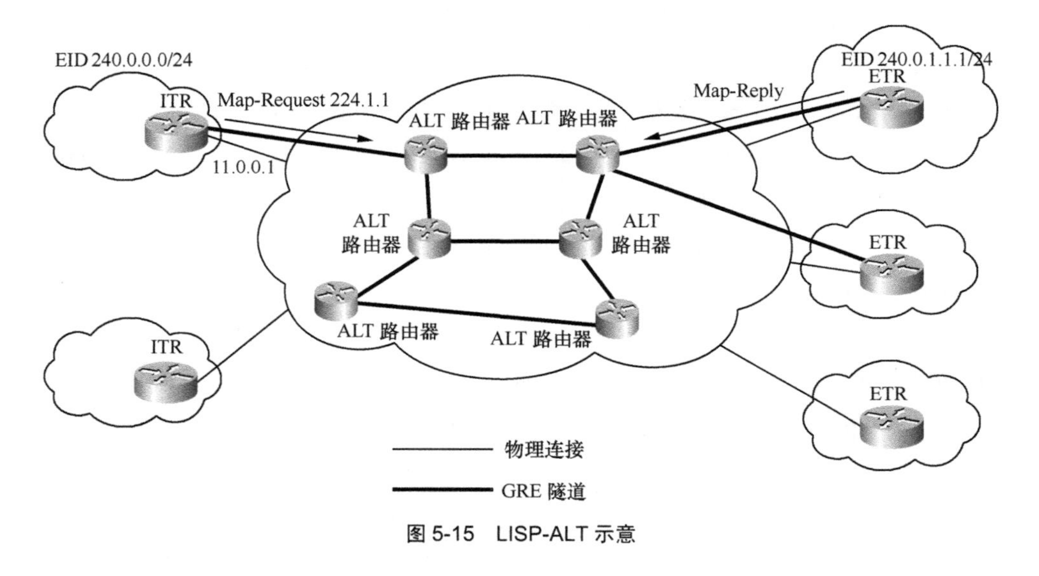

图 5-15　LISP-ALT 示意

在具体实现上，ALT 路由器通过建立多个 eBGP 对等体来形成一个层叠虚拟网络（Overlay Network），使用 eBGP 来传递 ITRs 使用的 EID 前缀可达性信息（EID 前缀和与之关联的下一跳，在标准中描述下一跳是目标 ETR），这种可达性由 IPv4 或 IPv6 的网络层可达性信息（Network Layer Reachability Information，NLRI）携带，而不需要进行现有 BGP 协议的任何修改（因为 EID 的地址空间有着与 IPv4 或 IPv6 相同的语法）。ALT 路由器会为 ITR 或者 Map Resolver 提供 EID 前缀可达性信息，ITR/MR 基于该信息再发送 ALT Datagram（Map-Request 消息或者 Data Probe），并获取 Map-Reply 应答。

值得注意的是，LISP-ALT 是一个推/拉模型杂交的架构。ALT 路由器可选择主动将聚合的 EID 前缀推送给 ITRs。特定的 EID-to-RLOC 映射是由 ITRs 通过 Map-Requests 或者 Data Probes 消息向 ALT 路由器主动获取，两者都是由 ALT 路由器替代请求到 ETR，致使 ETR 产生 Map Reply 消息响应映射请求。

（2）LISP 数据转发平面

在数据平面，当主机 S 发送的分组到达 ITR 后，ITR 利用一整套映射系统，查询得到目的主机 D 所在边缘网络 ETR 的 RLOC，接着，ITR 用含有该 RLOC 头部封装原来的分组，并使用隧道机制将其发往 ETR，ETR 对分组解封装后，发往边缘网络中的目的主机。LISP 利用映射系统来保存 EID 与 RLOC 之间的映射，路由器只需要保存 RLOC 的路由，从而减少了路由表项数量。

结合图 5-16 对 LISP 数据平面业务发送进行具体描述。在图 5-16 中，源主机 S 发送到主机 D 的目标 IP 地址是 2.0.0.0/8，在出口多优先级选择下，假设选用 ITR S2 作为出口，经过 LISP 隧道封装后，外部 IP 头目标地址变为 12.0.0.0/8，原来的 IP 头作为内部封装内容。12.0.0.0/8 地址段在 Internet 上可寻址。当报文到达 ETR D1 后，由 D1 去隧道封装，还原内层 IP 地址。

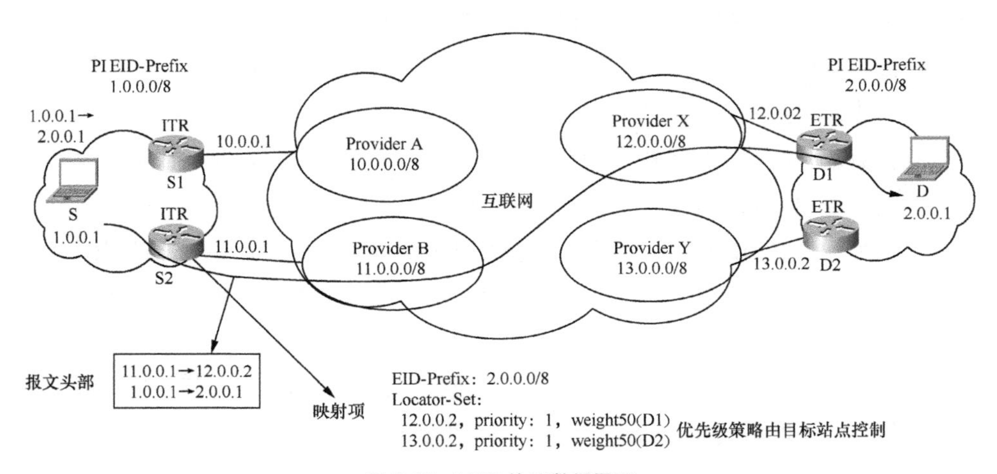

图 5-16　LISP 协议数据平面

3. LISP 移动性支持

LISP 通过定义移动节点（MN）来增加移动性支持，其移动性功能支持包括如下方面。

- 用户漫游时 TCP 连接不会中断；

- 通信双方的 MN 均可发生漫游；
- 允许 MN 实现多宿主方式（并发使用多个接口）；
- 允许 MN 成为服务器，即任何其他 MN 或固定节点能够发现并连接到一个 MN 上，将它作为服务器；
- 在 MN 和其他节点（移动或固定）之间提供最短的双向数据路径；
- 不需要家乡代理、外地代理或其他数据面的网络单元，也不会存在 MIP 的三角路由问题；
- 对于 IPv6 不要求新的扩展头部，就能够避免三角路由。

LISP 移动节点在实现上具备轻量级的 ITR/ETR 功能，将其自身看作一个独立的 LISP 站点。当 MN 进行移动时，会获取一个新的 ROLC，并通过 Map-Register 消息对新的映射关系进行注册，并通过 Solicit-Map-Request（SMR）或者数据中捎带映射消息等方式，对其他 ITR 的映射 Cache 进行更新。在数据面上，MN 的操作也和 ITR/ETR 类似，通过隧道方式与对端进行通信。

4. LISP 的不足

LISP 缓解了路由可扩展问题中路由表项的增加，并基于身份位置分离的思路，有效实现用户站点的移动。但也有以下一些缺陷。

- 没有从根本上解决身份位置分离的问题，只是将主机 IP 耦合性转移到路由器解决，将主机所在的边缘网和核心网分离开。
- 在数据分组发送过程中，消耗在路由器上的路由映射查询时间相对较大，传输初期如果 ITR 上没有 Cache，会增加传输时延。
- 路由器上多级映射比较复杂，拓扑及映射的优化需要提升。此外针对网络故障等异常情况，需保证系统的顽健性。部分文献也考虑以 P2P 方式构建映射系统[21]。
- 虽然设计了基于主机方式的移动节点支持，但是 LISP 移动节点要求节点在移动时获取新的 Locator 并参与到移动管理的步骤中，增加了移动节点的复杂度。此外，MN 需具备 ITR/ETR 功能，可能造成负载过重。

5.4.3 一体化网络的名址分离

1. 一体化网络概述

在国家“973”计划项目“一体化可信网络与普适服务体系基础研究”中，张宏科等人创新性地提出了一体化网络体系模型与理论，提出接入标识、交换路由标识及其映射理论，并建立广义交换路由的概念与机制，在支持安全和移动的基础上实现网络一体化[22]。如图 5-17 所示，一体化网络模型中创建并引入了虚拟接入模块和虚拟骨干模块。虚拟接入模块引入接入标识 ID 的概念和机制，实现各种固定、移动、传感网络等的统一接入；虚拟骨干模块为各种接入网络提供交换路由标识 ID，用于在骨干网络上交换路由；接入标识解析映射将多个交换路由标识 ID 映射到多个接入标识 ID。

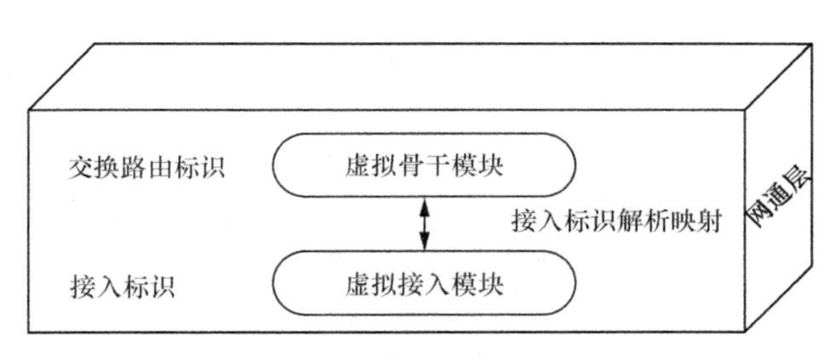

图 5-17　一体化网络体系结构模型

一体化网络中的交换路由标识和接入标识，与 LISP 中的 RLOC、EID 非常类似。各种接入网络的接入标识代表它们的身份，而交换路由标识仅用于核心网络进行交换路由。接入标识和交换路由标识分离后，接入标识不会在骨干网络中传播，使得其他用户不可能通过用户的身份来截获他们的信息进行欺骗和攻击，有效地保证了用户信息的安全性。也不可能通过截获核心网络的信息分析用户的身份，保证了用户的隐私性。

一体化网络提出接入标识和交换路由标识的映射关系需考虑用户终端类型、用户接入位置以及用户身份 ID，从而为其分配不同的交换路由标识，以广义交换的方式支持建立不同的交换路径。

2. **一体化网络标签分配理论**

根据基于标识的终端接入控制和身份与位置分离的互联网接入方法的描述[23-24]，用户终端具备两个标识，一个是 64 位终端隐私身份标识，由终端类型、生产厂商和产品序列号构成；另一个是 160 位终端公开身份标识，该标识在身份认证中心由隐私身份加密换算得到，用于在网络节点之间认证传输。

网络用户具备传统的 IP 地址用以标识网络位置，然后使用 160 位公开身份标识 EID 作为全球唯一的身份标识，并将 EID 作为 TCP、UDP 等传输协议的终端标识符，图 5-18 为基于 TCP 使用 EID 标识连接的示意图。在通信过程中，用户移动时可以改变 IP 地址，但是用户 EID 不会发生改变，这样用户的业务连接不会发生改变，支持用户移动。

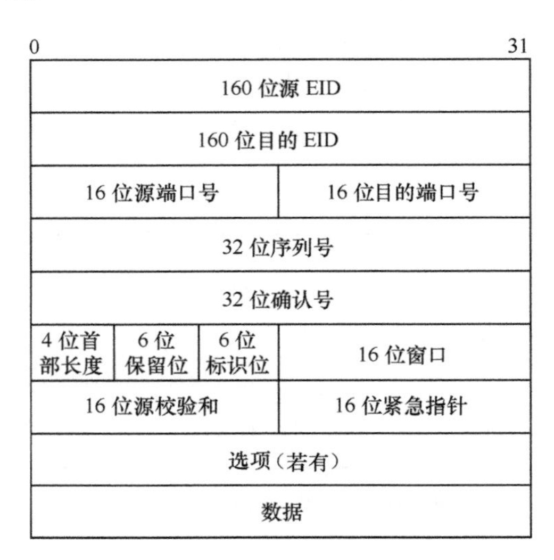

图 5-18　使用 EID 标识 TCP 连接

由于用户应用基于 EID 标识和 IP 地址与对端通信，故需要维护 EID 和 IP 地址的绑定关系。该工作是通过引入新的身份解析器（Identity Resolution Server，IRS）来解决的，IRS 中存储了 EID 和 IP 的映射关系。当用户向对端 EID 发起通信时，通过向 IRS 查询获取对端 IP，进而建立 EID/IP 连接。

该方法能够解决用户 IP 地址和用户身份的解耦，并能够有效地支持用户移动。但是基于图 5-18 可以看到，传统终端的 TCP/IP 协议栈面临改变，该方法若要推广面临困难。

3. 标识分配及映射试验网络

总结前面理论，以一体化网络广义交换路由技术为核心，可以构成标识网络。标识网络分为接入网络和核心网络，接入网络由网络用户组成，包括单个的终端、子网和自组织网等。核心网络是标识网络的核心，由 ISP 网络组成，其内部没有用户。核心网络只提供数据的传输服务[25]。

接入标识在接入网络内使用，代表接入网内终端和路由器的身份信息；接入标识是网络层的标识符；一个接入标识可以唯一地标识一个用户网络中的终端或路由器。路由标识在核心网络内使用，代表接入网络中终端和路由器的位置信息。接入网络所连接的 ISP 网络负责为接入网内的终端和路由器分配路由标识；路由标识也是网络层的标识符；为支持复杂策略，一个接入标识可以与一个或多个核心网络所分配的多个路由标识映射。

由于 160 位的 EID 需要终端协议栈发生改变，因此，一体化网络为验证其思路，其 EID 也使用了 IP 地址的形式。在一体化网络中，接入标识与路由标识的映射执行由边缘路由器完成，映射的具体操作可以是标识替换或是报文封装，也可以是其他更复杂的操作。接入标识与路由标识的映射信息则由映射系统完成。整个网络建立及流程如图 5-19 所示[26]，实现过程和 LISP 协议有相通之处。

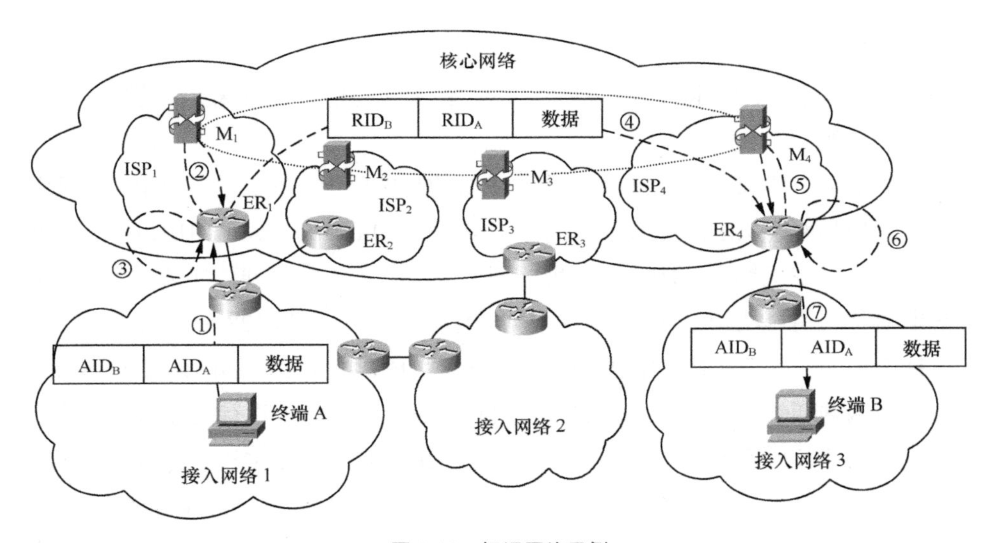

图 5-19　标识网络示例

① 终端 A 向终端 B 发送数据，数据分组在接入网络 1 内的目的地址是终端 B 的接入标识 AID_B，源地址是终端 A 的接入地址 AID_A。数据分组被域内路由到达边缘路由器 ER_1。

② ER_1 向映射服务器 M_1 请求 AID_A 的映射关系<AID_A，RID_A>和 AID_B 的映射关系<AID_B，RID_B>。映射服务器（M_1、M_2、M_2、M_3 等）之间形成分布式的映射系统，每次查询可能在映射系统内有复杂的查找过程。

③ ER_1 进行映射操作，把接入标识 AID_B 替换成路由标识 RID_B，把接入标识 AID_A 替换成路由标识 RID_A。

④ ER_1 再转发到核心网络内。数据分组被域内路由和域间路由到对端的边缘路由器 ER_4。

⑤ ER_4 也向映射系统请求 RID_A 的映射关系<AID_A，RID_A>和 RID_B 的映射关系<AID_B，RID_B>。

⑥ ER_4 进行映射操作，把路由标识 RID_B 替换成接入标识 AID_B，把路由标识 RID_B 替换成接入标识 AID_B。

⑦ ER_4 把数据转发给接入网络 3，数据分组被域内路由到终端 B。

5.4.4 其他名址分离解决方案

1. HIP

HIP 能够很好地支持用户移动性，也能够实现身份位置分离，其思路与文献[24]基本一致。

HIP 采用全球唯一的 IPv6 地址作为主机的身份标识，并在传统互联网体系结构的传输层和网络层之间加入了主机标识层（Host Identify Layer，HIL），用于处理主机标识。主机标识（HI）唯一地标识了会话的主机，是通信实体的名字，是经过非对称公钥算法和散列后，得到用于通信的固定长度为 128 bit 的主机标识标签（HIT）。此外，为了很好地兼容 IPv4 地址，HIP 定义了局部标识符（LSI），用于局域网的通信。由于主机标识通过加密算法得到，因此具有很好的安全性。

在主机协议栈设计上，由于 HIL 上层使用 HI，因此修改了主机的传输层和 API，使得上层对路由地址完全透明，真正解决了传统协议栈上层对 IP 地址的依赖。传输层会话的建立是依赖于新的 HI 和套接字，与路由地址无关。该方式真正实现了传统意义上身份与位置的分离。此外，HIP 在会话前要建立安全关联，建立成功后无须在数据分组中添加额外的载荷，因此，对数据分组的额外开销是很小的，几乎可以忽略。

对于主机标识和定位符（IP 路由信息）的映射解析，则是通过查询扩展的 DNS。HIL 层在 4 次会话之后建立了 SPI（Security Parameter Index，安全参考索引）安全关联，此外，通过增加网络部件集合服务器，实时更新映射信息以及一个 HI 对应多个定位符的机制，保证了在主机移动和多宿主通信情况下的可达性和连续性。

虽然基于主机的 HIP 很好地解决了身份位置分离，从根本上解决了 IP 的双重性，但对现有终端体系结构的改动太大。此外存在如下不足。

- HIP 支持主机移动和多宿主[27]，但是不能解决由用户 AS 多宿主导致的路由可扩展问题；
- IPv6 形式的身份标识不具有用户身份语义，且不便于记忆，能提供的安全保障比较有限；
- HIP 协议栈下应用程序需重新开发，必须使用一类新的套接字（Socket）接口，这使得 HIP 不具有兼容性，很难在现实中部署；
- 对主机协议栈修改很大，传输层的内核结构都做了改变，因此不易于大规模的部署和应用。

2. Shim6 协议

Shim6 协议用于支持主机使用多个位置标识访问互联网，即主机的多宿主。

Shim6 协议是基于 IPv6 协议栈开发的支持多宿主设计方案，它也是一种通过身份、位置分离实现主机移动的设计。Shim6 把现有的 IPv6 地址空间划分为身份标识空间和位置路由标识空间，身份标识（Shim6 中称为 Upper Layer Identify，ULID）是上层应用标识，是 IPv6 地址的形式，作为上层应用的接口参数。在 Linux 主机协议栈更改中，Shim6 在网络层中增加了 Shim 子层，用于实现身份标识与位置标识的映射查询及更新实现，在用户空间设计了 Shim6 守护进程，通过 Netlink 控制内核中的 Shim 子层。

Shim6 协议没有专门的设备来保存 ULID 与位置标识（Shim6 中称为定位符）的映射，而是双方 Shim 层进行通信协商来获取映射信息。最重要的协商消息包括初始时的 4 次握手和定位符变换时的通知消息。与 HIP 一样，Shim6 也能支持主机移动与多宿主，但它同样也没有解决路由可扩展问题，并且 Shim6 也采用了不具有用户身份语义的 IPv6，且映射关系仅由通信双方自行维护，其安全性不如 HIP。

Shim6 协议的方案设计主要存在以下问题。

- 身份标识是 IPv6 地址空间的一部分，不具有良好的聚合性，不利于在内核中的映射高效查询；
- 方案对内核的修改较大，且在映射管理上较复杂，ULID 与 IP 地址的映射查询需要多次，且发送和接收过程中依赖于策略和状态实现，过多的内核交互大大降低了映射查询的效率；
- 主机移动后，通信对端需要多次交互地址信息，大大延长了通信的间断时间。

3. IVIP 协议

IVIP（Internet Vastly Improved Plumbing）方案也是一种基于路由器实现核心网和边缘网分离的方案。

IVIP 是为了解决互联网路由可扩展问题而提出的，此方案引入了边缘网身份标识（Scalable PI，SPI），把全网可路由的地址部分转化为 SPI，其他的地址作为全网路由的全局地址，随着 SPI 的增多，将其按一定规则划分为小的边缘网络，并且使用 MAB（Mapping Address Block，映射地址块）保存映射关系。

IVIP 是一种基于路由器的实现方案，没有修改主机协议栈，只是在网络中增加了保存映射的路由器，同时为了支持主机移动，添加了类似主机移动中的家乡代理。因此，IVIP 是一种容易部署的、可缓解路由表项增加、同时支持主机移动和多宿主的设计方案。但是，由于在现有网络拓扑中增加了路由器的功能，加重了路由器的负担。此外，因为三角路由的存在，数据分组的链路长度增加，导致网络性能下降，且无法较好地支持主机移动。

| 5.5 移动链路切换管理 |

5.5.1 网络切换概述

网络切换过程关联到网络的多个层次，可能会涉及链路层切换、IP 移动发现、IP 构建（重构）、AAA 管理、切换管理等。本节主要针对链路层切换进行介绍，后续会从移动网络核心网架构和功能实体上介绍网络切换管理。

1. 水平切换和垂直切换

传统蜂窝移动通信网络中，网络切换控制主要是指用户在其网络内部移动时的会话移动性支持。这种采用同一技术的网络内部切换技术称为水平切换，其技术已经非常成熟并实用化，移动节点主要根据接收的信号强度、新小区的资源条件等情况确定是否切换。

移动互联网的特征之一是多种无线接入技术并存，相互补充。目前多种移动网络包括 2G/3G/4G、Wi-Fi、WiMAX 等，这些接入网络根据覆盖能力以及网络建设，已经形成了相互重叠的异构无线网络场景。在此场景下，移动节点基于不同技术的网络间切换，称为垂直切换。垂直切换要求快速、平滑、无缝，尤其针对实时业务的垂直切换需要满足严格的时延限制，要求切换中断时间最短、分组丢失率最小。此外，还要满足无缝切换，即从用户角度讲，感受不到切换带来的影响，包括明显的时延、停顿、数据丢失等；从网络来看，切换对于高层应用是透明的。

水平切换和垂直切换的概念如图 5-20 所示。

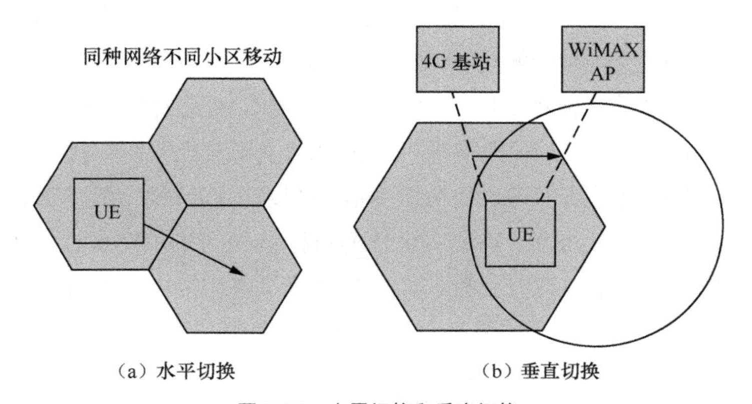

（a）水平切换　　（b）垂直切换

图 5-20　水平切换和垂直切换

2. ***用户选择切换和网络选择切换***

在现有移动互联网中，用户选择切换和网络选择切换的情况都具备。目前现状是对于多个不同运营商提供的接入网络，在网络侧控制复杂度高，协调难度大，主要是基于用户偏好进行。对于同一运营商提供的多个接入网络，则可在网络侧执行网络切换选择。例如，当移动用户同时接入本地 Wi-Fi 和移动网络时，终端就会优先选择 Wi-Fi 上网，这个过程基本由用户（终端）默认选择。

由用户选择切换相对简单，也具备一定优势。因为无线资源移动检测的部分重要测试项来源于终端，例如链路质量、终端应用的 QoS 需求等，并且终端的选择实现也完全独立于运营商。但是用户往往不希望关注不同的接入技术及其选择因素，仅期望获取最佳的网络连接以满足通信需要。基于这种情况，多种无线接入网络的资源难以优化利用，此外，终端的接入选择策略和网络管理者规划的策略很难达到一致。

因此，基于网络选择切换的最大优势就是能够合理地利用无线网络资源。虽然目前多个运营商之间在用户接入计费等方面较难达成协调，但是同一运营商内部多种无线资源的合理调度具备可行性。基于同一运营商的内部调度可以将无线切换局限于单纯的链路层切换，可以避免 IP 层切换的复杂度。

3. 切换控制基本过程

网络切换控制包括 3 个功能：切换准则、切换控制方式和切换时相关资源分配。切换准则是指何时何种条件下切换；切换控制方式是指在切换过程中，负责切换决策相关数据和信息的收集方及其收集方式、切换发起方等控制相关因素；切换时相关资源分配的典型例子包括蜂窝网中的射频和信道分配，对于涉及网络层切换时，还包括移动 IP 的转交地址分配及 IP 地址绑定等。

网络切换管理的子流程如图 5-21 所示。其中，发起阶段主要是识别切换的需要，并在随后启动切换，切换需求可以由移动主机节点或网络提出。建立新连接阶段时，会对临近无线信道进行测量和收集网络运作所设定的信息，在分析和考虑上述的测量信息报告后，确定最合适的目标接入网络和接入点，然后触发系统进行切换操作。切换可以分为硬切换和软切换。硬切换中，移动主机在一个时刻只能连接一个基站，切换过渡时会先释放旧的资源，再连接到新的接入点中；而软切换中，移动主机先连接上新设定的网络接入点，然后再断开与原先网络接入点的连接。

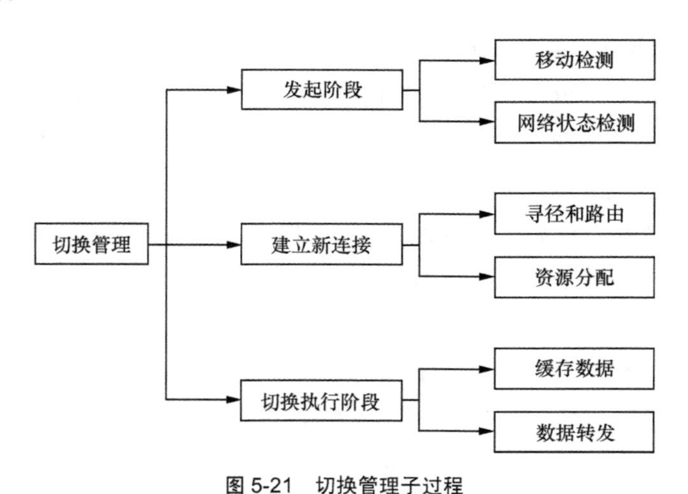

图 5-21 切换管理子过程

对于网络切换性能评价参数，包括切换成功率、掉话率、新呼叫阻塞率、平均切换次数、切换时延（含切换排队时间）、强制中断率等。这些参数也可收集统计作为网络切换管理的输入参数。

5.5.2　异构网络选择切换算法

本节描述算法主要是针对垂直切换，即在多个无线接入技术中确定采用哪一个无线接入方式承载用户业务。接入选择可以基于业务 QoS 需求、链路质量、网络负载、接入终端设备处理能力以及不同接入技术所需付出的成本，甚至是运营商的偏好或策略[28]。

一般情况下，多无线接入选择算法的设计目标是使得某个效用函数（Utility Function）或代价函数（Cost Function）最优化。该函数可以基于单个性能指标（具备最高无线链路质量的无线接入或者具有最低拥塞程度的无线接入），也可以基于多个性能指标的加权组合，例如用户可获得的吞吐量、阻塞或中断概率、通信成本、资源利用率等。在图 5-22 中对影响接入算法的多个性能指标进行了层次化举例。

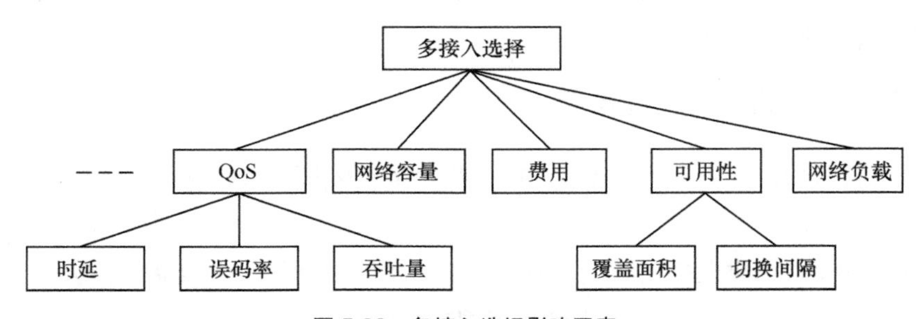

图 5-22　多接入选择影响因素

上述性能指标作为效用函数的输入参数，分为静态参数和动态参数两大类。静态参数发生改变的周期通常比数据流或会话持续的时间要大得多，并且它们与当前的无线链路状况以及负载情况无关。这些参数包括接入点容量、业务 QoS 需求、无线技术的偏好、使用成本、终端处理能力以及各种无线接入技术之间的融合程度。动态参数发生改变的周期与会话通常的持续时间相当，可以是小时、分钟或秒级，并且这些参数的取值依赖于当前的网络负载、用户速度和位置等。这些参数包括接入点的负载及拥塞程度、瞬时的或平均的无线链路状况（信号强度、干扰水平、SINR 等）[29]。

目前，已经提出的接入选择算法大多是以 Wang 算法[30]表示的基于代价函数的软判决策略。在 Wang 算法中，为了对用户在某个时刻接入无线接入系统所需要付出的代价进行度量，定义了如下的代价函数表达式，即：

$$CF_m(k)=\sum_{i=1}^{F}\left[W_i(k)F_{i,m}(k)\right] \tag{5-1}$$

其中，$CF_m(k)$ 表示终端在 k 时刻接入无线接入系统 m 所需付出的总代价。在计算接入代价 $CF_m(k)$ 的过程中，一共考虑了 F 个策略参数（可参考图 5-22）。如果由第 i 个策略参数所决定的子代价为 $F_{i,m}(k)$，与之相对应的权重因子为 $W_i(k)$，其中，$W_i(k)$ 满足：

$$\sum_{i=1}^{F}W_i(k)=1 \tag{5-2}$$

在此基础上，就可以计算出备选系统的接入代价，最后，用户选择接入代价最小的备选系统作为接入目标，即：

$$m_{\text{opt}}=\arg\min\left(CF_1,\cdots,CF_m\right) \tag{5-3}$$

在下面的具体算法介绍中，介绍了层次分析法（AHP）结合讨价还价博弈模型的多业务联合网络选择算法[31]。

5.5.2.1 讨价还价博弈模型

纳什讨价还价模型是纳什在博弈论里两个伟大发现之一。在讨价还价博弈中，纳什通过公理化的证明，给出了两人讨价还价博弈问题的博弈解，称为纳什谈判解。纳什讨价还价模型本质上是在游戏中所有参与者可能得到的最大收益集合边界上重新进行一次收益分配，这属于合作博弈，并具有非线性的转移支付。纳什均衡不等同于纳什谈判解，两者的差异包括两个方面：一是纳什均衡指的是非合作博弈，表示一种均衡状态；纳什谈判解表示的是合作博弈解的集合。前者意味着参与者都没有动机改变现有分配方式，后者表示两个参与者分享合作剩余。纳什谈判解一般形式为双方各自所得的收益剩余的乘积。根据不等式的性质，当且仅当两个变量相等时，乘积有最大值，当且仅当两个参与者分享合作剩余时，解成立。二是与合作博弈是非合作博弈的特例一样，纳什谈判解也是纳什均衡解的一种特殊形式。在非合作博弈情况下，两个参与者收益和为 1 时的线性分配都是满足条件的解[32]。纳什谈判解的实质是进行博弈时，所有局中人在收益边界集合上获得最大值的收益分配结果。如何使局中人能得到的收益达到公平合理，纳什给出了纳什公理体系，并推导出纳什谈判解的结果。

5.5.2.2 两人讨价还价问题

一般来说，在可达集的帕累托边界上，一个局中人得到的多一些，另一个局中人就只能少得一些。那么一个局中人能同意让对方得到多少，给对方少一些所得，对方是否接受，这就构成了两个局中人的谈判问题。每种讨价还价问题的谈判内容都是不同的，需要研究是否存在一个通用的讨价还价解以及这个解所拥有的性质。

定义 1：两个局中人（i=1,2）之间的一个讨价还价问题可以看作一个组合$<S, d>$，其中，$S \subset R^2$ 是可行的效用结果的集合，$d=(d_1, d_2)$是两个人在达不到协议分配时得到的一个效用结果（也可以称为非协议点）。假定 S 是闭的、有界的凸集，$d \in S$ 且有 $s \in S$ 满足条件 $s_i > d_i$，i=1, 2 。

定义 2：用 B 表示所有讨价还价问题的结果解集合。一个讨价还价可以理解为一个函数 $f: B \to R^2$，它赋予每一个讨价还价问题 $<S,d> \in B$ 在 S 中唯一一个元素。

根据以上定义，将两人讨价还价问题抽象为一个数学模型，并且可能有最佳效用分配结果。

定义 3：称$<S',d'>$是对讨价还价问题$<S,d>$进行$s_i \mapsto \alpha_i s_i + \beta_i\ (i=1, 2)$变化得到，并且有$S'=\left\{(\alpha_1 s_1 + \beta_1, \alpha_2 s_2 + \beta_2) \in R^2 : (s_1, s_2) \in S\right\}$。可以验证，如果$\alpha_i > 0$，$i$=1, 2，那么$<S',d'>$本身也就是一个满足定义 1 的讨价还价问题。

定义 4：如果 $d_1=d_2$ 且 $(s_1,s_2) \in S$，当且仅当 $(s_1,s_2) \in S$ 时，称讨价还价问题 $<S,d>$ 是对称的。这一点也很好理解：分配结果相同，那对应的取值范围也应该是对称的形式。

纳什提出的公理体系包括以下四大公理。

公理 1（INV）：等价效用表示的不变性。按照定义 3，讨价还价问题 $<S',d'>$ 是通过 $s_i \mapsto \alpha_i s_i + \beta_i\ (i=1, 2)$ 从 $<S,d>$ 变换得到，其中，$\alpha_i > 0$，i=1, 2，则有 $f_i(S',d')=\alpha_i f_i(S,d)+\beta_i$，$i$=1, 2 。

根据公理 1，讨价还价的最终结果并不取决于每个局中人偏好的效用函数，而是实只要这个函数符合这个偏好即可。

公理 2（SYM）：对称性。按照定义 4，如果讨价还价问题 $<S,d>$ 是对称的，那么 $f_1(S,d)=f_2(S,d)$。这样子的结果是显而易见的，当讨价还价的结果不对称时，分配少的一方自然不会服气，要求再次进行分配，此时讨价还价的结果当然就不是稳定的，而是非均衡的。

公理 3（PAR）：帕累托有效。按照定义 1，$<S,d>$ 是一个讨价还价问题，其中，$s \in S$ 和 $t \in S$，且有 $t_i > s_i$，i=1, 2，那么 $f(S,d) \neq s$。

公理 4（IIA）：不相干选择的不相干性。假定现在有两个讨价还价问题 $<S,d>$ 和 $<T,d>$。如果有 $S \in T$ 及 $f(S,d) \in S$，那么有 $f(S,d)=f(T,d)$。

定理 1（纳什讨价还价解的存在唯一性）存在唯一一个由下面给出具体形式的讨价还价解 $f^N: B \to R^2$，满足 INV、SYM、PAR 和 IIA。

$$f^N(S,d)=\underset{(d_1,d_2)\leqslant(s_1,s_2)}{\arg\max}\ (s_1-d_1)(s_2-d_2) \tag{5-4}$$

证明从略。

结果 $f^N(S,d)$ 为 $<S,d>$ 的纳什讨价还价均衡解，图 5-23 中给出了结果解的图像。

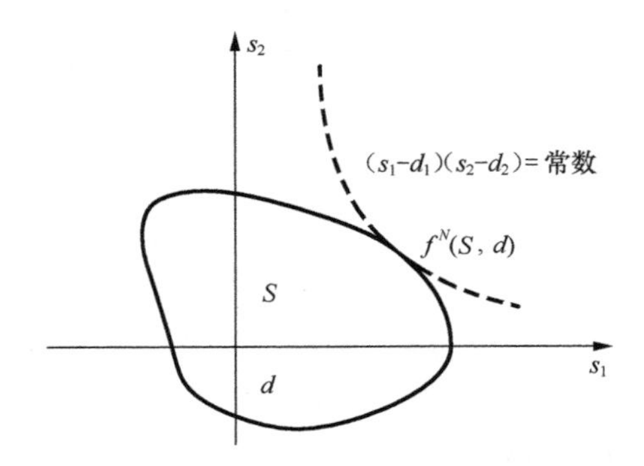

图 5-23　讨价还价问题 $<S,d>$ 的纳什均衡解

5.5.2.3　AHP 结合讨价还价博弈的多业务联合网络选择算法

随着业务需求量的不断增长，3G 网络的负载支持已经不能很好地满足业务粒度的需求，3G 与 WLAN 交互合作已经成为下一代移动通信的研究热点之一。在多业务同时接入通信的情况下，当移动终端移动到 WLAN 的覆盖区域时，可以充分利用 WLAN 的资源进行部分业务的分流。此时需要选择合适的算法，将部分业务从 3G 网络中切换到 WLAN，在满足业务粒度满意度需求的前提下，提高整体网络的利用率和总效能值。

针对这类情况，设计了在 3G 和 WLAN 覆盖网络中，AHP 结合讨价还价博弈多业务联合网络选择算法。系统总体设计流程如图 5-24 所示。

具体流程如下。

① 系统初始状态。考虑的场景是多个业务（例如 VoIP、HTTP、FTP 等）正分别并同时地接入 3G 和 WLAN 网络中，处于稳定的通信状态。

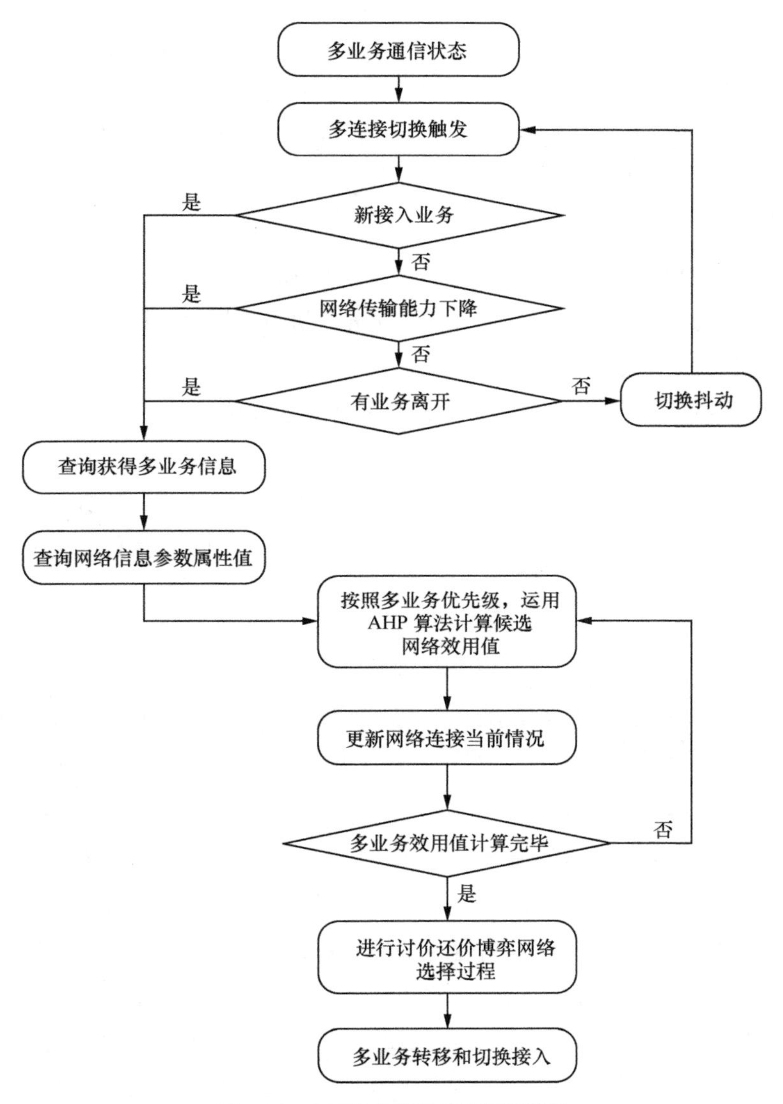

图 5-24　网络选择算法总体设计流程

② 多业务连接网络选择触发。任何网络状态、业务偏好等的变化都可能触发本算法，在此主要考虑 3 种网络选择触发条件：新业务接入、网络传输能力下降（例如 WLAN 不可达）以及有业务完成而离开网络。当然，业务自身偏好改变，例如在 WLAN 通信的业务突然有更高的安全性等要求时，就需要切换接入 3G 网络，也会触发本算法，这时的切换过程与网络传输能力下降类似，因此，本算法中不作具体讨论。

③ 触发了网络选择后，网络实体 LMA 要获取网络选择需要的所有信息。一方面，系统要查询获取多业务信息，包括业务的优先级等级、对网络的各属性权重偏好比重等；另一方面，也要查询获得当前候选网络能提供的属性值大小。这些要用于 AHP 网络效用值的计算，其中，业务优先级用于业务进行网络效用值计算的顺序，业务流分类等级见表 5-2。

④ 运用 AHP 分别计算每个业务针对每个候选网络的属性值权重值，乘以各属性对应值而获得网络效用值。按照业务的优先级进行效用值的计算，获得每个业务在每个候选网络中能获得的效用值情况。

⑤ 循环判断是否全部计算完毕，并保存这些效用值，便于与原效用值进行比较。

⑥ 运用讨价还价博弈模型进行多业务网络选择，按照理论分析，考虑业务的不可分割性，根据讨价还价博弈的结果，多个业务按照能获得最佳效用值的分配进行对应的网络选择切换。

表 5-2　业务流等级

	会话话音	会话视频	实时游戏	非会话视频	基于 TCP（FTP 等）	话音视频	视频	IMS 信令
业务等级	2	4	3	5	6	7	8	1

运用层次法计算网络效用值时，由于每个业务对于网络的各个属性都有属性值范围要求，低于某个值时会造成服务质量的急剧下降，此时业务不会考虑这个网络；而高于某个值后，服务质量也不会再获得提高，此时网络效用值的计算方式就需要有所修正。

图 5-25 表示业务对于效益型和成本型属性的满意度和属性值大小的关系，H 为满意度的最高值。针对效益型属性，如果属性值低至某一个值以下，说明这个网络完全不能满足业务对于此属性的最低要求，也可以认为达不到业务最低的满意度，因此，这个网络不会被选择，不能成为候选网络（具体到算法中就是业务对此候选网络对应的效用值为 0）；如果属性值高达某一个值以上，值再高业务的满意度也不会获得提升，因此具体到算法进行效用值计算时，使用 H 对应的属性值大小来计算才能符合实际情况。成本型则相反，属性值高于某一个值之后，这个网络也不能满足业务要求，因此不会被选择，对应的效用值也为 0；如果属性值低于某一个值以下，再低的满意度也不会再提高，因此，使用 H 对应的属性值大小来计算网络效用值。

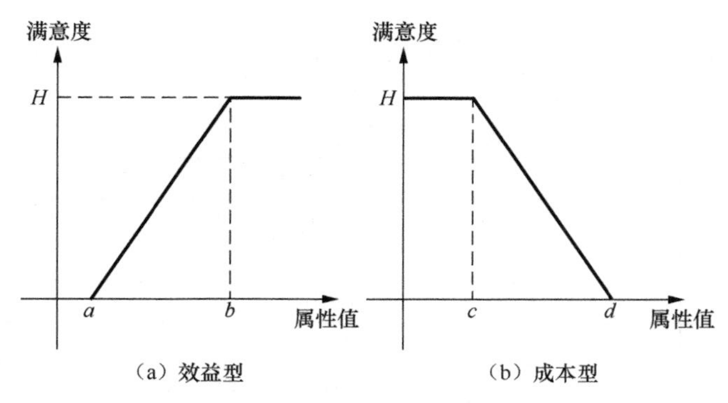

图 5-25　效益型和成本型满意度

5.5.2.4　基于 AHP 计算属性权值的方法

每个业务针对每个网络分别进行效用值的计算，其中，按照 AHP 算法求得权重值的步骤如下。

1. **第一步：建立层次结构图**

针对每个业务，目标层为最佳接入网络，属性层为影响网络选择的主要属性因素，包括服务带宽（B）、传输时延（D）、分组丢失率（V）、网络负载（L），网络的服务费用（P）；最下层为方案层，由两个候选网络 3G 网络和 WLAN 组成。为了方便计算的定量表示，从上到下用 A、B、C 来表示不同层次，同一层次从左到右用 1、2、3、4 等来表示不同属性。这样构成的网络选择层次如图 5-26 所示。

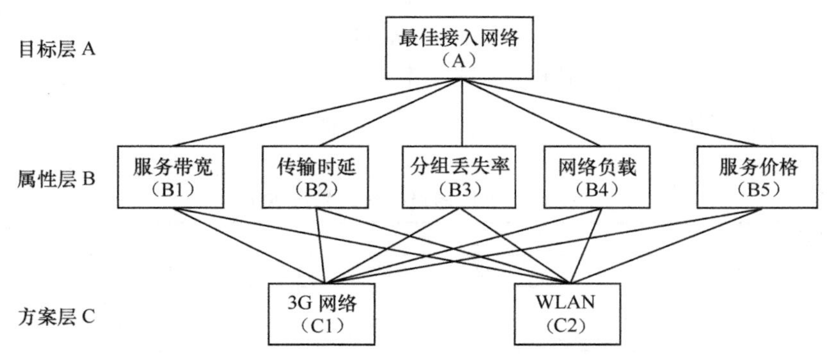

图 5-26　网络选择的层次

2. **第二步：构造判断矩阵**

根据网络选择的层次图构造判断矩阵。

属性之间两两比较重要性，对重要性比较程度结果按照表 5-3 来赋值。

表 5-3　重要性标度含义

重要性标度	含义
1	具有同等重要性
3	前者比后者稍微重要
5	前者比后者明显重要
7	前者比后者非常重要
9	前者比后者极其重要
2、4、6、8	中间重要性取值
倒数	重要性是 a_{ij} 的话，后者与前者相比的重要性就是倒数关系 $1/a_{ij}$

填写的判断矩阵为 $\boldsymbol{A}=(a_{ij})_{n\times n}$，判断矩阵具有如下性质。

① $a_{ij}>0$；

② $a_{ji}=1/a_{ji}$；

③ $a_{ii}=1$。

3．**第三步：计算权值向量并进行一致性检验**

理论上，完全一致成对比较矩阵绝对值最大的特征值应该等于这个矩阵的维数。因此，对成对比较矩阵进行一致性检验时可以近似转化为：绝对值最大的特征值等同于该矩阵的维数。一致性检验如下。

（1）计算一致性指标 *C.I.*

$$C.I.=\frac{\lambda_{\max}-n}{n-1} \tag{5-5}$$

（2）查表确定相应的平均随机一致性指标 *R.I.*

按照判断矩阵阶数的不同，查表 5-4 中对应值即可。

表 5-4　平均随机一致性指标 *R.I.*

矩阵阶数	1	2	3	4	5	6	7	8
R.I.	0	0	0.52	0.89	1.12	1.26	1.36	1.41
矩阵阶数	9	10	11	12	13	14	15	
R.I.	1.46	1.49	1.52	1.54	1.56	1.58	1.59	

（3）计算一致性比例 *C.R.*

$$C.R.=\frac{C.I.}{R.I.} \tag{5-6}$$

当 $C.R. < 0.1$ 时，认为判断矩阵满足一致性的要求；当 $C.R. > 0.1$ 时，判断矩阵需要进行重新修正。

4. **第四步：将求得的最大特征值代入原方程计算获得权重向量**

（1）业务网络效用值计算函数

网络效用值表示为以上各属性的加权乘积和，即：

$$U_i=U_i\left(B,D,V,L,P\right)=\sum_{j=1}^{M}\omega_j r_{ij},\quad i=1,2,\cdots,k,\quad j=1,2,\cdots,M \tag{5-7}$$

其中，k 表示网络个数，M 表示属性个数，ω_j 表示对应属性的权重值，r_{ij} 表示网络 i 中属性 j 的属性值。由于当前是 3G 和 WLAN，因此，$k=2$，每个业务计算得到两个网络效用值结果。

通过 AHP 计算得到权重后，对符合要求的网络，运用式（5-7）来计算每个业务在对应不同网络能获得的效用值。

（2）多业务讨价还价博弈网络选择

根据纳什讨价还价解存在的唯一性定理 1 知道，只要系统对应效用值曲线满足四大公理，在收益的边界曲线上必然存在博弈均衡解。因此，进行讨价还价选择时，只需要进行相关判断即可。针对这种不可分割的商品模型，考虑 3G 和 WLAN 为两个进行讨价还价博弈局中人，它们手中有的商品就是不同的业务（例如 VoIP、Web、FTP 等），不同的业务对于不同的局中人网络有着不同的选择偏好，对应着不同的交换效用值，此时场景符合纳什讨价还价博弈模型，在边界交换分配离散点上必然存在一种最佳业务交换结果。

5.6 运营商网络切换管理

5.6.1 2G/3G 移动网络和 WLAN 移动切换

5.6.1.1 I-WLAN 基本架构

3GPP 在 TR 22.934[33]中，提出了 3GPP 移动网络和 WLAN 接入网络的融合模型 I-WLAN。I-WLAN 基本融合模型如图 5-27 所示，移动用户除了基于 3GPP

自身的无线链路接入外，可以基于不同的 WLAN 接入网络，接入归属移动网络（HPLMN）或拜访移动网络（VPLMN），再通过拜访移动网络得到归属网络服务。

TR 22.934 中提出了 6 种 I-WLAN 网络融合场景，分别对应两种异构网络耦合程度逐渐加强的协作关系。6 种场景描述如下。

（1）统一计费和客户服务

WLAN 和移动网络之间是简单的客户关系，从 WLAN 接入的用户仅从移动网络接收计费信息，对移动网络没有任何新的要求。

（2）基于移动网络的接入控制和计费

由移动网络提供用户认证、授权和计费，WLAN 和移动网络之间仅是 AAA 信令交互，通过移动网络的加密认证算法获得更安全的接入，并统一计费。用户数据传输和业务对移动网络没有要求。

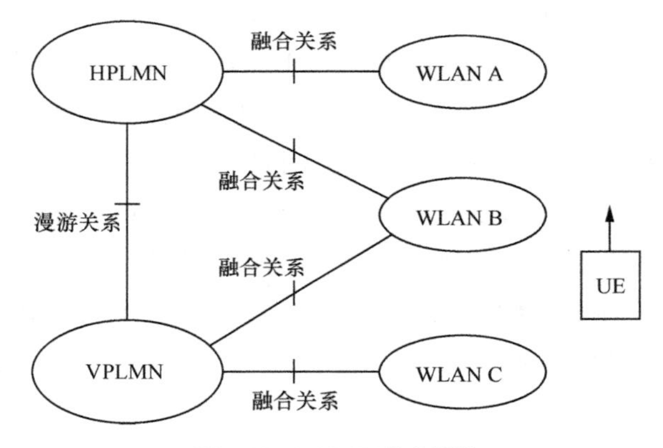

图 5-27　I-WLAN 融合模型

（3）WLAN 通过移动网络接入运营商分组域

用户能够通过 WLAN 接入，并获取移动网络业务，例如 IMS 的即时消息、多媒体广播等业务。但是该场景不要求移动网络和 WLAN 之间的业务连续性。此方案需要移动网络增加分组数据网关和接入网关，实现 WLAN 接入网络的接入。

（4）业务连续性支持

当用户在 WLAN 接入和移动网络接入发生切换时，运营商网络提供的应用能够保证业务连续性。当用户进行 WLAN 覆盖域切换时，也能保证业务连续性。

（5）无缝业务支持

当用户终端在 WLAN 接入和移动网络接入之间进行切换时，用户不感知接入网络发生变化，业务数据不丢失，业务中断时延非常小。

（6）接入移动网络电路域

该方式允许 WLAN 接入获取运营商电路网业务。该方式目前意义不大，随着网络 IP 化发展，运营商电路网业务将逐渐消失。

在 3GPP TS 23.234[34]中，主要针对 WLAN 用户使用 3GPP 网络分组域服务的融合场景，进行了较为详细的流程描述，对应上述场景（3）。由于 I-WLAN 架构提出较早，后期 3G/4G 过渡较快，在具体实现时重点考虑了异构网络接入，但是不能支持用户业务在 WLAN 和移动网络之间的连续移动切换，没有实现无缝的业务连续性。

用户通过 WLAN 接入，获取移动网络分组域服务的最基本方式是使用移动网络的归属网络，具体实现架构如图 5-28 所示。WLAN 用户终端通过 WLAN AN 的认证，并以 3GPP 网络接入标识（Network Access Identifier，NAI）[35]通过 3GPP AAA 服务器的鉴权和授权。经过授权后，通过隧道机制连接 WLAN 用户终端和分组数据网关（Packet Data Gateway，PDG），通过 PDG 对 UE 实施网络附着控制，为 UE 分配访问移动网络分组域的 IP 地址等网络参数，最终通过 Wi 参考点实现对移动网络分组域的访问。下面先简要介绍图 5-28 中的参考点，然后详细描述具体控制过程。

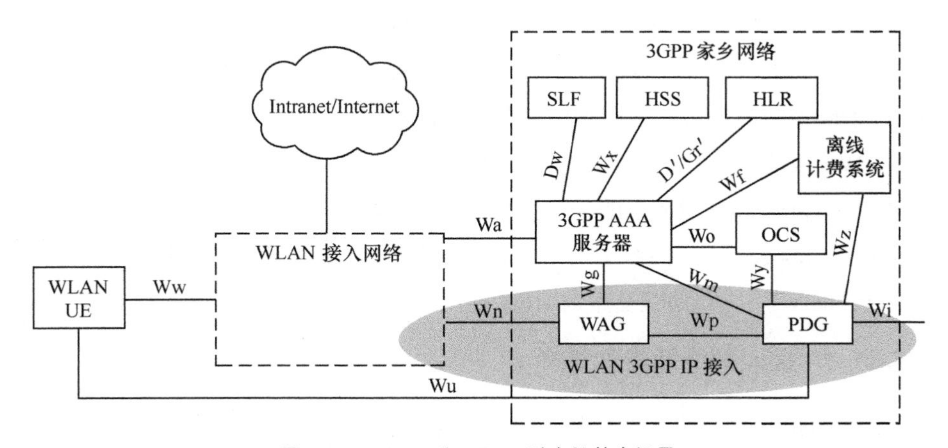

图 5-28　WLAN 和 3GPP 融合的基本场景

图 5-28 主要参考点描述如下。

① Wa 参考点。Wa 参考点是 WLAN AN 和 3GPP 网络互联接口，与非漫游方式和 3GPP 家乡 AAA 服务器互联，在漫游方式和漫游地的 AAA 代理互联。该参考点的主要功能是以安全的方式传输认证、授权和计费信息。EAP Authentication 将在此参考点传输。

② Wx 参考点。Wx 参考点是 AAA 服务器和用户归属服务器（Home Subscriber Server，HSS）之间的互联接口。该参考点的主要目的是为 AAA 基础架构和 HSS 之间建立通信，包括从 HSS 获取 USIM Authentication 认证、WLAN 接入相关的用户信息等。

③ Wn 参考点。Wn 参考点是 WLAN AN 和 WLAN 接入网关（WLAN Access Gateway）的接口，用于 WLAN 和 3GPP 网络的 IP 接入。该参考点用于强制 WLAN UE 初始化隧道通过 WAG。该接口实现方式有多种，取决于 WLAN AN 和 PLMN 的协商。

④ Wp 参考点。Wp 参考点是 WAG 和 PDG 之间的接口，用于 WLAN 和 3GPP 之间的 IP 接入。

⑤ Wi 参考点。Wi 参考点是 PDG 和分组数据网络（分组数据网可以是外部 Internet、私有数据网以及运营商的分组域 IMS 网等）之间的接口。该参考点基于 IP 通信，需符合外部网络 IP 地址分配策略。

⑥ Wm 参考点。Wm 参考点是 3GPP AAA 服务器和 PDG 之间的接口。AAA 服务器通过该参考点获取 UE 到 PDG 的隧道属性以及 UE 的 IP 地址配置等参数信息。当需要为 UE 静态配置远端 IP 时，将从 HSS 获取的信息提供给 PDG。为 UE 和 PDG 的隧道建立、数据认证和加密传递认证数据。

⑦ Wu 参考点。Wu 参考点是 WLAN UE 和 PDG 之间的接口，表示了二者之间的初始化隧道。Wu 参考点的传输协议由 Ww、Wn 和 Wp 参考点提供，用于保证数据会通过 WAG 路由到 PDG。该参考点主要完成 UE 初始化隧道建立，通过 UE 初始化隧道传输用户数据以及撤销 UE 初始化隧道。

5.6.1.2 接入网络通告和选择

WLAN UE 面临接入网络选择控制。在图 5-29 中，UE 可能面对 WLAN AN1、WLAN AN2 等多个接入网络，UE 通过任意一个接入网络均可以获得归属网络服务，因此，UE 面临 WLAN 接入网络选择以及接入网络互联的 VPLMN 选择（多个 AN 均没有和归属网络直接连接，甚至 AN 和 HPLMN 没有连接）。

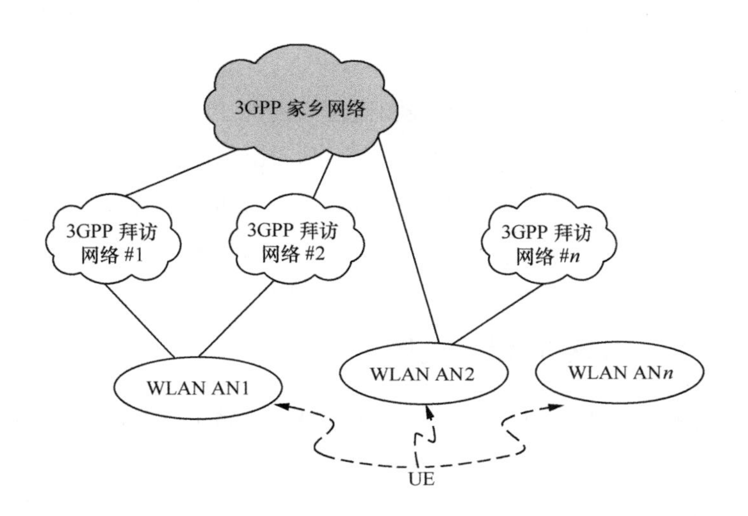

图 5-29　网络通告和选择场景

WLAN 接入点（Access Point，AP）通过服务集标识（Service Set Identity，SSID）进行网络通告。SSID 是 WLAN 用于定位服务的功能，是无线访问点使用的识别字符串。SSID 是 1～32 个字符串，其包括扩展服务区标识（ESSID）和基本服务区标识（BSSID），通过 ESSID，能够得到 WLAN 的运营商信息。

WLAN UE 可以通过 Beacon 信令获取其接入范围内的所有 SSID，或针对其自身保存的优先 SSID 列表单独对 SSID 发起探测。如果接入选择基于用户手工控制，则 UE 需要获取所有 SSID，并能够获取该 SSID 支持的 PLMN 列表信息，再从中选择一个接入网络。如果基于自动模式，则控制步骤如下。

① UE 对附近的 SSID 进行主动或被动扫描。针对 UE 自身的 SSID 优先级列表，当找到最高优先级 SSID 时，可以不再继续进行扫描。

② 开始进行网络关联和发现。对于多个 SSID，可基于 SSID 优先级列表顺序进行如下步骤。

（a）如果 HPLMN 认证成功（例如收到 EAP-Success），则整个过程结束，用户成功完成接入；

（b）如果收到网络公告信息（例如 EAP-Identity/Request），则保存到列表中，继续重复步骤②。

在步骤①中，因搜索到最高优先级而停止其余 SSID 搜索，但最高优先级接入点不能发现用户所需的移动网络，则需要重复步骤①进行扫描，并按优先级顺序进行完成（a）。

③ 根据用户 PLMN 优先级列表和运营商优选 PLMN 列表，与从高优先级 WLAN 接入网络获取其支持的 PLMN 列表进行比较，选择最佳匹配进行接入并认证。如果有多个接入网支持所需的移动网络，则选择具备最高 SSID 优先级的接入网络。

④ 关联步骤③选择的 SSID，并进行 PLMN 接入鉴权过程。

5.6.1.3 PLMN 网络通告和选择

当用户开始进行 PLMN 认证时，WLAN AN 需将 UE 的认证信息路由到对应 PLMN 的 AAA 服务器。该路由信息的控制是基于 UE 的初始 NAI。NAI 格式符合 RFC 2486（最新标准已更新为 RFC 4282），其包含用户名信息和域信息。在域信息中包含了用户归属移动网络的信息。

对于 WLAN UE，其根据用户或运营商移动网络优先级列表，采用对应初始化 NAI 发起鉴权过程。如果 WLAN AN 针对初始 NAI 可以路由到对应 PLMN，则不需要进行 PLMN 通告。当 WLAN AN 不能根据用户的初始化 NAI 进行鉴权信息的路由时，则需要进行 PLMN 网络通告，告诉 UE 其支持的漫游网络对应的 NAI 域信息。UE 根据 PLMN 网络通告信息，结合自身策略，可以选择通过接入漫游网络来获取服务，基于该选择 UE，需要根据 VPLMN 采用新的 NAI 进行接入（NAI 域信息和 VPLMN 域信息一致）。WLAN 和 VPLMN 选择流程如图 5-30 所示。

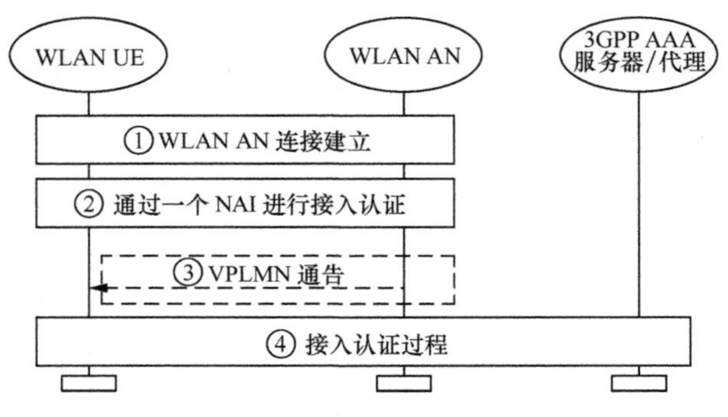

图 5-30 WLAN 和 VPLMN 选择流程

5.6.1.4　服务授权控制

接入用户是否获取网络提供的服务，主要取决于 W-APN、用户订阅信息以及用户拜访网络能力和漫游协议。服务授权主要包括 3 种场景，第一种场景中用户使用归属网络服务，如图 5-28 所示；后两种场景是用户漫游在外地，分别通过拜访网络的 WAG 连接到家乡网络的 PDG 接入互联网和直接使用拜访网络的 PDG 接入互联网，如图 5-31 所示。

对于本地接入服务，服务授权包括是否提供一个 UE 到 PDG 的 IP 连接，并为 WLAN UE 提供 IP 相关的配置参数（远端 IP 地址、DHCP 和 DNS 服务器地址等）。PDG 的选择是通过 W-APN 指示决定。W-APN 类似 3GPP 的接入点名（Access Point Name，APN）概念，由 AAA 服务器基于用户订阅信息决定。UE 将使用 W-APN 来指示它想获得的服务或服务集，然后通过 DNS 对 W-APN 进行解析，再结合其订阅信息，决定用户所需要的 PDG。然后 UE 能够选择 PDG 对应的网络地址，和 PDG 建立初始化连接，获取通信所需 IP 相关配置参数。

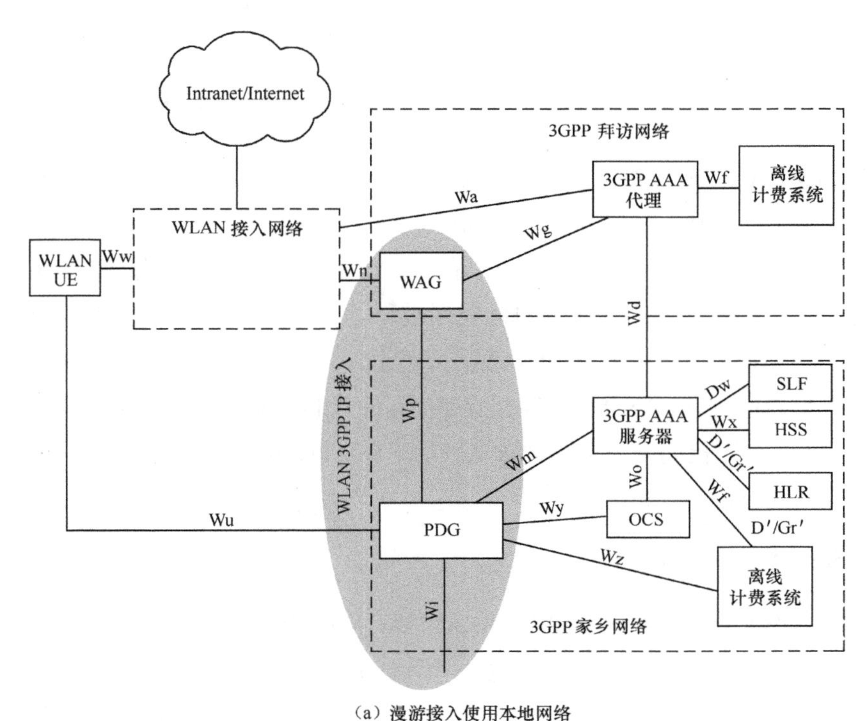

（a）漫游接入使用本地网络

图 5-31　漫游接入使用本地网络和拜访网络接入分组域

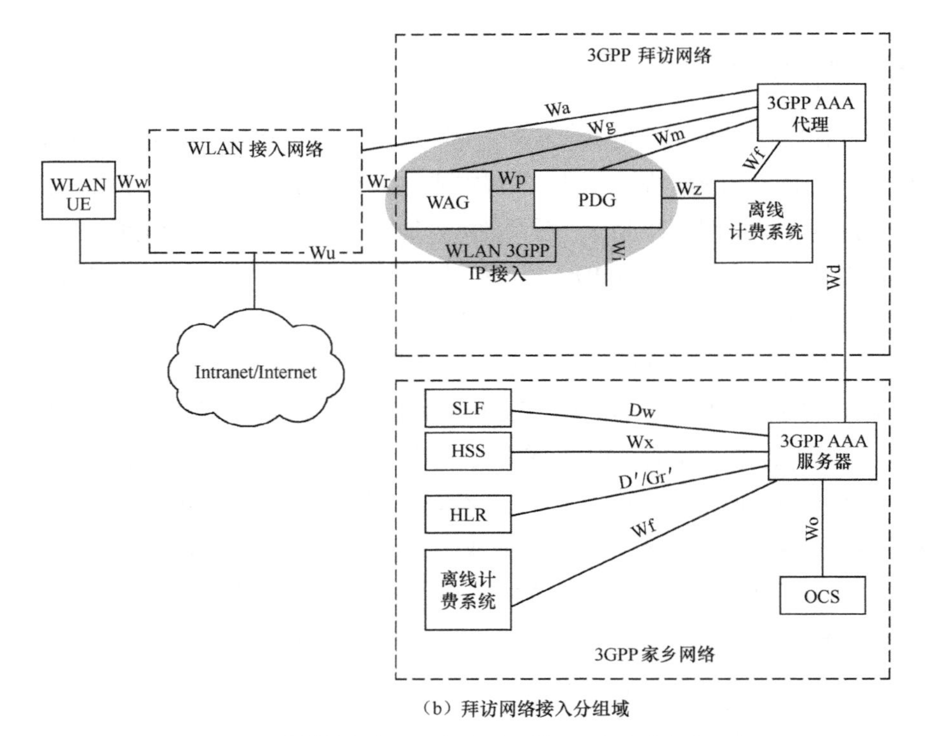

（b）拜访网络接入分组域

图 5-31　漫游接入使用本地网络和拜访网络接入分组域（续）

当 WLAN UE 通过漫游网络接入时，如果需要使用拜访网络提供的服务，则需要进行额外的控制。用户需要使用拜访网络的 W-APN，需要归属网络和拜访网络均理解该 W-APN，并在 AAA 服务器和 AAA 代理服务器上传递该用户的相关授权和订阅信息。拜访网络的 PDG 选择，是通过拜访网络的 DNS 进行对应解析，在 PDG 选择后，由 PDG 对 UE 相关 IP 参数进行配置。

当用户通过 WLAN AN 能够直接连接到外部 Internet 或其他外部 IP 网络时，用户也可使用一个指向外部网络的 W-APN。该 W-APN 能够直接将 WLAN AN 和外部 IP 网络直接互联。

5.6.1.5　IP 层通信

针对 WLAN UE 接入 3GPP 网络，需要对用户 IP 地址参数进行分配控制。

UE 有本地 IP 地址和远端 IP 地址两个地址。本地 IP 地址用于 UE 和 PDG 之间的通信，其地址空间属于 WLAN 接入网络的地址空间。UE 远端 IP 地址用于 UE 和

PDG 外部的 IP 网络进行通信。远端 IP 地址可以是 PLMN 静态分配的永久 IP 地址、归属 PLMN 或拜访 PLMN 的 PDG 分配的动态 IP 地址或外部 IP 网络分配的永久或静态 IP 地址。终端和分组数据网关的协议栈如图 5-32 所示，UE 通过本地 IP 地址和 PDG 通信，PDG 收到数据后再解除隧道封装，以远端地址通过 Wi 接口和外部 IP 网通信。

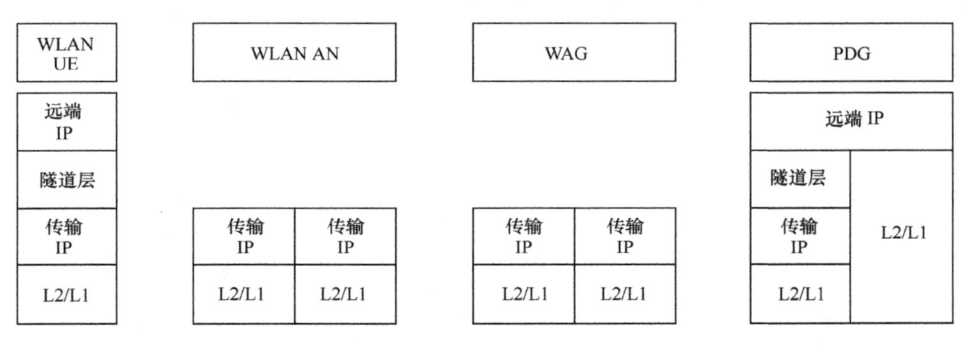

图 5-32　WLAN UE 和 PDG 间的协议栈

在图 5-32 中，PDG 能够对 WLAN UE 的本地 IP 地址和远端 IP 地址进行绑定，支持数据报文的地址映射从而实现数据报文的封装与解封装。WAG 则主要进行业务的计费、报文中的非加密信息过滤以及 QoS 功能。

5.6.2　LTE 接入和 WLAN 移动切换

5.6.2.1　移动切换模式

在标准 3GPP TS 23.402[36]中，SAE 的 EPC 网络支持 3GPP 其他移动网络接入，包括 GSM、CDMA 等，也支持非 3GPP 的网络接入，例如 WLAN。

对于传统 3GPP 2G/3G 移动网络的异构接入支持，其接入架构包括图 5-33 和图 5-34 两种场景，对应本地接入和漫游接入。在控制平面，2G/3G 用户基于 SGSN 和 MME 互联，MME 对用户接入进行认证鉴权，选择对应的 S-GW 以及 P-GW。在用户平面，用户数据经过 S-GW 和 P-GW 接入运营商的分组域或 Internet。当用户通过漫游网络接入，其控制方式类似，只是拜访网络 MME 需要从归属 PLMN 的 HSS 获得授权信息，P-GW 则可能根据获取服务，选择归属网络或拜访网络的对应功能节点。

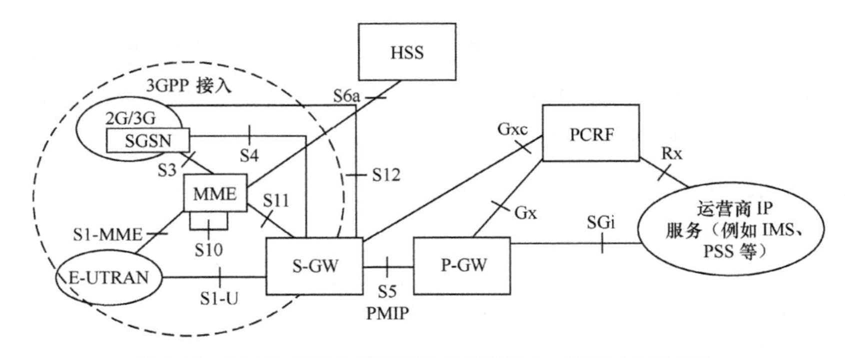

图 5-33　3GPP 2G/3G 移动网络非漫游接入（基于 S5 PMIP）

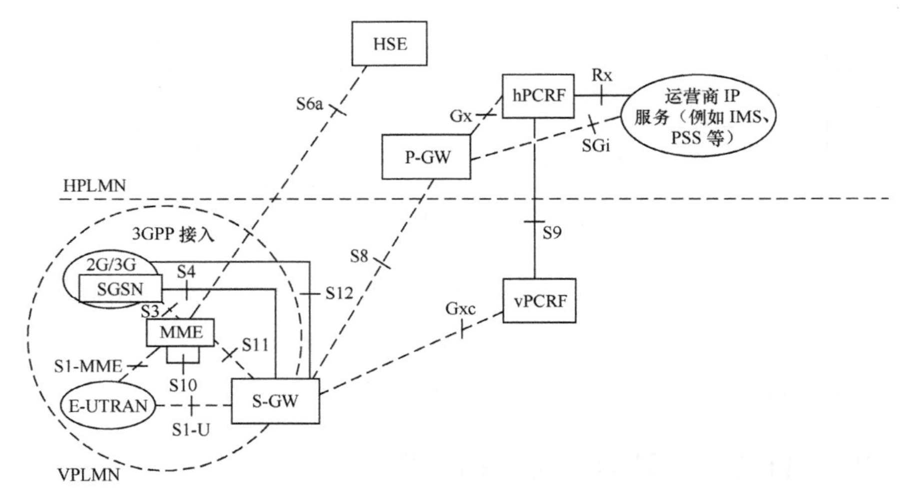

图 5-34　3GPP 2G/3G 移动网络漫游接入（基于 S8 PMIP）

S5、S8 接口主要应用于 3GPP 传统移动网络接入。对于 WLAN 等非 3GPP 接入技术的用户接入，则按照 WLAN 与 EPC 核心网之间的信任关系以及采用的移动性管理协议（GTP、PMIP 和 DSMIP），主要基于 S2a、S2b 和 S2c 这 3 种接口实现。

1. S2a

S2a 方式支持非 3GPP 的授信网络接入（为同一运营商建立的非 3GPP 热点覆盖网络）。S2a 接入模式如图 5-35 和图 5-36 所示，分别在于用户是在本地接入还是异地漫游接入。基于此方式，由于 WLAN 等非 3GPP 接入网络是可信网络，故用户可以直接接入附着到 P-GW 上，其接入的鉴权、策略控制和计费等均和 3GPP 的移动网络接入一致，用户进行网络切换时也可采用相同的认证算法和已有的安全向量，重新进行接入认证。用户接入后接受 P-GW 进行接入地址的分配，实现网络附着。

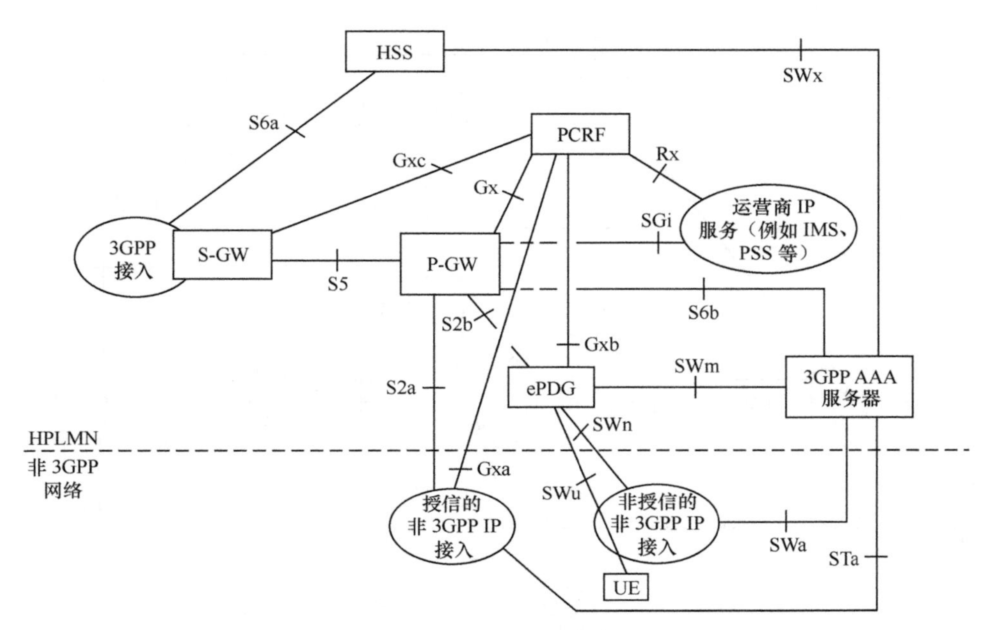

图 5-35　S2a 和 S2b 非漫游接入方式

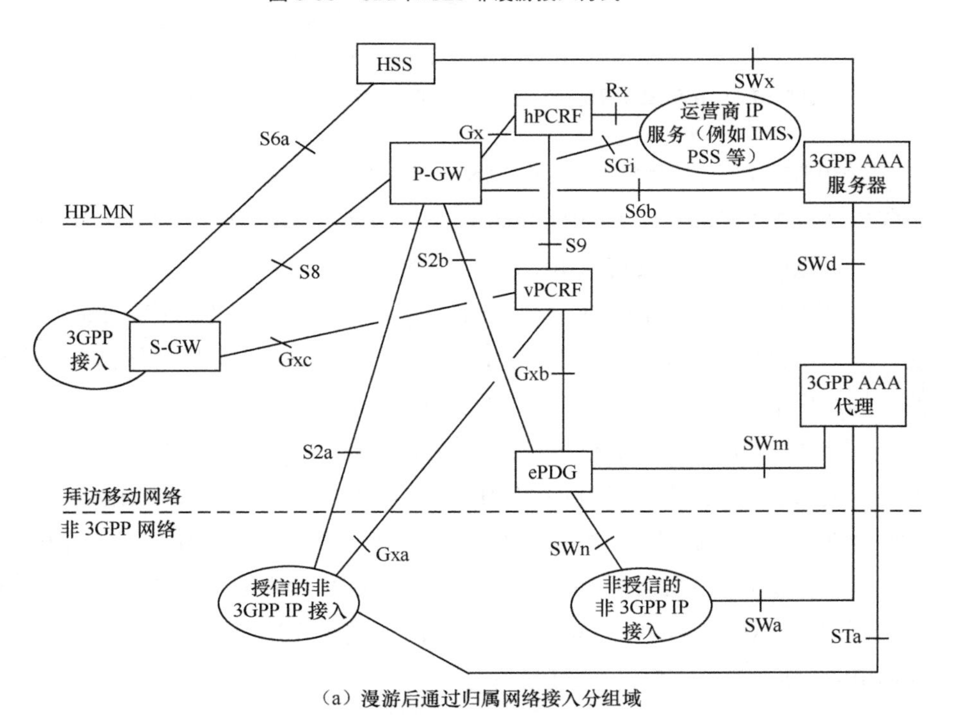

（a）漫游后通过归属网络接入分组域

图 5-36　S2a 和 S2b 漫游接入方式（通过归属网络/拜访网络接入分组域）

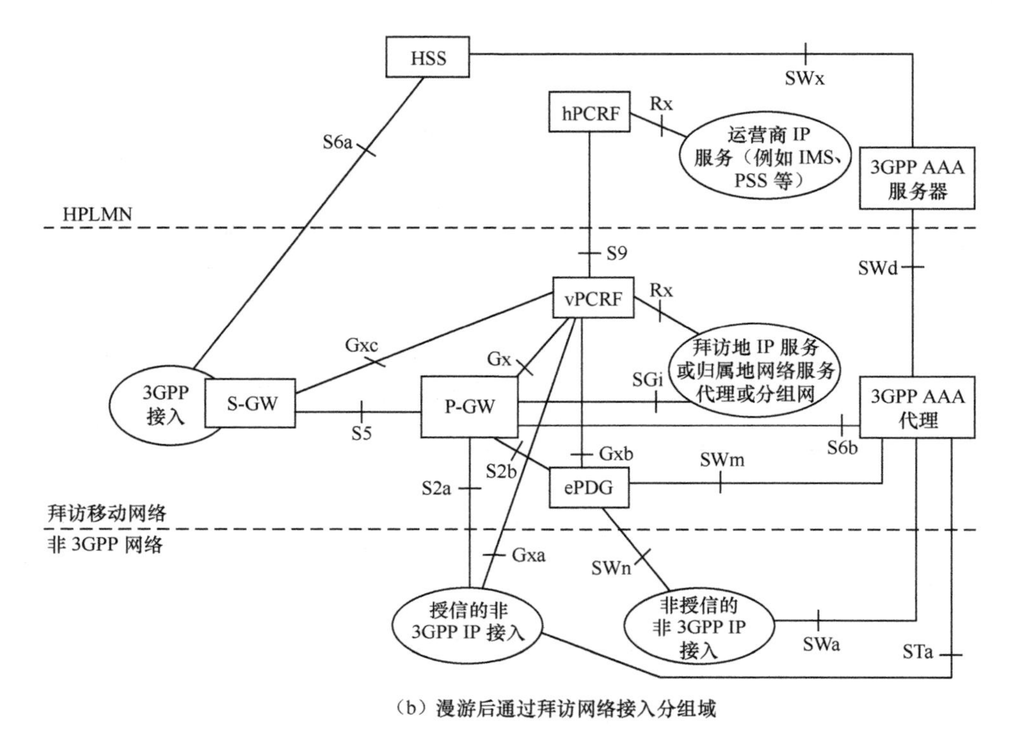

（b）漫游后通过拜访网络接入分组域

图 5-36 S2a 和 S2b 漫游接入方式（通过归属网络/拜访网络接入分组域）（续）

采用 S2a 方式，局限性在于 WLAN 必须是授信网络。由于 WLAN 接入网络到 P-GW 之间需要通过 GTP/PMIP 隧道将用户业务接入 EPC 网络，WLAN 内部的相关设备需要进行改造，以支持 PMIP 的 MAG 功能。

基于 S2a，UE 只由 P-GW 分配一个 IP 地址，因此，其期望访问 Internet 的业务或运营商分组域的业务，必须经过 P-GW 才行。该方式下，用户分流不能动态实现，即用户不能够经由 WLAN 接入网络直接访问 Internet。

图 5-37 显示了 S2a 方式的协议栈要求。从图 5-37 中可以看到，S2a 对终端没有特殊要求，并且终端基于 IPv4 或 IPv6 网络均可支持。为支持 PMIPv6，在 S2a 中需要在非 3GPP 接入网络中支持 MAG 功能，同时在 EPC 网络中需要支持 PMIPv6 的 LMA 功能（见 5.3.3 节举例），此功能在 P-GW 中实现。在用户数据面，S2a 接口两端（MAG 和 P-GW）需要建立移动 IP 隧道，该隧道可以是 IPv4/IPv6-in-IPv4/IPv6 的组合，视具体网络建设决定。

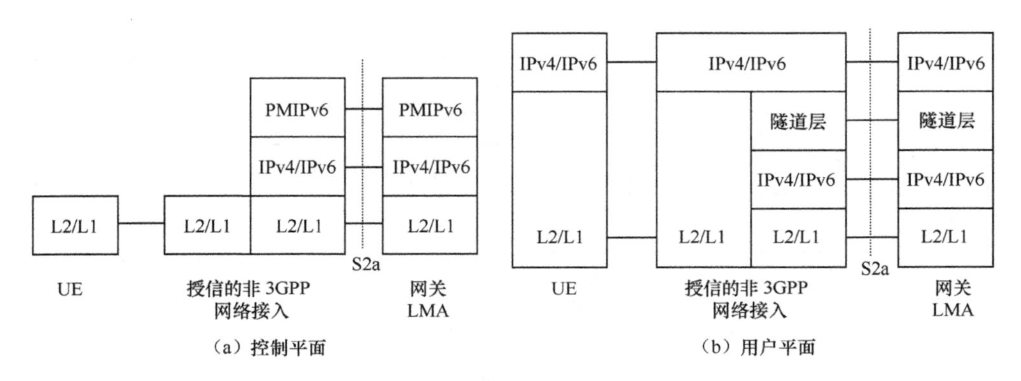

图 5-37　S2a 控制平面和数据平面协议（PMIPv6）

2．S2b

S2b 接入模式同样如图 5-35 和图 5-36 所示，可以看出，相较于 S2a，S2b 是用户通过 ePDG 代理入网，ePDG 的网络地位和非 3GPP 授信网络的地位是一致的。引入 ePDG 是因为接入网络是非授信的（不是同一运营商建立的外部网络，但是二者具备业务协议支持互通），所以需要 ePDG 进行代理认证鉴权，在 ePDG 上以移动网络用户身份通过 GTP/PMIP 协议和 P-GW 建立隧道连接。

采用 S2b 方式，无需 WLAN 等接入网络的相关设备进行改造（主要是无需 MAG 功能设备）。对应 MAG 功能，均在 ePDG 这个新增网络实体上得以实现。不过基于该方式，UE 需要额外支持 IPSec 方式并支持 IKEv2，用于建立 UE 和 ePDG 之间的安全连接。由于 IPSec 机制的引入，数据流转发需要经过 ePDG 处理，相对效率降低，时延增加。

在 S2b 方式下，用户 UE 可以得到两个 IP 地址：一个是 WLAN 等接入网络分配的本地 IP 地址；另一个是 P-GW 分配的远端 IP 地址。基于本地 IP 地址，能够动态实现用户的分流，通过接入网络访问外部 Internet 等网络。

S2b 协议栈分别支持 PMIPv6 和 GTP 方式，如图 5-38 和图 5-39 所示。在图 5-38 中，UE 和 ePGG 之间具备 IKEv2 密钥管理连接，业务面具备 IPSec 隧道，ePGG 具备 PMIPv6 功能。在图 5-39 中，区别仅在于 ePGG 和 P-GW 之间没有采用 PMIPv6 隧道，而是基于 GTP 隧道机制。

3．S2c

S2c 接入模式支持非 3GPP 的授信网络和非授信网络接入。对于授信网络和非授信网络接入之间的区别，和 S2a/S2b 一致，在于接入网络是否经过 ePDG 的代理转接。

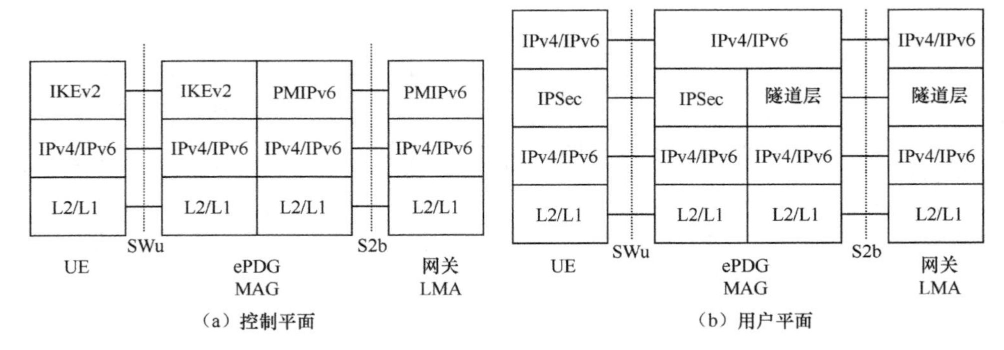

图 5-38　S2b 控制平面和数据平面协议（PMIPv6）

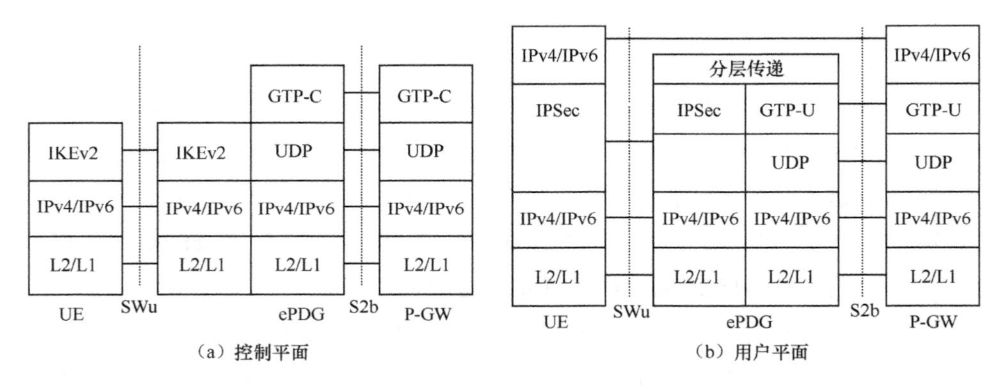

图 5-39　S2b 控制平面和数据平面协议（GTP 方式）

S2c 与 S2a、S2b 的差异主要体现在对终端的要求上。S2c 接入模式如图 5-40 和图 5-41 所示，由终端自身实现 DSMIP 功能，并建立 UE 到 P-GW 的 DSMIP 隧道连接，而非通过 WLAN 等接入网络实现对应功能。当非授信网络接入时，UE 和 ePDG 之间依然需要建立安全的 IPSec 连接，在 IPSec 隧道基础上再进行 UE 到 P-GW 之间的 DSMIP 隧道建立。基于 S2c 方式，对接入网络本身没有特殊要求，但该方式对终端要求很高，当非授信网络接入时，需要在 IPSec、IKEv2 功能支持基础上增加对 DSMIP 的支持实现，终端需要支持双层隧道。

采用 S2c 方式，基于授信网络接入时 UE 具有两个 IP 地址，分别是 WLAN 等接入网络分配的本地 IP 地址和 P-GW 分配的远端 IP 地址；当基于非授信网络接入时，用户具备 3 个 IP 地址：接入网络分配的本地 IP 地址、ePDG 分配的转交地址以及 P-GW 分配的远端 IP 地址。由于用户具备本地 IP 地址，故能够动态实现用户的分流，通过接入网络可直接访问 Internet。

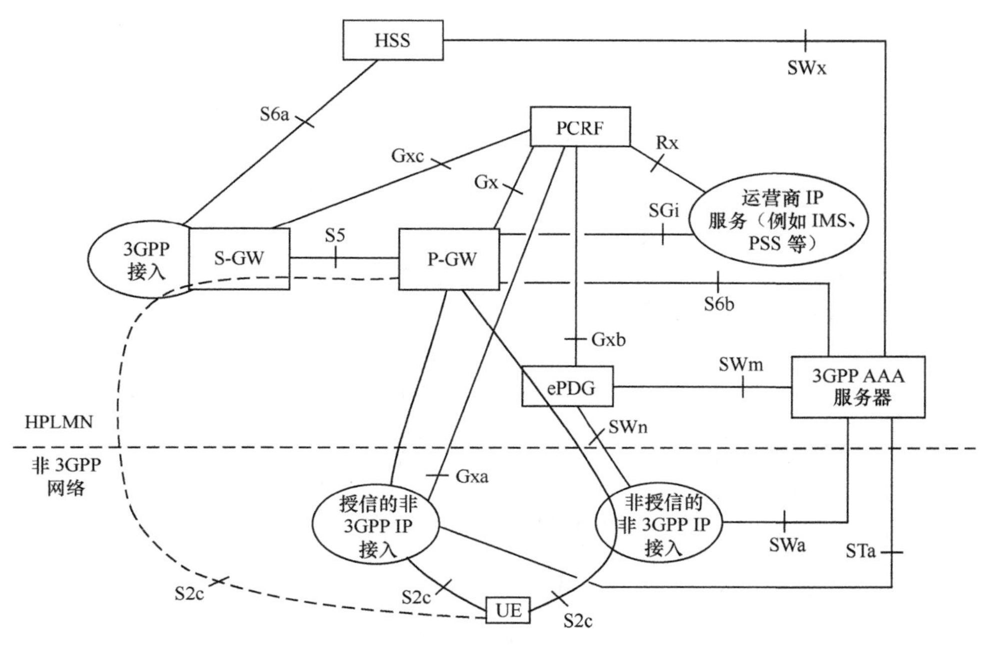

图 5-40　S2c 非漫游接入方式

基于 IPv6 的 S2c 协议栈如图 5-42 和图 5-43 所示，前者对应授信网络，后者对应非授信网络，需要建立 UE 到 ePDG 之间的 IPSec 隧道。可以看出，UE 需要具备 DSMIPv6 的功能，直接建立和 P-GW（作为移动 IP 家乡代理）的隧道，但是接入网络和 ePDG 均不需要具备移动 IP 的功能，仅执行 IP 转发，实现较为简化。

5.6.2.2　LTE-WLAN 无缝分流

基于 LTE-WLAN 多网络接入，3GPP 具备 3 种业务分流方式，分别是非无缝 WLAN 分流（Non-Seamless WLAN Offload，NSWO）、IP 流移动（IP Flow Mobility，IFOM）和多接入 PDN 连接（Multi-Access PDN Connectivity，MAPCON）。后两种方式均支持业务无缝切换[36]。

1. IFOM

IFOM 的典型场景如图 5-40 和图 5-41 所示，UE 通过 3GPP 网络及非 3GPP 网络多种不同接入网络接入，然后通过 EPC 的同一个 P-GW 接入互联网（不同接入网络对应到同一个分组网）。IFOM 能够实现不同的业务流基于不同的接入网络进行传输，并且当接入网络发生切换时，对应 IP 流切换连续无缝。

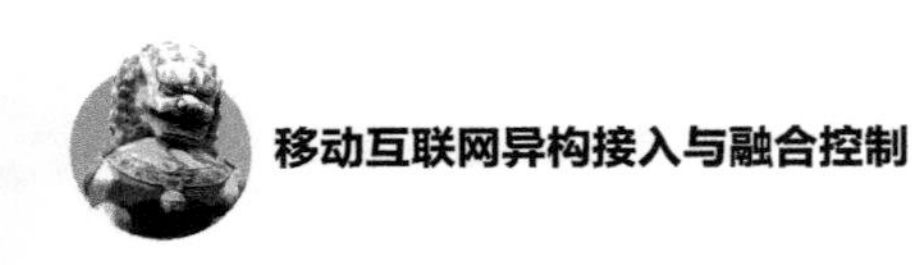

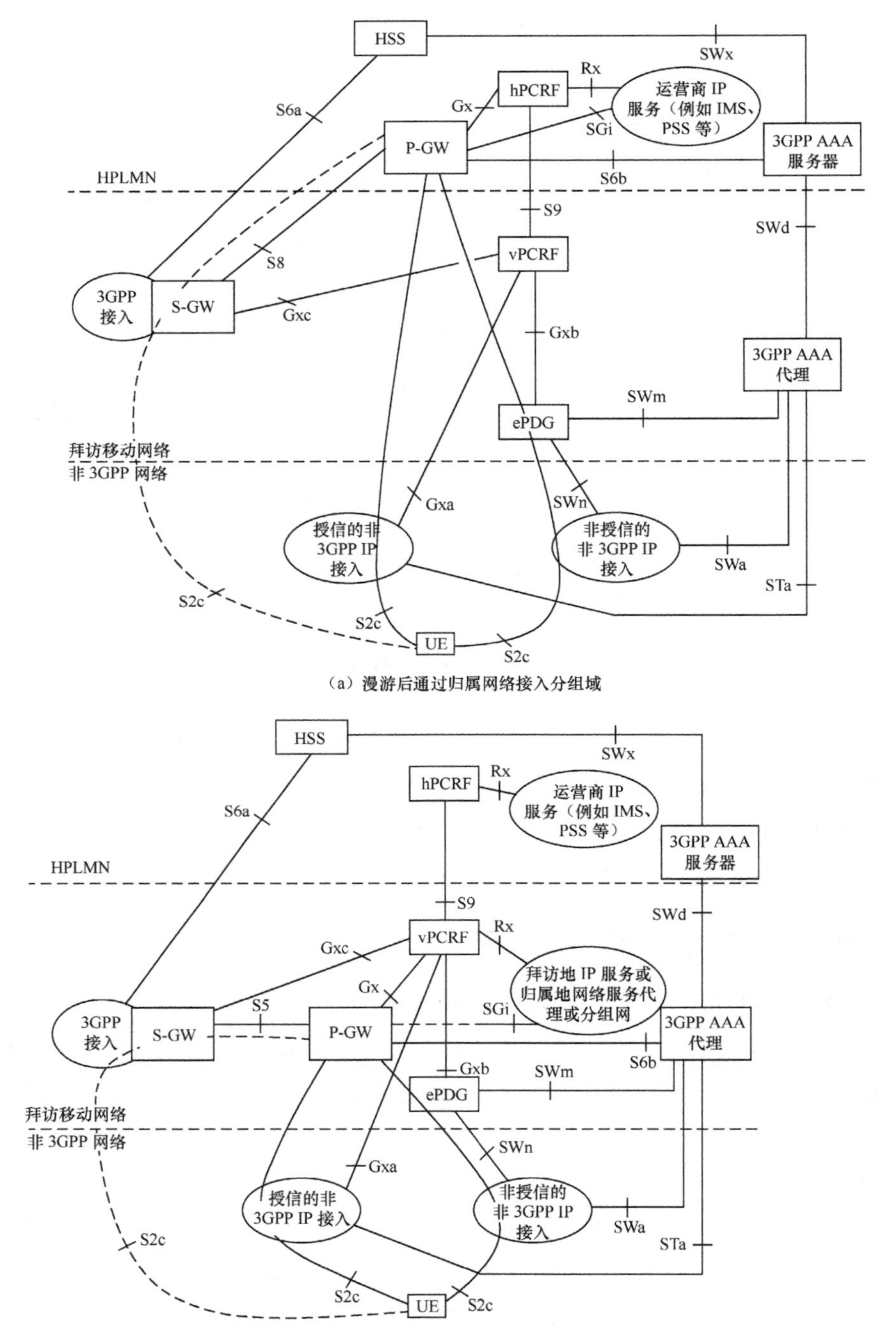

（a）漫游后通过归属网络接入分组域

（b）漫游后通过拜访网络接入分组域

图 5-41　S2c 漫游接入方式（通过归属网络/拜访网络接入分组域）

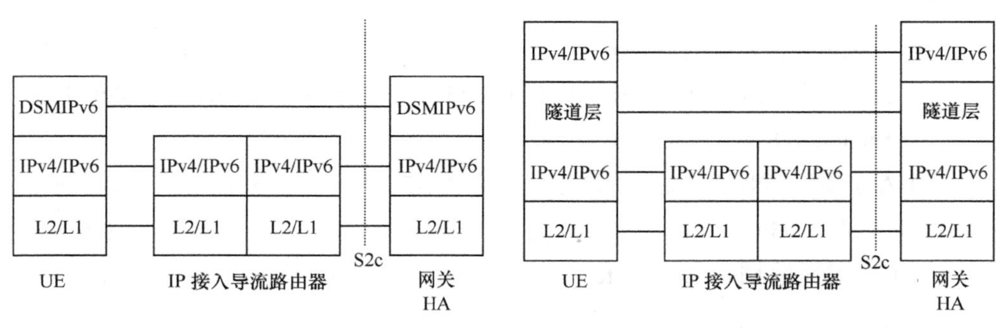

图 5-42　S2c 针对授信网络的控制平面和用户平面协议（DSMIPv6）

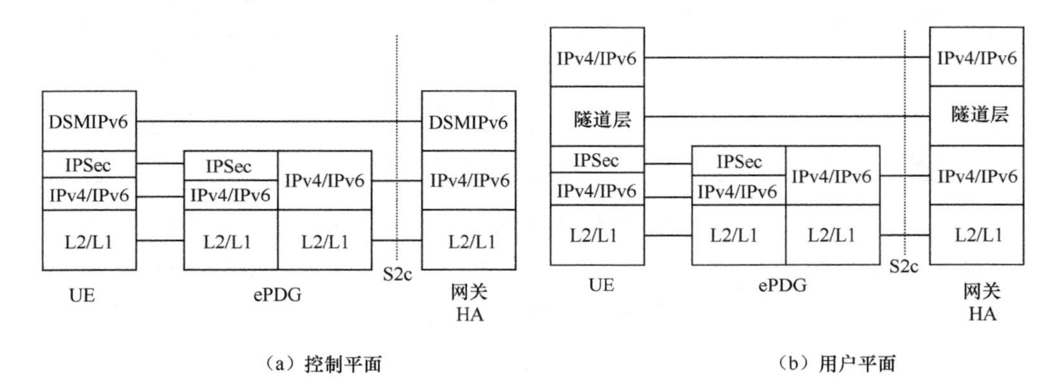

图 5-43　S2c 针对非授信网络的控制平面和用户平面协议（DSMIPv6）

在 3GPP TS 23.261[37]中，定义了基于 IFOM 的 WLAN 分流，主要是基于 DSMIPv6 的 S2c 接入方式和 H1 接口。H1 接口是指终端和家乡代理的接口，本质上与图 5-40 中的 S2c 接口一致，HA 对应图 5-40 中的 P-GW。

实现 IFOM 要求终端 UE 和 HA 进行功能扩展，具体扩展如下。

- DSMIPv6 协议扩展，主要基于 RFC 5648 Multiple CoA Registration，终端能够在家乡代理上注册多个外地转交地址（Foreign Agent Care-of-Address，FACoA）。这是因为一个终端基于 WLAN 接入和基于 3GPP 接入，它被分配的转交 IP 地址可能会有多个。
- 为了实现不同的业务流基于不同的接入网络传输，终端需要建立路由过滤规则 Routing Filter，该规则能够定义不同 IP 流标识（地址、端口、IPv6 流标签等多元组）。

- 终端需要将 Routing Filter 信息的安装、添加、删除等基于 Binding Update 消息通知 HA，这主要可参考标准 RFC 5555、RFC 5648 和 Draft-Ietf-Mext-Flow-Binding，并将这些信息和接入网络、路由地址、优先级等进行绑定。

HA 上最终能够形成业务流绑定关系见表 5-5。基于表 5-5 中信息，HA 就知道 IP 业务流是从 3GPP 系统接入的，还是从 WLAN 系统接入的。当用户接入发生切换时，UE 能够通过 Binding Update 消息更新路由信息，HA 收到更新的路由信息后，就会进行相应的承载释放或者创建，实现 IP 业务流的无缝切换。

表 5-5　HA 中缓存的 IP 流绑定关系

家乡地址	路由地址	绑定 ID	绑定优先级	流 ID	流 ID 优先级	路由过滤规则
HoA1	CoA1	BID1	x	FID 1	a	IP 流描述
				FID 2	b	IP 流描述
HoA1	CoA2	BID2	y	FID 3	…	…

基于业务流的接入网络选择和切换也可基于网络侧决定，这部分主要基于 ANDSF 实体来实施。ANDSF 可依据系统间移动策略（Inter-System Mobility Policy）和 APN 间路由策略（Inter-APN Routing Policy）等来决定用户业务流的接入网络选取。

2. MAPCON

MAPCON 是指终端 UE 通过不同的接入系统，同时和不同的分组网 PDN 建立连接。例如，运营商提供的 IMS 分组网和 Internet 就是两个不同的分组网，用户可以基于 LTE 接入实现 IMS 的音/视频呼叫，通过 WLAN 在 Internet 下载大数据文件。

针对不同的接入网络，可以采用不同的 APN 配置来决定不同业务将被路由到不同的 PDN。该策略可以由终端自己配置，也可基于 ANDSF 的 APN 间路由策略和系统间路由策略。

MAPCON 支持 WLAN 和 3GPP 接入间的切换，当用户移动到 WLAN 覆盖范围外时，能够将应用切换到 LTE 接入。采用 MAPCON 技术，用户附着流程还是基于标准流程，只是基于不同接入网络分别在两个系统进行附着。在切换流程中，如果用户已经在两个系统都附着了，只需要把一个系统上要切换的业务切换到另一个系统上，在目标消息中为其建立相应的 PDN 连接，并释放源系统中相应的承载即可；

如果用户只在源系统进行了附着，那么在切换前，用户需要先在目标系统执行附着流程，并能够提供要切换的 PDN 连接 APN。此外，MAPCON 对 HSS 和 AAA 有所增强，主要是要实现 P-GW 信息的动态推送，P-GW 信息原来是在切换流程中通过接入认证过程获得的。

MAPCON 技术也需要终端能够进行业务流识别，并将不同业务流路由到不同的分组网中。

3. ANDSF 功能

为实现上述 IFOM、MAPCON 功能，3GPP 引入了接入网络发现和选择功能（Access Network Discovery and Selection Function，ANDSF）实体，基于该实体实现用户的异构接入，并实现业务接入的无缝分流。ANDSF 实现架构如图 5-44 所示。

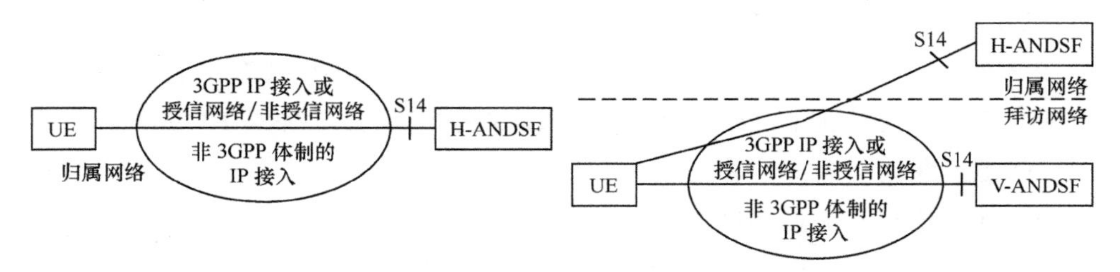

图 5-44 本地和漫游接入时选择 ANDSF 的结构

ANDSF 具有数据管理和控制功能，能够响应 UE 请求或主动推送信息给 UE，为用户发现接入网络和进行接入网络选择提供所需的辅助数据。ANDSF 提供如下策略。

（1）系统间移动策略

该策略规定了是否允许 UE 进行系统间的移动，并为 UE 接入 EPC 系统选择最合适的接入系统。ANDSF 也可以基于运营商策略或者基于 UE 发送的网络发现和选择信息，对系统间的移动性策略进行修改。

（2）接入网络发现信息

根据 UE 的请求，ANDSF 可以提供 UE 邻近区域所有接入系统的接入网络列表。接入网络信息可以包括接入技术类型（如 WLAN 或 WiMAX）、无线接入网络标识符（WLAN 的 SSID）、其他接入技术的特定信息（包括载波频率、规则生效时间等）。

（3）系统间路由策略

该策略是运营商定义的一套规则，用于决定 UE 如何在多无线接入系统中路由数据，包括针对特定接入技术、特定 IP 业务流或限定特定的 APN；当业务流匹配某种规则（例如特定的 IP 业务流或某特定应用的所有业务），为 UE 指定最佳的接入技术以及接入网络。具体机制包括 IP 流移动、多接入 PDN 连接和非无缝 WLAN 分流。

（4）APN 间路由策略

该策略是运营商定义的规则，决定不同业务将被路由到不同的 PDN 中，以及将不需要无缝分流的业务分流到 WLAN 中。

（5）WLAN 选择策略

该策略是运营商定义的规则，决定 UE 如何选择和重选择一个 WLAN 接入网。UE 可以从多个 PLMN 中获得该规则。

（6）VPLMN 首选的 WLAN 选择规则

该规则是一张 PLMN 的列表，在 UE 漫游时使用。当 UE 漫游到列表中的一个 PLMN 时，UE 会优选该 PLMN 提供的 WLAN 选择策略，而不是 HPLMN 提供的 WLAN 选择策略。

（7）优选的服务提供者列表

该列表为漫游的 WLAN 接入者提供了服务提供者优选列表。当 UE 通过 WLAN 接入，希望通过 3GPP 接入认证时，根据该列表构建 NAI、服务提供者使用域进行标识。

用户根据 ANDSF 提供的这些信息，就能结合当前业务的特征，选择最合适的接入网络，实现数据业务的有效分流。ANDSF 能够针对非 NSWO、IFOM 和 MAPCON 提供业务分流控制策略。

| 5.7 应用层移动支持管理 |

5.7.1 运营商业务的移动支持

5.7.1.1 IMS 对基本呼叫的移动性支持

IMS 是移动运营商在全 IP 网络架构下的 IP 多媒体业务基本平台，其基本功能实体在第 4 章中已进行了简要介绍。未来移动运营商提供的话音/视频呼叫、多媒体消息、IPTV、用户状态等均在此基础架构上进行业务扩展。此外，部分 2G/3G 网络和 LTE 4G 网络中业务互通的解决方案，特别是话音等呼叫相关业务也需要 IMS 参与。本节简要介绍 IMS 对移动用户的业务支持。

IMS 对移动用户提供支撑主要基于域。该概念还是运营商按地域划分提供服务的延续（分域可以实现分布式架构，可独立实现内部计费策略，实现跨域结算等）。具体部署如图 5-45 所示，图中不同的域代表不同的城市或省。在不同区域之间，能够支持用户移动漫游，并支持用户原有签约业务。

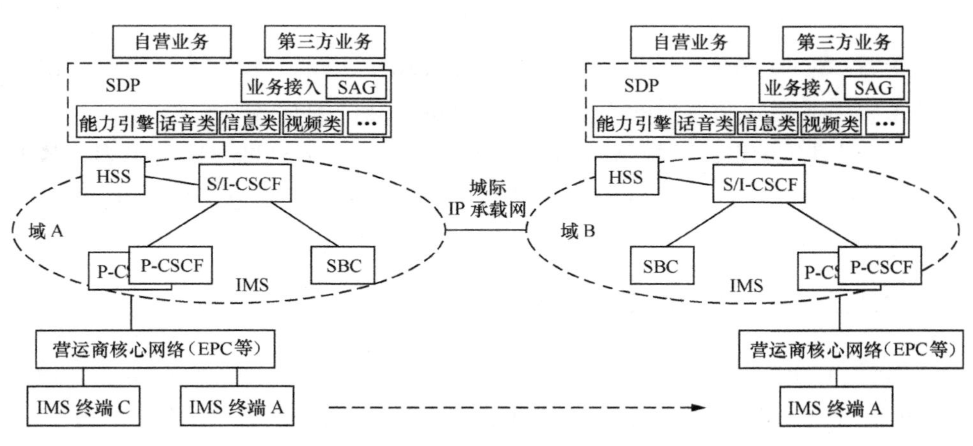

图 5-45　基于 IMS 的分域部署

IMS 系统中，用户无论移动到何地，均是在归属域进行用户注册，由归属域完成用户的认证授权以及业务支撑。用户业务也是基于本地呼叫控制设备完成业务接续。在图 5-45 中，IMS 用户终端 A 属于域 A，它从域 A 移动到域 B，下面以此为例，描述用户移动的注册过程和业务呼叫过程。

（1）移动用户注册

① 终端 A 基于 LTE 无线信道接入 4G EPC 网络，从 EPC 中的 P-GW 获取分配的 IP 地址以及 P-CSCF 地址，实现网络附着；

② 终端 A 向获取的 P-CSCF 地址开始进行用户注册，注册报文中包含了用户标识、归属网络域名、用户信息、会话描述信息等；

③ 域 B 的 P-CSCF 发现终端 A 用户不属于域 B，域 B 的 P-CSCF 通过查询 DNS 服务器对用户 A 的归属网络域名进行解析，得到漫游用户归属网络 I-CSCF 的 IP 地址；

④ P-CSCF 将终端 A 的用户注册信息转发给归属地的 I-CSCF，对用户进行鉴

权并分配本地 S-CSCF，并由 I-CSCF 将注册报文转发给 S-CSCF，实现注册；

⑤ S-CSCF 从 HSS 处下载该用户的相关信息（签约信息、安全信息等），并将这些信息存放在 S-CSCF 本地运行环境中。最终成功完成用户注册。

（2）用户业务呼叫

以图 5-45 中终端 C 发起和移动后的终端 A 的业务过程为例。

① 用户 C 发起到用户 A 的视频呼叫，业务呼叫发送到 S-CSCF 服务器；

② S-CSCF 会查询用户 A 对应提供的 S-CSCF，最终发现用户 A 已经漫游到域 B，并获取域 B 中用户接入对应的 P-CSCF 地址；

③ S-CSCF 将呼叫发送到拜访网络 B 的 P-CSCF，并最终将呼叫发送到漫游用户；

④ 信令应答可利用 SIP 消息的路由记录进行反向返回。

为了计费等因素，用户 A 无论漫游到何处，发起业务呼叫时均会由其归属地 S-CSCF 为其业务进行触发，因此，用户 A 漫游到域 B 呼叫域 B 的用户时，其呼叫也会转回到归属地再进行接续。

5.7.1.2 SRVCC 话音连续业务

当前，LTE 网络建设与业务开展正在全球范围内如火如荼地进行。工业和信息化部电信研究院发布的《4G/LTE-A 技术和产业发展白皮书》显示，截至 2014 年 10 月底，全球 LTE 商用网络已达 354 个，LTE 用户总数达 3.9 亿，中国已建成全球最大规模的 4G 网络，4G 用户数达 5 777 万，占全球总数的 14.8%，位居世界第二。

在核心网方面，LTE 完全放弃了 2G/3G 网络的电路（Circuit Switch，CS）域，采用纯粹的分组（Packet Switch，PS）域来提供呼叫业务，主要基于上节提到的 IMS 系统进行实现。而在 2G/3G 网络，话音业务由核心网电路域提供支持。由于 LTE 只有分组域而没有电路域，因此，在 LTE 时代如何顺利实现对话音业务的承接，成为一个重要的研究课题。

顺利承接话音业务是 LTE 网络的一项关键任务。围绕 LTE 时代的话音业务，业界提出了多种解决方案可供商用选择[38]。具体包括以下 3 种方案。

- SVLTE（Simultaneous Voice and LTE，话音和 LTE 同时支持）方案。在这种方案中，终端同时驻留在 2G/3G 和 LTE 网络中。传统的电路域提供话音业务，LTE 网络提供数据业务，数据和话音同时并发。
- CSFB（Circuit Switch Fallback，电路域回返）方案。在这种方案中，LTE 只

提供数据业务。当用户发起或接收话音业务时，回落到原有网络，如 GSM/UMTS/cdma2000 1x（下面简称 1x）。

- VoLTE 方案。在这种方案中，话音业务由 LTE 数据域提供支持，LTE 通过 IMS 提供基于 IP 数据分组的话音业务。

LTE 网络建设初期多采用阶段性的覆盖方式。在 LTE 覆盖地域，采用 VoLTE 支持话音业务，当用户移动到 LTE 未覆盖的区域时，需要由原有网络提供话音业务来保证业务的连续性。3GPP 在 R8 版本（3GPP TR 36.938）制定了 SRVCC（Single Radio Voice Call Continuity，单无线话音呼叫连续性）方案，在 LTE 覆盖的边缘区域，将 LTE 上的 VoIP 呼叫切换到 1x 的 CS 域上。

在 SRVCC 方案中，呼叫始终锚定在 IMS 上，电路域连接被当作标准的 IMS 会话，电路域承载被当作 IMS 的媒介资源。因此，IMS 可以提供连续服务，而不管其接入网的类型。这个概念被称作 IMS 集中式服务（IMS Centralized Service，ICS）。

在 CDMA 网络中，通过 SRVCC 实现话音业务的互操作，需要新建网元 1xCS 互通解决功能（Interworking Solution Function，IWS），并增加对应 S102 接口，如图 5-46 所示。在 lxRTT MSC 看来，1xCS IWS 是一个基站控制器。该基站控制器的空中接口实际上是 E-UTRAN。这样使得 E-UTRAN 到 1xRTT 的切换在 1xRTT MSC 看来是一个跨 BSC 的切换。UE 和 1xRTT MSC 之间的信令通过 EPS 信令连接、S102 隧道传送。该隧道使得 UE 同时和 EPS 的核心网以及 1xRTT 的核心网保持联系。即 UE 可以从 E-UTRAN 向 1xRTT MSC 进行预注册和呼叫的预建立，从而使得 LTE 到 1xRTT 的切换速度大大加快。

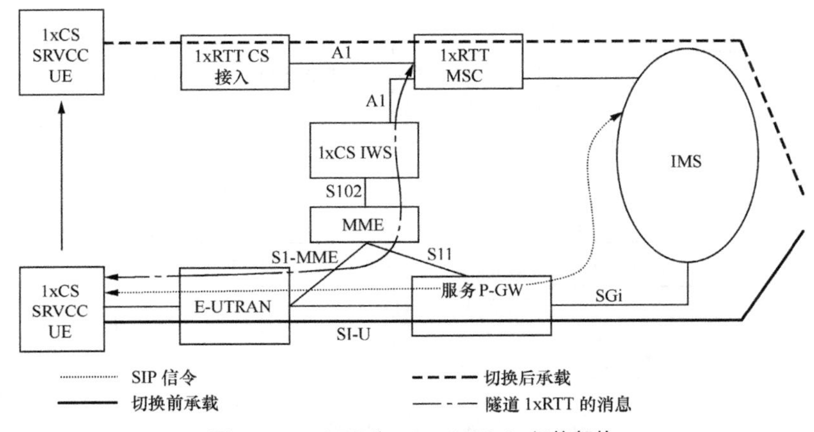

图 5-46　VoLTE 和 cdma2000 1x 切换架构

1xCS IWS 有两个作用：一是到 MME 的信令隧道端点，使用 S102 接口用来发送和接收 UE 的 1xCS 信令消息；二是向 1xMSC 仿真一个 BSC。

MME 需要进行增强，其作为 1xCS IWS 的信令隧道端点，收发来自或去往 UE 的 1xCS 信令消息，并在用户 UE 切换到 1xCS 进行通话后，释放 E-UTRAN 资源。

图 5-46 中 E-UTRAN 需要支持和 1xCS 的交互，支持业务切换的触发，为发往 MME 的 1xCS 信令消息建立隧道，并与 SRVCC UE 进行交互。

具体的话音切换流程如图 5-47 所示。

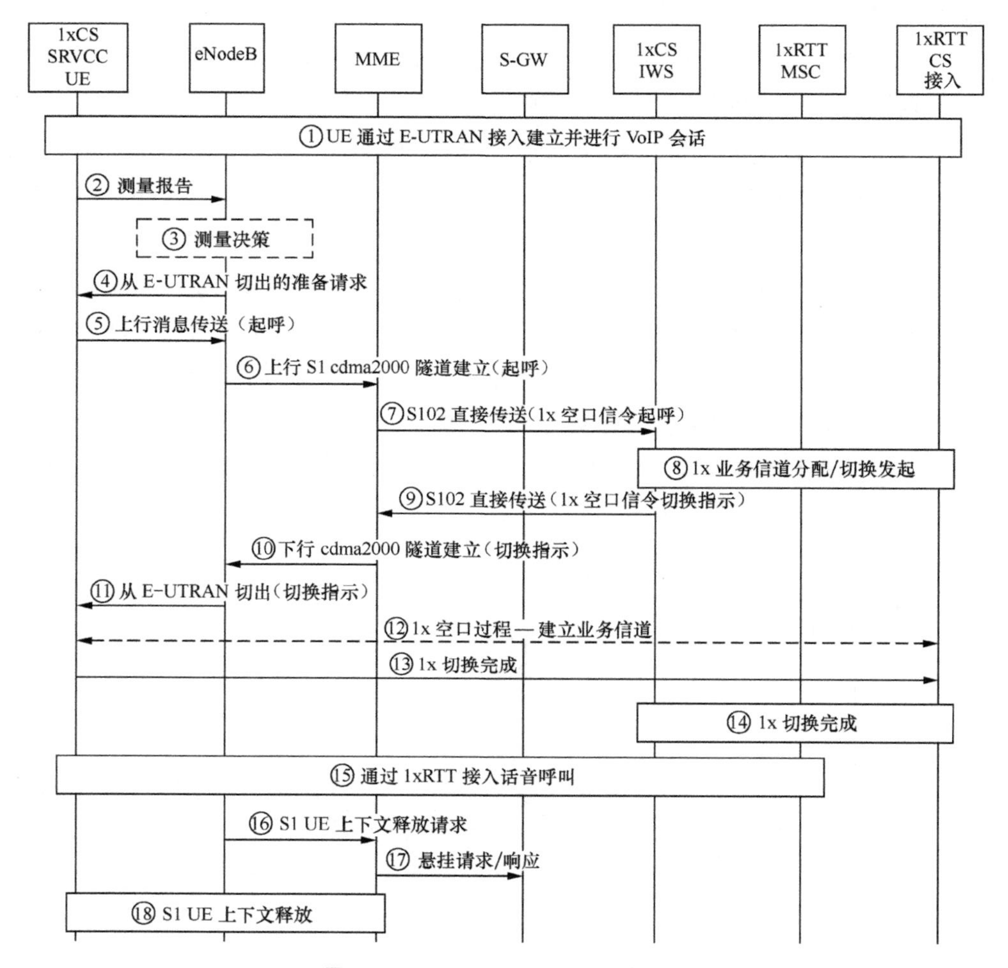

图 5-47　E-UTRAN 到 1xCS 切换流程

5.7.1.3　多终端切换业务支持

在移动互联网中，移动除了意味着用户移动或者链路切换，还有可能是用户的业务终端发生切换。想象如下场景，当用户在家中观看 IPTV 的足球直播时突然要出门，这时用户能够将业务无缝切换到手机应用或者车载终端中，保持业务连续性。当用户回到家中时，又能够将比赛直播切换回 TV，享受大屏幕带来的良好体验。

IMS 结合 SIP 为用户终端业务切换提供了对应的解决方案。在 IMS 中，同一用户能够基于不同终端进行入网注册，不同终端具备相同的公共标识和不同的私有标识，并能够通过注册信息通告自身终端的能力。例如，上面例子中服务器就能够获知 IPTV 和手机终端对于视频业务支持的差异。

当用户采用多个终端登录 IMS 时，IMS 可以基于 SIP 的呼叫控制转移功能进行业务的切换，标准主要参考 RFC 5589[39]，使用 SIP 方法 Refer、Invite 及扩展消息头域 Transferor Target、Replace，实现用户多个终端之间的业务重定向。下面结合图 5-48 进行描述。

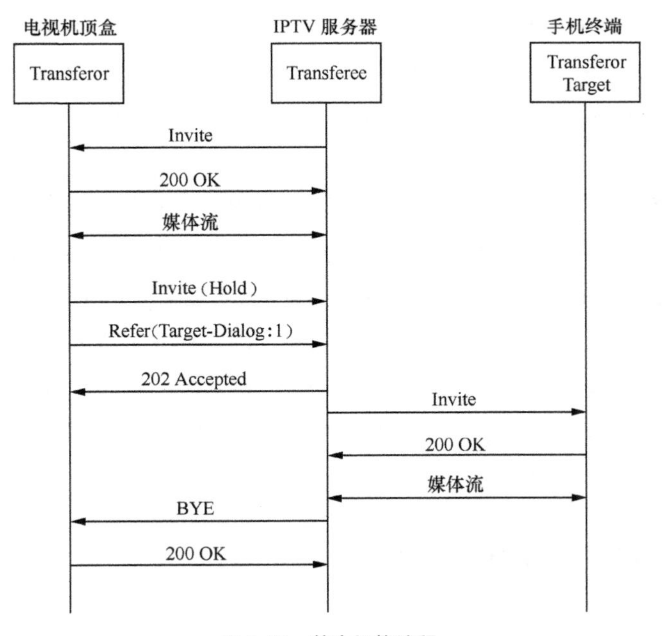

图 5-48　基本切换流程

在图 5-48 中，Transferee 代表业务连接的目标对象，即 IPTV 服务器，终端发生切

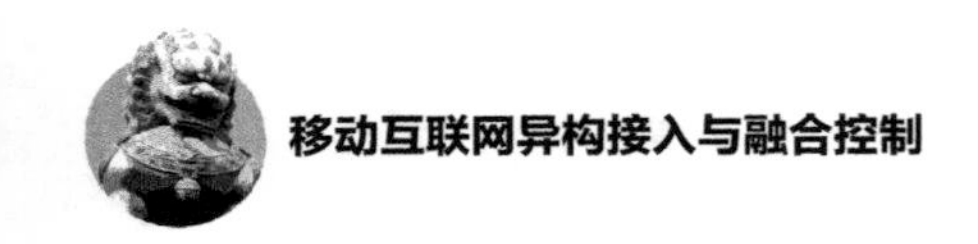

换均需要和它建立业务连接。Transferor 代表发起切换请求的终端，在本场景中代表一开始收看节目的电视机机顶盒。Transferor Target 代表切换后的终端，即手机终端。

开始时电视机机顶盒和 IPTV 服务器建立呼叫连接，并能够接收对应媒体流。当用户期望发起业务切换时，在保持连接的基础上，使用 Refer 邀请方法请求服务器对新的手机终端发起连接，在该方法的 Refer-to 头域中携带手机终端（Transferor Target）的 Contact 地址。图 5-48 中省略了多个终端注册过程和相互之间获取对端 Contact 地址的流程，该过程需要 IMS 中 CSCF 实体配合完成。

IPTV 服务器获取到新的终端地址后，能够向手机终端发起业务连接请求，并基于终端能力进行媒体协商，发送给适合手机播放的媒体流（实际应用中可基于机顶盒控制界面发起切换）。新的业务建立后，IPTV 服务器就能够和原有机顶盒断开连接。至此，终端业务切换过程完成。当用户返回家中时，采用相同的流程又能够将业务切换回电视机顶盒。

此外还有一种方式，Transferor 直接向 Transferor Target 发送 Invite 建立连接，代理 Transferee 向 Transferor Target 建立连接，记录 CallID、from-Tag、to-Tag 等信息。Transferor 再向 Transferee 发送 Refer 请求，并在 Replace 头域中指示需要被切换的 SIP Dialog 的信息，包括记录的 CallID、from-Tag、to-Tag。Transferee 向 Transferor Target 发送 Invite 时，使用 Refer Replace 扩展头域中的 Dialog 信息替换 Transferor 和 Transferor Target 之间已经建立的通话。

基于图 5-48，IPTV 服务器必须实现对应 SIP 扩展协议，这对于第三方服务是一个约束。在 IMS 中，为支持业务连续性，定义了一个新的功能实体 SCC AS（Service Centralization and Continuity Application Server）来实现业务切换[40]。如图 5-49 所示，SCC AS 基于 ISC 接口与 CSCF 互联，能够代理第三方服务器完成 SIP 扩展中的 Transferee 角色，第三方服务器无需特定协议扩展。从图 5-49 中可以看出，发起业务切换的 Controller UE 和切换后的 Controllee UE 均和 SCC AS 进行信令交互，而不直接和第三方服务进行交互。

5.7.2 互联网应用的移动支持

在移动互联网中，移动运营商目前提供的业务对海量的互联网应用而言还是相对较少的，大部分数据业务流量仅是“流过”了运营商提供的接入管道，进入了互

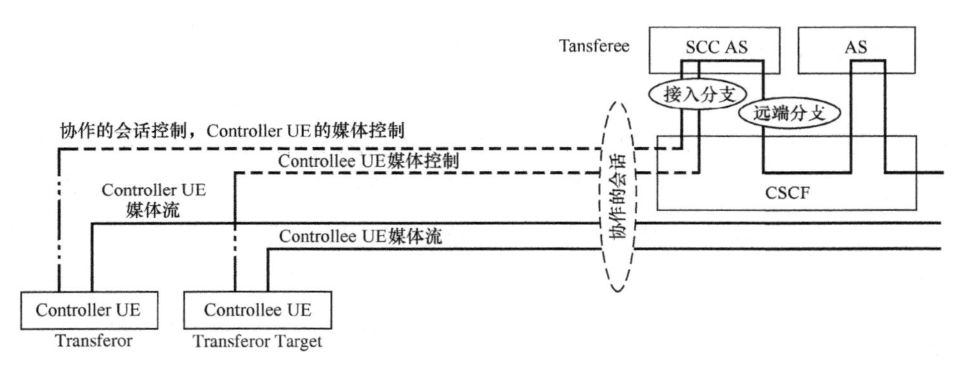

图 5-49　SCC AS 应用架构举例

联网。例如腾讯公司的 QQ、微信社交平台软件是移动互联网时代最为流行的通信工具。用户无论在何处，只要能够接入 Internet，就能获取服务，包括获取用户的好友列表、好友动态，和好友发送即时消息、进行话音甚至视频交互，此外，基于朋友圈还能够进行用户信息分享、进行微商业务推广等。本节以微信作为示例，简单介绍其对移动用户的支持。

微信的技术架构如图 5-50 所示。其架构设计思想是“大系统小做”。从代码到分模块，到分离部署，将各个功能实现尽量独立部署，能够灵活扩展并支撑海量用户。当然，各个独立的功能在部署时，也是需要大量的服务器集群支撑以满足海量用户需求。

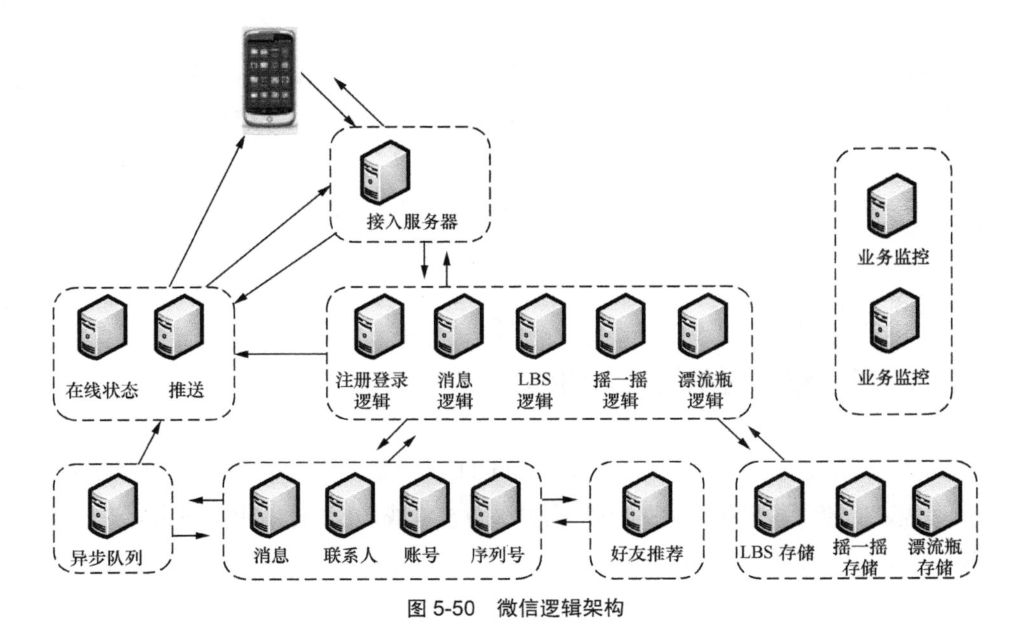

图 5-50　微信逻辑架构

虽然微信的用户数也达到数亿，但是作为基于互联网的应用，和移动运营商提供的服务差别很大。移动运营商基于地理位置将全国划分为不同的区域，分别建立当地的核心网络和接入基站，为处于该地理区域的用户提供电信业务服务及互联网入口服务。基于此模式，用户移动更多受到运营商用户管理和业务策略方面的限制，例如，用户出国等场景还需要提前办理开通国际业务或者是采用国外的 SIM 卡以节约资费。

微信业务是基于互联网进行部署的，虽然微信由各种独立服务功能组成，但从整体上看，是基于数据中心进行业务部署的，是具备逻辑中心的，只是在部署时通过建立多个数据中心来实现异地容灾备份、负载均衡以及异地存储等功能，从而提高整个系统的可靠性。目前，腾讯公司已经在深圳、上海、天津、香港以及加拿大建立了数据中心。基于此架构，用户只要能够接入互联网，无论其身处何方，均能获取微信服务。现在一个非常常见的场景就是用户在全球各地旅行，使用 Wi-Fi 接入或当地运营商提供的低资费网络接入，通过微信或 QQ 进行共享信息发布、聊天等。

因此，基于逻辑有中心的思路，用户的移动支持不再是复杂问题。用户无论移动到何处，其 IP 连接均能够接入微信服务器上。如图 5-51 所示，用户在任意地点通过不同接入网络接入互联网，并最终接入微信的接入服务器，由服务器根据用户身份信息为其提供一致的用户环境。当然，微信也会记录用户登录的位置信息（通过用户终端 IP 地址或是终端操作系统提供的位置接口），由微信的 LBS 逻辑处理单元为其他服务提供用户位置信息。其他服务能够根据用户的位置信息为用户推送相关地域差异服务，例如登录地点的天气信息等。

对于用户连续移动的切换，微信服务等应用也无须关注。仅须在不同接入网络的分组网接入点之间执行 PMIPv6 协议中 LMA 实体功能，就能保证终端和微信服务器之间的 IP 可达性。

5.7.3 基于终端应用的接入切换

前面提到，运营商针对 WLAN 和 3GPP LTE 网络切换提出了 IFOM 和 MAPCOM 的解决思路，但是运营商的解决方案需要设备技术成熟度以及市场需求进行驱动部署。当前，用户进行移动和多模终端切换场景，除了对话音和视频业务有连续性要求，针对其他 Internet 的多样化服务，业务连续性无缝切换的需求不明显，因此，运营商针对数据业务的连续切换并没有进行实质部署和应用。

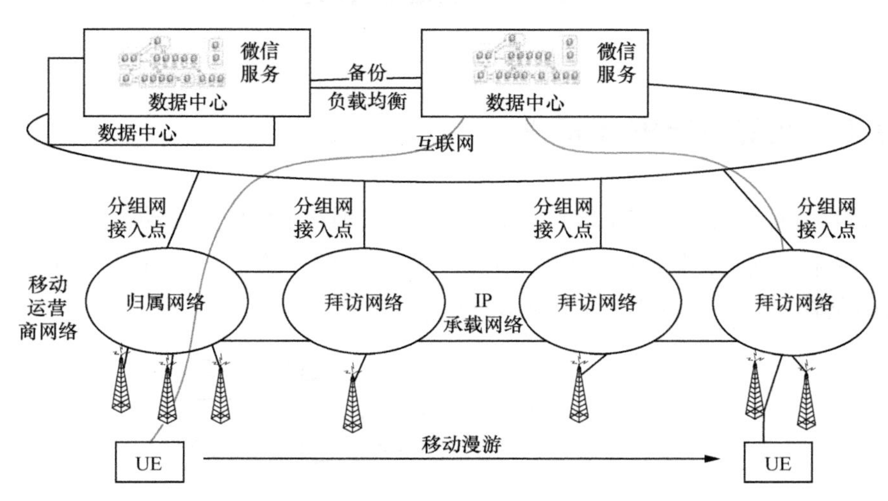

图 5-51　微信移动服务示意

当前用户上网，进行接入连接切换已经是一个普遍的行为。当用户在户外时，使用 3GPP 提供的接入手段进行上网业务，当回到家中或进入有免费 Wi-Fi 提供的场地时，则通过 Wi-Fi 进行上网。用户在此过程中，浏览网页、进行 QQ/微信即时通信等，均没有感觉到服务的间断。

此机制主要是基于终端应用软件进行切换实现，而且业务均属于 Internet 业务而非运营商相关业务。多模终端能够对所处环境的网络进行检测，对信号进行测量。在此基础上，应用软件可依据终端系统接入网络优先级选择策略或软件自身策略，选择高优先级接入链路。当接入手段发生变化时，应用软件能够从操作系统获取网络连接信息，并根据新的入网方式重新进行网络附着，重新获得新的 IP 地址分配等信息，并基于新的终端地址信息重建和服务器端的连接。由于这些业务不需要太多的连续性切换，通过与连接无关的软件重传机制就能够保证网络业务的持续进行，使得用户感受不到网络切换带来的影响。

上述流程用户基本可不进行感知。但是目前较多终端应用会为用户提供接入选项，即仅在 Wi-Fi 条件下进行缓存或更新，充分说明终端应用软件考虑到不同接入链路的特性，并具备对应的接入控制能力。

5.8 移动位置管理

5.8.1 运营商移动位置管理

位置管理的目的是使系统具备定位和跟踪随时可能漫游或移动的主机/终端位置，然后将呼叫或分组准确地递交至目的移动主机/终端的能力。位置管理涉及位置更新和呼叫递交两个子过程，如图 5-52 所示。

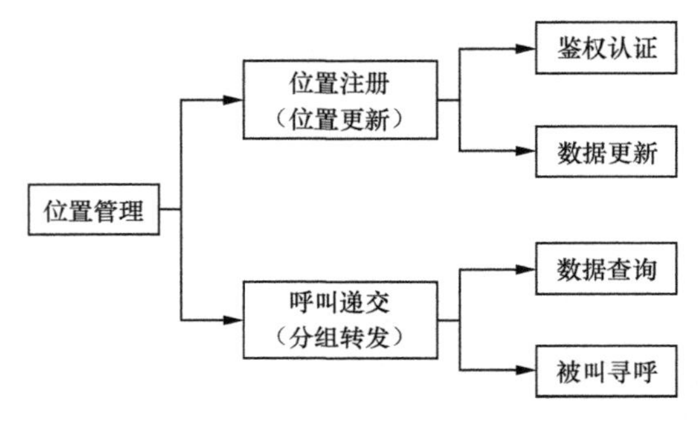

图 5-52 位置管理子过程

首先是位置注册，移动节点定期通告当前所在访问接入点，系统会对用户进行鉴权认证，确认后根据当前的位置更新数据库中相应的位置信息数据。然后当呼叫到达或者有分组需要转发时，查询被叫方当前的位置和网络接入点，通过寻呼机制，将呼叫或分组转发需求通知给用户，用户应答后完成到目的移动主机的通信。

在位置管理中，终端通告现行的地址给它的通信节点或者网络中的中间路由。这样，所有愿意通信的节点都能接入移动中的终端，甚至当终端移动在不同的子网间时。因此，位置管理包括两个任务。

① 位置更新：追踪位置移动节点，它们的位置必须被注册，而且位置改变，这个注册必须更新。

② 信息投递：使用位置信息，信息被投递到移动节点当前的位置。

位置管理实现跟踪、存储、查找和更新移动目标的位置信息，包括两个重要功能：位置更新（或称位置注册）和位置查找（或称寻呼）。其中，位置更新由移动目标向网络系统报告其位置的变更；位置查找则是网络系统查找移动目标所在位置的过程，一般是系统发起的，涉及如何有效、快速地确定移动目标的位置。

位置管理需要位置数据库支撑，例如 2G 和 3G 网络中的访问位置寄存器（Visitor Location Register，VLR）和归属位置寄存器（Home Location Register，HLR）、移动 IP 的家乡代理和外地代理（Foreign Agent，FA）以及 SIP 中的位置服务器等。位置数据库可采用层次型数据库（如在 2G 中采用的两层数据库结构——HLR 和 VLR）、树型数据库和中心数据库结构。

为了便于实现位置管理，通常将整个网络的覆盖区划分成若干个位置区（Location Area，LA）与寻呼区（Paging Area，PA）。位置区是指移动终端在其中移动，而不需要更新位置数据库信息的区域，一旦移动终端跨越一个 LA 的边界时，就需要向系统更新位置信息。寻呼区是通信过程中，系统对移动终端进行广播查找的区域。位置管理的性能评价参数主要有更新消息开销、更新时延、寻呼信令开销、寻呼时延等。另外，位置更新与位置查找在占用系统资源方面是矛盾的，同时优化两者是一个 NP 问题，在协议设计和网络规划时需要对两者进行平衡和折中。各种位置管理方案就是在两者的开销之间寻找平衡，以降低总的位置管理开销。

5.8.2 3GPP 网络位置服务

运营商移动位置管理的驱动力主要是内部业务需求以及计费需求，在移动互联网时代，一切更加开放，移动应用的开发者会更加关注运营商对外开放的位置服务。运营商对外开放位置服务的描述主要见 3GPP TS 23.271 [41]。

参考 3GPP TS 23.271，无论是 GSM、UMTS 还是 EPS，均能够提供 LCS 定位服务。通常，定位服务的使用分为 4 类，包括商业 LCS、内部 LCS、紧急 LCS 和法律拦截 LCS。

- 商业 LCS 最典型是为应用提供增值服务，运营商可以为外部应用提供服务，例如为 LBS 服务提供 UE 位置信息。
- 内部 LCS 主要用于 UE 接入网的内部操作，例如定位辅助用户切换以及流量和覆盖率测试等，也可用于支持一定的 O&M 任务等。
- 紧急 LCS 的典型使用是当用户进行紧急呼叫时，能够辅助确定用户的位置范围。在司法上这项服务可以是强制要求的。

- 法律拦截 LCS 用于支持各种法律要求或者法律批准的服务。

在移动网络中，主要的定位方法是基于无线信号的测量和在测量基础上的位置估计算法，具体包括基站覆盖定位方法、OTDOA 方法、A-GNSS 定位方法、U-TDOA 定位方法、E-OTD 定位方法等，不同系统会有一定的差异。部分方法在后续定位技术中会进行描述[42]。

在移动网络内部，定位服务是通过 LCS 服务器实现的，LCS 服务器被称为网关移动位置中心（Gateway Mobile Location Center，GMLC），其又由用户处理单元（Client Handling Component）、系统处理单元（System Handling Component）、订阅处理单元（Subscriber Handling Component）和位置单元（Positioning Component）这 4 个模块组成，本书不再详细描述，感兴趣的读者可以在 3GPP TS 23.271 中进一步阅读。本节主要描述系统对外提供的访问接口和实现。

移动网络 LCS 通用架构如图 5-53 所示。整个架构是以 GMLC 为中心，GMLC 通过 Lg 接口向系统内部对应实体获得用户位置信息，例如，基于 SLg 接口，使用 EPC LCS 协议（ELP）[43]向 MME 发起定位请求或交换定位信息。对外，GMLC 使用 OMA 的标准移动定位协议[44]，通过 Le 接口向 LCS 客户端提供服务。GMLC 之间，采用 Lr 接口实现互通。

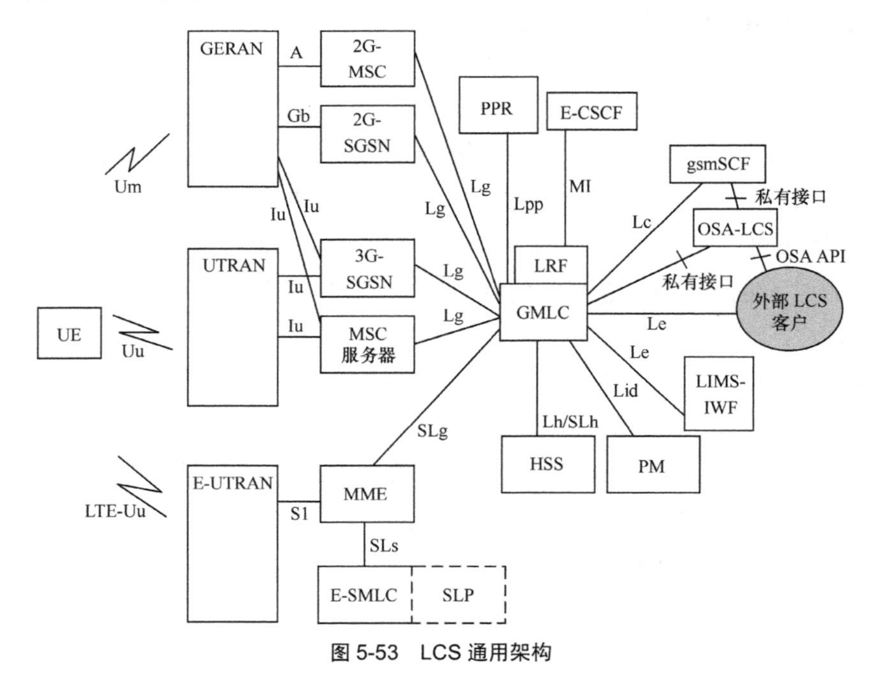

图 5-53 LCS 通用架构

下面就 3GPP 移动网络对外提供定位服务的流程进行举例，如图 5-54 所示。图 5-54 中假定被定位的用户 UE 已经漫游到其他城市。

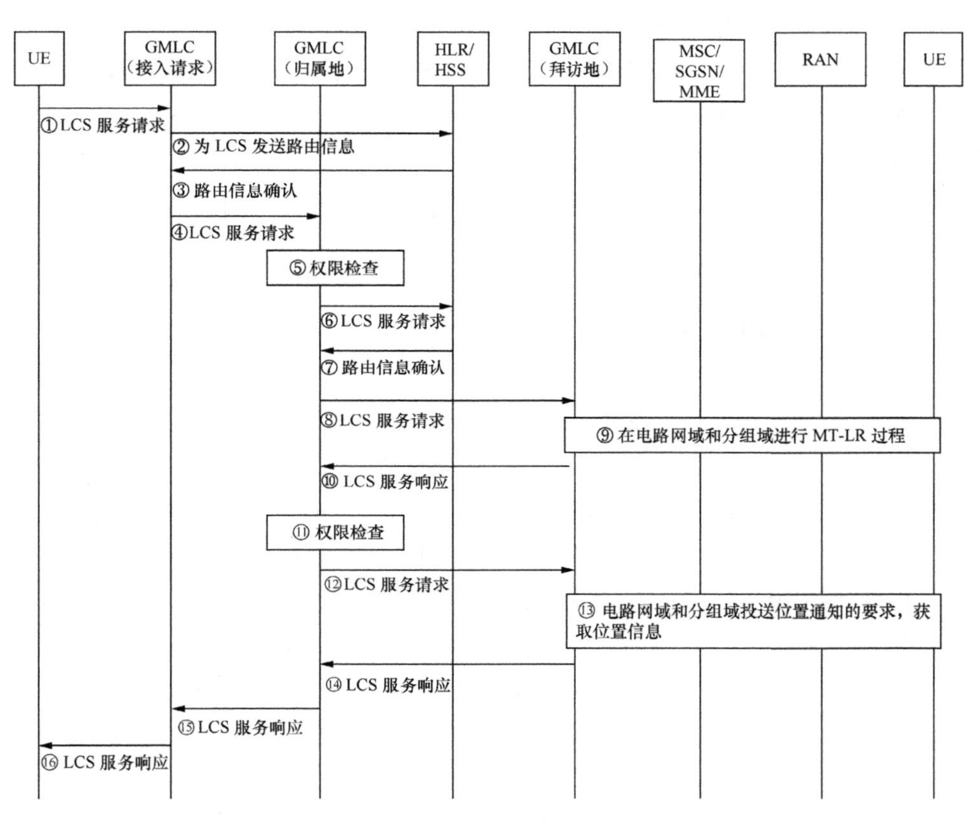

图 5-54　移动终端网络定位请求的通用流程

① LBS 客户发起对移动用户的定位请求，该请求被发送到该客户所在 R-GMLC，R-GMLC 会验证定位请求，获取被定位 UE 信息，主要是 IMSI 信息。

② 如果 R-GMLC 知道被定位用户的归属地，可直接将查询请求发送给 H-GMLC，跳过步骤②和③。如果不能确定被定为 UE 的 H-GMLC，则向 HSS 发起查询。

③ HSS 响应查询，返回 H-GMLC 位置信息。

④ R-GMLC 将定位请求转发给 H-GMLC。

⑤ H-GMLC 会检查 R-GMLC 是否授权能够发起定位请求。如果通过授权则继续。

⑥ H-GMLC 向 HSS 查询用户位置，如果用户在本地入网，则通过内部 Lg 接

口获取用户定位并返回，否则继续。

⑦ HSS 返回用户所在拜访地的 V-GMLC 位置。

⑧ H-GMLC 通过 Lr 接口向 V-GMLC 发起用户定位请求。

⑨ V-GMLC 在系统内部获取用户定位信息，该系统可以是 2G/3G/4G 网络。

⑩ V-GMLC 向 H-GMLC 返回 UE 位置信息。

⑪ 基于步骤⑤额外增加的授权检查。

⑫ 后续处理 UE 用户的位置更新信息，最终能够将用户定位信息从 H-GMLC 返回给 R-GMLC，并最终返回给 LCS 客户。

5.8.3 移动互联网位置服务

在移动互联网中，用户位置信息可以基于各种商业模式得到更加广泛的应用，这也带来了 LBS 的兴起。LBS 是通过电信移动运营商的无线电通信网络（如 GSM、CDMA）或外部定位方式（如 GPS）获取移动终端用户的位置信息（地理坐标或大地坐标），在地理信息系统平台的支持下，为用户提供相应服务的一种增值业务。

LBS 包括两层含义：一是确定移动设备或用户所在的地理位置；二是提供与位置相关的各类信息服务。例如，找到手机用户的当前地理位置，然后在地理信息系统中寻找手机用户当前位置 1 km 范围内宾馆、影院、图书馆、加油站等的名称和地址。因此说 LBS 就是要借助互联网或无线网络，在固定用户或移动用户之间，完成定位和服务两大功能。

2010 年，LBS 在我国开始迅猛发展，涌现了大批 LBS 相关的应用。比较著名的有大众点评、美团、街旁网等软件。这些软件有一个较为共同的特点就是签到激励机制，鼓励用户就自身经历过的信息进行分享，并作为 LBS 后台服务的数据。然而这种商业模式较为简单，期望通过商家推送的促销广告或者派送的免费赠品引来客流，完成销售过程，较难满足用户的真正需求。目前 LBS+O2O（Online to Offline）的模式比较常见，2014 年非常火爆的“滴滴打车”就是一个很好的实例，商家在线上完成营销活动，并引导用户同时完成消费，用最快的速度满足用户的基础需求，合理利用资源并通过位置信息调配服务人员。此外，LBS+社交的力量也在不断加强，例如微信拥有数亿的活跃用户，也是一个极佳的营销平台，其中，“查找附近的人”“摇一摇”“漂流瓶”均利用了 LBS 服务。

LBS 除了面向大众提供导航、社交、本地生活服务、游戏和广告等种类服务外，也能够面向管理部门提供服务。例如行业管理中针对物流公司配送系统的定位服务、面向政府管理的交通部门车辆监控服务等。下面就 LBS 的定位技术和 LBS 实现的技术途径进行介绍。

5.8.3.1　无线定位技术

LBS 最为核心的基础是用户定位。对用户位置进行定位的常用手段包括 GPS 定位、北斗定位、Wi-Fi 定位、基站定位等。目前，面向大众开放的服务位置精度不是很高，误差较大。但是基于下面列举的特定技术手段和算法，能够实现对用户位置更加精确的定位，为特殊应用场景服务。

1. *差分* GNSS

全球导航卫星系统（Global Navigation Satellite System，GNSS）包括 GPS 和北斗系统等，其面向公众的开放服务模式位置精度是 10 m，测速精度是 0.2 m/s，位置精度不高。差分 GNSS 则是在卫星定位基础上进行扩展，是一种应用广泛并且能行之有效地降低甚至消除各种测量误差的方法。目前，已经有多个政府性和商业性的差分 GNSS 处于研发阶段或者已经投入运行，例如美国的海事差分 GPS、局域增强系统和联合精密进近与着陆系统（Joint Precision Approach and Landing System，JPALS）等，上述系统可以在水平与竖直方向上实现 1 m 内的定位精度。

差分 GNSS 的基本工作原理是，依据卫星时钟误差、卫星星历误差、电离层时延与对流层时延所具有的空间相关性和时间相关性这一事实，处在同一地域内的不同接收机，它们的测量值中所包含的上述 4 种误差成分近似相等或者高度相关。通常将其中的一个接收机作为参考之用，并称该接收机所在地为基准站（或基站），而该接收机也常称为基准站接收机。基准站接收机的位置是预先精确知道的，这样就可以准确计算从卫星到基准站接收机的真实几何距离。如果将基准站接收机对卫星的距离测量值与这一真实几何距离相比较，那么它们两者的差异就等于基准站接收机对这一卫星的测量误差，如图 5-55 所示。由于在同一时刻、同一地域内的其他接收机对同一卫星的距离测量值有相关或相近的误差，如果基准站将其接收机的测量误差通过电波发射台播送给流动站（即用户）接收机，那么流动站就可以利用接收到的基准接收机测量误差来校正流动站接收机对同一卫星的距离测量值，从而提高流动站接收机的测量和定位的精度。通常将这种由基准站播发的、用来降低甚至消除流动站 GNSS 测量误差的校正量称为差分校正量[45-46]。

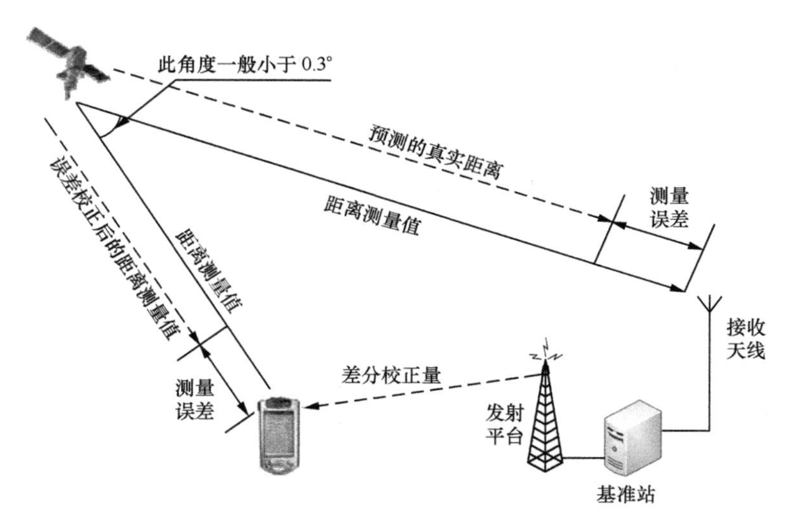

图 5-55　差分定位工作原理

流动站接收机与基准站接收机之间的基线长度越短，同一卫星信号到达两个接收机的传播途径也越接近，两接收机之间测量误差的相关性通常就越强，差分系统的工作效果就越好。

差分 GNSS 根据其系统构成的基准站个数可分为单基准差分、具有多基准站的局域差分和广域差分 3 类。单基准差分 GNSS 的结构和算法简单，且技术较成熟，主要用于小范围内的差分定位工作；对于较大范围的区域，则应用局域差分技术；对一个国家或多个国家的广大区域，则应用广域差分技术。

按基准站发送信息的不同方式，差分 GNSS 可分为 4 种方式，分别是位置差分方式、伪距差分方式、载波相位差分方式和相位平滑伪距差分方式。无论何种差分方式，都是由流动站接收基准站发送来的校正量，并对其观测值进行校正以获得精密定位结果。它们的区别在于发送的校正量内容不同，定位精度不同，差分原理也有所不同。

（1）位置差分

位置差分是最简单的方式。基准站的 GNSS 接收机通过观测 4 颗及 4 颗以上的卫星来进行三维定位，解算出基准站的坐标。由于存在时钟误差、大气影响、轨道误差、接收机噪声和多路径效应等，解算出的基准站坐标与已知坐标会存在误差。

（2）伪距差分

伪距差分是目前用途最广的一种技术，几乎所有的商用差分 GNSS 接收机都是采用该技术。其原理是基准站上的接收机测得它到可见卫星的距离，并将其计算得到的距离和含有误差的测量值进行比较，利用一个 α-β 滤波器对此差值进行滤波来求出偏差，然后再将所有到可见卫星的测距误差发送给用户站，用户站利用该测距误差来改正相应测量的伪距。最后，用户站利用改正后的伪距测量值来解出自己的位置坐标，进而就能进行公共误差的消去和定位精度的提高[47]。

（3）载波相位差分

载波相位差分技术又称作 RTK（Real Time Kine-matic，实时动态测量）技术。该技术建立在实时性处理两测站之间载波相位测量值的基础上，实时提供用户站的三维坐标，且可达到厘米级的精度。实现载波相位差分 GNSS 的方法分修正法和差分法两种。前者类似伪距差分，基站将得到的载波相位修正量发播给用户，用以改正其载波相位测量值，然后求解坐标；后者是将基站采集到的载波相位测量值发送给用户，然后进行组差求解坐标。前者是准 RTK 技术，后者是真正的 RTK 技术。修正法对差分系统数据链的要求不高，用户的计算量不大；差分法对差分系统数据链的要求比较高，用户的计算量比较大，但其定位精度一般高于前者。目前这两种方法分别应用在不同的领域。

（4）相位平滑伪距差分

由于与载波相位相比，码相位测量的精度低了两个数量级，因此，如果可以得到载波的模糊度就能获得接近没有噪声的伪距测量值。在一般的情况下，虽然无法得到模糊度，但是可以得到载波的多普勒计数。考虑到高精度的多普勒观测量，它准确地反映出载波相位的变化信息，也就是说，它准确地反映出了伪距的变化，因此获得了比只采用码伪距观测量更高的精度。这一思想就被称为相位平滑伪距观测。

将差分 GNSS 建立的准基站和移动蜂窝网络进行互联，建立参考 GPS 网络，还可以实现辅助 GPS（Assisted GPS，A-GPS）定位。参考 GPS 网络能够持续、实时地跟踪 GPS 卫星群，具备卫星信息、星历表信息、时钟校正信息、多普勒频移，甚至包括伪随机噪声信息等，并通过移动网络将这些信息发送给发起移动定位请求的移动台。A-GPS 较传统 GPS 信号的搜索空间大大缩小，导航信号的捕捉时间大为减少。同时参考网络允许移动台采用快速的搜索速度和较窄的搜索带宽，大大提高了移动台灵敏度，降低了移动台的功率损耗。

2. 到达时间差定位

到达时间差（Time Difference of Arrival，TDOA）定位是一种基站定位的实现技术，具备高精度特性。TDOA 定位技术是根据不同基站接收到的同一移动终端信号在传输路径上的时延差异，实现终端定位。当移动终端发出紧急呼叫时，移动网络通过其附近的 3 个或更多个不同基站接收并测量出信号的到达时间，网络计算出到达时间两两之间的差值，移动终端必然位于这些时间差值所对应的、以两两基站为焦点的双曲线上。这样，根据两条双曲线的交点，就能够确定手机的位置。因此，只要附近 3 个基站接收到移动终端发出的信号就可以达到定位目的。TDOA 技术只需要移动通信网络参与网络参数的测量，不需要终端硬件上的改动。因此，实现 TDOA 定位只需要在移动通信网中增加相应功能模块就可以了，并支持所有厂商生产的移动终端。同时，它具有定位精度高、响应时间短、实现简单等优点。在 3G 移动通信网络中，实现 LBS 业务需要在无线接入网侧增加定位功能实体，即位置测量单元（Location Measurement Unit，LMU）。LMU 可以单独设置或置于基站内，而核心网侧还须有对应的功能实体，即位置确定单元（Position Determination Entity，PDE），根据 LMU 测量的网络参数进行相应的定位运算。

TDOA 作为主要的定位技术，在第三代移动通信网络中得到了广泛的应用。在 3GPP 的 WCDMA 中，基于 TDOA 定位技术，实现观测到达时间差分（Observed Time Difference Of Arrival，OTDOA）；在 3GPP2 的 cdma2000 中，称为高级前向链路三角（Advanced Forward Link Trilateration，A-FLT）测量法。这些方法的原理相同，都是通过信号到达时间差值，确定不少于两条双曲线，再通过这些双曲线的交点，确定移动台的位置。到达时间差分定位原理如图 5-56 所示。

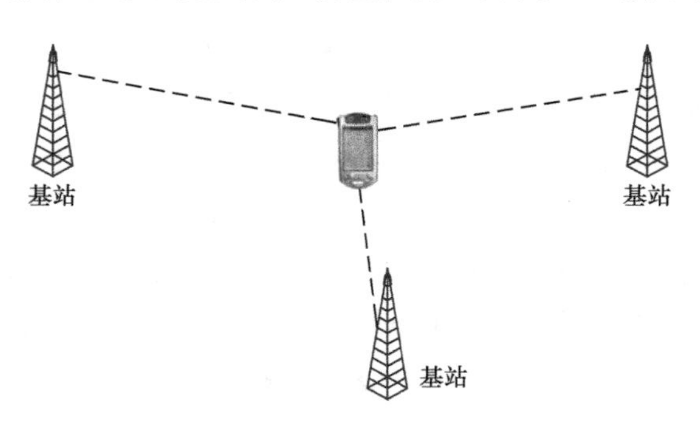

图 5-56　到达时间差定位原理

5.8.3.2　LBS 应用实现的技术途径

定位技术是 LBS 的基础核心，但是 LBS 的发展则是基于移动互联网多样化的应用和用户需求，需要结合移动互联网大数据支撑才能迸发巨大的生命力。

1．**大型厂商提供 LBS 服务平台**

当前国内移动互联网大型厂商如百度、腾讯、新浪等均提供 LBS 平台服务，电信运营商移动、联通、电信也推出了自身的位置服务平台。各平台均致力于形成位置服务产业链，建立和谐共生的商业模式，形成产品模式。图 5-57 就是中国移动位置服务基地提出的产业价值链。可以看出，当前定位技术普遍使用的还是 Cell-ID 和 A-GPS，在此之上结合位置信息和 GIS 引擎提供后续服务。

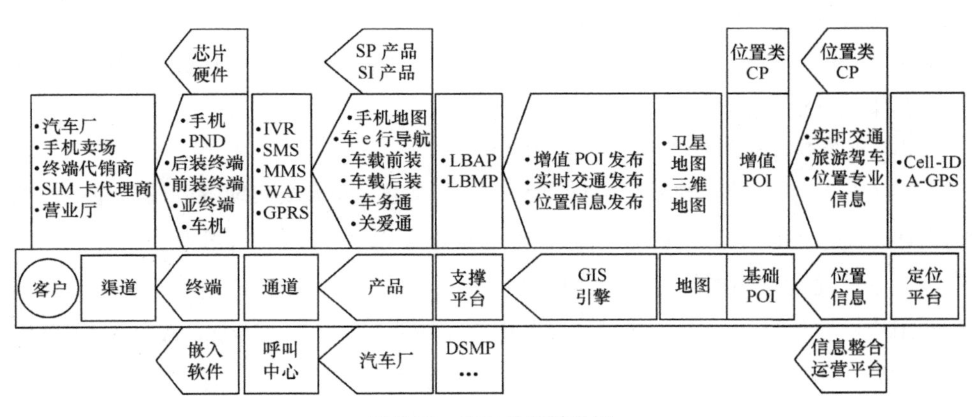

图 5-57　LBS 价值链举例

百度提供的 LBS 平台是 LBS OpenMap，该平台将原有电子地图功能扩展为多功能载体，众多合作伙伴、开发者间的数据信息将实现共享，用户、商户、开发者间的合作也将进入全新的阶段。旅行、租房、天气、租车等各式各样的应用以及它们背后海量数据的交互，将为开发者的开发带来极大的想象空间。OpenMap 拥有可视化专题地图制作、轻量级 LBS 应用模式、一键生成 LBS 服务地址链接、即时分享推广等诸多功能。

腾讯和新浪微博提供的 LBS 服务则更具备社交特性。例如新浪微博 LBS 提供的 API 示例见表 5-6。

表 5-6　新浪微博 LBS API 示例

API	功能
place/friends_timeline	获取用户好友动态
place/poi_timeline	获取地点动态
place/nearby_timeline	获取周边动态
place/statuses/show	获取动态详情
place/users/tips	获取用户点评列表地点相关
place/pois/search	查询地点（按省市查询）
place/nearby/pois	获取附近地点
place/nearby/users	获取附近发位置微博的人
place/nearby/photos	获取附近照片
…	…

Google 公司基于其 Android 系统的应用，也提供了用户定位服务平台。当用户允许 Google 使用其位置信息后，Android 系统本身也能够持续地向其服务平台报告和记录 UE 的位置。当用户终端丢失后，还能够通过该项服务定位该终端位置。当然，苹果的 iOS 也提供对应服务。

2. *应用程序获取终端位置途径及方法*

前面提到了高精度的无线定位技术，但是真正面向大众实现的的主流无线定位技术还是基于 GPS 以及 Cell-ID。各种应用程序可以从移动终端获取用户位置信息，也可基于移动运营商提供的位置接口进行获取。目前更为主流的是从用户移动终端获取用户位置信息，由于目前移动设备操作系统基本统一在 Google Android、苹果 iOS、微软 MP 及黑莓上，获取位置接口 API 已经标准化，应用程序易于实现。

目前，全球市场上基于 Android 系统的移动终端占据大部分，下面以 Android 系统进行举例。在 Android 系统中，位于手机设置项中的位置服务选项下（参考华为 P6 手机），提供了以下 3 个用户选择项。

- 是否允许应用程序使用来自 WLAN 或移动网络的数据确定您的大致位置；
- 允许应用程序使用 GPS 对您进行定位；
- 允许 Google 使用您的位置信息改善搜索结果和其他服务。

因此，基于用户许可，Android 系统能够将系统 GPS 数据或者移动网络/WLAN 接入信息等提供给应用程序。下面就 Android 系统提供位置信息的基本过程和 API 进行简要描述。

Android 系统 SDK 提供了一个 LocationManager 对象。该对象提供的一个基本方法，是通过回调通知应用程序用户位置信息。开发者能够将自身应用程序向

LocationManager 进行注册，并指明位置信息是从 GPS 或 Network Provider 提供以及更新频率。基于此方式，系统会根据应用程序设定的频率通知用户位置信息的变化。

基于 GPS 获取的位置信息是地理位置坐标，但基于 Network Provider 提供的则主要是移动网络信息，包括 MCC（国家移动代码）、MNC（移动网络号码）、LAC（位置区域码）、CID（基站编号）等信息，应用程序可基于此信息进行二次转换，以得到地理位置坐标。部分服务平台提供对应 Web Service 调用接口，例如，Google 就提供将移动网络信息转换为经纬度的接口调用。当应用程序获取用户地址坐标，就可以进一步基于 LBS 平台或地图服务平台为用户提供更多服务。

参考文献

[1] IETF RFC 3344. IP Mobility Support for IPv4[S]. 2002.

[2] 延志伟. 基于 MIPv6/PMIPv6 的移动性支持关键技术研究[D]. 北京: 北京交通大学，2011.

[3] SOLOMON J D. 移动 IP [M]. 裘晓峰, 等, 译. 北京：机械工业出版社，2000.

[4] IETF RFC 2003. Encapsulation within IP[S]. 1996.

[5] IETF RFC 2004. Minimal Encapsulation within IP[S]. 1996.

[6] IETF RFC 2784. Generic Routing Encapsulation (GRE)[S]. 2000.

[7] IETF RFC 6275. Mobility Support in IPv6[S]. 2011.

[8] 周旭，丁岩军. MIPv4 与 MIPv6 技术的比较[J]. 移动通信，2006, (2).

[9] KUNTZ R. Deploying reliable IPv6 temporary networks thanks to NEMO basic support and multiple care-of addresses registration, applications and the Internet workshops[C]//Proc. SAINT, 2007: 46.

[10] IETF RFC 3963. Network Moblity (NEMO) Basic Support Protocol [S]. 2005.

[11] IETF RFC 5213. Proxy Mobile IPv6[S]. 2008.

[12] GÜVEN Y. Network Streaming System Using IPv6 and Multicast[D]. Eastern Mediterranean University, 2006.

[13] M¨OSKE M. IPv6 Packet Handling in Linux 2.4-Implemetation Environment for the FleetNet Demonstrator[D]. Universität Mannheim, 2002.

[14] 唐伟，汤红波，陈璐. 基于 PMIPv6 的移动网络快速切换方案[J]. 计算机科学，2013, 40(11).

[15] IETF RFC 5555. Mobile IPv6 Support for Dual Stack Hosts and Routers[S]. 2009.

[16] 王铭利. 双栈移动 IPv6 协议的研究与实现[D]. 北京: 北京邮电大学，2009.

[17] 周伟. 异构网络中的移动管理和安全机制研究[D]. 合肥: 中国科学技术大学，2009.

[18] IETF RFC 4140. Hierarchical Mobile IPv6 Mobility Management (HMIPv6)[S]. 2005.

[19] 邱陆威，高德云，周华春. 支持多接口的 NEMO 实现与测试[J]. 计算机应用与软件，2012, 29(1).
[20] IETF RFC 6830. The Locator/ID Separation Protocol (LISP)[S]. 2013.
[21] LUO H, QIN Y, ZHANG H. A DHT-based identifier-to-locator mapping approach for a scalable Internet[C]//IEEE Transactions on Parallel and Distributed Systems, 2009, 20(12): 1790-1802.
[22] 张宏科，苏伟. 新网络体系基础研究——一体化网络与普适服务[J]. 电子学报. 2007, 35(4): 593-598.
[23] 张宏科，等. 基于标识的一体化网络终端统一接入控制方法[P]. 专利申请号：200710121745.3.
[24] 张宏科, 等. 一体化网络的构建方法和路由装置[P]. 专利申请号：200610169726. 3.
[25] 杨冬，李世勇，王博等. 支持普适服务的新一代网络传输层构架[J]. 计算机学报, 2009, 32(3): 359-370.
[26] 董平，秦雅娟，张宏科. 支持普适服务的一体化网络研究[J]. 电子学报, 2007, 35(4): 599-606.
[27] IETF RFC 5206. End-Host Mobility and Multi-Homing with the Host Identity Protocol[S]. 2008.
[28] 刘敏, 李忠诚, 徐刚, 等. 异构无线网络中的垂青切换仿真评价模型及评价指标[J]. 系统仿真学报，2007, 19(2).
[29] NIEBERT N, SCHIEDER A, ZANDER J, et al. Ambient Networks Co-operative Mobile Networking for the Wireless World[M]. John Wiley Ltd., 2007.
[30] 何振华, 裴延睿, 曾文丽, 等. 面向用户的异构网接入选择算法[J]. 计算机工程与应用. 2010, 46(15): 109-110,158.
[31] 代虎. 基于代理移动 IPv6 的异构网络移动性管理技术研究[D]. 成都: 电子科技大学，2012.
[32] 李群峰. 知识型企业合作剩余分配讨价还价博弈分析[D]. 北京: 首都经济贸易大学, 2011.
[33] 3GPP TR 22.934 v9.1.0. Feasibility Study on 3GPP System to Wireless Local Area Network (WLAN) Interworking(Release 9)[S]. 2010.
[34] 3GPP TS 23.234 v10.0.0. 3GPP System to Wireless Local Area Network (WLAN) Interworking System Description(Release 10)[S]. 2011.
[35] IETF RFC 4282. The Network Access Identifier[S]. 2005.
[36] 3GPP TS 23.402 v12.3.0. Architecture Enhancements for Non-3GPP Accesses (Release 12)[S]. 2013.
[37] 3GPP TS 23.261 v10.1.0. IP Flow Mobility and Seamless Wireless Local Area Network (WLAN) Offload, Stage 2[S]. 2011.
[38] 孙震强, 朱彩勤, 毛聪杰, 等. 构建营运级 LTE 网络[M]. 北京：电子工业出版社，2013.
[39] IETF RFC 5589. Session Initiation Protocol (SIP) Call Control-Transfer[S]. 2009.
[40] 3GPP TS 23.237 v9.4.0. IP Multimedia Subsystem (IMS) Service Continuity, Stage 2(Release

9) [S]. 2010.
[41] 3GPP TS 23.271 v9.3.0. Functional stage 2 Description of Location Services (LCS) (Release 9)[S]. 2010.
[42] 秦杰，陈希，武穆清. A-GPS 定位技术的研究与应用[J]. 数字通信世界，2007, (3).
[43] 3GPP TS 29.172 v9.0.0.Evolved Packet Core (EPC) LCS Protocol (ELP) between the Gateway Mobile Location Centre (GMLC) and the Mobile Management Entity (MME), SLG Interface(Release 9) [S]. 2010.
[44] Open Mobile Alliance .OMA MLP TS Mobile Location Protocol[S].
[45] 徐周. GPS 差分定位技术及实现方法的研究[D]. 郑州: 中国人民解放军信息工程大学，2006.
[46] 刘雅娟. 北斗局域差分定位技术[J]. 无线电工程工程，2006, 36(4): 24-29.
[47] 廖远琴，邱蕾，李晓东. GPS 伪距双差方法比较分析[J]. 上海地质，2008, (2): 13-18.

第 6 章 服务质量保障

本章介绍了异构融合网络的服务质量保障机制。服务质量是衡量网络服务性能和业务支持能力的关键指标，直接影响用户的服务体验和满意度，如何合理分配网络资源，在网络资源利用率和服务质量保障间达到合理均衡，是移动互联网面向用户提供服务时要解决的首要问题。首先，分析了影响 QoS 性能的基本参数，包括网络可用性、业务时延、时延抖动、数据吞吐量、分组丢失率、带宽等，对主要业务类型及 QoS 等级进行分类描述，提出了移动互联网异构 QoS 框架。在此基础上，按照标准网络体系结构，从物理层、链路层、网络层、传输层、应用层入手，分别介绍了每层的 QoS 保障机制。最后，系统分析同构网络和异构网络中 QoS 保障机制的映射关系，介绍了移动互联网的跨层 QoS 保障技术，并结合典型的异构无线网络接入场景进行了仿真验证。

| 6.1 概述 |

服务质量（Quality of Service，QoS）是网络性能的体现，服务质量的好坏直接关系到用户体验和网络资源的使用效率。随着网络技术的发展和用户对网络服务要求的不断提高，QoS 保障的重要性也日益突出。在 ITU-T E.800 中对 QoS 进行了描述[1]：QoS 是一种服务性能的综合体现，这种服务性能决定了网络在多大程度上满足业务用户的要求。在 ITU-T E.800 中还提供了端到端服务质量保证和基于策略的 IP 网络性能指标的控制方法，包括接入控制、拥塞管理、拥塞避免、流量监控与整形等。业界还有对 QoS 保障的另一种描述，即 QoS 是指发送和接收信息的用户之间以及用户与传输信息的综合服务网络之间关于信息传输的质量约定。在移动互联网中，不同类型的业务对网络性能的要求千差万别，不同网络对同一业务的 QoS 保障方式差异也很大。以业务需求为中心，协调利用各种异构网络资源，共同提供具有服务质量保证的端到端业务，已成为当今移动互联网的首要任务[2]。

1. 异构网络 QoS 保障的特殊性

针对业务端到端 QoS 保障的研究一直是近年来的一个研究热点，但大量的研究工作主要集中在同构无线接入网，如何在移动互联网的异构网络环境下获得较高的跨网、跨域端到端业务 QoS 保障是一个重要的研究方向。在移动互联网中，不同类型的业务对网络性能的要求千差万别，而不同网络的服务方式和性能也差别较大。如何根据业务需求，充分调动、控制和协调利用各种异构网络资源，确保业务的端到端服务质量，是业务提供过程中要解决的重要问题。同时，随着人们个性化服务需求的不断增加，异构网络融合所带来的不同业务 QoS 跨网解析、映射和支持问题，不同网络的 QoS 信息在同一体系中的表示、理解与计算问题，都将变得更加复杂。

2. QoS 保障面临的新问题

“面向用户感知的体验质量”和“基于生命周期的业务提供”从不同角度上使端到端服务质量的概念有了进一步的延伸，逐渐从狭义的指标参数保障向广义的网络运营流程保障方向转化。因此，移动互联网中保证业务端到端 QoS 的关键在于能否在不同网络互联的同时将网络的各个层面联系起来，使网络资源对业务的保障具有端到端的连续性和业务生命周期的持续性。

3. 分层 QoS 保障

为了实现端到端业务 QoS 性能的最优化，在移动互联网中需要有效管理网络不同层面的数据信息，合理控制网络资源分配，使用户获得具有 QoS 保障的个性化业务提供。在端到端业务提供过程中，运营系统需要有多个层面上的技术保障机制及整体保障体系，例如，物理层的拥塞控制、错误控制、功率控制机制；链路层的 ARQ 机制；网络层的 MPLS 机制；传输层的 RSVP 协议；应用层的 DUS 策略等。

4. 跨层 QoS 保障

在移动互联网中，服务质量保障要以网络间的资源和业务信息互通作为基础，既需要从高层进行宏观的运营管理，又需要在底层进行微观的网络资源调度，这需要一种跨层的 QoS 保障机制。从电信网络管理效率和业务运营角度来考虑，为了实现不同层面间管理信息的有效下发和控制信息的及时响应，需要充分考虑各层面管理和控制信息的互通和功能上的融合，形成一个完整的端到端服务质量保证体系。因此，移动互联网异构网络环境下端到端 QoS 保证，无论是最优化异构网络的资源利用，还是对接入网络之间协同工作方式的设计，都极为重要。在此背景下，如何在移动互联网环境下保证用户业务跨网、跨域端到端 QoS 的研究尚待深入。目前的研究主要集中在异构 QoS 保障体系、跨层 QoS 协作方式、呼叫接纳控制（CAC）、垂直切换、异构资源分配和网络选择等方面[3]。

本章首先分析了影响 QoS 性能的基本参数，介绍了 QoS 等级分类及主要支持的业务，提出了移动互联网异构 QoS 架构，然后从物理层、链路层、网络层、传输层、应用层 5 个层次入手，分别介绍了每层的 QoS 保障机制，最后分析了同构网络和异构网络中 QoS 保障机制的映射关系，介绍了移动互联网的跨层 QoS 保障技术。

6.2 QoS 保障体系

移动互联网为无线用户提供了一种全面共享各种海量资源的平台[4]，各种形式的网络服务及应用也随之应运而生，QoS 作为衡量用户对服务满意程度的一个重要综合指标，越来越受到人们的重视。未来的网络毫无疑问将是一个能够给用户提供多级别区分服务的异构/融合网络。不同的无线网络中，为了能够实现用户 QoS 性能的最优化，需要将用户的 QoS 参数及业务信息在不同无线网络中无缝传递，并合理分配网络资源，在提高网络资源利用率的同时，更好地保障无线用户的服务质量。随着技术的不断发展，能够为不同的用户提供个性化网络服务是首要目标。对于拥有多个不同特性及不同技术的移动互联网异构无线接入网络，由于各接入网在覆盖、带宽以及业务 QoS 支持能力方面的差异，实现用户个性化服务的目标将会非常困难。多种接入网中这些差异的存在，要求在不同网络中，对网络 QoS 参数及 QoS 类别进行区分，且在不同网络之间进行相互映射。这种 QoS 映射的思想，不是两个网络之间一对一的映射，而是需要提出一个统一的映射管理机制，实现接入网络之间用户 QoS 信息的互通，同时能够宏观调控网络之间的资源使用。为了实现用户业务在移动互联网不同接入网中 QoS 的无缝切换，需要充分考虑网络之间的 QoS 映射，形成一个统一的移动互联网 QoS 映射机制。因此，QoS 映射是未来 QoS 研究领域中一个重要的研究方向[5]。

6.2.1 影响 QoS 性能的基本参数

QoS 参数用来表征服务质量的好坏，QoS 主要包括如下关键指标。

（1）可用性

可用性是指当网络用户访问网络服务时，网络能够满足用户服务需求的时间占整体工作时间的比例。连续服务能力（升级或改进网络时）、网络的可依赖性都是该指标相关的 QoS 参数。

（2）时延

时延是指用户在发起服务请求后到能够正常享受服务的时间间隔。不同业务对时延的要求也不尽相同，例如，话音类业务就对时延要求相当苛刻，要求时延非常小；而数据业务对时延要求就不是特别敏感。

（3）吞吐量

吞吐量是一个速度型计量参数，指的是在一段时间内网络数据传输的数据量平均值。这个参数能够衡量网络的传输速度，是一个正比参数，值越大，这个 QoS 性能就越好。

（4）时延抖动

时延抖动与时延不同，主要指在对业务服务过程中，不同种类业务时延的波动值。它是由不同业务数据排队等待的时间不同引起的，这个 QoS 参数值对流媒体类业务的 QoS 影响比较大。

（5）分组丢失率

分组丢失率即数据分组的正确到达数与应到达总数的比值，很显然，分组丢失率越低越好。分组丢失率是衡量数据传输正确性的一个最直观参数，它是影响用户 QoS 的一个重要参考值。很多情况下，时延和分组丢失率不能兼得，也就是低时延的业务，分组丢失率可能相对较高，因此，很多研究论文中都对这两个指标进行折中处理。该参数还可以提供网络预警等功能，例如，某一种业务的分组丢失率已经高于它的最低要求，这样就不能满足用户的 QoS 需求，可以向服务器或用户告警，然后做相应的处理。

（6）带宽

带宽指单位时间内最多能通过的数据量，它是吞吐量的表征，例如，如果把带宽比作火车站的进站口，如果进站口的数量固定为 3 个，那么进站口的宽度越宽，则人流进出的速度就会越快。带宽的单位一般为 bit/s，它也是衡量服务质量的一个非常关键的参数。

6.2.2　QoS 等级分类

随着各类接入技术的迅速发展，移动互联网也能够提供各类电信业务，而且可以利用多种接入方式的多重带宽，给用户提供更好的业务体验。移动互联网是一个基于分组的网络，它能够通过异构网络向用户提供差异化的 QoS。为了提供相关网络最好的 QoS 保障，必须对 QoS 进行分类，一个 QoS 类别规定了一定范围内性能参数和目标之间的对应关系。全球标准化组织（ITU、IETF、3GPP、IEEE 等）建议在网络和应用等领域中使用 QoS 等级的概念。在现在的主流网络技术研究中，不同网络间的 QoS 映射一般分为 QoS 参数之间的映射和 QoS 等级之间的映射。在 QoS 等级之间的映射研究中，有很多的研究成果，3GPP TS 29.207-640 介绍了 UMTS 网络中 QoS 等级向 IP 网络 QoS 等级映射的过程，其他的还有 DiffServ 与 802.1d 之间以及 IP 网络与 DiffServ PHBs 之间的映射等[6-7]。

1. IP 网络 QoS 分类方法

ITU-T 推荐采用 Y.1541 团队在终端和局间端对端数据传输 QoS 性能参数的分级方法，它将 IP 网络的 QoS 分为 6 个等级。使用的参数包括 IPTD（IP 数据分组传输时延）、IPDV（IP 数据分组时延变化）、IPLR（IP 数据分组丢失率）和 IPER（IP 数据分组出错率）。在表 6-1 中对 QoS 等级分类作了简化，该表定义了 6 种 QoS 等级，这些等级的划分已经在 IP 网络中广泛应用。此外，这种划分机制也应用到部分传统网络应用中，包括点对点电话、多媒体远程会议等。

表 6-1 IP 网络 QoS 等级分类

QoS 分类	应用（举例）
0	实时，抖动敏感，高交互性（高质量 VoIP、VTC 视频会议）
1	实时，抖动敏感，交互性（VoIP、VTC 视频会议）
2	事务数据，高交互性（信令）
3	事务数据，交互性
4	低分组丢失率（短事务处理、大容量数据、视频流）
5	IP 网络传统应用

不同种类 QoS 等级的设置，是为了满足各种网络技术所能达到的网络整体性能需求，这就要求用户和网络供应商之间和服务提供商内部进行协商，提供端到端传输的质量保证。

基于参考文献[8-10]以及每一种类型 QoS 性能的目标，表 6-2 列出了 IP 网和 IntServ、DiffServ、UMTS、802.1D、802.11e 之间 QoS 等级的映射关系。

表 6-2　IP 网络 QoS 种类与相关技术协议之间的映射关系

IP 等级	IntServ	DiffServ	UMTS	802.1D	802.11e
0	GS	EF	会话	6	7
1	CS	EF	流	5	6
2	CS	AF	交互	7	3
3	CS	AF	交互	4	5
4	CS	AF	交互	3	2
5	BE	Default	背景	0、1、2	1

2. 3GPP 的 QoS 分类方法

3GPP 将所有的业务分成了 4 类，分别是会话类（Conversational Class）、流媒体类（Streaming Class）、交互类（Interactive Class）和背景类（Background Class）。由于这 4 类业务自身业务特性及其他因素的影响，例如移动通信相对于有线通信的特征、3G 网络业务承载能力限制、运营商利润需求、消费者的消费能力与消费欲望等，这些业务的 QoS 需求差异较大[11]。

会话类业务时延的要求最高，背景类业务时延要求最低，实时流量业务主要在会话类和流媒体类中应用，但两者对时延的敏感程度不同。传统的 IP 应用主要在背景类业务和交互类业务中定义[12]。

以下对各种业务应用的特征做一下简要分析。

（1）会话类业务

会话类业务是对时延要求最苛刻的一种业务类型，话音通信是其典型应用之一。在 3G/4G 网络中，话音通信也是最普遍业务之一。如何保证用户在移动情况下也能正常进行话音通信，是移动通信网络的基本服务，这是移动通信区别于有线通信的重要特征，即不局限于地点，能随时随地获取服务。同时，会话类业务中用户直接交互，因此，它的评判标准由用户体验来评定。业务不但对时延的要求非常严格，而且为了提高用户体验，对时延抖动的要求也非常严格。需要说明的是，会话类业务要在业务的实时性和比特差错率间进行相应的权衡。

（2）流媒体业务

流媒体类业务指实时业务流，相对于会话类型，流媒体类型对时延的要求稍微低一些。流媒体业务的分类一般有以下 3 种方式：按使用人数，分为群组和个人；按使用时间长短，分为长流媒体和短流媒体；按用户的接收方式，分为广播式和交互式。

（3）交互类与背景类业务

交互类业务对时延的要求没有会话类和流媒体类高，能通过信道编码和重传机制保障差错率，其典型的应用是微信、QQ和交互式的Web浏览等。交互类业务的数据流是双向传送的，信息发送端在一段时间内等待接收端的回应，因此，该类型业务的一个重要QoS特征是回路时延，并要求有较低的比特差错率。

3G/4G网络在交互类业务中表现出了优势，它能提供这些业务所需的通信环境，满足用户的业务需求，例如支持移动性、没有地点和时间的限制等。

交互类和背景类业务对时延的要求不高，尤其是背景类业务，时延的要求最低。但是，背景类业务要求在一个时间区间内能够接收到服务，即服务器响应服务后，能在规定时间内完成服务。此外，这种对时延不敏感的业务对误码率要求较高。基于这种业务的QoS需求，3G/4G网络在室外很难满足大数据量传输的需求，只能进行较小数据量的业务数据传输，并且还需要一些额外机制满足QoS需求和限制，如重传、降速传输等。3G/4G网络在室内环境下，表现得更好一些，不但能够进行大数据量的传输，还能保证比较快的速率，能够满足交互类和背景类业务的需求，即低误码率和在规定时间内完成服务。这类业务对应多种应用，每一类应用都能针对不同特点的用户提供差异化的服务，能够提供个性化的服务是未来网络发展的重要方向。

表6-3列出了UMTS的QoS分类特征[13]。

表6-3　UTMS QoS分类特征

业务类型	基本特征	应用实例	实现方式	带宽		时延	误帧率	处理优先级
				最大比特率（kbit/s）	可保证的比特率（kbit/s）	最大传送时延（ms）	FER	
会话类（实时）	有严格的时延要求和抖动要求，BER较大	话音业务、VoIP视频会议	电路域或分组域专用传输信道	<384	<64	100	1%、0%、1%	1
流媒体类（实时）	有时延要求和严格的抖动要求	流视频、流音频	电路域或分组域专用传输信道	<384	<64	250	1%	2
交互类（非实时）	请求响应模式，低时延要求，数据完整，低BER	网页浏览、数据和控制信息	分组域共享传输信道	<2 048			1%	3、4、5
背景类（非实时）	无时延要求，数据完整，低BER	电子邮件、文件下载	分组域共享传输信道	<2 048			10%	6

3. IEEE 802.16 QoS 分类方法

IEEE 802.16 对保障 QoS 的细节算法没有进行严格的限定，允许各厂商在一定的基础上进行相关设计，但必须符合 IEEE 802.16 标准规范中规定 QoS 业务具体分类方法和整体架构的详细交互流程。

802.16 提供了 4 种规范化服务，每一种服务与对应的服务类别相关联，这 4 种服务分别是主动授予服务（Unsolicited Grant Service，UGS）、实时轮询服务（real time Polling Service，rtPS）、非实时轮询服务（non-real time PS，nrtPS）、尽力而为（Best Effort，BE）服务，见表 6-4。

表 6-4　IEEE 802.16 的 QoS 服务分类

QoS 服务类别	描述
UGS	UGS 为周期性、定长分组的实时固定比特率服务流。基站实时地、周期地向携带该业务的连接提供固定带宽分配。其典型业务包括 CBR 的 ATM 和 ATM 之上的 E1/T1 服务、无静音压缩的 VoIP 等
rtPS	rtPS 为周期性、变长分组的实时变比特率服务流，如 MPEG 视频业务流。BS 向携带该业务的 rtPS 连接提供实时的、周期的单播轮询，从而使得该连接能够周期地告知 BS 其变化的带宽请求，BS 也就能周期地为其分配可变的突发带宽，供其发送变长分组。这种服务比 UGS 的请求开销大，但能使 BS 按需动态分配带宽
nrtPS	nrtPS 为周期性、变长分组的非实时 VBR 服务流，如 FTP 业务流。BS 应有规律地向携带该业务的连接提供单播轮询机会，以保证即便在网络阻塞时，该连接也有机会发出带宽请求
BE	BE 的特点是不提供完整的可靠性，通常执行一些差错控制和有限重传机制，其稳定性由高层协议来保证。典型的 BE 服务为 Internet 网页浏览服务。用户站可以随时提出带宽申请，网络对该类业务不提供 QoS 保证

6.2.3 移动互联网 QoS

1. QoS 框架的必要性

随着移动互联网的发展，接入网的综合化成为突出问题，综合化是指各种数据、话音、宽带业务的综合接入能力。综合接入提供了一种快速、简单的宽窄带多业务接入的方法，能够融合多种业务接入，将原来几个接入网络的业务统一承载在同一个网络中，能够快速响应客户接入的需求。但是，在提供综合接入能力的同时，如何将异构网络进行整合，尤其是用户 QoS 参数之间进行相互转化，是需要解决的重要问题。移动互联网中多种接入方式并存，用户在位置移动过程中常会面临接入网的改变，当移动用户需要更改接入网络时，必须确保每一个接入网络的 QoS 机制与其他网络间的交互操作，并且提供保证移动用户服务质量的方法。因此，提出移动互联网的整体 QoS 框架是十分必要的。

2. 移动互联网 QoS 框架

在移动互联网 QoS 保障的研究工作中，通过一个中心模块来存储所有各层的 QoS 参数，并对它们进行管理，这个中心模块称为接入网 QoS 管理器（Access Network QoS Manager，ANQM）。所有与移动用户相关的各层 QoS 参数都会被传输到 ANQM 模块。该框架的概念模型如图 6-1 所示。

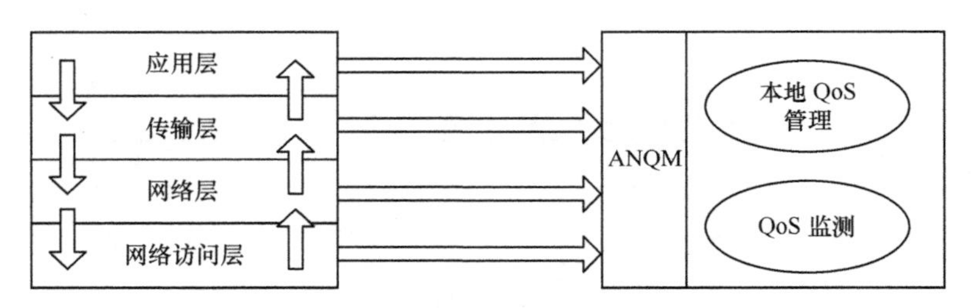

图 6-1 跨层 QoS 概念模型

基于跨层设计的移动互联网 QoS 框架如图 6-2 所示，这个框架由两个模块构成：一个是接入网 QoS 管理模块，另一个是接入网网间交互 QoS 管理模块（IANQM）。前者用来在每个接入网内部控制本地服务质量和监控本地服务质量性能；后者用来控制异构接入网络之间的 QoS，并且在移动用户需要转换到其他网络时，决定用户应该选择哪个接入网络。

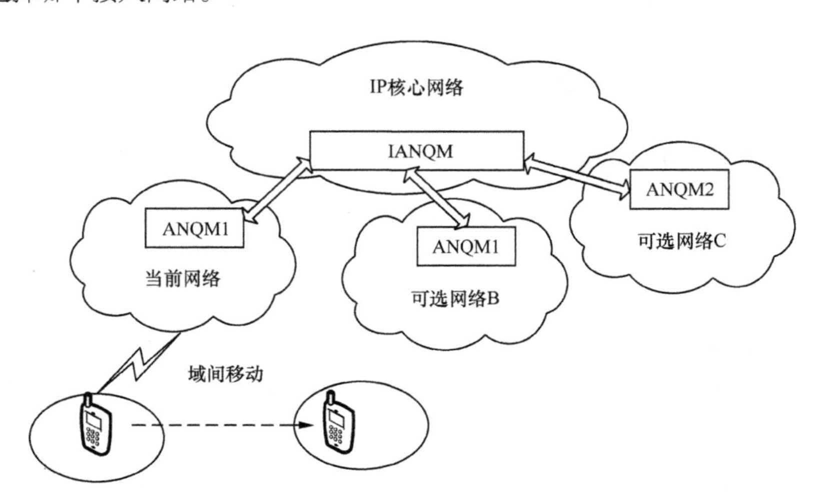

图 6-2 移动互联网 QoS 框架

如前所述，ANQM 负责控制特定接入网络的 QoS，所以它管理移动用户所需要的所有 QoS 参数，并监测当前网络的 QoS 性能变化。与此相对应，IANQM 在接入网络之间需要移交时，负责异构接入网络之间 QoS 的协调，通过与 ANQMs 间的 IANQM 接口进行交互，推导出最优的移动用户接入网络。

每个移动用户的 QoS 性能都有一个最小阈值，如果当前网络的 ANQM 模块监测到网络中 QoS 性能指标低于这个指定的最小阈值，ANQM 模块将通知 IANQM 模块，接着 IANQM 模块会负责选择新的接入网络。接入控制功能不但能将最优的 QoS 参数标准映射到目标接入网络中，还能将目标接入网络的 QoS 参数传送给移动用户，与目标接入网络进行 QoS 协商，从而选择满足用户 QoS 的最优接入网络。接入控制算法将在后面的 QoS 映射方法中提出，并且与 QoS 映射方法结合，保证用户 QoS 和切换网络时用户 QoS 的连续性。

6.3 物理层 QoS 保障机制

6.3.1 拥塞控制机制

物理层拥塞控制的主要目的是降低网络中传输数据的分组丢失率，同时降低网络时延，使数据分组顺序到达接收端。在数据传输过程中，最典型的拥塞控制机制是速率控制（Rate Control）。速率控制的目标是使速率和网络带宽相匹配，从而最大限度地减少网络拥塞。另外，与速率控制相关联的流量控制方法是速率整形（Rate Shaping）。

1. 速率控制

速率控制是指利用估计的可用带宽决定要发送的数据速率。现存的几种速率控制模型可以分为：源端的速率控制、接收端的速率控制以及混合速率控制。

源端的速率控制中，发送端负责调整速率。发送端根据接收端或者网络提供的反馈信息调整数据发送速率，达到最好的带宽利用率。这种方法在互联网中被率先采用，但是在异构网络中运行效果并不理想。接收端的速率控制是指接收方通过增加和减少信道来调整接收的数据速率。通常情况下，接收端的速率控制适用于多播数据传输。混合速率控制是指接收端通过增加和减少信道来调整接收的数据速率，同时发送端根据接收端的反馈信息调整每个信道的传输速率[14]。

2. 速率整形

速率整形将当前数据传输速率与当前允许的传输速率相匹配，实际上指的就是速率过滤。在源端的速率控制中，速率过滤特别有意义，它能将当前数据流整形为适合当前网络带宽的数据流。速率过滤的方法有很多种，例如编解码过滤、帧过滤、层过滤和频率过滤等[15]。

编解码过滤就是对已经压缩的数据文件进行重新解压缩和压缩，使它符合一定的传输标准，适合当前的网络带宽。帧过滤就是区分某些媒体文件中不同的帧类型，根据需要去掉部分帧，例如，MPEG 文件由 I 帧、P 帧、B 帧组成，我们可以根据需要按 B 帧、P 帧、I 帧的顺序来进行帧过滤。这种帧过滤方法不仅可以在发送端服务器上进行，还可以在网络中间通过路由器或其他中间过滤设备进行。层过滤类似于帧过滤，根据需要去掉特定的层，从而降低数据的传输速率，层过滤按照从增强层到基本层的方向进行过滤。频率过滤主要是在压缩编码时进行，它一般是通过 DCT 系数来进行过滤处理，低通过滤、色彩过滤、彩色到单色过滤等都属于频率过滤范畴。

综上所述，以上几种拥塞控制方法是通过降低数据传输速率来减轻网络负载从而减少数据分组的丢失，但是实际网络传输中除了数据分组丢失外，还可能存在错误，为了提高数据传输质量，还需要另外的方法来控制传输期间可能存在的错误，这就是差错控制机制。

6.3.2 差错控制机制

为了减少数据丢失和错误对解码质量造成的不利影响，需要使用差错控制技术提高数据在网络上传输的可靠性，为用户提供更好的接收端质量。目前数据传输的差错控制机制主要分为 4 类。

1. 信道差错控制

信道差错控制主要是通过 FEC 或者 ARQ 方式。

FEC 是一类用于有损信道通信的编码，通过增加冗余数据来提高抵御错误的能力，数据传输错误控制中使用 RS 编码时，通常先将数据封装在若干个分组中，然后用这些原始数据分组生成冗余数据分组后再传输。RS 编码最多可以纠正 $n-k$ 个错误，当经过网络传输后，如果有任意 k 个或更多的数据被正确接收，那么就可以从

中恢复出原始的 k 个数据分组。当 n、k 确定时，就可以计算出全部数据的正确接收概率。

ARQ 通过反馈应答方式来保证数据的可靠性，当接收端正确接收到数据后，必须向发送端发送确认信息，否则发送端将重传数据。这种方式的优点是可以保证数据的正确性，但是会消耗发送端资源且时延较长。但是如果单向传输时间远低于允许的时延，可以采用 ARQ 进行差错控制。当观察到第 N 个分组丢失时，如果 $T_{cur}+RTT+D_s<T_d(N)$[16]，则请求重发第 N 个分组，重传可以由接收端或发送端控制，其中，T_{cur} 为当前时间，RTT 为估计的往返时延，D_s 为容忍 RTT 的估计误差，$T_d(N)$ 为分组到达的时间期限。

由于传输的数据分组重要性不同，因此，出现了基于数据内容的非均匀性错误控制机制，通过对重要的数据分组加大 FEC 冗余力度或多次重传，保证重要分组的传输成功率，而对于那些非重要的数据分组，则采用较小的冗余或不进行重传，节约带宽。

2. 纠错编码机制

目前，高效的流媒体编码大都采用帧间编码的方式，造成帧间存在依赖性，某个帧的传输错误会影响到其他帧，会造成错误的传播，因此，需要采取纠错编码机制。纠错编码机制的主要原理是在媒体编码过程中使用一种错误恢复编码方法，从而在某些数据分组丢失的情况下，也能进行恢复处理。例如用于无线传输环境的重同步标志数据分割（Resynchronization Data Partitioning）、可逆变长编码（Reversible Variable Length Coding，RVLC）和多描述编码（Multiple Description Coding，MDC）等[17]。其中，MDC 是把原始的视频序列压缩成多个码流，每个流对应一种描述，都可以提供可接受的视觉质量，多个描述结合起来可以提供更好的质量。该方法的优点是增强了数据的顽健性，缺点是压缩效率较低，浪费了带宽。

3. 信源/信道联合编码

信源/信道联合编码是根据全局的率失真理论（R-D Theory）[18]动态地为源端数据和信道的 FEC 保护信息分配带宽，使得全局的效果最佳。它的基本步骤是：首先，根据接收方反馈的网络状态选择一个最佳的码率分配点；其次，调整源端编码器使其码率输出达到所分配的带宽；最后，选择合适的信道编码方法加入保护信息，达到所分配的带宽。信源/信道数据联合编码的优点是可以随网络特性的变化动态改变保护级别，达到最佳的接收端效果，其困难在于全局的优化实现比较困难。

4. *差错隐藏机制*

当接收端发现数据传输有错时，可以使用差错隐藏技术。所谓差错隐藏就是尽可能地减弱因为数据出错而造成的解码错误。差错隐藏方法可以分为两类：时间插值（帧间编码）和空间插值（帧内编码）。时间插值适用于帧间编码模式的误码恢复，空间编码适用于帧内编码的误码恢复模式，利用受损块周围的像素插值来恢复误码。时间、空间插值可以结合起来使用，最大限度地提高数据传输的质量。

6.3.3 功率控制机制

功率控制机制在移动通信系统、IEEE 802.22（认知无线网络）中得到广泛应用。移动通信系统中功率控制机制的介绍较多，由于认知无线网络技术广泛应用于异构网络融合中，本节主要介绍 IEEE 802.22 的功率控制机制[19]。

IEEE 802.22 标准支持点对点的传输功率控制（Transmit Power Control，TPC），在维持可靠连接的前提下能够将传输功率降到最低，从而最大限度地减小对授权用户的干扰，提高系统的容量并延长电池的使用寿命。

IEEE 802.22 规定用户端中央处理单元（Central Processing Element，CPE）的传输功率由基站（Base Station，BS）集中控制，传输功率控制原理如下：BS 首先对接收到的信号进行精确的功率测量，然后将测量结果与一个参考功率比较，根据比较结果生成功率控制信息，该信息通过下行信道传递给相应的 CPE，CPE 在接收到功率控制信息的下一个上行子帧时调整自己的有效全向辐射功率（Effective Isotropic Radiated Power，EIRP）。EIRP 密度即为每个 OFDM 子载波上的 EIRP，应由工作中的 CPE 维持其不变，若子载波数减少，总的 EIRP 应成比例减小，反之亦然。但在一个 TV 信道上，总的 EIRP 不能超过最大限度值。BS 可以通过功率纠正信息改变 CPE 的 EIRP 密度，当 CPE 需要改变 EIRP 密度时，则向 BS 发送信息要求修改。

IEEE 802.22 草案建议，传输功率控制的精度要达到±0.5 dB，传输功率控制的步长为 1 dB，传输功率控制的动态范围要达到 60 dB，由于路径损耗和功率波动的实时变化，传输功率控制的时间灵敏度要达到 6 dB/s。无线认知网络功率控制的主要目标就是最小化对授权用户的干扰，最大化系统的吞吐量[20]。

为了进行功率控制，有以下两个条件。

① 一个节点可以选择用多大功率来发送数据分组，这一点由网络的物理层提供支持；

② 在接收到一个数据分组后，物理层需要向 MAC 层报告该数据分组是以多大的功率参数接收的。

这两点确保了功率控制操作的顺利完成。

1．与传统网络功率控制的区别

由于融合网络的异构性，使得移动互联网的功率控制技术与传统网络的功率控制技术存在以下主要区别。

（1）目的不同

在传统网络中引入功率控制，可以克服阴影效应带来的慢衰落以及由于多径传播、空间选择性衰落引起的慢平坦衰落，或称为窄带多径干扰。对于不同的通信系统，功率控制也有其独特的特点，例如，在 CDMA 这样的干扰受限系统中，功率控制是为了克服远近效应而采取的一种措施，使用户平等地共享资源；而在 FDMA/TDMA 系统中，功率控制主要是减小由频率复用而引起的同信道干扰，通过提高资源利用率而提高系统容量。

认知无线网络同样面对衰落和干扰影响，然而由于其网络的异构性，不论采用何种多址技术，功率控制面对的首要挑战是避免对授权网络的干扰，或将其干扰降低到最小，这也是无线认知网络克服自身网络衰落与干扰、优化系统吞吐量的基本前提。

（2）测量指标不同

传统网络功率控制可基于信号强度、信号干扰比（Signal to Interference Ratio）和 BER 指标调节发射机功率。在移动互联网无线认知网络中，功率控制需要测量授权用户接收机可容忍的射频干扰等级，即干扰温度。

干扰温度限制定义了特定频段和地理位置的接收机能够正常工作的最坏射频环境，通常由授权用户来设定。若干扰温度未达到该限制，认知用户可自动、灵活地调整发射机功率，然而一旦超出该限制，认知用户必须立即采取降低功率甚至切换频谱等措施来避免对授权用户产生干扰。

2．基于非合作的功率控制

无线认知网络传输功率控制的本质是对于给定的有限个空闲频谱，在干扰温度限制条件下，为各用户选择合适的传输功率等级，以最大化数据传输速率。受空闲频谱数量以及干扰温度限制条件制约，认知用户之间对于有限的网络资源存在竞争关系。当网络区域中的每个认知用户仅关注自身收益最大化时，主要通过博弈论来实现本地的功率控制。许多文献已涵盖这一领域的研究内容，主要有以下几种采用不同效用函数的非合作功率控制算法。

（1）基于 SINR 最大化的功率控制

该算法假定网络中所有认知用户信号都使其各自信号的 SINR 最大化，存在唯一的纳什均衡解，即各用户都选择最大的发射功率。可以证明，这些最终策略达到了 Pareto 最优，然而在实际网络中却并不可行，主要有如下原因。

① 大大降低了总的系统容量，特别是在 CDMA 网络中，由于远近效应将严重影响系统容量；

② 公平性差，收发机距离近的认知用户链路将获得更高的 SINR；

③ 电池寿命缩短。

（2）基于定价的功率控制

上述效用函数在进行功率选择时，主要关注最大化用户自身的收益，但忽略了对其他用户的干扰，可能会造成其他用户性能的恶化。采用定价效用函数则可以降低这种恶化影响，在传输功率收益的基础上增加对认知用户的惩罚代价。

定价策略及价格与系统的资源、所提供的服务种类等密切相关，反映了认知用户发射功率的成本及其对网络所提供服务的需求特性。较常用的是基于占用的定价策略，即用户所支付的费用与其所占用的无线资源成比例。定价机制可利用收益与代价的差值来最大化效用函数，鼓励用户对有限资源高效共享，有利于缓解用户之间的激烈竞争状况，能够通过分布式决策达到提高系统整体收益的目的。

（3）基于 QoS 保证的功率控制

在实际网络中，功率控制的主要目标是确保各用户达到 SINR 门限值 γ_t，确保特定业务的 QoS 需求。在网络系统中，认知用户节点 i 的 SINR 满足则 $\gamma_i \geqslant \gamma_t$，$i=1,2,\cdots,N$，SINR 值越高意味着该用户的服务质量越好，但同时也增加了更多能量消耗，对其他用户也造成了干扰。

采用基于 QoS 保证的效用函数功率控制具备以下特点。

① 算法收敛于唯一的纳什均衡，与各用户的初始功率设置无关，仿真结果表明，即使在恶劣的噪声环境中，功率控制仍然可以达到稳定状态；

② 认知用户能够以最小功率达到其目标信噪比，从最小功率消耗角度观察，该算法最优；

③ 结合干扰温度限制设置各用户可行的目标信噪比，依然可以针对目标信噪比求得该功率控制的唯一纳什均衡解。

| 6.4　链路层 QoS 保障机制 |

6.4.1　MAC 协议的 QoS 保障

随着移动互联网技术的发展和业务的多样化，MAC 协议的 QoS 保障问题也变得越来越重要。MAC 层的 QoS 保障主要是使得实时性要求很高的业务快速获得信道使用权，避免过大的时延以及减小能量消耗等。这些是 MAC 协议研究的重点和难点，这主要是因为信道使用权的获得通常采用分布式方式，这就导致业务的接入速度不仅取决于节点自身，而且在很大程度上依赖于相邻节点的个数、业务量及业务优先级。此外，无线信道的不稳定性、节点业务量的变化、移动设备的有限可用能量、节点的移动性以及网络拓扑的动态变化等因素，都给协议的可靠性和业务的接入时延带来了负面影响[21]。

目前，比较有代表性的、具有 QoS 保障的 MAC 协议包括跳预留多址协议（Hop Reservation Multiple Access，HRMA）、动态专用信道协议（Dynamic Private Channel，DPC）、功率和移动性感知无线协议（Power and Mobility-Aware Wireless Protocol，PMAW）等。

HRMA 协议是基于半双工慢跳频扩频的，它利用了频率跳变时的时间同步特性[22]。HRMA 协议使用统一的跳频图案，允许收发双方预留一个跳变频率进行数据的无干扰传输。跳变频率的预留采用基于 RTS/CTS 握手信号的竞争模式。握手信号成功交换后，收方发送一个预留数据分组给发方，使得其他可能会引起冲突的节点禁止使用该频率进行数据传输。在预留跳变频率的驻留时间里，数据可在该频率上无干扰传输。HRMA 使用了一个公共的跳变频率，保持相连节点之间的同步。它把可用的 L 个频率分成一个用于同步的公共频率 F_0 和 $M=[(L-1)/2]$ 个（F_i, F_i'）频率对。每次数据交换时，F_i 用于发送和接收 HR（Hop-Reservation，跳频预留）、RTS、CTS 和 Data 帧，F_i' 用于发送和接收确认帧（ACK），从而避免了隐终端节点之间确认信息与数据信息的冲突。由于在每个 HRMA 时隙中都存在同步信息，所以节点

很容易创建或者加入一个基于 HRMA 的系统,也易于两个独立 HRMA 系统的融合。分析表明，HRMA 协议的吞吐量比具有完全 ROCA 控制的时隙 ALOHA 协议要好，特别是在数据分组的长度比跳频时隙大时。但是，HRMA 协议只能用在慢跳变系统中，并且与使用不同跳频图案设备的兼容性不理想。此外，由于数据传输需要的驻留时间比较长，所以数据冲突的概率会增加。

DPC 协议[23]的通信信道包括一个广播控制信道（CCH）和多个单播数据信道（DCH）。其中，CCH 可以被所有的节点共享，接入该信道是基于竞争模式的。每个节点都可以使用任何一个空闲 DCH 进行数据传输。DPC 是面向连接的，如果节点 A 有数据要发给节点 B，A 将在 CCH 上发送 RTS 信号给 B，同时 A 会预留一个数据端口以备和 B 通信。在发送 RTS 信号前，A 选择一个空闲的 DCH 并把信道码字包含在 RTS 头中，当 B 收到 RTS 信号后，它将会检测 A 选择的信道是否可用，如果可用，就发送 RRTS（Reply to RTS）信号给 A，RRTS 头中包含相同的信道码字；如果不可用，B 会选择一个新的信道码字，并把该码字放入 RRTS 头中，征求 A 的同意。A、B 双方相互协商，直到找到可用的信道，或者一方放弃协商。如果信道选择好了，B 发送 CTS 信号给 A，然后两者开始交换数据，直到通信结束或者预留时间到后释放信道。DPC 协议采用了信道动态分配机制，很好地解决了多跳 Ad Hoc 网络中多个子信道间的连接性和负载平衡问题。

在移动自组网中，节点的移动变化如果在 MAC 层及早被发现，就可以减少上层不必要的报文传送，减少冲突的发生。因此，可以通过对节点移动性的预测来提高网络性能。PMAW[24]在 PAMAS 协议的基础上，利用信噪比（Signal Noise Ratio，SNR）的改变来感知节点的移动，以避免冲突的发生。如 SNR 持续下降，即噪音干扰强度增加，表示另一个连接的节点临近，按收节点可根据优先级不同来判断是否暂停发送进入等待状态来避免冲突。但是由于增加了信噪比的计算以及优先级的判断，网络开销会增大。

6.4.2 ARQ 技术

ARQ（Automatic Repeat Request，自动请求重传）协议是数据链路层非常重要的一个协议。通过 ARQ 协议，数据链路层能在不太可靠的物理链路上实现可靠的数据传输。

高级数据链路控制（HDLC）自动请求重传机制和选择重传（SR）自动请求重

传机制应用于低误码率的有线数据通信系统中时，可以获得很好的数据传输效率，而在无线数据通信系统中，由于无线信道质量很差，需要大量的链路控制带宽用于传输错误帧的确认信息，确认效率很低。因此，在无线数据通信系统中，需要高确认效率的自动请求重传机制。

目前，无线通信采用的 ARQ 技术中，最具有代表性的两种是 3GPP 的多拒绝自动请求重传机制和欧洲无线局域网采用的高性能无线局域网（High Performance Radio LAN，HIPERLAN）技术。下面对这两种方案及其改进机制进行简要分析。

1. 多拒绝自动请求重传机制

3GPP 采用多拒绝自动请求重传机制[25-27]，在该机制中，数据接收方发送的链路控制协议数据单元（即 Status PDU）一次可以同时对多个数据 PDU 的接收状态进行确认，确认效率与 HDLC 自动请求重传机制和 SR 自动请求重传机制相比有了很大提高。但是多拒绝自动请求重传机制存在以下问题。

① 每次确认都对接收窗口中所有 PDU 的接收状态进行确认，相邻发送的两个链路控制 PDU 包含对很多相同数据 PDU 的确认，确认信息冗余度很大，造成数据带宽极大浪费；

② 数据接收方不能对还未发送的 PDU 进行确认，这就要求链路控制 PDU 的大小为变长，因此，其链路控制 PDU 最大长度与数据 PDU 大小相同，链路控制 PDU 不能填满最大长度时，存在很多无用的填充信息，造成很大的数据带宽浪费；

③ 不能根据数据接收方接收窗口内当前数据 PDU 错误的分布情况，用链路控制 PDU 的有限比特对尽可能多的 PDU 同时进行确认。

2. HIPERLAN 标准

HIPERLAN 标准采用部分位图选择重传 ARQ 机制（Selective Repeat ARQ with Partial Bitmap），在该机制中，数据接收方的链路控制 PDU（即 C-PDU）也可以一次同时对多个数据 PDU 的接收状态进行确认，但只对接收窗口内包含有错误数据 PDU 的一部分数据 PDU 的接收状态用位图进行确认，减小了相邻链路控制 PDU 之间的确认信息冗余。但该机制存在以下问题[28]。

① 只用位图同时对多个数据 PDU 进行确认，一个链路控制 PDU 最多同时对 24 个数据 PDU 进行确认，在数据 PDU 出错的突发性很强时，确认效率很低，而如果此时用相对偏移确认，则效率会高得多。

② 虽然该机制只对接收窗口中部分数据 PDU 的接收状态用位图进行确认，但是标准中未定义每次如何确定对接收窗口内哪些数据 PDU 进行确认的方法。

③ 虽然链路控制 PDU 采用固定长度，但未提出如何用固定长度的位图对发送方还未发送的 PDU 进行确认，以及如何避免由此可能引起的链路控制 PDU 包含的确认信息语义歧义的方法。

④ 没有被位图确认的正确接收的数据 PDU，通过累积确认，即对首序号前的所有数据 PDU 进行肯定确认，如果在无线链路 RTT（数据发送方发送数据 PDU 到收到链路控制 PDU 的往返时间）内，数据接收方未能移动接收窗口，则本次发送的包含累积确认的链路控制 PDU 和上次发送的包含累积确认的链路控制 PDU 之间包含很多冗余的确认信息，而且由于数据发送方未进行超时重传，数据 PDU 只有收到否定确认后才进行重传，链路的平均时延和吞吐率对包含累积确认的链路控制 PDU 丢失很敏感。

从以上分析可以看出，3GPP 采用的标准由于其确认效率低下且极为复杂，并不适用于高速的无线链路；而 HIPERLAN 在链路突发误帧时，其确认效率也会大大降低。此外，这两种 ARQ 发送方都没有超时重传，这必然导致链路的平均时延及吞吐率对控制信道误帧十分敏感。

3. *多拒绝自动请求重传的改进*

借鉴 3GPP 中绝对偏移确认及 HIPERLAN 中累积确认的思想，针对其对控制信道误帧敏感的不足，加以改进，文献[29]提出了一种在发送方加入超时定时器，且将相对偏移和累积确认合二为一的多拒绝自动请求重传机制，下面给出该机制的主要技术方案。

① 数据发送方和数据接收方通过包含链路管理信息的链路控制 PDU 建立数据逻辑链路连接。

② 数据发送方的数据链路层从上层获取 SDU（服务数据单元），由分割模块将 SDU 分割成固定大小的 PU（负载单元），再由封装模块封装成数据 PDU，放入发送窗口缓冲区的空闲存储单元，等待发送。

③ 数据发送方的 MAC 子层通知数据发送模块可以发送数据 PDU 以及发送数据 PDU 的个数，数据发送模块首先根据发送窗口缓冲区中各数据 PDU 的发送状态确定本次发送哪些数据 PDU，然后发送这些数据 PDU，并为发送的每个数据 PDU 启动发送超时定时器，修改该数据 PDU 的发送状态为正在发送状态。

④ 当数据发送方有发送超时定时器时，超时处理模块修改相应数据 PDU 的发送状态为等待发送状态，等待数据发送模块进行重传。

⑤ 当数据发送方收到包含确认信息的链路控制 PDU 时，确认信息处理模块首先分析该链路控制 PDU 包含对哪些数据 PDU 的确认，并对所有的否定确认进行否定有效性判断，再对每一个有效的确认，包括所有肯定确认和所有有效的否定确认，修改相应数据 PDU 的发送状态，并取消该数据 PDU 的发送超时定时器。

⑥ 当数据接收方收到数据 PDU 时，数据接收处理模块将接收的数据 PDU 和检测到丢失的数据 PDU 的序号和到达时间记录到确认等待队列中，将正确接收的数据 PDU 放到接收窗口缓冲区的存储单元中，将其接收状态设为已正确接收状态，如果满足移动接收窗口的条件，则通知移动接收窗口模块调整接收窗口。

⑦ 当移动接收窗口模块收到数据接收处理模块的移动接收窗口通知时，将连续多个已正确接收的数据 PDU 移出接收窗口缓冲区，提交给解封模块，同时将移出的数据 PDU 原先占用的存储单元设为空闲，接收状态设为未正确接收状态。

⑧ 解封模块收到数据 PDU 后，提取出封装的 PU 提交给重组模块。

⑨ 如果一个 SDU 对应的所有 PU 提交给了重组模块，重组模块由这些 PU 重组出 SDU 提交各上层。

⑩ 数据接收方的确认信息发送控制模块，周期性地判断是否满足发送包含确认信息的链路控制 PDU 的条件，如果满足条件，则通知确认信息发送模块发送包含确认信息的链路控制 PDU。

⑪ 数据接收方的确认信息发送模块收到确认信息发送控制模块的发送确认信息通知后，利用确认等待队列，确定发送包含确认信息的链路控制 PDU 的 FSN 字段和确认类型字段，再生成 Bitmap/Relative Offsets 字段，构造出完整的、固定大小的链路控制 PDU，从确认等待队列中删除该链路控制 PDU 确认的数据 PDU 记录节点，并发送该链路控制 PDU。

4. ARQ 协议详细设计

（1）RLC 子层结构

RLC 子层的结构如图 6-3 所示，包括数据链路管理实体、数据分发实体、可靠模式 RLC 实体、尽力可靠模式 1 的 RLC 实体、尽力可靠模式 2 的 RLC 实体和非确认 RLC 实体。

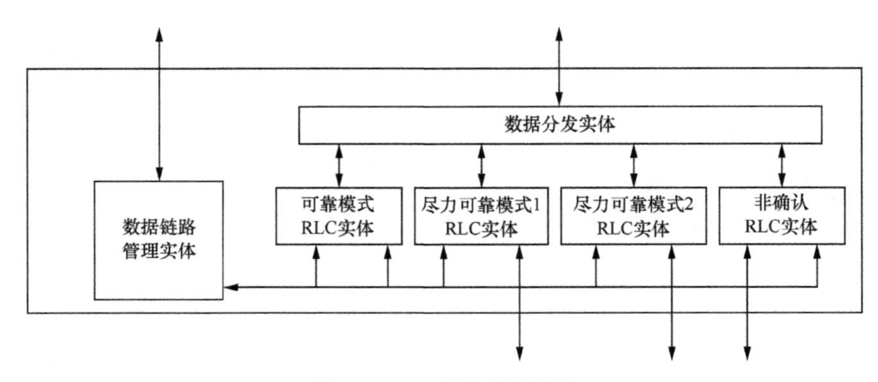

图 6-3　RLC 子层设计结构

数据链路管理实体根据当前移动终端的业务情况，负责实现一条或多条数据逻辑链路的动态建立、复位和释放过程。数据分发实体对 RLC 子层 SDU 中封装的 IP 分组进行分析，根据传输层协议类型和端口号，确定该 SDU 需要通过可靠模式 RLC 实体、尽力可靠模式 1 的 RLC 实体、尽力可靠模式 2 的 RLC 实体和非确认 RLC 实体中的哪一个进行发送，并将该 SDU 提交给确定的 RLC 实体发送。其中大部分封装了 TCP 报文段的 SDU 分发给可靠模式 RLC 实体传输。

可靠模式 RLC 实体通过不限重传次数的部分窗口多拒绝 ARQ 机制，实现完全可靠的数据逻辑链路，保证接收的数据严格按序提交，为上层提供可靠的数据传输服务。该实体可以使上层数据业务对无线物理链路的误码透明，但会增加数据业务时延，对于实时性要求不高但对信道误码非常敏感的数据业务和大部分 TCP 报文段，选择使用可靠模式 RLC 实体提供的数据传输服务。可靠模式 RLC 实体在实现时，为了避免长时间处于阴影区和协议长时间处于异常等情况，当重传次数达到一定大小（即最大重传次数）后，应对可靠模式数据逻辑链路进行复位，最大重传次数的范围为 15 ~ 30。

（2）RLC 数据 PDU 格式

RLC 子层数据 PDU 的长度为定长（664 bit），数据 PDU 的格式如图 6-4 所示。

首标志（1 bit）	PDU 类型（5 bit）	序号（13 bit）	保留（5 bit）	数据（640 bit）

图 6-4　数据 PDU 的格式

① 首标志字段：长度为 1 bit，用于标识该数据 PDU 的数据部分是否将 SDU 分割所得的第 1 个 PU 进行封装。当为 1 时，该 PDU 的数据部分封装 SDU 分割所

得的第 1 个 PU；当为 0 时，该 PDU 的数据部分封装的 PU 不是 SDU 分割所得的第 1 个 PU（注意：RLC 子层 SDU 前面两个字节为 SDU 的长度，这两个字节是由上层添加的）。

② 数据 PDU 类型字段：长度为 5 bit，用于区分该数据 PDU 中封装的 SDU 类型，目前包括下面一些类型值。

0——可靠模式数据 PDU：可靠模式 RLC 实体使用该类型的数据 PDU。

1——尽力可靠模式 1 数据 PDU：尽力可靠模式 1 的 RLC 实体使用该类型的数据 PDU。

2——尽力可靠模式 2 数据 PDU：尽力可靠模式 2 的 RLC 实体使用该类型的数据 PDU。

3——非确认模式数据 PDU：非确认模式 RLC 实体使用该类型的数据 PDU。

4——前向链路集中控制 PDU：只在前向使用，用于同时传输多个移动终端反向数据发送的 ARQ 确认信息和数据链路层的链路管理信息，其中序号字段和首标志字段的值为 0，该 PDU 中包含多个移动终端的链路控制信息块（格式和链路控制 PDU 相同）。

5——反向带宽分配指示 PDU：只在前向使用，用于指示下一个时隙，哪些移动终端可以发送数据，占用反向数据单元的个数。

6——MAC 子层控制 PDU：用于传输 MAC 子层生成的控制信息，不包括带宽申请信息。

7——带宽申请 PDU：只在反向链路使用，用于移动终端发送带宽申请信息。

8——反向链路控制 PDU：只在反向链路使用，用于移动终端传输对前向 ARQ 的确认信息和数据逻辑链路管理信息。可靠高层的控制信息以可靠模式数据 PDU 或非确认模式数据 PDU 形式发送。

③ 序号字段：表示该数据 PDU 的序号，对于最大发送速率的情况，应采用 13 bit 的序号，序号在 0～8191 之间循环编号，发送窗口大小为 4096。

④ 保留字段：长度为 5 bit，留作以后扩展使用。

⑤ 数据字段：长度为 80 B，如果封装的数据实际长度小于该长度，则应进行填充。

（3）RLC 链路控制 PDU 格式

链路控制 PDU 格式如图 6-5 所示。

DR（4 bit）	RLC 类型（6 bit）	A/M（3 bit）	ACK 类型（9 bit）	FSN 连续标志（2 bit）	控制信息块 1（40 bit）	控制信息块 2（40 bit）	控制信息块 3（40 bit）

图 6-5 链路控制 PDU 格式

① DR：4 bit，只对反向链路控制 PDU 有效。当最低位为 1 时，表示该移动终端有反向数据 PDU 需发送；当最低位为 0 时，表示该移动终端无反向数据 PDU 发送。其余 3 位留作以后使用。DR 不表示哪一个 RLC 实体有数据 PDU 需要发送，移动终端只要 4 个 RLC 实体中的一个有数据发送，该字段就为 1。

② RLC 类型：6 bit，RLC 类型字段，每 2 bit 对应一个控制信息块，指示该控制信息块用于控制 4 个 RLC 实体中的哪一个实体。

③ A/M：确认/管理字段，3 bit。分别对应 3 个控制信息块，如果 A/M 字段的某 1 个比特为 1，则该比特对应的控制信息块传递的是确认信息，否则是数据逻辑链路管理信息或 MAC 子层控制信息，对控制信息的区分是通过控制信息块中的无编号控制类型字段的值进行的。

④ ACK 类型：确认类型字段，共 9 bit。当控制信息块 i（i=1,2,3）对应的 A/M 字段的位为 1 时，该字段表示该链路控制 PDU 的控制信息块类型，分为 3 个部分，每部分 3 bit，分别对应 3 个控制信息块的类型。

控制信息块有 8 种确认类型，见表 6-5。

表 6-5 控制信息块的 8 种确认类型

ACK 类型	链路控制 PDU 控制信息块类型
000	累积确认位图
001	非累积确认位图
010	累积确认否定偏移
011	非累积确认否定偏移 1
100	非累积确认否定偏移 2
101	累积确认肯定偏移
110	非累积确认肯定偏移 1
111	非累积确认肯定偏移 2

⑤ FSN 连续标志字段：2 bit。当该字段高位为 1 时，则表示第二个控制信息块的 FSN 紧接着上一控制信息块确认的最后一个数据 PDU 序号；当该字段低位为 1 时，则表示第三个控制信息块的 FSN 紧接着上一控制信息块确认的最后一个数据 PDU 序号；当该字段高位或低位为 0 时，则对应控制信息块的 FSN 不是紧接着上

一控制信息块确认的最后一个数据 PDU 序号。

⑥ 控制信息块 1：长度为 40 bit。当 A/M 字段的最高位为 1 时，该字段包含位图确认信息或相对偏移确认信息，并通过 ACK 类型字段对应比特的值区分确认类型；否则，该字段包含的是无编号链路控制信息或 MAC 子层控制信息。控制信息块 1 的格式如图 6-6 所示。

FSN（13 bit）	Bitmap/Relative Offsets（27 bit）

图 6-6　控制信息块 1 的格式

其中，FSN 表示该确认信息所确认的第一个数据 PDU 序号，长度为 13 bit。Bitmap/Relative Offsets 是位图确认信息或相对偏移确认信息，长度为 27 bit。作为位图确认信息时，长度为 27 bit；作为相对偏移时，共有 5 个偏移，长度分别为 5 bit、5 bit、5 bit、6 bit 和 6 bit。

⑦ 控制信息块 2：长度为 40 bit。当 A/M 字段的第 2 位为 1 时，该字段包含位图确认信息或相对偏移确认信息，并通过ACK类型字段对应比特的值区分确认类型；否则，该字段包含的是无编号链路控制信息或 MAC 子层控制信息。当 FSN 连续标志字段的高位为 0 时，该字段的格式和控制信息块 1 完全相同，只有后面的 27 bit 作为位图或相对偏移使用。作为位图时，位图长度为 27 bit；作为相对偏移时，共有 5 个偏移，长度分别为 5 bit、5 bit、5 bit、6 bit 和 6 bit；当 FSN 连续标志字段的高位为 1 时，控制信息块的所有比特作为位图或相对偏移使用，其中，作为位图时，位图长度为 40 bit；作为相对偏移时，共有 7 个偏移，长度分别为 5 bit、5 bit、6 bit、6 bit、6 bit、6 bit 和 6 bit。控制信息块 2 的格式如图 6-7 所示。

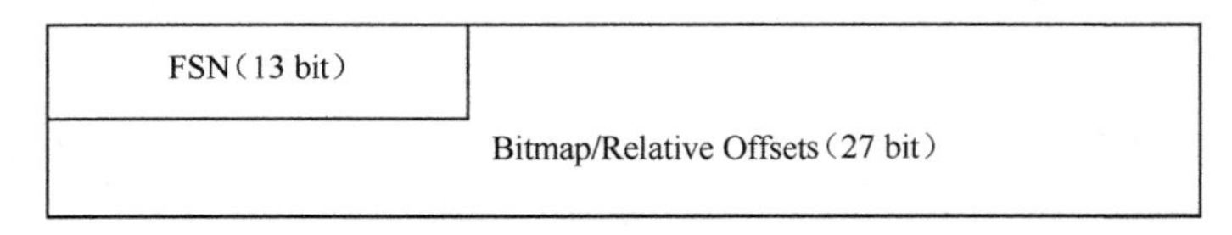

图 6-7　控制信息块 2 的格式

⑧ 控制信息块 3：长度为 40 bit。当 A/M 字段的最低位为 1 时，该字段包含位图确认信息或相对偏移确认信息，并通过 ACK 类型字段对应比特的值区分确认类型；否则，该字段包含的是无编号链路控制信息或 MAC 子层控制信息。当 FSN 连续标志字段的低位为 0 时，该字段的格式和控制信息块 1 完全相同，只有后面的 27 bit

作为位图或相对偏移使用，作为位图时，位图长度为 27 bit；作为相对偏移时，共有 5 个偏移，长度分别为 5 bit、5 bit、5 bit、6 bit 和 6 bit。当 FSN 连续标志字段的高位为 1 时，控制信息块的所有比特作为位图或相对偏移使用，其中，作为位图时，位图长度为 40 bit；作为相对偏移时，共有 7 个偏移，长度分别为 5 bit、5 bit、6 bit、6 bit、6 bit、6 bit 和 6 bit。控制信息块 3 的格式同控制信息块 2。

⑨ CRC：循环冗余码字段，用于对链路控制 PDU 进行差错检测，CRC 长度为 16 bit。

（4）每种确认类型的链路控制 PDU 控制信息块包含的确认信息

① 累积确认位图控制信息块对 FSN 之前所有数据 PDU 进行肯定确认的同时，用 n（$n=40$ 或 27）个比特的位图，对从 FSN 开始（包括 FSN）的连续 n+1 个数据 PDU 进行确认。累积确认位图控制信息块总是对 FSN 的数据 PDU 进行否定确认，位图的第 1 个比特对应 FSN 后面的第 1 个数据 PDU，即序号为 FSN+1 的数据 PDU。

② 非累积确认位图控制信息块不对 FSN 之前所有数据 PDU 进行肯定确认，非累积确认位图控制信息块用 n（$n=40$ 或 27）个比特的位图，对从 FSN 开始（包括 FSN）的连续 n 个数据 PDU 进行确认，位图的第 1 个比特对应序号为 FSN 的数据 PDU。

③ 累积确认否定偏移控制信息块对 FSN 之前所有数据 PDU 进行肯定确认的同时，对序号在 k 个实际偏移之间或在 FSN 与第 1 个实际偏移之间的所有数据 PDU 进行肯定确认。如果第 i（i=1,⋯,k）个相对偏移不为 0 时，该累积确认否定偏移控制信息块对序号等于第 i 个实际偏移的数据 PDU 进行否定确认，而如果第 i（i=1,⋯,k）个相对偏移为 0 时，该累积确认否定偏移控制信息块对序号等于第 i 个实际偏移的数据 PDU 进行肯定确认。累积确认否定偏移控制信息块总是对序号为 FSN 的数据 PDU 进行否定确认。

④ 非累积确认否定偏移 1 控制信息块不对 FSN 之前的所有数据 PDU 进行肯定确认，即 FSN 之前的数据 PDU 未全部正确接收，对序号在 k 个实际偏移之间或在 FSN 和第 1 个实际偏移之间的所有数据 PDU 进行肯定确认。如果第 i（i=1,⋯,k）个相对偏移不为 0，该累积确认否定偏移 1 控制信息块对序号等于第 i 个实际偏移的数据 PDU 进行否定确认，而如果第 i（i=1,⋯,k）个相对偏移为 0，该累积确认否定偏移 1 控制信息块对序号等于第 i 个实际偏移的数据 PDU 进行肯定确认。非累积确认否定偏移 1 控制信息块总是对序号为 FSN 的数据 PDU 进行肯定确认。

⑤ 非累积确认否定偏移 2 控制信息块不对 FSN 之前的所有数据 PDU 进行肯定确认，对序号在 k 个实际偏移之间或在 FSN 和第 1 个实际偏移之间的所有数据 PDU 进行肯定确认。如果第 i（i=1,…,k）个相对偏移不为 0，该累积确认否定偏移 2 控制信息块对序号等于第 i 个实际偏移的数据 PDU 进行否定确认，而如果第 i（i=1,…,k）个相对偏移为 0，该累积确认否定偏移 2 控制信息块对序号等于第 i 个实际偏移的数据 PDU 进行肯定确认。非累积确认否定偏移 2 控制信息块总是对序号为 FSN 的数据 PDU 进行否定确认。

⑥ 累积确认肯定偏移控制信息块对 FSN 之前的所有数据 PDU 进行肯定确认的同时，对序号在 k 个实际偏移之间或在 FSN 和第 1 个实际偏移之间的所有数据 PDU 进行否定确认。如果第 i（i=1,…,k）个相对偏移不为 0，该累积确认肯定偏移控制信息块对序号等于第 i 个实际偏移的数据 PDU 进行肯定确认，而如果第 i（i=1,…,k）个相对偏移为 0，该累积确认肯定偏移控制信息块对序号等于第 i 个实际偏移的数据 PDU 进行否定确认。累积确认肯定偏移控制信息块总是对序号为 FSN 的数据 PDU 进行否定确认。

⑦ 非累积确认肯定偏移 1 控制信息块不对 FSN 之前的所有数据 PDU 进行肯定确认，对序号在 k 个实际偏移之间或在 FSN 和第 1 个实际偏移之间的所有数据 PDU 进行否定确认。如果第 i（i=1,…,k）个相对偏移不为 0，该累积确认肯定偏移 1 控制信息块对序号等于第 i 个实际偏移的数据 PDU 进行肯定确认，而如果第 i（i=1,…,k）个相对偏移为 0，该累积确认肯定偏移 1 控制信息块对序号等于第 i 个实际偏移的数据 PDU 进行否定确认。非累积确认肯定偏移 1 控制信息块总是对序号为 FSN 的数据 PDU 进行肯定确认。

⑧ 非累积确认肯定偏移 2 控制信息块不对 FSN 之前的所有数据 PDU 进行肯定确认，对序号在 k 个实际偏移之间或在 FSN 和第 1 个实际偏移之间的所有数据 PDU 进行否定确认。如果第 i（i=1,…,k）个相对偏移不为 0，该累积确认肯定偏移 2 控制信息块对序号等于第 i 个实际偏移的数据 PDU 进行肯定确认，而如果第 i（i=1,…,k）个相对偏移为 0，该累积确认肯定偏移 2 控制信息块对序号等于第 i 个实际偏移的数据 PDU 进行否定确认。非累积确认肯定偏移 2 控制信息块总是对序号为 FSN 的数据 PDU 进行否定确认。

（5）无编号控制帧信息定义

当链路控制 PDU 的 A/M 字段的某一位为 0 时，它所对应的控制信息块用于表示无编号控制信息，该无编号控制信息控制的数据逻辑链路由 RLC 类型字段的对应比特确定，无编号控制信息的格式如图 6-8 所示。

无编号控制信息类型（5 bit）	控制参数（35 bit）

图 6-8　无编号控制信息的格式

无编号控制 PDU 类型：5 bit，用于区分不同的无编号控制信息，无编号控制信息类型包括如下。

① SETUP 无编号控制信息：用于发起逻辑链路的建立过程。

② SETUP_ACK 无编号控制 P 信息：用于 SETUP 无编号控制信息进行肯定应答，表示同意建立逻辑链路。

③ SETUP_NAK 无编号控制信息：用于对 SETUP 无编号控制信息进行否定应答，表示不能建立逻辑链路。

④ RESET 无编号控制信息：用于发起逻辑链路的复位过程。

⑤ RESET_ACK 无编号控制信息：用于对 RESET 无编号控制信息进行肯定应答，表示同意对逻辑链路进行复位。

⑥ RELEASE 无编号控制信息：用于发起逻辑链路的释放过程。

⑦ RELEASE_ACK 无编号控制信息：用于对可靠模式 RELEASE 无编号控制信息进行肯定应答，表示同意释放逻辑链路。

⑧ POLLING 无编号控制信息：用于要求对方收到 POLLING 无编号控制信息后，立刻报告逻辑链路的状态。

⑨ MOVE_WINDOW 无编号控制信息：用于要求对方收到 MOVE_WINDOW 无编号控制信息后，放弃对接收窗口中部分数据 PDU 的等待，移动接收窗口。

⑩ SUSPEND 无编号控制信息：用于发起逻辑链路的暂停过程。

⑪ SUSPEND_ACK 无编号控制信息：用于 SUSPEND 无编号控制信息进行肯定应答，表示同意逻辑链路暂停工作。

⑫ RESTORE 无编号控制信息：用于发起逻辑链路的暂停过程。

⑬ RESTORE_ACK 无编号控制信息：用于 RESTORE 无编号控制信息进行肯定应答，表示同意逻辑链路恢复工作。

（6）部分窗口多拒绝 ARQ 协议

可靠模式 RLC 实体、尽力可靠模式 RLC 实体都采用部分窗口多拒绝 ARQ 协议来提高数据传输的可靠性。

对于部分窗口多拒绝 ARQ 协议前向数据传输，包含确认信息的链路控制 PDU，通过反向控制信道逻辑通过映射到反向分组数据物理信道进行发送；对于部分窗口多拒绝 ARQ 协议反向数据传输，包含确认信息的链路控制 PDU，通过公共控制 PDU 映射到前向分组数据物理信道进行发送，多个移动终端的确认信息，通过基站自适应确认信息发送时机控制算法在公共控制 PDU 的数据部分统计复用，将多个移动终端对反向数据发送总的确认带宽开销控制在 50 kbit/s 之内[30]。

（7）链路管理

可靠模式数据逻辑链路管理包括可靠模式数据逻辑链路的建立、释放、复位、暂停/恢复、链路状态轮询等过程。移动终端 RLC 子层和基站 RLC 子层通过交互无编号链路控制信息实现数据逻辑链路管理（包括各种数据逻辑链路）[31]。

6.5　网络层 QoS 保障机制

MPLS 有效地结合了 IP 技术的灵活性、开放性、可扩展性等优势和 ATM 技术面向连接的特点。它通过预先定义的标签进行数据交换，可在底层实现统一采用 MPLS 标准来承载各种业务，从而简化网络层次，降低成本，且进一步地提高对网络和业务的可管理性[32]。MPLS 通过建立 LSP，合理控制网络流量和网络资源，不仅可解决当前存在的 VPN 管理、带宽瓶颈、多播控制等重大问题，而且能够实现显式路由、流量工程 TE、QoS 保证等 IP 技术目前仍不具备的功能，它已成为业界公认的、解决 IP 核心网 QoS 问题的重要手段[33]。

MPLS 的标签交换思想来源于 IP over ATM，在计算机通信领域是一种常用的标签交换协议[34]。MPLS 是链路层交换与网络层路由的结合，能够支持和兼容多种上层协议。当数据分组到达隧道的入口处时，就会打上固定长度的标签，在 MPLS 网络域中，转发过程只需要使用标签信息，而不需要像三层路由那样进行路由表查找操作。只要在 MPLS 网络域入口处根据数据分组所归属的转发等价类（Forwarding Equivalence Class，FEC）[35]分配一次标签，那么在整个隧道转发过程中只需按照标签交换转发表进行简单而又快速的标签交换就可以完成一次传输过程。

MPLS 是一种用于实现快速交换和安全转发的网络协议，为计算机通信提供了快速、高效的流量工程和安全、可靠的数据交换。MPLS 独立于数据链路层和网络层协议[36]。MPLS 将通过路由寻址和转发的协议简化为标签交换，将传统的 IP 地址映射为标签，再通过交换标签来实现转发。MPLS 可以提供多种路由和交换协议的接口，如 QoS 路由[37]、IGMP 协议、各种多播协议（如 PIM 协议）等。

6.5.1 MPLS 的网络体系结构

MPLS 的网络实体主要包括标签交换路由器（LSR）和标签边缘路由器（LER）。MPLS 体系结构[38]可以划分为控制平面（Control Plane）和数据平面（Data Plane）。

控制平面：主要负责管理功能，在 IP 层路由功能的基础上，增加标签快速交换功能，能够支持多种数据交换业务。

数据平面：也称为转发平面（Forwarding Plane），主要通过标签交换来实现数据转发。

在数据平面，MPLS 给每个数据分组打上固定长度的标签[39]，通过标签转发表进行标签交换来实现快速转发。对于 LSR，只需要根据标签交换算法进行简单的标签交换，而对于标签边缘路由器 LER，不仅需要根据标签转发表（LFIB）进行标签分组的转发，还需要根据传统转发表（Forwarding Information Base，FIB）进行 IP 数据分组的转发。MPLS 网络的基本结构如图 6-9 所示。

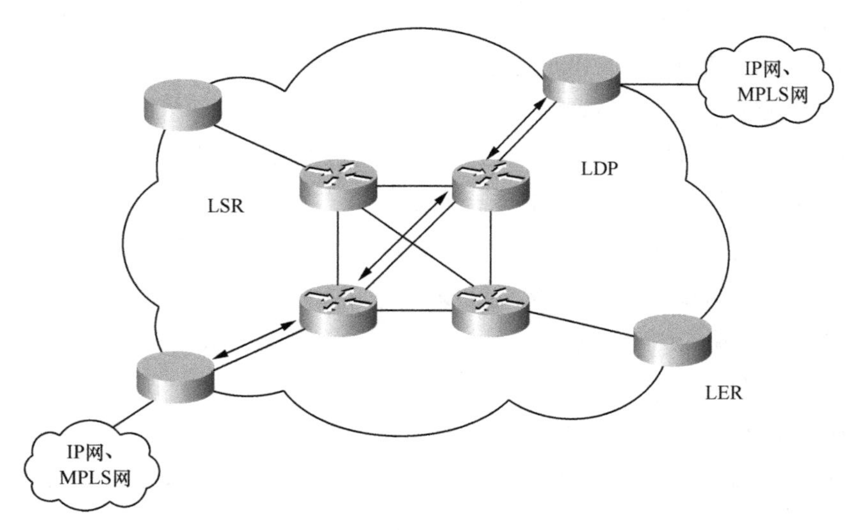

图 6-9　MPLS 网络体系结构

MPLS 的基本工作过程分为以下 3 个步骤。

① 首先将进入 MPLS 网络内部的数据分组划分为等价类，标签边缘路由器为其打上标签，这个过程中要使用标签分配协议[40]（LDP）和现有的路由协议（如最短路径优先等协议）。

② 由 LER 打上标签，并转发数据分组，LSR 不需要进行任何 IP 层处理，只需要根据 MPLS 内部的标签转发表，寻址出接口，进行标签交换，从而实现快速转发。

③ 在 MPLS 出口处的边缘路由器上将数据分组上的标签弹出，继续通过 IP 路由转发。

从以上 MPLS 的基本工作过程可以看出，MPLS 网络体系实际上就是一种隧道机制,可以通过内部的标签交换技术和外部的路由转发技术在隧道中传输任何数据。而这种隧道技术最显著的特点是安全可靠，对于 IP 层来说是完全透明的传输，能够支持多种高层协议与业务。

6.5.2 MPLS 的技术原理

转发等价类[41]是指将进入 MPLS 内部的且具有相同转发处理方式的数据分组归为一类，因此，MPLS 是一种分类转发技术。这种等价类在 MPLS 网络中的所有转发方式和处理都相同。

转发等价类的划分方式多种多样，而且非常灵活。我们可以把到同一目的地的分组作为一个等价类，也可以是目的端口一致、源地址一致、源端口一致、协议类型一致等，或者是上述方式的任意组合。

下面对 MPLS 网络体系结构中各个组成部分作出说明。

1. **标签**

标签（Label）是一种标识符，长度固定，只有局部的意义。标签的作用是：当数据分组到达 MPLS 的入口节点时，数据分组按照某种规则被划分为不同的转发等价类，而不同转发等价类的数据分组头部将会被插入不同的标识（标签）。被打上标签的数据分组会被转发到 MPLS 网络内部，由内部节点按照标签交换算法进行快速的交换转发。虽然标签的长度是固定的，且可能会影响承载效率，但标签交换算法比普通的路由交换算法要有更高的交换性能和速率。输出标签的路由器称为上游路由器，输入标签的路由器称为下游路由器。事实上，标签只是在上游路由器的出端口和下游路由器的入端口之间有意义。

（1）标签封装

标签和数据分组是绑定在一起转发的，而在转发之前要对标签进行相应的编码和封装。标签共分为 4 个域：Label 为 20 bit、EXP 保留字、栈底位（Bottom of Stack，BOS）、TTL 生命周期。每个标签堆栈条目用 4 Byte 来表示。

（2）标签堆栈

大型网络分层复杂，子网划分也多。MPLS 报文在这样层次的网络中，将携带一个以上的标签，不同层次的 LSR 分组将分别被绑定，一旦数据分组离开 MPLS 网络，包装上的标签是层层剥离的，这个绑定和剥离的顺序完全按照堆栈规则“先进后出”。在标签堆栈中，堆栈顶部放置的标签是决定如何发送和接收数据分组的关键。实际上，对于标签数据分组的处理在不同子网和不同层次的网络中是相互独立的，即标签堆栈的层次并不重要。标签堆栈的层次又称为深度。深度为 0 的标签堆栈是没有标签的堆栈，深度为 n 的堆栈表明栈底的标签为第一层标签，栈顶的标签为第 n 层标签。

（3）标签交换

数据分组在 IP 网络层的传输叫作路由转发，而在 MPLS 内部的传输则变成标签交换，这也是多协议标签交换名称的由来。标签交换机制涉及如下几个相关的概念。

① NHLFE（Next Hop Label Forwarding Entry，下一跳标签转发项），用于描述数据分组的下一跳、对标签堆栈的操作、发送数据分组时采用的 MAC 子层封装方式、采用的标签编码方式以及其他的一些数据处理信息。而对标签堆栈的操作有堆栈顶部的标签替换、弹出顶部标签、顶部标签替换完毕和压入新的标签。

② LIM，是指输入标签向 NHLFE 的映射，每一个输入标签可以映射为多个 NHLFE。如果一个输入标签映射为多个下一跳标签，则必须在标签交换前选择一个下一跳标签来控制转发，选择不同的 NHLFE，意味着下一跳路由的不同。这种一对多的映射方法，在多条开销相同的路径上，可以起到平衡负载的作用。

③ FEC 到 NHLFE 的映射，这里分两种情况说明。

第一种情况是转发无标签数据分组。FEC 向 NHLFE 的映射是在 LSR 转发普通数据分组，即无标签数据分组的情况下发生的映射，对于没有标签的数据分组在转发前要为其分配标签，每个转发等价类会被映射为多个 NHLFE，这种情况下则必须在标签交换前选择一个下一跳标签来控制转发，选择不同的 NHLFE，意味着下一跳路由的不同。

第二种情况是转发有标签数据分组。当转发有标签的数据分组时，首先根据标签堆栈顶部的标签进行输入标签映射，接着根据映射得到的 NHLFE，确定数据分组转发的下一跳，然后通过对标签堆栈做替换标签、压入新标签、标签编码等操作，完成转发功能。

2．标签交换路由器

MPLS 内部的路由器可以分为两种：标签边缘路由器和标签核心路由器。标签核心路由器又可以划分为控制单元和转发单元两类。控制单元是指对标签进行管理，主要包括标签的建立与拆除、标签的分发、标签转发表的建立等；而转发单元则是指根据标签转发表将数据转发到下一跳路由。

3．标签交换路径

标签交换路径（Label Switched Path，LSP）是指 FEC 在 MPLS 内部转发所经过的路径。

4．标签分配协议

标签分配协议（Label Distribution Protocol，LDP）有一套非常标准的信令协议，能够有效地指导标签的分配和交换[42]，因此，MPLS 的数据传输依赖于 LDP。LDP 运行于传输协议之上，它根据已有的网络拓扑结构，结合网络层的 IP 路由协议，构建一个适合 IP 分组传输的标签信息库，在 MPLS 内部的边缘路由器之间建立一条传输路径。LDP 具有 TCP 的可靠传输和 UDP 的快速传输优点。LDP 使用的 TCP 和 UDP 端口号相同，都是 646，相邻的两个 LSR 之间必须建立两条 LSP：一条是 MPLS 连接链路，用于标签交换；另外一条是 LSP，作为信令通道，用于传送 LDP 信令报文。

LDP 信令报文的编码体系结构是 Type-Length-Value，简称为 TLV，而 T、L、V 内部又可以是 TLV 的形式，即 LDP 信令报文的编码是可以嵌套的。

在 LDP 中，存在 4 种 LDP 消息。

（1）发现消息

发现消息（Discovery）是通过 UDP 发送的，主要用于发现 LSR 的存在，并且对其进行维护。LSR 可以通过发现消息表明它在 MPLS 网络中的存在，当 LSR 1 想要与周围的 LSR 建立连接时，发送发现消息，知道周围 LSR 2 的存在，这时 LSR 1 将发现消息发送到 LDP 的端口，如果想要与 LSR 2 建立连接，则通过 TCP 端口发起 LDP 初始化过程，初始化过程结束，LSR 1 与 LSR 2 就成为对等实体，可以相互之间进行对等通信。

（2）会话消息

会话消息（Session）通过 TCP 发送，主要是用于 LDP 对等实体之间的会话操作，建立、维持以及结束。

（3）通告消息

通告消息（Advertisement）通过 TCP 发送，主要是针对 FEC，用于为 FEC 分配标签、更新标签和删除标签。

（4）通知消息

通知消息（Notification）通过 TCP 发送，主要对整个传输过程进行维护，如果发现出错等状况，立即发送通知消息。

会话消息、通告消息、通知消息都是通过 TCP 发送的，因此都具有可靠性。

在 MPLS 网络内部，两个 LSR 之间如果需要建立会话，则首先需要交换 LDP 发现消息，发现对方的存在；然后开始建立传输连接；最后是 LDP 的初始化过程。

例如，在 MPLS 网络中，LSR 1 与 LSR 2 如果通过交换发现消息，知道对方的存在，并且建立了会话连接，在 LDP 初始化后，LSR 1 与 LSR 2 会交换各自的 LDP 初始化消息，这些 LDP 消息就是他们建立会话连接的各种参数，包括 LDP 的协议版本号、标签分配和交换方式、会话保持的时间等。当这些参数都确定后，表明 LSR 1 与 LSR 2 之间的会话连接建立完成，可以开始各种会话。

会话保持时间参数是由 LDP 内部定义的会话定时器来设定的。这个会话定时器可以维持 LSR 之间会话的顺利进行，并且能够维持一定的秩序。即在定时器规定的时间内，对等体之间应该已经建立连接，如果时间超时，则表明这两个邻接体之间不能正常地进行会话，则中断会话。同时，LSR 还为每个相邻 LSR 的发现消息设置了一个发现消息保持定时器，即在这个定时器设定的时间内应该收到相邻 LSR 发来的发现消息，如果超过这个时间段，还是没有收到，则表明相邻的 LSR 处于故障状态，不能正常会话，于是就会删除这个相邻实体。

基于 MPLS 网络的传输可以由时延和开销两个指标来衡量。平均时延[43-44]体现了被测设备在转发报文过程中消耗的时间，而开销[45-46]是一个更综合的概念，包括协议报文交互的时间、协议状态机运行需要的时间、转发表项建立的时间和转发报文消耗的时间等几个方面。

6.5.3 MPLS 与 DiffServ 结合的 QoS 机制研究

从工作机制角度来分析，MPLS 中的标签分配机制与 DiffServ 中数据分组的

QoS 分类非常相似，在边缘路由器上，MPLS 网络对数据流进行 FEC 分类，并映射到标签，DiffServ 网络中将数据流进行服务类别划分，并映射到 DSCP；在核心路由器上，MPLS 网络基于标签进行转发，DiffServ 网络基于 DSCP 进行分组丢弃和调度。

从控制机制角度来分析，MPLS 网络和 DiffServ 网络都是将复杂的运算工作集中在边缘路由器上，简化核心路由器的处理工作，适合于大型的骨干网络。

因此，如果 MPLS 与 DiffServ 相结合，MPLS 网络能够为 DiffServ 提供很好的支持，既具有 DiffServ 简单而又灵活的特点，又吸取了 MPLS 快速转发的优势，能够较好地改善网络性能，以提供 QoS 保障。

1. DiffServ over MPLS 的 QoS 解决方案

在 MPLS 网络中，LSR 将 IP 分组打上标签后，依据标签值进行数据分组转发，并不解析 IP 分组头，而 DiffServ 的 DS 字段位于 IP 分组头中，因此，要实现 DiffServ over MPLS 的关键问题是如何将 DSCP 正确地映射到 MPLS 的标签中，能够使 LSR 为 IP 分组进行相应的转发处理，以实现对区分服务的支持。IEFT 标准化组织针对该问题提出两种解决方案：E-LSP（EXP-Infered-LSP）和 L-LSP（Label-Infered-LSP）[47]。

（1）E-LSP

在 E-LSP 解决方案中，分组的 DSCP 与 EXP 字段之间建立完全映射关系，仅由 EXP 字段来标识区分服务信息（如包含丢弃优先级和 PHB 调度类等 PHB），而数据分组的转发路径由标签值来确定，如图 6-10 所示。因为 EXP 这个字段只有 3 位，所以该方案最多支持 8 种服务等级。我们将仅利用 EXP 传递需要的 PHB 相关信息的 LSP 称为 E-LSP（E 代表根据 EXP 推导的意思）。当采用该种解决方案时，E-LSP 沿途所有的标签交换路由器将依据 EXP-PHB 映射表来确定 IP 分组对应的区分服务等级。

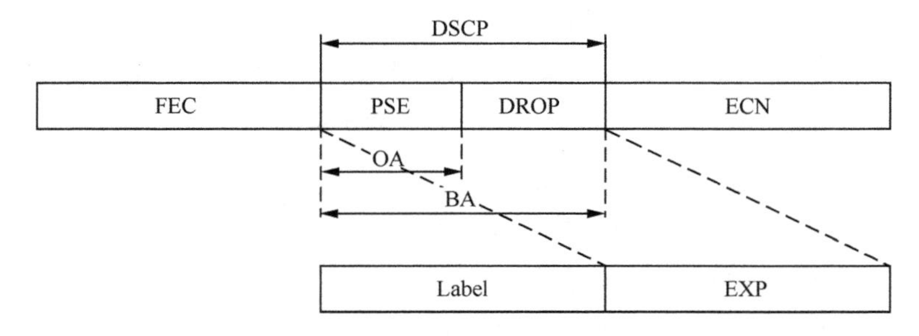

图 6-10　E-LSP 方式 DSCP 与 EXP 的映射关系

（2）L-LSP

L-LSP可以用在至少支持8个PHB的网络中。在该解决方案中，通过标签决定LSP，并为LSP分配调度行为，而EXP负责传递分发给数据报文关于丢弃优先级的相关信息，由标签和EXP位共同决定PHB。由于在逐跳行为和标签之间一般存在一定的联系，所以在建立LSP的过程中需要由信令传递此类消息。我们将利用标签传递需要的PHB相关信息的LSP称为L-LSP（L代表根据标签推导的意思）。L-LSP不但能够传输来源于单一PHB的报文，而且能够传递采用同样调度策略、但丢弃优先级不同的多个PHB报文（例如Afc*d*，c是常量，*d*是变量），如图6-11所示。

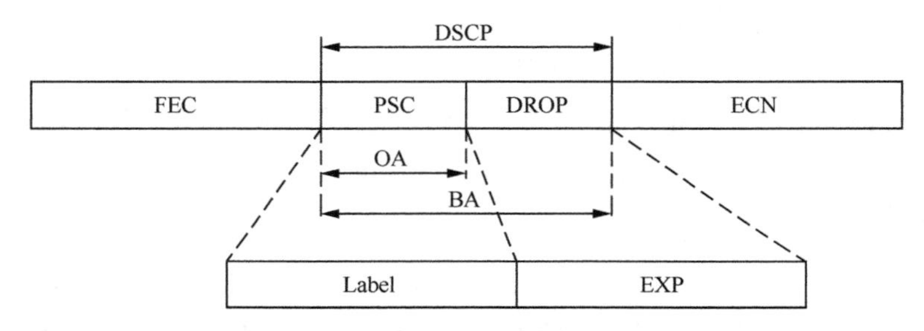

图6-11　L-LSP方式DSCP与PHB的映射关系

根据上述的有关讨论，E-LSP和L-LSP的区别见表6-6。

表6-6　E-LSP与L-LSP的区别

E-LSP	L-LSP
不需要使用信令传递消息，对MPLS信令协议改动小	建立时需要使用信令传递消息，对MPLS信令协议改动相对较大
由EXP位决定	由标签和EXP位共同决定，或者由标签决定
一个LSP中能够承载多个不同的PHB流	一个LSP承载一个或者多个采用同样调度策略、但丢弃优先级不同的PHB报文
单独使用E-LSP时，可以支持8种PHB	能够支持任意数目的PHB报文
标签只用于传达路径的有关消息，大大提高了标签的使用效率和状态维护	需要利用更多的标签，保存更多的状态，标签传递调度行为和有关路径的信息

通过对E-LSP和L-LSP的分析可知，两种解决方案各有所长，通常情况下，针对不同的应用场景来决定哪一种LSP更加适合特定的网络。

2. DiffServ over MPLS 的转发机制

在DiffServ over MPLS域的边缘节点配置好选定的模型后，在网络中进行数据分组转发时，可依据选定的模型并结合MPLS区分服务规则，对用户报文进行转发。

标签转发路由器的报文转发模型如图 6-12 所示，通常分 4 步进行。

① PHB 判定：针对到达报文的标签和 EXP 域的数值信息，结合 LFIB 表项，得到针对该分组所使用的区分服务 PHB。

② 确定输出 PHB：依据本地策略和流量状态来确定某个分组的输出 PHB；该步骤的主要任务是完成第一步骤获取的 PHB 和输出 QoS 参数之间的映射。

③ 标签交换操作。

④ 对 DS 相关信息进行封装和编码：该步骤主要实现的功能是封装区分服务消息，传送到发送分组的相关域。

其中，步骤②在标签交换路径中是一个可选的功能。

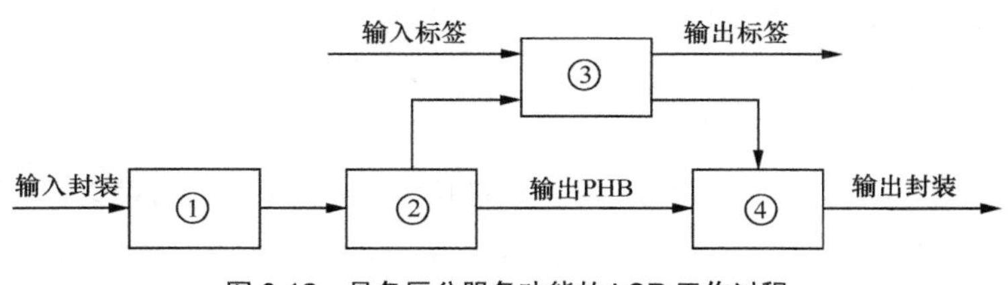

图 6-12　具备区分服务功能的 LSR 工作过程

6.6　传输层 QoS 保障机制

集成服务模型 IntServ 是 IETF 在 RFC 1633 中正式提出来的，目标是在 IP 网络中提供严格基于流的端到端 QoS 保证。IntServ 模型引入了重要的 QoS 控制信令 RSVP，并借助 RSVP 信令向网络提供业务流参数，建立和拆除传输路径上的业务流状态。IntServ/RSVP 定义了保证型业务（Guaranteed Service，GS）、受控负载业务（Controlled load Service，CS）和尽力而为（Best Effort，BE）业务。IntServ 属于细粒度控制，可以为高层用户提供较为准确的带宽、时延、时延抖动和分组丢失率控制，但是过细的粒度使得 IntServ 存在扩展性较差、维护开销大的缺点。

6.6.1　RSVP

RSVP（Resource Reservation Protocol，资源预留协议）是用于集成服务的一种动态的资源预留机制。任何一个支持 RSVP 的路由器都能执行几种相关的操作，例如信令控制、准入配置、调度和策略。作为一种信令机制，它能够将 QoS 信息在网络中进行传递，传送给目的端的网络单元。在这种机制中进行传输的只是 QoS 的相关参数，资源预留过程的发起是从应用会话的起点开始建立的，其标识业务流的方法有如下几种：目标端口、目标 IP 地址、传输层协议类型。这些标识的作用是，只要在 RSVP 请求预留的资源成功预留的情况下，会话的数据流就可以立即找到并使用相应的资源。

RSVP 的消息类型分成多种，按目的可区分为两大类：用于满足最基本操作的消息类型是 PATH 消息和 RESV 消息；记录信息沟通路径上的 QoS 状态以及删除这些 QoS 状态则由其他的 RSVP 消息控制。

下面对 PATH 消息和 RESV 消息进行简要的介绍。

PATH 消息是由会话起始点产生的，它由发起端发送，消息中的 Sender Tspec 对象包含了源端的数据流特点信息。所有网络单元都可以对这个消息进行配置，设置它的状态，Tspec 对象中的数据流特点会被用到。PATH 消息的对象还能描述各种数据参数：路径的参数配置、服务质量标准参数、配置参数等。这些都是由 ADSPEC 这个对象来控制的。

通信消息的目的端发送 RSVP 信令，这个信令的 PATH 消息途经的节点都将被记录下来，一直到通信的发起端。在这个路径上，每一个节点都能对 QoS 信息及状态进行相应的配置，路径上的每一个网络节点都将受到这个配置结果的影响，例如资源分配、数据流的重塑、QoS 信息的监视等，具体的配置原则与目的端的 QoS 资源需求相关。在 RSVP 消息中，与资源预留的响应信息并存的还有两个对象，分别是流描述器（Flow Spec）和滤镜描述器（Filter Spec）。流描述器的作用是定义数据流的一系列特征，例如数据的类型、QoS 需求、QoS 参数的一些限制等。滤镜描述器用于对数据流进行相应分组时，对一些必选参数进行相应的配置。RSVP 必须在一段时间内对它进行定期更新，因为它是一种软状态，如果不进行更新，PATH 消息和资源预留的消息就会被删除，更新能使这些消息避免被删除，从而保持 RSVP 的正确性。

6.6.2 NSIS 协议

虽然 RSVP 协议解决了反向资源预留问题，但它也存在很多缺陷和不足，例如，

RSVP 只能面向接收端预留，不支持移动性以及协议扩展，存在安全方面的问题等。为了解决 RSVP 的不足，IETF 组建了 NSIS 研究工作组，提出了下一代 NSIS 协议。NSIS 协议分成两层：信令传输协议层（NTLP）和信令应用协议层（NSLP）。NSIS 协议紧跟着 RSVP 的步伐，解决了一些 RSVP 中不能解决的问题。NSIS 不仅支持接收端的资源预留，也支持发送端的资源预留，还解决了移动性的问题。同时，NSIS 协议支持可扩展性，这些都是 RSVP 无法比拟的。

NSIS 协议的设计理念是将信令传输和信令应用这两个层次进行分离，表 6-7 是 NSIS 协议的具体架构。

表 6-7　NSIS 体系结构

<table>
<tr><td rowspan="6">NSIS</td><td>信令应用层</td><td colspan="2">QoS 信令应用层</td><td colspan="2">网络地址翻译/防火墙
NSLP/其他 NSLP</td><td>其他信令应用</td></tr>
<tr><td rowspan="3">信令传输层</td><td colspan="5">通用 Internet 信令传输</td></tr>
<tr><td colspan="5">传输层安全</td></tr>
<tr><td>TCP</td><td colspan="2">UDP</td><td colspan="2">SCTP</td><td>DCCP</td></tr>
<tr><td rowspan="2"></td><td colspan="5">IP 层安全</td></tr>
<tr><td colspan="5">IP</td></tr>
</table>

NTLP 包含一个通用的 Internet 信令传输（GIST），GIST 的作用主要是对信令应用层进行信令的传输。GIST 的运行基于标准的控制协议和标准的传输协议（TCP/UDP/SCTP/DCCP）。而另一层 NSLP 则主要对应的是信令应用功能，一个 NSLP 对应一个相应的信令应用，这些信令通过 NTLP 层进行统一的传输，例如，网络地址翻译、防火墙 NSLP 等都是 NSLP 应用的例子。本节描述的 DQSMM-NSLP 机制也是一种 NSLP 应用，该应用提出了动态信令控制，通过在 NSIS 信令消息中加入所需标志位来进行相应的 QoS 信令控制，这种特殊的信令格式通过 GIST 来进行传输和解析，以达到预期的目标。

NSIS 这种信令协议的优势非常多，相对于 RSVP，它将对等体发现和信令消息传输分离，使得 NSIS 协议能采用现有的安全协议标准和传输层协议标准，这是 RSVP 所不能做到的。如果某个终端不支持 NSIS 协议，可以采用增加代理来实现。NSIS 体系结构中，GIST 是一种软状态协议，也就是说，网络节点中的控制状态必须不断地进行更新，否则将会超时失效。GIST 的传输信令模式分成两种，分别是 C-Mode 和 D-Mode（数据报模式）。D-Mode 是基于 UDP 实现的，相对于 C-Mode 来说，它是一种不太可靠的数据传输模式，但是 D-Mode 设计比较简单，因此，长期的发展要保留这种模式的简单性，这种模式能用于那种安全需求不是很强烈的数据传输。而 C-Mode 是基于 TCP 进行封装的，它能使用面向流或者面向消息的传输协议，同时，它也能使用一些传输层的安全协议（例如 TLS）以及网络层的安全协议（例如 IPSec）。这两种模式在网络节点链中可以混合使用。

QoS NSLP 继承了 RSVP 的设计理念，路径上 QoS 状态的管理需要及时更新，因为是一种软状态的机制，需要靠更新来维护路径上的状态。但是又与 RSVP 有很大的不同，它扩展了 RSVP 的一些机制，例如资源预留，不仅支持基于收端发起的资源预留，也支持发端发起的资源预留，即支持双向预留；同时它还支持任意节点之间的资源预留，其消息类型包括 Reserve、Query、Notify 等。

6.6.3 NSIS 协议和 RSVP 协议的对比

6.6.2 节详细叙述了 NSIS 的体系结构，NSIS 是一个更加灵活通用的 IP 信令协议，相对于 RSVP，NSIS 协议进行了大幅度的改进，主要包括以下两个方面：一方面，NSIS 协议可以应对多种需求，也能区别性地解决互联网不同部分的特性需求，这种解决方式并不要求有一个完整的 Peer-to-Peer 的实现；另一方面，NSIS 协议的资源预留是支持双向预留的，也就是说既支持发端预留，也支持收端预留，而 RSVP 只支持单向的资源预留，此外，NSIS 还实现了 NAT/防火墙等应用，因此，在扩展性和安全性方面，NSIS 协议比 RSVP 做得更好。

从表 6-8 可以看出 NSIS 与 RSVP 的区别。

表 6-8　NSIS 和 RSVP 特性比较

	RSVP	NSIS
协议结构	单层	双层
是否支持移动性	否	是
协议使用场景	Peer-to-Peer	Peer-to-Peer/Host-to-Edge/Edge-to-Edge
多播支持	是	是
QoS 模型	IntServ/DiffServ	IntServ/DiffServ/其他
协议状态方式	软状态	软状态
是否支持信令汇聚	是	是
是否支持双向信令	否	是
信令的传输	IP/UDP	TCP/SCTP、UDP/DCCP
预留发起	只支持收端触发	支持双向触发（收发端）

6.7　应用层 QoS 保障机制

6.7.1　3GPP PCC

1．PCC 标准架构

PCC（策略控制与计费）是 3GPP 定义的 QoS 策略与计费的控制架构，它作为业务应用层和承载层间的桥梁，具有基于用户签约以及业务流等信息进行 QoS 策略与计费管理[48]的功能，旨在通过业务流承载资源保障以及流计费策略，为用户提供差异化的服务。PCC 子系统的功能之一是策略控制。

QoS 控制是策略控制功能之一[49]。QoS 控制分为 IP-CAN 承载级的控制和业务流级的控制两类，业务流级的 QoS 控制就是 PCRF（Policy and Charging Rule Function，策略和计费规则功能）针对单个业务流向策略执行网元 PCEF（Policy and Charging Enforcement Function，策略和计费执行功能）下发授权的 QoS 信息，IP-CAN 承载级的 QoS 控制是按照 PDP 上下文级别进行 QoS 控制。

为了能够向用户提供差异化的服务，根据目前 3GPP 定义的网络结构，未来在部署 SAE（System Architecture Evolution，系统架构演进）网络时需要同步部署 PCC 子系统。3GPP 提出的 PCC 子系统如图 6-13 所示。

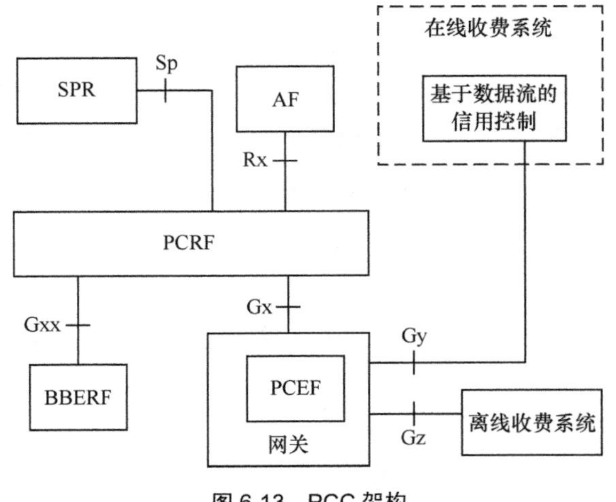

图 6-13　PCC 架构

PCC 架构中关于策略控制的主要网元有 PCRF、PCEF、用户属性存储（Subscription Profile Repository，SPR）、应用功能（Application Function，AF）。

PCRF：PCC 的核心，负责策略决策和计费规则的制定。PCRF 从 AF 获取与业务相关的信息、从 SPR 获取用户签约的策略和计费控制信息、从 PCEF/BBERF 获取与承载相关的网络信息（如 IP-CAN 类型、用户的位置信息）以及其自身静态配置的策略信息，根据这些信息来制定策略和计费规则，主要包括业务流的检测、门控、QoS 控制、基于业务流的计费规则。

PCEF：策略和计费执行功能实体，可位于网关内，如 GGSN、P-GW。PCEF 负责检测业务数据流，并执行策略控制，主要包括门控、QoS 控制以及基于 SDF 的计费。

SPR：存放所有用户签约信息的逻辑节点，PCRF 可以利用这些签约信息进行基于签约的策略控制和 IP-CAN 承载级的 PCC 策略控制。SPR 中可以为每个 PDN 提供如下签约信息：用户签约的服务；每种签约服务的抢占优先级；用户签约的 QoS，包括保证的带宽（Guaranteed Bandwidth）QoS；用户的计费相关信息（如和计费相关的位置信息）；用户类别等。

AF：提供业务并要求 IP-CAN 为该业务提供动态的策略控制节点。AF 通过和 PCRF 交互下发动态的会话信息供 PCRF 进行策略控制决策，AF 也接收 PCRF 上报的 IP-CAN 相关信息和事件通知。

2. **策略控制原理**

图 6-14 是 PCC 策略控制的基本原理，策略控制主要包括 3 个部分：策略生成、策略下发和策略执行。

（1）策略生成

PCRF 作为策略决策点，根据 SPR 提供的用户签约信息，AF 通过 Rx 接口[50]向其上报的业务参数信息以及 GGSN/P-GW 通过 Gx 接口[51]发送的用户状态信息等输入信息进行策略生成。

（2）策略下发

PCRF 通过 Gx 接口将 QoS 策略信息下发至位于 GGSN/P-GW 的策略执行网元 PCEF。

（3）策略执行

PCEF 执行门控以及 QoS 控制等策略，并将 QoS 信息传递至 SGSN/S-GW 及无线侧，由核心网和无线网网元共同执行 QoS 策略，网络中对应的策略执行点包括核心网中的 PCEF（即 UMTS 网络中的 GGSN 和 SAE 网络中的 P-GW）和无线接入网的网元（即 UMTS 网络中的 RNC 和 SAE 网络中的 eNodeB）。核心网网元 MME/GW 发起会话和承载控制信令，并向 UE 下发从 PCRF 收到的 QoS 和上行分组过滤器等信息，对于具有同样 QoS 特性的业务请求，网络将汇聚并共享已存在的承载；相反，若已经存在的承载不能满足新业务的 QoS 需求，网络侧将发起建立一个新的专有承载。无线侧网元则按照 QoS 信息进行无线资源的调度和管理。这样，无线和核心网相互配合完成端到端的承载资源管理。

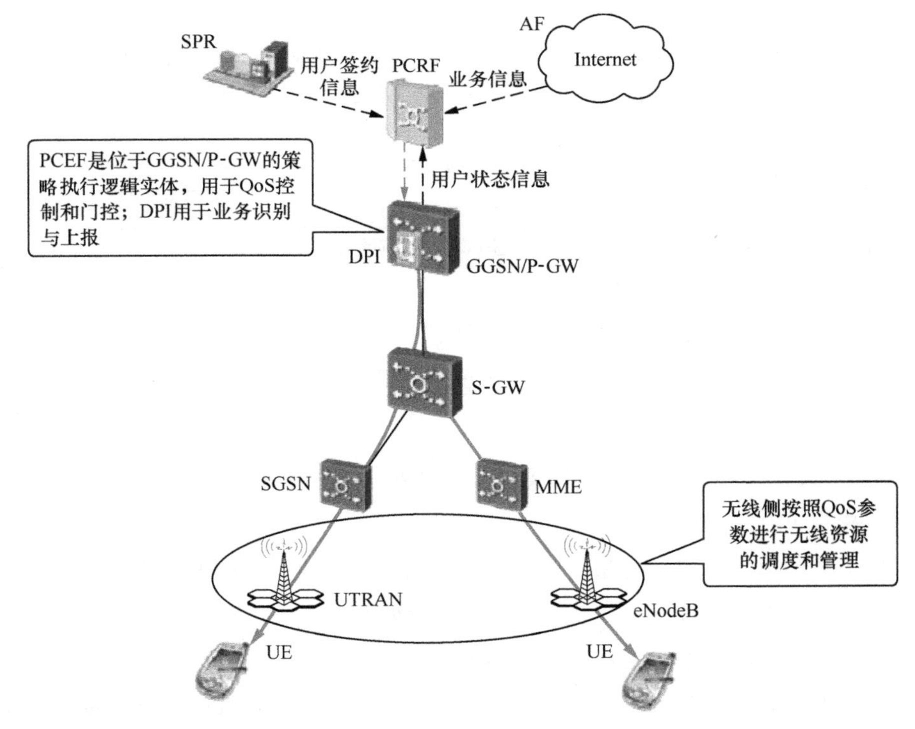

图 6-14　PCC 策略控制原理

6.7.2　区分用户和业务的 QoS 控制策略

从 AF 会话业务流策略控制流程可以看出，PCRF 可根据 AF 下发的应用业务信息以及用户的签约信息实现策略决策，其中，AF 对应用业务信息的下发是通过 Rx

接口采用 Diameter 协议来完成的。这一节介绍一种基于 PCC 的 QoS 控制实体模型和 PCRF 综合考虑区分用户和区分业务组合进行 QoS 策略的决策。

1. 区分用户和区分业务组合

PCC 的策略控制可以基于用户、业务、时间等单一信息或者组合信息进行动态的决策与执行。本节主要根据不同的业务和用户的特性对业务、用户进行区分和分类。

基于区分业务的网络资源管控指的是根据不同的业务类型进行策略控制。其基本原则是对自有业务等高附加值业务提供较高的用户带宽和无线调度优先级；对诸如 P2P 类等低附加值业务提供较低的用户带宽和无线调度优先级；对自有业务和普通非自有业务提供中等的用户带宽和无线调度优先级，以达到提供差异化 QoS 的目的。

按照优先级将业务划分为高、中、低 3 档，实现对区分优先级的业务控制，见表 6-9，每类业务的业务价值、资源使用效率以及质量需求等方面都不相同。

表 6-9 业务区分

业务级别	业务特点	业务举例
高	业务价值高，资源使用效率高，质量需求高	自有业务
中	业务价值中，资源使用效率中，质量需求中	普通非自有业务
低	业务价值低，资源使用效率低，质量需求低	低附加值业务

其中，业务的识别包括以下两种方式。

（1）无 AF 的业务识别

通过 DPI 功能识别业务，PCEF/DPI 设备基于应用协议对多种业务进行感知和识别，并发送给 PCRF 网元。

DPI 功能感知和识别的业务有：浏览类（例如 HTTP、WAP、MMS 等）、下载类（例如 FTP、TFTP 等）、电子邮件类（例如 POP3、SMTP、IMAP 等）、流媒体类（例如 RTSP、RTP、RTCP、MMSP 等）、P2P 类（例如 BitTorrent、eDonkey 等）、VOIP 类（例如 Skype 等）、即时消息类（例如 MSN Messenger、Skype、Yahoo Messenger、QQ 等）等业务。

（2）有 AF 的业务识别

由 AF 触发业务的识别并将业务的识别过滤信息下发至 PCRF，实现动态的 QoS 策略管理。

基于区分用户的 QoS 控制是指首先将用户划分到不同的用户级别组，再根据用户级别信息制定区分的控制策略。本节将用户分成金牌用户、银牌用户、铜牌用户

3 类，见表 6-10。

表 6-10　用户区分

用户级别	用户特点
金	高端用户，选择高端套餐的数据卡用户
银	绝大部分用户，选择中端套餐的数据卡用户
铜	欠费风险高，选择低端套餐的数据卡用户

根据用户的 IMSI 前缀、MSISDN 号段等属性信息，PCRF 网元能够灵活地将不同用户划分到相应的用户组。从划分方式看，PCRF 需要支持动态划分和静态定义两种方式。

综上，PCRF 能够基于用户的签约属性及业务特性等信息，为金、银、铜各类用户进行不同的业务时，提供相应的 QoS 保证，实现区分用户和业务的 QoS 策略控制。

2. DUS 控制策略

基于 PCC 的 QoS 控制实体模型如图 6-15 所示。图 6-15 中基于 PCC 的 QoS 控制实体模型主要包括多模终端、多种异构接入网、核心网、业务平台四大部分。

应用功能实体 AF 结构包括两个功能单元：解析单元和下发单元。其中，解析单元用于识别请求业务数据流的会话信息，并解析生成对应的业务 QoS 信息；下发单元用于将解析单元解析出的业务 QoS 信息下发至 PCRF。

策略和计费规则功能实体 PCRF 结构包括 3 个功能单元：接收单元、授权与决策单元、下发单元。接收单元用于接收业务信息；授权与决策单元用于根据接收单元收到的指示信息，对相关业务数据流进行授权和控制策略的决定，做出 QoS 决策；下发单元用于将决策单元生成的 QoS 控制策略下发至策略执行网元。其中，授权与决策单元是 PCRF 网元功能的核心单元，其区分用户和业务信息执行动态 QoS 决策的思路如下。

① 根据从接收单元获得的业务信息，利用静态配置的业务组信息将具体业务划分到相应的高、中、低业务组中；

② 根据用户属性将具体用户划分到相应的金、银、铜用户组中；

③ 结合区分用户和业务归属的用户组和业务组信息，制定动态的 QoS 控制策略，如图 6-15 所示。

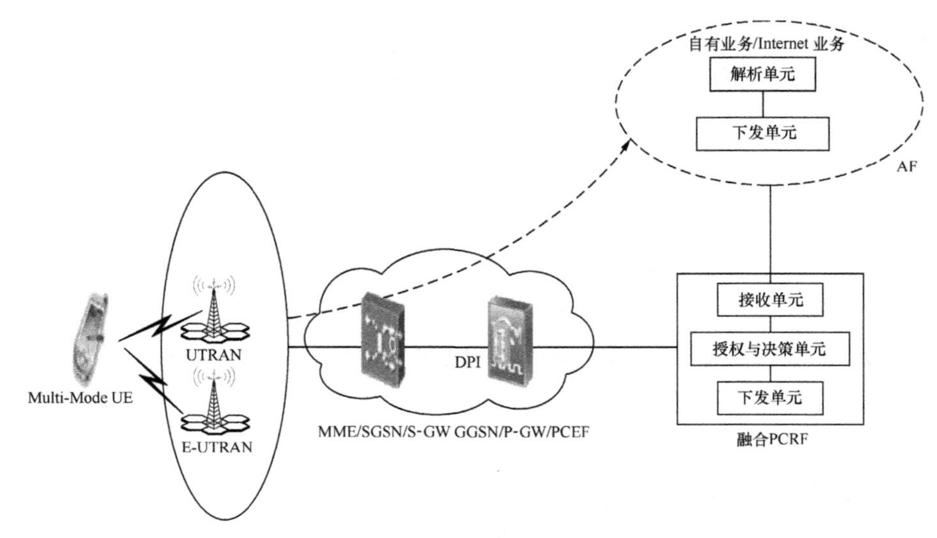

图 6-15 QoS 控制实体模型

图 6-16 所示为基于用户和业务的二维策略表。其中，根据用户属性将用户划分为金、银、铜 3 组，根据业务特性将业务划分为高、中、低 3 组，将各用户组和业务组两两组合，得到 9 个（用户、业务）组合，分别针对各个组合特性制定区分的动态控制策略，每个策略的带宽分配、优先级、业务允许、时延等情况都有所差别，策略区分是通过 QCI、ARP、MBR、APN-AMBR 等不同的参数取值体现的。其中，QCI 值可用来区分不同的承载，*QCI*=1、2、3、4 的承载为 GBR 类专有承载，*QCI*=5、6、7、9 的承载为 Non-GBR 类专有承载，而 *QCI*=8 的承载则为默认承载；APR 参数包含抢占优先等级、抢占与允许抢占标记等信息，可以通过不同的 APR 值体现区分用户的优先等级；MBR、APN-AMBR 则可以为不同的用户和业务组合提供区分的带宽。可见，通过上述各个参数可以向不同的用户和业务组合提供区分的 QoS 控制策略。PCRF 网元应能支持上述用户组和业务组的划分，并根据运营商策略静态配置或动态制定相应策略，上述策略的制定受制于用户和业务的划分粒度等信息，动态策略可以进行实时的修改或者更新。

根据上述 QoS 控制模型，多模终端可以通过异构接入网向业务服务器 AF 发起业务请求；AF 网元解析并向 PCRF 下发业务 QoS 信息；PCRF 网元根据指示的用户和业务信息制定区分用户和业务的 QoS 控制策略并下发；核心网元和接入网元进行 QoS 控制策略的执行，分别提供核心网和接入网的 QoS 保证，从而为终端业务提供端到端的、具有 QoS 保证的承载通道。

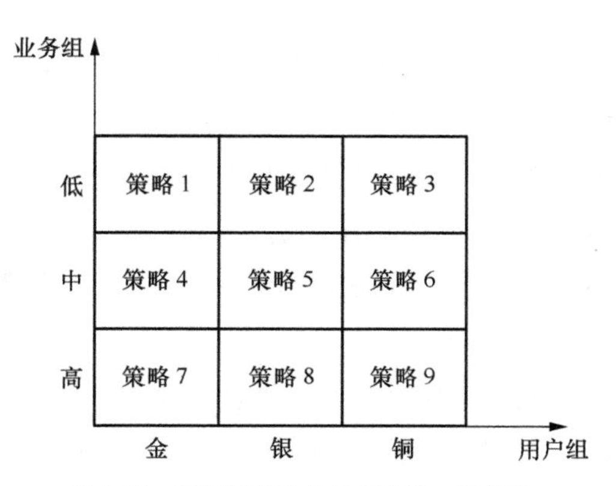

图 6-16　基于用户和业务组合的二维策略

基于上述 QoS 控制实体模型和用户与业务组合的二维策略表，对本节提出的端到端区分用户和业务的 DUS 控制策略整体流程进行详细描述，如图 6-17 所示。

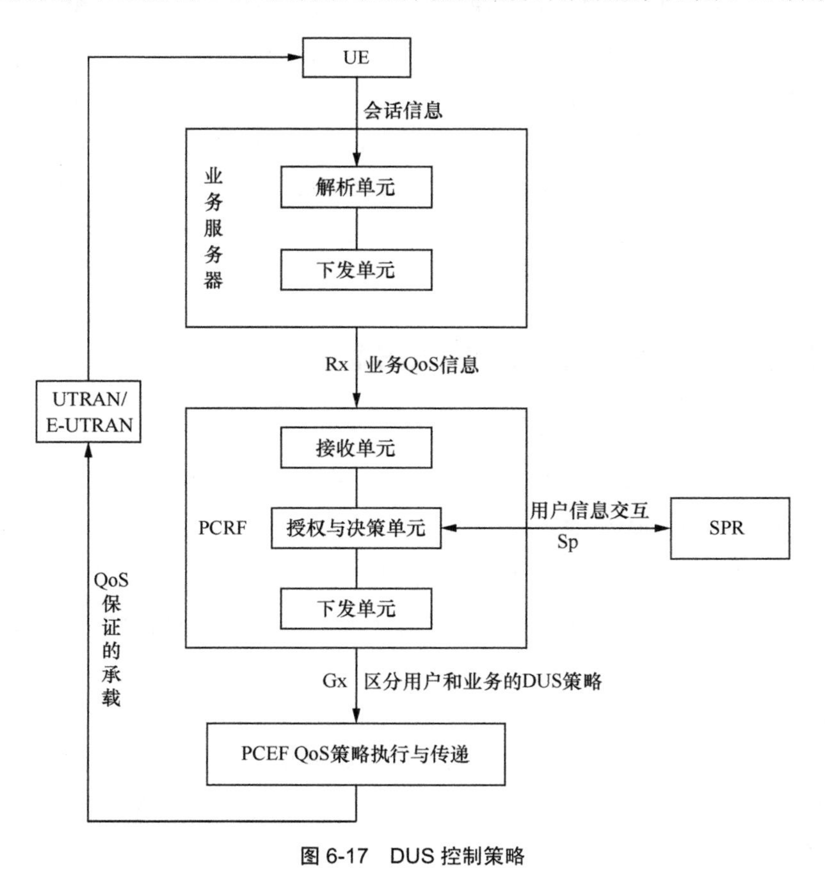

图 6-17　DUS 控制策略

① 首先用户设备终端开始向应用功能 AF 发送业务请求，UE 与业务服务器进行应用层的会话信息交互。

② 业务服务器收到用户的会话请求后，通过解析单元对业务会话进行识别，并解析生成对应的 QoS 参数指示信息，进一步传送至下发单元，下发单元通过 Rx 接口向 PCRF 发送包含业务 QoS 需求参数的资源请求信息，供其进行策略决定。

③ PCRF 利用用户属性和 SPR 交互，获取该用户的签约信息；PCRF 接收单元接收 AF 发送的业务信息；核心授权与决策单元利用从 AF 中接收到的业务信息，判断该业务属于高、中、低哪种等级的业务，根据从 SPR 中获取的用户信息，判断该用户属于金、银、铜哪种级别的用户，并结合运营商的特定规则和资源可用性检查授权，如果授权通过，为这个业务发送授权指示，并基于用户和业务组合的二维策略表进行相应的 DUS 控制策略决策；下发单元将授权与区分用户和业务的动态 DUS 控制策略信息通过 Gx 接口传送至策略执行网元 PCEF。

④ PCEF 执行该应用业务流的 QoS 控制，进行 IP-CAN 会话的更新操作，或者进行 IP-CAN 承载的建立、删除等操作，并将 MBR、ARP、QCI 等 QoS 信息传递至无线侧；无线侧将 QoS 信息映射成无线资源调度优先级，通过对区分业务、用户的带宽分配实现无线资源调度。至此，基于用户和业务组合的端到端 QoS 控制流程完成。

6.7.3 基于 DUS 策略进行的 QoS 管控

1．业务建立和终止信令流程

移动用户建立和终止业务时，PCRF 参与对用户和业务进行 DUS 决策的流程如图 6-18 所示，具体步骤如下。

① 移动终端向业务服务器发起业务请求，和业务服务器进行会话协商；

② AF 解析单元根据用户业务的触发，对业务进行识别并解析生成请求业务的 QoS 参数信息；

③ AF 下发单元将应用层业务 QoS 信息下发至 PCRF；

④ 根据本地策略，PCRF 保存业务信息，并根据用户属性完成 AF 会话与 IP-CAN 会话之间的绑定，这个绑定关系用来决定在指定的 IP-CAN 会话下创建 AF 会话所需的连接；

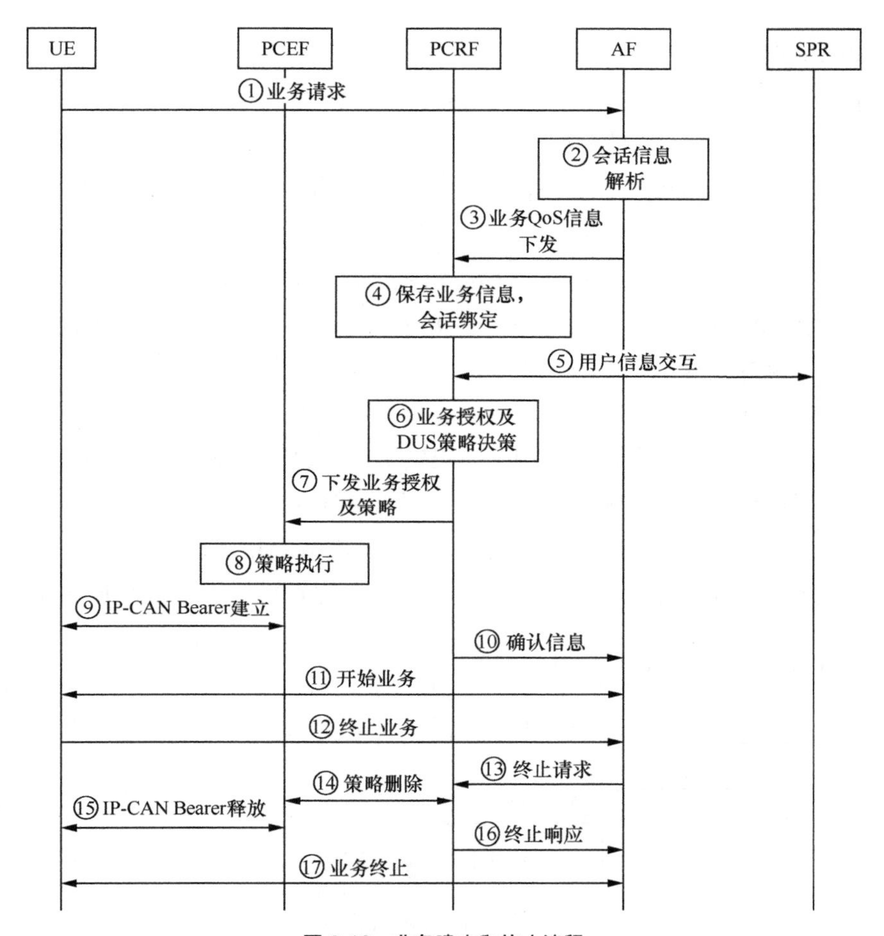

图 6-18　业务建立和终止流程

⑤ 若 PCRF 上没有给用户的签约信息，则 PCRF 需要与 SPR 交互获取用户签约信息；

⑥ PCRF 根据区分业务信息和用户信息，将业务和用户映射到相应的业务组和用户组中，并查询基于业务和用户组合的二维策略表，进行 DUS 控制策略的授权、决策；

⑦ PCRF 将 DUS 控制策略以 PCC 规则的形式下发给 PCEF；

⑧ PCEF 将策略映射成相应的 QoS 参数，并基于用户和业务进行 QoS 执行，同时将 QoS 信息传递至无线侧；

⑨ PCEF 根据 QCI 等参数信息新建相应的 IP-CAN Bearer 来承载应用业务；

⑩ PCC 规则执行成功，PCRF 向 AF 返回确认消息；

⑪ UE 开始进行业务；

⑫ 用户终端向 AF 发送终止业务请求；

⑬ AF 向 PCRF 发送业务终止请求；

⑭ 根据下发的业务终止请求消息，PCRF 删除 PCC 规则，并要求 PCEF 释放 PCC 规则对应的 IP-CAN Bearer；

⑮ UE 与 PCEF 间的 IP-CAN Bearer 释放完成，PCEF 返回承载释放响应消息；

⑯ 根据 PCEF 返回的释放响应，PCRF 向 AF 返回业务终止响应消息；

⑰ AF 与终端终止业务。

2. 业务 QoS 修改信令流程

在移动用户开展业务的过程中，如果发生了对业务的修改，那么用户对网络资源的需求就会随之发生变化，针对这种变化，PCC 系统需要动态调整 DUS 控制策略，以满足用户业务对网络资源的实时更新和有效利用。策略控制架构对业务修改引起的资源变更进行 DUS 策略控制的流程如图 6-19 所示。流程描述如下。

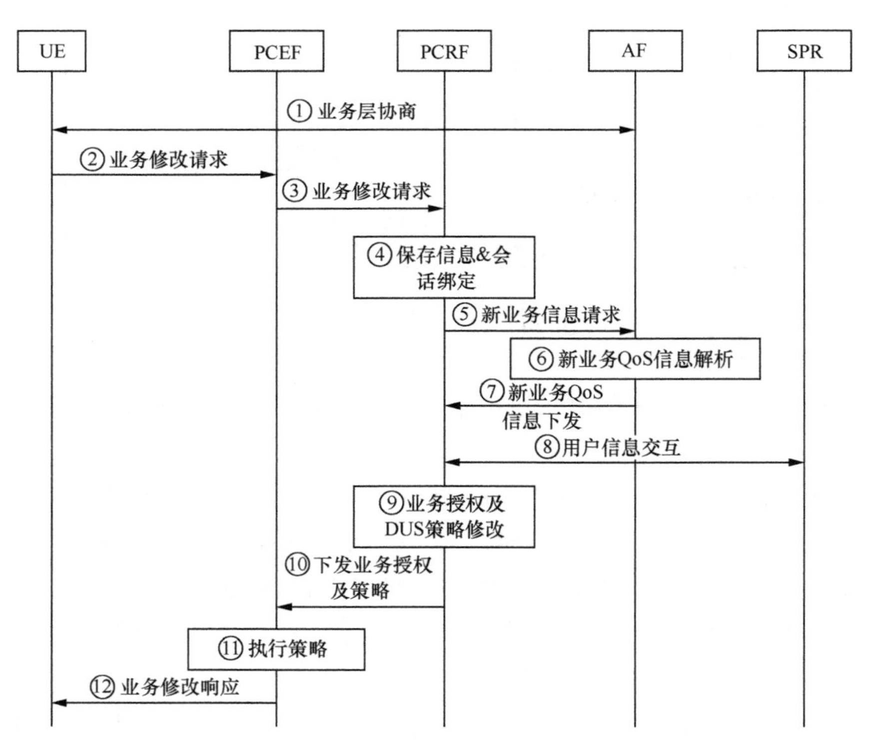

图 6-19　终端发起的业务 QoS 修改流程

① UE 和业务平台执行业务层的修改协商；

② UE 向核心网元发起业务修改请求；

③ PCEF 接收 UE 业务修改的请求，并请求 PCRF 为移动终端发起的流修改请求进行授权，请求消息中包含了需修改业务对应的 DUS 策略以及指示为“修改”的流操作类型；

④ PCRF 保存 PCEF 发送的信息，并依据流属性等信息进行会话绑定，以识别请求修改的业务流属于哪一个业务对应的 AF 会话；

⑤ PCRF 向 AF 请求修改后的新业务信息；

⑥ AF 解析单元将通过业务修改触发的新业务信息进行解析，并生成新业务 QoS 信息；

⑦ 通过下发单元将修改后的新业务 QoS 信息下发给 PCRF；

⑧ 若 PCRF 上没有该用户的签约信息，则 PCRF 需要与 SPR 交互以获取用户签约信息；

⑨ 根据从 AF 接收的新业务信息、本地策略以及 PCEF 上报的信息，PCRF 将新业务映射到相应的业务组中，查询配置的用户和业务组合的二维策略表，为修改业务请求完成 DUS 决策修改，并授权业务流修改；

⑩ PCRF 将授权结果及更新策略以 PCC 规则的形式下发给 PCEF；

⑪ PCEF 执行 QoS 决策，将旧业务所使用的带宽和 QoS 资源进行修改，使修改后的 QoS 满足新业务的进行；

⑫ PCEF 向移动终端返回业务修改成功的响应，新业务开始进行。

综上，利用提出的区分业务和用户的 DUS 控制策略，PCRF 可以基于用户和业务组合信息及二维策略表进行动态的 QoS 决策，满足承载层根据不同的用户和业务进行区别 QoS 控制的要求。

6.8　跨层 QoS 保障技术

移动互联网包含多种异构网络和技术，如何在移动互联网中向用户提供端到端的 QoS 保障是要解决的关键问题，单纯的 QoS 映射不能充分满足用户的需求，还需要增加必要的适应性和控制机制，根据实时的网络状况动态调整，满足用户的 QoS 要求。

6.8.1 同一网络中的 QoS 映射分析

同一网络中层次不同，对 QoS 需求的满足也是不同的，QoS 请求从网络的一端传到另一端会通过网络的不同部分，各部分采用的技术和协议各不相同，在每一个不同的部分中，QoS 的含义也有很大的差别，因此，需要一个层与层之间 QoS 参数和性能的传递映射过程。这种不同层之间的映射机制叫作垂直映射（Vertical QoS Mapping）。

如图 6-20 所示，这是 QoS 垂直映射的层叠队列模型和相关的控制模块。在图 6-20 中，将同一网络中的不同层次分成两层，分别为上层（技术独立层）和下层（技术依赖层）。上层和下层的分界位置为网络层和数据链路层之间。在这个位置定义了抽象队列来进行 QoS 的垂直映射。队列的数目必须足够大，这样才能支持所需要的 QoS 要求。从技术角度来看，图中抽象队列是这个模型的精髓之处。然而，严格地从理论上来看，如果上层队列没有被直接映射到下层队列，则面临与层叠队列相同的问题。因此，图 6-20 中的队列架构模型必须与相关的控制模块连接。这个控制模块由以下 3 个部分组成。

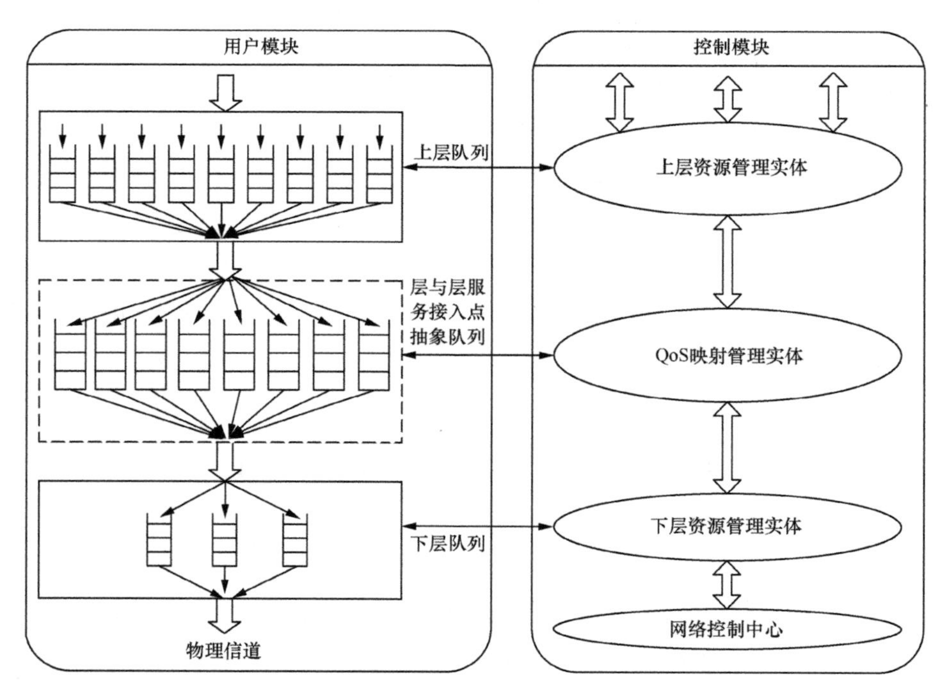

图 6-20　层叠队列模型

① 上层资源管理实体，其作用是分配以及管理上层资源（此处为 IP 层）。

② 下层资源管理实体，其作用是分配下层中所需要的资源。它能与网络控制中心平行地进行工作。

③ QoS 映射管理实体，其作用是接收来自上层管理实体的资源分配请求，这个请求可能包括资源的预留、释放以及修改等。QoS 映射管理与上层资源管理实体是通过一个适当的接口和一组基本实体建立的。接收到来自资源分配管理请求后，QoS 映射管理实体将这个请求映射到下层，也就是说，它将请求中的预留、释放和修改命令作用于下层。

通过对上面的层叠队列模型进行分析，给出了一个 QoS 垂直映射的联合模型，如图 6-21 所示。可以看出，上层中有 3 个缓冲队列（h、i 和 j），下层有一个缓冲队列。带宽被分配给每个缓冲队列，在给定了 QoS 的一个流量进入缓冲队列时，这时将上层的所占带宽定义成 R_{id}^{Up}（id=h、i、j），同时下层的所占带宽定义成 R^{Down}。图 6-21 阐述了怎样给定下层带宽，以便能够满足上层队列的需求。关键是带宽适应，这里都是基于等价带宽（Equivalent Bandwidth，EqB）的概念来进行研究的。EqB 是为了保证一定程度的 QoS 而提供一个流量缓冲的最小服务率，QoS 根据一定的客观参数（如分组丢失率、时延、抖动）来定义。下层的流通过一定的流量聚合和格式转化执行这些处理，这些处理要满足流量源和 QoS 需求，并且它们改变了进入上层时的原始流功能。也就是说，合成流很复杂，它很难被分解，同时，衰退的因素也会影响总体带宽的可用性，因此，R^{Down} 是随着时间而变化的。

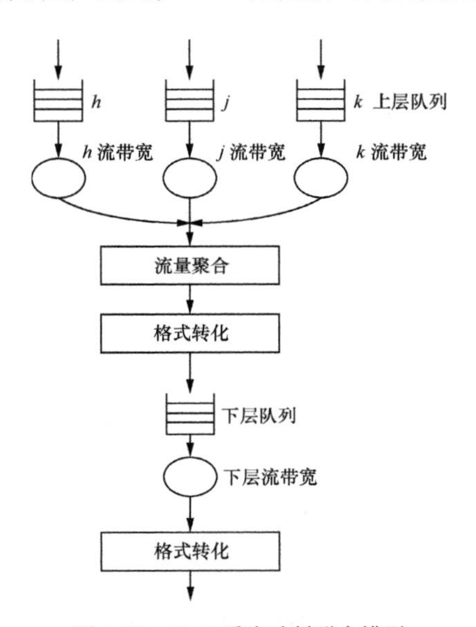

图 6-21　QoS 垂直映射联合模型

6.8.2 异构网络中的 QoS 映射分析

1. **异构网络 QoS 映射的必要性**

在异构网络中，一个端到端 QoS 会话将会不可避免地通过多个不同的网络，如 WLAN、LTE、IP 网络等。这些不同的网络都有着各自不同的协议，有不同的 QoS 定义，不同业务类型有不同的 QoS 要求。为确保这些 QoS 参数在会话传递过程中正确地被解译，必须提出一套网络与网络之间成型的 QoS 映射机制。这样才能使 QoS 参数在不同的网络之间进行正确地传递，从而更加有效地保证用户的 QoS 需求。

当然，除了上面那种端到端的 QoS 会话外，随着移动互联技术的迅速发展，现在的网络用户越来越要求移动性，在用户的移动过程中，不可避免地会遇到用户所用网络的切换，例如，由 WLAN 切换到 LTE 网络，在这种切换的过程中，用户的 QoS 需求以及 QoS 参数也应该在这两个网络之间进行正常、流畅的切换，这也无疑涉及了 QoS 映射问题。因此，在异构网络中，QoS 的映射是十分必要的。

2. **异构网络 QoS 适应控制的必要性**

在网络资源分配过程中，由于连接能力的明显区别以及按照服务等级进行的动态带宽分配，QoS 映射操作必须与 QoS 适应控制协同合作，在用户移动中，连接代理或者网络代理出错时会引起重新路由选择，采用适应控制能有效避免会话的阻塞以及保持会话的质量水平。例如，在网络拥塞的时段，适应控制机制能够通过对网络中所有用户动态地分配资源，做到资源的合理分配，并且能够使用户及时地释放资源，提高资源的利用率，提升网络的吞吐量。

3. **异构网络映射方法**

移动互联网异构网络 QoS 映射的研究，绝大部分都是两个网络之间的映射或者是 QoS 参数之间的映射。例如文献[52-54]就重点介绍了 ATM 与 IP 网络之间的 QoS 映射；文献[55]详细叙述了 DiffServ 和 IntServ 之间的 QoS 参数映射；在其他一些研究的论文中，还介绍了 ATM 与 FR 之间的参数映射等。

下面是对文献中典型异构网络 QoS 映射法的总结和归纳。

（1）MUSC 映射控制机制

此映射方法是基于异构无线网络提出来的，主要是模拟多用户的 QoS 映射以及进行相关的适应控制。在介绍映射方法前，先对该理论中的核心机制进行相关的说明。MUSC（Multi-User Session Control，多用户会话控制）机制是其方法的核心，多用户会话控制是基于会话需求、已存在服务等级和它们的可用带宽等因素建立起来的，用户 QoS 性能（吞吐量、时延等）对其有决定性作用。MUSC-P 代表无线移动用户。图 6-22 所示的是一种最直接的异构无线网络之间的 QoS 映射方法，MUSC-P 从 N1.1 一直移动到 N3.1，当从 N1.1 移动到 N1.2 时，这属于域间的映射，因此，QoS 直接经过上一级网络 N1.3 就能完成映射过程，而从 N1.2 移动到 N3.1 这一过程，由于用户跨网络移动（N1 至 N3），所以其 QoS 信息先向上传递至 N1.3，再向上传递至 N2.2，N2 网络将 N1 和 N3 连接起来，通过 N2 进行 QoS 映射，传递到 N3.1，从而完成 QoS 的映射。这种映射没有经过任何处理，只是等量地进行映射，显然不是最优的，因此，基于图 6-22 提出了优化异构无线网络 QoS 映射的方法，如图 6-23 所示。当用户 R1 的 QoS 信息传递至 N2.2 时，域间网络，也就是 N2，会对用户的 QoS 性能进行评估，通过评估后进行相应的 QoS 适应控制，依据具体的情况给用户分配具有 QoS 保障的资源，然后再进行映射，将其传递至 N3.1。域间网络的 QoS 适应控制能更好地保证用户的 QoS 性能，并且能够避免图 6-22 中那种直接映射带来的 QoS 性能固化。

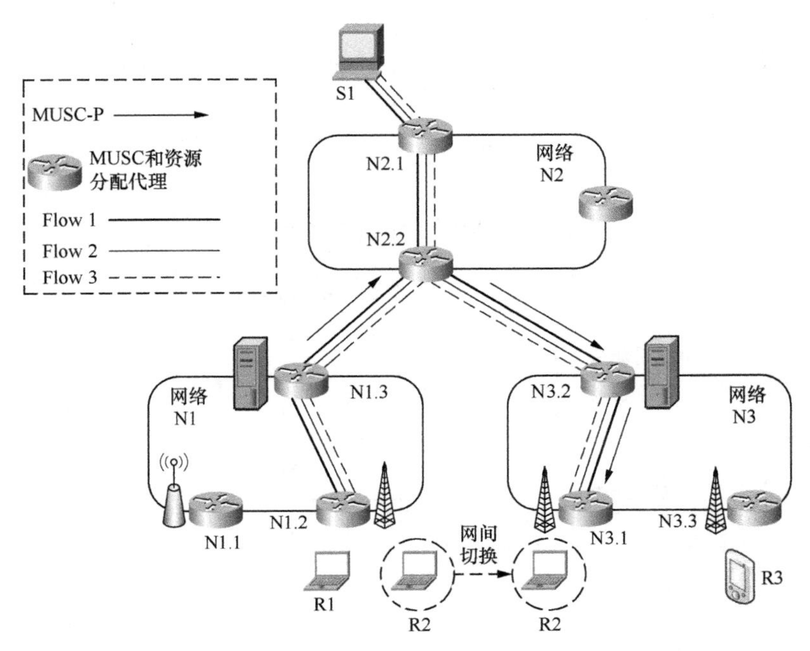

图 6-22　MUSC 映射控制

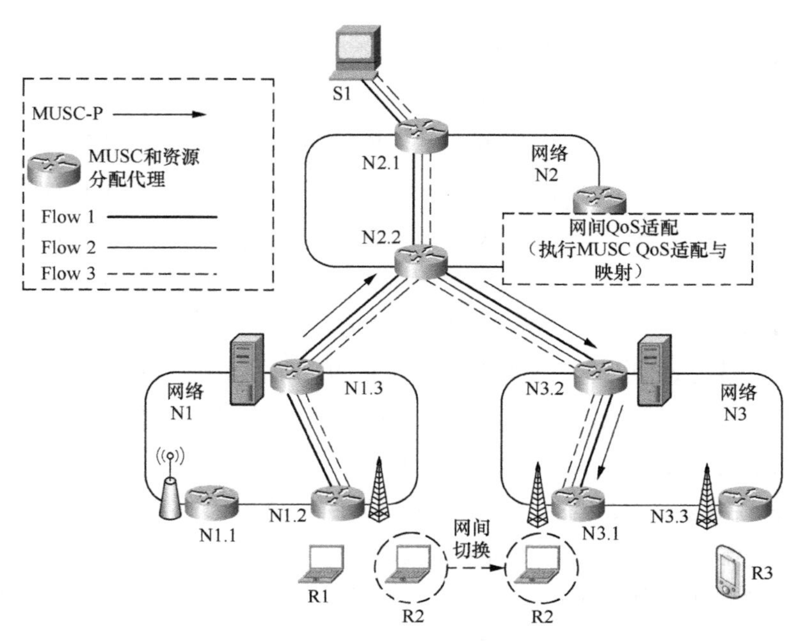

图 6-23　MUSC 重复映射适应控制

（2）网间业务 QoS 映射机制

此异构网络 QoS 映射是通过对 QoS 业务的等级分类进行相应的研究，并在对其业务类型的特性进行分析的基础上提出的，从业务中选择几种典型的业务类型，进行 QoS 映射，具体映射实现见表 6-11。

表 6-11　网间业务 QoS 映射规则

业务类别	业务特征	DiffServ/ InServ PHB	UMTS QoS	IP QoS	IEEE 802.16
视频类业务	固定长度、周期性实时发送，严格的时延和时延抖动要求，分组丢失率要求严格	EF	会话类	0	UGS
音频类业务	固定长度、周期性实时发送，严格的时延和时延抖动要求，分组丢失率要求一般	AF1	会话类	0	UGS
流媒体类业务	可变长度，周期性实时发送，交互性，对时延和时延抖动有一定要求，分组丢失率低	AF3	流媒体类	1	rtPS
传输类业务	可变长度，满足一定速率要求的数据分组发送，对时延要求和时延抖动要求不高，分组丢失率低	AF4	交互类	2	nrtPS
响应处理类业务	可变长度、突发性响应，时延要求一般	AF2	交互类	2、3、4	BE
无保证类业务	无需 QoS 保证的要求	DE	背景类	5	BE

这套异构网络的 QoS 映射统一规则，明确了 DiffServ/InServ PHB、UMTS QoS、IP QoS 和 IEEE 802.16 这 4 个网络间具体业务类型之间的映射关系，这种映射方法从应用的角度出发，划分粒度相对比较适中，能更好地保障各种应用的 QoS。

这种映射的优势在于：根据不同的 QoS 参数类别进行相应的业务划分。按照时延的要求，将业务分为实时类业务和非实时类业务；按照分组丢失率的不同，将实时类业务又分成要求低分组丢失率的视频业务和音频业务；根据带宽的需求，将非实时类业务分成大文件传输业务以及网页浏览型的业务。这些业务的区分，能够更加准确地在不同网络之间进行业务层面上的映射，这种映射不会出现在某一种 QoS 参数要求差别很大的业务之间，这样能够保证映射后的业务特点的一致性，并能够提高资源的整体利用率。

4. 异构网络映射方法分析

上述两种异构网络的 QoS 映射方法都有各自的优势，第一个实例中的映射方法，能够根据用户的实时 QoS 性能进行适应控制，然后对其 QoS 进行 Re-Mapping；第二种实例能够以应用出发，在不同网络之间更好地进行业务相似度高的映射，保证资源的合理利用，减少带宽的浪费等。

这两种映射方法也存在着不足之处。

MUSC 映射没有提出 QoS 映射的相似度映射，只是从用户 QoS 性能的适应控制角度出发，在网络状况拥塞的情况下，会由于网络资源紧张而做不到适应控制。同时，用户在不同网络之间移动时，并没有从用户的业务特征出发进行相关的映射，并且这种映射方法随着映射次数的增加会导致映射误差的叠加，从而导致不可获知的误差放大现象。网间业务 QoS 映射虽然能够很好地进行业务相似度高的映射，但是这种相似度的高低取决于业务粒度划分的高低，粒度越细，效果越好，但处理起来就会更复杂，甚至由于复杂度太高而使得可行性下降，因此只能选择一种粒度比较适中的情况来进行映射，同时，它只是一种简单的业务之间的映射，并没有考虑到网络的实时状况以及 QoS 适应控制等方面。

基于前文所述的异构网络 QoS 映射方法的一些优点和缺陷，本小节描述一种统一的 QoS 映射机制，这种 QoS 映射机制集成了两种方法的优势，也充分考虑了映射方法的缺陷，提高了带宽的利用率，保障了异构无线网络中用户的 QoS 连续性。

6.8.3 异构无线网络通用的 QoS 映射方法

1. *异构无线网络 QoS 映射原则*

针对 QoS 业务以及等级的不同，在异构无线网络架构中，QoS 在网络间映射应该遵循下列一些原则。

① 当网络状况不佳，需要将用户 QoS 等级降低时，应优先调整低等级的 QoS；

② 在网络间 QoS 映射的过程中，QoS 的类别是不能改变的；

③ QoS 等级调配时应该在相同业务中进行，而不能跨业务种类进行调整。

2. *异构无线网络 QoS 映射系统的设计与实现*

此异构无线网络 QoS 映射系统如图 6-24 所示，系统中包含了几个重要的组件：接入网络 QoS 管理模块(ANQM)、接入网与接入网之间的 QoS 管理模块(IANQM)、QoS 映射数据库（QMDB）。

ANQM 分布在每一个接入网络中，它负责单独管理本接入网络中的 QoS，包括 QoS 映射请求处理、网内用户 QoS 需求、用户业务等级划分以及各个业务等级下的 QoS 参数要求等。其中，QoS 映射请求处理模块用于处理用户主动要求切换网络的 QoS 映射建立请求发送，也用于 IANQM 模块发送过来的 QoS 映射建立请求；网内用户需求模块用于储存用户的 QoS 需求信息等；用户业务等级划分模块负责网内用户各种业务的等级划分，从而有效地进行分级管理；QoS 参数管理模块包括每个业务等级下 QoS 参数的阈值等。

IANQM 处于核心网中，包括 QoS 协商机制、QoS 映射请求控制模块、网络性能检测模块以及 QoS 映射方法选择等。此模块是本系统中最重要的部分，其中，QoS 映射请求控制模块的功能和接入网中的此模块功能类似，负责给接入网发送 QoS 映射建立请求和接收接入网的 QoS 映射建立请求，并进行相关的处理。网络性能检测模块可以监测到所有接入网络的当前网络情况，具体的监测方法不是本节讨论的重点，具体见文献[56]，这部分也是用户 QoS 映射的发起者，当它监测到在某接入网络用户在移动的过程中，当前接入网络已经无法满足用户 QoS 要求时，触发用户的接入网络切换以及相应的 QoS 映射。QoS 协商机制判断满足当前用户 QoS 需求的可用网络。QoS 映射方法选择主要与 QoS 映射数据库进行交互，选择用户从当前网络到切换目标网络之间的 QoS 映射方法。

QMDB 处于核心网中，它负责管理各个网络之间的 QoS 映射方法，包括方法的修改、更新，与 IANQM 模块进行交互，返回给 IANQM 所需要的 QoS 映射方法；QMDB 还用于在 QoS 映射建立后，暂时存储来自接入网络的 QoS 信息，等到 QoS 映射完成后，将这些数据删除。

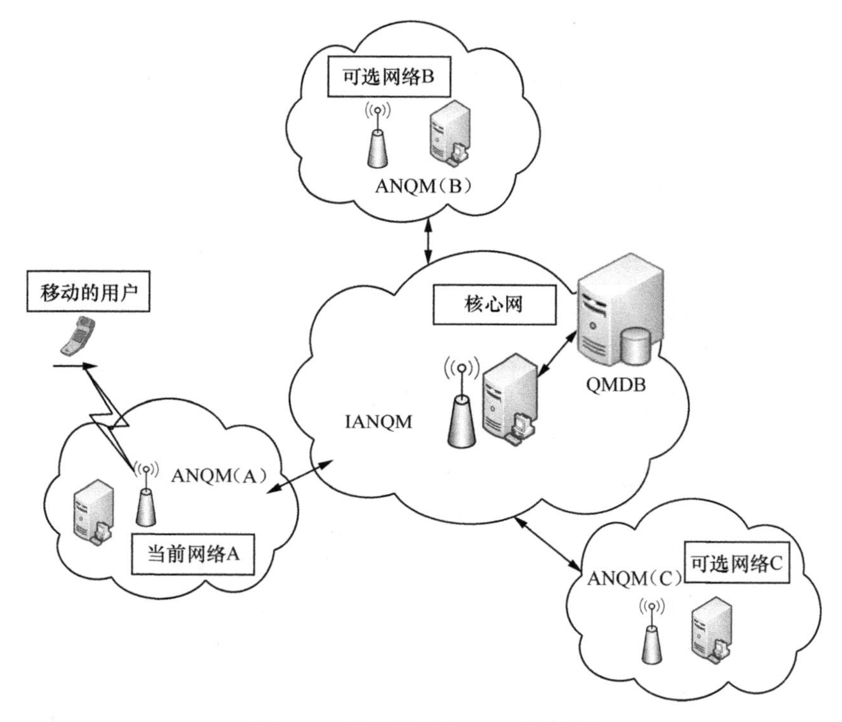

图 6-24　异构无线网络 QoS 映射系统

3. *异构无线网络 QoS 映射算法实现*

根据异构无线网络的特点以及 QoS 映射系统中的需求，算法实现分为两种：一种是用户主动发起的 QoS 映射请求，另一种是核心网发起的用户 QoS 映射请求。具体的映射算法流程如图 6-25 所示。

① 这里有两种情况：第一种是用户在接收网络服务时，感觉当前网络服务质量明显下降，可以主动向核心网发送切换接入网络请求；第二种是核心网主动监测接入网中用户 QoS 的实时情况。

② 当完成当前接入网性能检测后，将这个检测结果与用户 QoS 需求进行比较，若不能满足用户 QoS 需求，发送建立 QoS 映射请求，若满足用户 QoS 需求，直接继续沿用当前接入网。

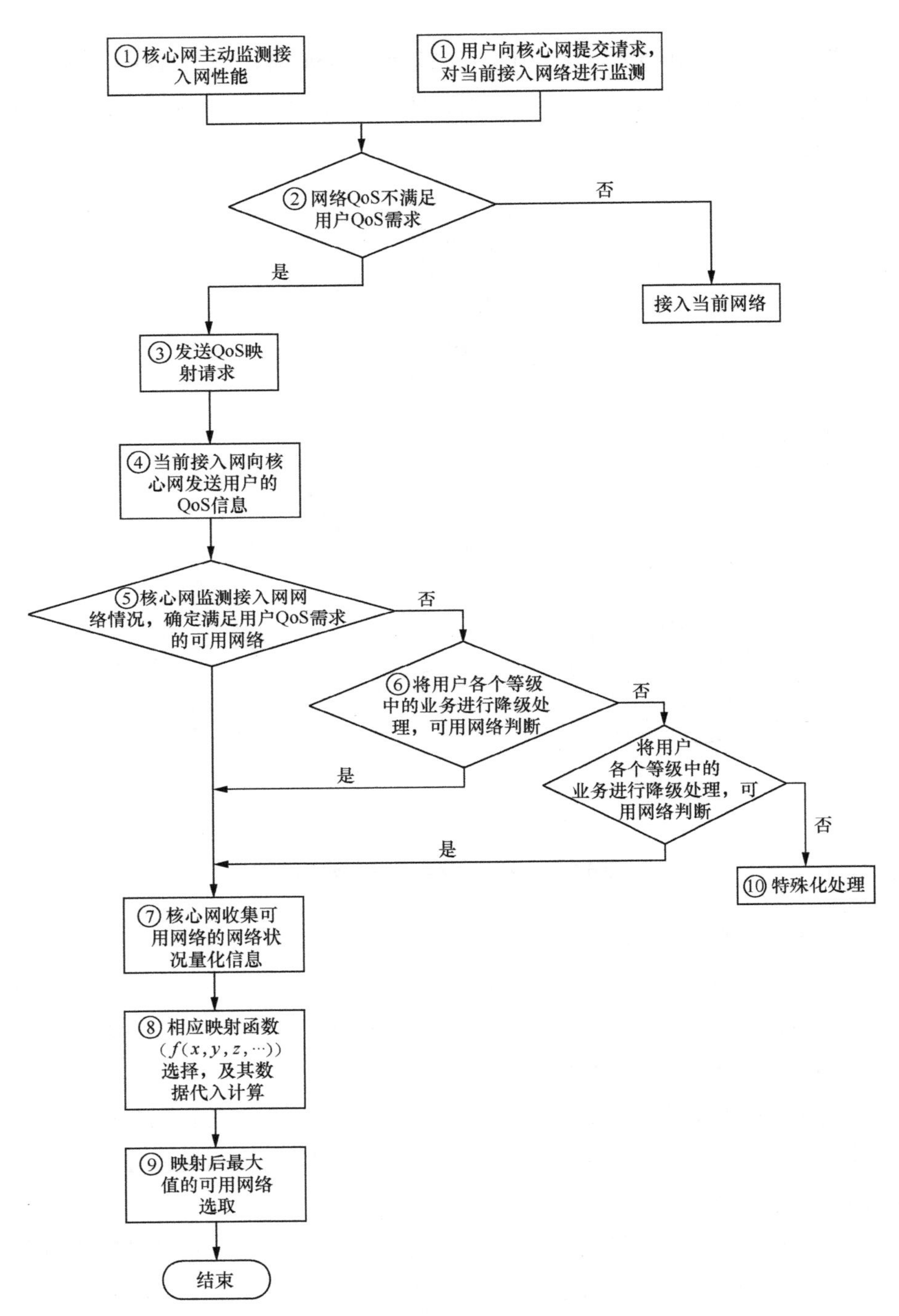

图 6-25　异构无线网络 QoS 映射流程

③ 在用户主动发起请求的情况下，用户的接入网络的 ANQM 向核心网 IANQM 发送 QoS 映射请求，建立 QoS 映射连接；在核心网主动发起请求的情况下，核心网 IANQM 向接入网络 ANQM 发起 QoS 映射请求，建立 QoS 映射连接。

④ 在 QoS 映射连接建立的情况下，接入网络 ANQM 将本网络 QoS 分类和每一种类别不同等级的 QoS 参数值发送给核心网 IANQM，核心网将这些数据存入 QMDB 中。

⑤ 核心网监测所有接入网络的网络状况，将需要进行 QoS 映射的用户 QoS 类别中最高级别的需求信息进行广播，与所有接入网络进行 QoS 协商，确定能够满足用户 QoS 要求的可用接入网络。若没有接入网络能够满足用户 QoS 类别下最高级别的 QoS 要求，则跳转至步骤⑥；若有可用接入网络满足用户 QoS 需求，则跳转至步骤⑦。

⑥ 用户 QoS 类别下的级别降低，核心网将降低级别的 QoS 需求信息进行广播，与接入网络进行 QoS 协商，确定可用接入网络。若有可用接入网则跳至步骤⑦，没有则再降低级别进行 QoS 协商，这种级别下用可用网络调至步骤⑦，没有的话跳至步骤⑩。

⑦ 对可用接入网络的实时 QoS 参数进行量化处理，将量化后的参数传至核心网，存储在 QMDB 中。

⑧ 核心网 IANQM 对 QoS 映射函数进行选择：两个网络之间的映射函数是不同的，也就是说，从 A 网络映射到 C 网络有唯一的映射函数，并且与从 C 网络映射到 A 网络的映射函数不同，因此要根据当前网络和目标网络来选择映射函数。调用 QMDB 中目标网络的 QoS 参数量化信息，并且代入映射函数中进行计算，得出目标网络与用户之间的 QoS 评价值 Q_{value}。

⑨ 多个目标网络的 Q_{value} 值进行比较，选取最大值的目标网络。

⑩ 特殊处理应用于当前没有任何网络能够符合用户的 QoS 需求，这种情况一般只有在忙时才能出现，特殊处理的方法大概分成 3 种，这 3 种方法是针对不同情况而采用的，分别为：高等级的业务向低等级业务进行映射（ADP_SUB）；直接丢弃低等级业务的数据（ADP_DROP）；将优先级别低的数据先存到缓存里，待网络情况变好时再重新映射（ADP_HYB）。

在上述的映射算法过程中，接入网的 ANQM 和核心网的 IANQM 之间进行了多次会话过程以及参数值的传递过程。具体交互流程如图 6-26 所示。

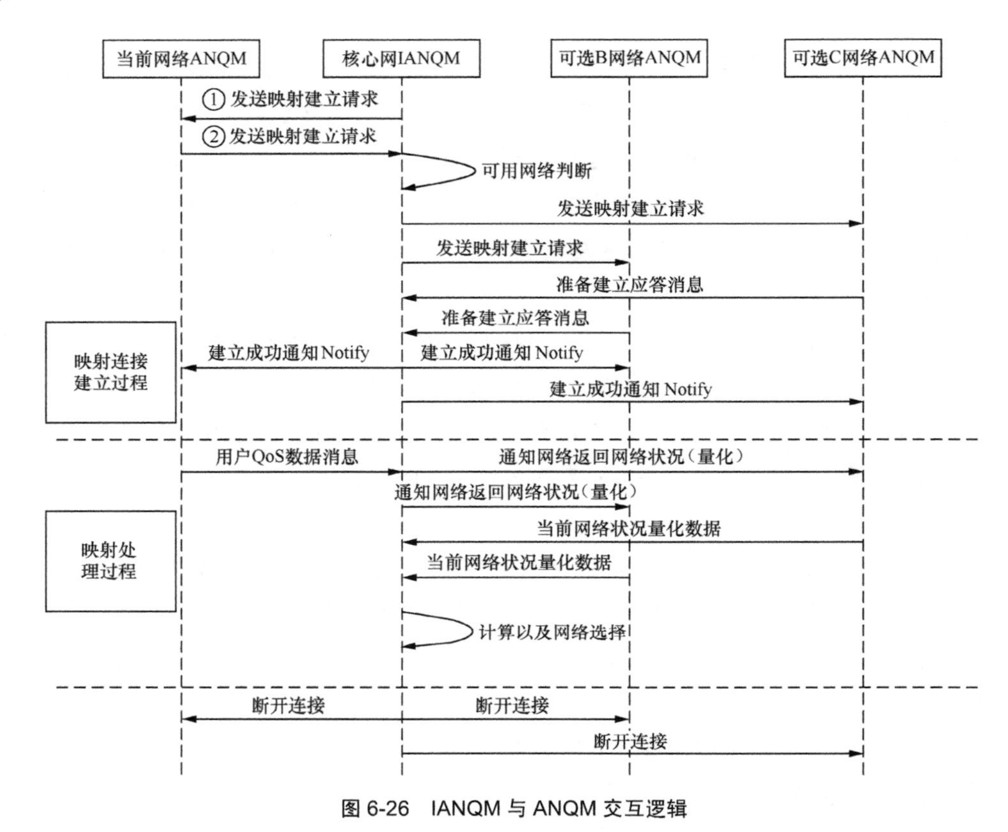

图 6-26　IANQM 与 ANQM 交互逻辑

① 在 QoS 映射的过程中，最开始是要建立 ANQM 与 IANQM 之间的通路，通过两种方式建立，即 ANQM 主动发起请求以及 IANQM 主动发起请求；

② 当这个建立请求发起后，IANQM 需要进行可用网络判断，然后发送建立请求给各个可用网络 ANQM；

③ 可用网络 ANQM 发送应答返回信息给 IANQM；

④ IANQM 发送建立成功通知信息给各个接入网 ANQM；

⑤ 连接建立成功后开始 QoS 映射处理过程，最后在切换网络完成后 IANQM 向各个接入网 ANQM 发送映射连接断开通知，连接断开，映射过程结束。

上面对 QoS 映射的算法以及 QoS 映射过程建立的时序流程进行了详细的介绍，在这个过程中，核心网 IANQM 与接入网 ANQM 起着至关重要的作用，其中的关键模块——网络性能监测模块，已经在其他相关论文中有详细的解决方案，本节没有对其进行展开讨论。另一个关键理论就是 QoS 的映射函数，在前文中只是利用了这个函数，但没对其进行具体的定义，在下一节的内容中，将详细地介绍这个映射函数以及对 QoS 映射的一些深入思考。

4．异构无线网络 QoS 映射函数的具体实现

（1）QoS 参数的归一化函数

网络中 QoS 参数及其属性都有其各自的特点，例如时延、抖动、分组丢失率、带宽等，这些 QoS 参数都有其特有的含义，且我们对这些数据的采集都是很零散的，只能单独反映当前网络状况的一方面，这些数据缺乏统一性，并且有些参数与性能成正比（即越大越好），有些参数则成反比（即越小越好）。本节对 QoS 参数进行了分类，并且对其进行了量化处理。将 QoS 参数分成两类：一种是积极 QoS，例如带宽，这些参数值越大，说明网络状况越好；另一类是消极 QoS，例如时延、分组丢失率等，这些参数值越大，说明网络状况越差。对 QoS 参数的量化过程，我们用一个归一化函数来表示，积极 QoS 和消极 QoS 的函数有所区别，积极 QoS 参数计算式如式（6-1）所示，消极 QoS 参数计算式如式（6-2）所示。

$$q_i' = \begin{cases} \dfrac{q_i - q_i^{\min}}{q_i^{\max} - q_i^{\min}}, & q_i^{\max} > q_i^{\min} \end{cases} \tag{6-1}$$

$$q_i'' = \begin{cases} \dfrac{q_i^{\max} - q_i}{q_i^{\max} - q_i^{\min}}, & q_i^{\max} > q_i^{\min} \end{cases} \tag{6-2}$$

其中，$q_i^{\max}$ 表示 QoS 参数值 i 在当前网络中的最大阈值，对于积极 QoS 参数而言，这个值越大越好，在本节中，将这个上限值定义为用户的业务服务质量优情况下的参数值；对于消极 QoS 参数而言，这个值是满足用户每一类业务中相应的最高等级的 QoS 需求值。$q_i^{\min}$ 表示 QoS 参数值 i 在当前网络中的最小阈值，对于积极 QoS 参数而言，这个值需要能都满足用户业务中相应的最低等级的 QoS 需求值；而对于消极 QoS 参数而言，本节中将此值设为 0。q_i' 和 q_i'' 分别表示积极 QoS 和消极 QoS 经过量化后的值。q_i 表示当前接入网 QoS 参数值 i 的测量值。经过上述表达式量化后，所有的 QoS 参数都将映射到[0,1]内，当然，这里有可能量化后小于零，例如在积极 QoS 中，网络中的 QoS 性能小于最低阈值，在消极 QoS 中，网络中的 QoS 性能大于最高阈值时，量化后的值小于零，这可以用来判断接入网是否满足用户 QoS 需求的一种依据：即 QoS 参数量化后的值是否在[0,1]内，而这里已经过了接入网可用性验证过程，小于零的情况是不会出现的，此处不予考虑。不管是消极 QoS 还是积极 QoS，越接近 1 说明当时网络状况最优化，越接近 0 说明当时网络状况最差化。

（2）QoS 参数的权重

在不同的业务情况下，QoS 参数对业务的影响是不同的，例如，实时业务对时延的要求非常高，而对分组丢失率的要求就相对较低，数据业务对时延要求相对误码率的要求不是那么严格。从用户偏好的角度来考虑 QoS，即偏好 QoS，用户可以对自己所接收的业务进行 QoS 偏好选择，侧重某几个 QoS 参数，即对 QoS 参数进行权重选择和优先级别定义。例如用户在某一业务上，从自身角度出发，比较侧重实时性，这就说明用户在此业务上对时延要求最高；在另一业务上，用户侧重数据的准确性，此时，对分组丢失率要求很高，而时延要求与第一种业务相比相对较低。

（3）QoS 映射函数的实现

QoS 映射函数由两部分数据组成，一组数据是接入网络实时性能 QoS 参数。这些 QoS 参数都经过归一化处理，并且将它们放入列矩阵中，定义为实时网络 QoS 矩阵 $\boldsymbol{q}_{\text{net}}^{\text{T}}$ 。

$$\boldsymbol{q}_{\text{net}}^{\text{T}}=\begin{Bmatrix} q_i' \\ q_j' \\ q_k'' \\ q_l'' \\ \vdots \end{Bmatrix} \tag{6-3}$$

另一组数据综合考虑了用户的偏好 QoS 和用户业务分类特点，这些数据称为权重值，在实时网络 QoS 矩阵中，每一个 QoS 参数对应一个权重值，记为 w_i ，将这些权重值放入一个行矩阵中，定义为权重 QoS 矩阵 $\boldsymbol{w}$ 。

$$\boldsymbol{w}=\left(w_i\ w_j\ w_k\ w_l\cdots\right) \tag{6-4}$$

这个矩阵中的各个权重值之和为定值 1，即 $w_i+w_j+w_k+w_l+\cdots=1$。这个矩阵的值是不随着时间变化的，它只由用户的 QoS 偏好以及业务 QoS 限制决定的。

QoS 映射函数为：

$$f\left(q_i',q_j',q_k'',q_l''\cdots\right)=\boldsymbol{w}\boldsymbol{q}_{\text{net}}^{\text{T}}=\left(w_i\ w_j\ w_k\ w_l\cdots\right)\begin{Bmatrix} q_i' \\ q_j' \\ q_k'' \\ q_l'' \\ \vdots \end{Bmatrix} \tag{6-5}$$

根据前面的归一化表达式可知，量化后的参数值都在 0 和 1 之间。

（4）QoS 映射函数综合考虑

前文我们都是从网络 QoS 的角度进行分析的，也就是说，都是根据网络的性能和用户业务的 QoS 限制进行考虑的，这里将从综合的角度来考虑用户的服务质量。首先，考虑到不同网络的成本问题，也就是用户选择接入网时，每一个网络的资费标准是不同的，因此，这里提出成本 QoS 的概念，如前文所述，这里将这个成本 QoS 定义成一个参数，同时也进行量化处理，处理表达式为：

$$q_{\text{value}}=\left\{\frac{q_{\text{value}}^{\max}-q_{\text{value}}^{\text{net}}}{q_{\text{value}}^{\max}-q_{\text{value}}^{\min}}\right. \tag{6-6}$$

其中，$q_{\text{value}}^{\max}$ 是用户选择的网络最高成本花费，$q_{\text{value}}^{\min}$ 是所有接入网络中计费最低的值，$q_{\text{value}}^{\text{net}}$ 是切换的目标网络的成本花费。

基于上面的思想，在式（6-5）中，加入一个 QoS 成本自变量，同时 q_{value} 对应的权重为 w_{value} 。

经过上面的改进，不只是从用户的服务质量出发，还综合考虑服务花费成本问题，当移动用户有切换网络的需求时，在保障用户服务质量的同时，也在一定程度上降低了用户的资费。

6.8.4　仿真验证

1. *异构无线网络通用 QoS 映射方法的仿真场景*

根据 QoS 映射方法的原理和实现，本节采用 3 个无线接入网进行验证仿真，仿真场景定义为：UTMS、Wi-Fi 1、Wi-Fi 2。其中，Wi-Fi 1 为移动用户当前接入网。QoS 映射仿真时间为 1 min，QoS 映射的特殊处理仿真时间为 2 min，3 个网络带宽资源分别为 30 Mbit/s、25 Mbit/s、35 Mbit/s，分别对应仿真图中的当前接入网、接入网 B、接入网 A。业务到达数采取 $\lambda=9$ 的泊松过程函数控制，业务的平均处理时间 $\mu=0.7$ 。

2. *基于 QoS 映射函数以及映射算法的仿真实现*

如图 6-27 所示[57]，3 个接入网的用户 QoS 状况都被映射到[0,1]，从图 6-27 中可以看出，当前接入网 A 的网络状况明显优于用户当前接入网以及接入网 B。用户将选择接入网 A 作为接入网络，这样用户能获得比当前接入网络更好的 QoS 保障。同时可以看到，在[39,47]这个区间段，所有接入网映射后的 QoS 值都处于 0.6 以下，这种情形下只能采取特殊的映射处理。特殊处理应用于当前没有任何网络能够符合用户的 QoS 需求（图 6-25 中异构无线网络 QoS 映射流程的第⑩个流程）时，这种情况一般只有在忙时才能出现，特殊处理的方法大概分成 3 种，这 3 种方法是针对不同情况而采用的，分别为：① 高等级的业务向低等级业务进行映射（ADP_SUB）；② 直接丢弃低等级业务的数据（ADP_DROP）；③ 将优先级别低的数据先存到缓存里，待网络情况变好时再重新映射（ADP_HYB）。

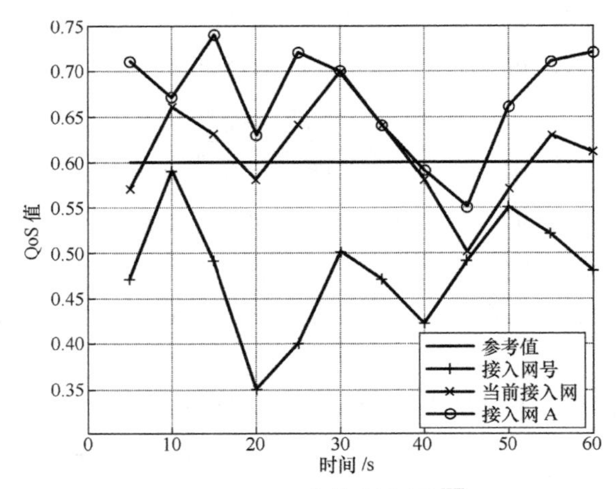

图 6-27 QoS 性能映射比较[57]

在这种情况下，采取 ADP-SUB、ADP-HYB、ADP-DROP 来进行处理，业务 R1 的 3 种不同处理情况下的时延仿真情况如图 6-28 所示[57]，可以看出，ADP-SUB 方式的时延是最大的，ADP-HYB 次之，ADP-DROP 的时延是最小的。

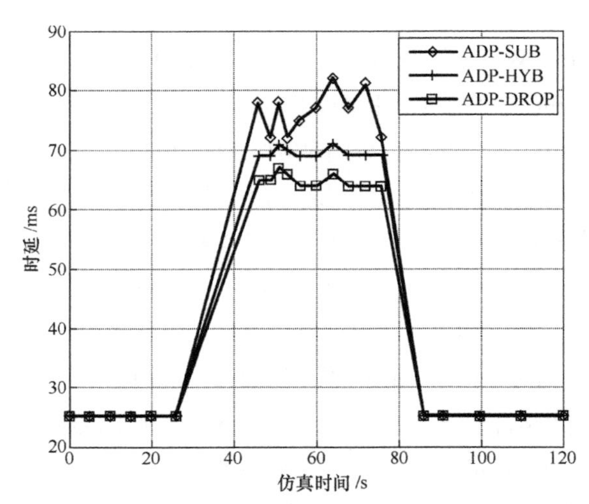

图 6-28 R1 业务流在 3 种情形下的时延

参考文献

[1] 罗明宇，卢锡城，韩亚欣. Internet 多媒体实时传输技术[J]. 计算机工程与应用，2000, (9): 44-50.

[2] 李军. 异构无线网络融合理论与技术实现[M]. 北京：电子工业出版社，2009.

[3] 程乔. 基于 WiMAX 和 Wi-Fi 以及 3G 网络融合技术的研究[J]. 大众科技，2009, 11(1): 65-67.

[4] 程鹏. 基于凸优化理论的无线网络跨层资源分配研究[D]. 杭州: 浙江大学，2008.

[5] HUANG X, FENG S L, ZHUANG H C. Cross-layer fair resources allocation for multi-radio multi-channel wireless mesh networks[C]//WiCOM'09, 2009.

[6] ITU-T Recommendation Y.1541. Network Performance Objectives for IP-Based Services[R]. 2011.

[7] PARK S, KIM K, KIM D C, et al. Collaborative QoS architecture between DiffServ and 802.11e wireless LAN[C]//Proc. IEEE VTC'03, 2003.

[8] CHAHED T, HEBUTERNE G, FAYET C. Mapping of loss and delay between IntServ and DiffServ[C]//ECUMN 2000, 2000: 48-55.

[9] 3GPP TS 29.207. 3rd Generation Partnership Project; Technical Specification Group Core Network and Terminals, Policy Control over Go Interface[S].

[10] PARK S, KIM K, KIM D C, et al. Collaborative QoS Architecture between DiffServ and 802.11e Wireless LAN[C]//Proc. IEEE VTC '03-Spring Jeju Korea Apr, 2003.

[11] 刘博，李军. TD-SCDMA 和 WiMAX 联合组网方案的研究[J]. 移动通信，2009, (8): 63-65.

[12] PRAGAD A D, KAMELT G, PANGALOS P. A combined mobility and QoS framework for delivering ubiquitous services[C]//IEEE 19th International Symposium on Personal, Indoor and Mobile Radio Communication 2008, 2008: 1-5.

[13] HAN D, HU G M, LU C. Multi-objective optimal secure routing algorithm using NSGA-II[C]//CIS 2008[C]. 2008.1343-1347.

[14] 张兵，赵跃龙. 视频会议数据在 IP 网上的传输[J]. 多媒体园地，2001, (7): 51-55.

[15] MARCHESE M, MONGELLI M. Protocol structure overview of QoS mapping over satellite networks[C]//IEEE International Conference on Communications 2008, 2008: 1957-1961.

[16] WU D P, YI W, HOU T. Transporting real-time video over the Internet: challenges and approaches[C]//Proceedings of IEEE 88(12), 2000: 1855-1875.

[17] PURI R, RAMCHANDRAN K, LEE KW, et al. Application of FEC based multiple description coding to Internet video streaming and multicast[C]//Proceedings of Packet Video Workshop Cagliari, Sardinia, Italy, 2000.

[18] LIANG Y J, GIROD B. Rate-distortion optimized low-latency video streaming using channel

adaptive bit stream assembly[C]//Proceedings of IEEE International Conference on Multimedia and Expo, 2002.
[19] 贺楠. 未来异构无线网络融合的关键技术研究[D]. 北京：北京邮电大学，2008.
[20] 李沛，靳浩. 媒质独立切换在异构网络关联中的应用[J]. 北京交通大学学报，2008, 32(6): 93-97.
[21] 孙阳，孙文生. 基于业务类型的异构无线网络选择算法[J]. 中国电子科学研究院学报，2009, 4(4): 337-341.
[22] TANG Z, ACEVES G L J. Hop-reservation multiple access (HRMA) for Ad Hoc networks[C]//Proceedings of Eighteenth Annual Joint Conference of the IEEE Computer and Communications Societies, 1999: 194-201.
[23] HUNG W C, EDDIE LAW K L, LEON-GARCIA A. A dynamic multi-channel MAC for Ad Hoc LAN[C]//21st Biennial Symposium on Communications, 2002: 212-224.
[24] GHASSEMZADEH S S, TAROKH V. UWB path loss characterization in residential environments[C]//Proc. IEEE Radio Frequency Integrated Circuits (RFIC) Symposium, 2003: 501-504.
[25] 3GPP TS 25.322 v4.2.0. 3rd Generation Partnership Project; Technical Specification Group Radio Access Network, RLC Protocol Specification (Release 4)[S].
[26] ZHANG L, LI F, ZHU J K. Performance analysis of multiple reject ARQ themes at RLC layer in 3G[C]//Proceedings of IEEE 56th Vehicular Technology Conference (VTC), 2002: 24-28.
[27] YOON U, PARK S, MIN P S. Performance analysis of multiple rejects ARQ for RLC (radio link control) in the third generation wireless communication[C]//IEEE Wireless Communications and Networking Conference (WCNC), 2000: 23-29.
[28] ZHANG Y. Call admission control in OFDM wireless multimedia networks[C]//IEEE International Conference on Communication 2008, 2008: 4154-4159
[29] 曾懿. 3G 与 WLAN 在无线互联网的互补性研究[J]. 信息与电脑，2010.
[30] OH E S, HAN S Y, WOO C C. Call admission control strategy for system throughput maximization considering both call-and packet-level QoS[J].IEEE Transactions on Communications, 2008, 56(10): 1591-1595.
[31] ZHANG Y, XIAO Y, CHEN H H. Queuing analysis for OFDM subcarrier allocation in broadband wireless multiservice networks[J]. IEEE Transactions on Wireless Communications, 2008, 7(10): 3951-3961.
[32] 贺昕，李斌. 异构无线网络切换技术[M]. 北京：北京邮电大学出版社，2008.
[33] ASSI C M, AGARWAL A, LIU Y. Enhanced per-flow admission control and QoS provisioning in IEEE 802.11e wireless LAU1s[J]. IEEE Transactions on Vehicular Technology, 2008, 57(2): 1077-1088.
[34] BARAKOVIC S, BARAKOVIC J. Traffic performances improvement using DiffServ and MPLS networks [C]//International Symposium on Information, Communication and Automation Technologies (ICAT'09), 2009: 1-8.

[35] POLVICHAI S, CHUMCHU P. Mobile MPLS with route optimization: the proposed protocol and simulation study[J]. Computer Science and Software Engineering, 2011, (8): 34-39.
[36] GAO D Y, CAI J F, CHEN C W. Admission control based on rate-variance envelops for VBR traffic over IEEE 802.11e HCCA WLANs[J]. IEEE Transactions on Vehicular Technology, 2008, 57(3): 1778-1788.
[37] LIU X, YANG Y, DONG Y. A generic QoS framework for cloud workflow systems[J]. Dependable Autonomic and Secure Computing, 2011, (9): 713-720.
[38] LEE D W, LEE H M, CHUNG K S, et al. The idle mobile resource discovery and management scheme in mobile grid computing using IP-paging[J].Ubiquitous Information Technologies & Applications, 2009, (4): 1-6.
[39] ZHENG X, MA Z M. Research on application based on MIP table in IPv4/IPv6 mixed networks [J]. Computer Science and Network Technology, 2011, (12): 1026-1030.
[40] JABID T, KABIR M H, CHAE O. Facial expression recognition using local directional pattern [J]. Image Processing, 2010, (17): 1605-1608.
[41] 许经彩，王新华，薛健. 一种新的 MPLS 流量工程最小干涉算法[J]. 计算机技术与发展，2009, 19(10): 77-80.
[42] 刘晓燕，王志刚，于惠钧. 基于 MPLS VPN 的组播研究[J]. 通信技术，2010, 43(7): 138-141.
[43] 启红超，伊鹏，郭云飞. 高性能交换与调度仿真平台的设计与实现[J]. 软件学报，2008, 19(4): 1036-1050.
[44] 宋留斌，徐友云，谢威，等. 基于 IEEE 802.11 协议的 MAC 层协同组播策略[J]. 应用科学学报，2011, 29(6): 599-563.
[45] NIU B L, JIANG H, ZHAO H. A cooperative multicast strategy in wireless networks [J]. IEEE Transactions on Vehicle Technology, 2010, 59(6): 3136-3143.
[46] HOU F, CAI L X, HU I H, et al. A cooperative multicast scheduling scheme for multimedia services in IEEE 802.16 networks[J]. IEEE Transactions on Wireless Communications, 2009, 8(3): 1508-1519.
[47] 刘念伯，刘明，吴磊，等. 一种在 MPLS 网络中提供单流 QoS 保障的区分服务标记方法[J]. 计算机工程应用研究，2010, 27(4): 1422-1426.
[48] 3GPP TS 23.203 Re1.10-2011. Policy and Charging Control Architecture[S]. 2011.
[49] 杨旭. SAE 架构引入过程关键技术解决方案研究[D]. 北京：北京邮电大学，2011.
[50] 3GPP TS 23.214 Re1.9-2010. Policy and Charging Control over Rx Reference Point[S]. 2010.
[51] 3GPP TS 23.212 Re1.9-2010. Policy and Charging Control over Gx Reference Point[S]. 2010.
[52] DASILVA L A. QoS mapping along the protocol stack: discussion and preliminary results[J]. IEEE International Conference on Communications, 2000, 2: 713-717.
[53] GARIBBO A, MARCHESE M, MONGELLI M. Mapping the quality of service over heterogeneous networks: a proposal about architectures and bandwidth allocation[C]// ICC'03, 2003, 3: 1690 - 1694.
[54] MARCHESE M, GARIBBO A, MONGELLI M. Equivalent bandwidth control for the mapping of

quality of service in heterogeneous networks[C]//Communications 2004 IEEE International Conference, 2004, 4: 1948-1952.
[55] CHAHED T, HEBUTERNE G, FAYET C. Mapping of loss and delay between IntServ and DiffServ[C]//ECUMN 2000.lst European Conference, 2000: 48-55.
[56] 金旭. 异构网络中基于策略的 QoS 映射研究[D]. 北京：北京邮电大学，2008.
[57] 李浪波. 异构无线网络中的 QoS 保障机制研究[D]. 北京：北京邮电大学，2012.

第7章 网络融合管理

本章介绍了异构无线网络融合管理架构及相关技术。首先，比较OSI网络管理体系、IETF网络管理体系、国际电信联盟电信管理网络（TMN）和电信管理论坛下一代NGOSS管理体系，提出移动互联网面向服务的异构网络管理模型，通过服务总线实现多种管理机制的融合。针对移动互联网多种接入网络并存的规划、部署、监控和运维需求，重点介绍异构无线网络资源管理、静态和动态接入策略管理、端到端重配置管理和异构网络融合业务管理等关键技术，通过无线资源融合管理实现资源和网络配置的优化，采用多种接入策略实现用户接入网络优选和不间断业务支持，通过融合业务管理提升用户服务质量和业务体验质量。最后，以典型的无线融合网络为例，介绍实现网络统一规划、统一配置、统一监控的网络综合管理方案，按照网络开通部署流程描述了相关技术在网络规划与仿真、部署与配置、运行监控与优化等阶段的作用机理。

7.1 概述

网络管理是网络开通、状态监控和动态调整的支撑技术，用于保障整个网络稳定、可靠运行，降低运营成本。网络融合管理完成不同架构无线通信系统共存时的规划、部署、监控和运维，包括多种接入技术的频率规划、容量规划、初始配置、接入状态监控、优选切换、无线资源管理、接入策略管理、融合业务管理等。网络融合管理对上屏蔽网络的异构性，通过无线资源融合管理实现网络配置优化，采用多种接入策略和移动性管理技术提供不间断业务和平滑支持，通过融合业务管理提高服务质量和用户体验。因此，网络融合管理是综合利用多种通信手段、降低运维成本、提高用户体验质量的重要支撑体系。

移动互联网中同时存在多种接入网络，是典型的异构无线网络，由于各接入网分别针对特定用户、业务或为满足不同的覆盖需求而独立设计，在业务能力和技术架构上既存在差异性，又有一定的互补性，没有一种单独的接入技术能够全面满足覆盖、时延、传输速率、成本等方面的需求。为了给网络用户提供具有端到端质量保障的连续性无缝服务，需要实现对网络资源的统筹管理、灵活分配和动态调整，支持优选接入网络，能够对终端和网元进行动态配置，满足不同场景下用户对通信服务的个性化需求，保障网络的稳定、可靠运行。随着网络管理技术的不断发展，移动互联网的无线资源管理、接入策略管理、端到端重配置管理和业务管理均发生了深刻的变化。

1. 无线资源管理从“自治”走向“联合”

移动互联网的无线资源管理不仅包含了同构网络无线资源管理的完整体系，而且增加了新的研究内容，即面向集成和融合不同接入技术的联合资源管理，例如网络间的负载均衡分配、网间垂直切换和无缝漫游、综合服务质量保障等异构网络特有的功能。显然，在移动互联网这样的异构无线系统中，传统同构网络的自治无线资源管理方法不能解决整个异构系统的资源配置和优化问题，需要综合考虑不同接入网络、终端、服务及用户的信息，采用能够对异构网络资源进行集中控制和统一管理的多系统联合无线资源管理架构。该架构同样需要完成诸如功率控制、速率控制、信道分配、准入控制、切换控制等无线资源管理的基本功能，还需要实现网间负载均衡、垂直切换和无缝漫游、综合服务质量保障等异构网络特有的功能。

2. 接入策略管理从静态选择到动态优选

在支持移动互联网的通信系统中，多网络接口的用户终端能够通过多种接入网络运行业务访问服务，并且可实现在各接入网络之间的无缝切换。传统蜂窝网络中，用户一般通过更换 SIM 卡或携号转网服务实现接入转换，操作复杂，使用不便。与传统蜂窝网络中基于终端辅助网络控制的小区选择及切换机制不同，移动互联网将支持终端控制的网络选择及切换方式，即终端能够自主选择接入网络，例如选择服务质量更好且服务费用低廉的网络作为首选接入网络。随着终端智能化和计算能力的不断提高，越来越多的网络选择算法转向由终端执行，根据既定策略进行动态接入网络优选成为主要发展方向。

3. 配置管理向全面动态重配置发展

在同构无线通信网络中，用户终端及网元的初始设置一般通过静态配置完成，基本能满足用户开机入网的需求，用户使用过程中很少需要动态调整。但在移动互联网中，移动终端拥有多个无线接口，具有接入不同网络的能力，如何对异构多模终端进行动态配置，保持用户始终接入最优网络，有效利用全网的无线资源，是配置管理要解决的关键问题。随着软件无线电技术的广泛应用，以软件无线电为基础的端到端重配置技术得到迅速发展，针对异构无线接入环境，采用可重配置的基带、射频等终端硬件资源，通过各种可定制、可替代、可转换的组件化软件模块的控制，实现终端对多种无线接口技术的支持。目前重配置技术的研究已不局限于终端的重配置能力，而是扩展到对重配置系统的研究。这种可重配置系统涉及从空中接口、网络控制实体直到业务平台的整个网络架构，不仅为网络元素提供可重配置能力，还能提供一体化的重配置管理架构，支持联合无线资源管理和动态网络规划。

4. 业务管理从垂直封闭到全面融合

移动互联网发展初期，运营商建立了许多烟囱式的纵向业务平台，各平台都具有业务能力、业务管理、业务门户、运营维护等各种功能。然而，随着业务的不断发展，多个业务平台林立造成业务管理越来越复杂，业务融合难以实现，数据无法共享。为了适应移动互联网的发展，各类业务的使用、管理流程需要统一，通过业务的统一管理、一点接入和全网服务机制，形成开放的综合业务管理平台，最终实现业务的全面融合，给用户提供一致的业务体验。

本章首先比较各类网络管理体系架构，然后分别阐述移动互联网的无线资源管理、接入策略管理、无线重配置和业务管理等关键技术，最后以某异构融合网络为例，按照网络开通部署流程介绍了网络规划、开通、监控和管理的系统方案。

7.2 网络管理体系与协议

7.2.1 网络管理概述

随着通信和计算机技术的发展，网络管理人员将面临更大规模、更加复杂、多厂商产品互联的异构通信网络，如何对这种异构网络进行规划、监控、管理，保证网络的可用性，提高网络的性能，减少故障的发生，保障网络的安全可靠运行，是网络管理系统的核心任务。如果没有一个高效的网络管理系统对网络进行管理，很难保证为用户提供满意的网络服务。在通信和计算机网络建设中，网络管理是系统设计和运维人员需要考虑的重要内容。

网络管理是随着网络技术的发展而发展的，网络的日益复杂使得网络管理的范围和负担也越来越大，网络管理系统逐步向综合化、标准化和智能化方向演进，网络管理系统将更多地分担网络管理员的工作，使得网络设计和运维更加简便，排除故障更加迅速。从用户的角度来看，一个网络管理系统应该具备以下功能。

① 网络监控能力：能够通过统一的视图对网络进行状态监视和管理控制。

② 综合管理能力：能够管理多厂商设备和多种网络协议。

③ 远程管理能力：支持网络管理员通过管理终端对网络进行远程管理。

④ 管理开销可控：尽量以小的系统开销提供较多的管理信息。

⑤ 智能化管理能力：具备一定的智能性，能够根据网络运维数据的分析结果，发现并报告可能出现的网络故障。

在网络管理技术的研究、发展和标准化方面，Internet 体系结构委员会（IAB）和国际标准化组织（ISO）都做了大量有成效的工作。早在 20 世纪 70 年代末，ISO 在提出开放系统互连模型（OSI）的同时，就提出了网络开放互联管理框架（ISO 7498-4），并制订了相应的协议标准，即公共管理信息服务和公共管理信息协议（CMIS/CMIP）。由于 OSI 网络管理框架及其协议的结构和功能非常复杂，目前还没能得到商用，但是它明确定义了网络管理的标准模型，此后网络管理领域对网管功能模型的描述大部分都以 OSI 模型为基础。

随着 Internet 在全球范围内的飞速发展，如何管理和监视这个全球化网络成为越来越重要的研究课题。在 Internet 的管理框架中，简单网络管理协议（Simple Network Management Protocol，SNMP）得到了广泛应用，越来越多的产品遵循该标准。此外，在电信领域，网络稳定运行、业务持续性和降低运维成本的需求，推动了电信管理网（TMN）的迅速发展，TMN 的目标是提供一个电信管理框架，建立完整、独立、用于控制和管理电信网的管理网络。后来，随着电信业务的迅猛发展，传统的静态 TMN 框架越来越难以满足电信系统以客户业务和用户体验为中心的管理需求，电信行业逐步转向新一代电信运维支撑系统，向面向业务的 NGOSS 管理体系演进。

下面分别介绍主要标准化组织的网络管理体系架构，并对各管理体系进行分析比较。

7.2.2　OSI 网络管理体系

1980 年，国际标准化组织定义了开放系统互联模型，OSI 网络管理框架是该模型的组成部分。OSI 网络管理框架从体系结构的角度定义了网络管理的基本模型，规定了网络管理的需求、概念和基本功能，成为网络管理系统软件开发商最早遵循的规范。OSI 网络管理框架由组织模型、信息模型、通信模型和功能模型 4 个部分组成[1-3]。

1．组织模型

OSI 管理体系结构是一种集中的管理模式，一个管理者（Manager）可以管理多个代理（Agent）。管理者对代理执行操作（Operation），代理也可主动发通知给管理者，如图 7-1 所示。

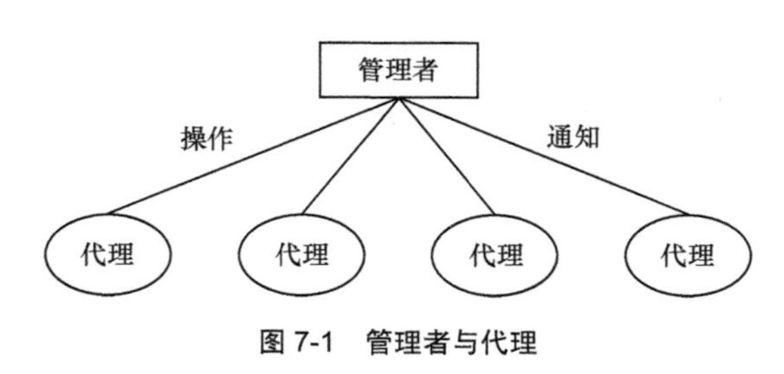

图 7-1　管理者与代理

OSI 管理体系结构定义了管理者和代理两个抽象概念，在管理系统的应用层配置管理者实体，在被管系统的应用层配置代理实体，两个实体间为管理与被管理关系。管理系统通过管理者发出访问被管系统管理信息的操作请求，被管系统通过代理接收该请求，实现该操作对应的管理功能，并将应答（访问结果）反馈给管理者。如果被管系统中发生了意外情况，代理也可以主动向管理者发出通报（Notification），管理者接收信息并做出必要的反应。管理者发送给代理的操作和代理发送给管理者的应答、通报都通过下层的 OSI 通信协议传送。

2．信息模型

OSI 定义了标准管理信息模型，用于管理者读取、设置和理解远程的管理信息，对不同厂商的网络设备及异构网络信息进行统一和规范的描述。管理信息模型采用面向对象技术，定义了管理对象类（Managed Object），对被管资源进行描述，定义的各种标准被管对象类被赋予全局唯一的对象标识符，被管对象命名采用包含树的方法进行。

被管对象标识系统中的被管资源，具有反映自身特点的属性和响应外部操作的行为。管理者可以对被管对象进行操作，被管对象也可以主动向管理者发送通知，被管对象的结构如图 7-2 所示。

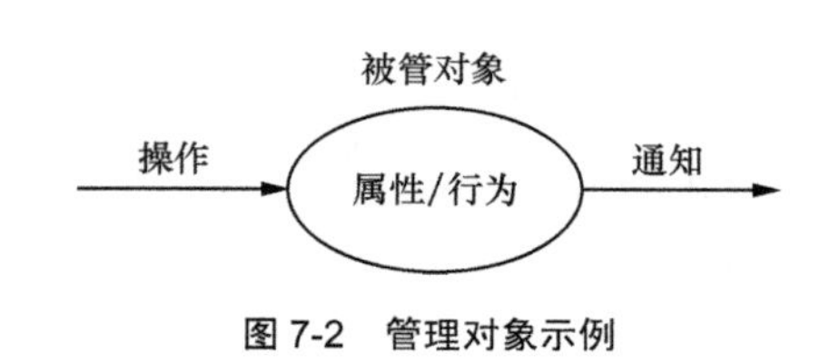

图 7-2　管理对象示例

3. **通信模型**

OSI 管理协议分两部分定义：一部分是对上层用户提供的公共管理信息服务（Common Management Information Service，CMIS），另一部分是对等实体之间的公共管理信息协议（Common Management Information Protocol，CMIP）。OSI 管理体系通信模型通过公共管理信息服务进行管理信息交换，CMIS 定义了提供给 OSI 系统管理的服务，CMIP 定义的是如何实现 CMIS，即指定协议交换中的协议数据单元及其传送语法。CMIP 位于应用层，直接为管理者和代理提供服务，提供 CMIP 服务的实体称为 CMIP 协议机，实体中包含 3 个服务要素：公共管理信息服务元素（Common Management Information Service Element，CMISE）、关联控制服务元素（Association Control Service Element，ACSE）和远程操作服务元素（Remote Operation Service Element，ROSE）。管理者和代理利用 CMISE 提供的服务建立关联（Association），实现管理信息的交换。ACSE 负责两个通信实体间通信连接的建立和拆除，ROSE 负责表示层之间连接的建立和拆除，如图 7-3 所示。

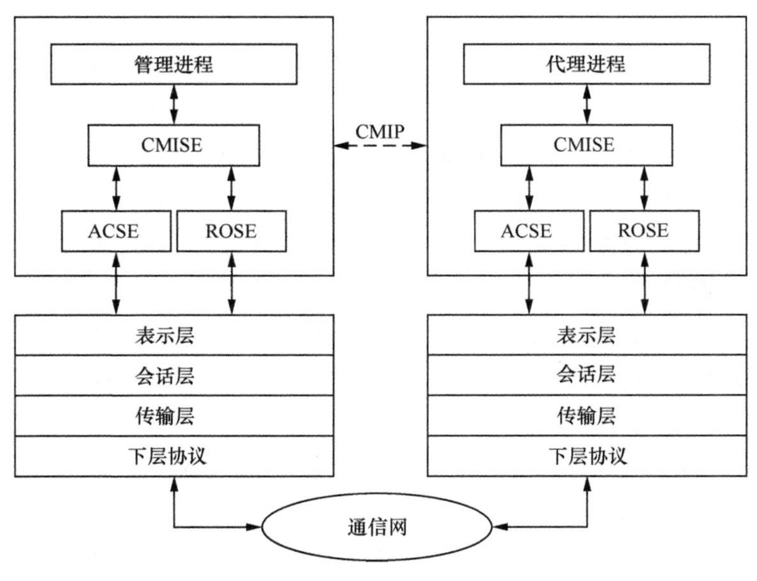

图 7-3　CMIP 通信模型

4. **功能模型**

OSI 管理体系定义了网络系统管理的 5 个管理功能域，分别完成不同的管理功能，这 5 个功能域简称为 FCAPS，基本覆盖了整个网络管理的功能范围。

（1）故障管理

故障管理（Fault Management）是网络管理最基本的功能，对来自网络设备与节点的报警信息进行监测、报告和存储，完成故障诊断、定位与处理，确保网络提供连续、可靠的服务。故障管理主要包括故障的检测、定位与恢复等功能。

（2）配置管理

配置管理（Configuration Management）是用来初始化、管理和控制被管对象的功能集合，涉及网络规划、网络设备初始化及网络资源重构等管理操作，其目的是通过定义、收集、管理和使用配置信息控制网络资源，实现某个特定管理功能或优化网络性能，网络管理应具有随着网络动态变化进行再配置的功能。

（3）计费管理

计费管理（Accounting Management）规定业务的资费标准，记录用户使用网络的情况和统计不同线路、不同资源的利用情况，提供用户使用网络资源的记录，管理用户业务使用和费用。它对一些公共商用网络尤为重要，它可以估算出用户使用网络资源可能需要的费用和代价。网络管理员还可以规定用户使用的最大费用，从而避免用户过多地占用网络资源，从另一方面提高网络的整体运行效率。

（4）性能管理

性能管理（Performance Management）以提高网络性能为准则，保证在使用最少网络资源的前提下，提供可靠、连续的通信能力。它能够监视、分析被管网络及其所提供服务的质量和性能，分析结果可作为网络优化、调整的依据。

（5）安全管理

安全管理（Security Management）保证网络用户资源、设备及网络管理系统本身不被非法使用。安全管理包括安全告警功能、安全审计跟踪功能以及访问控制功能等。

通常情况下，网络管理系统不一定包含上述全部管理功能，不同的网管系统会选择实现其功能子集。

OSI/CMIP 网络管理体系结构的出现对网络管理技术的发展起到了很大的推动作用。CMIP 的优点体现在安全性和功能全面两方面。OSI 管理体系的许多概念对网络管理的发展有着很大的影响，例如管理对象 MO、FCAPS 功能模型、管理者—代理架构等，后来的许多网络管理规范，包括 TMN 和 SNMP 都充分吸收了它的思想。

ISO 定义的 OSI 管理体系非常复杂，相关标准的数量和内容很多，实现代价高，又缺乏相应的开发工具，因此真正应用 OSI 管理框架的实际网络管理系统很少。在制定网络管理方案时，应结合实际需要对该模型进行简化和选择应用。

7.2.3　IETF 网络管理体系

OSI 网络管理体系对系统模型、信息模型和通信协议几个方面都提出了比较完备的解决方案，为网络管理建立了理想的参考标准。由于 OSI 管理体系过于复杂，为了管理全球范围的 TCP/IP 网络，IETF 制定了 SNMP，SNMP 的突出特点是简单、实用，因此，该协议一经推出就得到了广泛支持和应用。

1．SNMP 管理体系结构

SNMP 管理体系由管理者、管理代理和管理信息库 3 个部分组成。管理者在网管平台上，通过 SNMP 与代理通信，传递管理信息；管理代理和管理信息库在被管系统中，代理负责管理属于自己的被管对象；管理信息数据库（MIB）负责对具体的管理表项进行分类组织。SNMP 体系结构如图 7-4 所示。

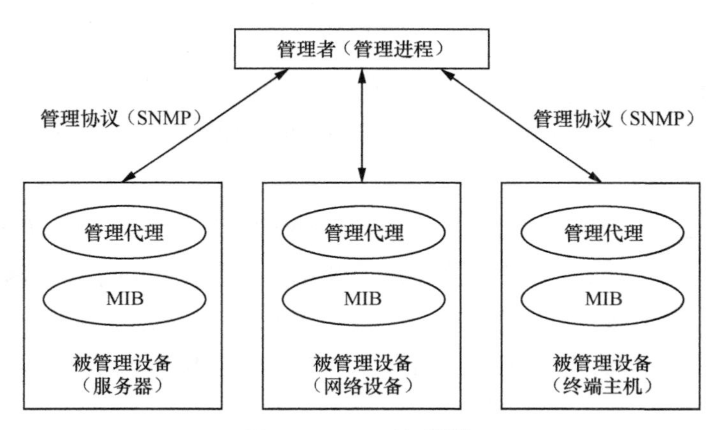

图 7-4　SNMP 体系结构

（1）管理者

管理者即管理进程，是对网络设备和设施进行全面管理和控制的软件，一般位于网络系统的主干节点，运行在网络管理中心工作站上，负责发出控制与操作指令，实现对管理代理的操作与控制，并负责接收来自管理代理的信息反馈。网络管理软件要求管理代理定期收集与被管理设备相关的重要信息，管理进程定期查询管理代理收到的关于被管设备运行状态、配置及性能等信息。通过对信息的分析，确定被管理网络设备、部分网络或整个网络的运行状态是否正常，以便进行特定的网络管理操作。

（2）管理代理

管理代理是运行在被管理设备中的软件模块，被管理设备可以是工作站、服务器、网络打印机等多种网络设备或节点。管理代理软件可以获得被管理设备的运行状态、设备属性、系统配置等相关信息。管理代理软件完成网络管理员布置的信息采集任务，充当管理进程与被管设备之间的中介，通过控制被管理设备的管理信息数据库来管理被管设备。一个管理进程可以与多个管理代理进行信息交互，同时一个管理代理也可以接受来自多个管理者的管理操作。

（3）管理信息数据库

管理信息数据库定义了一组数据对象，它可以被网络管理系统访问。管理信息数据库是一个信息存储库，包括多个数据对象，网络管理员可以通过管理代理软件控制这些数据对象，从而实现对被管对象的配置、监视和控制。每一个管理代理都维护本地管理信息数据库，存储与本地设备相关的各类管理对象。

（4）SNMP

根据 ISO 定义，协议是一组正式的规则、协定和数据结构，控制网络设备间的信息交换。管理协议规定了管理进程与管理代理会话时所必须遵循的相关规则与协定。

SNMP 是一个简单的请求/应答协议。在 SNMP v2 中定义了 8 个 PDU，包括 5 种基本的协议交互过程，即 5 种操作：GetRequest、GetNextRequest、SetRequest、GetResponse 和 Trap。SNMP 定义了使用到的传输协议、支持的操作、操作相关的 PDU 结构、操作的时序、角色、实例取值、共同体等。SNMP 的基本设计原则是简单、可靠、有效，实现相对简便。

SNMP 的协议交互如图 7-5 所示。从管理站发出 3 类与管理应用有关的 SNMP 消息：GetRequest、GetNextRequest、SetRequest。对于这 3 类消息，代理都用 GetResponse 消息应答。另外，代理还可以主动发出 Trap 消息，向管理者报告有关 MIB 及管理资源的事件。SNMP 基于 UDP 传输，属于无连接型应用层协议，在管理站和代理之间不需要维护连接，每次管理信息交换都是管理站和代理之间一个独立的数据传送过程。

除上述要素外，SNMP 管理体系还包括一个重要的组成部分——管理信息结构

（Structure of Management Information，SMI）。SMI 用名字、语句和编码机制来表述每个被管理对象：名字就是对象标识（Object Identification，OID），用来标识网络对象；语句用来定义数据类型；编码机制描述被管理对象相关信息的编码方式，用于管理实体间的信息传输。

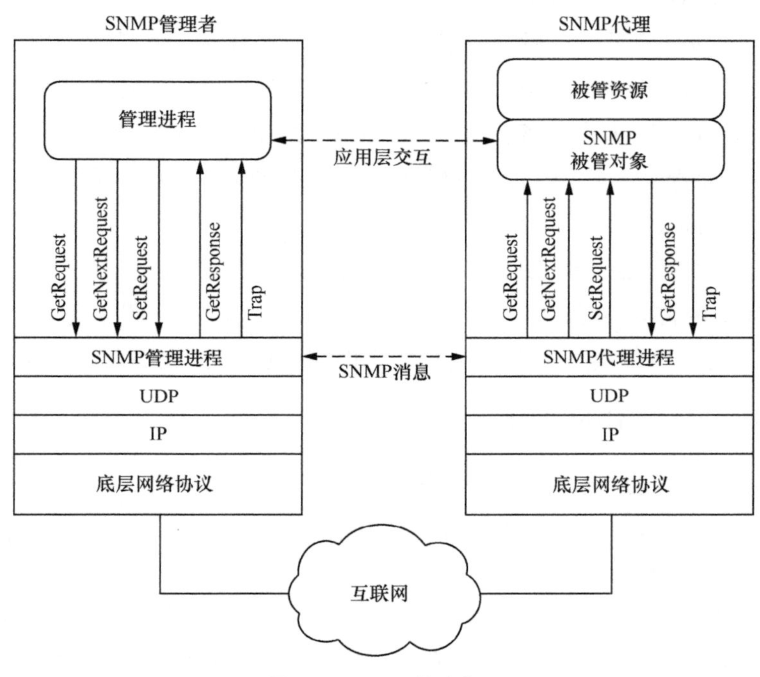

图 7-5　SNMP 协议交互

2．SNMP 管理体系特点[3]

如果说 OSI 管理模型在理论上对网络管理起了重大推动作用，那么 SNMP 则使网络管理从理论走向了实际应用。SNMP 在计算机网络中的应用非常广泛，成为事实上的计算机网络管理标准。SNMP 相对简单，使得基于该协议实现管理系统较为容易，开销可控，对网络中其他业务的影响也较小。SNMP 还有良好的扩展性，这体现在 IETF 定义的描述 SNMP 被管对象的语言——ASN.1 的一个子集，它可以很方便地描述各种网络技术和协议，将这些技术和协议纳入管理，保证了协议具有良好的可扩展性。IETF 定义了大量标准 MIB，包括 MIB-Ⅱ、SONET、ATM 等。但是 SNMP 仍存在一些自身难以克服的不足，例如 MIB 模型不适合复杂数据查询，网络管理过于依赖管理进程，容易形成单点故障，不适合管理大型网络等。

7.2.4 TMN 体系

TMN（Telecommunication Management Network，电信管理网络）是国际电联（ITU-T）于 1985 年提出的管理模型，其基本思想是提供一个有组织的体系架构，实现各种运营系统及电信设备之间的互联，利用标准体系结构交换管理信息，从而为管理部门和厂商在开发设备、设计管理电信网络和业务的基础结构时提供参考。TMN 的目标是提供一个电信管理框架，采用通用网络管理模型、标准信息模型和标准接口完成不同设备的统一管理[2-4]。

TMN 在逻辑上是一个独立网络，具备与电信网互通的连接点，以便发送和接收管理信息，控制电信网的运营。TMN 可以利用电信网的部分设施提供所需要的通信功能。因此，TMN 是一个专门用于管理和控制电信网的完整管理网络。

7.2.4.1 TMN 体系结构

ITU-T 从管理功能模块的划分、信息交互方式和物理实现 3 个不同的侧面定义 TMN 体系结构，即功能体系结构、信息体系结构和物理体系结构。

1. 功能体系结构

TMN 功能体系结构由一系列功能模块构成，如图 7-6 所示，包括运营系统功能（OSF）、中介功能（MF）、网元功能（NEF）、工作站功能（WSF）和 Q 适配器功能（QAF）。

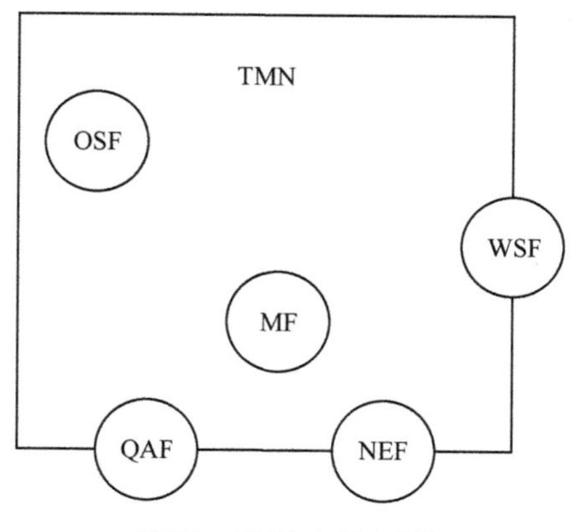

图 7-6 TMN 主要功能块

（1）运营系统功能

OSF 完成 TMN 的网络资源管理和通信业务管理功能，按照功能划分，可以将 OSF 分为商务 OSF、业务（客户）OSF、网络 OSF 和基层 OSF 共 4 类。

（2）中介功能

MF 实现功能块间信息模型的转换，主要对 OSF 和 NEF（或 QAF）之间传递的信息进行处理，包括协议转换、消息变换、地址映射变换、路由选择、信息过滤、信息存储以及信息选择等。

（3）网元功能

NEF 提供网元管理支持，是为了使 NE 得到检测和控制与 TMN 进行通信的功能块。

（4）工作站功能

WSF 为管理信息用户提供解析 TMN 信息的手段，将管理信息（MI）由 F 接口形式（机器可读信息）转换为用户可理解的 G 接口形式（操作员可读信息）。

（5）Q 适配器功能

QAF 负责连接非 TMN 实体，使 TMN 能够管理不具有 Q 接口的网络、业务和设备。

TMN 的各个功能块利用数据通信模块（DCF）交换管理信息。DCF 的主要作用是提供信息传输机制，也可以提供路由选择、中继和互通功能。DCF 实现 OSI 参考模型 1～3 层的功能，主要进行操作系统之间、操作系统与网元之间、网元之间、工作站与操作系统之间、工作站与网元间的信息传递。DCF 可以支持多种类型网络的通信，包括 x.25 分组网、城域网、广域网、局域网、7 号信令网等。当 DCF 被置于系统之间时，需要通过消息通信功能（MCF）与 TMN 的其他功能块相连，如图 7-7 所示。

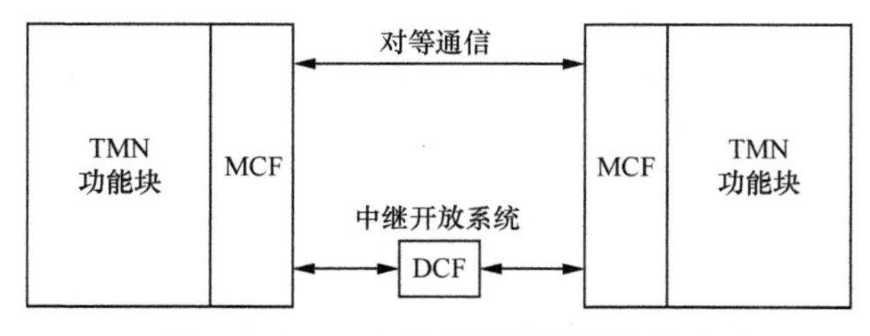

图 7-7　TMN 功能块与数据通信模块关系

2. 信息体系结构

信息体系结构是 TMN 体系结构的主要组成部分，它描述了 TMN 中管理信息的组织关系和形式。为了有效地定义被管资源，TMN 运用了 OSI 系统管理中被管对象的概念，用被管对象表示被管资源的管理特性。M.3100 建议定义了一组被管对象，构成了 TMN 通用网络信息模型，但是要用 TMN 传送网络设备的细节数据，还需要对这个模型进行扩充。

电信网络管理的管理环境是分布式的，因此，电信网络管理是一个分布式信息处理过程，监控各种物理和逻辑网络资源的多个管理进程之间需要交换的管理信息。TMN 管理模型如图 7-8 所示。

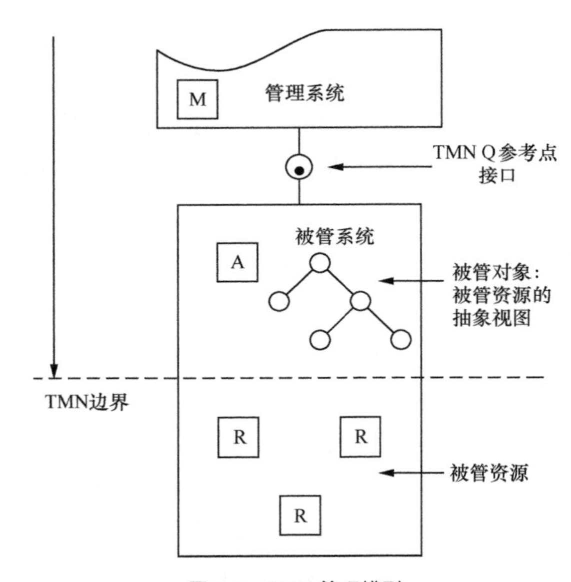

图 7-8　TMN 管理模型

按照管理职责，一个管理进程担当管理者角色，或者担当代理角色。管理者发出管理操作指令和接收代理发来的通报；代理管理被管对象应答管理者发出的指令，向管理者反映被管资源信息，发出通报以反映被管对象的行为。

一个 TMN 系统可以管理多个被管系统，每个系统可以采用不同的信息模型。为了实现互通，各被管系统间需要定义公共的 MIB 视图，维护共享的管理信息，包括支持的协议能力、支持的管理功能、支持的被管对象类、可用的被管对象实例、授权的能力、对象之间的包含关系等。TMN 管理系统中，管理者和代理之间的管理信息交换遵循 OSI

管理架构的 CMIS 规范和 CMIP。TMN 多个管理系统的互通方式如图 7-9 所示。

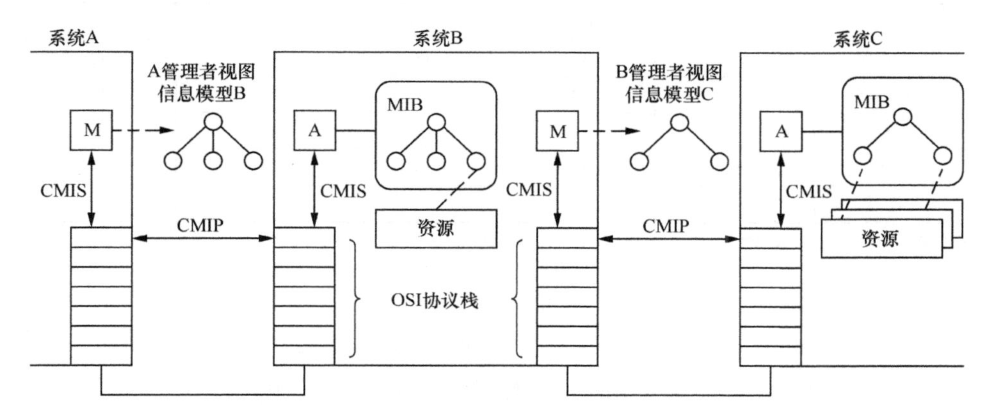

图 7-9　TMN 多个管理系统间的互通

3. 物理体系结构

TMN 物理体系结构描述一个实际 TMN 的物理组成，TMN 的物理结构如图 7-10 所示。

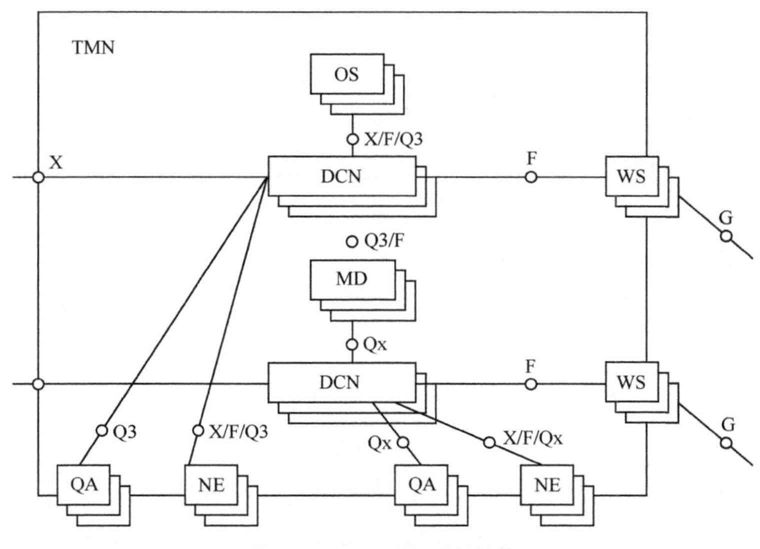

图 7-10　TMN 物理系统结构

TMN 功能块可以用不同的物理配置来实现，在功能块和物理配置之间存在对应关系，见表 7-1。

表 7-1　TMN 功能块与物理设备间对应关系

	NEF	MF	QAF	OSF	WSF
操作系统		O	O	M	O
中介设备		M	O	O	O
Q 适配器			M		
网元	M	O	O	O	O
工作站					M

注：M 表示必选（Mandatory），O 表示可选（Optional）。

（1）操作系统

操作系统（OS）是完成 OSF 的系统，可以选择性地提供 MF、QAF 和 WSF 功能。操作系统在物理上包括应用层支持程序、数据库功能、用户终端支持等。

（2）中介设备

中介设备（MD）是完成中介功能的设备，也可以选择性地提供 OSF、QAF 和 WSF 功能。MF 的主要任务是对同类网元进行集中或向网元提供管理功能。当用独立的 MD 实现 MF 时，MD 对 NE、QA 和 OS 的接口都是一个或多个标准接口（Qx 和 Q3）。当 MF 被集成在 NE 中时，只有对 OS 的接口被指定为一个或多个标准接口（Qx 和 Q3）。

（3）Q 适配器

Q 适配器（QA）是将具有非 TMN 兼容接口的 NE 或 OS 连接到 Qx 或 Q3 接口上的设备。一个 Q 适配器可以包含一个或多个 QAF，Q 适配器可以支持 Q3 或 Qx 接口。

（4）网元

网元（NE）由电信设备构成，NE 具有一个或多个 Q 接口，并可以选择提供 F 接口。

（5）工作站

工作站（WS）是完成 WSF 的系统。工作站可以通过通信链路访问任何 TMN 组件。在 TMN 中，工作站被看作通过数据通信网络与操作系统实现连接的终端，该终端对数据存储、数据处理以及接口具有足够的支持，以便将 TMN 信息模型中 F 参考点信息转换为 G 参考点显示给用户的格式。这种终端还为用户配备数据输入和编辑设备，以管理 TMN 中的对象。在 TMN 中，工作站中不包含 OSF，如果一个实体中同时包含 OSF 和 WSF，则这个实体被看作 OS。

接口是 TMN 物理体系结构的重要内容，为了简化多厂商产品带来的通信问题，TMN 定义了一系列标准的互操作接口：Qx、Q3、F 和 X 接口。TMN 的标准接口定义与参考点相对应，当需要对参考点进行外部物理连接时，要在这些参考点上实现标准接口，每个接口都是参考点的具体化，参考点上需要传递的信息由接口的信息模型来描述。需要注意的是，需要传递的信息往往只是参考点上能够提供信息的一个子集。

（1）Qx 接口

提供最低限度的 OAM 功能，适用于多种网元的管理，可用于简单事件的双向信息流，例如逻辑电路故障状态的变化、故障的复位、环回测试等。

（2）Q3 接口

用在 Q3 参考点，该接口利用 OSI 参考模型 1 ~ 7 层协议实现 OAM 功能，但从经济性及性能要求考虑，一部分服务（层）可以为“空”。

（3）F 接口

应用在 F 参考点，通过数据通信网将工作站和 OSF 或 MF 连接起来。F 接口负责提供人机界面，实现管理人员对 TMN 功能的访问。

（4）X 接口

应用在 X 参考点，用于两个 TMN 的互联或者一个 TMN 与另一个非 TMN 管理网络的互联，因此，该接口往往需要高于 Q 类接口所要求的安全性。

7.2.4.2　TMN 管理体系特点[3]

（1）TMN 的优点

TMN 引入了分层管理，并首次提出了业务管理的概念；TMN 对管理功能进行了分类和分解，将 TMN 的功能域划分为故障管理、配置管理、计费管理、性能管理和安全管理，在功能体系结构中将功能构造块分解为一系列功能集；TMN 对信息模型进行了标准化，规范了管理者/代理信息存取的标准，统一了多厂家系统被管理信息的标准和平台处理环境的标准。TMN 采用了通用的描述工具，包括 GDMO/ASN.1/CMIS、通用通信模型、通用的 CMIP/ACSE/ROSE/OSI 协议栈等。

（2）TMN 的缺点

TMN 的接口定义不够完全，只对网元管理层的管理信息模型进行了标准化，网络层和业务层管理信息模型的标准化并不完善；TMN 的管理信息模型和接口描述复杂，对实际网管系统的开发要求很高；尽管 TMN 采用逻辑分层体系结构对 TMN 功能进行描述，但 TMN 侧重于网元管理层的功能，更高层功能的标准化不完善；TMN 缺乏对分布式管理的完全支持，虽然提供了管理者/代理模型，但是信息体系结构在多个方面都对分布式操作有限制；此外，TMN 没有提出完整的业务管理体系，尽管 ITU-T 中定义了性能管理、故障管理、配置管理和计费管理的功能，但是没有深入研究这些功能如何相互配合，共同实现对业务质量的管理。

7.2.5 NGOSS 管理体系

下一代运营支撑系统（NGOSS）是电信管理论坛（TMF）提出的新一代 OSS/BSS 体系。NGOSS 以 TMN 的电信管理框架模型为基础，以电信管理论坛的电信运营图 TOM 和增强电信运营图（eTOM）为管理需求的出发点，重新确定了运营支撑系统与软件应具有的体系结构特征。

1. NGOSS 体系结构[2-3]

NGOSS 的体系结构包括五大部分：NGOSS 生命周期和方法论、增强电信运营图、共享信息数据（SID）、技术中立架构（Technology Neutral Architecture，TNA）和系统一致性测试。

（1）NGOSS 生命周期和方法论

为电信运营企业的业务设计、系统分析、系统开发和业务流程设计及 OSS/BSS 系统建设提供基本概念和一整套方法论。

（2）增强电信运营图

定义了新一代业务过程的规范化描述，确定与业务有关的支撑系统框架，增进运营商、设备制造商、软件开发商和合作伙伴的有效沟通及相互理解。

（3）共享信息数据

用于分析电信企业的核心业务流程，划分出不同的管理功能区域，为建设实际的 OSS/BSS 系统提供通用的信息模型框架。

（4）技术中立架构

用于描述电信企业内部各个系统与业务流程之间的接口定义、组件、合约、文档及通信方式的规则和方法。

（5）系统一致性测试

采用测试矩阵的方式，对符合 NGOSS 架构的系统进行验证测试，确认系统的通信机制（接口或总线）、系统或组件之间的交互信息、业务流程/数据模型及覆盖域是否符合 NGOSS 的有关规定。

上述 5 个部分中，NGOSS 生命周期和方法论是 NGOSS 的核心，另外 4 个部分分别在 NGOSS 生命周期的不同阶段发挥作用。

2. NGOSS **生命周期和方法论**[3]

NGOSS 的生命周期包括业务（Business）、系统（System）、实现（Implementation）和运行（Runtime）4 个视图。从总体上说，NGOSS 利用上述 4 个视图来反映不同使用者所关心的问题，通过 4 个视图的循环构造整个企业完整的信息化体系结构。NGOSS 视图及生命周期模型如图 7-11 所示。

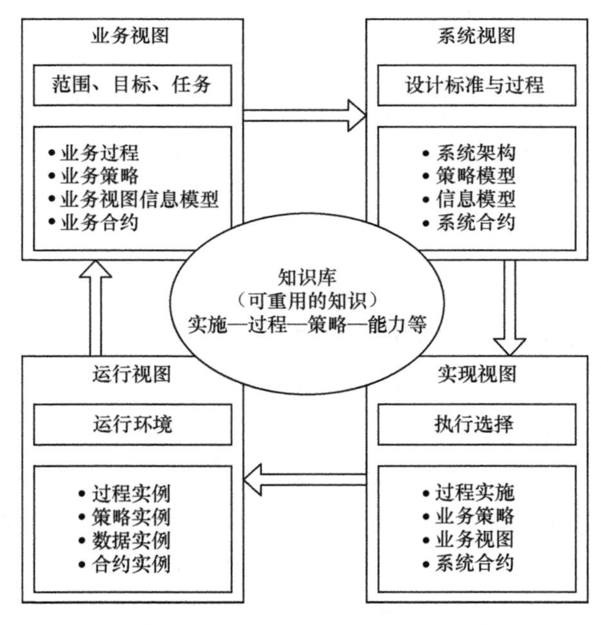

图 7-11　NGOSS 视图及生命周期模型

（1）业务视图

业务视图反映电信运营的业务需求，即在管理层业务策略的指导下，利用 eTOM 和 SID 来识别业务流程及支持这些业务流程的信息实体，这一阶段用合约宏观地描述资源或者服务必须达到的目标和必须履行的业务功能。业务视图的核心是 eTOM，它定义了下一代业务处理框架和业务过程模型，主要对现有和未来的业务处理进行分析和分类。

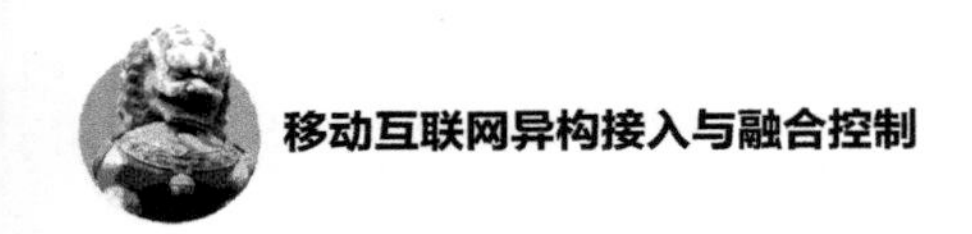

（2）系统视图

系统视图描述与技术无关的结构和模式，主要是系统结构、共享信息和数据模型，明确对象间的信息交互，协调一致地支持业务过程的要求。系统视图描述了可部署的企业组件框架，并指导如何使用组件构建 OSS/BSS，以解决某一特定的企业问题。在这一阶段，主要关注的是系统对象、对象行为和交互操作，业务服务和架构服务都在与技术实现无关的规范书中描述，同时还有一系列单独的文件描述 NGOSS 实现和部署过程中如何把与技术无关的体系架构映射成明确的技术方案。

（3）实现视图

实现视图利用 SID 建立解决方案的模型，用技术中立架构规定系统之间相互连接的标准和规范，并用合约的形式描述实现的细节和相关的接口定义。该视图主要关注如何利用硬件、软件和商用套件，根据系统的设计要求实现一个特定的 OSS 系统。该视图不是研究系统开发的过程和方法，而是着重于使用已经建成或成熟的系统构建企业的 OSS/BSS 体系，使之映射到需要实现的业务目标上去。在这一阶段，要解决如何将与技术无关规范中的设计转换为与技术相关的具体实现。

（4）运行视图

运行视图研究实际的运营环境并进行有效的监测，以便在必要时调整基于 NGOSS 的行为和策略，保证 OSS/BSS 系统按预定的方式工作，并通过对合约和案例评估以及系统性能测试来实现电信运营企业业务的不断发展。

（5）NGOSS 的知识库

NGOSS 的知识库为 NGOSS 提供一种信息集中保持的机制，负责收集和发布来自业务、系统、实现和运行等方面的经验和企业 NGOSS 的过程信息。这些信息有利于支持企业的业务活动、过程设计以及战略目标的实现。知识库由 SID 表示。SID 有组织地集合了商业体系和系统实体的定义和 UML 模型，提供了通用的信息数据语言，明确了实体之间的相互关系。因此，SID 在 NGOSS 视图间起到了黏合作用，确保了商业需求驱动系统的设计和实现。

（6）NGOSS 方法论

NGOSS 方法论支持过程的迭代，即 4 个阶段的整体循环演进，也包括每个阶段自身的不断演进，这一方法被称为 SANRR：定义范围（Scope）、分析（Analyze）、规格化（Normalize）、合理化（Rationalize）、纠正（Rectify）。具体如图 7-12 所示。

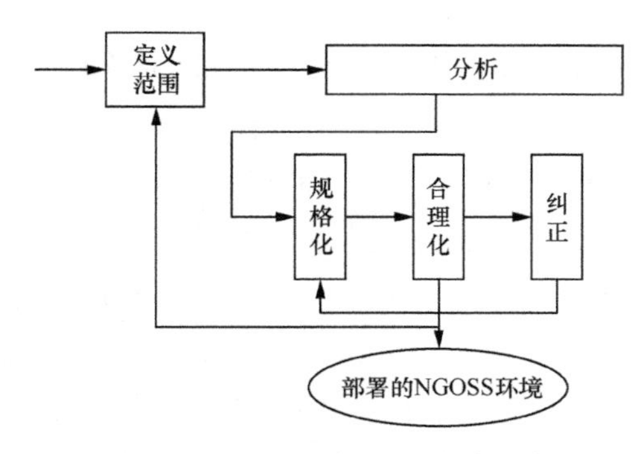

图 7-12　NGOSS 的 SANRR 方法论

- 定义范围：通过对当前环境描述的实现和目标的设定，明确定义系统演进需实现的业务和功能的范围、边界。
- 分析：分析新增业务或功能与原有业务或功能的关系，并利用模型化语言对新增业务或功能加以定义和描述。
- 规格化：分析新增业务或功能对原有业务流程、功能模型、信息模型、业务规则等的影响，将新增部分加入原有模型中，形成一个统一的新模型。
- 合理化：通过检查和验证，进行差异分析、冲突分析和冗余分析，列出并标明出现的问题。
- 纠正：针对上述步骤列出的问题，对产生问题的模型进行修改，重复合理化和纠正步骤直到全部完成。

NGOSS 方法论不是重新创建的一套全新方法，而是当今软件领域各类知识有机融合的产物，反映了当时最新的软件工程思想，其中有些方法还在不断发展。同时，NGOSS 方法论中提出的一些方法还需要相应的可操作性模板和工具的支持。在方法论的应用上，首先要遵循的原则是充分领会方法论所包含的思想原则、工作方法，例如技术中立、模型驱动、软件重用、迭代演进等思想，只有在深刻领会其思想的基础上，才能有效利用市场上一些成熟的工具，协助进行 OSS 的开发建设；其次是不断地积累相关知识，包括各种在 OSS 开发过程中产生的中间结果和元素，为需求的不断改变和扩充提供可重用的组件，缩短电信业务系统部署和提供的时间，真正做到适应市场的变化。

3. **增强电信运营图**[2-3]

（1）eTOM 概述

eTOM 是电信管理论坛牵头并组织发达国家的电信运营商、设备制造与供应商、软件系统开发商、研究机构等编写的电信运营行业的业务流程框架。可以说，eTOM是电信服务提供商的运营流程实际遵照的行业标准和国际规范。

eTOM 源自电信运营图（TOM），但 TOM 侧重的是电信运营行业的服务管理业务流程模型，关注的焦点和范围是运营和运营管理。世界各地的服务提供商普遍接受它作为运营业务流程框架，而且很多供应商已把 TOM 作为产品开发和销售的基础。但是，随着企业在业务中使用互联网、集成电子商务功能，仅关注运营管理的 TOM 已显出极大的局限性，TOM 没有充分地分析电子商务对商业环境、业务驱动力、电子商务流程集成化要求的影响，也没有分析日渐复杂化的服务提供商的业务关系。因此，TMF 的成员们把 TOM 扩展为全企业业务流程框架，即 eTOM 框架。

eTOM 是一个业务流程框架，提供了业务提供商所需的完整企业过程，它把 TOM 扩展成为一个完整的企业框架，并且解决了电子商务问题，eTOM 中的“e”有以下几个方面的含义。

- 企业过程（Enterprise Processes）；
- 电子商务能力（E-Business Enabled）；
- 改进（Enhanced）；
- 扩展（Expanded）；
- 所有的事情、地点、时间（Everything、Everywhere、Everytime）。

上述所有方面统称为功能增强，因此，eTOM 是指关注整个企业过程的、针对电子商务环境的增强型电信运营图。

（2）eTOM 业务流程视图

eTOM 商务过程框架包含多个过程组，这些过程组及各过程的分解形成不同层次的业务流程视图，其中最重要的是 eTOM 模型零级视图和一级视图，涵盖了 eTOM 所规划的整个电信企业领域的 7 个端到端视图、8 个功能性视图以及企业管理基础的 8 个功能块，一级视图囊括了全部零级视图的所有纵横模块。

eTOM 零级视图（又称概念层框架）从最高层面的概念视图出发，把战略和生命周期流程从运营流程中分离出来，形成两大流程群组，同时把关键功能区域分成 4 个横向层面。在关系方面，eTOM 框架最初是从企业内发展而来的，但是后来扩展到企业外部，提供与外部合作伙伴（用户、供应商/合作伙伴）的接口。eTOM 业务处理框架零级视图对服务提供商的企业环境进行了整体描述，如图 7-13 所示。

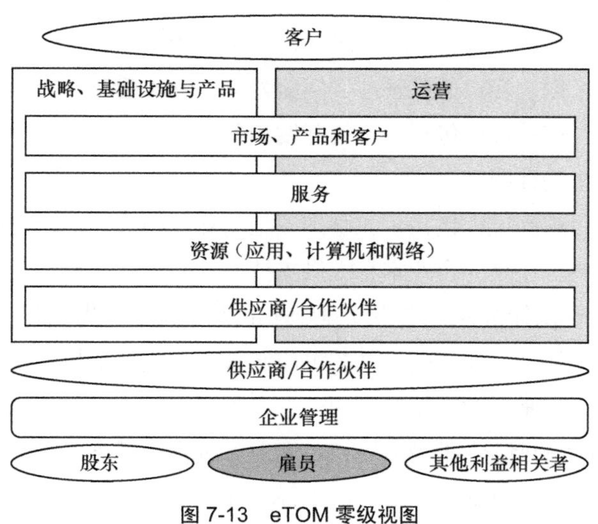

图 7-13　eTOM 零级视图

在图 7-13 中，eTOM 被分为 3 个主要区域：企业战略管理区域、业务运营管理区域和企业管理区域。企业战略管理区域和业务运营管理区域分离为两个独立的区域，分别位于图 7-13 上部的左、右两部分，图中下部的第三部分是企业管理区域。

- 企业战略管理区域：包括战略、基础设施和产品过程（Strategy、Infrastructure、Product，SIP），这些过程指导和支持运营过程（Operation Process，OPS），包括策略的开发、基础设施的构建、产品的开发和管理、供应链的开发和管理。在 eTOM 中，基础设施不仅指支持产品的资源基础设施，还包括支持其他功能过程的资源基础设施，例如支持 CRM 的基础设施。
- 业务运营管理区域：是通信运营企业的传统核心，也是 eTOM 框架的核心组成部分，它既包括日常的运营支撑过程，也包括为这些运营支撑提供条件的准备过程以及销售管理和供应商/合作伙伴关系管理。
- 企业管理区域：包含了运作和管理一个大型企业所需的基本业务过程。这些过程强调企业层面的过程目标，包括任何商业运行所必需的基本业务过程。它们与企业中几乎所有的其他过程（无论是 OPS 还是 SIP）都有接口。

除了这 3 个主要区域，图 7-13 中 4 个横向的框表示 4 个主要的功能处理结构：市场、产品和客户过程（Market、Product、Customer）；服务过程（Service）；资源过程（Resource）；供应商/合作伙伴过程（Supplier/Partner）。它们贯穿了上部两个处理区域。

- 市场、产品和客户过程：这些过程包括销售和渠道管理、营销管理、产品和定价管理，以及客户关系管理、问题处理、SLA 管理、计费等。
- 服务过程：这些过程包括业务的开发和配置、业务问题管理和质量的分析、业务使用量的计费等。
- 资源过程：这些过程包括企业基础设施的开发和管理，无论这些设施是为产品提供支持，还是为企业本身提供支持。
- 供应商/合作伙伴过程：这些过程处理企业与其他提供商和合作伙伴的交互，它既包括支持产品和基础设施的供应链管理，也包括与其他提供商和合作伙伴之间关于日常运营的接口管理。

在基于 eTOM 的概念性框架中，eTOM 业务过程框架还可以进一步分解为一组过程单元组，称为一级视图，如图 7-14 所示。在这个层次上显示了整个企业过程的处理细节。由于这些过程的性能直接决定企业是否成功，因此也将该视图称为 CEO 视图。

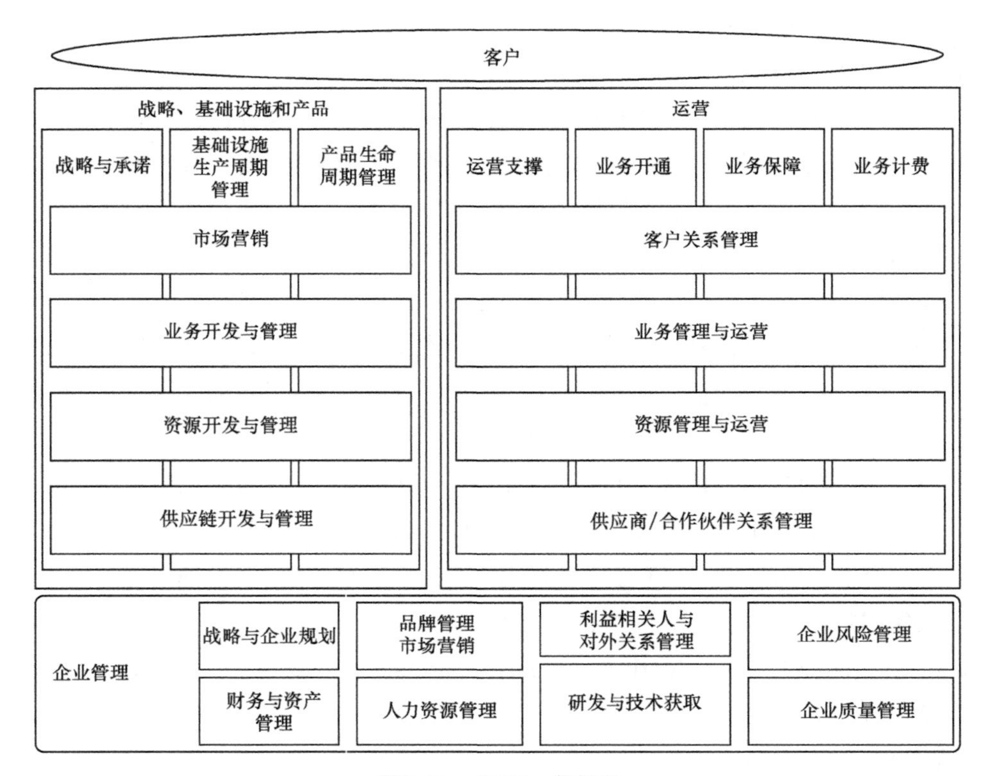

图 7-14　eTOM 一级视图

为了反映业务的处理过程，eTOM 的过程单元从两个不同的角度进行了分析。横向的过程单元从功能上组合了业务处理中的相关部分，例如管理与客户间的合同、管理供应链等。对于建立、支持和自动化等处理功能的人员来说，横向的功能划分具有很好的参考价值。横向的功能处理单元表示了 CIO 对 eTOM 的观点。IT 团队会考虑功能组，用于一起实现在客户关系管理处理中前台的应用，或者用于后台业务管理和运营的处理组，针对管理打包销售给客户的业务相关信息，或者在资源管理和运营处理中的网络管理应用，主要针对提供业务的技术。典型的组织工作组也倾向于按照横向功能处理单元工作，因为这些功能处理过程中包含了必要的知识和技术，即前台工作组负责客户关系管理处理过程，而后台工作组负责业务管理和运营管理，主要针对管理销售给客户的业务相关信息；而网络管理工作组负责资源管理和运营处理，主要针对提供业务的技术。

纵向第一级处理单元组显示了企业中端到端的处理过程，例如面向客户的整个计费流程。这种端到端的角度对负责计费、运营和管理端到端处理的人员具有重要的参考意义。这些处理过程跨越了组织的界限，因此，端到端的效率是 CEO 关心的问题，端到端的纵向处理组也代表了 CEO 对 TOM 的观点，这些人更关心处理过程的结果以及如何有效地满足客户的需求，而不是关心为实现这些结果而需要协同工作的人或者其他工作组。

eTOM 业务处理框架的目的是帮助业务提供商建立和实现企业的处理过程。这个框架按照结构分类或者分类分级的方法来处理单元，并可以对这些单元做更细节的描述。由于在分类中每个单元必须是唯一的，因此，从一开始就决定了最高级分类中的每个单元应该是功能单元，即横向单元。端到端的纵向处理单元覆盖了横向的单元组。

从横向功能处理组的角度看，eTOM 业务处理单元遵循了严格的等级划分，每个单元只与一个相邻更高层中的单元或者更高层单元的子单元相关。在分类中，每个单元必须是唯一的，也就是只能出现一次。eTOM 框架还试图帮助业务提供商管理端到端的业务处理过程。基于这点考虑，eTOM 显示了处理单元与一个或几个端到端纵向处理过程（即开通、保证和计费、产品生命周期管理等）的紧密关系。纵向的端到端处理过程覆盖了高层横向的处理组，因为在分级分类中一个单元不能与高层中一个以上的单元相关，也不能同时与多个高层单元的子单元相关。

横向功能过程组和纵向功能过程组形成了 eTOM 框架的交织矩阵式结构，这种矩阵式结构是 eTOM 框架的创新和基本优点，它第一次提出了一种关于处理单元的标准语言和结构，设计和运营端到端业务的人员以及负责建立这些处理过程的人员都可以运用这些标准来理解和使用。

所有处理过程的综合为信息和通信业务提供商提供了企业级的处理框架。随着对处理单元的细化，每一级又分解为一组更低层的单元，这样零级分解为第一级，第一级分解为第二级，依此类推。

4. NGOSS 的技术思想[3]

受到软件产业的组件技术和组件开发方法的启示，NGOSS 提出了基于组件（构件）的分布式运维支撑系统解决方案。随着功能封装、接口协议定义等组件开发方法被业界普遍认可，业务过程流、公共总线结构、公共业务数据、NGOSS 组件等研究迅速开展起来。

（1）业务过程流

NGOSS 研究的根本目的是支持运营公司业务过程，满足用户需求。组件开发的功能要求也是为了支持电信运营商的业务模型。NGOSS 将业务过程流从组件中剥离出来，使每个组件成为一个功能实体，从而使得对单独组件的开发要求转变为对过程控制的业务逻辑要求，即业务过程和业务功能（逻辑）分离。在改变业务过程流时，组件只需完成公共协议中定义的接口功能，可以通过简单的流程定义来改变业务过程流，而无须修改应用组件。这样也使得应用组件可以重用，组件的开发更加方便，灵活性更高。同时，NGOSS 框架允许业务流程的定制、改造和优化，从而实现企业业务流程再造。

（2）公共总线结构

点对点的系统集成方法要求每个业务都要有面向其他系统的接口，这使运维支撑系统变得越来越复杂，并且难以维护和扩展。为了解决这个难题，NGOSS 引入了公共总线的概念。通过公共总线，实现原有各个应用系统（如网管系统、客户服务系统、业务支撑系统等）间的信息交换。公共总线结构对应用系统的互连采用的不是一对一的直接连接，而是通过采用先进的框架结构和软件技术总线，实现总线方式的连接，如 SOA、CORBA 等。NGOSS 中交换的数据量越大，也就越需要公共总线。通过引入公共总线结构，NGOSS 达到了各个组件相对独立、整个平台稳定可靠、系统具有可扩展性和灵活性的目的，从而使 NGOSS 能够高效地整合数据和业务流程，并适用于各种应用和异构硬件环境。

（3）公共业务数据

公共业务数据是指在各种业务过程之间需要使用的业务信息和需要存储的业务数据。在一个特定的业务过程中，多个组件会因为不同的目的在同一时间使用共同的信息。这样的信息需要从整个企业的层次定义（例如企业的客户数据），而不能从组件的层次定义。有些数据只与一个组件有关，这些信息只需在单独的组件中存储，这是私有数据。还有一些数据，由于多个组件都需要使用，需要在多个组件之间交互，所以必须存储在公共部分，这就是公共数据。通过这种分类方式，可以从业务过程中抽象出组件的公有数据模型和私有数据模型。

信息共享不应该仅停留在数据的静态共享，而应该实现在一定业务流驱动下的动态交互，通过这样的共享业务信息可以从公共的业务服务中抽象出各种组件的需求。当应用组件访问数据时，通过这些公共业务数据的服务接口来实现。数据物理存储层通过一个或几个数据库提供信息物理存储功能；数据访问层提供数据的访问控制，保证系统数据的完整性、唯一性；信息服务层通过对数据增加业务定义，把数据组合为业务信息；交易接口通过公共访问接口提供组件对数据的访问。

引入公共业务数据的根本目的是信息的充分共享。一个单独的 NGOSS 共享信息模型将为大量的共享信息服务定义信息模型并提供公共框架。这些独立的模型只在 NGOSS 组件与信息服务之间相互作用，并且可以保证企业信息模型的一致性。通过信息共享，实现信息在一定业务流程驱动下的动态交互，通过业务流程来驱动各部门、各应用系统之间的协调运作，从而实现企业自动化。

（4）NGOSS 组件

电信管理论坛用组件的方法来构建 NGOSS 系统。组件是包含数据的对象，是可用代码的封装，这些代码可以用来执行应用程序的一些功能，例如从数据库中检索某些信息等。一个软件组件是一段代码，它用来实现一系列已定义的接口。组件不是完整的应用程序，不能独立运行。

运营商可以购买定义好的、可用来解决某一问题的模块，将它和其他模块一起编译，用以满足运维支持系统的需求，这些模块就是业务组件。组件可以来自不同的供应商，完成不同的功能，但必须确定每个组件的需求，并且每个组件必须符合统一定义的接口规范。每个组件必须定义如下关系。

- 组件功能与使用者的关系：哪些用户实体（客户、部门、管理员）使用哪些组件功能。

- 组件功能与业务数据之间的依赖关系：组件功能使用何种业务数据，业务数据被何种组件使用，什么组件功能和数据是全局性的。
- 组件处理过程的层次关系：组件处理过程中与其他组件的逻辑关系。
- 和其他组件的关系：与其他组件的可能调用关系。

NGOSS 的组件可以是较大的模块（如计费模块、客户服务模块等），也可以是较小的模块（如用户地址显示模块、用户费用计算模块等），每个 NGOSS 组件必须声明组件功能与使用者的关系、组件功能与业务数据之间的依赖关系、组件处理过程的层次关系以及与其他组件的相互关系等。

NGOSS 组件的供应商和完成的功能可以完全不同，但每个组件必须满足确定的需求并且必须符合统一定义的接口规范。这样，当一个组件被安装后，就能被系统查询、选择和调用，如果重新定义了业务流，要使用已经完成的组件，通过相应的组件接口就可以实现对业务过程的支持。如果实施新业务服务，安装新的组件，通过选择、配置组件接口就可以完成对新业务的支持，从而实现即插即用。

7.2.6 网络融合管理模型

基于前面各节对网络管理体系结构的概述和各标准化组织的网络运营支撑体系结构方面的分析，对管理体系架构的总结如图 7-15 所示[3]。

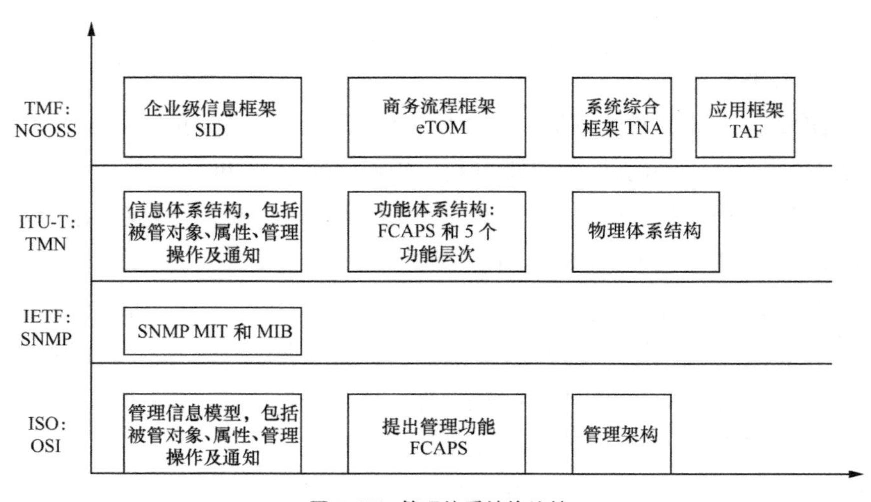

图 7-15　管理体系结构比较

从图 7-15 可以看出，IETF、ITU-T 和 TMF 的管理体系均以 ISO 的 OSI 管理体系为基础，根据各自网管的具体需求分别进行了简化、扩展或增强，在各自的行业领域得到了广泛应用。

移动互联网的管理要兼顾不同结构网络的管理模式，支持异构管理信息的融合，同时要适应移动互联网的快速发展，具备一定的扩展性，基于上述考虑，移动互联网的管理可以采用面向服务的管理架构，通过服务总线实现多种管理架构的融合，以松耦合方式连接各个不同的管理机制。面向服务的异构网络融合管理架构如图 7-16 所示[2]。

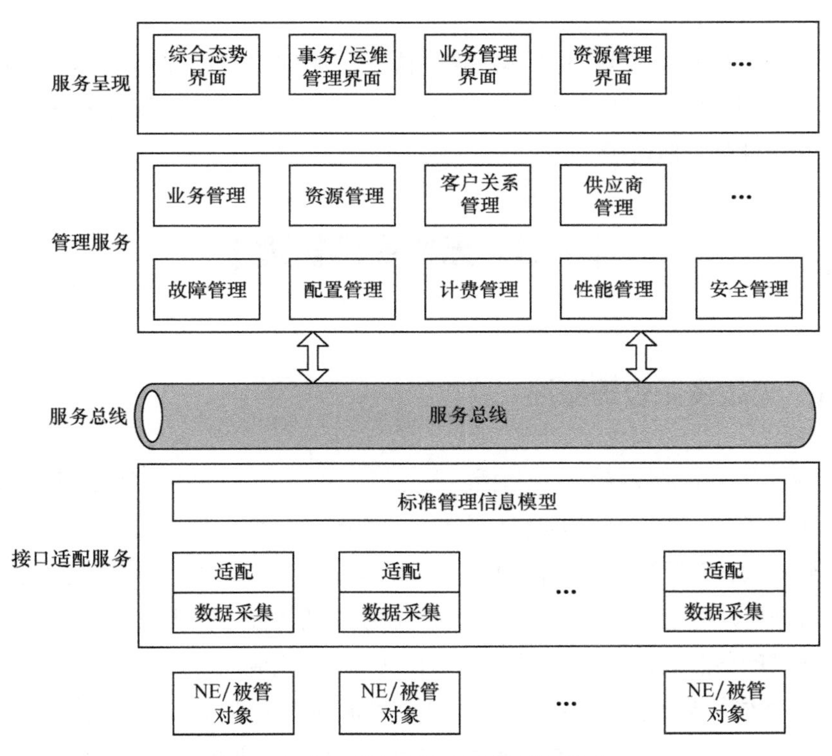

图 7-16　面向服务的移动互联网管理架构

该架构包括 4 个部分，即接口适配服务、服务总线、管理服务和服务呈现层。

（1）接口适配服务

接口适配服务负责将已有资源和被管对象以统一的方式接入统一的管理架构中，主要完成多源数据采集、多种数据源到架构标准管理信息模型的适配与转换等。

（2）服务总线

服务总线提供开放、标准的消息分发与路由机制，完成服务之间的信息交换和互操作，可以采用标准的 ESB 总线，支持异构环境中服务间基于消息或事件的交互，具有很好的扩展性，并且易于管理。

（3）管理服务

将各种网络管理功能封装为标准化的服务，包括业务管理、资源管理、故障管理、配置管理等，支持根据不同的管理流程对管理服务实例进行编排，为用户提供可定制的管理能力。

（4）服务呈现

服务呈现层支持各类 GUI 客户端的接入，为用户提供人机交互界面和各类视图，从不同侧面和维度集中呈现网络运行状态，同时支持呈现页面的动态组织、安全认证和个性化管理功能。

7.3 无线资源管理

7.3.1 无线资源管理概述

传统意义上的无线资源管理包括准入控制、切换、负载均衡、分组调度、功率控制、拥塞控制等，相关算法的研究与实现一直是工业学术界的热点研究领域。传统无线资源管理的各资源管理算法相互独立，分别为网络内的无线用户终端提供业务质量保障。未来的异构无线资源管理则是一组控制机制的集合，采用统一的方式进行集中管理，支持网络信息共享、资源共享，从而实现无线资源的联合优化控制。

相比传统的无线资源，未来的异构无线资源在以下两个方面进行扩展。一是资源构成有所扩展，主要表现在资源的取值范围以及资源之间的耦合关系；二是资源的变化情况有所扩展。由于终端接入环境所呈现的异构性，一维随机变量不能反映异构无线资源中多种元素的变化。为了反映未来网络无线资源的异构性，需要两维或多维变量来表征无线资源的构成，即联合无线资源控制。联合无线资源控制能够实现无线资源的联合优化使用，主要完成网络间无线资源的协调管理，其目标是扩展网络容量和覆盖范围，最优化无线资源的利用率。

当前，异构的联合无线资源控制的研究已经引起了广泛关注，比较典型的几个研究方向包括公共无线资源管理（Common Radio Resource Management，CRRM）、联合无线资源管理（Joint RRM）和 Multi-Radio 无线资源管理（MRRM）[5-6]。

7.3.2　公共无线资源管理

在 3GPP 规范制定过程中，人们已经意识到多种无线接入技术并存的网络融合趋势。为了克服现有各类无线接入网络无线资源管理的相对独立性，充分发挥异构无线资源的互补优势以获得更高的系统资源利用率，公共无线资源管理[7-9]概念被提出。

CRRM 的主要思想是从负载均衡的角度出发，通过 CRRM 服务器对融合 WCDMA、GSM/EDGE 等多种无线接入技术（RAT）的异构网络进行全面、统一的无线资源管理，以获得更高的中继增益。其主要任务是在切换和呼叫建立过程中，按照各小区的负载情况，对多层重叠覆盖的候选目标小区（可能采用不同 RAT）分优先级进行选择。CRRM 的基本网络结构如图 7-17 所示。其中，CRRM 服务器作为融合网络中无线资源分配的公共管理者，是算法控制逻辑的主要载体，具体实现方式分为集中式和分布式，可以直接控制各无线子网的本地无线资源管理（LRRM），也可以通过设置管理策略间接影响 LRRM。

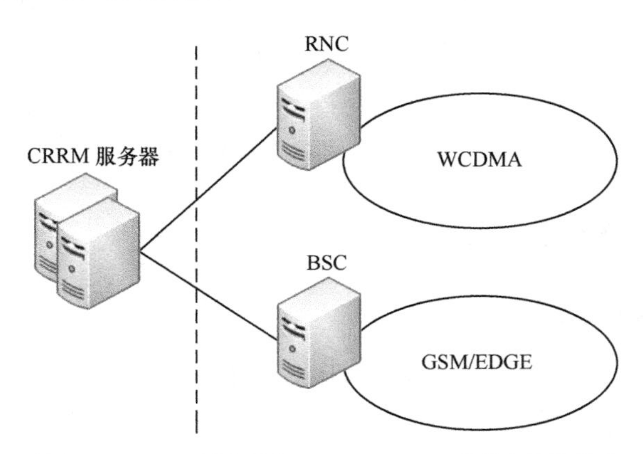

图 7-17　CRRM 服务器与 UTAN/GERAN 结构之间的关系

CRRM 算法采用了基于预定义门限的触发机制，针对不同业务类型设计了两类负载调控方式。

（1）针对实时业务

为了降低阻塞率和切换掉话率，采用了基于小区负载门限触发的系统间切换（IS-HO）和指导重试算法。当重叠覆盖的各异构小区负载均小于门限时，将不采取任何负载控制措施，新呼叫/切换接入当前请求的小区；当请求接入小区的负载超过门限，而其他小区负载未超过门限时，新呼叫/切换将选择负载最轻的小区接入；当所有小区的负载均超过门限时，若当前小区容量允许，则新呼叫/切换将留在当前小区，否则接入负载最轻的小区。

（2）针对非实时业务

为了获得较高的平均吞吐量和较低的平均时延，采用基于缓冲区时延门限触发系统间网络控制小区重选算法（IS-NCCRS）。当某小区的缓冲区时延超过门限时，利用非实时业务流的分组到达间隔，将缓冲区中后续的分组转移到其他时延较小的重叠小区中。从功能上看，CRRM 与下节描述的 JRRM 有很多相似之处，然而从所处理的问题来看，CRRM 比 JRRM 存在着更多的局限性。第一，CRRM 仅针对 UTRAN/GERAN 等蜂窝网络，而没有考虑更多类型的异构 RAT（如 WLAN）；第二，CRRM 更倾向于一种公共的单运营商管理方式，难以实现多运营商下的分布式调控；第三，CRRM 尚未涉及重配置技术，因此，无法利用可重配置系统中更多的资源管理手段来实现更高的资源利用率和频谱效率。上述局限性也导致 CRRM 在算法设计上缺乏通用性和可扩展性。具体来讲，无论是在呼叫建立还是系统间切换中，其接入网络选择过程仅考虑了负载因素，而没有考虑信号强度、覆盖范围、用户移动速度等其他因素。此外，算法中没有具体考虑小区负载、缓冲区时延等统计参数的交互和更新方式，因此，在实际使用中可能由于信息获取的不及时而导致性能下降。

7.3.3 联合无线资源管理

1. JRRM 功能框架

JRRM 是一种旨在最优化无线资源的利用率和最大化系统容量的无线资源控制机制，能够支持不同无线接入技术之间的智能联合会话/呼叫接入控制，以及业务流、功率等资源的分配。本节讨论异构网络环境下联合无线资源管理，包括以下功能模块[7]。

（1）联合会话接纳控制

联合会话接纳控制（Joint Session Admission Control，JOSAC）负责处理新到来

的呼叫/会话请求，根据请求的业务类型、网络性能状态以及用户和运营商的策略偏好等，决定是否接收以及接入哪个 RAT。通常情况下，JOSAC 过程中还包括速率分配功能，为接纳的会话分配适当的业务带宽以满足其 QoS 要求。

（2）联合会话调度

对于支持多个无线连接同时工作的多模/多带（MM/MB）可重配置终端来说，联合会话调度（Joint Session Scheduling，JOSCH）可以借鉴 IP 多归属（Multi-Homing）的概念，在更细粒度的层次上展开，即利用终端和网络所支持的业务流分离能力，将单个数据流分解为多个并发数据流，通过多个 RAT 同时连接到一个终端中。这样 JOSCH 能够根据从网络、终端、用户和业务中获得的信息，在多个 RAT 之间灵活调整业务流带宽比例，以获得更好的 QoS 保证。

（3）切换

切换（Hand Over，HO）主要讨论垂直切换，处理终端的业务连接从一个 RAT 改变到另一个 RAT 的过程，其中的关键性问题是要保证业务的连续性。另一方面，切换还可能被用于调整网络之间的负载分布，以解决网络拥塞的问题。

（4）联合负载控制

联合负载控制（Joint Load Control，JOLDC）负责异构无线网络之间的拥塞控制，通过接纳控制、带宽分配、系统间切换等措施平衡不同网络间的负载分布，以获得最大的中继增益，提高系统的有效容量。

由上述功能可以看出，JRRM 算法不但跨越不同的系统，而且跨越不同的管理层，涉及不同的服务类型。此外，JRRM 具体功能的实现还依赖于与 LRRM 相关功能实体的交互。具体来说，JOSAC 综合考虑相邻 RAT 各自的容量、覆盖等限制因素以及当前的网络负载、业务类型、信道质量等信息，为业务流选择一个合适的 RAT 传输。当到达呼叫所请求的服务超过了网络的最大能力限制时，JOSAC 会立即拒绝它们。在此过程中，JOLDC 与 JOSAC 协同工作，获得业务流的最佳分配。当终端和网络支持业务流分离和多归属连接时，JOSCH 将根据带宽或时延的要求，调度一个会话的多个数据流接入不同的 RAT。

业务流最终是否被接纳，由各 RAT 自身的会话接纳控制（SAC）模块决定，并依赖于本网的负载控制模块提供的优先级信息以及业务量预测信息。在 SAC 之后，业务流会根据不同的 QoS 要求被送往不同的优先级队列。由业务调度器按照本地负载控制模块和会话接纳控制模块提供的优先级信息来完成传输调度管理，并映射到相应的传输信道上。同时，业务调度器还需要将时延、吞吐量等性能指标反馈给本地负载控制模块，修改相应的优先级信息，以保证传输的质量。

2. 基于模糊神经网络的 JRRM

针对 JOSAC 所要完成的接纳控制与带宽分配功能，文献[10]提出了一套基于模糊神经网络的 JRRM 算法。在可重配置系统环境下，多种异构 RAT 并存使得 JRRM 算法的输入参数（如导频信号功率、小区负载等）存在着极大的差异性和不精确性。因此，该算法采用了基于模糊逻辑的方法，用以表征、解释和综合处理这样的异构参数信息，以获得恰当的决策。另一方面，算法中还引入了神经网络的学习过程，利用神经网络的模式识别能力来调整模糊逻辑方法中的隶属函数，从而解决隶属函数选择的主观性问题。基于模糊神经算法的 JRRM 方案，其具体功能实现由模糊神经、强化学习和多目标决策 3 个基本模块组成，如图 7-18 所示。

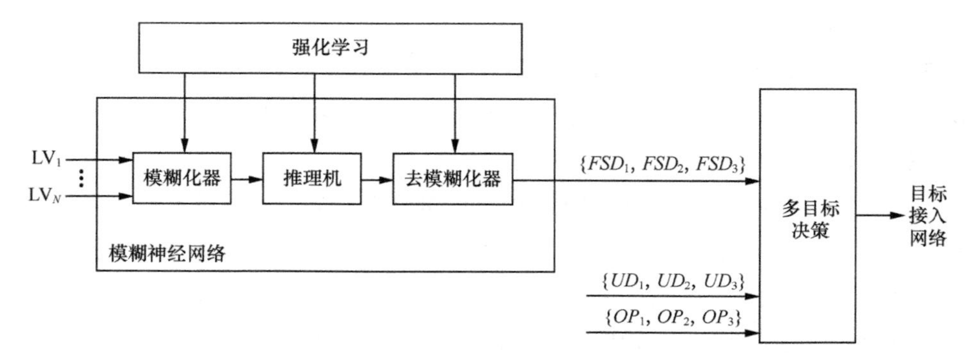

图 7-18 模糊神经网络 JRRM 算法功能结构

模糊神经模块由模糊化器（Fuzzifier）、推理机（Inference Engine）、去模糊化器（Defuzzifier）3 个子模块组成，其功能是根据输入的语言变量（LV），运用相应的模糊运算规则，获得当前系统中各 RAT 所对应的模糊选择决策值，决策值越大，它所对应的 RAT 越适合作为当前接纳控制的选择结果。此外，通过对模糊推理规则的输出进行扩展，可以在接纳控制的同时选择带宽分配策略。

强化学习模块主要用来控制和调整模糊神经模块中各种函数的参数值（包括均值、方差、形状、权重等），以保证一定的网络性能和用户业务质量。一般来说，其学习优化的目标应该是某些可以测量和统计的 QoS 指标（例如用户满意度、切换掉话率等），而强化学习的具体迭代过程可以参考一些经典的算法[11]。

多目标决策模块将综合考虑技术和经济两方面的因素，产生最终的选择结果。

这里，技术因素由模糊神经模块得出的决策值来体现，而经济因素则包含用户需求和运营商偏好两个侧面。多目标决策模块结合各种因素的隶属度值及其相对权重，用基于模糊逻辑的运算规则，最后确定最佳的 RAT 和带宽分配方案。

参考文献[12-13]的仿真结果表明，该算法适用于多种异构 RAT 共存的复杂场景，能够很好地综合评估用户、网络、运营商等各方面因素，实现优化的联合接纳控制与带宽分配。通过修改模糊推理规则或者相关的隶属函数，该算法还能够适应不同的优化场景和目标。然而，该算法本身也存在着一定的不足之处。首先，模糊推理规则的定义以及模糊化/去模糊化函数参数的选择在很大程度上依靠人工，主观性大，缺乏一定设计原则的指导与合理性的论证。虽然引入强化学习在一定程度上克服了函数参数选择上的主观性，但却没能对推理规则进行自主、动态的调整与控制，算法最终结果的性能难以保证。其次，如果考虑更多的输入（例如终端移动速度、重配置能力等），则各种模糊推理规则的排列组合将以几何级数增长，在缺乏有效设计原则指导的情况下，基于查找表的人工定义方式将面临极大的设计复杂度，实用性随之降低。

3. 自适应无线多归属的 JRRM

自适应无线多归属 JRRM 是将 IP 网络中的多归属概念引入无线链路中提出的自适应 JRRM 方案，以实现 JOSCH 的功能。

根据文献[14]的定义，ARMH 为多模/多带的可重配置终端提供多个 RAT 子网的并发连接，并能够根据网络、终端、用户、业务的相关信息选择最合适的 JRRM 功能。为此，ARMH 应该能够管理业务流分类、校准、应用服务器与无线资源控制器（RRC）间的互操作、传输格式配置以及 MAC 层协议。

图 7-19 给出了 ARMH 的基本用例以及与具体 JRRM 功能的相互关系。可以看出，有关 MM/MB 终端的 JOSAC 和 JOSCH 处理均属于 ARMH 的范畴，只是二者工作在不同的层次上。JOSAC 不支持到各子网的业务流分离，因此，只能通过粗粒度的业务流路由（选择不同的 RAT 接入）获得一定的性能增益；而 JOSCH 支持业务流分离，因此，能够在更细粒度的层次上调度异构 RAT 间的业务分布，从而获得更高的中继增益。举例来说，当各子网的剩余资源均不足以独立支持一个呼叫服务时，JOSAC 只能拒绝该呼叫从而导致阻塞；而只要剩余资源总量能够满足业务需求，JOSCH 则有可能通过将该呼叫所要承载的业务分解成多个子连接在各子网分别传输而接纳该呼叫，从而降低系统阻塞率。

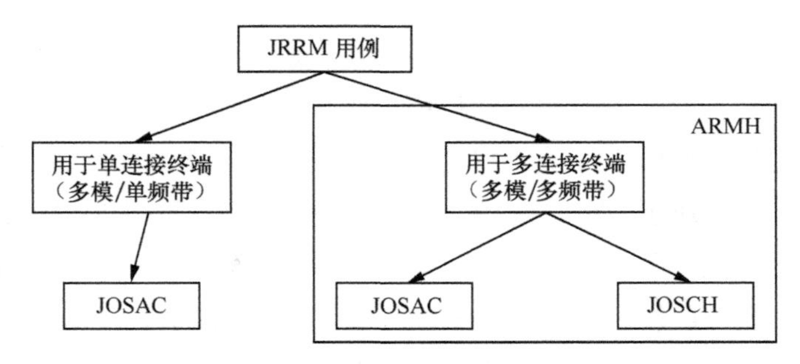

图 7-19　JRRM 用例以及与 ARMH 功能的关系

从研究的角度来看，ARMH 更多地关注支持业务流分离的 JOSCH 情形，图 7-20 给出了一个具体的流程。

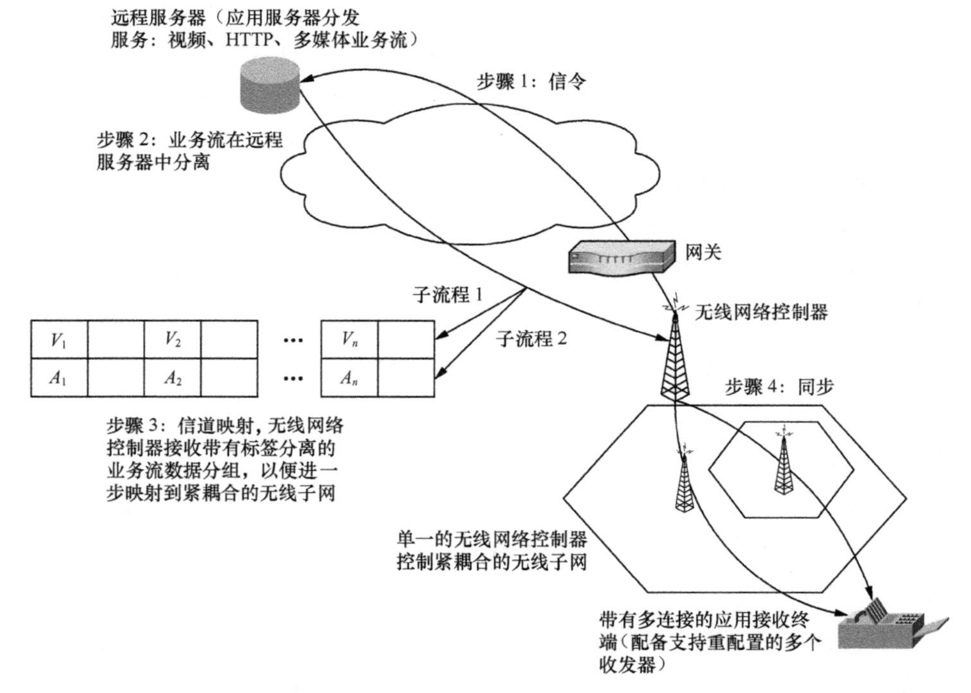

图 7-20　ARMH 支持的业务流分离流程

① 信令交互与初始化。RNC 接收到终端的业务请求，并根据对当前各子网剩余资源的估计，请求远端服务器将业务流分离成两条子链路，并指定各子链路的平均速率。

② 业务流根据 RNC 的请求被分离成相应的子流，并被打上不同的标签。

③ RNC 将收到的分离业务流按照其分组标签映射到紧耦合的各子网中。

④ RNC 中的同步机制将补偿不同子网的传输时延。

该过程中涉及如下几个关键问题。

（1）业务流分离与优先级设定

当业务流被分离成多个子流后，需要确定各子流的优先级，以便将重要信息用可靠的 RAT 传输，剩余信息由其他 RAT 传输。通常可以被分离的业务类型有：多媒体流中的视频/音频信息、HTTP 业务中的主对象/内嵌对象、可分级视频流中的基本层/增强层、实时业务及其控制信令等。

（2）同步机制

各无线子网在传输时间间隔、重传机制、基站处理能力上有所不同，因此，分离的子流数据分组在到达终端时会产生一定的传输时延差异。若时延差异过大，则某些子流有可能因为不能被及时合并而被丢弃，从而导致 QoS 下降和无线传输资源的浪费，因此，RNC 和终端中需要引入相应的同步机制对传输时延进行补偿。

（3）缓冲区管理

同步机制只能完成对平均时延差的补偿，而某些类型的业务对时延抖动更加敏感，因此，需要通过对缓冲区大小的控制和调整进行补偿。利用业务流分离能力，ARMH 能够给业务传输带来多方面的好处。首先，通过子业务流的优先级区分，能够保证重要信息在大覆盖和低时延的 RAT 中得到可靠传输；其次，通过将业务流分解成基本信息和可选信息，能够实现灵活的 QoS 分级；此外，从排队论的角度来看，更细粒度的 JOSCH 将带来更高的系统容量增益，这一点在与 JOSAC 对比的相关仿真结果中也得到证实[15]。

然而，ARMH 在具体实施和应用中还将面临一些问题。首先，对业务流分离的支持可能涉及对现有无线协议栈的修改。以 UMTS 为例，业务流分离和同步管理可以在 RRC 层或者 MAC 层完成[16]，但无论哪种方案都需要扩展相应的协议机制和功能，因此实现和推广起来比较困难。其次，JOSCH 的应用对网络架构和终端能力要求较高。参与子业务流联合调度的无线子网必须是紧耦合的，由公共的资源控制实体来管理。终端则必须是多模/多带的，且支持多 RAT 的同时接入。考虑到网络演进过程中可能存在的多种互通结构以及终端设备实现的复杂度，ARMH 的应用场景将受到很大限制。

7.3.4 Multi-Radio 无线资源管理

1. B3G Multi–Radio 接入网络场景[17]

随着无线通信的迅速发展，出现了无线局域网（WLAN）、WiMAX、3G 和 4G 移动通信网络等多种新型的、采用不同组网技术的网络，各种无线接入技术纷纷出现，因此，B3G 移动通信将面临多无线接入网络的场景，如图 7-21 所示。

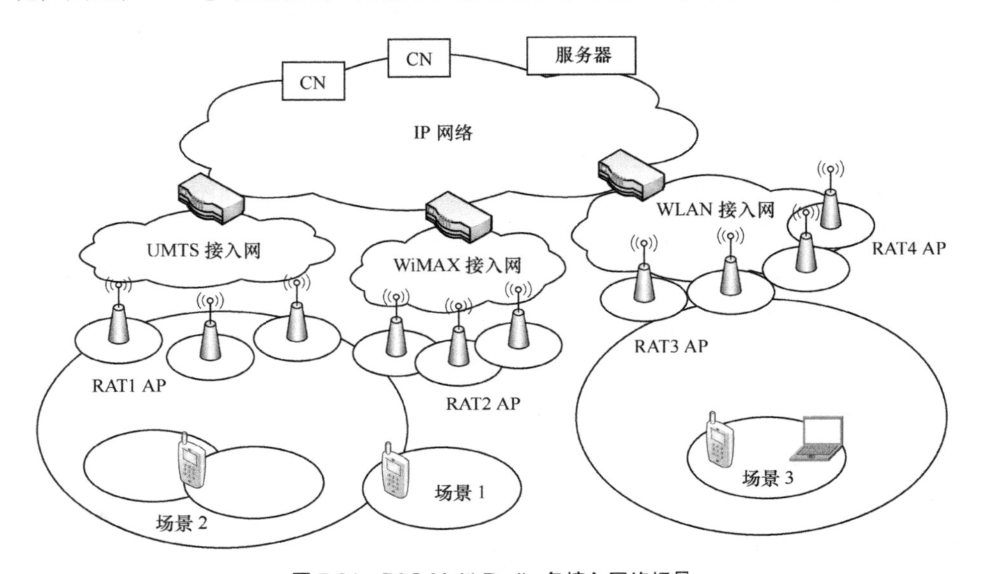

图 7-21　B3G Multi-Radio 多接入网络场景

不同无线接入网重叠覆盖情形将会形成 3 种典型的无线多接入场景。

（1）场景 1：边缘重叠覆盖

移动节点处于多个不同无线接入网重叠覆盖的区域，其重叠区域由多个小区的边缘重叠覆盖形成，其特点是重叠覆盖区域中存在多个可用的无线链路，但是由于是网络边缘的重叠覆盖，数据传输质量不能得到保证。这种场景的典型代表是热点区域和非热点区域的覆盖结合部。

（2）场景 2：多接入网嵌套重叠覆盖

移动节点处于两种无线接入网完全重叠覆盖区域，与场景 1 不同的是，多个异种小区呈现嵌套式重叠覆盖，移动节点具有两个以上稳定的无线链路，其典型代表是热点区域。

（3）场景 3：多链路嵌套重叠覆盖

移动节点处于同一个无线接入网络完全重叠覆盖区域，具有两个以上稳定的无线接入链路，且不同的无线接入链路归属于同一个无线接入网络，这种场景的典型代表是办公场所、家庭或娱乐热点区域。

2. **通用 B3G Multi-Radio 接入架构**

B3G 复杂的无线接入场景可抽象为图 7-22 所示的 B3G 无线接入网络参考模型。基于该模型，北京邮电大学研究组提出一种针对 B3G 复杂应用场景的通用异构无线接入架构，将所有无线接入技术整合到统一的网络环境中，达到有效利用全网无线资源，为用户提供全球无缝漫游服务的目标。

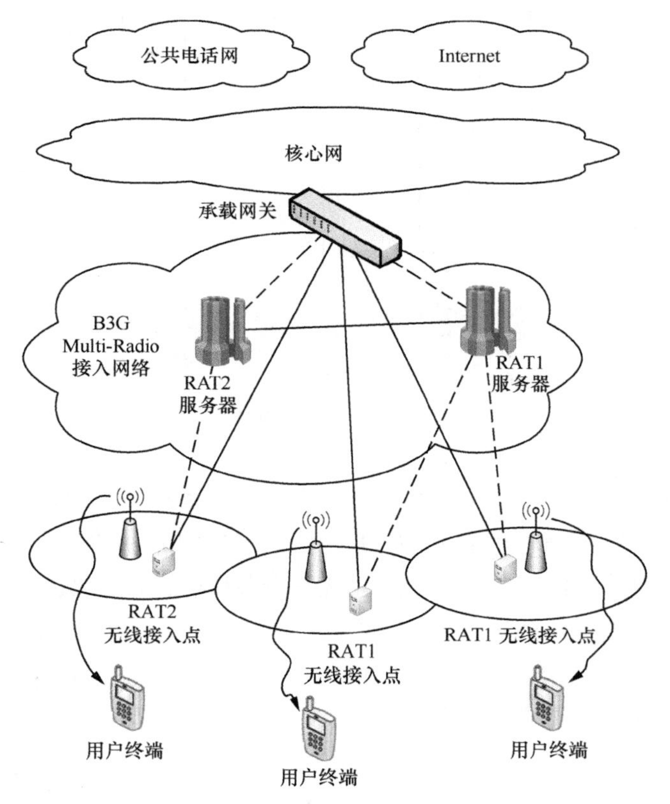

图 7-22　B3G 无线接入参考模型

针对下一代移动通信网 Multi-Radio 应用场景的通用 B3G Multi-Radio 接入架构（gMRA）如图 7-23 所示。

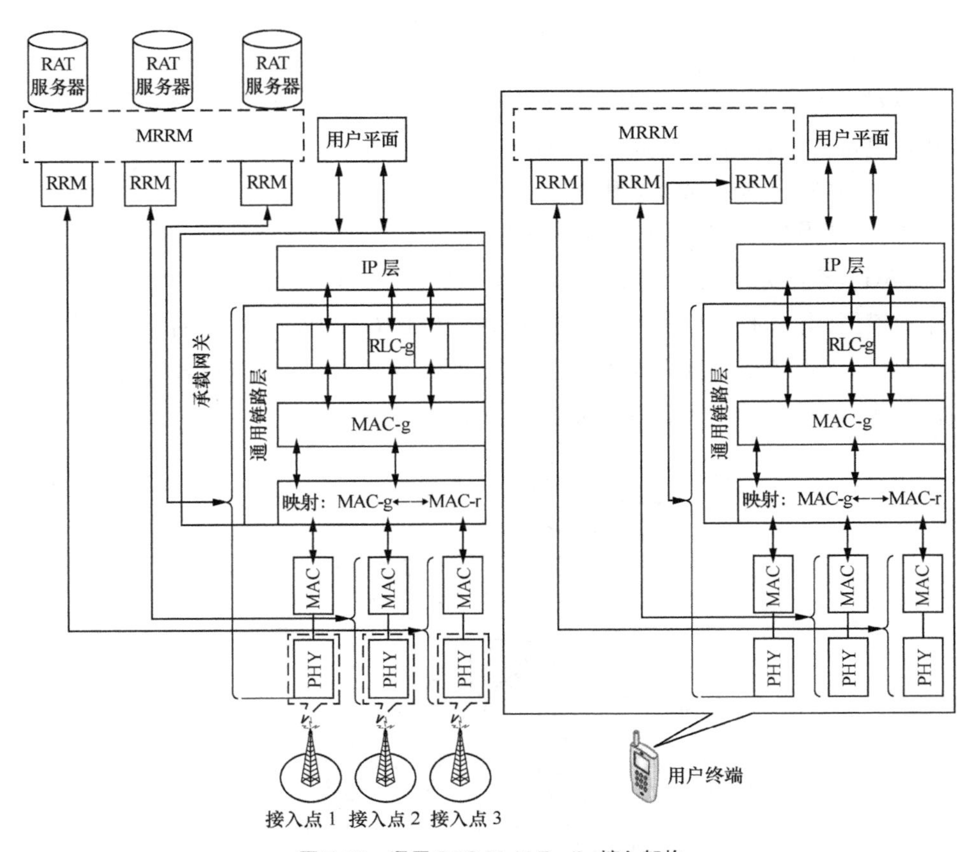

图 7-23　通用 B3G Multi-Radio 接入架构

在通用的 B3G Multi-Radio 接入架构中有两个关键的功能部件：Multi-Radio 无线资源管理[18-19]和通用链路层（GLL）[20-21]。两个功能实体之间相互协作，密切配合。一方面，对 B3G 中同时激活的无线资源进行有效管理，优化使用多个无线接口，实现异构无线系统间的无缝切换；另一方面，根据网络负载情况，充分利用有限的带宽资源，完成接入网络间动态的负载均衡，提高全网的有效吞吐量。

3. Multi-Radio 无线资源管理

每种无线接入技术都具备有效的无线资源管理体制（RRM）[22]，包括接纳控制、资源调度和移动性管理等控制平面的功能。B3G 复杂的应用场景则需要考虑面向异构无线网络的联合资源管理，动态适应业务承载要求和无线信道质量的变化，合理调配数据流，提高无线频谱利用率，最大限度地共享无线资源。gMRA 中通过无线资源管理功能集成和协调各种 RAT 的 RRM 实体，实现异构无线网络的资源管理。

在 gMRA 体系架构中，无线资源管理作为控制平面的功能实体，根据业务承载要求和底层无线信道质量的变化，动态管理来自上层用户的数据流，使其在无线接入网之间进行合理调度。无线资源管理实体还控制不同 RAT 之间的切换，有效地调配所有的无线资源，力求满足应用层对 QoS 的需求。无线资源管理功能可部署在用户终端侧，也可部署在网络侧。根据 B3G 多种网络重叠覆盖的特点，无线资源管理同时分布在网络侧和终端侧为最佳选择[18]。在 B3G 参考模型中，无线资源管理功能实体主要映射在 RAT 服务器和多接口用户终端（UT）中。该实体的主要功能包括系统整体资源管理、RRM 功能的补充、对无线资源联合管理（如动态负载分配）、有效的接入发现和选择、数据流切换、会话接纳控制、通用链路层控制、拥塞控制等。

7.3.5　异构无线资源管理

异构环境下的无线资源管理是一组网络控制机制的集合，能够支持智能呼叫和会话接纳控制以及业务、功率的分布式处理，从而实现无线资源的优化使用，达到系统容量最大化的目标。相比传统的无线资源，未来的异构无线资源不仅指无线频谱，还包括无线网络中的其他资源，例如移动用户的接入权限、用户的激活时间、信道编码、发射功率和连接模式等。

相比传统典型蜂窝网络的无线资源管理方式，异构无线资源管理模式不再局限于单一的集中式管理，还可以采取集中式、分布式以及介于两者之间的分级式管理方式[8]，3 种方式各有优缺点[23]。

1. **集中式联合无线资源管理**

集中式无线资源管理适用于紧耦合的融合架构，如图 7-24 所示，所谓集中式，是指在各无线接入网络上有一个集中控制的实体。这个集中控制的实体能测量它管辖范围内多个网络的无线资源使用情况，并且能够对这些无线资源进行统一的分配和管理。

集中式无线资源管理的功能模块可以分为两个部分：联合管理实体和独立执行实体。如图 7-25 所示，联合管理实体独立于各种无线接入技术，是联合无线资源管理的执行点，主要执行联合接纳控制、联合切换控制、联合资源分配以及联合时间调度。独立执行实体是原来各无线接入网络内部已有的无线资源管理实体，主要完成用户业务具体无线传输中所使用的无线资源分配，并进行传输执行，即传统的无

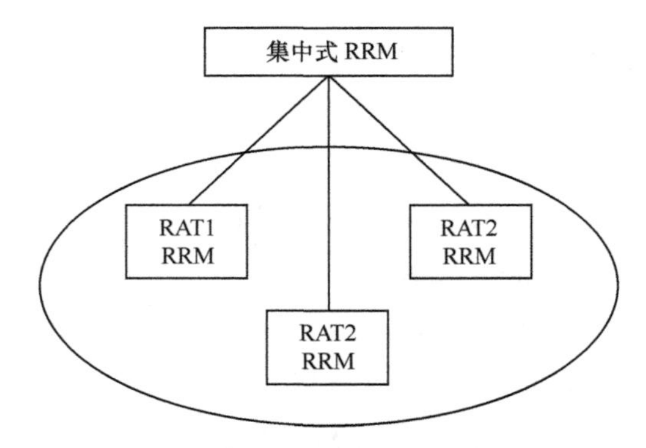

图 7-24　集中式无线资源管理架构

线资源管理在这部分执行。从这个意义上来看，联合无线资源管理是对资源的一种宏观控制，具体细粒度的、传统的无线资源管理还是由各无线接入网络中的管理和控制实体来操作。无线网络侧的独立执行实体向联合管理实体上报无线状态信息和负载信息，以便联合管理实体执行统一的无线资源估计和分配，进而联合管理实体会把分配的方案下发到无线侧的各个独立执行实体中。

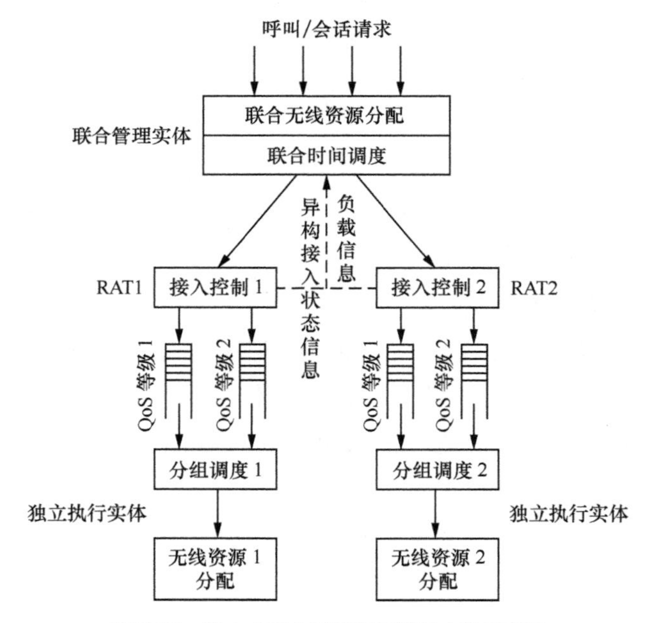

图 7-25　集中式联合无线资源管理功能的实现

2. 分布式联合无线资源管理

相比于集中式的无线资源管理模式，分布式的无线资源管理模式没有一个集中的管理实体来统一协调各种无线接入技术，如图 7-26 所示。在这种模式下，统一的协调功能分散在各个地位对等的无线接入网络中，即分布式管理能够在基于同一目标的前提下，将管理和计算功能分配给各个分布式节点，一方面，能够降低各个节点的计算复杂度；另一方面，增加了系统的冗余度。冗余度的增加意味着在某些节点发生故障的情况下，不会对分布式节点的计算和管理产生破坏性影响。

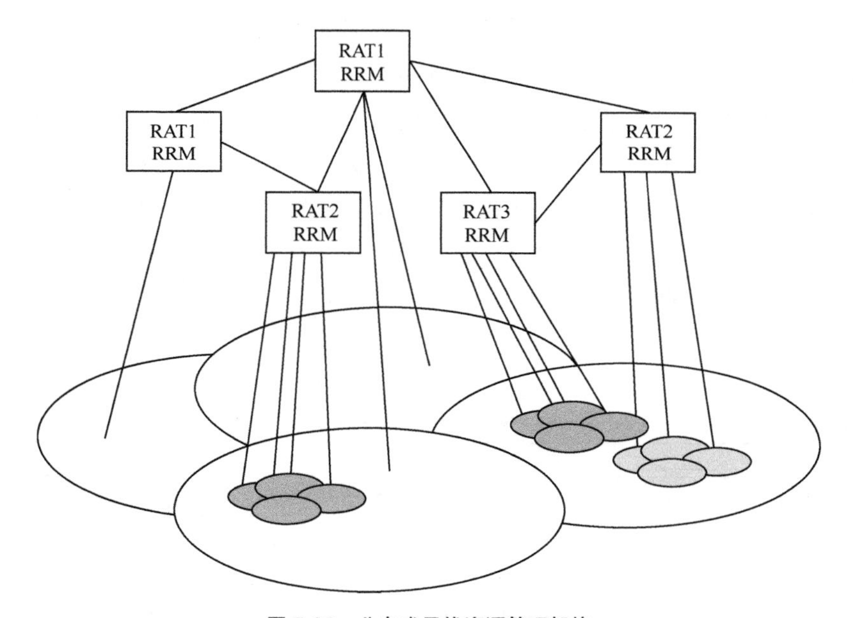

图 7-26　分布式无线资源管理架构

分布式联合无线资源管理系统综合考虑了未来无线网络分布式管理的特点，网络节点功能设计如图 7-27 所示，监控模块和配置模块是与无线接入技术相关的两个模块，可以看作已有管理模块的一种增强。而会话管理、资源代理和签约信息模块则是为了符合下一代分布式网络特点和未来商业模式而新设计的模块。其中，监控模块收集其下无线接入技术的状态信息，并检验已经建立的服务水平协议是否仍然有效。签约信息模块则提供用户信息、业务提供商信息和网络运营商的信息。资源代理模块负责在异构网络中与其他运营商进行交互。配置模块依据要求的容量和 QoS 等级对无线资源进行配置。会话管理模块与用户进行交互，从而在进行资源管理时也考虑到用户侧因素的影响。

相比集中式的联合无线资源管理算法，当前针对分布式异构网络的联合无线资源管理算法的研究相对较少。但分布式无线资源管理的算法和机制目前已经逐渐成为学术界关注的领域。分布式管理机制不具备集中管理实体，不能针对所有管理实体进行统一调整并针对某些目标进行统一计算，因此，在高效获得系统全局最优方案方面具有一定难度。在分布式联合无线资源管理机制的设计中，必须在充分发挥分布式计算优势的前提下，设计一些措施来弥补分布式计算在搜索全局最优分配方案能力上的缺陷。依据此设计原则，分布式的联合无线资源管理可以采用以下方式来达到系统的全局最优方案。首先，定义各个分布式节点上的目标函数，由各个分布式节点分别执行本节点目标函数的计算，通过调节本节点上的各个参数从而达到本节点上局部目标函数的最优；其次，在上述达到分布式节点局部目标函数最优的过程中，节点参数的调整可能造成相邻节点参数的变化，因此，需要节点之间交互调控结果，再次分别进行迭代寻优计算；最后，在定义满足全局最优条件为各个节点目标函数之和的基础上，通过一定的数学方法推导出。

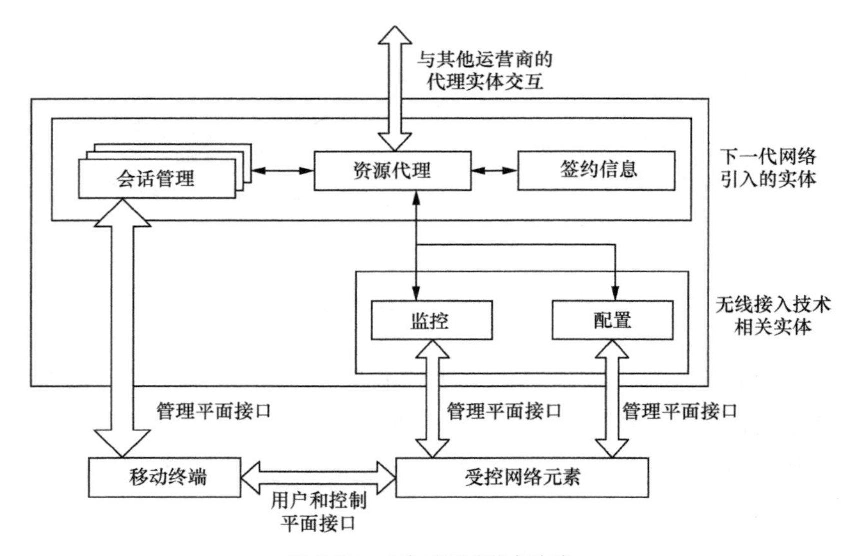

图 7-27　分布式网络节点功能

3. 分级式联合无线资源管理

分级式联合无线资源管理架构是集中式和分布式的组合和折中，如图 7-28 所示。未来的异构网络最有可能采用这种分级联合无线资源管理架构。

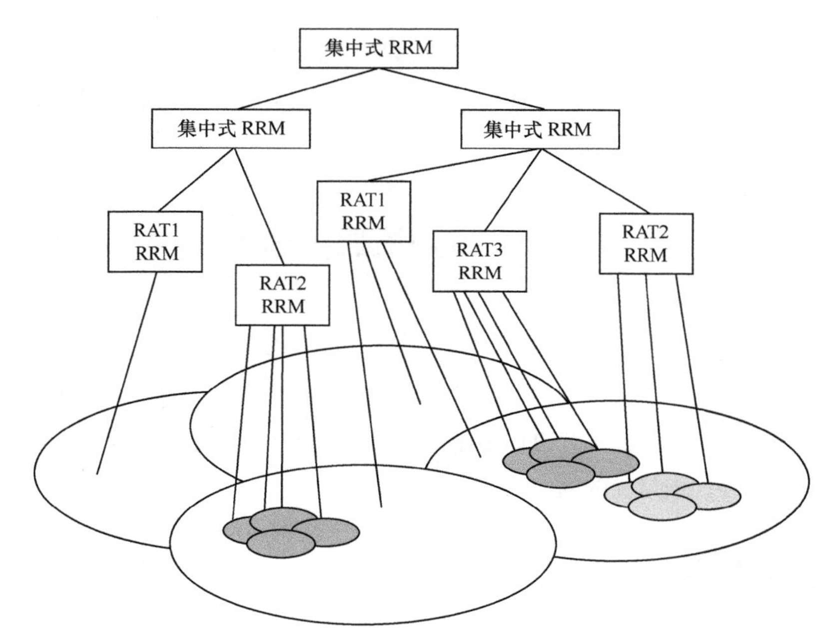

图 7-28　分级式无线资源管理架构

4. 无线资源管理模式比较

集中式的无线资源管理架构能够对所管辖范围内的无线资源进行统一的管理，这就使得这种模式最容易达到全局资源最优使用和最大化系统容量的目标。但是这种方式的灵活性比较差，即如果新引入一种新的无线接入技术，对原有的管理体系改动较大。

分布式无线资源管理架构可以很好地解决可扩展性的问题。分布式管理模式下各种无线网络的对等地位也符合未来网络的实际运营情况，但是这种管理模式很难达到资源的最优使用，虽然可以通过信息交互提高系统的总体性能，但和集中式的方式相比，还是在总体性能上有所差距。此外，如果无线网络过多，分布式无线网络所要交互的信息将以指数形式上升，这也是分布式管理面临的不利因素。

集中式联合无线资源管理与分布式联合无线资源管理各有利弊。总体来说，集中式的无线资源管理具有联合管理实体，能够对异构无线资源进行统一管理和分配，以达到异构系统的全局资源最优使用。分布式无线资源管理具有很高的灵活性，可以根据网络的实际部署情况，扩展分布式管理节点。

分级式联合无线资源管理根据系统规模和覆盖区域划分多个管理层次，在每个

管理层的不同接入网络中采用分布式资源管理，在管理层级之间采用集中式管理，该模式综合了集中式和分布式管理模式的优点，是未来异构环境中无线资源管理最可能采用的模式。

7.4 接入策略管理

在异构无线网络中存在多种无线接入技术，持有多模终端的用户经常处于多种无线接入技术的重叠覆盖区域内，由于业务的多样性、用户的喜好不同和各种网络所能承载业务的差异性，需要设计多模终端接入选择的功能架构和接入选择策略来使得用户能始终接入最优的网络。

7.4.1 接入网络选择

接入网络选择是异构无线网络的关键技术，该技术主要解决 3 个方面的问题：① 整合利用全网的无线资源；② 为用户提供最优的接入网络；③ 保障业务的 QoS。常用的网络选择工作模式分为以下两种。

（1）集中式

由位于网络侧的网络选择模块实现，网络选择模块收集用户需求（如当前业务的 QoS 需求、用户偏好等）和各个无线接入网信息（如接入信号强度、资费水平等），按照事先确定的网络选择算法，为用户确定一个接入网络，其目标是为了实现系统整体无线资源利用率的最大化。

（2）分布式

由多模终端控制面中的接入选择模块实现，终端收集各个无线接入网的信息，根据业务需求和用户偏好进行决策，选择最适合网络进行接入。

随着终端智能化和计算能力的不断提高，越来越多的网络选择算法转向由终端执行。分布式的网络选择工作模式已成为发展的主流。由于在异构无线网络中网络选择不再只是依靠接收功率强度来判断网络质量的好坏，而是由多个网络参数（如时延、抖动、吞吐量、分组丢失率等）综合评价得出，因此，网络选择的算法大多都是基于一些综合评价决策算法，如层次分析法、排序法、模糊算法、灰色关联度等，它们已被广泛应用于管理学、经济学、测绘学等领域，在决策、评价的实际应用中都发挥着很大的作用。但在应用于接入网络选择时，由于不同的接入系统各有特点，不同的业务也有不一样的要求，所以通常需要对综合评价算法进行改进。

除了根据接入选择算法的实现位置进行分类外，在异构无线网络的网络选择中，还存在另外两种划分方式，即静态多属性决策判决和动态多属性判决。在国内外的研究中，对于静态多属性判决研究较多，这也是由于受到原始综合评价算法的影响，动态多属性决策判决近几年来已逐渐成为研究的重点，这更能适应异构无线网络的动态变化特性[24]。

7.4.2 静态接入选择策略

在异构无线网络中，用户可以根据业务需要和网络状态等随时选择无线接入方式，从而满足用户灵活多变的个性化业务需求，这也是异构无线网络的目标，即能够适应不同的应用场景和目标用户。但是如何选择合适的接入网络，既不能仅由用户自己决定，也不能依靠网络端独立完成，而是应根据用户意愿、网络状况、业务需求等多方面权衡后进行选择。因此，在异构网络中，如何根据不同业务的特性选择最适合的网络，为用户提供优质服务，同时又能有效利用网络资源，减少切换次数，是接入选择策略要解决的关键问题，本节介绍基于用户喜好主观因素和网络客观属性协同决策的静态网络选择策略[24]。

1. **静态网络选择算法原理**

在异构网络中，存在着多种不同制式的无线网络，而在一个区域中，有可能还存在着同类型网络的多重覆盖。本算法的思想是将网络客观属性参数（如时延、抖动等）与用户对终端设定的偏好信息分开，对网络客观属性参数采用逼近最优解排序法（Technique for Order Preference by Similarity to Ideal Solution，TOPSIS）求出综合评价指数 C_i，而在终端侧采用层次分析方法（AHP），获得用户对备选网络类型的偏好（用 N_p 表示）。在进行网络选择时，首先考虑网络端实际的网络状况，在备选网络排序值较为接近的情况下再考虑用户偏好，避免用户基于偏好设置接入较差的网络，同时也不会因只考虑网络状况而造成频繁切换。这样，可以综合考虑用户主观判断与网络客观状况，既保证接入状况良好的网络，又满足了用户和终端业务的实际需求。

静态网络选择算法的具体思路是在网络侧采用 TOPSIS 法计算每个备选网络到理想网络的相对贴近度，对备选网络进行排序，选择最接近理想方案的网络接入[25-27]，但当出现两个备选网络的综合评价指数（即排队指标值）相当接近时，就可能会发生原终端所在网络的综合评价指数较低而导致切换的情况，造成不必要切换和频繁切换。另外，也有可能发生新网络更适合用户的当前业务，但因综合评价指数略低而无法被选中的情况。这时就需要二次决策来重新选择最适合的网络，本算法中二次决策采用层次分析法在终端侧进行分析，得出用户喜好和当前业务适合的网络类型[25-28]，确定用户对于备选网络类型的偏好，根据偏好网络来修正权重，再重新对网络参数运用 TOPSIS 法，得出备选网络新的综合评价指数。

具体的算法流程如图 7-29 所示。在第一次决策过程中，需计算两个 C_i 差的绝对值，记为 D_i，当 D_i 足够小时，说明存在至少两个网络与理想解决方案之间的贴近程度相当接近，这时就进行第二次决策，第一次决策可以看作由网络端决定，而二次决策则是由网络端和移动终端共同决定的，通过层次分析法，判断用户偏好的网络类型，从而提高该网络类型在网络参数矩阵中优势元素的权重，再运用 TOPSIS 得到新的 C_i，根据新的 C_i 决定最终网络选择方案。

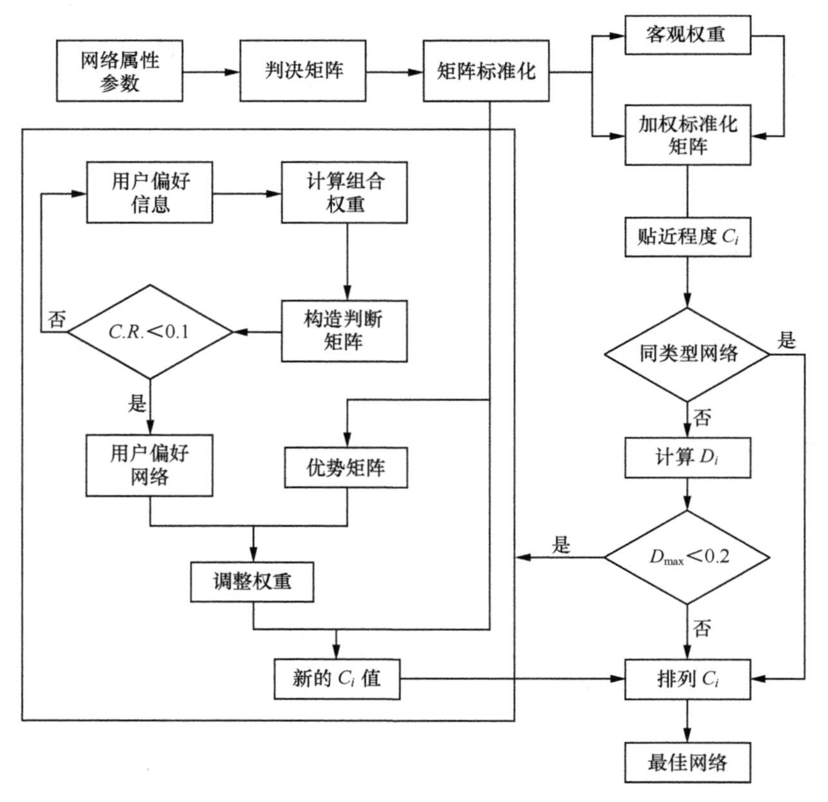

图 7-29　静态网络选择算法流程

2. 网络端决策

TOPSIS 法由 C.L.Hwang 和 K.Yoon 于 1981 年首次提出[29]。该算法根据有限个目标对象与理想解的相似程度来评价各目标对象的优劣，在多属性决策分析中是一种非常有效的方法。理想解有两个：一个是正的理想解或称最优解，一个是负的理想解或称最差解。相似程度采用数学中的距离来衡量，距离越近，相似程度越高；反之亦然。根据该方法最优的目标对象是距离最优解比较近且距离最差解比较远的目标对象。

TOPSIS 使用由目标对象的决策因素构成的向量表征该目标对象，多个向量形成的矩阵表示多个目标对象。通过对这个矩阵进行归一化处理，找出每个决策因素的最优值和最差值，所有最优值构成正理想解，所有最差值构成负理想解，然后分别计算每个目标对象与正理想解和负理想解的距离，根据两个距离计算目标对象的排序指标，指标值取值范围为 0～1。如果一个目标对象距离正理想解近，同时距离负理想解远，它的指标值就接近 1，表示这个目标对象的排序靠前；相反，距离正理想解远，同时距离负理想解近，指标值就接近 0，表示排序靠后。

（1）构造对象属性矩阵

假设有 m 个目标 $(O_1, O_2, \cdots, O_m)$ 需要进行优劣排序，每个目标都有 n 个联合属性构成一个 n 维的行向量，例如，目标 i 构成的行向量 $\boldsymbol{A}_{i1}, \boldsymbol{A}_{i2}, \cdots, \boldsymbol{A}_{ii}$，则 m 个行向量构成一个 $m \times n$ 维的属性矩阵 $\boldsymbol{A}$[30]。

$$\boldsymbol{A}=\begin{bmatrix} A_{11} & A_{12} & \cdots & A_{1n} \\ A_{21} & A_{22} & \cdots & A_{2n} \\ \cdots & \cdots & \ddots & \cdots \\ A_{m1} & A_{m2} & \cdots & A_{mn} \end{bmatrix} \tag{7-1}$$

（2）属性矩阵归一化

TOPSIS 算法的排序对象具有多种属性，这些属性经常采用不同的量纲，不经过处理就把它们放在一起进行数值处理将会没有意义，因此，必须要对每个属性进行归一化处理以消除量纲的影响。矩阵 $\boldsymbol{A}$ 中的每个列向量都是相同的属性，可以按列依次对属性矩阵进行归一化。

归一化后的属性矩阵记为：

$$\tilde{\boldsymbol{A}}=\begin{bmatrix} \tilde{A}_{11} & \tilde{A}_{12} & \cdots & \tilde{A}_{1n} \\ \tilde{A}_{21} & \tilde{A}_{22} & \cdots & \tilde{A}_{2n} \\ \cdots & \cdots & \ddots & \cdots \\ \tilde{A}_{m1} & \tilde{A}_{m2} & \cdots & \tilde{A}_{mn} \end{bmatrix} \tag{7-2}$$

（3）归一化属性矩阵加权

使用层次分析法或标准差法可以求得相应属性的重要性权值。假如根据某种应用的实际要求求得该应用的权重向量为：

$$\boldsymbol{W}=\begin{bmatrix} w_1 & w_2 & \cdots & w_n \end{bmatrix} \tag{7-3}$$

现在就可以使用这个权重向量来对归一化属性矩阵的每个行向量进行加权，即用 $\boldsymbol{W}$ 点乘归一化属性矩阵 $\tilde{\boldsymbol{A}}$ 的每一行[30]，即：

$$\boldsymbol{A}_{\text{weight}}=\begin{bmatrix} \tilde{A}_{11}*w_1 & \tilde{A}_{12}*w_2 & \cdots & \tilde{A}_{1n}*w_n \\ \tilde{A}_{21}*w_1 & \tilde{A}_{22}*w_2 & \cdots & \tilde{A}_{2n}*w_n \\ \cdots & \cdots & \ddots & \cdots \\ \tilde{A}_{m1}*w_1 & \tilde{A}_{m2}*w_2 & \cdots & \tilde{A}_{mn}*w_n \end{bmatrix} \tag{7-4}$$

（4）加权属性矩阵的理想解

在加权后的属性矩阵 $\boldsymbol{A}_{\text{weight}}$ 中，根据每列属性的实际意义选择最优值构成正理想解，选择最差值构成负理想解。假设第 1 列属性的值越小越优，第 2 列属性的值越大越优，……，第 n 列属性的值越大越优。那么，该属性矩阵的正理想解则由第 1 列的最小值，第 2 列的最大值，……，第 n 列的最大值构成，负理想解则由第 1 列的最大值，第 2 列的最小值，……，第 n 列的最小值构成。根据该假设，得到正理想解 $\boldsymbol{S}_{\text{Best}}$ 和负理想解 $\boldsymbol{S}_{\text{Worst}}$ 分别为[30]：

$$\boldsymbol{S}_{\text{Best}}=\begin{bmatrix} A_{\min}^1 & A_{\max}^2 & \cdots & A_{\max}^n \end{bmatrix} \tag{7-5}$$

$$\boldsymbol{S}_{\text{Worst}}=\begin{bmatrix} A_{\max}^1 & A_{\min}^2 & \cdots & A_{\min}^n \end{bmatrix} \tag{7-6}$$

其中，$A_{\max}^i$ 表示第 i 列的最大值，同理 $A_{\min}^j$ 表示第 j 列的最小值。

（5）计算目标与理想解的距离

实际应用中，计算两个向量间的距离常采用了欧几里得（Euclidean）几何距离，它是明可夫斯基距离中当指数为 2 时的特殊情况，对于大多数应用，它的精度都可以满足需要，计算的复杂度得到了较好的控制。

欧几里得距离数学表达式为：

$$D=\sqrt{\sum_{i=1}^{n}\left(x_i-y_i\right)^2},\quad i=1,2,\cdots,n \tag{7-7}$$

加权后的属性矩阵 $\boldsymbol{A}_{\text{weight}}$ 的每一个行向量都代表一个目标对象，通过计算该行向量与正理想解 $\boldsymbol{S}_{\text{Best}}$ 和负理想解 $\boldsymbol{S}_{\text{Worst}}$ 的欧几里得距离，可以得到两个距离值：一个是目标与正理想解之间的距离值 D_{positive}；另外一个是目标与负理想解之间的距离值 D_{negative}。这些距离值可以构成一个距离矩阵 $\boldsymbol{D}$，即

$$\boldsymbol{D}=\begin{bmatrix} D_{\text{positive}}^{1} & D_{\text{negative}}^{1} \\ D_{\text{positive}}^{2} & D_{\text{negative}}^{2} \\ \cdots & \cdots \\ D_{\text{positive}}^{n} & D_{\text{negative}}^{n} \end{bmatrix} \tag{7-8}$$

其中，D_{positive}^{i} 表示目标向量 $\boldsymbol{i}$ 与正理想解间的距离，D_{negative}^{j} 表示目标向量 $\boldsymbol{j}$ 与负理想解间的距离。

（6）计算目标优劣排序指标

根据 TOPSIS 算法的思想，距离正理想解最近，同时距离负理想解最远的目标是最优目标，反之则是最差的目标。采用目标优劣排序指标 P[25]可以反映该特性，该指标的变化范围为 0～1，可以直观地判断目标的优劣，相应的数学计算式为：

$$P=\frac{D_{\text{negative}}}{D_{\text{negative}}+D_{\text{positive}}} \tag{7-9}$$

根据计算所得的优劣排序指标 P 对目标对象进行排序，P 值越大表示目标越好，排序越靠前；P 值越小表示目标越差，排序越靠后。

（7）网络参数选择与权值计算

在网络属性方面，选取的参数不仅要考虑网络的服务质量，如抖动、时延、分组丢失率等，还需要考虑网络的安全性与覆盖范围等。假设移动终端确定候选网络个数为 m，并将网络属性值用矩阵表示，网络属性包括时延 d、抖动 j、分组丢失率 l、响应时间 r、误码率 b、安全系数 s、网络覆盖 c 和吞吐量 t，其中，前 5 个属性为成本型指标，后 3 个属性为效益型指标。则矩阵 $\boldsymbol{X}$ 为：

$$\boldsymbol{X}=\begin{bmatrix} d_{11} & j_{12} & l_{13} & r_{14} & b_{15} & s_{16} & c_{17} & t_{18} \\ d_{21} & j_{22} & l_{23} & r_{24} & b_{25} & s_{26} & c_{27} & t_{28} \\ \vdots & \vdots & \vdots & \vdots & \vdots & \vdots & \vdots & \vdots \\ d_{m1} & j_{m2} & l_{m3} & r_{m4} & b_{m5} & s_{m6} & c_{m7} & t_{m8} \end{bmatrix} \tag{7-10}$$

将矩阵 $\boldsymbol{X}$ 转换为无量纲的标准化矩阵 $\boldsymbol{R}$，$\boldsymbol{R}$ 中元素 r_{ij} 由式（7-11）可得：

$$r_{ij}=\frac{X_{ij}}{\sqrt{\sum_{i=1}^{m}X_{ij}^{2}}},\ j\in[1,8] \tag{7-11}$$

由标准差法得到的各权值间差别较小，适合在二次决策中对权重进行修正，因此，本算法中采用标准差法来计算客观权重[31]。第 j 个指标的权重表达式为 $W_j=S_j\Big/\sum_{j=1}^{8}S_j$ 。其中，$S_j=\sqrt{\sum_{i=1}^{m}\left(r_{ij}-\bar{r}\right)/(m-1)}$ 为第 j 个指标在不同评估对象中的标准差，$\bar{r}_j=\sum_{i=1}^{m}r_{ij}/m$ 为第 j 个指标在不同评估对象中的均值。

再将 $\boldsymbol{R}$ 的每一列乘上相应的权重，得到加权标准化矩阵 $\boldsymbol{V}$。

$$\boldsymbol{V}=\begin{bmatrix} v_{11} & \cdots & v_{1j} & \cdots & v_{18} \\ \vdots & \vdots & \vdots & \vdots & \vdots \\ v_{i1} & \cdots & v_{ij} & \cdots & v_{i8} \\ \vdots & \vdots & \vdots & \vdots & \vdots \\ v_{m1} & \cdots & v_{mj} & \cdots & v_{m8} \end{bmatrix}=\begin{bmatrix} w_1r_{11} & \cdots & w_jr_{1j} & \cdots & w_8r_{18} \\ \vdots & \vdots & \vdots & \vdots & \vdots \\ w_1r_{i1} & \cdots & w_jr_{ij} & \cdots & w_8r_{i8} \\ \vdots & \vdots & \vdots & \vdots & \vdots \\ w_1r_{m1} & \cdots & w_jr_{mj} & \cdots & w_8r_{m8} \end{bmatrix} \tag{7-12}$$

确定正理想解 $\boldsymbol{V}^{+}$ 和负理想解 $\boldsymbol{V}^{-}$，其中，I、$k\in\boldsymbol{J}$。

$$\boldsymbol{V}^{+}=\left\{v_1^{+},\cdots,v_8^{+}\right\}=\left\{\left(\min_i v_{il}\,\middle|\,l\in[1,5]\right),\left(\max_i v_{ik}\,\middle|\,k\in[6,8]\right)\right\} \tag{7-13}$$

$$\boldsymbol{V}^{-}=\left\{v_1^{-},\cdots,v_8^{-}\right\}=\left\{\left(\max_i v_{il}\,\middle|\,l\in[1,5]\right),\left(\min_i v_{ik}\,\middle|\,k\in[6,8]\right)\right\} \tag{7-14}$$

最后，计算距离与相对贴近度，各备选网络与理想网络的距离为 $S_i^{+}=\sqrt{\sum_{j=1}^{8}\left(v_{ij}-v_j^{+}\right)^2}$ ，各备选网络与负理想网络的距离为 $S_i^{-}=\sqrt{\sum_{j=1}^{8}\left(v_{ij}-v_j^{-}\right)^2}$ 。

因此，相对贴近度 $C_i=S_i^{-}/S_i^{-}+S_i^{+}$，$0<C_i<1$。

计算 D_i，$D_i=|C_i-C_{i'}|$，其中，$i\neq i'$。并且 $D_{\max}\{\max\ D_i,\ i\in 1,2,\cdots\}$，当 $D_{\max}<0.2$ 时，对网络端进行二次决策，这里 0.2 作为是否需进行二次决策的参考门限。

3. **用户终端决策**

用户终端侧的决策算法采用 AHP，AHP 是 20 世纪 70 年代由美国运筹学家 T.L.Saaty 提出的一种定性与定量分析相结合的多目标决策分析方法。AHP 方法把复杂问题分解成各个组成因素，又将这些因素按支配关系分组形成阶梯层次结构，通过两两比较的方式确定层次中因素的相对重要性。然后综合有关人员的判断，确定被选方案相对重要度的总排序。整个过程体现了人们分解—判断—综合的思维特征。

AHP 方法步骤[32]如下。

②┌ 分析评价系统中各基本要素之间的关系，建立系统的递阶层次结构。

② 对同一层次的各要素关于上一层次中某一准则的重要性两两进行比较，构造判断矩阵。

判断矩阵主要用来表示具有相同准则层因素的重要性关系。不同准则层将生成各自的判断矩阵。这种两两的比较可以通过回答如“这两个哪个更重要”来实现，其次就是“重要到何种程度”，在 AHP 中可以设置基本 1～9 的数值范围来表示基于选择者的个性、经验和知识而进行强度参数选择。据此可以构造一个判断矩阵为

$$\boldsymbol{P}=\begin{bmatrix} P_{11} & P_{12} & \cdots & P_{1n} \\ P_{21} & P_{22} & \cdots & P_{2n} \\ \vdots & \vdots & \ddots & \vdots \\ P_{n1} & P_{n2} & \cdots & P_{nn} \end{bmatrix} \tag{7-15}$$

判断矩阵具有如下性质：

$$\begin{cases} P_{ij} > 0 \\ P_{ij} = 1/P_{ji} \\ P_{ij} = 1 \end{cases}$$

由此可知，判断矩阵沿对角线具有对称性。

③ 由判断矩阵计算被比较要素对于该准则的相对权重。

因为判断矩阵的对角对称性，所以一定存在特征方程 $\boldsymbol{P}\times\boldsymbol{V}=x\times\boldsymbol{V}$，其中，$\boldsymbol{V}$ 为其非零特征向量，而 x 为其特征值。对于此 AHP 判断矩阵，每一个元素都是一个因素相对于另一个同来源因素权重的比例。$\boldsymbol{P}$ 矩阵对角线元素为 1，沿对角线对称位置上互为倒数，即：

$$\boldsymbol{P}=\begin{bmatrix} P_{11} & P_{12} & \cdots & P_{1n} \\ P_{21} & P_{22} & \cdots & P_{2n} \\ \vdots & \vdots & \ddots & \vdots \\ P_{n1} & P_{n2} & \cdots & P_{nn} \end{bmatrix}=\begin{bmatrix} w_1/w_1 & w_1/w_2 & \cdots & w_1/w_n \\ w_2/w_1 & w_2/w_2 & \cdots & w_2/w_n \\ \vdots & \vdots & \ddots & \vdots \\ w_n/w_1 & w_n/w_2 & \cdots & w_n/w_n \end{bmatrix} \tag{7-16}$$

其中，w_i 是决定因素的权重，n 是决定因素的个数。如果所有的 w_i 组成一个权重矩阵，即：

$$\boldsymbol{W}=\begin{bmatrix} w_1 & w_2 & \cdots & w_n \end{bmatrix}$$

那么可以求得 $\boldsymbol{P}\times\boldsymbol{W}=n\times\boldsymbol{W}$。因此，权重向量等于 $\boldsymbol{W}$，而决定因素的个数则对应着 x。因此，决定因素的权值可以通过计算矩阵的特征向量来求得，并且特征值近似等于评估因素的个数，通过计算得出特征向量，特征向量中的元素就是各个决定因素对应的权值。

④ 计算各层要素相对于系统总目标的总权重，并据此对方案进行排序。

所有决定因素的总权重可以通过计算各个层的本地权值后，再计算其相应乘积即可获得，最后根据总权值对方案进行排序。

运用上述 AHP 法，可以建立用户偏好的网络模型。首先分析用户对备选网络的偏好参数，参数的层次关系如图 7-30 所示。在准则层中设置的第一层为当前业务、终端移动速率、价格和历史偏好。当前业务下为第二层，分别为带宽需求、信息量、实时性和 QoS 保证需求，方案层由终端所探测的备选网络类型组成，通过 AHP 法，最终为用户选择最适合当前业务的网络类型。

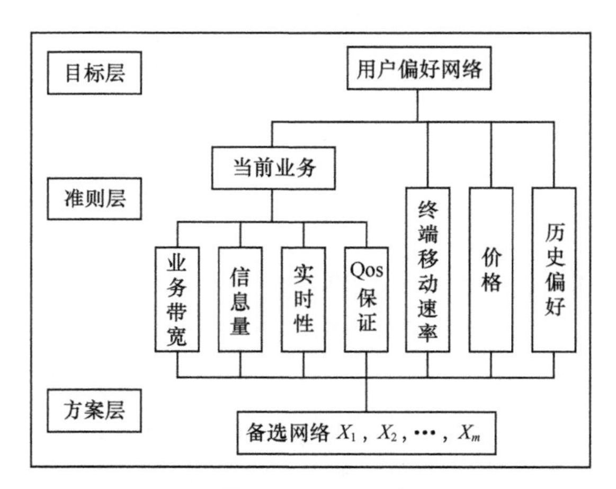

图 7-30　层次关系

其次，根据上述网络模型构造出判断矩阵，即：

$$\boldsymbol{A}=\begin{bmatrix} 1 & 5 & 7 & 7 \\ 1/5 & 1 & 3 & 3 \\ 1/7 & 1/3 & 1 & 1 \\ 1/7 & 1/3 & 1 & 1 \end{bmatrix},\ \boldsymbol{B}=\begin{bmatrix} 1 & 3 & 5 & 5 \\ 1/3 & 1 & 3 & 3 \\ 1/5 & 1/3 & 1 & 1 \\ 1/5 & 1/3 & 1 & 1 \end{bmatrix}$$

其中，**A** 为当前业务、终端移动速率、价格和历史偏好的判断矩阵，**B** 为速率、信息量、实时性和 QoS 保证的判断矩阵。针对不同业务，分别对备选网络类型构造 UMTS、WLAN 与 WiMAX 指标的两两对比矩阵，对速率小于 100 kbit/s 的业务设为 Case1，对速率大于 100 kbit/s 小于 2 Mbit/s 的业务设为 Case2，对速率大于 2 Mbit/s 的业务设为 Case3。以 Case1 为例，对比矩阵具体设置见表 7-2。

表 7-2　Case1 指标两两对比矩阵

指标 C	指标对比矩阵	指标 C	指标对比矩阵
业务所需带宽 C_1	$\begin{pmatrix}1&1&1\\1&1&1\\1&1&1\end{pmatrix}$	终端移动功率 C_5	$\begin{pmatrix}1&5&3\\5&1&1/3\\1/3&1&1\end{pmatrix}$
信息量 C_2	$\begin{pmatrix}1&1&1\\1&1&1\\1&1&1\end{pmatrix}$	价格 C_6	$\begin{pmatrix}1&1/5&7\\5&1&1/3\\1/3&3&1\end{pmatrix}$
实时性 C_3	$\begin{pmatrix}1&5&7\\1/5&1&3\\1/7&1/3&1\end{pmatrix}$	历史偏好 C_7	$\begin{pmatrix}1&7&9\\1/7&1&3\\1/9&1/3&1\end{pmatrix}$
QoS 保证 C_4	$\begin{pmatrix}1&3&5\\1/3&1&3\\1/5&1/3&1\end{pmatrix}$		

对矩阵 **A**、**B** 用迭代法求最大特征根与特征向量（权向量）。以矩阵 **A** 为例，取与 **A** 矩阵同阶归一化的初值向量 $\boldsymbol{U}_0=(1/n,1/n,\cdots,1/n)$，计算 $\tilde{\boldsymbol{U}}_k=\boldsymbol{A}\boldsymbol{U}_{k-1}$。对预先设定的阈值 $\varepsilon>0$，当 $\max\left|u_{k_i}-u_{(k-1)_i}\right|<\varepsilon$ 时，停止继续迭代。其中，u_{k_i} 是向量 $\boldsymbol{U}_k$ 的第 i 个分量，此时归一化后的 $\boldsymbol{U}_k$ 便是特征向量。由式（7-2）可计算最大特征根 $\lambda_{\max}$。

$$\lambda_{\max}=\frac{1}{n}\sum_{i-1}^{n}\frac{u_{k_i}}{\tilde{u}_{(k-1)_i}} \tag{7-17}$$

计算准则层权重，设 **A** 的权向量为 $\boldsymbol{U}_A=(a_1,\cdots,a_4)^{\mathrm{T}}$，**B** 的权向量为 $\boldsymbol{U}_B=(b_1,\cdots,b_4)^{\mathrm{T}}$。进而可得准则层的排序权重，即：

$$\boldsymbol{U}^{(2)}=(a_1\cdot\boldsymbol{U}_B,a_2,a_3,a_4)^{\mathrm{T}}=(a_1b_1,\cdots,a_1b_4,a_2,a_3,a_4)^{\mathrm{T}} \tag{7-18}$$

方案层对准则层的单排列权重 $\boldsymbol{U}^{(3)}$ 见式（7-19），其中，c_i^{U}、c_i^{W} 和 c_i^{Wi} 分别表

示 UMTS、WLAN、WiMAX 对准则层属性的权值，

$$\boldsymbol{U}^{(3)}=\begin{bmatrix} c_1^{\mathrm{U}} & \cdots & c_i^{\mathrm{U}} & \cdots & c_7^{\mathrm{U}} \\ c_1^{\mathrm{W}} & \cdots & c_i^{\mathrm{W}} & \cdots & c_7^{\mathrm{W}} \\ c_1^{\mathrm{Wi}} & \cdots & c_i^{\mathrm{Wi}} & \cdots & c_7^{\mathrm{Wi}} \end{bmatrix} \tag{7-19}$$

最后根据 $\boldsymbol{U}=\boldsymbol{U}^{(3)}\cdot\boldsymbol{U}^{(2)}$可得到最终的总排序 $\boldsymbol{U}$，同时对所得结果进行一致性检验，首先计算一致性指标 $C.I.=(\lambda_{\max}-n)/(n-1)$，其中，$n$ 为判据矩阵阶数，查找相应 n 的平均随机一致性指标 $R.I.$，计算一致性比例 $C.R.$，由 $C.I./R.I.$可得。当 $C.R.<0.1$ 时，就认为该判据矩阵的一致性是可以接受的。

由此可得 Case1 的用户偏好结果，见表 7-3。

表 7-3　权向量与最终权值

业务	最终总排序	偏好网络排序
Case1	$\boldsymbol{U}=[0.4587\ \ 0.2920\ \ 0.2493]$	UMTS、WLAN、WiMAX

对 Case2 和 Case3 重新设置指标对比矩阵，重新计算可得 Case2 的偏好网络排序为：WLAN、UMTS、WiMAX。而 Case3 的偏好网络排序为：WiMAX、WLAN、UMTS。当首选的网络类型不存在于备选网络中时，算法会自动查找下个偏好网络类型，并搜寻次选偏好网络类型是否存在于备选网络中。

4. **权重修正**

在 TOPSIS 中，权重的改变会导致逆序现象出现，利用该现象，在第一次决策得到的各 c_i 相对接近时，可以通过对权重的修正实现对各个备选网络的重新排序。

权重修正方法是在基于客观权重的基础上，根据用户喜好的网络类型进行修正，具有一定的主观性特征。当第一次决策后，在得到的标准化矩阵 $\boldsymbol{R}$ 中，比较 $\boldsymbol{R}$ 中每一列相同属性元素的大小，对成本型指标选择最小的元素记为 $r_l^{\min}$，其中，l=1,⋯,5；对效益型指标选择最大的元素记为 $r_k^{\max}$，其中，k=6,7,8。

构建优势矩阵 $\boldsymbol{K}$ 为：

$$\boldsymbol{K}=\begin{bmatrix} \dfrac{r_{11}}{r_1^{\min}} & \cdots & \dfrac{r_{15}}{r_5^{\min}} & \dfrac{r_{16}}{r_6^{\max}} & \cdots & \dfrac{r_{18}}{r_8^{\max}} \\ \vdots & \vdots & \vdots & \vdots & \vdots & \vdots \\ \dfrac{r_{m1}}{r_1^{\min}} & \cdots & \dfrac{r_{m5}}{r_5^{\min}} & \dfrac{r_{m6}}{r_6^{\max}} & \cdots & \dfrac{r_{m8}}{r_8^{\max}} \end{bmatrix} \tag{7-20}$$

在矩阵 $\boldsymbol{K}$ 中，将除偏好网络类型所在行的其他行提取出来，构成新的矩阵 $\boldsymbol{K}_1$，并构造一个行数为 1，列数为 $\boldsymbol{K}$ 的列数的向量 $\boldsymbol{x}$，在 $\boldsymbol{K}_1$ 中，若每一列中存在等于 1 的值时，则在向量 $\boldsymbol{x}$ 的相应列赋值 1，其余为 0。

同样，从 $\boldsymbol{K}$ 把偏好网络类型所在的行提取出来构造新的矩阵 $\boldsymbol{K}_2$，也同样构造一个行数为 1，列数为 k 的列数的向量 $\boldsymbol{y}$，在 $\boldsymbol{K}_2$ 每一列中若有值为 1 时，则在向量 $\boldsymbol{y}$ 的相应列赋值 1，其余为 0，并统计向量中值为 1 的个数，记为 Q_{NP}（NP 为偏好网络类型）。

由式（7-21）和式（7-22）可得修正后的新权重向量 $\boldsymbol{w}^n$，其中，$\boldsymbol{w}$ 为需修正的权重向量，k 为修正阈值，在本算法中，设 k=0.2，p 为修正权重余量，由偏好网络类型的备选网络非优势属性所对应的权值削减后叠加而得，并重新评价分配到优势属性所对应的权值中。

$$P=\sum_{j=1}^{n}x_j w_j k \tag{7-21}$$

$$w_i^n = x_j w_j\left(1-k\right)+\left(y_j w_j + p/Q_{\text{NP}}\right) \tag{7-22}$$

7.4.3　动态接入选择策略

在异构无线网络中，由于各种接入网络所能提供的服务侧重点不同，且适合场所也不同，为使用户得到更好的用户体验，需要找一种有效、直观、准确的接入网络选择方法。现有对网络选择的研究方法通常是截取所有备选网络在某个时间点上的网络质量参数，将获取的参数整理为一个判决矩阵，通过对这个矩阵的分析来得到适合的接入网络[33-34]。若运用多维标度的思想，则只需将单个网络的参数指标看作一个 N 维向量，维度 N 由所考虑的网络质量属性数量决定，每个网络质量属性代表一个维度。

多维标度法（Multi-Dimensional Scaling，MDS）是一种将多维空间的研究对象（样本或变量）简化到低维空间进行定位、分析和归类，同时又保留对象间原始关系的数据分析方法，属于多元统计分析方法的一类。Torgerson 于 1952 年首先给出计量的多维标度法数学模型，到了 20 世纪 60 年代，非计量的多维标度法开始发展，并于 70 年代趋于成熟，出现了许多近似计算法，并且提出了许多新的方法和模型。多维标度法的应用领域也由心理学逐步扩展到销售和消费领域，并迅速扩大到传感器定位、医药、交通、社会学及地质学等领域。而在移动通信领域，多维标度法亦同样能得以应用。运用多维标度法，可将所有网络在一个二维或三维拟合构图中显示其相对位置，能直观地看出各个网络间的差异性，并且能观察到网络随时间推移或地理位置改变所表现出的变化特征。

基于以上所述，本节描述一种基于多维标度的动态网络选择算法。该算法考虑了动态网络选择的时序问题。

1. 动态网络选择算法原理

动态网络选择算法主要分为 3 个步骤，在当新业务发起、网络环境变化或切换网络时，智能多模终端开始重新搜索可用的无线网络，并在某个设定的时间段内收集网络质量参数信息。在完成搜索后，进入网络选择判决阶段：首先将收集到的参数信息量化、规范化；然后进行基于多维标度的算法处理；最后利用处理好的数据进行判决，得出最佳的接入网络。算法的流程如图 7-31 所示。

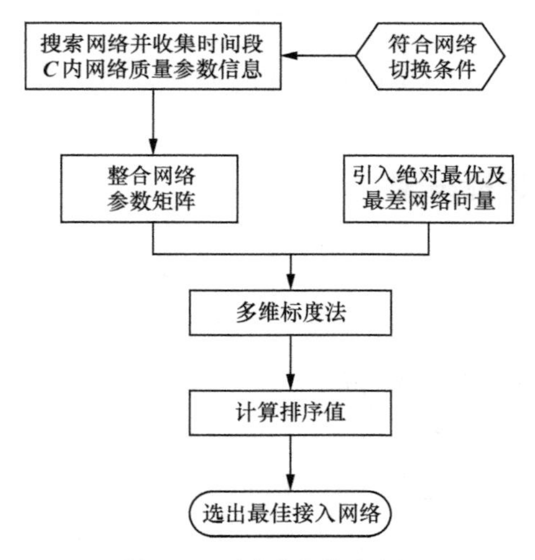

图 7-31　动态选择算法流程

2. 初始化系统模型

在异构无线网络中，设多模终端获取到的网络动态质量指标参数有时延、抖动、分组丢失率、误码率、安全系数和吞吐量，其中，时延、抖动、分组丢失率和误码率为成本性指标，安全系数和吞吐量为效益性指标。在基于时间静止截面的静态网络选择算法中，所构成的判决矩阵为 V，其中，l 为备选网络个数。

$$
\boldsymbol{V}=\begin{bmatrix} d_1 & j_1 & l_1 & b_1 & s_1 & t_1 \\ d_2 & j_2 & l_2 & b_2 & s_2 & t_2 \\ \vdots & \vdots & \vdots & \vdots & \vdots & \vdots \\ d_l & j_l & l_l & b_l & s_l & t_l \end{bmatrix} \tag{7-23}
$$

在动态网络选择算法中，引入了时间段向量 $\boldsymbol{C}$，$\boldsymbol{C}=(1,\cdots,t,\cdots,c)$。在所设定的时间段内，多模终端将开始接收、量化搜索到的备选网络质量参数，设在时间段 $\boldsymbol{C}$ 内的不同时刻，多模终端获取到的备选网络质量指标参数矩阵为 $\boldsymbol{V}^t$，其中，$t=1,2,\cdots,c$。

在第 c 个时刻后，将 c 个备选网络质量参数矩阵 $\boldsymbol{V}^t$ 重新整合，构成新的矩阵 $\boldsymbol{A}_{(lc\times n)}$，其中，$l$ 为搜索到的网络个数，$lc=l\times c$；n 为网络质量参数个数，也是多维标度中的维数。

$$
\boldsymbol{A}=\begin{bmatrix} \boldsymbol{V}_1 \\ \vdots \\ \boldsymbol{V}_c \end{bmatrix}=\begin{bmatrix} v_{l1}^1 & \cdots & v_{lj}^1 & \cdots & v_{ln}^1 \\ \vdots & \vdots & \vdots & \vdots & \vdots \\ v_{l1}^1 & \cdots & v_{lj}^1 & \cdots & v_{ln}^1 \\ v_{l1}^2 & \cdots & v_{lj}^2 & \cdots & v_{ln}^2 \\ \vdots & \vdots & \vdots & \vdots & \vdots \\ v_{l1}^2 & \cdots & v_{lj}^2 & \cdots & v_{ln}^2 \\ \vdots & \vdots & \vdots & \vdots & \vdots \\ v_{l1}^c & \cdots & v_{lj}^c & \cdots & v_{ln}^c \\ \vdots & \vdots & \vdots & \vdots & \vdots \\ v_{l1}^c & \cdots & v_{lj}^c & \cdots & v_{ln}^c \end{bmatrix}=\begin{bmatrix} a_{11} & \cdots & a_{1j} & \cdots & a_{1n} \\ \vdots & \vdots & \vdots & \vdots & \vdots \\ a_{i1} & \cdots & a_{ij} & \cdots & a_{in} \\ \vdots & \vdots & \vdots & \vdots & \vdots \\ a_{(lk)1} & \cdots & a_{(lk)j} & \cdots & a_{(lk)n} \end{bmatrix} \tag{7-24}
$$

在完成网络质量参数收集后，对矩阵 $\boldsymbol{A}$ 进行规范化，对效益性指标采用式（7-25）计算，对成本性指标采用式（7-26）计算。

$$
a_{ij}=\frac{v_{ij}}{\max\left\{v_{ij}\,|1\leqslant i\leqslant lc\right\}} \tag{7-25}
$$

$$
a_{ij}=\frac{\min\left\{v_{ij}\,|1\leqslant i\leqslant lc\right\}}{v_{ij}} \tag{7-26}
$$

定义 n 维绝对最优向量（1,1,⋯,1）和绝对最差向量（0,0,⋯,0），并分别加在矩阵 $\boldsymbol{A}$ 的第一行和最后一行，组成新的矩阵 $\boldsymbol{G}_{(m\times n)}$，其中，$m=lc+2$。

$$G=\begin{bmatrix}1 & \cdots & 1 & \cdots & 1\\ a_{11} & \cdots & a_{1j} & \cdots & a_{1n}\\ \vdots & \vdots & \vdots & \vdots & \vdots\\ a_{i1} & \cdots & a_{ij} & \cdots & a_{in}\\ \vdots & \vdots & \vdots & \vdots & \vdots\\ a_{(lc)1} & \cdots & a_{(lc)j} & \cdots & a_{(lc)n}\\ 0 & \cdots & 0 & \cdots & 0\end{bmatrix}=\begin{bmatrix}g_{11} & \cdots & g_{1j} & \cdots & g_{1n}\\ \vdots & \vdots & \vdots & \vdots & \vdots\\ g_{i1} & \cdots & g_{ij} & \cdots & g_{in}\\ \vdots & \vdots & \vdots & \vdots & \vdots\\ g_{m1} & \cdots & g_{mj} & \cdots & g_{mn}\end{bmatrix} \quad (7\text{-}27)$$

3. 多维标度算法

多维标度利用各实体之间的相异（似）性来构造多维空间上点的相对坐标图，构造多维空间上的点与各个实体相对应，如果两个实体越相似，它们对应于空间上的点间距离就越近。多维标度法解决动态网络选择问题的核心是：当 l 个备选网络间两两距离给定时，确定这些备选网络用一个低维（通常为二维或三维）拟合构图表示，并使其尽可能与原先的距离大致匹配，使得由降低维度所引起的变形达到最小，并且在多维空间中每一个点代表某个时刻的某个网络状况。

网络种类为已知，因此得到的结果是可以预计的，即同一个网络乃至同类型网络不同时刻的点间距离应为较近的，不同类型网络之间的点间距离应为较远的。在引入最优网络判决向量和最差判决向量后，即可判断出哪个备选网络离最优网络最近，进而可得出最佳接入网络。

因此，对矩阵 $\boldsymbol{G}$，计算 m 个向量间的两两距离，根据式（7-28）得到距离阵 $\boldsymbol{D}_{(m\times m)}$。

$$d_{ij}=\sqrt{\sum_{k=1}^{n}\left(x_{ik}-x_{jk}\right)^2},\quad i=1,\cdots,m,\quad j=1,\cdots,m \quad (7\text{-}28)$$

当 $i=j$ 时，$d_{ij}=0$。

根据式（7-29）得到加权的距离阵，其中，权重向量为 $\boldsymbol{W}=(w_1,w_2,\cdots,w_n)$。

$$d_{ij}=\sqrt{\sum_{k=1}^{n}w_k\left(x_{ik}-x_{jk}\right)^2},\quad i=1,\cdots,m,\quad j=1,\cdots,m \quad (7\text{-}29)$$

构造矩阵 $\boldsymbol{D}=\left(d_{ij}\right)=\left(-\frac{1}{2}d_{ij}^2\right)$，再由 $\boldsymbol{D}$ 构造中心化内积矩阵 $\boldsymbol{B}_{(m\times m)}=(b_{ij})$，其中，$b_{ij}=d'_{ij}-\bar{d}'_i-\bar{d}'_j+\bar{d}'$，$\bar{d}'_i=\frac{1}{m}\sum_{i=1}^{m}d'_{ij}$，$\bar{d}'_j=\frac{1}{m}\sum_{j=1}^{m}d'_{ij}$，$\bar{d}'=\frac{1}{m^2}\sum_{j=1}^{m}\sum_{i=1}^{m}d'_{ij}$。

求矩阵 $\boldsymbol{B}$ 的特征值 λ 与特征向量 $\boldsymbol{v}$，取拟合构造点的维数 N，因此，取前 N 个最大的特征值，设为 $\lambda_1,\lambda_2,\cdots,\lambda_N$，并且与这 N 个特征值相对应的特征向量为 $\boldsymbol{v}_1,\boldsymbol{v}_2,\cdots,\boldsymbol{v}_N$，

由此可得古典解为式（7-30）所示，其中，i=1,2,⋯,m。

$$S_N=\left(\sqrt{\lambda_1}\boldsymbol{v}_1(i),\sqrt{\lambda_2}\boldsymbol{v}_2(i),\cdots,\sqrt{\lambda_N}\boldsymbol{v}_N(i)\right) \tag{7-30}$$

4. 基于 MDS 的网络选择判决

为了直观地看出各个备选网络在不同时刻的质量状况与各个备选网络和最优网络、最差网络间的距离，选取 N=2 作为降维后的维数，即二维拟合平面，根据式（7-31）得到的古典解为：

$$S_2=\left(\sqrt{\lambda_1}\boldsymbol{v}_1(i),\sqrt{\lambda_2}\boldsymbol{v}_2(i)\right)=\left(X_i,Y_i\right) \tag{7-31}$$

对式（7-31）进行坐标转换，将最优网络点变换为坐标原点，可得到 $S_2'=\left(x_i,y_i\right)=\left(X_i-x_0,Y_i-y_0\right)$，并转换成极坐标表示，此时最优网络点则为极坐标极点。根据极坐标转换式（7-32）可得，当 P_j（j=2,⋯,m−1）越小时，备选网络某个时刻的质量状况越好。

$$P_i=\sqrt{x_i^2+y_i^2},\ \ \varphi=y_i/x_i\left(x_i\neq 0\right) \tag{7-32}$$

最后，确定最终排序，取备选网络 h 在 c 个时刻所得的 P_{ht}，h=1,⋯,l，t=1,⋯,c。利用式（7-33）计算该网络的均值 P_h，并对 l 个备选网络的 P_h 从小到大进行排序 $\boldsymbol{P}$=（P_1,⋯,P_h,⋯,P_l），最小的 P_h 所对应的备选网络即为最佳接入网络。

$$P_h=\sum_{t=1}^{c}P_{ht}/c,\ \ P_{ht}\in P_j \tag{7-33}$$

若取 N=3 时，根据式（7-30）得到的古典解为：

$$S_3=\left(\sqrt{\lambda_1}\boldsymbol{v}_1(i),\sqrt{\lambda_2}\boldsymbol{v}_2(i),\sqrt{\lambda_3}\boldsymbol{v}_3(i)\right)=\left(X_i,Y_i,Z_i\right) \tag{7-34}$$

对式（7-15）变换坐标原点，并转换为球坐标后可得，当球坐标系中半径 r_j（j=2,⋯,m−1）越小时，备选网络某个时刻的质量状况越好。

7.5 重配置管理

7.5.1 端到端重配置技术概述

重配置技术是针对无线接入环境的异构性特点，以异构资源的最优化使用和用户对业务的最优化体验为目标，综合可编程、可配置、可抽象的硬件环境以及模块化的软件设计思想，使网络和终端具备支持多种接入技术且可灵活适配能力的技术。无线通信技术的异构性主要体现在空中接口上，重配置技术利用各种异构技术在物理层、媒体接入层、链路控制层上功能的相似性特点，通过模块化的、可重配置的协议栈实现了不同接入技术协议栈的构造，并通过软件代码资源的重用性提高设计效率。

重配置技术基于软件无线电（Software Defined Radio，SDR）技术发展而来。SDR 技术的核心理念是采用可重配置的基带、射频等终端硬件资源，通过各种可定制、可替代、可转换的组件化软件模块的控制，实现对多种无线接口技术的支持。目前，重配置技术的研究已不局限于终端的重配置能力，而是扩展到对重配置系统的研究。这种可重配置系统涉及从空中接口、网络控制实体直到业务平台的整个网络架构，不仅为网络元素提供可重配置能力，还能提供一体化的重配置管理架构，实现联合的无线资源管理和网络规划[35]。

重配置终端和网元的特点可以归纳为以下几个方面。

1. 多带支持

多带系统是指能工作在不同频带的系统，比较成熟的多带系统包括 GSM、DECT 和 UMTS 等。在多带系统中，无线射频前端必须能够在较宽的频段上进行调谐，并遵从射频部分的工作规范。

2. 多引导

理论上讲，相互独立的无线制式完全可以在用户终端所提供的单一平台上并行工作。以此为前提，如果将业务流进行灵活分割，并使用这些并行工作的无线制式分别传送分割的业务流，能够为用户提供更佳的服务质量和更好的网络连接。特别需要指出的是，这种多引导能力应当成为多标准基站的基本功能。

3. 多功能

可重配置的平台必须与应用无关，即具有通用性，同时应能够为空中接口的处理、高层协议以及用户业务应用的实现提供多任务的运行环境。

4. 重配置等级和场景

重配置的等级和场景可以根据配置时间和方式的不同加以分类。具体来说有以下重配置类型。

（1）部分重配置

指在不改变无线制式的前提下，对部分功能模块进行重配置，称为制式内重配置。例如，可以对特定功能模块进行重配置以改进 QoS，而仍使用目前的无线制式；也可以只对终端底层功能进行重配置（如数字基带处理），而不改变高层的应用和用户接口等。

（2）完全重配置

这种模式下无线制式将发生根本的改变，称之为制式间重配置。例如，由 GSM 重配置为 UMTS，这种重配置意味着对无线功能、行为和接口等关键模块进行根本的改变。

（3）静态重配置

这种模式下，重配置只发生在设备制造过程以及离线模式下，新的功能通过诸如智能卡等方式进行加载。

（4）后台重配置

该模式下的软件下载、安装和初始化都是在特定时间由特定事件所触发，通常通过配备影子模块和工作模块的方式实现，在用户业务终止后由工作模块转换到影子模块上。另一种实现方式则是另外配置一套完整的备件。

（5）透明重配置

透明重配置意味着软件下载、安装和初始化工作将不会对目前用户的行为和业务造成任何影响，用户根本感觉不到重配置的发生。

很显然，透明的重配置模式结合自适应的无线多引导机制是实现终端重配置的最佳设计途径，它能提供最好的 QoS 保证、最佳的网络连接以及最高的用户体验。端到端重配置首先必须定义全新的网络架构，以终端和基站等可重配置实体为基础，结合新的重配置网络管理元素和管理功能，构建完整的重配置管理与控制体系，保证软件下载和模式转换等重配置行为的安全实施和有效管理[36]。

7.5.2　端到端重配置网络架构

端到端重配置涉及网络架构的各个环节和所有层次的协议标准，是一种具有前瞻性的异构无线网络融合解决方案[23]。重配置融合网络利用了多种无线接入技术的可用性，根据需要下载不同软件和重新配置终端接入网络的能力，发现和选择最适合的接入方案。重配置融合网络由 3 个层面构成：用户域、网络接入域和核心网络域。重配置融合网络的整体架构如图 7-32 所示。该架构包括两个关键功能实体：重配置管理器和无线重配置支撑功能。

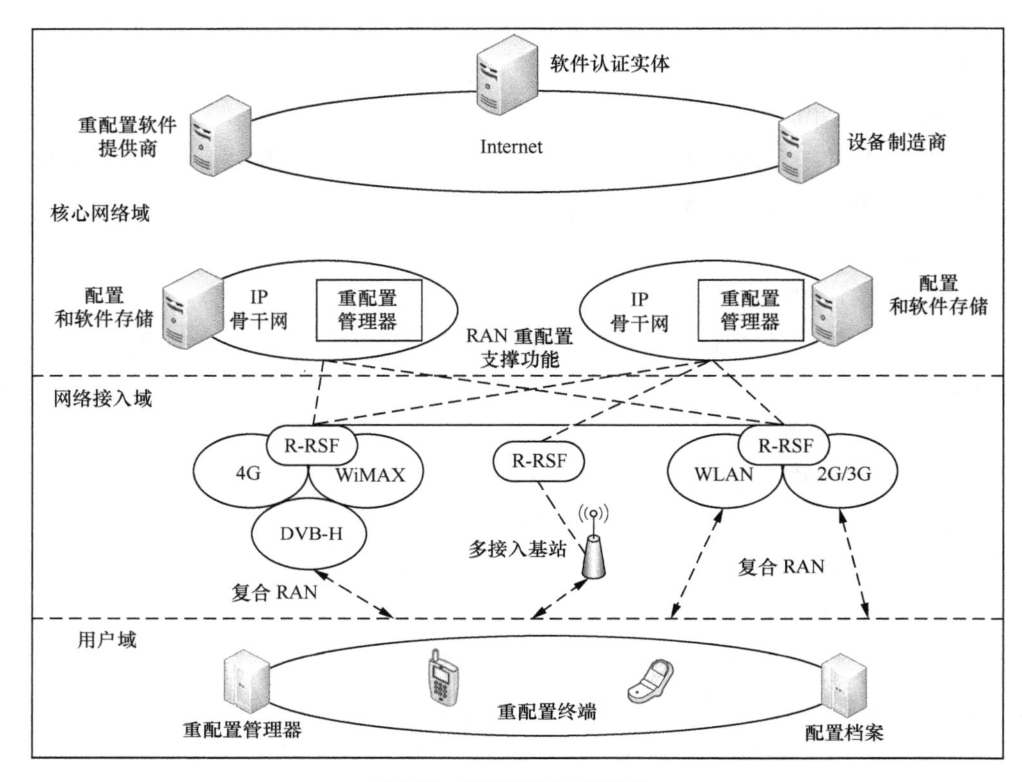

图 7-32 重配置融合网络架构

为了支持复杂的网络场景，重配置管理器定位于核心网络域，它的功能在 SGSN 和 GGSN 中表征出来，适应了未来的网络架构发展，与全 IP 核心网演进路径一致。另外，它能更高效地支持移动性管理，满足硬切换和软切换等多种场景的要求。

根据 IP 网络的设计原则，将与无线连接相关的功能进行了逻辑和物理上的分离。以服务于多重异构无线接入网络为目标，需要对不同接入技术所需的具体接入功能进行分类和封装，定义一个能够被所有接入网络使用的抽象接入功能集合。为了提取这种抽象的功能集合，引入了无线重配置支撑功能（R-RSF），该功能实体位于多无线接入网域内，作为联合无线资源管理的一部分，实现动态网络规划和灵活的网络管理。R-RSF 作为各种无线接入协议套件的接口功能，在复合 RAN 中实现。

无缝业务切换要求对异构无线接入上下文进行管理，为此，R-RSF 将重配置管理层面的功能延伸到接入网络中，从而实现对环境的快速监控。在移动终端侧，R-RSF 由本地重配置管理器管理，由应用层调用，经过无线网络层到调制解调器的基带处理部分。该过程中，移动终端侧的 R-RSF 控制全部通信链路的重配置处理。基站（BS）无线 RSF 的作用范围也将局限在接入部分，它采用动态网络规划和管理机制，与无线网络子系统 OAM 平面中的本地操作系统功能互通。当一个重配置过程触发了终端状态的改变，并开始重配置处理时，终端就要与网络侧通信以得到网络的辅助。无线重配置支撑功能通过与无线网络层中可用的 RAN 实体之间进行交互对终端起到辅助的作用，并实现所需的互通功能。互通涉及实体间的交互，这些交互发生在接入层面，所涉及的实体可能属于不同的运营商，也可能属于相同运营商的不同系统。为了协助完成互通的实现，终端重配置需要定义快速的发现、验证和选择机制。在配置 RAN 中的这些功能时，重配置过程可以综合考虑位置相关的信息，这对时延限制较高的应用很重要，例如，在对时延和时延抖动敏感的会话（如 UMTS 中的会话传输和流传输）中进行垂直切换时，重配置需要综合考虑上下文和位置相关的信息。

控制平面功能间的交互发生在无线接入系统中。由于交互的发生靠近无线资源控制服务器，所以为实现高效下载而进行的传输管理功能将被进一步增强。而且，无线信道状况等时间敏感信息的正确性在缩短上下文信息获取路径的基础上将被提高，而基于位置的就近传输也将减少网络中的传输量。

7.5.3　端到端重配置管理

新增的重配置功能实体必须适应重配置环境，因此，引入了新的重配置管理平面（RMP），它的功能将存在于网络元素和终端设备中。RMP 结构促进了运营商间的交流协作，包括交换终端重配置和无线资源管理方面的需求信息，也包括提供动态规划和管理异构、关联、多标准无线接入网络的机制。引入 RMP 的目的是为综合平面管理和层间管理支持功能提供条件[37]。

1. 端到端重配置管理架构

端到端重配置（E2R）的管理架构如图 7-33 所示，该架构解决两方面的问题，一是对可重配置网络元素的管理，即网元管理（Network Element Management，NEM）；二是在传统的管理平面和用户平面外，定义了重配置管理平面

（Reconfiguration Management Plane，RMP）。NEM 主要包括 4 个功能模块：重配置管理功能模块（Configuration Management Module，CMM）、重配置控制功能模块（Configuration Control Module，CCM）、执行环节以及可重配置协议栈。CMM 和 CCM 的设置实现了管理和控制的分离，CMM 负责重配置过程的决策、监控和实施，使管理过程更具通用性；而重配置的具体操作——软件下载/安装和配置参数的变更则由 CMM 控制下的 CCM 来完成，基于软件模块化设计思想的 CCM 具备良好的扩展能力。执行环节提供了访问硬件环境的统一接口，屏蔽了底层的实施细节；可重配置协议栈则是协议功能模块的一个数据库，不同模块的组合构成特定无线制式的协议栈，模块化的思路利于代码重用，具有较好的扩展性和灵活性[5,37]。

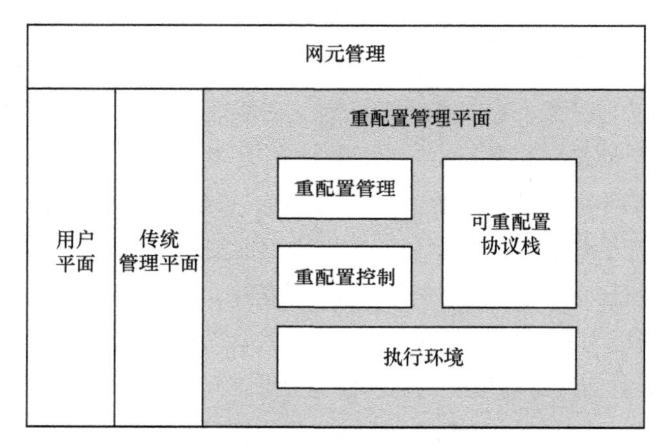

图 7-33　端到端重配置管理架构

2. **重配置管理平面**

RMP 作为一个完整的管理体系框架，融合了平面管理和层管理两方面的内容，在平面管理模块的设置上，RMP 既包含传统的网络性能管理、业务提供、计费管理，也融入了重配置管理的软件下载管理和上下文管理等新内容。在层管理功能的设置中，RMP 把重配置相关的内容扩展为 5 个管理层次：业务应用、操作系统、核心网相关、接入网相关和设备相关的运营维护功能。其中，接入网层是重点，它负责异构无线环境的管理，包括网络元素的管理和网络性能管理重配置[23]。

RMP 包括重配置平面组件和重配置层管理，如图 7-34 所示，关键组件的功能如下所述。

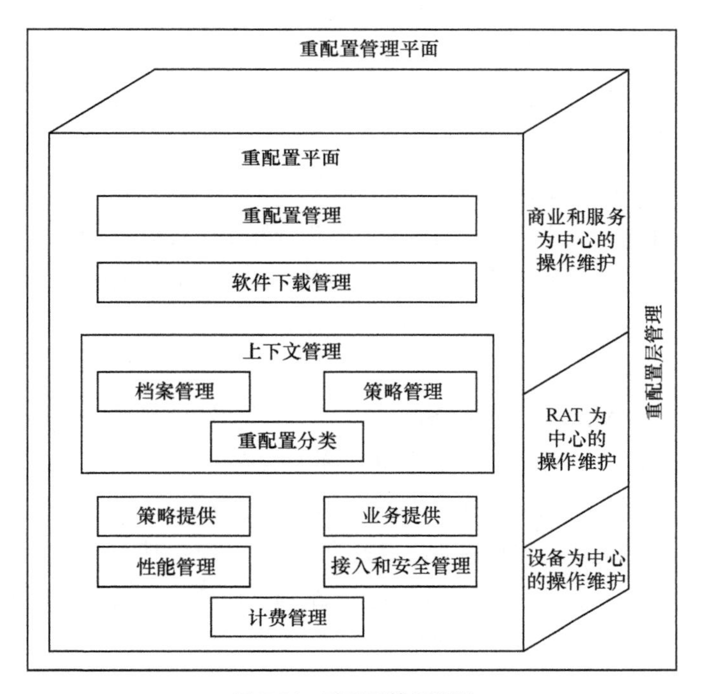

图 7-34 重配置管理平面

3. **重配置平面**

重配置平面包括重配置管理、软件下载管理、上下文管理、策略提供、业务提供、性能管理、接入和安全管理、计费管理等组件。

（1）重配置管理

通过与终端设备中的对等配置控制模块进行通信，重配置管理功能负责处理初始化网络发起的重配置命令，并协调由设备发起的重配置命令。为了监管端到端重配置过程，重配置管理功能还要通过必要的信令进行业务协商。在预定的软件下载情况下，重配置控制功能还可能将部分重配置控制权转交给软件下载管理功能。

（2）软件下载管理

该组件负责对要下载软件的策略进行验证、定位和触发，同时负责控制软件下载的步骤和过程。下载的目标软件在一个无线重配置支撑功能的控制下从相关的存储器中获取。

（3）上下文管理

该组件监测、获取、处理、转换上下文信息。这些信息包括用户信息和与资源相关的信息，与重配置处理、当前操作模式、状态信息、拥塞指示等相关。上下文信息对业务提供产生影响，为策略制定和重配置策略选择提供支持信息。

（4）策略提供

该组件是为重配置制定策略的主要实体，包含与重配置相关的系统策略接入点。此外，它使用上下文信息重新定义策略规则和重配置策略。该功能实体对重配置的可行性以及被触发的相关行为做出及时的决策。策略提供功能又能适应域间重配置问题，通过与策略执行点的交互，完成端到端重配置。

（5）业务提供

此组件负责 RMP 与应用/业务间的交互，它接收和处理来自业务提供者的重配置请求，提供执行应用和业务的必要环境。此外，它对业务请求的可行性提供反馈，也能根据应用情况初始化重配置命令。例如，它能初始化网络配置改变和用户对接入的不同设置，还能初始化与移动性相关的行为。而且，基于网络和设备的能力以及更新的策略条件，业务提供功能触发业务的自适应行为。最后，业务提供功能实体还能解决漫游用户的业务提供问题。

（6）性能管理

该组件负责收集性能测量和话务数据，进行性能评估和成本限制，这些功能都可以被网络初始化设备重配置调用。

（7）接入和安全管理

该组件参与用户和重配置终端及网络的相互认证，在软件下载中，验证下载授权，决定安全控制机制。

（8）计费管理

该组件从支持重配置的附加网络实体中收集计费记录，并处理这些记录。

4. 层管理功能

为了完成端到端的重配置，传统的层管理功能必须得到加强，以配合重配置管理平面的功能。例如，操作与维护（OAM）功能可以在服务提供阶段发挥作用，根据输入的状况进行调整，输入由重配置策略的定义和执行过程决定。在运营维护阶段，端到端重配置过程应当考虑重配置监控和测量功能的返回结果，例如监测网元的报告等[35]。

在支持端到端重配置的环境中，引入层管理功能，主要用来支持业务提供阶段，面向重配置的操作与维护功能，共分为 5 类：以应用、服务、内容和用户为中心的功能（ASCU-Centric）；与具体操作系统相关的功能；以网络为中心的功能；以无线接入技术为中心的功能；与具体设备相关的功能。5 类操作与维护功能描述如下。

（1）以应用、服务、内容和用户为中心的功能

顾客请求信息的提供是 ASCU-Centric 操作与维护的重要功能，其中的日志记录（Logging）是非常重要的特性，从中可以获得重配置活动的历史信息、最近失败情况的统计信息、向用户发出的警告等。

（2）与具体操作系统相关的功能

该功能用来协调重配置用户设备的审核、测试和认证过程。

（3）以网络为中心的功能

在软件下载过程中，强调对移动性、QoS 的影响和动态网络规划及其对业务分流的影响。这些是重配置网元操作与维护非常重要的功能。

（4）以无线接入技术为中心的功能

该功能管理具体的无线接入技术，当多种无线接入技术并存时，保证各接入技术能够有效地合作，化解冲突并解决存在的问题，确保网络基础设备制造商和终端提供商在重配置进程中能够互相协作。无线网元管理功能实体与重配置管理平面的性能管理实体密切协作。

（5）与具体设备相关的功能

该功能包括用户设备的远程管理，虽然存在一定的安全隐患，但是远程设备诊断可以帮助排查远端设备的故障。与 HAL 配置模块的协调也可以通过与具体设备相关的重配置管理平面的操作与维护功能实现。

5. 本地重配置管理器

公共的管理和控制体系是网元在端到端重配置环境中实现运营的必要支撑条件。在重配置过程中，牵涉许多与管理和控制相关的操作，而在体系结构设计过程中，强调管理功能和控制功能的分离。本地重配置管理器主要完成终端侧的重配置管理与控制[35]。

在端到端重配置环境下，设备的总体管理和控制模型如图 7-35 所示。

上述模型中主要包括两个主要模块。

（1）重配置管理模块

它是设备（终端、基站/接入点或网络）内部的功能实体，按照一定的语义、协议和配置数据模型（这些可以存储在分布式配置数据基站系统中）管理重配置进程。

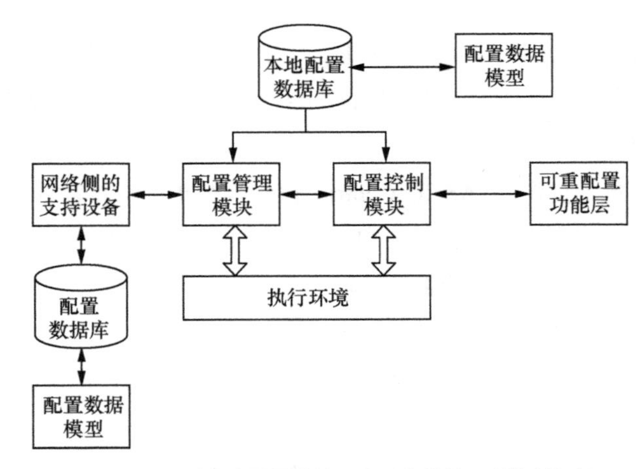

图 7-35　端到端重配置系统网络元素的管理和控制框架

从设备层面看，各种各样的重配置管理模块通过一种透明的方式，在支持网络设备实体间交互的同时，它们之间也发生交互。

（2）重配置控制模块

它是负责重配置执行的控制模块。主要考虑 3 个层面：应用层、协议栈（L2～L4）和中间件（L1）。其他和设备管理紧密相连的实体包括执行环境和重配置协议栈的架构。执行环境为所要求的动态重配置操作提供访问物理环境和硬件资源的基本方法，通过为设备重配置管理器提供一种通用接口的方式实现，保证重配置行为的顺利实施。对于重配置设备来说，将用到很多通用处理器元件，这些元件包括可编程处理器、可重配置的、参数化的专用集成电路（提供基于参数的软件控制）。重配置协议栈的框架结构是一个开放的协议栈框架，它可以用多种协议功能来支持不同的无线接入技术，即能够支持动态插入和不同协议模块的配置，这种架构同时考虑了资源和目标设备的能力。

7.6　融合业务管理

7.6.1　异构网络业务发展概述

随着移动互联网的迅速发展，移动业务呈现出高增长趋势，对传统的电信业务、甚至广播电视业务都形成了较大冲击，移动业务融合了互联网业务、电信增值业务的特点，异构网络融合的最终方向是业务的融合，融合的主要内涵是互联网内容、通信内容和媒体内容的融合以及相关业务流程的贯通。本节对电信业务、互联网业务及移动业务的现状和融合前景进行简要分析。

1. 电信业务

电信运营商利用其强大的移动网络、固定网络，甚至是虚拟网络等各类网络资源，构建出以移动业务或者固定业务为核心的话音业务、宽带接入、增值业务等多种业务形态组合或产品组合，通过一系列的商业模式形成各类通信与信息服务，满足个人、家庭、企业用户的需求。

电信业务主要分为 3 类。

（1）话音业务

主要是移动和固网话音业务，包括基于话音的个人和企业业务，如企业虚拟专网（VPN）、预付费业务、多方通话、呼叫中心、企业总机等。

（2）宽带相关业务

主要是有线、无线宽带接入，包括 ADSL 接入、光纤接入、Wi-Fi 无线接入、3G/4G 无线接入等业务，以及带宽出租、主机托管、家庭网关、物联网相关业务等。

（3）增值业务

短信、彩信、彩铃、一号通、同振、可视电话、视频会议、话音信箱、手机阅读、手机电视、手机报、号簿管家、手机邮箱、手机音乐、手机证券、手机游戏、手机导航、手机支付、视频留言、WAP 上网、手机定位、移动搜索等业务。

目前在电信业务领域，增值业务以多种多样的业务形态存在，如图 7-36 所示。电信行业的增值业务是以基于手机和固定电话等传统终端上的个人应用为主，但随着电信行业的固定移动网络融合，支撑系统的统一，家庭网关等融合智能终端的普及，电信业的增值应用也在向家庭业务、集团业务方向发展，同时也在向融合的方向发展[38]。

对于电信运营商而言，电信增值业务意味着无限的商机。短消息业务曾经是最主要的移动增值业务，它的成功有力地推动了移动增值业务的发展。随着 CDMA 以及第三代、第四代移动通信技术的成熟和逐步商用，在网络容量和速度都有很大提高的同时，电信增值业务有了突飞猛进的发展。移动通信与 Internet 的结合是新的发展方向，这给移动通信与互联网的发展都注入了更大的活力。新的移动互联网络将加快增值业务服务从早期的仅支持文本格式向具有丰富图像、色彩和多媒体特点的内容和应用发展[39]。

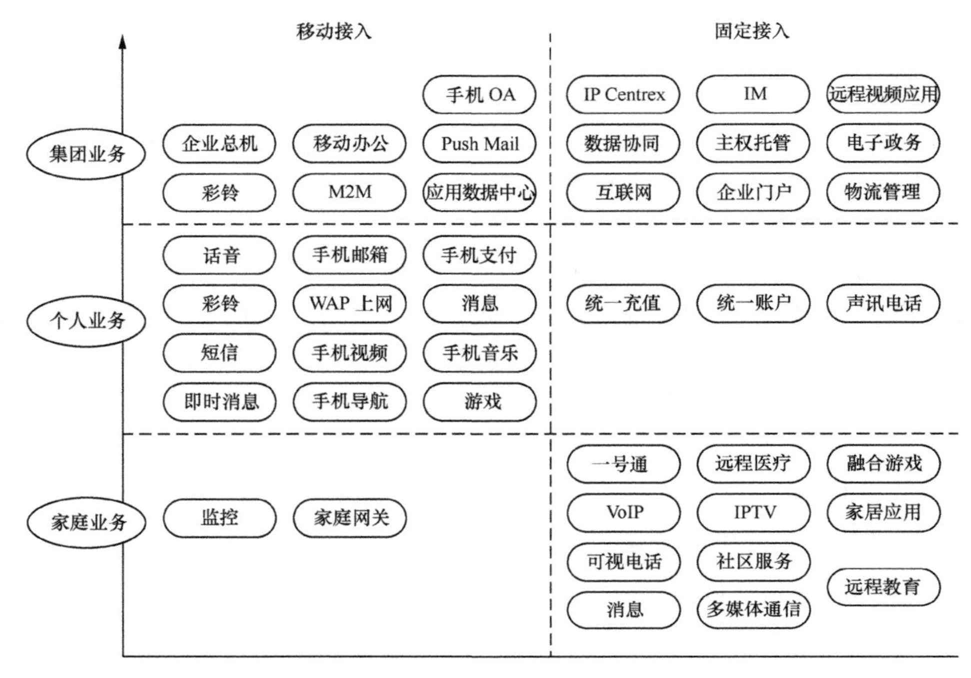

图 7-36　部分电信增值业务列举

电信增值业务广义上可分两大类。

（1）以增值网（VAN）方式出现的业务

专用系统可凭借从公用网租用的传输设备，使用本部门的交换机、计算机或其他专用设备组成专用网，以适应本部门的需要。例如，租用高速通道组成的传真存储转发网、会议电视网、专用分组交换网、虚拟专用网等。

（2）以增值业务方式出现的业务

增值业务是指在原有通信网基本业务以外开发的业务，如在公用电信网上的数据检索、数据处理、电子数据交换、电子信箱和电子文件传输等业务。

近年来，以 IP 为主的数据业务呈现爆炸式增长，数据业务正在超过电话业务，对网络的带宽需求日益增加，且用户对各种电信运营服务的各方面要求越来越高，电信市场对运营提供商提供的增值业务需求也越来越大。面临这样一个复杂的环境，电信运营企业提出了“发展新一代电信运营增值业务”的思想，新一代电信运营增值业务是融合了大客户、市场、运营商三大需求和通信技术特点的复合型增值业务，没有固定的划分依据，是随电信市场需求变化的动态增值业务。

目前，电信运营商依托现有的网络通信技术、多媒体技术、智能控制技术、骨干网传输平台和各种边缘网络宽带接入技术，能够提供的新一代电信运营增值业务主要可以归纳为[40]：宽带网络增值业务、新一代固网增值业务、新一代无线增值业务、全光互联网增值业务等。

（1）宽带网络增值业务

通过 Cable Modem 和有线电视（CATV）网相连，充分利用 CATV 网络的剩余高带宽能力传送互联网业务。随着光通信技术的发展，网络传输带宽瓶颈已经成为过去，随之而来的是宽带租用业务、按需分配带宽业务；随着新技术带宽的利用率提高，对电信级 QoS 能有很好的保障，在此基础上，宽带视频业务将充分发展。带宽的增加，使原有高带宽需求的实时在线业务（如网络数码电影）可以得到开展。

（2）新一代固网增值业务

新一代固网增值业务包括以下几个方面：长途骨干运营商和本地运营商之间的带宽运营业务；本地运营商和用户之间的带宽运营业务；专门进行带宽交易的 B2B 公司的带宽运营业务；为用户提供固定地点之间的带宽连接专线出租业务；电话会议和视频会议增值业务；提供各种信息查询的电话信息增值服务等。

（3）新一代无线增值业务

通信卫星提供的 GPS、北斗业务可用于交通、公共安全等政府部门；第三代移动通信系统 cdma2000 无线手机和卫星导航组合在一起，形成基于位置的移动定位服务产业；无线带宽接入技术能够满足多播类型的广播式数据业务（如移动办公业务等）的要求；各种全新的无线技术使得移动 IP 互联网业务得到充分应用；“随 e 行”增值业务方便用户通过专用数据 SIM 卡接入互联网；不同制式间国际漫游业务的开通解决了由移动通信体系标准的差异而带来的互通问题。

（4）全光互联网增值业务

全光互联网解决方案的推出使电信运营业务具有更大的扩展性，同时促进了增值业务向光网络的延伸。其中，基于 ASON 的下一代光传送网由于引入了控制平面的作用，产生了许多光互联网增值业务，如用于洲际互联的波长批发、波长出租、波长/子波长出租和裸光纤出租业务；为了满足客户端对带宽需求的波长转售、带宽贸易、带宽按需分配业务；从传统拨号业务演变而来的光拨号业务；用户经济上考虑的按使用量付费业务；传统 VPN 业务向光网络的扩展 Optical VPN 业务；为了解决流量工程的动态路由分配业务等。

（5）其他电信增值业务发展热点

VPN 增值业务主要类型有远程接入 VPN、点到点 VPN、内联网 VPN、外联网 VPN、客户/服务器模型 VPN、基于 L2TP/IPSec 协议的 VPN、无线 VPN、光 VPN 等；计算机信息网络及国际联网服务、客户关系管理、虚拟服务与转售业务、移动互联网业务、短信增值业务和多媒体增值业务等也正在发展中。

除此之外，多媒体短消息服务（Multi-media Message Service，MMS）、统一消息服务（Unified Message Service，UMS）和无线智能网（Wireless IN，WIN）业务也是目前电信企业增值业务发展的几大热点。

根据上述增值业务的基本概念以及增值业务从传统的业务类型到新一代业务类型的发展情况，可以得出，随着各种新技术的出现，目前各种新的增值业务呈现出以下新的特征。

① 由于承载层带宽的增加，逐渐引入了流媒体的概念，这类业务在将来的 3G/4G 业务中将占据主导地位；

② 各种网络所支持的业务从原来的基础业务发展到各种宽带、流媒体业务，业务种类趋于多样化；

③ 运营商对增值业务的运营重点不再是传统业务种类的网络容量问题，而增值业务的内容成为新的重点；

④ 各种增值业务的引入使得商业价值链变得更加复杂，如何处理好价值链中各个环节之间的平衡关系也是增值业务发展中需要关注的重要问题。

2. 互联网业务

互联网各种新业务层出不穷，使用量居于前列的主要是网络音乐、网络新闻和搜索引擎等。商务交易类业务如网络购物、网上支付等业务发展迅猛，如图 7-37 所示。

互联网应用表现出商务化程度高、娱乐化倾向强、沟通和信息工具价值深的特点。各类网络应用越来越普及，用户持续扩大。其中，商务类应用（如网上支付、网络购物和网上银行）增长尤为迅速。社交网站、网络文学和搜索引擎使用率增长也较快。电子商务应用高速发展，娱乐社交类应用较快增长，中小企业电子商务应用呈普及化趋势。互联网应用业务成为人们信息获取的常规来源、娱乐休闲的重要方式、商务交易的便捷渠道。

	2017年6月		2016年12月		
应用	用户规模（万人）	网民使用率	用户规模（万人）	网民使用率	半年增长率
即时通信	69 163	92.1%	66 628	91.1%	3.8%
搜索引擎	60 945	81.1%	60 238	82.4%	1.2%
网络新闻	62 648	83.1%	61 390	84.0%	1.7%
网络视频	56 482	75.2%	54 455	74.5%	3.7%
网络音乐	52 413	69.8%	50 313	68.8%	4.2%
网上支付	51 104	68.0%	47 450	64.9%	7.7%
网络购物	51 443	68.5%	46 670	63.8%	10.2%
网络游戏	42 164	56.1%	41 704	57.0%	1.1%
网上银行	38 262	50.9%	36 552	50.0%	4.7%
网络文学	35 255	46.9%	33 319	45.6%	5.8%
旅行预订	33 363	44.4%	29 922	40.9%	11.5%
电子邮件	26 306	35.0%	24 815	33.9%	6.0%
论坛/BBS	13 207	17.6%	12 079	16.5%	9.3%
互联网理财	12 614	16.8%	9 890	13.5%	27.5%
网上炒股/基金	6 848	9.1%	6 276	8.6%	9.1%
微博	29 071	38.7%	27 143	37.1%	7.1%
地图查询	46 998	62.6%	46 166	63.1%	1.8%
网上订外卖	29 534	39.3%	20 856	28.5%	41.6%
在线教育	14 426	19.2%	13 764	18.8%	4.8%
网约出租车	27 792	37.0%	22 463	30.7%	23.7%
网约专车/快车	21 733	28.9%	16 799	23.0%	29.4%
网络直播	34 259	45.6%	-	-	
共享单车	10 612	14.1%	-	-	

（数据来源：第40次中国互联网发展状况统计报告）

图 7-37　互联网应用业务使用状况

（1）即时通信

即时通信业务是基于 IP 的实时消息或话音的交互业务，一度由于其发展迅速对电信业务造出冲击而遭到电信运营商的限制，但由于即时通信极大满足了青少年网民的低消费信息与话音的沟通需求，而获得快速发展。

（2）网络新闻

随着中国互联网的快速发展，网络媒体覆盖的地域和人群日趋广泛。同时，随着网络视频、手机上网、微博、微信等网络技术和应用的发展，网络新闻表达和传递信息的渠道和形式更加丰富，传播方式更具互动性、自主性、多样性，促使网络新闻成为人们获取信息的重要渠道，网络新闻的受众也十分广泛。

（3）搜索引擎

随着互联网的快速渗透，网络应用的日趋丰富，产生了更多的信息需求，然而网络信息量的与日俱增，海量信息丰富了人们信息来源的同时，也给人们获取信息造成了困扰，而专业搜索、垂直搜索等搜索引擎凭借日趋精准化、人性化的信息检索服务取得快速发展。

（4）网络视频、网络音乐

网络视频和网络音乐作为越来越被认可的媒体表现形式，市场价值、广告价值和受众规模一直持续发展。网络媒体与传统媒体之间逐渐由竞争走向合作，音视频版权内容趋于稳定，自制内容迅速发展，视频广告形式不断突破，网络作为音乐和影视节目二次传播的新渠道，在新的媒体格局中占据重要位置。同时，各类网络直播、传统新闻媒体、唱片公司和影视媒体向网络传播渠道的拓展直接助推和带动了网络视频和音乐产业的发展，大大丰富了网络音视频内容，提高了网络视频、网络音乐业务的普及率和使用率。

（6）网络支付、网络购物

随着网上支付渠道的成熟、物流渠道的通畅、网络 C2C 或商家 B2C 平台的数量迅速增加以及网络购物市场商品的丰富，网络购物既便捷，又省力，已经逐渐成为网民消费生活的习惯。

另外，网络游戏、网上银行、网络文学与阅读、旅行预订、电子邮件等互联网业务也都保持着良好的发展势头和前景。

3. **移动业务发展**

移动业务发展迅猛，除了单纯的话音通信外，短信、音乐、游戏、WAP、多媒体消息、移动社交应用等已经成为移动通信的重要功能，业务分类也不像基本电信业务按技术分类那样简单。对移动业务研究的出发点不同，提出的分类方案也会有所不同。

移动业务可以按照网络特性来分，这种方式能够比较 2G、3G、4G 网络的业务特性和业务支持能力；可以按照网络层次来分，从网络不同层面所提供的业务类型进行分类；也可以从用户的角度来分，根据用户的体验对业务进行分类，不同的用户可能会有不同的分类，典型的业务分类方法是 UMTS 从用户的角度将 3G 业务划分为 6 类；按照业务的 QoS 特性来分，3GPP 定义了会话类、浏览类、交互类、后台类 4 种业务类型。

（1）2G、3G、4G 业务特性比较

3G 必然会继承 2G 的有价值业务，2G 业务是 3G 业务的生存基础。和 2G 相比，3G 的带宽、网络能力都有划时代的变化，所承载的应用更加丰富，从 2G 以话音为主的移动业务，转向娱乐化、生活化更强的数据应用为主，4G 网络的高带宽、高数据吞吐量使得移动视频业务成为可能，给用户更加流畅的用户体验，具有更大的发展潜力。表 7-4 根据 2G、3G、4G 网络不同的承载能力列出了可以支持的典型应用。

表 7-4　2G/3G/4G 网络承载的典型应用

数据应用	2.5G	3G	4G
短信	★	★	★
回铃	★	★	★
在线游戏	★	★	★
彩信	★	★	★
WAP 浏览	★	★	★
电子邮件	★	★	★
传统 Web 浏览	★	★	★
视频回铃		★	★
高端游戏		★	★
高质量在线视频		★	★
视频电话		★	★
快速 Web 浏览		★	★
广播移动电视		★	★
企业 VPN		★	★
高保真电视			★
移动视频广告			★
无线 DSL			★
移动 Web2.0			★
高质量在线游戏			★
…			★

（2）UMTS 对移动业务的分类

UMTS 论坛从用户体验角度对移动业务进行了分类，如图 7-38 所示。UMTS 定义的业务框架将移动业务划分为 6 个业务类型，分别是移动互联网接入、移动内部网/外部网接入、定制娱乐信息（Infotainment）、多媒体信息、基于位置业务、高级话音业务。UMTS 认为这 6 类业务代表了未来移动业务的主要需求。

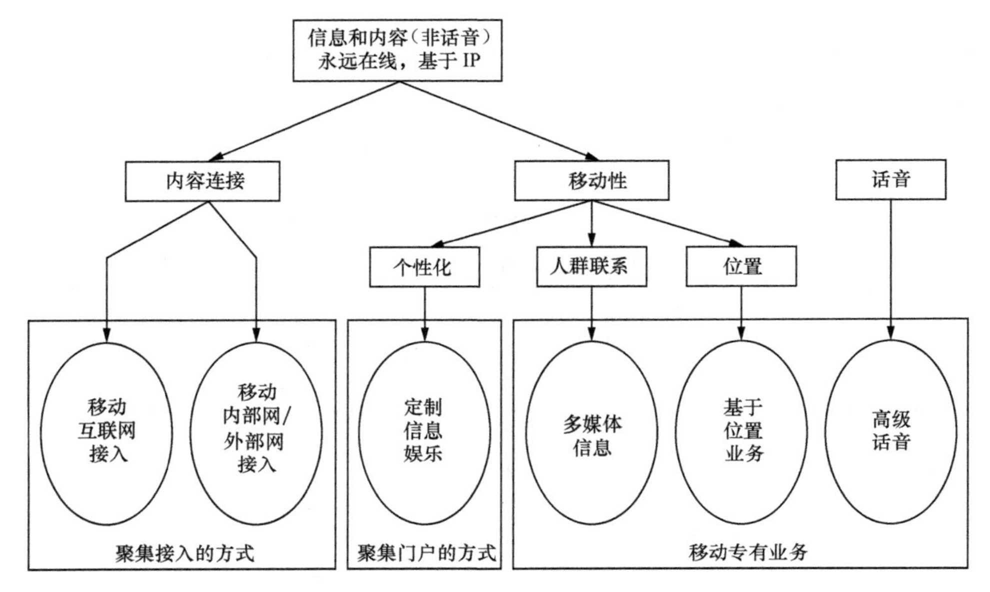

图 7-38　UMTS 6 类典型移动业务分类

6 类业务的简要说明见表 7-5。

表 7-5　UMTS 6 类典型业务分类说明

业务名称	业务描述	应用市场
移动互联网接入	个人业务，提供固定 ISP 所能提供的互联网接入业务。功能与固定互联网接入类似，能够提供全面的互联网 Web 浏览，同时具有文件传送、E-mail、流媒体音频/视频的能力	个人用户
移动内部网/外部网接入	商务业务，提供企业局域网（LAN）、虚拟专用网（VPN）和移动的互联网安全接入	企业用户
定制娱乐信息	个人业务，可提供随时随地个性化内容接入。基于移动门户网站为用户提供服务，视终端设备支持功能提供不同级别（文本、声音、图片或者视频）的业务	个人用户
多媒体信息	提供非实时多媒体信息。初期的服务对象是业务提供或者用户所定义的群体	个人用户、企业用户

（续表）

业务名称	业务描述	应用市场
基于位置业务	企业和个人用户均可使用的业务，使用户具有查找自己或其他用户、车辆等的所在地，或者查询与所在地相关的有用信息、业务和设施等的能力。其他人也可以通过该业务确定用户的位置，从而为用户提供服务	个人用户、企业用户
高级话音	一种实时、双向的业务，提供先进的话音功能（如 VoIP、话音上网、网络始发的话音呼叫），同时提供原有的移动话音业务功能（运营商业务、号码本服务和漫游）。业务成熟时，能够提供移动可视电话和多媒体通信	个人用户、企业用户

（3）移动互联网主流业务模式

移动互联网最重要的技术特征就是“移动技术 + IP 网络”，通过开放的互联网，在世界任意角落都可以很方便地接入运营商网络中，为用户提供服务。在移动互联网业务的发展中，产业链的各方有合作、有竞争，移动互联网从封闭逐步走向开放，在这种竞争和发展过程中形成了几种典型的移动互联网业务模式。

① 移动社交。移动互联网具有实时性、隐私性、便携性、随时随地方便参与等特点，使得移动社交在移动互联网中发展具有得天独厚的优势。以多元化沟通平台、个人博客、个人相册、个人空间、云存储、群组及关系为核心的移动互联网社交将会迅速发展。带宽的不断增加、用户使用量的增大，使得移动互联网的业务及服务在不断创新，用户的许多要求都会在移动互联网这个网络虚拟世界里得到真实的满足。

② 移动广告业务。移动互联网广告业务比传统的互联网广告更具有精准性和确定性，具有用户心理统计和人口统计特征，从而有针对性地为用户传达有价值的广告，为广告主服务，并且还能获得用户的认可。移动互联网广告业务一般与各类内容提供业务配合提供，如手机电视、手机杂志移动音乐、流媒体等。移动互联网广告业务的出现为移动互联网商业模式掀起了全新变革，引领移动互联网业务蓬勃发展。

③ 手机游戏。手机游戏是移动互联网的杀手级业务，主要包括手机网游、单机游戏和页面游戏。在国内手机游戏活跃用户数十分庞大，尤其是手机网游用户占到游戏用户数的 40% 左右。随着手机终端的智能化和功能增强，用户可以身临其境地享受游戏场景，另外，随着 4G 的商用，上网速度大大提高，将会带来全新的用户体验，因此，手机游戏将会迎来更迅猛的发展。

④ 手机搜索业务。手机搜索业务将语义互联网、位置信息和智能搜索整合在

一起，形成了多方位、立体化的信息获取能力，提高了用户搜索业务的范围，提升了用户搜索的使用体验。手机搜索业务可以让用户更方便快捷、自由灵活地搜索出与用户需求更具相关性的内容，实现个性化搜索。对运营商来说，加大对搜索领域的投入与积极参与，加速手机搜索引擎和移动增值业务的融合，能够促进搜索引擎向信息化产品集成平台转变。

⑤ 手机内容共享服务业务。随着智能手机的广泛使用和移动互联网的发展，手机内容共享服务业务可以对音频、视频及图片进行数字化内容加工、存储和共享等。用户可以利用手机内容共享服务上传照片、视频、音频到个人空间，利用该业务进行发微博、写博客、备份文件、与友人共享文件等，开发手机内容共享服务业务能使移动互联网的互动性淋漓尽致地展示出来，招揽人气，吸引用户，手机内容共享服务业务成为客户强有力的黏合剂。

⑥ 移动电子阅读业务。手机的不断改进和发展以及智能化手机广泛的使用，使得手机的基本功能更加强大，存储容量更高，屏幕大而清晰，又易确认身份，付款方式非常方便，使得移动电子阅读业务在移动互联网中流行开来。人们通过短暂的闲暇时间可以利用移动互联网进行移动电子阅读。移动电子阅读内容的数字化，使得其内容更加丰富多彩，在传统的基础上增加了动画、音乐、视频等新的业务，同时还可以进行互动，随时随地享受这种阅读感受。

⑦ 移动定位服务业务。随着移动互联网融入现实生活中，移动定位服务业务更加注重为人们提供个性化服务。社会的快速发展导致人们移动性在快速增大，人们对位置的信息要求也越来越强烈，因而移动定位服务业务市场在不断扩大。由于移动定位服务业务的应用，它可以告知用户其附近有哪些朋友、同事、同学以及与自己间接相关的人员，它会把这些人员的信息与其物理位置进行联系，提供各类基于位置的增值服务。

⑧ 移动支付业务。移动支付业务的出现标志着移动行业与金融业融为一体，具有金融行业的一切特征，消费者可以用移动支付功能进行消费，如购买物品、支付公交车票、购买车票和飞机票、充当会员卡等。实现了移动通信与金融服务的结合，给消费者带来方便、安全的金融服务生活。支付工具的创新将带来新的商业模式和渠道创新，移动支付业务具有垄断竞争性质，先入者能够获得明显的先发优势，筑起较高的竞争壁垒，从而确保自身的长期获益。

⑨ 移动电子商务业务。移动电子商务业务可以为客户随时随地提供所需要的

信息、服务、娱乐和应用，它可以快速、便捷地为消费者选择及购买商品和服务。移动电子商务处在信息、个性化与商务的交汇点，移动电子商务可以与手机搜索融合，实现跨平台、跨业务的服务商之间的合作。

移动互联网技术和应用的发展日新月异，很多技术和应用不断推陈出新，创造出了新的生命力，新的业务形式会不断涌现。运营商和设备制造商需要对这些纷繁复杂的技术和业务进行分析研究，从而在移动互联网产业链上找到合适的定位，才能创造出比互联网时代更多的价值。

（4）移动互联网业务发展趋势

移动互联网是互联网的移动化发展，初期业务主要是面向移动终端的移动数据增值业务，如 WAP 浏览手机上网业务，它和传统的互联网业务还是有区别的，移动数据增值业务主要都是针对移动终端特点定制的服务。随着技术的发展，特别是移动网络和终端技术的发展，网络、终端的限制不断突破，促进了移动网、互联网业务的融合，新的移动互联网业务也在不断出现。

“把互联网装进口袋”或许是对移动互联网最完美的诠释，移动互联网并非独立于传统的互联网之外，而是与之有着千丝万缕的联系。移动互联网的演进经历了3 个阶段。

（1）阶段 1：手机上网

手机上网服务其实并非一个新型业务。在电信重组前，中国移动和中国联通都有各自的手机上网服务。中国移动首先采用 WAP 上网，继而推动了 GPRS 上网；中国联通则使用 CDMA 上网。不过，在手机上网服务推出的初期，中国移动和中国联通都把目标放在建设独立于传统互联网之外的“移动门户与手机桌面系统”，同时发展定位、搜索、商旅等与互联网紧密相连的应用，也就是说，当时的手机上网所能使用的服务和传统互联网是有区别的。

（2）阶段 2：移动上网

随着越来越多的传统互联网服务开始向移动互联网延伸，手机上网已经不再局限于简单的图铃下载、信息获取、手机邮箱等业务。用户不愿使用专为手机上网设计的、相对狭隘的服务，而更愿意把手机上网当作一种载体来使用传统互联网的服务，因此，移动运营商们顺应用户需求，开始承认手机上网是互联网的一部分，而非独立于互联网之外的存在。此时，中国移动互联网的发展战略思想也发生转变，从最初的“移动门户与手机桌面系统”逐级转变为“移动+互联网”的新概念，但移动运营商还是在强调着自己所提供的上网服务移动性，希望以此来凸显移动运营商在互联网发展中的终端价值。

（3）阶段3：传统互联网的延伸

从2007年开始，服务商增多，同时资费下调，手机上网的用户开始出现爆炸式的增长。从CNNIC 2009年1月的报告中能很清晰地看到一个变化：移动运营商开始逐步抛弃了原有“把互联网移动化”的想法，并把战略方向转移到“移动向互联网的介入”上。换句话说，移动运营商已经意识到移动互联网的发展和传统互联网的发展是同步的，最终的结果将是采用同样的协议提供同样的服务。因为用户在使用互联网服务时并不会关心自己使用的是手机上网还是PC上网，用户要的只是能够使用自己所熟悉、所需要的互联网服务[39-40]。

4. 业务融合趋势

从电信增值业务特别是移动业务的发展趋势来看，融合业务是运营商业务发展的方向。近几年，电信运营商推出的部分数据类应用业务已经是基于电信网与互联网的融合业务，并且从原来单独依赖于手机、固话等终端的业务逐步向多终端支持多业务互通的方向发展，并寻求业务模式的突破。电信运营商全业务经营已经向业务融合迈出了坚实的步伐。随着各种高速无线接入技术的发展，电信网和互联网的融合将更加深入，当人们在用手机更新微博时，就已经体会到了异构网络融合业务所带来的便利。实际上，融合业务已经成为各电信运营商应用业务发展的主流。

融合业务的末端是各类终端产品，作为内容分发的最终载体，各类终端将业务与内容直接呈现给消费者。因此，终端应用能力的融合也将大大促进融合业务的发展。

目前，电信业务所使用的智能手机已经能够提供强大的业务支撑，基于固定网络的信息终端功能也十分完善，家庭网关也开始普及，家庭和公共场所无线接入热点的部署迅速增加。具备各种无线接入功能的智能手机、手持平板电脑、PDA、智能播放器、各类智能穿戴设备（智能手环、智能眼镜、智能手表等）等智能终端的处理能力与性能越来越强大。从业务融合的初期来看，逐步融合业务的开发将受制于现有终端的功能，但未来的终端必须能够适应各种融合业务，具备综合的融合业务处理能力，能够统一接入、统一呈现，并能给用户带来融合业务的统一体验。从iPhone的成功来看，终端将是未来各运营商争夺用户的主要战场之一，因此，各运营商必须在终端标准化的基础上定制有自己特殊的多媒体融合业务终端来吸引大量的用户。未来电信运营商的终端将集成现有终端的功能，并向网络化、视频化、娱乐化方向发展。此外，随着市场和技术的发展，电视机顶盒产品会向两个方向发展：一是越来越“瘦”，集成到数字电视的功能中，成为高质量的数字多媒体广播终端，接收来自运营商的数字广播节目并高品质地播出，这也将成为未来电视机的基本配置；二是越来越“胖”，成为数字家庭的媒体中心，配合高质量的显示终端，如高清数字电视，实现互动多媒体服务和其他增值服务，并与基于互联网的云服务逐渐融合。

由此可见，业务融合的推动者已经从网络提供商、设备提供商、内容提供商等转移到了终端生产商和业务平台提供商，如今天的 Google、苹果、微软、小米、Facebook 和 YouTube 等，它们一边开发自己的终端，一边搭建自有的业务平台，推动融合业务产业链的发展。

用户需求、业务发展需求以及技术进步是推动融合业务产业向前发展的 3 个主要因素。用户的沟通和信息的获取已经从单纯的话音、文字逐渐向多样化、个性化、娱乐性、互动性的富媒体方向转变。在网络融合后，不同的网络可以承载多种相似的业务，不同的业务功能可以整合到同一个业务平台。

在以融合为特征的业务发展新时期，用户的属性、生命周期、类型也呈现趋向多元化的特点。

（1）用户属性多元化

用户将不再是具有单一业务属性的平面人，而是多维度的立体人，用户的定义是多个属性集合。用户的生命周期不再局限于某个单一业务，其生命力与价值贡献将来自于多个业务的综合生命周期。

（2）用户外延丰富化

信息融合技术促进客户类型的丰富与发展，随着物联网理念的兴起，人、机器、周边环境等都将成为下一个“用户”。因此，随着融合业务的发展，业务的使用者也将有一定程度的融合，成为异构融合的信息受众。

融合业务的发展必须考虑到这些新的特点。移动互联网的业务管理也应该是综合的业务管理平台，能够支持对各类融合业务的统一管理，对用户体验、服务质量进行数据采集和控制，基于大数据处理等智能分析手段对用户行为、业务趋势进行挖掘分析，不断创新，推出新的业务模式和增值点，为用户提供个性化的服务[40-41]。

7.6.2 异构网络业务管理平台

在移动互联网中，在承载网络上建立一套以业务管理平台为核心、以用户门户、业务网关为支撑、开放、完善的综合业务运营管理体系，是开展各类业务运营的必要支撑，这一点已经成为业界共识。综合业务管理平台是移动数据业务的核心，与各种业务网关、SP 代理和各种应用平台等设备共同提供数据业务的支持。

综合业务管理平台有两个基本目标：一是给运营商和提供商提供一个快速引入、推广各种业务、具有方便完善的计费管理接口的基础平台；二是为用户提供更人性化和个性化的服务以及更快捷、方便的使用途径。综合说来，综合业务管理平台是管理相关功能的集合，在综合业务平台的水平架构上，实现了统一接入和统一管理。它的统一管理通过统一业务控制中心、统一管理中心、统一门户体现[42]。

1. 综合业务管理平台需求

传统的垂直业务管理平台对每一种业务能力分别构建一套独立的业务平台，使得运营成本不断提高，管理系统日益复杂，带来一系列问题。在这种情况下，如何构建统一的综合业务管理平台成为未来融合业务网络发展的重中之重。综合业务管理平台应满足以下需求。

① 具备水平化的业务引擎集成框架；

② 提供快速统一的服务提供商接入框架，支持“一点接入、全网服务、一点结算”；

③ 具有强大的多业务控制能力；

④ 支持丰富的计费策略，实现对各种业务流程的代计费；

⑤ 实现对用户数据、SP 数据、业务数据的统一管理，有完善、严格的 SP 监管机制；

⑥ 提供用户业务的个性化定制页面，为用户提供一站式服务。

这样，通过统一的业务管理平台就可以建立水平式的业务管理体系结构，更好地进行融合业务的运营、管理；而对于最终用户来说，业务管理平台提供了个性化、易用的服务使用环境，用户可以通过该平台在任何时间、任何地点使用手机、PC、PAD 等多种接入设备定制并享受个性化的服务。

2. 综合业务管理平台设计目标

针对上述综合业务管理平台的设计需求，业务管理平台应满足以下设计目标，即以提供个性化服务为中心，以电子商务和信息化为基础适应未来话音、数据以及增值业务的发展需求，通过与 BOSS、ERP、CRM、网管等系统的集成对综合业务提供公共的支撑平台和决策环境。具体来讲，综合业务管理平台应具有统一业务管理、统一用户信息管理、统一门户管理和统一终端管理四大功能，具体描述如下。

（1）统一业务管理

具备各类业务全生命周期管理功能，能够对业务设计、部署、开通、鉴权、改进等各个阶段的管理提供有力支持，缩短业务提供时间，在降低运营成本的同时支持业务的持续改进。

（2）统一用户信息管理

能够集中管理用户、业务、服务提供商等数据信息，维护各业务平台中用户信息的一致性，包括用户基本信息、用户业务状态、基础业务数据、业务订购情况、个性化设置等，减少数据冗余；具备客户行为分析功能，能够分析客户的业务定制行为和使用习惯，捕捉客户的兴趣爱好，指导服务提供商开发个性化服务，提供服务质量。

（3）统一门户管理

能够为各类客户提供一次登录的单一服务访问入口，自动保持客户数据与服务信息的一致性，在保持个性化服务的情况下降低客户支持成本，提高客户体验和忠实度。

（4）统一终端管理

能够识别用户终端类型和接入方式，根据终端能力和网络带宽优化业务配置，为业务管理系统和终端平台间信息交互提供必要的连接，在用户访问业务过程中，记录用户的使用习惯，为新业务开发积累基础数据。

3. **综合业务管理平台功能架构**

综合业务管理平台完成各类业务的业务管理和控制功能，主要负责用户管理、业务管理和 SP 管理，并对外提供开放接口支持业务的快速开发，也为各个业务引擎、SP 提供代计费功能。

综合业务管理平台主要包括业务接入（SAP）和管理支撑（MSP）两个核心功能模块。业务接入部分主要由各种业务网关组成，它是用户与 SP/CP 业务执行过程中的数据通道，负责提供 SP/CP 应用的接入，在应用和业务能力之间进行必要的协议转换，并能从业务流中提取计费、管理等信息。管理支撑部分负责业务资源的管理及业务的开通，同时对业务运营进行监控，它提供各种资料（包括用户、SP/CP及业务）的管理维护、业务执行过程中的鉴权与授权、业务的计费与结算等功能。同时，该平台还应提供业务相关的各种统计、查询功能，例如用户统计、SP及业务统计等。业务管理平台的功能架构如图7-39所示。

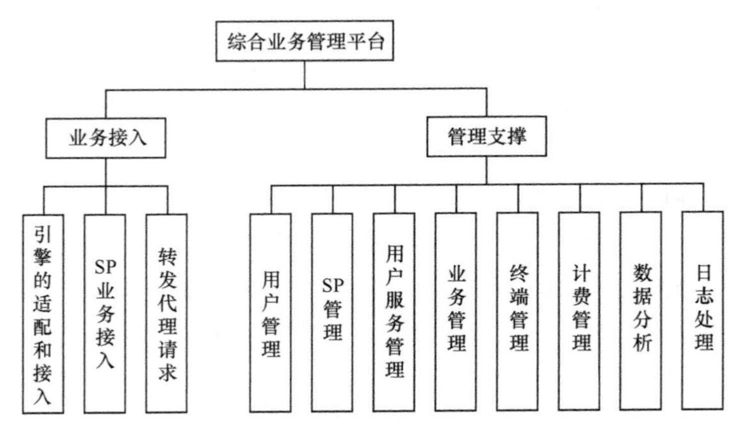

图7-39 综合业务管理平台功能架构

MSP是综合业务管理平台的管理相关功能集合，具有统一的用户管理、业务管理、SP管理、用户鉴权和计费等功能。MSP支持业务数据、SP数据、计费数据的统一保存，并通过统一的接口层与外部系统交互，包括BOSS、ERP、CRM和网管系统等。

MSP通过展现层、核心控制层、应用管理层和外部应用接口层来实现全部的管理功能，展现层通过门户界面为终端用户提供访问入口，为SP/CP用户提供SP入口，为维护人员提供系统操作员入口；核心控制层承担业务使用过程中的认证、鉴权和计费，为业务的运作提供后台支撑；应用管理层是整个平台管理功能的集成，为服务提供商提供丰富、强大的运营管理功能和完善、安全的业务管理功能；外部应用接口层提供了良好的可扩展性，保证与现有网络运营系统的兼容。业务管理平台通过接口层与BOSS、ERP、CRM、网管系统等进行良好的集成。

SAP是平台对业务引擎和SP、CP进行集成的功能单元，在综合业务管理平台整个水平架构上，是统一接入的实现。SAP提供适配器对多种业务引擎进行适配，基于符合网络标准协议的规范，使业务引擎通过最小的开发接入业务平台；对SP/CP、SAP提供应用接入开发环境，提供平台业务标准接入接口API和SDK，SP/CP通过实现平台的标准接口就可以轻松向用户提供应用业务。综合业务管理平台为各类客户提供单一的服务访问入口，自动保持客户数据与服务信息的一致性和个性化。

4. *功能模块详细描述*

（1）用户管理

用户管理功能是业务管理平台的用户数据维护中心，该功能包括用户注册、注销、服务访问支持、用户鉴权、信息查询和用户个性化设置等。同时，通过用户的会话管理，为用户提供一个统一服务访问入口，使用户可以一次接入、一次认证即可使用平台提供的各种业务，即实现 SSO（单点登录认证），通过 SSO 访问后台的多个应用系统，支持用户名/密码以及手机号码等身份认证方式，根据用户的角色和 URL 实现访问控制功能，并提供多种接入方式，方便用户进行个性化信息的设置及维护。

（2）业务管理

综合业务管理平台的业务管理功能，包括业务信息管理、业务的生命周期管理和业务的控制功能、业务的订购和提供功能。具体功能包括 SP 业务的开通、试用和发布管理、业务运营管理和订购关系管理等。

（3）SP/CP 管理

综合业务管理平台的 SP/CP 管理负责 SP/CP 信息维护，包括 SP/CP 注册、SP/CP 基本信息管理、SP/CP 生命周期管理、SP/CP 信用管理、SP/CP 鉴权授权管理、SP/CP 业务鉴权管理等功能。同时，在 SP 业务系统接入综合业务管理平台时，业务管理平台可以根据业务需要对 SP 开放业务订购关系的同步接口，也可以通过类似 SP 代理的业务引擎将订购关系同步给 SP。SP 通过获取业务管理平台产生的订购关系来确认用户已经订购了该业务。

（4）用户服务管理

用户服务系统是为用户提供自助服务的功能单元，与信息浏览类业务的门户之间可以通过链接方式互联，自服务系统和信息浏览类业务的门户之间存在相互包容的关系，可以根据业务需要进行建设。原则上，各个业务应用平台都需要提供各自的用户自服务功能模块，实现本业务平台内的自服务功能。综合业务管理平台提供用户统一的业务自服务系统，该自服务系统通过带有用户鉴权信息的链接跳转或 SSO 机制，调用各业务应用平台的用户服务系统，为登录到用户服务系统的用户提供各种自服务功能。

（5）日志管理

系统必须提供系统运行日志、数据变更日志、系统操作日志，并且提供查询和统计功能。系统提供日志归档功能，归档时间可以通过配置参数进行动态配置。

（6）终端管理

综合业务管理平台要支持对移动终端的管理功能，负责终端信息的维护。主要用来判断用户使用业务的能力，同时能够根据用户的终端特点，提供更适合用户终端的界面。终端管理应该能够存储用户终端的相关信息，能够增加终端的类型，修改各类终端的属性，包括终端类别、厂商、型号、屏幕大小、语言版本（中文/英文）、支持的业务种类、终端软件版本等，能够删除终端类型，能够根据各种属性查询终端的信息，并为其他模块提供查询的功能。

（7）数据分析

综合业务管理平台具备根据系统收集的各类数据对 SP、业务、用户、门户和代计费等信息的统计分析功能。

（8）计费管理

负责制定各种计费策略，对业务使用中发生的计费事件进行实时或非实时处理。一般情况下，综合业务管理平台的计费原始记录来自各个 SP 代理。

5. **综合业务管理平台软件架构**

综合业务管理平台从软件架构上可分为 4 个子系统：门户子系统、管理中心子系统、业务逻辑控制子系统、接口子系统。业务管理平台的软件组成如图 7-40 所示。

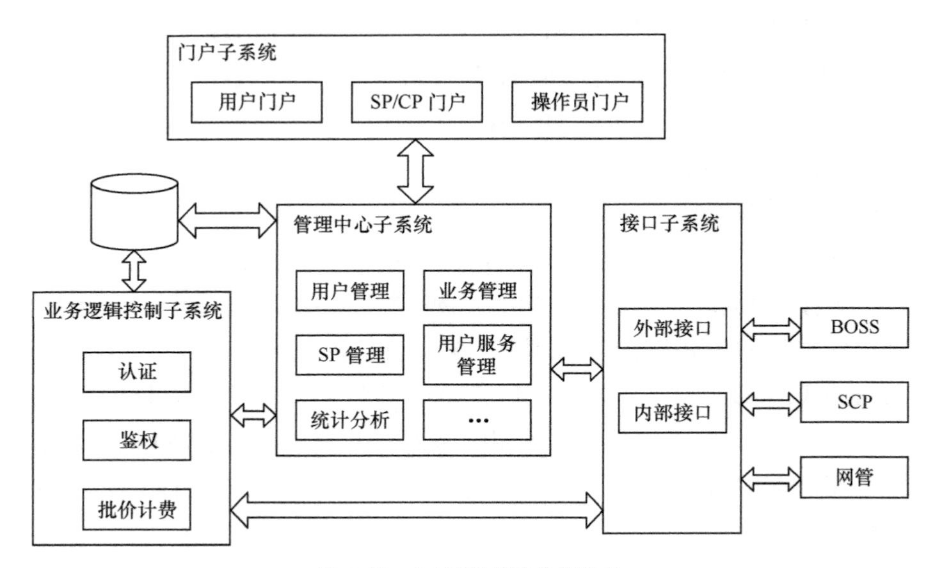

图 7-40　业务管理平台软件组成

（1）门户子系统

综合业务管理平台面向的用户有网络用户、应用服务提供商、系统操作员。因此，平台门户子系统由用户门户、SP/CP 门户和系统操作员门户 3 个模块组成。支持用户单点登录认证。

用户门户：包括 Web 门户和 WAP 门户，是用户自服务的渠道。提供用户访问各项业务的入口，包括业务的订购及退订、业务功能的使用、查询用户相关信息及用户订购业务记录等。各业务应用系统门户互相独立，但是共享数据库信息。

SP/CP 门户：通过该入口，SP/CP 可以对自己提供的应用业务进行管理。

系统操作员门户：对整个平台进行维护，是对 SP/CP、用户进行管理的入口，支持管理权限设置，能够根据权限级别展现不同的管理功能。

（2）管理中心子系统

管理中心子系统是业务管理平台所有管理逻辑的会聚点，门户展现的功能都是由管理中心控制实现的，管理中心主要实现用户管理、SP/CP 管理、业务管理、用户服务管理、终端管理、日志管理及本身的系统管理功能等。

（3）业务逻辑控制子系统

主要完成对性能要求较高的业务逻辑处理，包括业务使用过程中的认证、鉴权和计费等，为业务的运作提供后台支撑，还包括组合业务逻辑处理等功能。

（4）接口子系统

接口子系统主要处理协议适配和相关外部系统（如 BOSS、网管系统等）的接口，支持与 BOSS、ERP、CRM 和网管系统等进行良好的集成。综合业务管理平台通过各类接口和协议适配屏蔽底层网络的复杂性，主要包括 SAP 与业务引擎之间的协议适配接口、SAP 与 SP 之间的接口、MSP 与应用平台之间的接口。管理平台接口协议采用基于 HTTP 的 SOAP，以 Web Service 方式实现相互通信。

7.6.3　业务质量指标体系与评价

在移动互联网中，各类业务的快速发展对业务服务质量提出了更高的要求。在综合业务管理系统中，建立业务管理质量指标体系和评价方法是保证业务服务质量的关键。服务等级协议（Service Level Agreement，SLA）规定了业务提供商向用户提供服务的整体目标。本节论述面向 SLA 的业务管理质量指标体系和评价方法，并在此基础上采用模糊评价算法建立了业务服务质量评价模型[43]。

1. 业务管理质量定义

根据业务管理和管理质量的基本概念，将业务管理质量定义如下：以实现业务管理为目标，构成业务管理活动的各要素之间遵循共识关系协同工作、满足规定需求和潜在需求能力的特征和特性的总和。业务管理质量用于衡量业务管理能力的高低，体现了业务管理系统完成业务管理活动的能力，直接表现在影响业务管理结果的指标上。例如，用户向 SP 申请业务后，业务提供是否及时，业务内容是否准确表达了用户意愿，收费是否合理，用户使用服务时的服务效果、效率等。为了对业务管理质量进行评价，首先需要建立可行的业务管理质量评价指标。

2. 面向 SLA 的业务管理指标

（1）业务管理质量的指标选取

业务管理质量是一个复杂的问题，呈现出多元化的特点，如何选取合适的指标评价业务管理质量是影响业务管理质量评价结果的关键。本节参照广泛使用的 SLA 业务等级指标，建立面向 SLA 的业务管理质量指标体系，定量反映业务管理的质量。

基于 SLA 的业务管理行为，主要是 SP 与用户之间就一系列业务质量指标进行协商、定制和签署合同的过程。其中，SLA 指标的选取、量化、参数化是 SLA 业务管理的核心任务之一。参考 TMF 制定的 SLA 相关标准，SLA 指标分为 3 个层次的指标集合。

① 客户层指标：业务提供者向客户提供的、衡量业务整体使用效果的指标，包括业务可用性百分比、业务提供时间、业务恢复时间、业务失效频率等。

② 业务层指标：与具体业务应用相关的业务性能指标，包括业务支撑性能、业务运行性能、可服务性能、业务安全性能等。

③ 网络层指标：与具体网络技术相关的网络性能参数，包括各类承载网络的传输时延、带宽、抖动等。

由于融合业务管理主要关注客户层和业务层内容，因此，将网络层指标简化为网络可用性指标，当对具体业务管理质量作测量时，根据业务特性，通过调整网络可用性指标的权重实现各个指标对业务管理质量的完整评价。

（2）业务管理质量指标体系

SLA 指标是为了保证 SP 向用户提供服务的质量对 SP 所提供服务内容的规定，反映了业务提供中管理和业务资源共同的结果，可以作为反映业务管理质量的一个参照系。表 7-6 中描述了面向 SLA 的业务管理指标体系，其中包括可量化指标和定性指标。例如，业务可用性指标是直接影响用户感受的 SLA 指标，但是该指标却很难定量描述，一般通过业务不可用性计算出来，但是准确度受很多因素影响，有些指标可以通过统计和计算获得，例如平均业务提供时间、平均业务恢复时间等。

表 7-6　面向 SLA 的业务管理质量评价指标体系

序号	指标名称	指标描述	指标代码
1	业务可用性	$URate=(1-UURate)\times 100\%$	GL1
2	业务提供时间	$ATime=SLASubmitTime-ServiceProvideTime$	GL2
3	业务恢复时间	$RTime=ServiceErrorTime-ServiceReProvideTime$	GL3
4	业务失效频率	$Erate=\frac{ErrorTime}{Period}\times 100\%$	GL4
5	业务支撑性能	$SPCapability=\sum_{i=0}^{n} Spport_i \times Per_i$	GL5
6	业务运行性能	$EXCapability=\sum_{i=0}^{n} Execution_i \times Per_i$	GL6
7	可服务性能	$SRCapability=\sum_{i=0}^{n} Service_i \times Per_i$	GL7
8	业务安全性能	$SECapability=\sum_{i=0}^{n} Security_i \times Per_i$	GL8
9	网络可用性	$NWUsability=\sum_{i=0}^{n} Network_i \times Per_i$	GL9

业务可用性：表示业务可以被有效使用的能力，用百分比表达。该指标是定性描述的，无法直接计算，可以通过业务不可用性计算得到，有效区间可以取用户申请使用业务的时间。业务的不可用可能由网络、设备、系统等多种因素引起。

业务提供时间：表示用户申请业务后到可以使用业务的时间间隔，采用待评价时段的平均值。

业务恢复时间：表示业务因故中断到恢复服务的时间间隔，采用待评价时段的平均值。

业务失效频率：表示待评价时段内单位时间业务不可使用的次数。

业务支撑性能、业务运行性能、可服务性性能、业务安全性能 4 个指标分别包含一系列子项目，每个子项目的表现与其对整体影响的总和代表了该指标的定量表达。例如，业务支撑性能包括业务指配时间、计费错误概率、错误的收费概率、计费的完整性等。通常情况下，这些子项目对指标的影响不是线性地简单求和，在实际应用中，各个子项目可能具有不同的权重。对业务管理质量指标体系的建立是一个动态的过程，指标需要不断地完善和修正。上述指标体系展示了业务管理的一个侧面。

3. **业务管理质量的模糊评价**

（1）业务质量的模糊评价

对于业务管理质量的评价，很难做出好和坏这种明确的评价结果，一般采用模糊评价的方法，即通过建立“模糊集合”对系统进行定量的描述和处理。在模糊集合中，给定范围内的元素与集合的隶属关系不是仅包括“是”和“否”两种情况，而是用介于 0 和 1 的实数来表示隶属程度，允许存在中间过渡状态。当有些系统的业务管理质量不好也不坏时，此时，业务管理质量的评价更适合用一个相对结果表达。通常情况下，对业务管理系统质量的评价应该是“好于大多数系统”“与大部分系统一样好”或者“不如大部分系统”，这些评价结论十分适合用模糊集合表示：系统的质量在 0 和 1 之间，最好的是 1，最差的是 0。用模糊集合表示上述系统业务质量结果为{0.8, 0.5, 0.2}，这样更能体现待评价系统业务质量好坏的程度。

（2）模糊评价方法

模糊评价方法就是利用模糊集合的理论，考虑多种因素对一个评价对象的影响，基于某个目标做出综合决断或决策。在模糊评判模型中最重要的有 3 个因素，即因素集、评判集及一个模糊映射。

模糊综合评价方法的基本步骤如下。

① 确定评价对象因素集 $U=\{u_1,u_2,u_3,\cdots,u_n\}$，集合 U 中的元素代表质量评价指标体系中的各个指标，n 代表指标体系中指标的数量。

② 确定评判集 $V=\{v_1,v_2,v_3,\cdots,v_m\}$，$m$ 代表评判等级数量。V 是对 U 集合中元素的评价，评价结果体现为 u_i 对 v_j 的所属程度。

③ 确定模糊矩阵 $\boldsymbol{R}=\left(r_{ij}\right)_{\text{matrix}}$，其中，$r_{ij}$ 代表第 i 个因素对应评判集中第 j 个评判结果的隶属程度。

④ 确定评价因素的权值分配，即 U 上的模糊集 $A=\{a_1,a_2,a_3,\cdots,a_n\}$，$a_i$ 代表第 i 个因素 u_i 在 U 上的权重，A 集合的元素满足归一化条件为 $\sum_{i=1}^{n}a_i=1$。A 的计算

就是模糊集的隶属度计算。隶属度计算方法有多种，根据具体情况确定。本节采用了二元对比排序法。

⑤ 确定评价因素的影响因子，取定 V 上的模糊集，记 $B=\{b_1,b_2,b_3,\cdots,b_m\}$，其中，$b_j$ 反映了第 j 种决断在评价总体 V 中的地位。B 的计算方法为 $B=a\circ R=(b_1,b_2,\cdots,b_m)$，其中，“$\circ$”代表合成算子。

⑥ 评价结果 S 的计算方法：为了充分利用综合评价的信息给出直观的评价结果，利用评价向量的分量形成权重，对各个评判等级的得分进行加权平均，得到评价的总分。评价因素影响因子权重的计算方法为：

$$\delta_j=\frac{b_j}{\sum_{i=1}^{m}b_i},\ j=1,2,\cdots,m \tag{7-35}$$

然后对每个评判等级 v_j 进行打分，分数为 c_j，如果打分为“优、良、中、差”的级别，可以换算为相应的分数进行计算。根据各个评价因素影响因子权重和各个评判因素的打分计算总分 S，计算式为：

$$S=\sum_{j=1}^{m}\delta_j c_j \tag{7-36}$$

根据评价对象的得分 S 就可以比较各个评价对象之间的评价结果。

（3）业务质量模糊评价示例

根据上述模糊评价方法，对表 7-7 中的指标进行评价。建立各个指标的权重分配隶属度集合 A 是评价的关键点，因此在模糊评价中提供了 6 种以上的方法计算隶属度。本节采用二元对比排序法确定集合 A，通过逐一比较两个指标元素间的隶属度高低，建立指标元素的隶属度序列，再提炼模糊集。

考虑由 9 种指标构成的因素集 $U=\{u_1, u_2, u_3, u_4, u_5, u_6, u_7, u_8, u_9\}$，通过对两两指标的比较得到序列关系表 7-7。

表 7-7　业务管理质量评价指标隶属关系表

因素	GL1	GL2	GL3	GL4	GL5	GL6	GL7	GL8	GL9
GL1	=	⩾	⩾	⩾	⩾	⩾	⩾	⩾	⩾
GL2	⩽	=	⩽	⩽	⩽	⩽	⩽	⩽	⩽
GL3	⩽	⩾	=	⩽	⩽	⩽	⩽	⩽	⩽
GL4	⩽	⩾	⩾	=	⩾	⩾	⩾	⩾	⩽

（续表）

因素	GL1	GL2	GL3	GL4	GL5	GL6	GL7	GL8	GL9
GL5	⩽	⩾	⩾	⩾	＝	⩽	⩽	⩽	⩽
GL6	⩽	⩾	⩾	⩾	⩾	＝	⩾	⩾	⩽
GL7	⩽	⩾	⩾	⩽	⩾	⩽	＝	⩾	⩽
GL8	⩽	⩾	⩾	⩾	⩾	⩾	⩾	＝	⩽
GL9	⩽	⩾	⩾	⩾	⩾	⩾	⩾	⩾	＝

注：“＝”表示两个指标对模糊集合 A 具有相同的隶属度；“⩾”表示 GL_i（横排指标）对集合 A 比 GL_j（纵列指标）对集合 A 具有更高的隶属度；“⩽”表示 GL_i 对集合 A 比 GL_j 对集合 A 具有更低的隶属度。

由表 7-7 计算出集合 A，对 u_i，$u_j \in U$，令 P_{ij} 表示 u_i 对于 A 比 u_j 对于 A 的优先程度。P_{ij} 确定规则为：

$$0 = P_{ij} = 1, \quad i, j = 1, 2, \cdots, n; \tag{7-37}$$

$$P_{ij} + P_{ji} = 1, \quad \forall i \neq j \tag{7-38}$$

根据表 7-7 和式（7-37）、式（7-38）的规则计算矩阵 $\boldsymbol{P}$，如图 7-41 所示。矩阵 $\boldsymbol{P}$ 中将 P_{ij} 和 P_{ji} 设置为 0.6 或 0.4，在满足式（7-37）和式（7-38）的情况下，P_{ij} 和 P_{ji} 可以取多组不同的值，如（0.7, 0.3）、（0.8, 0.2）等。具体的取值在后续的计算过程中不会影响结论，在此取较接近的（0.6, 0.4）。

$$\begin{pmatrix}
1 & 0.6 & 0.6 & 0.6 & 0.6 & 0.6 & 0.6 & 0.6 & 0.6 \\
0.4 & 1 & 0.4 & 0.4 & 0.4 & 0.4 & 0.4 & 0.4 & 0.4 \\
0.4 & 0.6 & 1 & 0.4 & 0.4 & 0.4 & 0.4 & 0.4 & 0.4 \\
0.4 & 0.6 & 0.6 & 1 & 0.4 & 0.4 & 0.4 & 0.4 & 0.4 \\
0.1 & 0.6 & 0.6 & 0.4 & 1 & 0.4 & 0.4 & 0.4 & 0.4 \\
0.4 & 0.6 & 0.6 & 0.4 & 0.6 & 1 & 0.6 & 0.6 & 0.4 \\
0.4 & 0.6 & 0.6 & 0.4 & 0.6 & 0.4 & 1 & 0.6 & 0.4 \\
0.4 & 0.6 & 0.6 & 0.4 & 0.6 & 0.4 & 0.4 & 1 & 0.4 \\
0.4 & 0.6 & 0.6 & 0.6 & 0.6 & 0.6 & 0.6 & 0.6 & 1
\end{pmatrix}$$

图 7-41　基于二元对比排序法的模糊关系矩阵

采用平均法计算集合 $A=\{0.644,0.467,0.489,0.6,0.511,0.578,0.556,0.533,0.622\}$。

所谓平均法是对基于二元对比排序法的模糊关系矩阵逐行计算平均值组成集合 A 的各个元素，然后将集合 A 的全部元素相加作为分母，集合 A 的每个元素作为分子，计算得到满足归一法的集合 A 的各个元素。集合 A 的元素之和为 5，5 作为分母，通过表达式 $a_i' = a_i / 5$ 计算 A' 的各个元素，得 A'={0.1288，0.0934，0.0978，0.12，0.1022, 0.1156, 0.1112, 0.1066, 0.1244}。

以表 7-7 计算出的模糊集 A 为例，计算如下 3 个业务管理系统的指标实例的质量等级。

$$u_1=\{99, 98, 97, 99, 98, 98, 99, 97, 100\}$$
$$u_2=\{99, 97, 98, 99, 98, 98, 99, 97, 100\}$$
$$u_3=\{99, 99, 98, 97, 98, 98, 99, 97, 100\}$$

建立评判集为 V={优，良，中，差}={100, 80，60, 40}。图 7-42（a）~图 7-42（c）的矩阵描述了 3 个业务管理系统评价指标的模糊评价矩阵 $\boldsymbol{R}$，$\boldsymbol{R}$ 的计算可以采用等级比重法。简单的方法是假设 100 位专家为 3 个系统打分，专家为各个指标给出的 4 个等级的人数构成矩阵元素值。例如，100 位专家中 99 位给系统 u_1-GL1 元素打“优”，1 位打“良”，得到该行各元素的值为[0.99　0.01　0　0]。

根据模糊评价方法步骤⑤中给出的计算式计算出评价因素影响因子的集合 B，得到集合 B 的计算结果为：

$$b_1=\{0.984044，0.008756，0.005156，0.002044\}$$
$$b_2=\{0.984088，0.008756，0.005156，0.002\}$$
$$b_3=\{0.983556，0.008756，0.005422，0.002266\}$$

$$\begin{pmatrix} 0.99 & 0.01 & 0 & 0 \\ 0.98 & 0.01 & 0.01 & 0 \\ 0.97 & 0.01 & 0.01 & 0.01 \\ 0.99 & 0.01 & 0 & 0 \\ 0.98 & 0.01 & 0.01 & 0 \\ 0.98 & 0.01 & 0.01 & 0 \\ 0.99 & 0.01 & 0 & 0 \\ 0.97 & 0.01 & 0.01 & 0.01 \\ 1 & 0 & 0 & 0 \end{pmatrix} \quad \begin{pmatrix} 0.99 & 0.01 & 0 & 0 \\ 0.97 & 0.01 & 0.01 & 0.01 \\ 0.98 & 0.01 & 0.01 & 0 \\ 0.99 & 0.01 & 0 & 0 \\ 0.98 & 0.01 & 0.01 & 0 \\ 0.98 & 0.01 & 0.01 & 0 \\ 0.99 & 0.01 & 0 & 0 \\ 0.97 & 0.01 & 0.01 & 0.01 \\ 1 & 0 & 0 & 0 \end{pmatrix} \quad \begin{pmatrix} 0.99 & 0.01 & 0 & 0 \\ 0.99 & 0.01 & 0 & 0 \\ 0.98 & 0.01 & 0.01 & 0 \\ 0.97 & 0.01 & 0.01 & 0.01 \\ 0.98 & 0.01 & 0.01 & 0 \\ 0.98 & 0.01 & 0.01 & 0 \\ 0.99 & 0.01 & 0 & 0 \\ 0.97 & 0.01 & 0.01 & 0.01 \\ 1 & 0 & 0 & 0 \end{pmatrix}$$

（a）u_1 的 $\boldsymbol{r}$ 矩阵　　（b）u_2 的 $\boldsymbol{r}$ 矩阵　　（c）u_3 的 $\boldsymbol{r}$ 矩阵

图 7-42　3 个系统的模糊评价矩阵 R

根据得到的集合 B 和式（7-35），计算 3 个系统评价因素影响因子的权重 d，再根据式（7-36）和评判集合的具体分数计算出 3 个系统的评价结果总分 S 分别为：S_1=99.496，S_2=99.49867，S_3=99.472。

通过模糊综合评价方法计算出了 3 个系统的业务管理质量评价结果。从各个系统的评价结果得到结论：系统 2 具有最好的业务管理服务质量，系统 1 次之，系统 3 服务质量最不好。该结论与直接观察 U 各个指标的得分状况得到的结论是一致的。u_1 和 u_2 评判结果的唯一区别是 GL2 和 GL3 的得分不同，其中，u_2 的 GL3 比 u_1 的 GL3 高 1 分，u_2 的 GL2 比 u_1 的 GL2 低 1 分。根据计算模糊集 A 的值得到 GL3 比 GL2 对 U 具有更重要的作用，u_2 比 u_1 具有更高的业务管理质量。同理得到，u_1 比 u_3 具有更高的业务管理质量。由此说明，通过模糊评价方法得到的评价结论是有效的。当指标的打分复杂化后，通过模糊评价方法可以更加容易地获得对业务管理质量的评价[42]。

7.6.4 业务的用户体验管理

用户体验是指用户在使用一个产品或服务的过程中建立起来的纯主观心理感受，是用户与企业提供的产品互动时的所有感知、认知以及情感态度反应，这种心理感受同时会受到客户使用产品时的环境影响。它由个性化和互动一系列事件和经历组成，创造并形成客户的记忆[44]。在移动互联网中，用户通过多种接入手段访问各类业务，随着移动互联网的迅速发展，在移动应用和服务方面，用户有更大的自由度和选择范围，如何推广应用以及提高用户的黏度，是运营商和服务提供商的关注焦点，因此，用户体验管理成为移动互联网管理的重要组成部分。

7.6.4.1 用户体验特征

1. 用户体验分析层级[30]

用户体验到的产品既可以是单一的产品，也可以是产品组合，还可以是整合化、主题化的体验环境。基于此，我们分析用户体验，可以分为如图 7-43 所示 3 个方面的分析层级。

目前，不管是 ICT 产业，还是娱乐产业，甚至是传统的产业，都在提用户体验，但其往往对用户体验含义的理解可能不在一个层级。例如，ICT 产品的设计开发人员甚至用户体验相关人员会把用户体验等同为单一产品的使用体验，因而强调的是单一产品的可用性。而另外一些娱乐型产业的业内人士强调更多的是整合的体验，

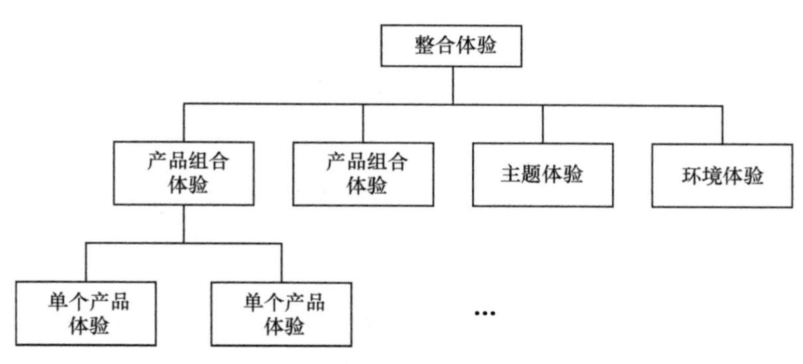

图 7-43　用户体验分析层级

如迪士尼乐园、环球嘉年华、主题酒吧等，他们不仅提供产品，而且提供产品组合、服务、体验主题、体验环境等一个完整的体验，简单地说，他们出卖的就是“体验”。用户体验分析层级的提出，有利于业内人士清楚，在谈到用户体验时，自己是站在什么样的层级上来谈论的，即使是同一企业内部的部门，由于分工与所处角度的不同，对用户体验层级的理解也可能不同。而各个层级的用户体验所包含的内容以及关注的焦点都会截然不同。例如单一产品的用户体验所包含的内容更多是围绕这一产品所体现出来的体验内容，整合的用户体验就不仅包含产品、服务，还包含企业所创造体验的主题、环境、体验激励机制等方面。

从用户需求发展的观点来看，未来的电信产业及业务将越来越趋向创造整合的用户体验。

2. **用户体验阶段划分**

用户体验阶段是用户接触一个新产品，购买、使用体验该产品的一个时间过程。在不同的体验阶段，用户所关注的需求重点不同。根据用户终生体验的理念，用户体验的阶段可以分为购买前体验、购买体验、使用体验和使用后体验。

① 购买前体验。用户通过各种传播途径获知产品的信息，并实际了解产品的特性，例如是否实用、外观是否有吸引力、价格是否能够承受等。此时，用户开始对产品有一个认知和态度、情感倾向上的体验。

② 购买体验。此时用户重点关注的是购买是否方便，购买渠道便利性会影响用户的购买体验。

③ 使用体检。用户在实际使用的过程中就会获得一定的使用体验，如体验到这个产品使用是否方便、使用的过程中是否稳定、是否出现异常等。这种使用上的体验对用户满意感的形成至关重要。

④ 使用后体验。用户在使用一段时间/接受售后服务后，就会综合之前的经验，形成对该产品整体上的体验，此时用户会关注该产品是否值得信赖，如果值得信赖，则形成对这个产品的忠诚度。

用户体验的阶段与用户终生体验模型相对应，如图 7-44 所示。

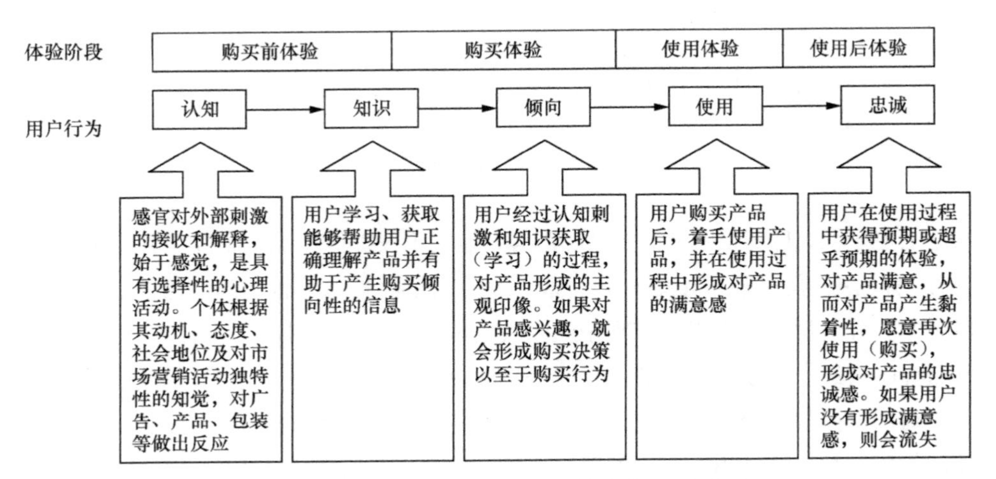

图 7-44 用户体验阶段与用户终生体验模型对应关系

3. 移动通信产品/业务用户体验特征

一个产品的特征包括 4 个层次：功能特征（对应用为核心的产品而言）/内容特征（对以内容为核心的产品而言）、界面特征、服务特征和品牌特征。如图 7-45 所示。

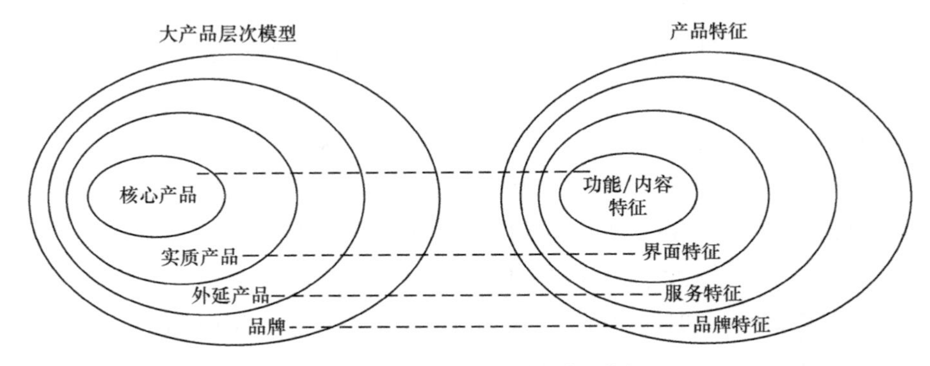

图 7-45 大产品层次模型与产品特征

任何电信产品的实质产品层面都体现在移动终端的界面上，同时，移动产品也离不开移动网络这一信息通道。因此，在分析电信产品的特征时，应综合考虑移动终端和移动网络的特征。移动终端的特征包括两个方面：终端物理特征和终端使用特征。移动网络也包括两方面的特征：技术特征和管理特征。分析结果如图 7-46 所示。

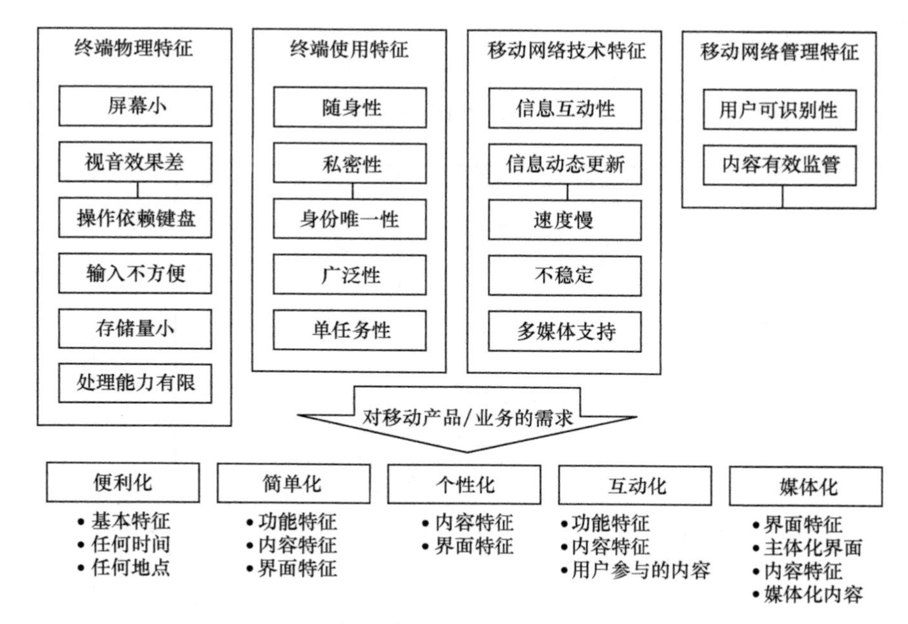

图 7-46　移动产品/业务的终端特征和网络特征

移动终端及其移动网络的特征对移动产品提出了多方面的要求。

① 便利化：可以随时随地购买和使用，这是移动产品最基本的特征。

② 简单化：界面使用方便，功能与操作简单，内容及其表现形式清晰易懂。简单化是对移动产品功能特征、内容特征、界面特征的要求。

③ 个性化：内容和用户界面满足用户个性化的需求。个性化是对移动产品内容特征、界面特征的要求。

④ 互动化：能够支持用户之间顺畅地互动沟通，提供用户参与性内容。互动性是对移动产品功能特征、内容特征的要求。

⑤ 媒体化：界面主题化，内容媒体化。媒体化是对界面特征、内容特征的要求。

7.6.4.2　用户体验评测体系

1. 用户体验评测体系模型

基于对用户体验的理解，要提升用户的移动通信产品体验，需要构建移动产品的用户体验评测体系。在构建评测体系时，首先要了解影响用户体验的要素，用户体验的影响要素需要结合用户体验产品的过程阶段和用户所体验到的对象/内容方面来考虑。对于产品而言，用户所体验到的内容主要是产品所具备的特征；产品特征越契合用户的期望与需求，并满足一定的环境特征要求，用户将越有可能获得优良的体验。用户体验评测体系模型如图 7-47 所示。

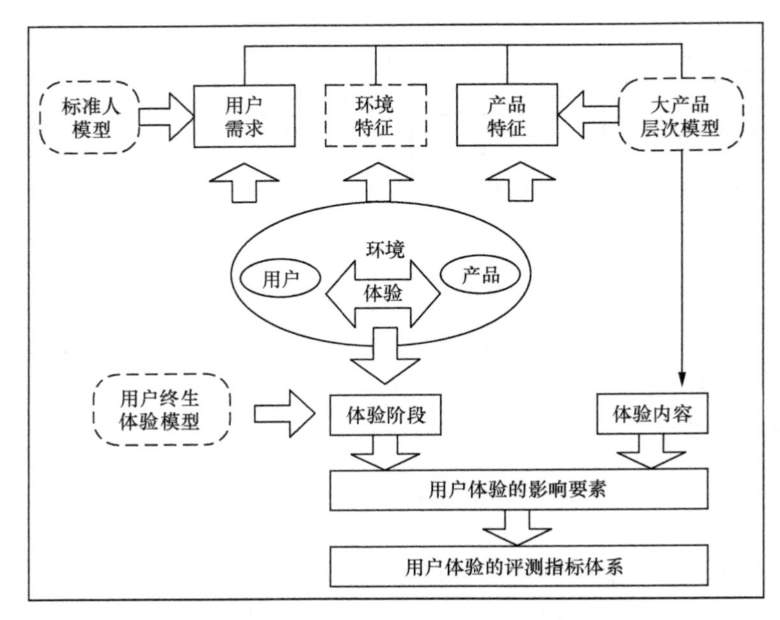

图 7-47　用户体验评测体系

用户体验评测体系模型是构建电信产品用户体验评测体系的行动纲要和指南。

2．移动通信产品用户体验的影响因素

用户只有感到产品的价值满足了用户的期待，甚至超越了用户本身的期待，用户才会对产品有优良的体验，进而形成对产品的满意感和忠诚度。为了分析移动产品的用户体验影响要素，需要从两个方面来考虑：一方面是考虑用户体验的阶段，即用户在从开始接触产品直到获得忠诚度的整个过程，这里借鉴用户终身体验模型；另一方面，用户究竟体验了哪些内容或方面，可以借鉴大产品层次模型来分析。

从用户需求的角度来看产品的特征，成为用户对一个产品的体验内容。对用户的产品体验内容进一步分析，得到的结果如图 7-48 所示。

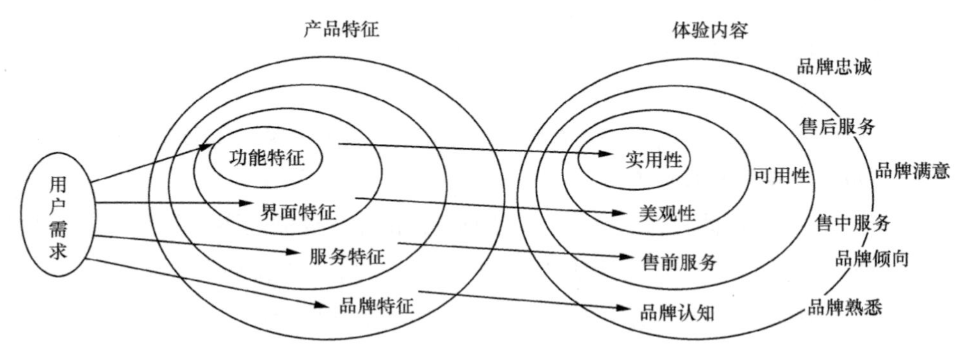

图 7-48　产品特征与体验内容

其中，可用性是指能够反映产品的用户界面是否能使用户高效完成任务、容易学习、操作方便等的产品特征，它是实质产品与用户交互的重要特性。结合体验内容和体验阶段来分析影响用户体验的要素，分析结果如图 7-49 所示。

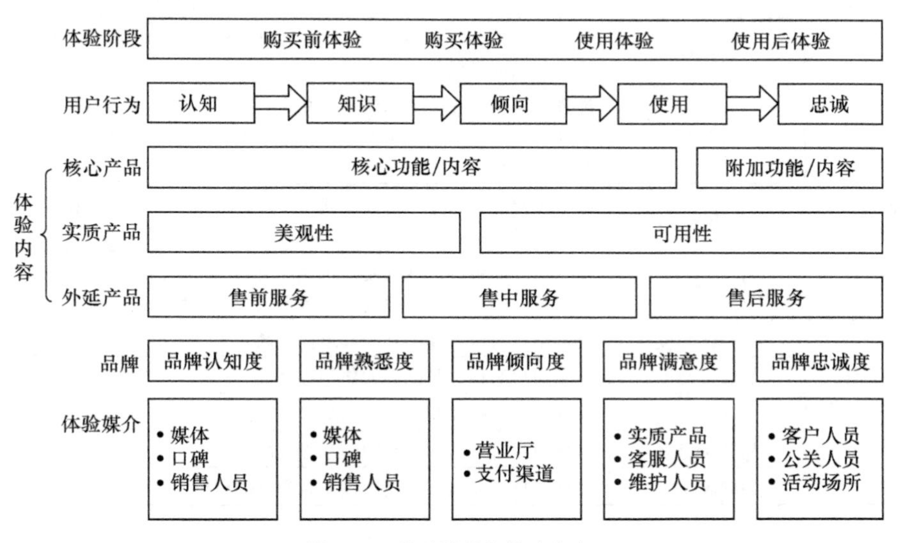

图 7-49　体验阶段与体验内容

移动通信产品的移动性、随身性等特点满足了用户“无处不在地沟通和获取信息”的需要，同时，它的终端物理特性、网络技术特性等方面的局限对形成优良的用户体验构成挑战，使得用户体验成为移动产品成败的重要决定因素，同时也给移动的产品用户体验研究提出挑战。用户体验与用户需求、产品特征的关系，可以用如下表达式来表示。

产品特征=（符合）用户需求专用户体验好，用户满意。

产品特征<（不满足）用户需求专用户体验差，用户埋怨。

产品特征>（超越）用户需求专用户体验卓越，用户惊喜，忠诚度上升。

3. **用户体验评测指标体系**

移动产品的用户体验评测指标来源于移动产品用户体验的影响要素。前面提到的用户体验影响要素可以作为移动产品用户体验评测的一级指标。移动产品的用户体验评测一级指标以及能够给用户带来优良体验的准则见表 7-8。

表 7-8　移动通信产品用户体验测评的一级指标

产品层级	一级指标	优良用户体验的准则
核心产品	核心功能/内容	产品的主要功能/内容定位满足目标用户的核心需要
	附加功能/内容	产品的其他功能/内容满足目标用户的附加需要，支持并扩展核心功能/内容
实质产品	美观性	产品外观符合用户个性特征，并满足用户的审美需要
	可用性	目标用户能够容易地学习产品，方便、快捷地操作产品，利用产品高效而准确无误地完成任务
外延产品	售前服务	能使目标用户在购买前清晰地知道产品的名称以及所具有的功能/内容；让用户非常容易理解产品的使用以及其他与产品有关的知识
	售中服务	能使用户非常方便、快捷地获得产品、支付费用和安装设置，直至产品能够正常使用
	售后服务	接受用户的咨询，帮助用户迅速而有效地解决问题；为用户提供额外的利益，并通过活动等形式以获得用户的信任
品牌	品牌认知度	目标用户对该产品品牌的知道程度高
	品牌熟悉度	目标用户对该产品品牌的熟悉程度高
	品牌倾向度	目标用户对购买和使用该品牌产品的倾向性高
	品牌满意度	目标用户对该品牌产品的满意程度高
	品牌忠诚度	目标用户重复购买和使用该品牌产品的程度高

7.6.4.3　用户体验管理内容

1. **用户体验管理模块的划分**

电信运营商对用户体验的管理可以分为以下 4 个模块。

（1）新产品/业务研发

运营商在研发新产品/业务的过程中所进行的用户体验管理。此时的用户体验管理涉及新产品/业务研发的整个生命周期，与可用性工程管理保持一致。

（2）已有产品/业务改善与创新

运营商针对已经市场运营的产品/业务所进行的用户体验管理。此时的用户体验管理主要在于对已有产品/业务进行用户体验评测，发现可改善之处，并推动已有产品/业务的设计和用户体验创新。

（3）业务平台用户体验管理

业务平台的用户体验管理主要指对运营商提供平台、信息化应用服务提供商提供产品/业务应用或内容的情况下，运营商对合作者所提供的业务应用或内容所进行的用户体验管理。

（4）终端定制

终端定制的用户体验管理是指运营商为推广自身产品/业务，希望与手机终端厂商合作定制终端时，对定制终端的用户体验管理。

2. ***新产品/业务研发用户体验管理***

运营商在研发新产品/业务的过程中所进行的用户体验管理，涉及新产品/业务研发的整个生命周期。

企业要关注用户体验，在营销的整个阶段都需要以用户为中心，研究用户，全面关注用户全方位的需要。因此，对于一个企业来说，用户体验并不仅是市场营销部门和用户体验部门等参与营销销售和新产品研发部门的职责，还是整个公司包括从 CEO 到每一个普通员工在每一个环节都需要努力关注的事情。落实到新产品的研发环节，基于用户体验的新产品研发流程如图 7-50 所示。

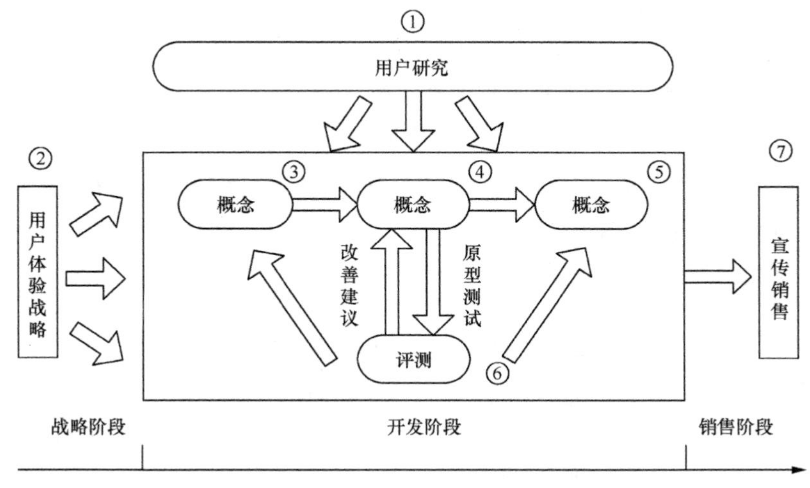

图 7-50　基于用户体验的新产品/业务研发流程

3. 已有产品/业务用户体验改善与创新

对于已有的产品和业务，此时的用户体验管理主要在于对已有产品/业务进行用户体验评测，发现可改善之处，并推动已有产品/业务的设计和用户体验创新。设计已经成为企业与产品创新的源泉与动力，作为检验设计是否达到预期的评测，是企业与产品成长的“助推器”。移动通信产品的用户体验评测就是在移动产品的研发或商业运营过程中，检验移动产品是否真正符合用户的需求，是否能给用户带来优良的体验。

4. 业务平台用户体验管理

对于运营商之外的服务和应用提供商而言，在日益激烈的竞争中，他们所提供的移动产品用户体验必将成为技术之外的核心竞争力。运营商作为电信产业链的重要一环，应该占据用户体验的主导地位，积极引导应用提供商关注用户的体验，进行用户体验研究与管理。电信产业的其他厂商在实施用户体验战略时，应该密切关注运营商的动向，积极寻求与运营商在此方面的合作，资源优势共享，形成合作共赢的局面。

应用提供商除了就用户体验规范与运营商积极寻求合作外，对自身的新产品研发也要积极倡导基于用户体验的设计，电信产业的其他厂商应积极在以下方面进行管理中，积极渗透用户体验的理念。

电信运营商对应用提供商所提供的业务应用或内容进行用户体验管理，首先可以借鉴自有产品用户体验规范体系，形成一整套的合作伙伴产品用户体验规范。由合作伙伴根据管理规范设计和提升其产品的用户体验，达到或符合用户体验规范的产品才能进入运营商的合作产品体系。通过规范体系引导信息化应用，提供商对所提供的业务应用或内容进行用户体验的管理和提升。

5. 运营商终端定制用户体验的合作管理

运营商与终端厂商/终端平台厂商合作的主要方面就是终端定制。运营商要实施终端定制，使定制终端的用户体验得到最优化，就需要与终端厂商或终端平台厂商合作，共同为定制终端的用户优良体验负责。进行定制终端的用户体验合作管理的模式主要有以下 3 种，见表 7-9。

表 7-9 定制终端的用户体验合作管理模式

合作方	优势	不足
终端厂商	与有影响力（市场份额高）的终端厂商合作定制终端，有利于借助终端厂商的市场影响力扩大移动增值业务用户群	终端厂商数量众多，筛选、沟通、协调的管理成本较高

（续表）

合作方	优势	不足
终端平台厂商	① 终端软件平台决定了用户体验好坏，运营商比较容易借助软件平台的力量控制终端厂商的定制； ② 终端软件平台数量较少，运营商的管理成本较低	① 若缺乏终端软件平台经验，可能被强势的终端软件平台厂商所俘获； ② 可能会提高平台厂商在产业链的地位，成为运营商的竞争对手
终端厂商+手机平台厂商	① 可根据运营商需要灵活选择适合 FeaturePhone 和 SmartPhone 的业务定制模式； ② 运营商掌握市场主导权	① 要求运营商有较高的技术实力和合作伙伴管理能力； ② 沟通、协调的管理成本高

7.6.4.4　基于大数据分析的用户体验管理

除了上述传统的用户体验研究方法外，随着海量数据存储、人工智能、大数据挖掘处理技术的迅速发展，出现了基于大数据分析的用户体验管理技术，该技术可以在更短的时间内，对更丰富的数据资源进行更快速的整合，在大样本下进行用户体验研究工作，弥补传统定性分析的短板。大数据本身所蕴含的数据资源也可用于提升用户体验。为用户的个性化管理提供更能全方位刻画用户特征的数据条件。本节就大数据分析在产品、业务、用户 3 个层面对用户体验的支撑工作进行了探讨[45]。

1．**大数据技术的特点**

大数据技术的发展主要表现在以下 4 个特点（4V 特性）。

- 海量化（Volume）：能够从互联网业务的全局用户而不是抽样用户的范畴研究用户体验。
- 快速化（Velocity）：更快的查询技术允许对业务的用户体验进行即时跟踪。
- 多样化（Variety）：更多的数据源提供了了解用户个性化特征更全面的信息。
- 价值化（Value）：通过对大数据的分析和处理，能够带来巨大的经济价值。

借助于大数据的 4V 特性，能够在一定程度上度量用户在访问业务过程中的使用体验。同时，大数据本身也提供了提升用户体验的途径。

2．**产品/业务可用性评估**

移动互联网业务用户体验的一个重要指标是可用性，在实际工作中，可以将广义的可用性演化为两个更细的层面：可用性和好用性。这两个层面构成了良好用户体验的必要和充分条件。前者主要考察业务系统上存在的硬性缺陷，而后者则体现用户体验的精髓——让用户花更少的成本获取想要的结果。通过大数据技术对海量的服务器日志、地理位置信息、用户终端信息等数据进行快速分析，可以及时发现响应缓慢的页面、出错的信息以及用户经常“绕弯路”的访问路径，并将这些用户体验中存在的短板提交给设计人员，进行有针对性的修改。这种对用户行为数据的验证和用户体验测试相结合的做法在互联网业务的用户体验优化中经常用到，其完整的作业流程如图 7-51 所示。

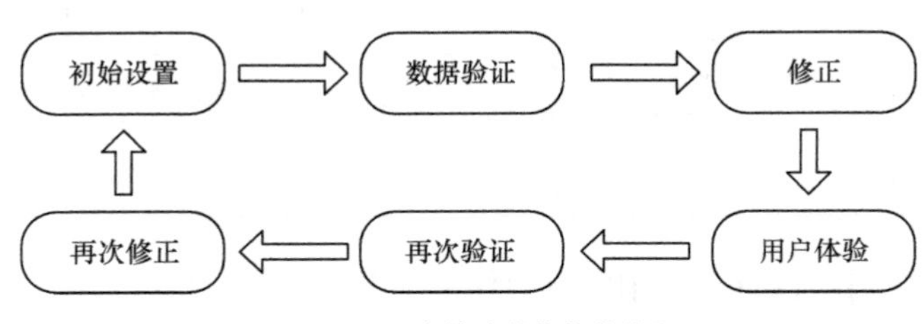

图 7-51　用户体验优化作业流程

（1）可用性

可用性是指通过对系统响应时间、报错数据的分析，及时发现业务系统中存在的用户体验短板。不同于传统的话音和短信业务，互联网业务的系统更为复杂，内容也更多，用户端架构的每一次层级增加以及同层级频道数的增加，都会让整体架构的复杂性呈几何级数上涨，加上用户终端、所处网络环境的差异，单纯依靠业务上线前的穿越走查，已经不可能完全遍历用户使用的全部情景，从而为业务的用户体验留下诸多隐患。而通过大数据技术，可以快速了解这些短板，具体方法如下。

① 通过大数据技术的海量处理能力，对数据量巨大的服务器日志进行分析，评估系统对用户每次请求操作的响应时间，找到那些响应缓慢的页面，并进行针对性的修改，以提升业务的用户体验；

② 通过大数据技术的快速处理能力，第一时间发现日志中的报错记录，并及时进行修正，避免对用户体验造成更大的影响。

另外，大数据的丰富来源中还包括地理位置信息和用户终端设备的数据，可结合这些数据分析不同地区、不同终端的差异情况，使改进措施更加有针对性。

（2）好用性

好用性是指分析用户习惯的访问路径，及时发现业务系统架构设计上的短板并进行优化。用户在使用互联网业务时，对不同页面的访问顺序存在一定的习惯路径。有如下情形值得注意。

① 某些页面所处层级很深，访问的路径很长，但用户的访问量却很大。这种情况需要调整其层级或在更高层级的页面提供快速入口。

② 某些页面本来需要的访问路径并不长，但用户可能绕了很大的圈子访问该页面。这种情况需要对导航进行重新修改以避免用户绕弯路。

③ 用户对某些页面的访问存在很高的并发性。这种情况需要在这些页面之间设置快速跳转链接，或考虑对这些关联页面内容进行整合，在与业务达成的销售界面有关时，更为适用。

同样，也可以结合地理位置信息及用户终端信息等数据，进一步细分研究对象，实现更为精确的问题描述和更有效的问题处理。

（3）可用性定量指标

可用性涵盖的面很广，很多并不能通过量化的方式评估，但却可以使用日志数据建立一些相对有用的指标，便于长期跟踪用户体验的变化。可采集的衡量用户在可用性上的体验指标如下。

① 非内容页面的平均停留时间。若一个页面本身并没有实质的业务内容，只是一个提供导航作用的中转页面，但用户停留时间过长。说明业务对用户的易用性不佳，停留时间越短则说明用户的使用体验越好。

② 内容页面的平均停留时间。平均停留时间越长，说明内容对用户的吸引力越强，用户体验则越好。

③ 用户请求的平均响应时间。平均响应时间越短，说明用户每次请求都得到快速响应，用户体验则越好。

④ 用户请求的报错次数。报错次数越少越好。

⑤ 用户访问内容页面数占总访问页面数的比例（访问内容页面流量占总访问流量的比例）。所占比例越高，说明用户在中间过程花的精力越少，用户体验则越好。

3. 运营层面用户体验提升

大数据不仅能发现用户体验的短板，其本身也蕴藏着提升用户体验的解决方案。例如，在互联网信息爆炸的情况下。用户往往难以从海量的业务信息中找到最能满足自己个性化需求的业务。另外，当用户在线购买某种业务时，又常常因为某个环节的阻碍而放弃订购。在这些业务环节上的用户体验提升，不仅能增强业务对用户的黏性，对于互联网业务的运营也具有重大意义。而大数据的多样性提供了更为丰富的数据源，为解决以上问题奠定了基础。

（1）及时发现交易过程的瓶颈

用户在线交易的过程中，往往因为业务使用体验不佳而放弃购买。借助大数据技术对服务器的日志数据进行分析，可以还原用户进入订购页面后的访问路径，快速找到导致用户最终放弃购买的关键环节，并结合用户反馈及现场使用测试等用户体验测试方法，针对性地进行改进，突破这些瓶颈。

（2）吸引更多的用户购买业务

用户在进入订购页面前，为了解业务信息，必然会访问站内的某些页面。借助大数据技术，对用户的访问页面进行时序关联分析，可以找到用户进入购买页面之前的高关联页面，在这些页面中设置有吸引力的业务广告，并提供到达购买页面的快速链接，可望提升业务的购买量。

（3）帮助用户找到想要的业务内容

借助大数据技术的快速数据处理能力和跨平台的数据整合能力，能实现更广泛意义上的商品主动推送机制。传统的商品推荐引擎借助于关联规则和协同式过滤等技术，能够将用户需要的信息推送到用户终端上，但往往是同一种业务内部的商品信息推送，而当用户希望的内容并不在这个业务范围内时，就无法满足。例如，用户在阅读网站看一本书时，想要看这本书的同名电影，这时就无法推送电影信息到用户的终端上，而多数用户也没有精力退出阅读应用再重新登录视频网站查找该电影。

大数据技术的跨平台数据整合能力可以整合电信运营商不同业务的数据资源，例如，向阅读的用户跨平台推送相关电影链接，并支持一键登录进行收看。这不同于一般的交叉销售，这种一站式的解决方案，是深入业务具体内容、最贴近用户的交叉销售——基于业务内容关联性的交叉推荐销售机制。

4. **用户体验的个性化管理**

精确化营销是一个很早就提出的用户体验提升方法，但单一的互联网网站无法获取用户的全网使用行为信息，从而无法从最全面的视角了解用户的需求偏好。而传统基于数据库的数据处理技术也很难处理不同来源的互联网数据，电信运营商虽然掌握着互联网的入口，但对全网数据的挖掘不够。

借助于大数据技术，电信运营商可以整合分布在所有路由器上的用户上网数据，并进行分析。通过对用户访问地址的解析，可以从全网范围判断用户访问网络业务的类型，从而最大限度地还原用户的互联网使用偏好及业务需求，给用户一个最清晰的画像。在这个过程中，相比于一般网站使用的用户注册账号或者 IP 地址确认用户唯一标识的方式，电信运营商的手机号码、宽带账号、准确的 IP 地址等资源是在全网范围内确认用户身份的更佳方式。大数据技术对用户层面的个性化管理方式可采用如下方式。

（1）借助大数据技术对互联网信息进行分类

信息分类是完善用户个性化服务体验的基础，大数据技术具有对半结构化和非结构化数据的良好处理能力，可高效地实现对互联网业务及内容的分类工作。通过这些基础工作，可针对用户访问的不同业务内容，定义用户的互联网使用特征。

（2）统一认证，统一管理，提升互联网业务的个性化服务体验

运营商具有统一的号码资源，不仅能发现用户的个性化需求，而且有满足用户个性化需求的联系方式和信息（商机）推送渠道，让用户真正生活在一站式的互联网解决方案之中。电信运营商可通过固话、手机、短信、宽带网络等渠道接触用户。

（3）建立用户的个性化标签体系

基于对互联网信息的分类，运营商可以借助大数据技术整合用户行为数据，计算用户对不同类型互联网业务的访问量数据，从而刻画出用户的全网需求偏好模型，继而针对不同用户群开展精确营销。保持用户群的稳定，进而提升用户价值[44]。

7.7　网络管理系统方案

本节以某专用异构无线融合网络为例，介绍对典型异构网络进行统一规划、统一配置、统一监控管理的综合网络管理系统整体方案。该网络面向没有通信基础设施部署的机动用户，通过微波、卫星等连接基站节点，形成具有一定无线覆盖能力的骨干通信网络，用户通过无线局域网、短波电台、超短波电台等多种无线手段接入骨干网中，实现随遇接入，在特定地域内建立支持话音、数据、图像、富媒体等多种业务的机动通信网络。为保障该异构融合网络的快速开通和正常运行，设计了综合网络管理系统，按照网络开通和监控流程描述了各关键技术在网络规划与评估、开通与配置、监控、网络优化等阶段的作用机制。

7.7.1　系统整体架构

综合网络管理系统由网络规划系统、参数分发系统、网络控制系统、节点管理系统组成。整个系统架构如图 7-52 所示。

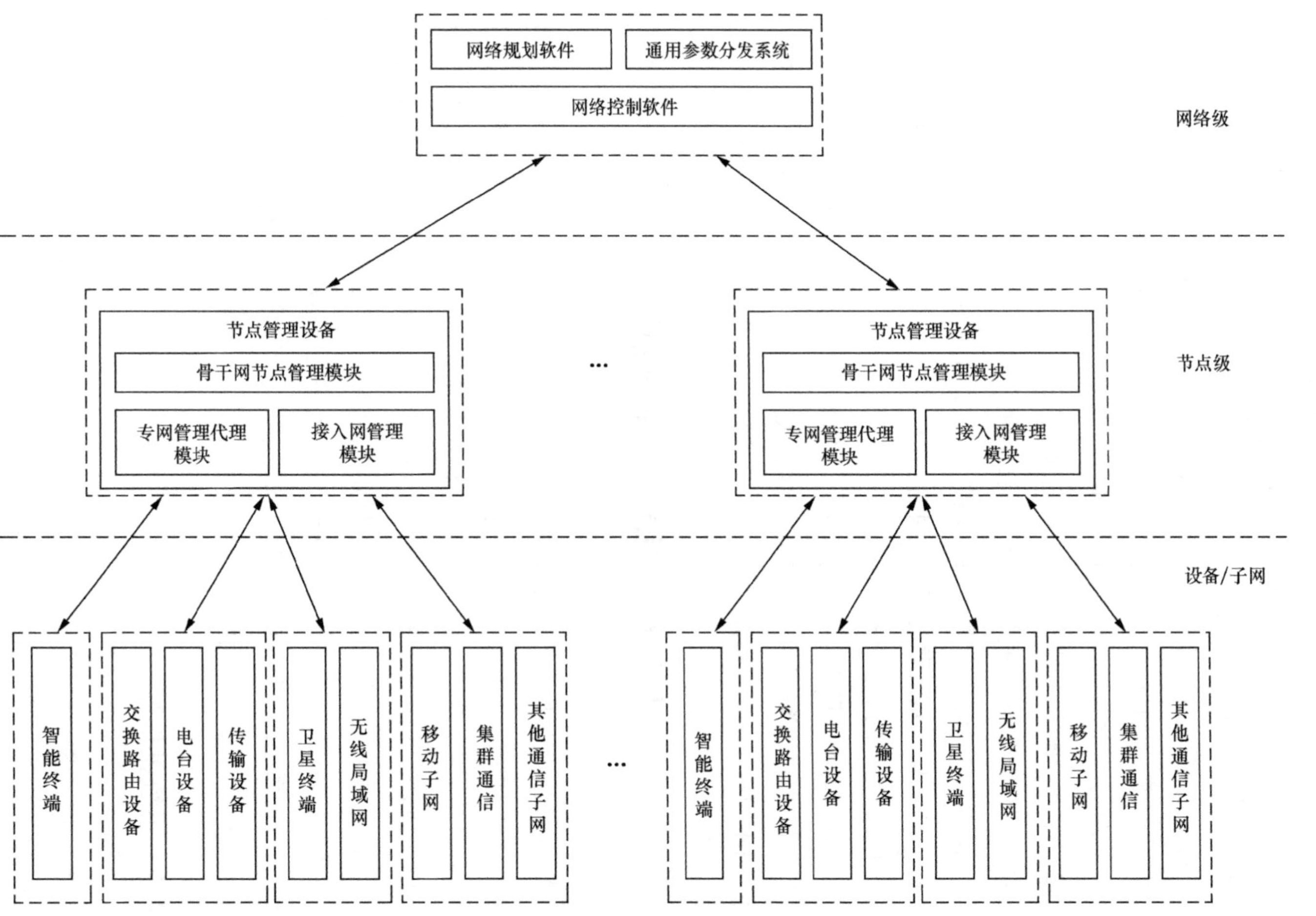

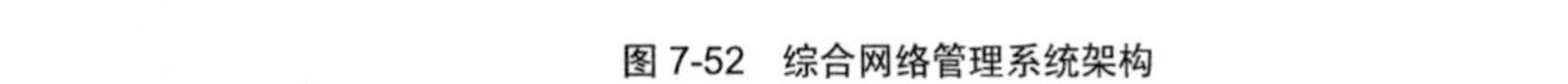
图 7-52 综合网络管理系统架构

（1）管理范围与层次

综合网络管理系统支持较大地域内典型网络环境管理互联网的网络管理规模，并能够根据网络形式和规模的变化而灵活可变；能够根据需要自动适应更大规模网络的统一管理。

网络管理对象包括交换与路由设备、传输设备、安全设备、通信终端设备、应用系统以及其他可管设备。管理系统采用标准 SNMP 管理各类设备；网管信息在广域网内传输时应采用适应无线信道的传输协议，并能够与 SNMP 的兼容并存。

管理系统采用分级、分区管理框架，能够根据系统实际部署需求灵活划分管理区域，并能够灵活定义网管系统的从属关系，网络控制系统通过节点管理设备实现对全网设备的管理，必要时可对主要通信设备进行直接管理。根据网络的实际部署情况，典型管理层次为网络级和节点级二级管理模式。

（2）网络级管理

网络级管理功能主要由网络规划软件、网络控制软件和通用参数分发设备来实施。网络规划软件负责在通信网络开设前，根据用户的通信保障需求，对网络的可用资源进行统一筹划、分配，生成网络开通和运行时所需的各种配置参数，并能通过通用参数分发软件、网络控制软件、节点管理设备，将规划参数加注到相关的网络设备中，提高网络开通速度。

通用参数分发系统负责网络规划参数的统一分发和加注。

网络控制软件负责全网的综合控制和管理，根据通信网络的实际应用需求，实施全网的管理工作，负责网络开通和运行过程中的网络监控管理，使网络管理人员能够实时了解网络运行状态，并提供对通信系统网络有效的控制手段。通常情况下，网络控制软件通过节点管理设备完成对全网的控制管理；在有限节点管理设备失效的情况下，可直接对节点内的关键设备（如路由交换设备）实施管理，保障整个通信网络始终处于受控状态下。

（3）节点级管理

节点级管理功能主要由节点管理设备来实施。节点管理设备负责实施对本通信节点和与该节点直接相连的链路和各接入子网及设备的直接管理和综合监视，负责本通信节点内相关设备的参数加注，为数据用户提供信息传输管理服务保障。同时，节点管理设备将节点内各设备的状态汇总上报其上级网管中心。节点管理设备软件由骨干网节点管理模块、专网管理代理模块和接入网管理模块组成，通过专用管理代理实现采用非标协议的专用网络进行管理，通过接入网管理模块对各接入子网的运行状态及用户接入状态进行管理。节点管理设备软件除了能够对节点内设备进行管理外，还可以实现对相邻节点连接状态的管理。

7.7.2 网络规划与评估

网络规划系统在整个网络开设前，根据用户通信覆盖需求和业务保障要求，对网络的频率资源、带宽资源等进行统一筹划、分配，形成各通信节点运行所必需的组网参数与频率参数文件，为网络的实际开设提供充分保证。规划系统生成的参数文件下发到节点管理设备和通用参数分发系统，由它们将参数下发到具体设备。

网络规划分为资源维护和组网预案管理两部分。

资源维护主要是维护设备、基站、装载平台、地址和禁用频段等逻辑和物理资源，各类资源数据是全网规划的基础，这些内容不会经常变化，这样多个组网方案之间可以共享资源，操作员不需要每次都对资源进行输入，减少了操作者的工作量；对系统而言，减少了大量的重复数据，减少了系统的数据冗余，提高了系统的可靠性；在资源维护中，也可将网络运行中不再改变的地址等属性进行自动分配，减少网络规划的重复冗余操作。

组网预案管理是规划软件的主体，完成网络规划的全部功能。它主要包括覆盖范围分析、拓扑规划、频率规划、业务规划、性能评估、参数输出等功能。组网预案的规划流程如图 7-53 所示。

1. 无线覆盖范围分析

无线覆盖区域的分析需要结合地理信息、传输设备各项参数，通过建立多种模型综合分析才能得出。在该模块中需要进行通视分析、链路传播可靠度分析。对于视距通信设备，需要根据地理位置进行通视分析，判断部署点间的通信质量。

链路传播可靠度不仅和通信站之间的地形有关，还和设备性能参数密切相关。地形数据可以通过其他网管组件从电子地图中得到，但微波设备参数需要由用户提供。微波设备参数包括设备发射功率、设备接收门限电平、天线高度、馈线损耗、天线增益、工作频率。

在计算传播可靠度时，主要考虑由一阶菲涅尔半径引起的阻挡损耗。计算微波链路的传播可靠度过程如下。

① 根据两站的位置，从电子地图中读取高程数据；

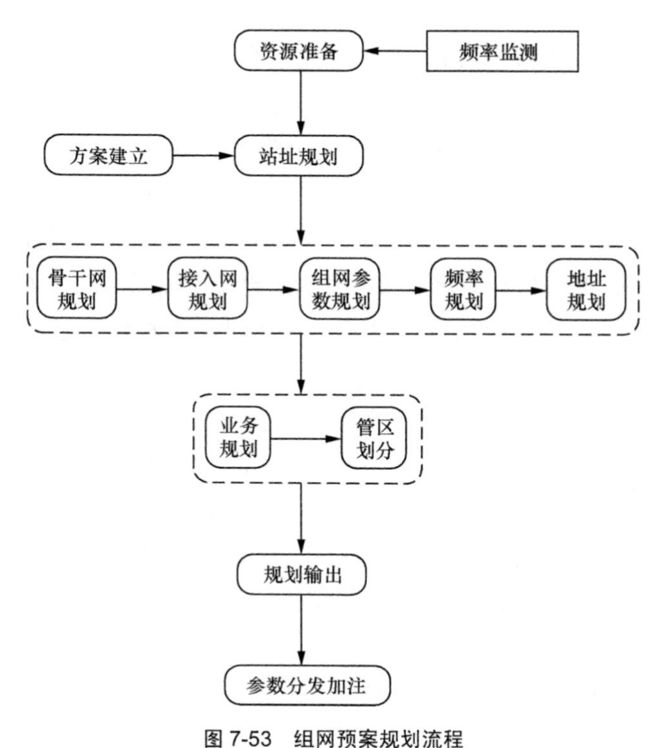

图 7-53　组网预案规划流程

② 求解最小相对余隙；

③ 计算传播可靠度。

选择任意点，给定辐射半径值，给定发射塔高度，计算发射范围。选择任意一个点(系统默认情况下是可以指定该区域范围内的最高点,也可以是其他高度的点),并给定该基站点信号辐射半径值,同时也给定该基站的发射塔高度,根据以上条件,计算出该基站的发射范围以及该范围的面积和盲区百分比值。最终可以选择出能够全部覆盖该区域范围的基站。

充分利用地理信息系统技术，建立起二维和三维电子地图的空间数据库，通过通视分析、缓冲分析等空间分析功能，实现优化基站信号覆盖范围、均衡基站的选址、辅助分析决策等功能，为基站资源管理、网络规划、选址和优化提供基本的决策支持。

2. **基站选址**

基站选址主要利用三维通视分析功能来实现。基站选址一般已知条件是基站发射强度（一般以距离来量算），同时给定一个范围，寻找覆盖范围最广的点，通过多个点之间的分析，最终选择出一组能全部覆盖分析区域，同时基站数又最少的组合，这样的组合就是该区域范围内最理想的基站位置分布。其原理是利用数字地形模型，借助三维分析的通视分析功能，在定义视点与可视范围的基础上，分析地形的可视区域和盲区，用不同方式区分显示分析区域的通视区和盲区，最终形成一个通视区和盲区有对比效果的分析结果，再辅以二维电子地图的背景数据，形成通视分析的专题图件，在专题图件上可以很清晰地看到可视区域和盲区，而且通过背景数据可以知道哪些地方是通视的，哪些是通信的盲区。

要得到精确的、可以用来指导网络建设的路径损耗值，必须采用合适的传播模型，并且在不同的地形条件中进行模型参数的修正，得到反映不同地区实际无线环境对无线电信号影响情况的模型修正系数。这样才能够比较准确地预测出小区的覆盖范围，进行进一步的链路级仿真计算，控制导频污染等问题。计算出的结果最终通过数字地图模块以图形方式直观地显示在地图上。

3. 拓扑规划

拓扑规划有自动规划和人工规划两种方式。

自动拓扑规划的设计目标如下。

① 选取的位置是合理的，不能选择水域、沼泽等地方；

② 使基站尽量覆盖指定的区域，并且尽量让相邻基站间有交叠区域，但基站间不可太过密集，不要有孤立的区域；

③ 能够保证接入指定的固定通信基础设施；

④ 在设计连接时，应尽可能让基站间的连接分布均匀，不要有连接数过高的关键节点，而且不应该有孤立的子网或通信节点；

⑤ 提供对避让区的支持，或是支持避让目标的设置，如居民区、城镇等。

人工规划允许操作员修改网络拓扑，在增加链接时，应该弹出对话框供操作员选择所用的链路，并提供链接的距离和通视情况（考虑天线高度）。在增加车辆时，弹出对话框供操作员设置车辆的用途和位置，即可以在地图上进行拓扑规划，也可在逻辑图上进行拓扑规划，该模块保持两个图之间的一致性。

4. 接入子网规划

接入子网根据覆盖区域内支持的接入用户数和接入手段的通信距离来规划，同时考虑子网的接入节点与骨干网间的可靠连接，对于重要子网，要有多个出口，保障通信的可靠性。

在子网规划中，要支持新设备和后开机设备的迟入网和协同工作，当子网节点移动时，能够和本子网节点通信，并能够作为转发节点，对网间数据进行转发，实现不同网络间的接力通信。

根据子网类型不同，子网规划模块可细分为电台组网规划、无线局域网规划和其他子网规划多个功能模块。

5. 频率监测

频率监测依赖于频率监测设备的输出，该设备用于监测部署区域的电磁环境，生成关心频段的相关测试数据。进行频率分配时，要根据监测数据避开干扰大的频点，使得频率分配的更合理。

该模块的设计要点如下。

① 提供对外接口，能够获取频率监测设备发送回来的频率数据，能够发送频率监测命令到监测设备并执行；

② 将频率监测数据保存到数据库中；

③ 频率监测数据不属于任何预案，任何预案都可以调用任何一段时间的频率监测数据来进行频率规划。

为了使规划软件适用于对频率要求不严格的场合，在没有频率监测数据时，应该生成一组默认的全频段可用频率数据，这样在没有频率监测设备时仍然可以进行频率规划。

6. 频率指配

频率指配是互联网网管的一项重要组成部分，用于使用有限的频率资源为全网的无线设备分配频率，使各无线设备能够在干扰尽可能小的情况下稳定、可靠地运行，提高网络抗干扰和自愈能力。频率分配完后将分配数据按照一定的格式组织起来，以 XML 文档的形式保存起来，便于相应的软件可以直接从该 XML 文档中取出分配数据。

操作者可根据各种不同条件下的用频需求对某台或多台无线设备的频率进行重新设定，频率分配模块可提供各台无线设备能使用的可用频率作为参考。

频率指配的核心是频率分配算法。频率分配问题是一个 NP 问题，而在实际部署环境中，电磁环境较为复杂，可用频率资源可能十分紧缺，加上自然条件的各种影响，无法预知哪些频段会受到干扰，因此，设计模块中频率分配算法的目标就是算法可以在尽量短的时间内，用尽量少的频率资源得到有效的频率分配方案。

算法的基本思路是尽可能地向频率利用率高的方向进行计算，为避免该算法造成局部最优问题，配合使用禁忌算法，对整个频率指配过程进行优化。

为了保证移动终端在不同基站间的自由无缝接入，在设计基站位置时，相邻基站间的覆盖范围是有重叠的。为了保证在相邻基站不会发生干扰，采用分段的频率规划，使相邻基站保持较大的频点间隔。

7. **网络仿真与性能评估**

在组网预案完成后，通过模拟输入或借助 OPNET 等网络仿真工具，模拟整个网络的运行，结合链路传播可靠度、链路特征、设备特性和组网拓扑，对整个网络的连通性、链路可用性及网络的性能进行评估，为网络的多个指标提供归一化的衡量标准，作为定量评价网络可用性的依据和网络进一步优化的基础。

7.7.3 网络开通与配置

网络规划完成后，形成全网配置参数文件，该文件可通过在线或离线方式分发到各组网节点，整个网络的开通配置需要网络规划软件、通用参数分发系统、网络控制软件、节点管理设备的共同参与，整个流程如图 7-54 所示。

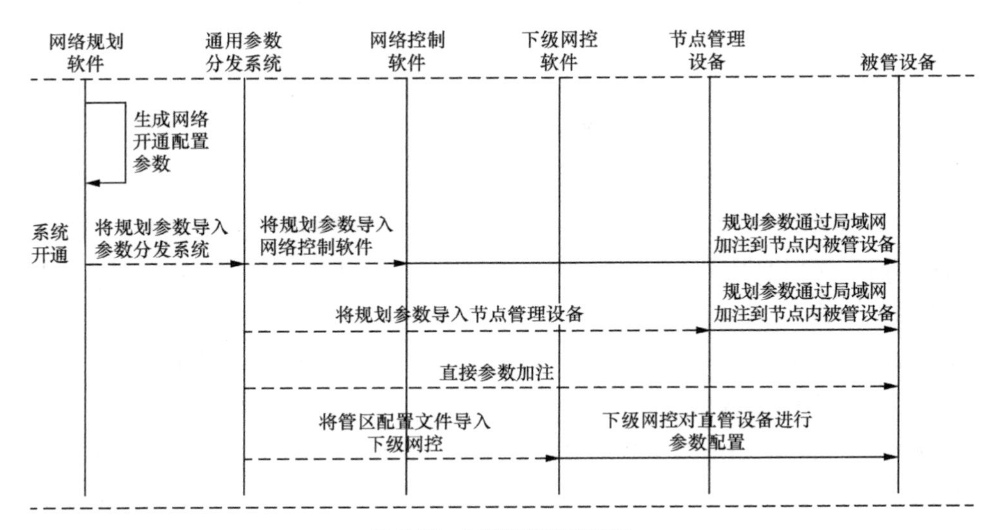

图 7-54 网络开通配置流程

整个网络的开通配置主要包括 4 个步骤。

① 网络参数规划生成。网络规划软件根据指控系统提供的通信需求进行任务规划，生成网络开通规划参数。

② 开通规划参数分发。操作人员将系统开通规划参数从网络规划软件导入通用参数分发系统，参数分发软件将各基站的开通规划参数进行拆分。

③ 管理设备参数导入。操作人员将开通规划参数分别导入网络控制软件、下级网控、节点管理设备等各级网管单元。

④ 被管设备参数配置。网络控制软件和节点管理设备将开通规划参数，通过装载平台局域网将相应设备的规划参数进行加注。参数分发系统也可以直接对设备进行参数加注配置。

7.7.4　网络监控与管理

网络控制系统与节点管理设备共同完成全网运行状态的实时监控，对网络设备的运行配置管理，确保整个网络始终在受控状态下高效、可靠地运行。

网络控制系统位于节点管理设备之上，负责汇总节点管理设备上报的性能及故障数据，提供整个网络的性能及拓扑视图，以辅助管理人员做出决策；可以通过节点管理设备对通信设备进行管理（间接管理）；必要时也可直接对通信设备进行管理（直接管理）。

1. 多源数据采集

综合网络管理系统采用分层分级的管理机制，根据网络实际部署规划管区，对各级网络控制节点管辖的子网进行灵活配置，部署于各基站的节点管理设备作为网络监控探针，对管区内的设备、子网运维数据进行分布式数据采集、汇总和分析，数据汇聚后将子网整体情况上报到上级网控，屏蔽网络细节，从源头减少对广域网络带宽的占用，同时减轻上级网控的数据分析、处理压力。

网络控制系统的数据采集框架如图 7-55 所示。上级网络控制节点预先设置运维数据采集策略，定时或按需下发到下级网控和节点管理设备，包括数据采集的类型、粒度、上报周期等，下级管理节点根据下发策略或默认配置进行多源数据采集，包括 SNMP MIB 表项、NetFlow 流量数据、RMON 数据、应用和数据传输日志等，不同格式的网络运维数据经预处理、格式转换和整合后存储到本地数据库中，按照上报策略，数据经过滤、汇聚后上报给上级管理节点，中间级或最高级网控节点对运维数据进行整合，将拓扑、流量和状态数据在态势视图中进行统一呈现。

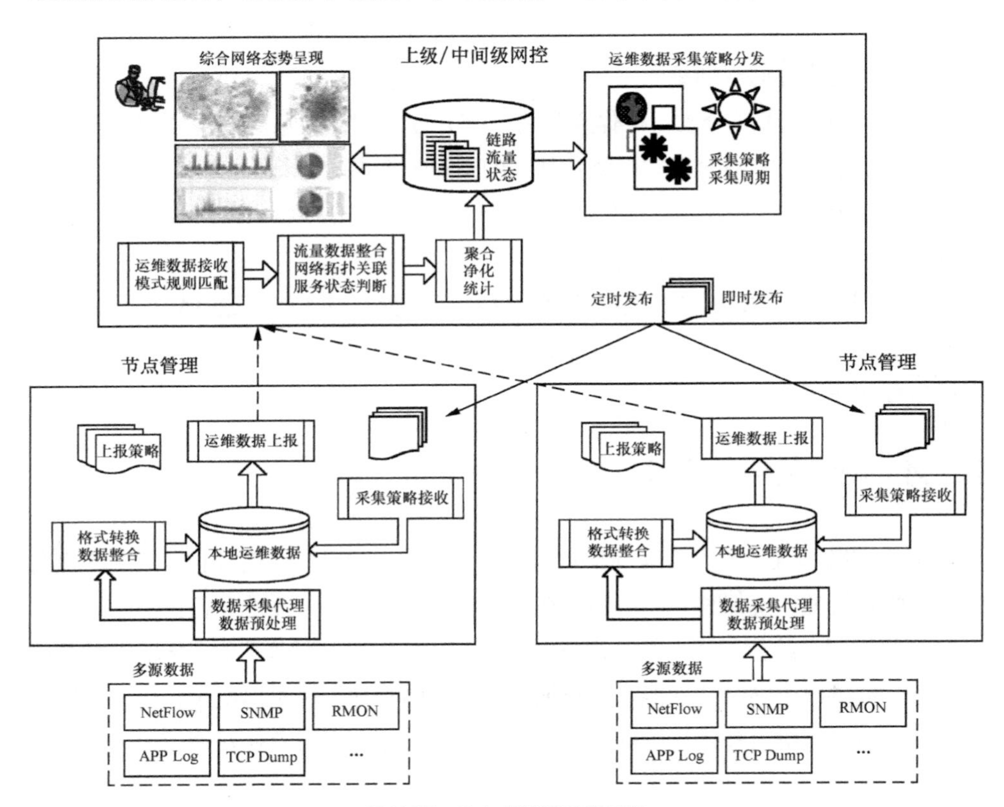

图 7-55　分布式数据采集框架

2. 异构子网网管信息融合

通过各类接入子网的深入分析，提取各子网数据的共性特征，建立标准的网络运行数据模型，对采集到的多源数据进行格式转换、数据整合，形成统一的拓扑、故障、事件等信息格式，将差别部分进行单独封装，便于后续管理内容的扩展和升级维护，实现异构网络管理信息的融合。

3. 数据上报

综合网管系统为了使各级网控准确获取管辖范围内网络的运行状态，需要自下而上获取当前的网络运行数据，为了减少网管信息对广域网带宽的占用，在数据上报过程中采用事件钝化、增量上报和数据压缩机制。

事件钝化的基本思想是在一段时间内缓存网络状态的变化，避免频繁通断、状态倒换在网络中的大量传播，造成额外的带宽占用，加重网管系统的处理负担。具体实现策略是节点管理设备探测到本地设备或子网的异常情况时，先在上报之前进行一定时间的缓冲，在缓冲时间内将后续新探测到的事件与现有事件进行比较，若符合某些规律，则进行相应处理，例如相反的事件进行抵消，多次重复出现链接的断开、恢复或设备的关闭、开启则合并为一个不稳定事件等。这样就可以将大量由于设备、连接不稳定而引起的拓扑变化进行屏蔽，不至于扩散到整个网络中。同时，上级网管更多地关心整体网络的情况，对于细节无须了解太多，因此，将只存在于基站内部的、不影响整个网络的事件在上报时进行过滤，可以减少网管信息流量。事件钝化的缓存时间要精心设置，兼顾网络状态监控的实时性要求，一般设置为秒级。

增量上报的原理是在定时上报前对本周期内网络运行数据的变化情况进行预先的记录、汇总和比较，只向上级上报增量变化的部分，这样就会减少大部分未变化数据的上报，由于网络运行数据的上报是周期性的，因此，增加上报能够显著减少网管信息对广域网信道的占用。

数据压缩机制在网管信息数据经过事件钝化、增量分析处理后，对待上报数据进行压缩处理，进一步减少对信道资源的占用。同时，数据压缩可以与事件钝化处理相结合，将钝化时间内积攒的多个小规模数据分组统一合并为较大的数据分组，统一进行压缩处理，相比分别压缩传输多个零散小数据分组的效果会更好。为了增强信息在信道上的安全性，还可以在压缩时进行加密处理，防止敏感管理信息在传输过程中的泄露。

4．运维数据存储与分析

网络监控不仅要实时显示网络当前运行状态的“快照”，而且要存储网络运行状况的历史数据，进行在线或离线分析，为网络故障排除和资源优化提供依据。网络运行过程中的链路通断、网元状态变化、警告、故障等信息均以不同级别事件的形式呈现，因此，运维数据的存储、分析本质上是对各类事件的采集、存储和分析过程。在网络监控系统中，事件管理模块的实现框图如图 7-56 所示。

数据采集方式主要包括 SNMP 获取、汇报和 ICMP 探测等，其中，SNMP Get 和 ICMP 探测由网管系统主动发起，一般采用定时轮询方式；SNMP Trap 和下级汇报由被管设备或节点在状态变化时上报信息。数据分析是对收集到的各种数据进行初步分析，按照事件级别进行分类和过滤，并存储到数据库中，以供查询和统计分

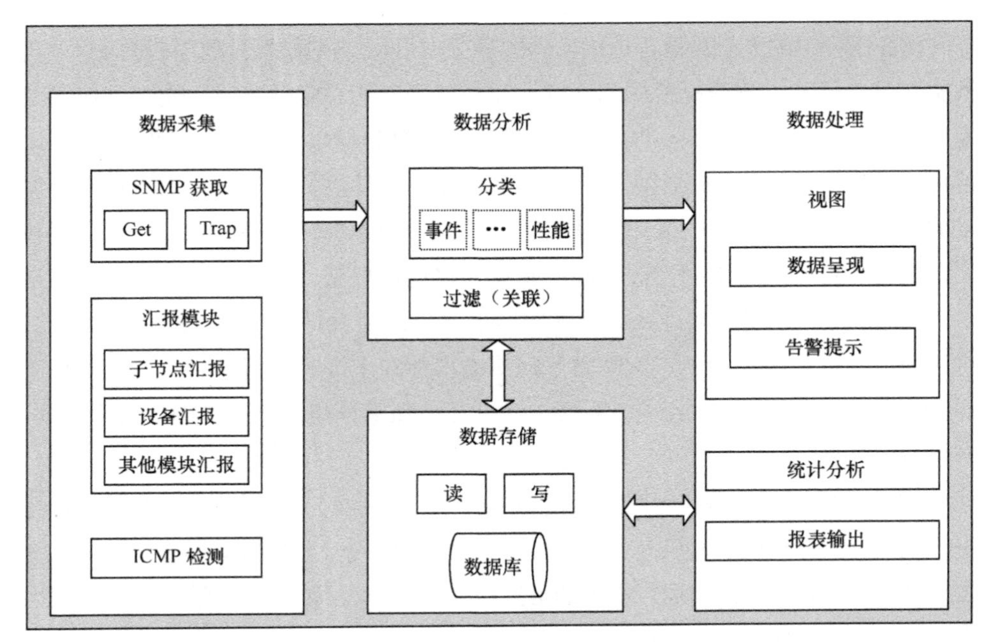

图 7-56　事件处理模块实现框图

析。数据处理是根据管理需求对数据进行可视化显示，包括必要的列表显示、告警、提示以及相应视图中被管网元颜色变化等，同时提供统计分析和报表输出功能，对一段时间内网络运行的整体情况进行挖掘分析，从网络可用性、设备稳定性、业务支持情况等多种维度对网络运行情况进行评估，并以图表方式呈现出来。对于出现频率较高的网络告警或和故障，能够进行关联分析和辅助定位，并将用户选择的处理措施存储到数据库中，作为后续网络优化调整和故障判断的基础数据。

参考文献

[1] TANG A, SCOGGINS S.开放式网络和开放系统互连[M]. 戴浩，译. 北京：电子工业出版社，1994.

[2] 韩卫占. 现代通信网络管理技术与实践[M]. 北京：人民邮电出版社，2011.

[3] 周文安，冯瑞军，刘露. 异构/融合网络的 QoS 管理与控制技术[M]. 北京：电子工业出版社，2009.

[4] 唐宝民. 通信网技术基础[M]. 北京：人民邮电出版社，2009.

[5] 邴红艳. 异构无线网络的联合资源管理技术[D]. 上海：上海交通大学，2008.

[6] 程昆. 异构网络无线资源管理的若干关键技术研究[D]. 南京：南京邮电大学，2013.
[7] 罗强，张平，刘韦辰. 可重配置无线网络中联合无线资源管理研究[J]. 电信科学，2009.
[8] 3GPP TR 25.891 v0.3.0. Improvement of RRM across RNS and RNS/BSS(Release 6)[S]. 2003.
[9] TOLLI A, HAKALIN P, HOLMA H. Performance evaluation of common radio resource management (CRRM)[C]//IEEE International Conference on ICC, 2002.
[10] AGUSTI R, SALIENT O, PEREZ-ROMERO J, et al. A fuzzy-neural based approach for joint radio resource management in a beyond 3G framework[C]//Proc. First Intl. Conf. on Quality of Service in Heterogeneous Wired/Wireless Networks, 2004.
[11] GIUPPONI L, AGUSTF R, PEREZ-ROMERO J, et al. A novel joint radio resource management approach with reinforcement learning mechanisms[C]//Proc. 24th IEEE Intl Performance, Computing and Communication Conference, 2005.
[12] E2R Deliverable D5.4. Analysis of Combined Strategies Including Concepts, Algorithms and Reconfigurable Architecture Aspects[S]. 2006.
[13] WWRF WG6 White Paper. Cognitive Radio, Spectrum and Radio Resource Management[Z]. 2004.
[14] LUO J, MOHYELDIN E, MOTTE N, et al. Performance Investigations of ARMH in a Reconfigurable Environment[Z]. SCOUT Workshop, Paris, 2003.
[15] LUO J, MUKEIJEE R, DILLINGER M, et al. Affecting factors for joint radio resource management and a realization in a reconfigurable radio system[C]// Proc. Wireless World Research Forum 13th Meeting, WG6 [C]. 2005.
[16] GIUPPONI L, AGUSTF R, PEREZ-ROMERO J, et al. Joint radio resource management algorithm in multi-rat networks[C]//Proc. GLOBECOM'2005, 2005.
[17] 李军，宋梅，宋俊德. 一种通用的 Beyond 3G Multi-Radio 接入架构[J]. 武汉大学学报（理学版），2005, 51(S2): 12.
[18] MAGNUSSON P, LUNDSJÖ J, WALLENTIN P. Radio resource management distribution in a beyond 3G multi-radio access architecture[C]//IEEE Communications Society GLOBECOM 2004, 2004.
[19] SACHS J, WIEMANN H, LUNDSJ J. Integration of multi-radio access in a beyond 3G network[C]//Proc. 15th IEEE International Symposium on Personal, Indoor and Mobile Radio Communications (PIMRC), 2004.
[20] SACHS J. A generic link layer for future generation wireless networking[C]//Proc. IEEE International Conference on Communications (ICC), 2003.
[21] SACHS J, WIEMANN H, MAGNUSSON P. A generic link layer in a beyond 3G multi-radio access architecture[C]//Proc. International Conference on Communications, Circuits and Systems (ICCCAS), 2004.
[22] 吴伟陵，牛凯. 移动通信原理[M]. 北京：电子工业出版社，2005.
[23] 李军. 异构无线网络融合理论与技术实现[M]. 北京：电子工业出版社，2009.
[24] 贾会玲. 异构无线网络中的接入选择与准入控制研究[D]. 杭州：浙江大学，2007.

[25] BARI F, LEUNG V C M. Automated network selection in a heterogeneous wireless network environment [J]. IEEE Network, 2007, 21(1): 34-40.
[26] WAN L S, BINRT D. MADM-based network selection in heterogeneous wireless networks: a simulation study [J]. Wireless Communication, 2009. 559-564.
[27] BAKMAZ B, BOJKOVIC Z, BAKMAZ M. Network selection algorithm for heterogeneous wireless environment[J]. IEEE Personal, Indoor and Mobile Radio Communications, 2007. 1-4, 7.
[28] 孙雷，田辉，沈东明，等. 基于 Hilbert 空间向量范数的网络选择算法[J]. 北京邮电大学学报，2009, 32(4): 54-58.
[29] BARI F, LEUNG V C. M. Multi-attribute network selection by iterative TOPSIS for heterogeneous wireless access[C]//4th IEEE Consumer Communications and Networking Conference, 2007.
[30] 吴敏. 电信运营商用户体验管理研究[D]. 北京: 北京邮电大学，2008.
[31] 罗赞骞，夏靖波，陈天平. 网络性能评估中客观权重确定方法比较[J]. 计算机应用，2009, 29(10): 2624-2626, 2631.
[32] 王文国. 异构无线网络接入选择关键技术研究[D]. 西安: 西安电子科技大学，2013.
[33] SGORA A, VERGADOS D, CHATZIMISIOS P. An access network selection algorithm for heterogeneous wireless environments[C]//Proceedings of the IEEE Symposium on Computers and Communications. Washington, DC: IEEE Computer Society, 2010: 890-892.
[34] BARI F, LEUNG VC M. Automated network selection in a heterogeneous wireless network environment[J]. IEEE Network, 2007, 21(1):34-40.
[35] 纪阳，张平. 端到端重配置无线网络技术[M]. 北京：北京邮电大学出版社，2006.
[36] 罗强. 端到端重配置技术研究[J]. 电信科学，2006, 22(12): 40-45.
[37] 顾永红. 异构无线网络的端到端重配置技术研究[J]. 信息化研究，2009, 35(10).
[38] 杨炼，王悦，杨海燕，等. 三网融合的关键技术及建设方案[M]. 北京：人民邮电出版社，2011.
[39] 董斌，魏民，王铮，等. 面向移动互联网的业务网络[M]. 北京：人民邮电出版社，2012.
[40] 周佳. 面向合作伙伴关系管理的增值业务管理平台[D]. 北京: 北京邮电大学，2007.
[41] 谢新梅, 宋荣方. 新一代电信运营增值业务[J]. 移动通信在线，2003.
[42] 陶娟. 3G 业务管理平台的设计与实现[D]. 北京: 北京邮电大学，2008.
[43] 闫丹凤. 下一代网络业务管理的研究[D]. 北京: 北京邮电大学，2007.
[44] PINE B J II, GILMORE J H. Welcome to the experience economy[J]. Harvard Business Review, 1998, (7-8): 97-105.
[45] 康波，刘胜强. 基于大数据分析的互联网业务用户体验管理[J]. 电信科学，2013, (3): 32-35.

第8章 结束语

随着移动互联网的迅速发展，异构性、融合性成为移动互联网的主要特征，异构无线网络融合是下一代网络发展的必然趋势。在未来的融合通信网络中，业务的提供将与网络无关，用户可自由选择业务供应商和网络接入方式，但是要真正实现异构网络融合互通，还面临一系列问题与挑战，主要包括异构网络体系架构、网络融合控制技术、移动性管理、端到端 QoS 保障、无线资源管理、业务融合管理、网络安全体系等。

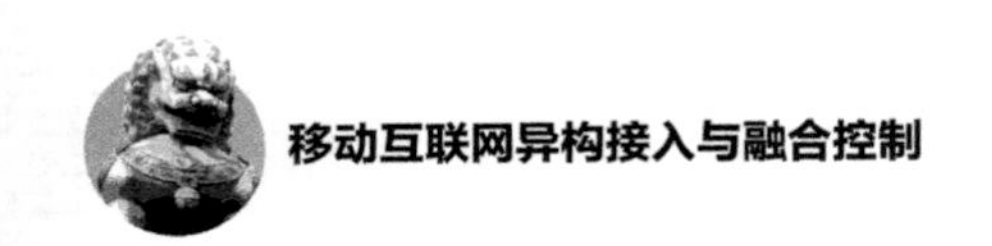

本书首先回顾互联网和无线通信网络的发展历程，针对未来无线网络异构、融合的发展趋势，对移动互联网的研究热点进行了概括总结。针对移动互联网中异构网络融合的重点问题，在分析电信和计算机网络领域相关网络架构的基础上，提出了移动互联网网络参考模型，即传输层、承载层、控制层、运维管理系统和安全防护系统“三层两系统”架构。

基于移动互联网的三层两系统体系架构，第 3 章对无线接入网技术进行了深入阐述，重点介绍了蜂窝移动通信系统、无线局域网、无线个域网、移动自组织网络和无线传感器网络等无线接入技术。第 4 章重点介绍了网络融合控制技术，首先提出了网络融合控制层次架构，以网络控制层为核心，详细介绍了 SDN 网络控制技术、NFV 网络控制技术、网络虚拟化控制技术和面向应用的网络控制技术，在此基础上，进一步介绍了面向移动互联网的移动网络控制技术。

本书第 5 ~ 7 章分别对移动互联网的移动性管理、端到端 QoS 保障和网络融合管理进行了介绍。第 5 章全面探讨了移动互联网中移动性管理涉及的移动 IPv4/IPv6、链路切换、网络切换和位置管理等关键技术，并对支持用户移动性的名址分离技术进行了重点分析。第 6 章首先介绍了 QoS 质量保障体系，然后按照标准网络体系结构，分别讨论了物理层、链路层、网络层、传输层的 QoS 保障机制，最后对移动互联网的跨层 QoS 保障机制进行了重点分析。第 7 章首先比较 OSI、IETF 和 TMN 等各类网络管理体系架构，提出了移动互联网面向服务的网络融合管理模型，重点阐述了无线网络资源管理、接入策略管理、端到端重配置、业务融合管理等关键技术，最后以典型的异构无线融合网络为例，介绍了对网络进行统一规划、统一配置、统一监控的网络综合管理系统整体方案，按照网络开通部署流程描述了相关技术在网络规划与仿真、安装与配置、监控、网络优化等阶段的作用机制。

移动互联网中异构网络融合的目标是实现业务连续性和无缝体验，即当终端在不同接入网络间跨系统移动时能够保持业务连接不中断，保障高质量业务提供和良好的用户体验。业务创新不断推动着各类宽带接入技术的发展，如何根据市场需求实施并促进异构无线网络融合，成为目前异构网络发展关注的重点。移动互联网无线网络融合的发展大致可分为 3 个阶段：认证计费融合、网络终端融合以及无缝业务体验。从我国运营商网络基础设施的发展现状考虑，具有如下发展趋势[1]。

① 引入通信新技术和创新网络架构，奠定移动互联网异构无线网络融合的技术基础。3GPP 和 IEEE 组织在网络升级演进中形成了多种通信新技术，在提升系统容量和频谱效率等方面发挥关键作用，奠定了无线网络融合的技术基础。认知无线电技术可以应用在频谱感知检测、自适应传输、动态频谱管理方面。多无线电协作技术在网络容量提升，移动性管理增强上具有领先优势。针对异构无线网络融合问题，欧盟的信息社会技术系列项目相继提出了不同的解决方案，涵盖了网络融合架构、资源管理、终端设计和 QoS 业务等方面，但离为用户提供无处不在的系统和业务的异构网络融合目标还存在一定差距。环境感知网络和无线 Mesh 网络可以为异构无线网络融合理论和实现提供新的研究空间。

② 采用基于大数据分析的新型网络管理技术，提高移动互联网的网络综合运维水平。异构无线网络融合提高了网络整体运维复杂度，并生成海量数据，因此，急需引入先进的数据管理技术，进行合理的数据组织和挖掘分析，建立相应的网管支撑体系，确保数据的一致性。结合数据挖掘，对不同网络间的问题进行有效关联，形成统一的运营平台。在推进异构无线网络融合中，需要积极利用现代化的 IT 手段进行低成本、高效率的集中化运作，进行全程全网的科学调度和精确管理，合理配置运维资源，降低综合成本，实现网络维护和管理的转型。

③ 研发面向异构无线网络规划、测试和优化的仿真分析平台，高效支撑融合业务。基于对异构网络无线链路的动态性、用户的移动性和业务的多变性进行统计和建模，通过开发相应的异构无线网络端到端测试分析和优化系统平台来支撑融合

业务开展。系统平台架构设计必须支持灵活的组网方式，适应复杂的网络结构，具有开放性和可扩展性。鉴于异构无线网络关键技术和接入选择机制的复杂性、新型终端形态的多样性，关键技术的实际效果越来越依赖于高性能计算，异构无线融合网络规划和优化必须依赖于可以仿真其关键技术性能的工具平台做指导。工具平台可引入动态仿真技术应用于小范围的热点多层网络分析，做到网络资源的高效调度和科学规划。

④ 设计移动互联网综合安全保障体系，提升异构网络的安全保障水平。终端智能化、网络 IP 化、业务多元化的趋势使异构无线网络融合面临一系列非传统安全问题，需要基于安全脆弱点分布研究新的安全技术，构建高柔性免受攻击的异构无线网络融合安全防护模型。异构网络环境下的终端形态多样，探索新型终端实现安全可信计算环境的相关技术，构建主动安全体系。针对移动互联网的融合网络架构，要进一步规范安全域划分与边界整合，实施风险防范，从全程全网角度提升移动互联网的安全保障能力[2-3]。

综上所述，随着无线和网络技术的迅速发展，未来通信网络越发异构化，各网络将经历从隔离到互通、从互通到协同乃至融合的演进，通过网络间的融合与协同，对分离的、局部的优势能力与资源进行有序整合，最终使系统拥有自规划、自发现、自愈、自管理、自调整和自优化等一系列智能化功能。但是异构网络融合是一个长期逐步演进的过程，当前很多研究和实践仍处于初始阶段。异构网络资源的复杂性、网络状态的多样性、各网络的差异性等特点给异构网络融合的设计和实现带来了诸多问题和挑战，涉及移动切换、网络资源管理、呼叫接入控制、端到端 QoS 保证和安全问题等多个方面。总之，面向移动互联网的异构网络融合前景光明，道路曲折，真正实现任何人（Whoever）在任何地方（Wherever）使用任何终端（Whatever）都可以获得任意通信服务的目标，还有很长一段路要走，需要学术界、产业界及相关标准化组织的共同努力[4]。

参考文献

[1] 王海涛, 付鹰. 异构网络融合——研究发展现状及存在的问题[J]. 数据通信, 2012, 2.
[2] 程子阳. 移动互联网业务的发展趋势[J]. 移动通信, 2012, 5.
[3] 胡世良. 移动互联网发展趋势分析[J]. 通信管理与技术, 2013, 4.
[4] 张从武, 胡坚波. 异构无线网络融合关键问题和发展趋势探讨[J]. 信息通信技术, 2012, 3.

缩略语

缩写	英文全拼	中文释义
3GPP	3rd Generation Partnership Project	第三代移动通信合作伙伴计划
AAA	Authentication Authorization Accounting	认证、授权和计费
ACS	Ambient Control Space	环境控制空间
ACSE	Association Control Service Element	联系控制服务元素
ADSL	Asymmetric Digital Subscriber Line	非对称数字用户环路
AEHF	Advanced Extremely High Frequency	先进极高频
AF	Application Function	应用功能
A-FLT	Advanced Forward Link Trilateration	高级前向链路三角测量法
AHP	Analytic Hierarchy Process	层次分析法
A-GPS	Assisted GPS	辅助 GPS
ANQM	Access Network QoS Manager	接入网 QoS 管理
API	Application Programming Interface	应用编程接口
APN	Access Point Name	接入点名
APN-AMBR	Access Point Name-Aggregated Maximum Bit Rate	接入点一总速率
ALT-RTR	Alternative Topology Re-encapsulating Tunnel Router	替代拓扑隧道封装路由器
AMPS	Advantage Mobile Phone System	先进移动电话业务系统
AN	Ambient Network	环境网络
ANDSF	Access Network Discovery and Selection Function	接入网络发现和选择功能
ANI	Application Network Interface	应用网络接口
AODV	Ad Hoc On-Demand Distance Vector	按需距离向量协议
AON	Application Oriented Network	面向应用的网络
AP	Access Point	接入点
ARPA	Advanced Research Projects Agency	美国国防部高级研究计划署

缩写	英文全拼	中文释义
ARPANET	ARPANetwork	阿帕网
ASCU-Centric	Application、Service、Content、User-Centric	以应用、服务、内容和用户为中心
ASN.1	Abstract Syntax Notation One	抽象语法标记法 1
ARMH	Adaptive Radio Multi-Homing	自适应无线多宿主
ARP	Allocation and Retention Priority	分配与保持优先级
ARQ	Automatic Repeat Request	自动请求重传
ATM	Asynchronous Transfer Mode	异步传输模式
AVNP	Active Virtual Network Management Protocol	主动虚拟网络管理协议
B2C	Business to Customer	企业对消费者
BATR	Balanced Aggregation Tree Routing	平衡融合树路由
BBERF	Bearing Binding and Event Report Function	承载绑定及事件报告功能
BE	Best Effort Service	尽力而为服务
BEB	Binary Exponential Back off	二进制指数退避
BER	Bit Error Rate	误比特率
BFD	Bidirectional Forwarding Detection	双向转发检测
BGP	Border Gateway Protocol	边界网关协议
B-ISDN	Broadband Integrated Service Digital Network	宽带综合业务数字网
BRAN	Broadband Radio Access Network	宽带无线接入网络
BS	Base Station	基站
BSS	Business Support System	业务支撑系统
C2C	Customer to Customer	消费者对消费者
CAC	Call Admission Control	呼叫接纳控制
CAPEX	Capital Expenditure	资本性支出
CATV	Community Antenna Television	有线电视
CCFD	Co-frequency Co-time Full Duplex	同时同频全双工
CCH	Common Transport Channel	公共传输信道
CCITT	Consultative Committee on International Telegraph and Telephone	国际电报电话咨询委员会
CCM	Configuration Control Module	重配置控制功能模块
CDMA	Code Division Multi-Access	码分多址
CDN	Content Distribution Network	内容分发网络
CEO	Chief Executive Officer	首席执行官
CIO	Chief Information Officer	首席信息官
CMIP	Common Management Information Protocol	公共管理信息协议
CMIS	Common Management Information Service	公共管理信息服务
CMISE	Common Management Information Service Element	公共管理信息服务元素
CMM	Configuration Management Module	重配置管理功能模块
CN	Cellular Network	蜂窝移动通信网
CN	Cognitive Network	认知网络
CND	China News Digest	中国新闻计算机网络

缩写	英文全拼	中文释义
CNGI	China's Next Generation Internet	中国下一代互联网示范工程
CNNIC	China Internet Network Information Center	中国互联网络信息中心
CoMP	Coordinative Multiple Point	协作多点传输
CORBA	Common Object Request Broker Architecture	通用对象代理请求体系结构
CPE	Central Processing Element	中央处理单元
CRC	Cyclic Redundancy Check	循环冗余校验
CRM	Customer Relation Management	客户关系管理
CRRM	Common Radio Resource Management	公共无线资源管理
CS	Carrier Sensing	载波侦听
CS	Controlled Service	受控负载业务
CSCF	Call Session Control Function	呼叫会话控制功能
CSFB	Circuit Switch Fallback	电路交换回落
CTS	Clear To Send	清除发送
DARPA	Defense Advanced Research Projects Agency	美国国防部高级研究计划署
DCCP	Datagram Congestion Control Protocol	数据报拥塞控制协议
DCF	Distributed Coordination Function	分布式协调功能
DCF	Data Communication Function	数据通信功能
DCH	Dedicated Channel	专用信道
DCN	Data Communication Network	数据通信网
DCT	Discrete Cosine Transform	离散余弦变换
DECT	Digital Enhanced Cordless Telephone	数字增强无绳电话
DHT	Distributed Hash Table	分布式散列表
DONA	Data-Oriented Network Architecture	面向数据的网络架构
DPC	Dynamic Private Channel	动态专用信道
DPI	Deep Packet Inspection	深度数据分组识别
DS	Differential Service	区分服务
DSCP	Differentiated Services Code Point	区分服务代码点
DSDV	Destination Sequenced Distance Vector	目的序列距离向量
DSL	Digital Subscriber Line	数字用户线
DSMIP	Dual-Stack Mobile IP	双栈移动 IP
DSR	Dynamic Source Routing	动态源路由协议
DSSS	Direct Sequence Spread Spectrum	直接序列扩频
DUS	Division of User and Service	区分用户与业务
E2R	End-to-End Reconfiguration	端到端重配置
EADAT	Efficient Energy Aware Distributed heuristic to generate the Aggregation Tree	高效能量感知的分布启发式融合树
E-DCH	Enhanced Dedicated Channel	增强型的上行专用传输信道
EDGE	Enhanced Data Rate for GSM Evolution	增强型数据速率 GSM 演进系统
EID	Endpoint Identifier	端节点身份标识
EIRP	Effective Isotropic Radiated Power	有效全向辐射功率

缩写	英文全拼	中文释义
ePDG	evolved PDN Gateway	演进的 PDN 网关
EM	Enterprise Management	企业管理
E-MBMS	Enhanced Multimedia Broadcast Multicast Service	增强型多媒体广播多播业务
ERP	Enterprise Resource Planning	企业资源规划
ESB	Enterprise Service Bus	企业服务总线
ESPDA	Energy-efficient and Secure Pattern-based Data Aggregation for wireless sensor network	基于安全模式的能量有效数据融合协议
eTOM	enhanced Telecom Operations Map	增强的电信运维图
E-UTRAN	Evolved UTRAN	演进的 UTRAN
EXP	Expedition	优先
FA	Foreign Agent	外地代理
FACoA	Foreign Agent Care-of-Address	外地转交地址
FCC	Federal Communication Commission	美国联邦通信委员会
FCS	Future Combat System	未来战斗系统
FDD	Frequency Division Duplexing	频分双工
FDMA	Frequency Division Multi-Access	频分多址
FEC	Forwarding Error Correction	前向纠错
FHSS	Frequency Hopping Spread Spectrum	跳频扩频
FIB	Forward Information Base	转发信息表
FMC	Fixed Mobile Convergence	固定移动融合
FN	Future Network	未来网络
ForCES	Forwarding and Control Element Separation	转发和控制单元分离
FSN	Frame Sequence Number	帧序列号
FTP	File Transfer Protocol	文件传输协议
GBR	Guaranteed Bit Rate	承诺比特率
GDMO	Guidelines for Definition of Managed Objects	管理对象定义标准
GENI	Global Environment for Network Innovations	全球网络创新环境
GEO	Geostationary Earth Orbit	地球同步轨道
GERAN	GSM EDGE Radio Access Network	GSM EDGE 无线接入网
GGSN	Gateway GPRS Support Node	网关 GPRS 支持节点
GIS	Geographic Information System	地理信息系统
GIST	General Internet Signaling Transport	通用 Internet 信令传输
GloMo	Global Mobile Information System	全球移动信息系统
GLL	Generic Link Layer	通用链路层
GMLC	Gateway Mobile Location Centre	网关移动位置中心
GNSS	Global Navigation Satellite System	全球导航卫星系统
GPRS	General Packet Radio Service	通用分组无线服务
GPS	Global Positioning System	全球定位系统
GS	Guaranteed Service	保证型服务
GSM	Global System for Mobile communication	全球移动通信系统

缩写	英文全拼	中文释义
GTP	GPRS Tunnel Protocol	GPRS 隧道协议
GUI	Graphic User Interface	图形用户接口
HA	Home Agent	家乡代理
HARQ	Hybrid Automatic Repeat-Request	混合自动重传请求
HDLC	High level Data Link Control	高级数据链路控制
HEO	Highly Elliptical Orbit	椭圆轨道
HIP	Host Identifier Protocol	主机标识协议
HIPERLAN	High Performance LAN	高性能局域网
HLR	Home Location Register	归属位置寄存器
HMA	Human Machine Adaptor	人机适配器
HMIPv6	Hierarchical Mobile IPv6	层次化移动 IPv6
HO	Hand Over	切换
HPLMN	Home Public Land Mobile Network	归属地公共陆地移动网络
HRFWG	Home Radio Frequency Working Group	家用射频工作小组
HRMA	Hop-Reservation Multiple Access	跳预留多址
HR-WPAN	High Rate WPAN	高速无线个域网
HSDPA	High-Speed Downlink Packet Access	高速下行分组接入
HSPA+	High Speed Packet Access +	增强型高速分组接入
HSS	Home Subscriber Server	归属用户服务器
HSUPA	High Speed Uplink Packet Access	高速上行链路分组接入
HTTP	Hypertext Transfer Protocol	超文本传输协议
I2RS	Interface to the Routing System	路由系统接口
IAB	Internet Architecture Board	互联网结构委员会
IANQM	Inter-Access Network QoS Manager	接入网间交互 QoS 管理
ICANN	Internet Corporation for Assigned Names and Numbers	互联网名称与数字地址分配机构
ICMP	Internet Control Message Protocol	互联网控制报文协议
ICT	Information Communication Technology	信息通信技术
ICF	Information Change Function	信息转换功能
IETF	Internet Engineering Task Force	互联网工程任务组
IFOM	IP Flow Mobility	IP 流移动
IGMP	Internet Group Management Protocol	互联网组管理协议
IIN	Intelligent Information Network	智能化信息网络
IKEv2	Internet Key Exchange version 2	互联网密钥交换版本 2
IM	Instant Message	即时消息
IMAP	Internet Mail Access Protocol	互联网邮件访问协议
IMPP	Internet Message and Presence Protocol	互联网消息和呈现协议
IMS	IP Multimedia Subsystem	IP 多媒体子系统
IMSI	International Mobile Subscriber Identification	国际移动用户识别码
IMT-2000	International Mobile Telecommunication-2000	国际移动通信-2000
INAP	Intelligent Network Application Protocol	智能网应用协议

缩写	英文全拼	中文释义
IP	Internet Protocol	网际协议
IP-CAN	IP-Connectivity Access Network	IP 连接接入网络
IPDV	IP Packet Delay Variation	IP 分组延迟变化
IPLR	IP Packet Loss Ratio	IP 分组丢失率
IPTD	IP Packet Transfer Delay	IP 分组传输延迟
IrDA	Infrared Data Association	红外线数据协会
ISDN	Integrated Service Digital Network	综合业务数字网
IS-HO	Inter-System Handover	系统间切换
ISM	Industrial Scientific Medical	工业科学医疗
ISO	International Standards Organization	国际标准化组织
ISP	Internet Service Provider	Internet 服务提供商
ISUP	ISDN User Part	ISDN 用户部分
ITU	International Telecommunication Union	国际电信联盟
ITU-T	ITU Telecommunication standardization sector	国际电信联盟电信标准化组
I-WLAN	3GPP system to WLAN Interworking	3GPP 网络和 WLAN 融合
JOLDC	Joint Load Control	联合负载控制
JOSAC	Joint Session Admission Control	联合会话接纳控制
JOSCH	Joint Session Scheduling	联合会话调度
JRRM	Joint Radio Resource Management	联合无线资源管理
JTRS	Joint Tactical Radio System	联合战术无线电系统
LAN	Local Area Network	局域网
LAR	Location-Aided Routing	位置辅助路由协议
LBS	Location-Based Service	基于位置的服务
LCS	Location Service	定位服务
LDP	Label Distribution Protocol	标签分配协议
LEACH	Low Energy Adaptive Clustering Hierarchy	低功耗自适应聚类路由算法
LER	Label Edge Router	标签边缘路由器
LEO	Low Earth Orbit	低轨道
LFIB	Label Forwarding Information Base	标签转发表
LINP	Logically Isolated Network Partition	逻辑隔离网络
LISP	Locator/ID Separation Protocol	路由标识/终端 ID 分离协议
LLC	Logic Link Control	逻辑链路控制
LMA	Local Mobility Anchor	本地移动锚
LR-WPAN	Low Rate WPAN	低速无线个域网
LRRM	Local Radio Resource Management	本地无线资源管理
LSP	Label Switch Path	标签交换路径
LSR	Label Switch Router	标签交换路由器
LTE	Long Term Evolution	长期演进
MAC	Media Access Control	媒体访问控制
MACA	Multiple Access with Collision Avoidance	多址接入冲突避免协议

缩写	英文全拼	中文释义
MAG	Mobile Access Gateway	移动接入网关
MAN	Metropolitan Area Network	城域网
MANET	Mobile Ad Hoc Network	移动自组织网络
MAP	Mobile Application Part	移动应用部分
MAPCON	Multi Access PDN Connectivity	多接入分组网络连接
MBR	Maximum Bit Rate	最大比特率
MCF	Message Communication Function	消息通信功能
MD	Mediation Device	中介设备
MDC	Multiple Description Coding	多描述编码
MDS	Multidimensional Scaling	多维标度法
MEO	Medium Earth Orbit	中轨道
MF	Mediation Function	中介功能
MGC	Media Gateway Controller	媒体网关控制器
MGCF	Media Gateway Control Function	媒体网关控制功能
MGW	Media Gateway	媒体网关
MIB	Management Information Base	管理信息库
MILD	Multiple Increase Linear Decrease	乘法增加线性减少退避
MIMO	Multi-Input Multi-Output	多输入多输出
MIP	Mobile IP	移动 IP
MME	Mobility Management Entity	移动管理实体
MMS	Multimedia Messaging Service	多媒体信息服务
MMSP	Microsoft Media Server Protocol	微软媒体服务协议
MPEG	Moving Picture Expert Group	动态图像专家组
MRRM	Multi-Radio Resource Management	多无线资源管理
MR-WPAN	Medium Rate WPAN	中速无线个域网
MPLS	Multi-Protocol Label Switching	多协议标签交换
MSC	Mobile Switching Center	移动交换中心
MSISDN	Mobile Subscriber International ISDN/PSTN Number	移动用户号码
MSP	Management Support Point	管理支撑点
MSRP	Message Session Relay Protocol	消息会话中继协议
MUSC	Multi-User Session Control	多用户会话控制
NAI	Network Access Identifier	网络接入标识
NCA	Network Control Application	网络控制应用
NCS	Network Control Service	网络控制服务
NDN	Named Data Networking	命名化数据网
NE	Network Element	网络元素
NEF	Network Element Function	网元功能
NEMO-BS	Network Mobility Basic Support	移动网络基本支持协议
NFV	Network Function Virtualization	网络功能虚拟化
NFVIaaS	NFV Infrastructure as a Service	网络功能虚拟化基础设施即服

缩写	英文全拼	中文释义
		务
NFVI	NFV Infrastructure	网络功能虚拟化基础设施
NGI	Next Generation Internet	下一代互联网
NGN	Next Generation Network	下一代网络
NGOSS	New Generation Operation System and Software	新一代运营系统与软件
NHLFE	Next Hop Label Forwarding Entry	下一跳标签转发项
NIB	Network Information Base	网络信息数据库
NMT	Nordic Mobile Telephony	北欧移动电话
NP	Non-Deterministic Polynomial	非确定多项式
nrtPS	non-real time Polling Service	非实时轮询服务
NSF	National Science Foundation	美国国家科学基金会
NSLP	NSIS Signaling Layer Protocol	信令应用层
NSIS	Next Step in Signaling	下一代信令
NTLP	NSIS Transport Layer Protocol	信令传输层
NTT	Nippon Telegraph & Telephone	日本电话和电报
NvGRE	Network virtualization using Generic Routing Encapsulation	通用路由封装网络虚拟化
O2O	Online to Offline	线上到线下
OAM	Operation And Management	维护与管理
OFA	OpenFlow Agent	OpenFlow 代理
OFC	OpenFlow Controller	OpenFlow 控制器
OFDM	Orthogonal Frequency Division Multiplexing	正交频分复用
OID	Object Identification	对象标识符
OMA	Open Mobile Alliance	开放移动联盟
ONF	Open Networking Foundation	开放网络基金会
OPEX	Operating Expense	运营成本
OPS	Operation Processes	运营过程
OS	Operation System	操作系统
OSA	Open Service Access	开放业务接口
OSF	Operation System Function	运营系统功能
OSI	Open System Interconnect	开放系统互联
OSS/BSS	Operation Support System	维护支持系统
OSE	OMA Service Environment	OMA 业务环境
OTA	Over-the-Air Technology	空中下载技术
OTDOA	Observed Time Difference of Arrival	观测到达时间差分定位
P2P	Peer to Peer	对等网络
PCC	Path Computation Client	路径计算客户端
PCC	Policy Control and Charging	策略控制与计费
PCEF	Policy and Charging Enforcement Function	策略执行网元
PCE	Path Computation Element	路径计算单元
PCEP	Path Computation Element Protocol	路径计算单元协议

缩写	英文全拼	中文释义
PCF	Point Coordination Function	点协调功能
PCRF	Policy and Charging Rule Function	策略和计费规则功能
PDA	Personal Digital Assistant	个人数字助理
P-GW	Packet Date Network Gateway	分组数据网关
PDG	Packet Data Gateway	分组数据网关
PDU	Protocol Data Unit	协议数据单元
PF	Presentation Function	表示功能
PGM	Probe Gap Model	基于探测分组间距模型
PHB	Per Hop Behavior	逐跳行为
PIM	Protocol Independent Multicast	协议无关多播
PIOSE	Parlay in OSE	OMA 业务环境中的 Parlay
PIT	Pending Interest Table	未完成的兴趣表
PLMN	Public Land Mobile Network	公共陆地移动网络
PMAW	Power and Mobility-Aware Wireless Protocol	功率和移动性感知无线协议
PMIP	Proxy Mobile IP	代理移动 IP
PNM	Physical Network Manager	物理网络管理者
POP3	Post Office Protocol-version 3	邮局协议版本 3
POS	Personal Operating Space	个人工作空间
PRI	Private Rate Interface	基群速率接口
PRM	Probe Rate Model	探测分组速率模型
PRNET	Packet Radio Network	分组无线网
PSTN	Public Switched Telephone Network	公共电话交换网
QAF	Q Interface Adaptor Function	Q 接口适配器功能
QCI	QoS Class Identifier	QoS 分类标识
QMDB	QoS Mapping Data Base	QoS 映射数据库
QoS	Quality of Service	服务质量
RAP	Routing Application Proxy	路由应用代理
RAT	Radio Access Technology	无线接入技术
RCP	Routing Control Platform	路由控制平台
RIB	Route Information Base	路由信息数据库
RLC	Radio Link Control	无线链路控制
RLOC	Routing Locator	路由标识
RMON	Remote Network Monitoring	远端网络监控
RMP	Reconfiguration Management Plane	重配置管理层
RNC	Radio Network Controller	无线网络控制器
RRM	Radio Resource Management	无线资源管理
ROCA	Receiver-Oriented Code Assignment	面向接收机的代码分配
ROSE	Remote Operation Service Element	远程操作服务元素
RRC	Radio Resource Controller	无线资源控制器
RRTS	Reply to RTS	RTS 应答

缩写	英文全拼	中文释义
RSVP	Resource Reservation Protocol	资源预留协议
RTCP	RTP Control Protocol	RTP 控制协议
RTP	Real-time Transport Protocol	实时传输协议
rtPS	real time Polling Service	实时轮询服务
RTS	Ready To Send	准备发送
RTSP	Real Time Streaming Protocol	实时流传输协议
RTT	Round Trip Time	环回时间
RVLC	Reversible Variable Length Code	可逆变长编码
SAC	Session Admission Control	会话接纳控制
SAE	System Architecture Evolution	系统架构演进
SAL	Service Abstraction Layer	服务抽象层
SAP	Service Access Point	业务接入点
SCIM	Service Capability Interaction Manager	业务能力交互作用管理器
SCM	Supply Chain Management	供应链管理
SCTP	Stream Control Transport Protocol	流控制传输协议
SDF	Service Data Flow	业务数据流
SDH	Synchronous Digital Hierarchy	同步数字体系
SDK	Software Development Kit	软件开发工具包
SDN	Software Defined Network	软件定义网络
SDNP	Software Driven Networking Protocol	软件驱动网络协议
SDR	Software Defined Radio	软件无线电
SDU	Service Data Unit	业务数据单元
S-GW	Serving Gateway	服务网关
SGSN	Serving GPRS Support Node	服务 GPRS 支持节点
SID	Shared Information Data	共享信息数据
SIM	Subscriber Identity Module	客户识别模块
SINR	Signal and Inference to Noise Ratio	信号干扰噪声比
SIMPLE	SIP for Instant Messaging and Presence Leverage Extension SIP	协议即时消息和呈现支持扩展
SIP	Strategy、Infrastructure、Product	战略、基础设施和产品
SLA	Service Level Agreement	服务等级约定
SMK	Shared Management Knowledge	共享管理知识
SMTP	Simple Mail Transfer Protocol	简单邮件传输协议
SML	System Management Layer	系统管理层
SN	Space-based Network	天基网
SNR	Signal to Noise Ratio	信噪比
SNMP	Simple Network Management Protocol	简单网络管理协议
SOA	Service Oriented Architecture	面向服务的架构
SOAP	Simple Object Access Protocol	简单对象访问协议
SONA	Service Oriented Network Architecture	面向服务的网络架构
SONET	Synchronous Optical Network	同步光纤网络

缩写	英文全拼	中文释义
SOA	Service-Oriented Architecture	面向服务的架构
SP	Service Provider	服务提供商
SPR	Subscription Profile Repository	用户属性存储
SR	Selective Repeat	选择重传
SRLG	Shared Risk Link Groups	共享的风险链路组
SR-IOV	Single-Route I/O Virtualization	单根 I/O 虚拟化
SRVCC	Single radio Voice Call continuity	单无线话音呼叫连续性
SS7	Signaling System 7	7 号信令网
SSID	Service Set Identity	服务集标识
SSO	Single Sign On	单点登录
STP	Spanning Tree Protocol	生成树协议
STT	Stateless Transport Tunneling	无状态传输隧道
SUN	Smart Ubiquitous Network	智能泛在网
SURAN	Survivable Adaptive Network	抗毁性自适应网络
SVLTE	simultaneous Voice and LTE	话音和 LTE 同时支持
SWAP	Share Wireless Access Protocol	共享无线接入协议
TACS	Total Access Communication System	英国的全接入通信系统
TDD	Time Division Duplexing	时分双工
TDMA	Time Division Multi-Access	时分多址
TDOA	Time Difference of Arrival	到达时间差
TD-SCDMA	Time Division Synchronous Code Division Multiple Access	时分同步码分多址
TCP	Transmission Control Protocol	传输控制协议
TFTP	Trivial File Transfer Protocol	简单文件传输协议
TLV	Type Length Value	类型长度值
TMF	Tele-Management Forum	电信管理论坛
TMN	Tele-Communications Management Network	电信管理网络
TNA	Technology Neutral Architecture	技术中立架构
TOM	Telecoms Operations Map	电信运维图
TOPSIS	Technique for Order Preference by Similarity to an Ideal Solution	序数偏好方法
TPC	Transmit Power Control	传输功率控制
TTL	Time To Live	存活时间
UDC	User Data Convergence	用户融合数据库
UDP	User Datagram Protocol	用户数据报协议
UDR	User Data Repository	用户数据仓库
UE	User Equipment	用户设备
UFO	Ultra high frequency Follow On	特高频后继星
UGS	Unsolicited Grant Service	主动授予服务
UMS	Unified Message Service	统一消息服务
UMTS	Universal Mobile Telecommunications System	通用移动通信系统
UTRAN	UMTS Terrestrial Radio Access Network-UMTS	陆地无线接入网

缩写	英文全拼	中文释义
UWB	Ultra Wideband	超宽带无线技术
VAN	Value Added Network	增值网
VEPA	Virtual Ethernet Port Aggregator	虚拟以太网端口聚合器
VLR	Visited Location Register	漫游位置寄存器
VRM	Virtual Resource Manager	虚拟资源管理者
VNF	Virtualized Network Function	虚拟网络功能
VNF-FG	Virtual Network Function Forwarding Graph	虚拟网络功能转发图
VOIP	Voice over Internet Protocol	网络电话
VPLMN	Visited Public Land Mobile Network	拜访地公共陆地移动网络
VPN	Virtual Private Network	虚拟专用网络
VTC	Video Tele-Conference	视频会议
VTN	Virtual Tenant Network	虚拟租户网络
VxLAN	Virtual extensible LAN	虚拟扩展局域网
W3C	World Wide Web Consortium	万维网联盟
WAN	Wide Area Network	广域网
WAP	Wireless Application Protocol	无线应用协议
WBFH	Wide Band Frequency Hopping	宽带跳频
W-CDMA	Wideband Code Division Multiple Access	宽带码分多址
Wi-Fi	Wireless Fidelity	无线保真
WiMAX	Worldwide Interoperability for Microwave Access	全球微波互联接入
WIN	Wireless Intelligent Network	无线智能网
WLAN	Wireless Local Area Network	无线局域网
WMAN	Wireless Metropolitan Area Network	无线城域网
WMN	Wireless Mesh Network	无线网状网络
WRP	Wireless Routing Protocol	无线路由协议
WSF	Workstation Function	工作站功能
WSN	Wireless Sensor Network	无线传感器网络
XCAP	XML Configuration Access Protocol	XML 配置访问协议
XDMS	XML Document Management Server	XML 文档管理服务器
XIA	eXpressive Internet Architecture	有表现力的网络
XML	eXtensible Markup Language	扩展标记语言
XMPP	eXtensible Messaging and Presence Protocol	扩展消息和呈现协议

名词索引